연료전지

FUEL CELL TECHNOLOGY HANDBOOK

Gregor Hoogers 저
장인배 역

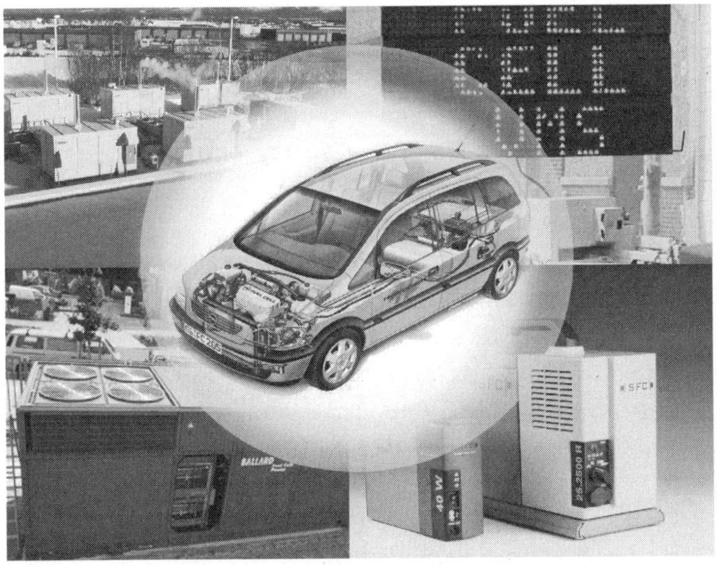

도서출판 동화기술

FUEL CELL TECHNOLOGY
HANDBOOK

저자서언

"왜 연료전지 기술에 대해서 책을 쓰려고 합니까? 최신 기술을 알려면 인터넷이 가장 좋은 매체입니다!"

이 말은 연료전지 개척자 중 하나가 이 계획에 대해서 듣고 내게 말해준 조언이었다. 오늘날, 매일같이 새로운 기술과 상업적 개발이 보고되고 있기에, 이 말은 확실히 올바르고 인터넷은 최신 기술을 따라가기에 훌륭한 매체이다(유용한 인터넷 주소들이 부록에 제시되어 있다). 하지만 이는 과거 15년에서 20년 전에나 해당되는 사항이다. 이 책의 공저자들과 내가 이 책에 대한 작업을 하는 동안, 두 개발업체들이 폐업했다—이 중 최소한 한 경우는 기술에 대해서 너무나도 모르고 있었다는 점이 전혀 놀랍지 않았다. 연료전지 선도 개척자가 아니라면 영업상 일상적으로 벌어지는 과장광고를 얼마나 믿어야 하는지 결정하기 어려우며, 이를 판단하기 위해서 많은 시간이 필요하다. 또한, 어떻게 선도 개발업체를 구별할 수 있을까? 이러한 모든 의구심들과 함께, 인터넷은 두 가지 치명적인 약점을 가지고 있다: 인터넷은 역사적인 기록을 제공해 주지 않으며, 웹에 제시된 단편적인 정보들에 대해서 독립적인 연구소가 정보의 정확성을 검증해주지 않는다.

내 학생들로부터 배운 연료전지 기술의 또 다른 특징은, 이 분야는 한권의 책으로 다루기 어려운, 전기화학, 화학촉매, 재료과학, 폴리머 과학, 유체역학, 전기 및 기계공학 등 매우 광범위한 주제들을 포괄적으로 다루고 있다는 점이다. 이 책에서 다루고 있는 내용들은 리딩(영국), 비르켄펠트(독일) 및 사우스캐롤라이나주 클렘슨(미국) 등에서 시행된 일련의 연료전지 강의와 단기 강좌들을 기반으로 하고 있다.

이 책의 전반부(2장~7장)는 연료전지 기술의 이론과, 오래되고도 굴곡이 많은 역사(2장)에 대해서 다루고 있으며, 다른 어느 곳에서도 보여줄 수 없는 내 최고의 지식을 담아 넣었다. 책의 이 부분은 일반 독자, 기술자, 학생 또는 엔지니어들에게 명확한 기술적 개요를 제시해 준다. 제공된 정보는 대략 50년간의 연료전지 연구결과들, 주요 개념, 개발경향 및 연료전지와 전반적인 연료전지 시스템, 특히 급유문제 등과 같은 아직 해결하지 못하고 있는 기술적 문제들을 다루고 있다. 현재 이 기술은 성숙단계에 이르고 있으며, 이에 대해서도 다루고 있다. 휴대용 시스템에서 직접 메탄올 연료전지(DMFC) 기술의 상대적인 중요성을 반영하기 위해서 한 단원 전체를 직접 메탄올 연료전지, 또는 직접 메탄올 연료전지(DMFC)에 대해서 할애하였다(7장).

이 책의 후반부는 자동차, 발전시설 및 휴대용 전력발생장치 등과 같은 연료전지 기술의 적용사례들(8장~10장)을 살펴보며, 경쟁관계에 있는 기술들(11장과 12장)에 대해서도 고찰해 본다. 3개 단원에 걸쳐서 세 가지 주요 적용분야에 대해서 살펴본다. 각 단원들은 독립적으로 구성되어 있으며, 주요 개발경향, 시제품 및 주요 업체들에 대해서 개괄적으로 살펴본다. 앞서의 단원들에서 제시되어있는 정보들 중 일부를 사용해서 이들 세 단원을 통해서, 이 분야에 종사하는 사람들이 꾸준하게 질문해 왔던 문제들인 연료전지의 실용화에는 몇 년이나 남았나? 라는 질문에 대해서 독자들로 하여금 자신의 견해를 갖도록 만들어준다. 그 답은 책속에 있으니 이 책을 읽어보기 바란다! – 독자들이 이 책을 즐거운 마음으로 읽기를 저자는 진심으로 바라는 바이다.

이 프로젝트를 실현할 수 있도록 도와준 사람들에게 감사를 표한다. 무엇보다도, 공동저자들에게 감사를 보낸다. 일반적으로, 이 분야에 있어서 능동적으로 기여한 사람들은 매우 바쁜 사람들이며, 그들이 이 프로젝트에 그들의 소중한 시간 중 일부를 할애해 준데 대해서 감사를 드린다. 또한, CRC 출판사와 SAE에 감사를 드린다. 편집 용역을 수행한 신디르네카렐리 감독관, 편집 프로젝트 개발자인 헬레나 레드셔, 그리고 CRC 출판사 프로젝트 편집자인 사마르 하다드 등은 꾸준한 도움과 격려와 가끔은 필요한 잔소리를 해 주었다. 참여한 모든 사람들과 함께한 시간들은 정말로 즐거웠다. 집필기간동안 저자는 산업체에서 학교로 자리를 옮겼으며, 가끔은 내 첫아이가 책의 페이지 번호보다 빠르게 자라는 것을 보았다. 그림 자료들을 보내준 연료전지 개발업체들, 사진, 조언 및 그들이 가지고 있는 기술에 대한 소중한 정보 등을 제공해 준 사람들과 끊임없이 대화를 나누었던 마르티나 힌스베르거에게 많은 감사를 드린다. 저자에게 과학과 연료전지 기술에 대해서 가르쳐주었던 디터, 데이브, 잭과 톰에게도 감사를 드린다. 그리고 잘 참아주고 항상 그 자리에 있어주었던 아스트리드와 세바스찬에게도 감사를 표한다.

그레고르 후거스
트리어대학

편집자

그레고르 후거스 박사는 비르켄펠트 움벨트 캠퍼스에 소재한 트리어대학 응용과학과 전임교수이다. 1990년 아헨공대에서 콜과 함께 화학적 센서에 대한 연구를 통해서 물리학 석사학위를 받은 후에, 그는 위트레흐트소재의 디바이 연구소에서 대학원생 연구원의 자격으로 하브라켄과 함께 기저금속 산화에 대해서 연구했다. 그런 다음, 영국 케임브리지의 킹 그룹에서 촉매의 기초적인 표면공정에 대해서 공부하면서 1994년에 박사학위를 취득하였다. 1995년에서 1999년까지, 그는 영국 리딩 소재의 존슨매티 기술센터에서 근무하면서 연료처리, 정제 및 연료전지들 사이의 상호작용을 주 관심사로 갖고 있었으며, 수석 과학자로서, 그는 연료전지의 양극기술에 대한 책임을 맡았었다. 1999년 10월에 그는 비르켄펠트 움벨트 캠퍼스에 소재한 트리어 대학에서 수소기술 및 연료전지/재생에너지 분야의 교수직을 보장받았으며, 2001년에는 학과장이 되었다. 그는 25개의 논문을 저술하였으며 다수의 특허를 갖고 있다. 2001년에, 그는 가격경쟁력을 갖춘 쌍극성판을 개발한 공로로 라인란트팔츠주(독일)로부터 혁신상을 수상하였다.

기여자들

아우실리오 바우엔 박사는 런던 소재의 제국대학 에너지정책 및 기술센터(ICCEPT)의 연구원이다. 그는 로잔 소재의 스위스 연방 기술연구소(EPFL)에서 1993년 물리공학 분야 석사학위를 취득하였으며, EPFL의 태양에너지와 빌딩 물리학 연구실에서 일했다. 1995년에, 런던 제국대학에서 환경기술과 에너지정책에 대한 석사학위를 취득했으며, 그의 연구는 살기좋은 도시개발 분야에 초점을 맞추었다. 그는 1999년 런던소재 왕립대학에서 생체질량 에너지 시스템에 대한 연구를 통해서 박사학위를 취득하였다. 1997년 이래로 1999년 ICCEPT에 들어가기 전까지 제국대학과 함께 연료전지 프로젝트에 참여하였다. 1997년부터, 그는 에너지-환경 컨설팅 펌인 E4tech의 이사로 활동하고 있다. 그의 현재 연구는 연료전지 시스템과 관련된 연료; 생체질량 에너지 시스템; 그리고 재생에너지를 에너지 시스템에 통합시키는 방안 등에 대한 기술-경제학, 환경 및 정책적 관점 등에 초점을 맞추고 있다. 그는 영국 내각사무처 산하 성과와 혁신기구[1)], 환경공해에 대한 왕립협회, 유럽 기후변화 프로그램의 유럽협회 등에 전문조언자로 활동하고 있다.

에릭 첸은 밴더빌트 대학에서 기계공학으로 학사학위를 취득하였으며, 존슨매티 기술센터의 협력 하에 옥스퍼드 대학(영국) 기초공학과에서 브리티시 마샬 장학금을 지원받아 1998년에 연료전지와 연료처리장치에 대한 연구로 박사학위를 취득하였다.

데이비드 하트는 런던소재 제국대학의 에너지정책 및 기술센터(ICCEPT)에서 연료전지와 수소 분야의 연구책임자이다. 그는 1991년에 배스대학에서 기계공학으로 공학사를 취득하였으며, 이후 도쿄 인근의 히라쓰카 소재의 일본무그社에서 제어 시스템 엔지니어로 근무하였다. 분산발전 분야에서의 연료전지 사용방안에 대한 연구를 통해서 1994년 제국대학에서 석사학위를 취득하였으며, 현재 그는 연료전지 시스템의 경제성, 환경, 정책 및 기반시설 등의 측면에 대해서 연구의 초점을 맞추고 있다. 그는 박사논문 연구에서 영국 내에서 연료전지 시스템의 전체적인 연료사이클 매연배출에 대한 검증을 수행하였으며, 영국 통상산업부의 위탁을 받아서 동료와 함께 이 분야에 대한 분석결과를 출간하였다. 그는 그로브 연료전지 심포지엄의 조직위원, 2002년 세계 수소 협회의 기술 조직위원이며, 지구환경기금[2)]의 과학 및 기술자문 패널 전문가 명부

1) Cabinet Office Performance and Innovation Unit

에 등재되어 있다. 그는 또한 에너지-환경 컨설팅 펌인 E4tech의 전문이사이기도 하다.

마르티나 힌스베르거는 산업공학을 전공하고 2000년부터 연료전지 분야에 종사하고 있다. 2000년에, 비르켄펠트의 환경 캠퍼스에서 "연료전지 시스템의 비용분석과 비용절감 가능성"이라는 주제로 학위논문을 써서 트리어 응용과학대학에서 2001년 학생상을 수상하였다. 그 후 유리히 연구센터의 직접 메탄올 연료전지(DMFC) 연구그룹에서 근무했다. 2001년에, 그레고르 후거스 교수의 생체질량 연료전지 연구프로젝트에 참여하기 위해서 비르켄펠트로 복귀했다. 최근, 그녀는 재생에너지(특히 PV) 분야에서 일하기 시작했다.

마틴 호가스 박사는 존슨매티 기술센터의 수석 과학자로, 1992년부터 직접 메탄올 연료전지(DMFC)분야에서 일하고 있다. 그는 앤드류 햄닛 교수와 폴 크리스텐슨 박사의 직접 메탄올 연료전지(DMFC) 연구그룹에 소속되어 1996년 뉴캐슬-타인 대학에서 박사학위를 취득한 후에 존슨매티에 들어왔다. 그는 현재 새로운 전기촉매 소재와 고성능 맴브레인 전극 조립체(MEA)에 관심을 갖고 있으며, 최근에는 양성자 전도 폴리머, 특히 양성자 교환 맴브레인 연료전지(PEMFC) 및 직접 메탄올 연료전지(DMFC)용 고온 및 메탄올 불투과성 소재까지 관심분야를 넓히고 있다.

리처드 스톤은 옥스퍼드 대학 기초공학과에서 공학과학 분야를 선도하고 있다. 그는 1993년에 옥스퍼드에서 강사자격을 획득하였으며, 그보다 11년 전에 그는 브루넬 대학에서 강사/수석강사였다. 그의 주 관심사는 스파크점화 엔진 내의 연소지만, 그는 또한 연료전지와 무중력 상태에서의 층상 연소속도에도 관심을 갖고 있으며, 자동차 기술에 대한 장기 연구과제를 수행하고 있다. 이 과제는 20년 전에 1970년대 기술에 대한 연구로부터 시작했지만, 이제는 1920년대까지 거슬러 올라갔으며, 2020년에 과제가 종료될 예정이다. 그는 주로 엔진 연소와 기구분야에 대해서 약 90편의 논문을 저술했으며, 1999년에 3판이 출간된 내연엔진 개론이라는 저서로 잘 알려져 있다.

데이비드 톰셋 박사는 영국 리딩 인근에 소재하고 있는 존슨매티 기술센터의 수석과학자로서, 1986년부터 이곳에 근무하고 있다. 그는 현재 저온 연료전지용 촉매와 맴브레인 요소의 연구와 개발을 위한 연구그룹을 이끌고 있다. 그는 일곱 개의 특허를 소유하고 있으며 다수의 저서를 공저했다. 그는 자동차 및 디젤 매연저감을 위한 촉매기술의 개발과 더불어, 연료전지용 인산촉매, 양성자 교환 맴브레인, 그리고 직접 메탄올 연료전지의 개발분야에서 광범위하게 일하고 있다. 그는 영국 배스대학에서 화학으로 학사를, 무기화학으로 박사학위를 취득하였다.

2) Global Environmental Facility

역자서언

21세기에 들어서면서 지구 온난화는 더 이상 학자들의 책상위에서 그려지는 상상속의 시나리오가 아니라는 점이 명확해 지고 있다. 화석연료로 인한 폐해는 이미 돌이킬 수 없는 지경에 이르고 있기 때문에 온실가스 배출을 저감하기 위한 노력이 시급한 실정이다. 수소와 산소가 결합해서 물을 생성하면서 전기 에너지를 방출한다는 지극히 단순한 원리를 기반으로 하는 연료전지는 근원적으로 청정에너지이기에 더 이상 온실가스를 배출하지 않으면서 인류에게 무한에너지를 제공해 줄 것으로 기대를 받았다. 특히나 2000년대 초반 기술적 진보로 인해서 휴대용 메탄올 연료전지가 출시되면 휴대용 전자제품 시장을 뿌리 채 뒤흔들 것이라는 기대를 받아왔다. 하지만 내일이라도 출시될 것 같았던 연료전지 제품들이 차일피일 출시가 지연되고 있다.

지난 10여년간 연료전지는 발전시설, 차량, 보조전력유닛 및 가정용 열병합 보일러 등의 분야에서 속속 시장에 진입하면서 2차전지 등의 경쟁기술들과 치열한 생존경쟁을 벌이고 있는 실정이다. 연료전지의 상용화를 위해서는 현존하는 다양한 기술적 난제들을 극복해야만 하며, 국내에서도 다양한 기업과 연구그룹들이 이를 위해서 노력하고 있는 상황이다. 하지만 연료전지는 광범위한 학문 분야가 서로 깊숙이 연관되어 있기 때문에 어느 한 분야의 독자적인 연구노력만으로는 완성된 제품을 만들 수 없으며, 특히, 양산과 가격경쟁력 확보의 측면에서는 생산 엔지니어가 개발단계에서부터 깊숙하게 연구개발에 참여해야만 하나, 학문적 폐쇄성으로 인하여 이러한 다학제간 협동 연구가 상당기간 지연되고 있는 것이 현실이다.

또한, 연료전지 관련 자료들이 각 전공분야별로 단편적으로 나뉘어 있으며, 특히 국내에서는 문헌자료를 입수하기가 매우 어렵기 때문에 연료전지를 공부하고 연구하려는 학생들에게는 연료전지의 전반에 대해서 종합적으로 접할 수 있는 기회가 많지 않은 상황이다.

이 책이 처음 출판되었을 당시와 현재는 기술 및 환경이 크게 변하였다. 따라서 역자는 번역과정에서 이를 설명하기 위해서 각주를 활용하였다. 각주들 중에서 번호가 볼드체로 된 것들은 역자가 첨부한 내용으로서, 2016년을 기준으로 하여 최신 기술수준과 현황을 설명하고 있다. 또한 본문의 내용 중에서도 현재 상황과 다른 내용들은 원 저자의 의도를 최대한 지키는 한도 내에서 수정하였다. 또한 원저에서는 다양한 단위계들이 뒤섞여 사용되었으나, 번역과정에서 모든 단위계를 SI 단위계로 통일하였다. 국내의 열악한 출판시장에서 공학분야 개론서적을 제외하고는 국문으로 만들어진 전공서적, 특히 대학원 과정의 교재를 접하기 매우 어렵지만, 전문분야 공학서적의 번역과 출간은 소명의식이 없이는 추진하기 매우 어려운 사안임이 분명하다.

교육과 교무에 쫓기는 바쁜 일상 속에서 주말마다 식탁을 일터로 삼아서 지난 틈틈이 시간을 쪼개서 이 책을 번역하였다. 내내, 인내와 이해로 이 일을 후원해 준 아내와 공학을 전공하며 아버지가 걸어온 길을 따르는 아들과 딸에게 감사의 마음을 전한다.

장인배

목 차

Part I. 기술 • 13

Part II. 응용 • 215

제 1 부

기 술

Chapter

Fuel Cell Technology Handbook

01 서론

캐나다 회사인 발라드 파워 시스템[1]사와 다임러-크라이슬러 및 여타 여러 업체들에 의해서 개발된 양성자교환 맴브레인 연료전지를 사용하는 연료전지 동력 시범용 차량에 대한 최근의 성공은 드디어 연료전지의 시대로 들어서게 되었음을 시사하고 있다. 이와는 달리, 충전 동력과 수많은 여타의 개발자들은 그들만의 송전선이 없는 동력 공급 장치를 수년 내로 출시하기 위해서 경쟁하고 있다. 무엇이 이와 같은 개발을 유도하는가? 그리고 연료전지란 정확히 무엇일까?

1.1 연료전지란?

1839년 초에 윌리엄 그로브는 수소와 산소로부터 전기를 만들어내기 위해서 물의 전기분해를 반대로 뒤집음으로 서 연료전지의 기본적인 작동원리를 발견하였다. 그가 발견한 이 원리는 아직까지도 변하지 않고 있다.

> 연료전지는 연료와 산화제가 공급되는 동안 화학적 에너지를 전기적인 에너지(및 약간의 열)로 연속적으로 변환시키는 전기화학적인 장치이다

그러므로 연료전지는 전지와 유사성을 가지고 있으며, 이를 통해서 동력 발생 과정에서의 전기화학적인 유사성을 공유하는 반면에, 엔진의 경우에는 전지와는 달리 어떤 연료를 연속적으로 소비하며 작동한다. 하지만 양자간의 유사성은 여기까지만이다. 엔진이나 전지와는 달리, 연료전지는 충전이 필요치 않고, 조용하며 효율적으로 작동하고, 연료로 수소를 사용하는 경우에는 단지 동력과 음료수만을 만들어낼 뿐이다. 그러므로 이를 소위 **무공해 엔진**[2]이라고 부른다. 전기화학적인 동력발생과정에서의 열역학은 3장에서 연료전지를 열 엔진과 비교해서 분석하고 있다. 열역학적으로, 가장 큰 차이점은 열 엔진은 **카르노 효율**에 의해서 제한을 받는 반면에 연료전지는 그렇지 않다는 점이다. 그로브의 연료전지는 희석된 황산이 채워진 깨어지기 쉬운 용기 속에 백금 전극을 담근 것이었다. 그로부터 현대적인 연료전기 기술에 이르기까지에는 2장에서 설명하고 있는 것처럼 흥미롭고도 험난한 과정을 겪어왔다.

---

1) http://ballard.com/

2) zero emission engine

1.2 주요 용도–동력원

우주여행이 시작되어 제미니와 아폴로 계획에서 전력(과 음료수)을 만들어내기 전 까지는 연료전지가 실제적으로 사용되지 못하였다. 이 시기에 광범위한 노력이 수행되었으며, 이로부터 도출된 많은 결과들이 현재까지도 완벽하게 들어맞으며, 현대적인 연료전지 시스템에 사용되어지고 있다; 나머지 결과들도 오늘날의 연구자들에게 꾸준히 영감을 제공해주고 있다. 초기 연료전지 연구자들의 작업은 놀랍도록 풍성한 지식들을 창출해 놓았다. 2장에는 이들의 선구자적인 작업들 중 일부를 수록하고 있다.

그런데 강한 산을 사용하는 성가신 실험기구들로부터 가정과 차량에서 사용하기에 적합한 깨끗하고 안전한 장비로, 그리고 로켓 과학으로부터 일상생활 속에서의 실제적인 응용으로 이르는 길은 없을까? 그리고 왜 연료전지를 우선적으로 사용하려 하나? 현재의 관점에서 볼 때, 궁극적으로, 연료전지는 수송, 발전설비 그리고 휴대용 기기 등의 세 가지 주요 용도에 있어서 상업적으로 널리 사용될 것처럼 보인다. 서로 서로 다른 형태를 갖는 연료전지들이 이들 세 가지 분야 각각에서 상대적인 중요성을 갖게 되는 이유를 발견할 수 있을 것이다.

1.2.1 수송

수송분야에서, 연료전지는 아마도 **내연기관**의 가장 심각한 경쟁자일 것이다. 이들은 열이 아닌 전기화학적인 엔진이기 때문에 고도의 효율성을 가지고 있다. 따라서 이들은 주요 에너지의 소비와 이산화탄소 배출량을 줄이는 데에 도움을 줄 것이다.

수송의 용도에 있어서 연료전지를 가장 매력적으로 만들어주는 점은 매연이 없거나 극도로 작다는 것이다. 그리고 이는 1980년대와 1990년대에 자동차 제조사들과 연료전지 개발자들로 하여금 연료전지 동력을 사용하는 차량과 버스를 개발하기 시작하게 만든 주된 동기였다. 선도적인 개발자들은 비록 **3로식 촉매 변환기**의 사용이 이정표가 되기는 하지만, 차량의 매연을 더욱 줄이려는 경향을 꾸준히 유지하는 것은 정말로 어려운 일이라는 점을 인식하고 있었다. 캘리포니아의 **배기가스 금지령**이 통과된 후에, 사람들은 무공해 차량을 만들기 위한 유일한 해결책은 전지 동력 차량이라는 점을 최초로 인식하게 되었다. 그런데 소비자들은 주행거리가 그들이 익숙해져 있는 내연기관 엔진에서와 동일한 수준이 될 것을 요구하기 때문에 전지의 저장용량은 실제적으로 사용하기에 충분치 못한 것으로 판명되었다. 게다가, 전지는 또 다른 이유 때문에 만족스러운 해결책이 되지 못한다: 전지 동력 차량을 사용하면 공기오염이 발생하는 장소가 단지 충전을 위한 전력을 만들어내는 발전소로 옮겨갈 뿐이라는 점이다. 일단 이 사실이 이해되고 나자, 사람들은 연료전지가 차량에 의한 오염 문제에 대해 효과적인 유일한 기술적 해결방안임을 알게 되었다.

불행히도, 연료전지에 대한 공적인 인식은 시간이 지남에 따라서 잊혀지고, 이 새로운 풋내기 모터로부터 모든 종류의 기적이 일어날 것처럼 기대하게 되었다. (연료전지는 수소만을 필요로 하기 때문에) 화석연료가 전혀 필요 없어질 것으로 기대하게 되었으며, 많은 사람들이 아직도 연료전지 차량은 물이 가득 찬 탱크만으로도 달릴 수 있다고 믿고 있다.

수소의 저장 문제는 이미 해결되어 있기 때문에(5장 참조), 최초의 연료전지 버스가 발라드 파워 시스템社의 실험실에서 굴러 나왔을 때, 이 버스들이 시장에 빠르게 진입하게 될 것처럼 보였다. 연료전지 동력 차량들에 대한 전망이 10장에서 상세히 논의되어 있다; 특히 차량의 경우에 대한 충전문제는 5장에서 다루고 있다.

자동차 시장이 연료전지의 가장 큰 잠재시장이라는 점은 명확하다. 하지만 일단 개발업체들이 소요비용을 산출해 보면, 그들은 개선된 내연기관, 하이브리드 자동차, 그리도 여타의 잠재기술들과의 힘겨운 경쟁을 당면하고 있다는 점을 인식할 것이다. 연료전지 동력 자동차의 주요 경쟁대상들에 대해서는 11장에서 논의할 예정이다. 차량 및 설비 시스템 모두에 대한 완벽한 연료사슬들에 대해서는 12장에서 분석되어 있다.

1.2.2 발전설비

처음에는 가격 목표가 기회로 비춰졌었다. 그 이유는 연료전지가 자동차의 가격목표를 충족시키게 된다면, 발전설비를 포함하는 여타의 용도에 대해서도 이 개발결과의 혜택이 적용되며, 값싼 다목적 동력원이 사용 가능해질 것이기 때문이다.

버스가 아니라 발전설비가 연료전지 기술의 선도시장이 될 것으로 전망되고 있다. 이산화탄소 배출의 절감은 특히 **열병합발전**과 같은 소형 발전설비에 연료전지를 사용해야 하는 중요한 이유가 된다. 사실상, 연료전지는 현재까지, 가정용 환경(5~10 [kW])에 사용되는 마이크로-열병합발전 시스템을 위해 실제적으로 사용할 수 있는 유일한 엔진이다. 열병합발전 시스템에 대한 투자가 증가할수록, 가정용 에너지 공급과 (더 많이 설치될수록) 전력 송전 및 복잡성에 따른 비용이 절감될 것이다. 50~500 [kW]의 규모에 대해서 열병합발전 시스템은 천연가스로 운전되도록 개조된 점화식 및 압축식 엔진과 경쟁하게 될 것이다. 현재까지는, 온시社(IFC)에 의해서 제작된 전 세계적으로 수백 개의 200 [kW]급 인산연료 공장에 UTC社의 연료전지가 설치되어 있다.[3] 발전설비 시스템의 전류범위는 8장에서 논의되고 있다.

1.2.3 휴대용 동력

휴대용 동력의 시장은 그리 잘 정의되어 있지는 않지만, 연료전지의 조용한 동력발생 특성에 따라서 1 [kW] 휴대용 범위와 소위 **보조전력유닛**이라 부르는 차량 보조동력에 대해서 잠재적인 가능성이 보이고 있다 **휴대용 연료전지**라는 용어는 보통 캠핑, 요트, 및 교통상황 모니터링 등과 같은 송전망과 무관한 용도를 포함하고 있다. 고려의 대상이 되는 연료는 용도에 따라서 서로 다르다. 하지만, 선정된 연료가 그 용도에 대한 유일한 대안이 되지는 않는다.

3) 2016년 현재 NASDAQ에 상장되어 있는 퓨얼셀 에너지社(www.fuelcellenergy.com)는 3.7[MW]급 DFC를 공급하고 있다.

휴대용 전원 시장 내의 하위분류 각각에 대해서 서로 다른 연료전지들이 필요할 것이다. 휴대용 연료전지들에 대해서는 9장에서 논의되어 있다.

1.3 저온 및 중간온도 연료전지

현존하는 모든 연료전지 제품군들을 사용된 전해질에 따라서 분류할 수 있다. 그리고 표 1.1에 제시된 약자를 사용한다. 이 연료전지들 모두는 동일한 기본원리에 따라 작동한다. 양극에서는 연료(일반적으로 수소)가 전자 및 양자로 산화되며 음극에서는 산소가 산화물로 변형된다. 전해질에 따라서, 양자나 산화된 이온은 이온 전도를 통해서 운반되지만, 전기적으로 절연된 전해질은 산화물이나 양성자와 결합하여 물과 전력을 생성한다. 동력발생 공정에 대한 더욱 상세한 해석은 3장과 4장에서 수행되어 있다.

표 1.1에서는 현재 적극적으로 개발이 수행되고 있는 연료전지들에 대해서 나열하고 있다. **인산 연료전지**(PAFC)는 전해질로 용융된 인산(H_3PO_4)을 사용하며, 200 [℃]의 온도에서 작

표 1.1 현재 개발된 연료전지의 유형과 특징 및 응용분야

연료전지 유형	전해질	전하 운반자	작동온도 (℃)	연료	전기효율 (시스템)	동력범위/ 응용분야
알칼리FC (AFC)	KOH	OH^-	60~120	순수H_2	35~55% 4)	< 5kW, 틈새시장(군용 및 우주산업)
양성자교환 맴브레인FC (PEMFCa)	고체폴리머 (나피온 등)	H^+	50~100	순수H_2 (CO_2 수용가능)	35~45%	자동차, CHP (5~250 kW), 휴대용
인산FC (PAFC)	인산	H^+	~220	순수H_2 (CO_2, 약 1% CO 수용가능)	40% 5)	CHP(200kW)
용융탄산염FC (MCFC)	리튬, 칼륨 탄화물	CO_3^{2-}	~650	H_2, CO, CH_4, 기타 탄화수소 (CO_2 수용가능)	>50% 6)	200kW~MW범위, CHP 및 독립형
고체산화물FC (SOFC)	고체산화물전해질 (산화이트륨, 지르코늄)	O^{2-}	~1000	H_2, CO, CH_4, 기타 탄화수소 (CO_2 수용가능)	>50% 7)	2kW~MW범위, CHP 및 독립형

[a] 또한 고체 폴리머 연료전지(SPFC)로도 알려져 있음

4) 폴리머 맴브레인을 전해질로 사용하는 새로운 형태의 AFC는 우주에서 60% 이상의 효율을 갖고 있다.
5) PAFC에서 발생하는 전기와 열을 동시에 사용하면 효율을 85%까지 높일 수 있지만, 전력생산 효율만으로 본다면 화력발전보다 약간 효율이 높을 뿐이다.
6) MCFC의 효율은 최고 65%에 달하고 있으며 폐열을 활용하면 효율은 85% 이상이 된다.
7) SOFC의 효율은 최고 60%에 달하고 있으며 폐열을 활용하면 효율은 85% 이상이 된다.

동한다. 인산 연료전지는 주로 중간규모의 동력발생 시장을 겨냥해서 개발되었으며, 200 [kW] 시연용 유닛이 현재 수천시간동안 작동하고 있다. 그런데 두 가지 저온 연료전지인 **알칼리 연료전지**(AFC)와 **양성자 교환 맴브레인 연료전지**(PEMFC)를 서로 비교하면, 인산 연료전지(PAFC)는 단지 중간 정도의 전류밀도를 구현할 수 있을 뿐이다.

알칼리 연료전지(AFC)는, 연료전지의 선구자인 베이컨에 의해서 1930년대에 최초로 실제로 작동하는 시스템으로 개발되었으며(2장에서 비교), 모든 유형의 연료전지들 중에서 가장 오랜 역사를 가지고 있는 전지중 하나이다. 이 기술은 아폴로 우주계획을 위해서 더욱 개발이 진행되었으며, 인간을 달로 보내는 데 있어서 핵심 인자였다. 알칼리 연료전지(AFC)가 사용하는 강한 알칼리성 전해질(NaOH, KOH)이 이산화탄소를 흡수하여 궁극적으로는 전해질의 도전성을 떨어뜨린다는 단점을 가지고 있다. 이는 이산화탄소를 함유한 순수하지 못한 H_2를 연료로 사용할 수 없음을 의미하며, 공기를 알칼리 연료전지(AFC)의 산화제로 사용하기 전에 수집해서 이산화탄소를 제거해야만 한다. 그러므로 현재까지 알칼리 연료전지(AFC)는 우주산업(스페이스 셔틀의 선체 전력은 여전히 알칼리 연료전지를 사용한다)과 같은 틈새시장을 공략할 수 있을 뿐이다.

이를 타개하기 위해서 일부 상업적인 시도가 수행되었다. 가장 유명한 예로서, 지텍[8]/ 지브코社[9]는 1990년대 중반에 벨기에의 연료전지 개발업체로 이미 파산해버린 ELENCO에 의해서 개발된 알칼리 연료전지(AFC) 기술을 재검토하기 시작했다. 수많은 지텍社의 활동들이 광범위한 출간물을 통해서 관심을 끌게 되었다. 1990년대 후반에 지텍社는 소위 연료전지 동력을 사용하는 **런던택시**를 발표하였다. 이 차량에 사용된 엔진 기술에 대해서는 알려진 바가 거의 없다. 그러나 사용된 알칼리 연료전지(AFC)의 출력이 단지 5 [kW]이며, 이는 이를 주 동력원으로 사용할 수 없으며, 단지 차량 동력용 전지의 출력 증대용으로 사용되었음을 의미한다. 알칼리 연료전지(AFC)기술에 기초한 여타의 최근 활동들에는 (지브코社에 의한) 건설용 트럭과 (이팅社에 의한) 보트 등이 있다. 알칼리 연료전지(AFC)의 큰 이점은 비교적 염가로 생산할 수 있다는 점이다. 이는 고도로 특성화 된, 공항 운반차량과 같은, 실내 추진 시스템 시장과 휴대용 분야의 수많은 용도들에 대한 시장을 개척하는 데에 도움을 줄 수 있을 것이다.

양성자교환 맴브레인 연료전지(PEMFC)는 전해질로서 사용되는 특수한 플라스틱 맴브레인[10]으로부터 이름을 따온 것이다. 원래는 클로랄-알칼리 산업을 위해서 듀퐁사가 견고한 양이온 교환 맴브레인을 개발하였으며, 양극 및 음극과 전해질과 같이 연료전지의 모든 핵심적인 부분들을 매우 밀집된 유닛으로 결합하기 위한 효과적인 수단임이 증명되었다. 이 맴브레인 전극 조립체(MEA)는 수백 마이크로미터 이내의 두께이며, 양성자 교환 맴브레인 연료전지(PEMFC)의 심장으로서, 연료와 공기가 공급되면, 최대 1 [V]의 전지 전압으로 전력을

---

8) www.zetec.com

9) ZEVCO

10) 그러므로 이는 또한 **고체 폴리머 연료전지**(SPFC)라고도 알려져 있다.

생성하며, 전력밀도는 1 [W/cm^2]에 달한다.

맴브레인은 양성자를 효과적으로 통과시기 위해서 액체인 물에 의존하며, 이는 양성자 교환 맴브레인 연료전지(PEMFC)가 작동할 수 있는 온도를 제한하게 된다. 가압된 조건 하에서 작동한다고 하더라도 작동온도는 100 [℃] 이하로 제한된다. 그러므로 훌륭한 작동성능을 구현하기 위해서는 효과적인 전기촉매기술(6장)이 필요하다. 촉매는 맴브레인 양측에 수 마이크로미터에서 수십 마이크로미터 두께의 얇은 가스-다공질 전극층을 형성한다. 맴브레인과의 이온접촉은 보통 액상의 맴브레인 이오노머를 사용하여 전극층을 코팅하면 향상된다.

맴브레인 전극 조립체(MEA)는 전형적으로 양극과 음극에 각각 연료와 산화제를 분배하기 위한 유동장이 가공되어 있는 한 쌍의 전류 수집판들 사이에 위치한다(4장의 그림 4.2 비교). 냉각을 위한 물 재킷은 금속성 전류 수집판 뒤에 위치하는 각각의 반응성 유동장 후면에 삽입된다. 이 전지는 또한 맴브레인 전해질을 적셔서 양성자 통과특성을 유지하도록 만들기 위해서, 반응성 가스들을 위한 가습영역을 갖추고 있을 수도 있다. 이 기술에 대해서는 4장에서 더욱 심도있게 논의되어 있다(10.2.3절과 비교).

제미니 우주계획에서 전력 공급장치로 사용되면서부터 이 유형의 연료전지는 발라드 파워 시스템社에 의해서 다시 생명을 얻게 되었다. 1990년대 초기에 발라드社는 적층체적 1 [L] 당 0.2 [kW]의 전력밀도를 갖고 있는 총 전력 5 [kW]를 생산하는 마크5 연료전지 적층(그림 10.4(a))을 개발하였다. 발라드社와 다임러 크라이슬러社가 1990년대 후반에 공동으로 개발한 마크900 적층(그림 10.4(b))에서 전력 밀도는 다섯 배 이상 향상되어 1 [kW/L] 이상이 되었다. 총 출력은 75 [kW] 이상이 되어, 이 적층은 수송용으로서의 성능목표를 충족시킬 수 있게 되었다(10.2.3절과 비교).

양성자 교환 맴브레인 연료전지(PEMFC) 역시 설비의 용도로 개발되었다. 최근 들어, 마이크로-열병합발전의 영역에 대한 요구가 다양한 분야의 개발자들에 의해서 요청되고 있는 실정이다. 이 분야에서는 높은 전력밀도가 가장 중요한 주제가 되지 못한다. (가정용) 마이크로-열병합발전 시스템에서는, 높은 전류효율과 신뢰성이 중요시된다. 전체적인 목표는 전력과 열을 만들어내기 위해서, 일반적으로 천연가스와 같은, 선정된 연료를 가장 경제적으로 사용하는 것이다.

1.4 고온 연료전지

고온 연료전지의 두 가지 유형인 **고체 산화물 연료전지**(SOFC)와 **용융 탄산염 연료전지**(MCFC)가 메가와트 급 대용량 발전설비의 용도로서 주로 고려되어져 왔다. 이 시스템들에서, 전해질은 **전하 운반자**인 O^{2-}와 CO_3^{2-}와 같은 음이온 전달물질로 구성된다. 이 두 가지 연료전지들은 저온형에 비해서 두 가지 중요한 장점을 가지고 있다. 우선, 이들은 높은 전기효율을 구현할 수 있다; 시제품에서 45% 이상의 효율이 구현되었으며, 현재 60% 이상의 효율을 목표로 하고 있다.[11] 이 사실은 연료효율이 높은 발전설비에 사용하기에 이 연료전지들을 특별히 매력적인 대상으로 만들어준다. 두 번째로, 높은 작동온도는 천연가스와 같은 연료의 직접 내부처리를 가능케 해 준다. 이는 공정 스텝에 추가적으로 수소발생 단계가 필요한, 저온 발전설비에 비해서 시스템의 복잡성을 감소시켜 준다. 고온 연료전지는 손쉽게 끌 수 없다는 점은 거의 유일하게, 설비 분야에서만은 손쉽게 수용할 수 있다.

이 기술의 전반적인 설명과 발전설비에 사용되는 연료전지의 장점 등은 8장에서 다루고 있다.

1.5 액체연료 : 직접 메탄올 연료전지

의심할 여지없이 충전 문제에 대한 가장 세련된 해결방안은 연료전지가 액체연료로 작동하도록 만드는 것이다. 특히 이는 수송 및 휴대용의 분야에 해당된다. **직접 메탄올 연료전지**(DFMC), 액체 또는 기체상으로 충전되는 양성자 교환 맴브레인 연료전지는 메탄올/물 혼합물과 공기를 사용하여 작동하므로, 세심하게 고찰할 가치가 있다. 가장 중요한 기술적 도전은 음극의 과도전압(현실적인 전류밀도에 대해서 수백[mV])을 낮추기 위해서 더 나은 양극촉매를 만들고, 음극의 **중독**[12]을 극복하고 메탄올이 양극에서 음극으로 누출됨에 따르는 연료손실을 줄이기 위해서 맴브레인을 개선하는 것이다. 현재까지의 시제품 직접 메탄올 연료전지(DFMC)는 (맴브레인 전극 조립체의 면적에 기초해서) 최대 0.2 [W/cm^2]의 전류밀도의 전력을 송출하지만, 실제적인 작동조건이나 허용 가능한 백금 부하에는 아직 미치지 못하고 있다. 그런데 이 출력값들은 **개질장치**와 **개질물질**의 세척단계를 포함하는 기존의 연료전지 시스템과는 경쟁하기에 충분한 정도로 근접해 있다. 직접 메탄올 연료전지(DFMC)의 현재 상황에 대해서는 7장에서 논의되어 있으며, 휴대용 목적에 대해서는 9장에서 논의하고 있다.

11) 현재 약 60%의 효율이 구현되었다.

12) poisoning

Chapter

Fuel Cell Technology Handbook

02 역사

연료전지의 초기 역사에 있어서, 전기화학적인 에너지 변환이 가지고 있는 높은 이론적 효율을 연구자들이 인식하고 있었기에 이를 구현하려고 애썼다. 하지만 전극의 설계, 적절한 전해질의 선정, 그리고 반응을 유지시키기에 적당한 하드웨어 소재의 개발 등에 있어서 개선이 필요했었다. 이 단원에서는 중요한 유형의 연료전지들의 개발과정에 대해서 정리해 보며, 현재의 기술수준에 이르기까지의 진보에 대해서 살펴보기로 한다.

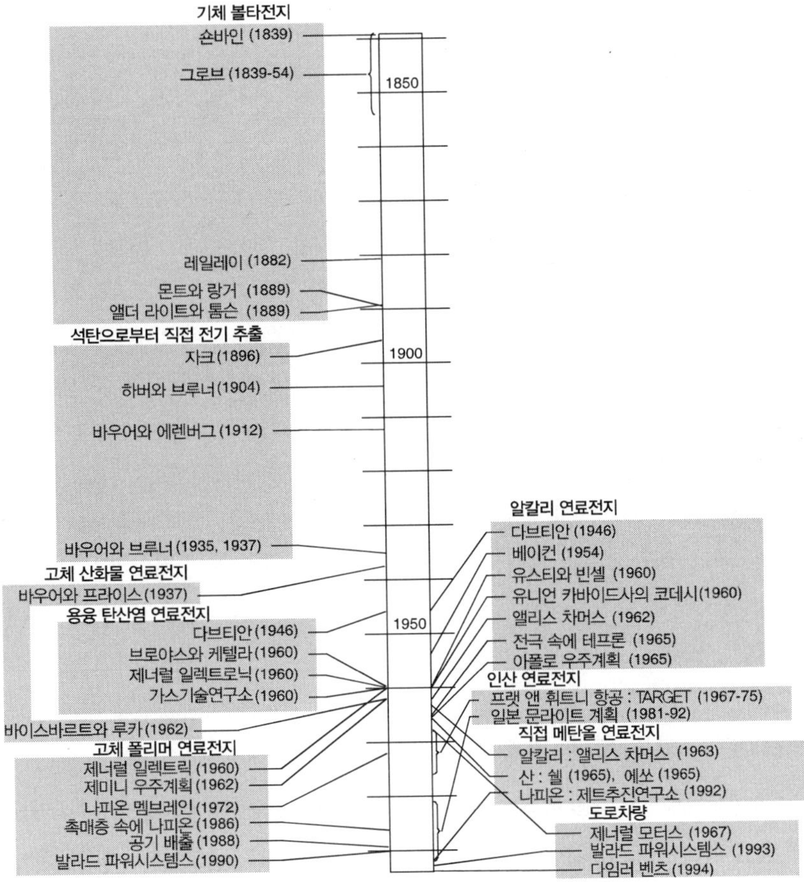

그림 2.1[1)] 이 장에서 살펴볼 업적들을 아홉 개의 그룹으로 분류하였다. 연대표들은 저자와 회사들에 의해서 출간된 연도를 기준으로 하였다.

1) 테프론과 Nafion®은 듀퐁사에 의해서 등록된 상표임

그림 2.1의 연대표에서는 이 단원의 아홉 절을 나타내고 있다. 개발의 초창기는 전해질에 따라서 네 가지 유형으로 분리되어 있다: 기체 동전기 전지는 액상의 산을 사용하며, **석탄으로부터 직접 추출**방식 연료전지는 알칼리, 탄화물, 및 고체산화물 전해질 등을 사용해서 시험되었다. 이와 같은 초창기 작업들에 대한 논의 후에, 개별적인 절들에서 연대순으로 각각의 유형의 연료전지들에 대해서 주요 업적들을 중심으로 상세히 논의할 것이다. 유형에 대한 절들 뒤의 마지막 절에서는 차량 추진 시스템에 사용된 바 있는 세 가지 유형의 연료전지들을 포함하여 차량 응용사례에 대해서 논의한다. 결론에서는 주요 유형의 연료전지들과 관련된 계보에 대해서 요약하고, 이 장에서 다루지 못한 여타의 주요 작업들에 대한 참고문헌들을 수록하고 있다.

2.1 기체 동전기 전지

연료전지라는 이름(리딜과 에반스, 1922)을 얻기 전인, 처음에는 **기체 동전기 전지**라고 알려져(그로브, 1842) 있었다. 그로브의 기체 동전기 전지는 수소 및 산소를 반응물질로 사용하며, 백금 전극과 황산 전해질을 사용했었다. 이 시대에도 백금은 이미 산소와 수소 사이의 반응을 위한 촉매로 알려져 있었으며, 이 원리에 대한 그로브의 실험결과가 최초로 출간된 것은 중요한 실례였다(그로브, 1839). 숀바인은 1838년에 백금전극을 사용한 실험에서 측정된 전류에 대해서 설명하면서 이 원리에 대해 언급하였지만, 그에게 있어서 그로브의 전지에 대한 논증은 과학협회의 주의를 끌기위해 필요했을 뿐이었다(숀바인, 1843). 연구자들이 선행 작업에 대해서 언급한 사례로는 몬트와 랑거(1889)의 기체 전지에 대한 것으로, 이것은 훨씬 더 실제적이었다; 라이트와 톰슨(1889)은 그들의 **급기판** 전극이 전해질을 수용하는 **수용체**로서의 역할도 수행한다는 점에 관심을 두었다. 그 외에, 기체 전지의 개선과 관련되어 조금 덜 중요하지만, 레일레이 경(1882)의 논문에서는 표면적을 넓히기 위해서 백금 망사천을 사용한 것을 보고하였다. 또한 레일레이와, 나중에 몬트와 랑거는 석탄으로부터 추출한 순수하지 않은 수소를 연료로 사용했는데, 이는 석탄으로부터 직접 추출방식 연료전지 개발 노력을 선도하였다.

2.1.1 윌리엄 그로브(1839, 1842, 1843, 1845, 1854)

1839년에 윌리엄 그로브에 의해서 연료전지가 발명되었을 때, 이것은 **기체 동전기 전지**라고 불렸었다(그로브, 1842). 그로브는 이 최초의 실험을 웨일즈의 스완지 대학에서 수행하였으며, 갈바닉 전지의 전극소재에 대한 실험논문의 후기 형태로 기체 전지에 대한 내용을 수록하였다. 실험장치에서, 두 개의 백금 전극들은 액체인 황산이 담긴 비커에 절반정도 담그며, 각 전극들에는 튜브를 거꾸로 씌우고, 그중 하나에는 수소 기체를, 다른 하나에는 산소 기체를 채워 넣는다. 튜브들을 담그면, 기체가 전해질을 대체하게 되며, 전극에는 산성 용액의 얇은 막 만이 남아있게 된다. 두 전극 사이에서의 전류 흐름을 감지하여 검류계가 움직인다. 검류계의 초기 움직임 이후에 전류량은 감소하지만, 전해질 층을 다시 새로 입히면 반응률이 회복된다.

이 코팅층의 중요성 때문에, 그로브는 나중에, 반응은 기체 반응물질과 액체 전해질 층 사이의 접촉면적이 기체가 고체인 전극까지 확산되기에 충분할 정도로 얇은 **반응표면**에 의존한다는 점을 인식하게 된다(그로브, 1842). 표면반응을 증가시키기 위해서, 그로브는 도금(백금 입자들이 고체 백금 전극에 부착)된 백금전극을 사용했으며, 26개의 전지들을 직렬로 연결해서 물의 전기분해를 통해 목표하는 부산물인 수소와 산소를 만들 수 있었다. 이보다는 소규모인, 전지가 4개인 그로브의 기체 전지가 그림 2.2에 도시되어 있다. 더 많은 실험에서, 그로브는 튜브 내에 여러 가스들을 채워 넣고 어떤 효과가 나타나는가를 관찰하였으며, 수소와 질소의 조합에서 약간의 효과가 나타남을 발견하였다; 그는 공기중의 산소가 용액 속으로 용해된다는 것을 이해하였다.

기체 전지의 작동원리에 대한 논쟁이 있었으며, 그로브(1843)는 화학반응에 기여하는 것이 산소라는 그의 의견을 증명하기 위해서 애썼다. 그는 양극과 음극에 14종의 기체 조합들을 시험하였으며 전극들 중 한쪽에 염소와 산소를 공급하고 다른 쪽에는 수소와 일산화탄소를 공급하는 것이 "**동전류**를 생성하기 위해 결정적으로 **전기-합성결합**을 가능케 하는 유일한 기체들이다"라는 결론을 내렸다. 공기중의 질소보다 산소에 대한 기체 전지의 선택성 때문에, 그는 연료전지를 실제에서, 특히 공기의 순도를 구하기 위해서, 기체 혼합물의 체적 조성을 측정하는 장비인, **유디오미터**로 사용할 것을 제안하였다.

1845년에, 그로브는 런던 왕립협회에 추가적인 실험결과를 발표하였으며, 증발 시험을 위한 장비로 기체 동전기 전지를 소개하였다. 그는 부도체인 고체 형태의 인과 요오드를 사용

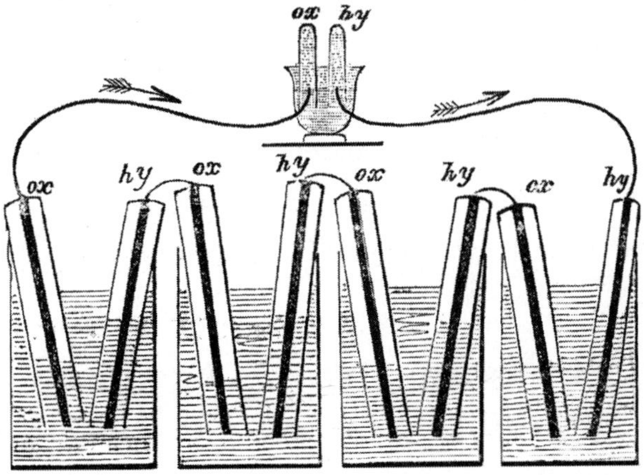

그림 2.2 [2] 그로브(1842)는 50개의 전지를 사용해서 기체 전지를 제작했으며, 물을 전기분해 하기 위해서는 최소한 26개의 전지가 필요하다는 것을 발견하였다. 이 그림에서는 4개의 전지가 도시되어 있다.

2) Taylor and Francis Group의 허가를 받고 게재함, http://www.tandf.co.uk

하였고, 이들을 기체 전지의 질소 튜브속에 방치하였으며, 전지들은 연속적으로 동전류를 생성하였다. 그는 또한 장뇌[3], 정유[4], 에테르, 알코올 등 여타의 휘발성 전기-양성물질들에 대해서도 양극 측의 질소 속에 넣은 후에 산소와 반응시켜서 실험을 수행하였으며, 이 전지들이 연속적인 동전류를 생성함을 발견하였다. 그래서 그는 아연으로부터 수소를 얻고 공기로부터의 산소를 사용하여 무한한 숫자의 전지들을 수용할 수 있는 새로운 형태의 기체 전지에 대해서 설명하였다. 1854년에, 논평방식의 논문(마테우치, 1854)에서, 그로브는 훨씬 더 진보된 응용으로서, 상용 연료로부터 전기를 추출하는 기체 전지를 제안하였다:

> 만약 전기를 생산하기 위해서 비교적 비싼 물질들인, 제조된 아연과 산을 사용하는 대신에, 대기중의 공기와 일반적인 석탄, 나무, 지방, 또는 여타의 원 소재들 사이의 연소를 통해서 전기를 만들어낼 수 있다면, 우리는 즉시 전기의 상업적 이용에 대한 올바른 전망을 갖게 될 것이라는 점을 자주 생각하게 된다.

이 문헌은 구성성분들에 대한 적절한 석출을 통해서 모든 화학적 합성작용으로부터 동전류를 만들어낼 수 있다 라는 그의 신념으로부터 나온 것이다.

2.1.2 숀바인(1838, 1839, 1843)

그로브의 실험에 대해서 읽은 후에, 숀바인(1843)은 1841년과 1842년에 출간한 자신의 실험이 그로브의 것과 주제가 유사하며 밀접하게 연관된 결과를 나타내고 있음에 주의를 기울이게 되었다. 숀바인(1838)은 두 물질이 서로 단순히 접촉한 결과로서 전류가 발생되는 것이 아니라 화학적 반응의 결과라는 것을 증명하기 위해서 노력하고 있었다. 1839년에 출간(1838년 12월에 쓰임)된 편지에서, 숀바인은 백금선을 사용한 실험과 전극이 위치한 대기에 따라서 어떻게 극성화 또는 비극성화 되는가에 기초해서 결론을 내렸다. 그는 맴브레인에 의해 분리되어, 각 구획 내에 서로 다른 기체가 용해되어있는 유체를 시험하였다. 실험들 중 하나에서, 하나의 구획에 담겨져 있는 희석된 황산에는 수소가 용해되어 있고 다른 쪽 구획에 담겨져 있는 희석된 황산에는 수소가 용해되어 있지는 않지만 공기중에 노출한 상태에서 백금선을 사용하여 브리지를 연결하였다. 수소가 있는 구획은 그렇지 않은 구획에 비해서 음의 극성을 갖고 있었다. 금 및 은 도선을 사용하는 경우에는 전류가 발생하지 않았다. 그의 결론들 중 하나에서, 그는 수소와 산소 사이의 결합이 백금에 의해서 유발되었다는 것을 인식하였다:

> 산성(또는 중성)용액 속에서 산소와 수소의 **화합**[5]은 백금의 존재 하에서, 금속이 기체 산소와 수소의 **화학적 결합**[6]을 결정하는 것과 동일한 방식으로, 발생된다.

---

3) camphor
4) essential oil
5) chemical combination
6) chemical union

이 편지속의 그의 결론에서, 숀바인은 전류를 유발하는 것이 접촉에 의한 것이라면 금이나 은으로 만든 도선도 동일한 결과를 만들어내야만 하므로 전류를 만들어 내는 것은 단순한 접촉이 아닌 화학적인 반응이라는 것을 이 실험결과를 사용하여 규명하였다. 그러나 백금이 수소와 산소를 결합시키는 촉매(금이나 은은 아님)로 알려져 있었기 때문에, 전류는 접촉이 아니라 수소가 (물 속에 용해되어 있는) 산소와의 결합에 의해서 유발된 것이라는 점이 규명되었다.

2.1.3 레일레이(1882)

1882년에, 레일레이 경에 의해서 새로운 형태의 기체 전지가 개발되었으며, 고체전극, 기체 및 액체 사이의 작용 표면이나, 또는 기체와 매우 인접해 있는 액체와 만날 수 있는 비율을 증가시킴으로서 백금 전극의 효율을 개선하려고 시도했었다. 레일레이는 (일반적인 백금 박판을 사용하는 대신에) 면적이 대략 130 [cm^2]인 두 조각의 백금 망사천을 사용하고, 액체 전해질의 표면상에 공기 전극을 위치시켜서 상부 표면이 젖어있지만 잠기지 않도록 만들며, 수소 전극도 전해질의 표면에 위치시키지만 밀봉된 챔버 속에 넣었다. 수소를 사용하는 것 외에도 그는 또한 연료로서 석탄가스를 사용하였으며, 이 기체 전지는 성능은 떨어지지만 여전히 주목할 만한 전류를 생성하였다.

2.1.4 몬트와 랑거(1889)

1889년 루드비히 몬트와 칼 랑거에 의해서 발표된 새로운 형태의 기체 전지는 개선 이상의 의미를 갖는다; 이것은 실제적인 연료전지의 원형이 되었다. 이 연구자들은 액체 전해질에 의해서 유발되는 전극의 넘침 문제에 대한 해결책을 제시한 것이 그들의 주요 업적이라고 생각했었다. 수용체를 사용해서 황산을 제 위치에 가둬 놓을 수 있었다.

> [그로브], 뿐만 아니라 그 후의 연구자들도 한 가지 중요한 문제, 즉, 손상되지 않은 흡수재가 동력의 응축 성질을 유지하는 것에 대한 필요성을 간과했다...기체 전지용으로 가장 적절한 흡수재인 **백금흑**[7]은 젖자마자 동력의 응축 성질을 거의 완벽하게 상실하며, 따라서 우리는 이를 완벽하게 건조된 상태로 유지할 필요가 있다.

다이아프램이라고도 부르는 수용체는 다공질이며 부도체인 고체이다:

> ...파리 거리의 회벽과 같은, 토기, 석면, 골판지, 등의 재료를 희석된 황산이나 여타의 전해질로 함침시켜서, 양쪽 측면에는 얇은 다공질 백금박 또는 백금흑 박막층이 입혀진 금박으로 덮는다.

그들의 최초 두 가지 설계에 대해서 묘사하면서, 몬트와 랑거는 연료전지 반응을 유지하기 위한 실용적인 하드웨어 개발에 대한 그들의 통찰력을 보여주었다. 그들은 내부 전기저항이 두 전극간의 전압을 낮출 것임을 인식하였다:

7) platinum black: 미세한 분말상의 백금으로 검은색을 나타낸다.

전지의 내부저항을 최소한으로 줄이기 위해서는 생성된 전기를 전달하기 위한 백금이나 금박(백금흑은 매우 나쁜 도전체이다)이 납이나 여타 양질의 도전체 스트립들과 촘촘하게 접촉하고 있어야 한다.

그림 2.3에서는 몬트와 랑거의 기체 전지 설계가 도시되어 있다.

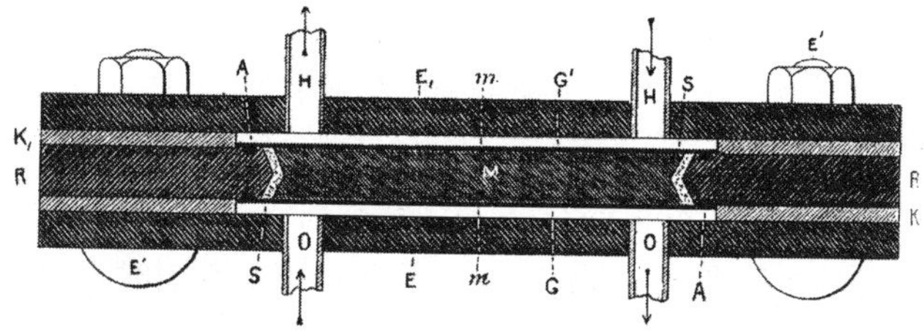

그림 2.3 몬트와 랑거의 설계들 중 하나(1889)로, 황산 전해질을 저장하기 위해서 다이아프램을 사용했다. 다이아프램의 기호들은 A:도전성 스트립, E:경화고무 판, G:기밀챔버, H:수소, K:고무 프레임, O:산소, M:도자기 판, R:경화고무 프레임, S:전극

몬트와 랑거는 낮은 기전력이나 낮은 개회로 전지전압에 대해서 관심을 가졌으며, 이는 백금흑 촉매를 만드는 방법에 관계되어 있음을 깨닫게 되었다. 촉매의 성능에 대해서 보여주는 이들의 데이터가 그림 2.4에서 제시되어 있다.

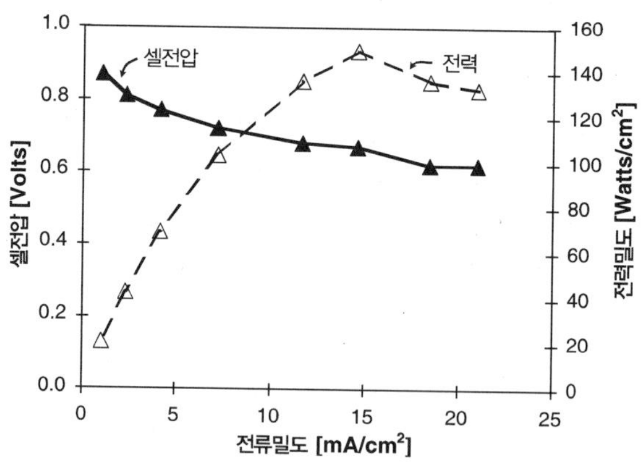

그림 2.4 몬트와 랑거의 기체 전지의 성능특성(1889). 몬트와 랑거는 그들의 전지에 순수 산소나 공기중의 산소 모두를 공급했으므로, 이 데이터들이 음극 반응물질로 어떤 조건을 사용하여 도출한 것인가는 확실치 않음. 전극 면적은 42[cm^2]

몬트와 랑거는 그들이 기대했던 1.47[V]가 아니라 0.97[V]로 보고된, 낮은 개회로 전압의 원인에 대해서 연구하였다.(기대되는 최대 전지전압은, 화학반응에 의해서 방출되는 열은 반응물질의 화학적 친화성의 척도라는; 즉 엔탈피의 변화는 깁의 에너지 변화와 동일하다고 생각한 **톰슨과 베르틀로의 궤변**에 의거하여 리바프스키와 케언스(1968)가 구한 값) 양극과 음극에 서로 다른 전극재료들을 대체해 봄으로서 이들은 손실을 유발하는 것이 전극상의 PtO

라는 것을 확인하였다. 이 데이터들은 몬트와 랑거의 작업을 반박한 앨더 라이트와 톰슨의 논문(2.1.5절 참조)에서 확인할 수 있다.

몬트와 랑거는 전지의 효율이 (기대되는 1.47 [V]에 대해서) 거의 50%에 달한다는 것을 계산해 내었고 소모된 에너지는 전지 내에서 열로 변환된다는 것을 인식하였다. 온도를 40 [℃]에서 일정하게 유지하기 위해서, 그들은 과도한 공기를 통과시켰으며, 이는 동시에 음극에 형성되는 물을 제거해 주었다.

> H와 O의 결합에 의해서 50%의 유용한 효과와 더불어서, 나머지 절반은 열로 발생되어 전지 내로 방출되며, 온도를 상승시킨다. 전지 속으로 과도한 공기를 통과시켜서, 우리는 전지의 온도를 약 40 [℃]로 일정하게 유지할 수 있으며, 동시에 이들로부터 분사되는 기체를 통해서 전지 내에 형성된 물을 모두 배출시킬 수 있으므로, 백금흑을 충분히 건조한 상태로 유지시킬 수 있으며, 다공질 판도 거의 동일한 습도상태로 유지할 수 있다.

전지의 성능은 약 1시간이 경과하면 4~10%로 감소된다. 몬트와 랑거는 산의 농도 편차가 음극보다는 양극에서 강해지는 것을 발견하였으며 따라서: 아마도 산의 이런 농도차이가 역전류를 만드는 것 같다라고 말했다. 농도의 분극화를 줄이기 위해서 이들은 전극에 공급되는 기체를 맞바꾸었고, 그러므로 다이아프램을 통해서 흐르는 이온의 유동 방향도 한시간 단위로 산성에서 약한 쪽으로 되돌아가게 되었다.

루드비히 몬트는 붉게 타오르는 석탄을 통과하는 공기와 스팀에 의해서 생성되는 **몬트가스**를 더 효과적으로 사용하겠다는 기대를 가지고 이 기체 전지를 개발하기 시작했다(코헨, 1956). 원래, 몬트는 이 반응으로 암모니아를 합성하려고 했었지만, 그 결과로는 질소의 고착이 발생하지 않음이 밝혀졌다. 그 대신에, 반응 생성물은 수소가 다량 함유되어 있으며, 이 **무연 연료**는 발전과 용광로의 가열 등에 사용할 수 있었다. 기체 전지를 사용해서 전기 에너지를 생산하는 것이 이 물질의 화학적 에너지를 더 효율적으로 사용하는 길임을 몬트는 알고 있었으며, 1889년에, 그와 칼 랑거는 30~40%의 H_2를 함유한 몬트가스를 공급할 때 기체 전지의 성능이 타당성을 가지고 있음을 보고하였다.

2.1.5 앨더 라이트와 톰슨(1889)

어느 날 런던 왕립협회 모임에서 시행된 몬트와 랑거의 시연을 보고 나서 앨더 라이트와 톰슨(1889)은 그들의 작업이 최초로 이루어졌음을 증명하기 위한 목적으로 1887년에 수행했던 실험에서 사용했던 장치를 다시 소개하였다. 그들의 전극을 **급기판**이라고 불렀다. 급기판으로 사용한 소재(백금흑이 가장 좋은 성능을 보였다)는 유약을 칠하지 않은 도자기나 여타의 유사한 다공질 부도체의 표면에 부착하였으며, 전해질(황산이나 부식성 소다용액)은 다공질 소재 속에 함침시켰다. 도자기의 반대편에는 산화성 금속판이나 산화성 유체 속에 잠겨있는 비산화성 금속이 설치되었다: 하나는 공기와 접촉하며, 다른 하나는 산화성 기체와 접촉해 있는, 두 개의 급기판을 사용하므로 서, 일종의 기체 전지를 구현하였다. 그림 2.5에서는 앨더 라이트와 톰슨의 장치를 보여주고 있다.

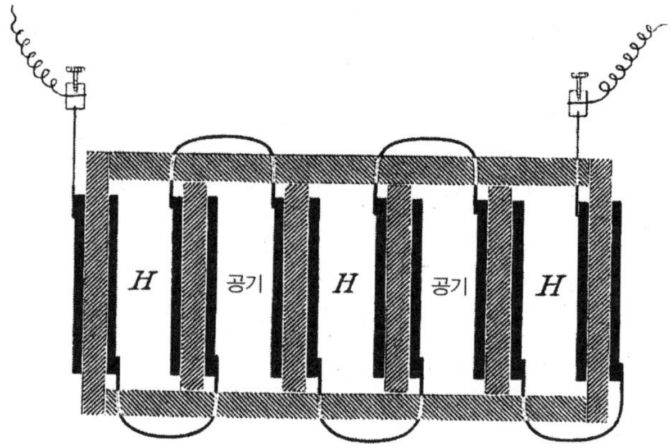

그림 2.5 몬트와 랑거가 시연한 기체 전지를 보고나서 앨더 라이트와 톰슨(1889)은 이전에 개발했던 자신들의 이중 급기판 전지에 대해서 관심을 갖게 되었다.

챔버를 수소(밀폐)와 공기(대기중에 개방) 사이로 번갈아 움직이므로, 이 장치는 **이중 급기판 전지**라고 불렀다. 챔버를 밀봉하는 것이 어려웠으며, 한쪽 챔버에서 다른 쪽으로의 기체 누출은 개회로 전압을 전지 당 1 [V] 이하로 낮추는 결과를 초래하였다. 측정 가능한 전류수준 하에서 전지 당 전압은 0.6~0.7 [V]에 달했다. 이와 같은 열악한 성능에도 불구하고, 앨더 라이트와 톰슨은 기술적으로는 이중 급기판 전지를 사용해서, 각 전지들이 높은 전지 전압을 유지하기 위해서 필요한 소량의 전류밀도를 유지하면서 전류를 생산하기에 충분한 크기로 제작하는 것이 가능하다는 결론을 내렸다. 그런데 그들은 또한, 상업목적으로 충분한 동력을 생산하는 경제적인 대용량 설비를 개발할 가능성은 희박하다는 결론도 내렸다.

앨더 라이트와 톰슨은 또한, 액체연료를 에너지원으로 사용할 것을 예견하였다. 대기중의 공기와 대형의 급기판을 사용하여 강력한 전류를 생성하기 위해서는, 에너지원이 금속(아연이나 알루미늄)이나 **디티온산나트륨**[8] 또는 **암모니아 아산화구리**[9]용액과 같은 유체여야 한다:

> 아직까지 알코올, 석유, 석탄 및 이와 유사한 형태의 상대적으로 염가인 에너지원들을 이런 방식으로 직접 산화시키는 것을 성공적으로 구현할 수는 없었지만, 이런 작용이 실현 불가능하다는 것을 인정하는 것과는 거리가 멀다.

앨더 라이트와 톰슨은 다양한 소재 조합들을 급기판으로 시험해 보았으며, 2년 후에 몬트와 랑거가 낮은 개회로 EMF에 대해서 연구하여 백금흑이 가장 높은 전압을 출력한다는 것을 발견했을 때와 동일한 성능을 기록하였다.

---

8) sodium hydrosulfite

9) ammoniacal cuprous oxide

2.2 석탄으로부터 직접 전기추출

스팀 엔진에서는 단지 석탄이 가지고 있는 화학적 에너지 중 10%만이 기계적인 에너지로 변환되므로, 오스트발트(1894)는 전기화학적 방법이 비효율적인 에너지 변환공정에 대한 해결책이라는 점을 인식하였다. 오스트발트는, 증기엔진 내에서는 보일러와 응축기 사이에서만 동력이 변환되고, 온도를 상승시키기 위해서 연소된 석탄의 에너지는 손실되어버린다는 점에 실망하였다. 그는, 이만큼의 양을 잃어버리는 대신에, 전기화학을 사용하는 것이 더 나은 방법이라고 제안하였다. 즉, 열 없이 에너지를 변환시키면 석탄속의 모든 에너지를 취할 수 있다. 그의 기대는 전기화학적 공정을 통하여 석탄으로부터 전기를 생산하는 것이었지만, **갈바닉소자**를 어떻게 만들 것인가에 대해서는 명확하지 않았다. 오스트발트는, 석탄으로부터 직접 전기를 생산하기 위해서 **칠레초석**[10](질화칼륨)을 사용한 야블로코프(1877)의 시도를 참고하였다. 오스트발트는 또한 반응과정에서 소모되지 않는, 다른 전해질들을 찾아낼 것을 추천하였다.

자크(1896)는 석탄으로부터 전기를 생산하는 연료전지를 제작하였지만, 하버와 브루너(1904)는 전기 화학적인 반응이 우선 석탄과 전해질 사이에서 발생하며, 그 다음에 전극과 반응함을 밝혔다; 그러므로, 자크의 전지는 석탄의 **직접산화**가 아닌 **간접산화**였다. 바우어와 에렌버그(1912)는 수산화물, 탄화물, 규산염 및 붕산염 등을 포함하여 다양한 유형의 전해질을 시험하였다. 바우어와 브루너(1935)는 알칼리 금속 탄화물 혼합체를 사용하였으며, 음극으로 이산화탄소가 공급되면 연료전지의 성능이 개선됨을 발견하였다. 용융된 전해질이 전극을 **침수**시키므로, 바우어와 브루너(1937)는 고체 전해질이 더 적합하다는 결론을 내리고 세라믹 소재들에 대한 연구를 시작하였다.

2.2.1 윌리엄 자크(1896)

1896년에 자크는 석탄으로부터 직접 전기추출을 위한 그의 실험에 대해서 보고하였다. 그는 자주 석탄에 저장되어있는 에너지를 인간에게 열보다 더 유용한 어떤 형태의 에너지로 변환시키려는 희망을 가지고 있었으며, 이것이 전기의 형태이길 바랬지만, 전기의 생산은 복잡하고도 비효율적이었다. 그는 소형 뇌우로부터 동력을 변환시키는 것과 같이, 석탄 에너지를 더 직접적인 방식으로 전기로 변환시키려고 노력했던 실험들 끝에, 그는 석탄에 저장되어 있는 에너지를 직접 전기로 변환시킬 수 있다고 판단했다.

> …만약 열의 발생이 억제되는 조건 하에서 공기중의 산소가 석탄과 반응하도록 만들 수 있다면, 그리고 동시에 생성된 전류가 흐를 수 있도록 도전경로를 제공할 수 있다면, 산소에 대한 석탄의 화학적 친화성은 반드시 열이 아닌 전기로 변환될 것이다.

10) saltpeter

이를 위해서 자크는 공기중의 산소가 석탄과 직접 접촉하지 않도록 방지하기 위해서 석탄을 액체 속에 담궜다. 그는 산소가 일시적으로 액체와 화학적인 결합을 하며, 과도한 산소의 공급으로 인하여 이들이 밀려서 탄소와 강제로 화합하도록 할 작정이었다. 그는 커피컵 크기의 실험용 반응기를 사용해서 그 개념이 작동함을 증명하였다. 소형 백금 도가니에는 일반적인 가성칼리(수산화칼륨)를 약간 채워 넣고 가성칼리 전해질을 용융된 상태로 유지하기 위해서 가스불꽃 속에 넣었다. 땅콩 크기의 일반적인 석탄 덩어리를 백금선을 사용해서 가성칼리 속에 담그고 백금 튜브를 사용해서 용해된 전해질 속으로 공기를 불어넣었다. 석탄을 붙잡고 있는 도선은 음극으로 작용하며, 도가니는 양극으로 작용하였다:

> 이 도선들을 소형 전기모터에 연결하였더니, 도가니 속으로 공기를 불어넣으면 모터가 회전하기 시작했으며, 공기가 들어감에 따라서 더욱 빨리 회전하였다; 공기의 흐름을 단절하면 모터는 정지했다. 이 소형 장치로부터 수 암페어의 전류를 얻을 수 있었다. 기전력은 1[V]를 약간 넘었다.

이 설계는 더 큰 규모로 제작되었으며, 백금 노는 비용을 낮추기 위해서 강철 용기로 대체되었다. 자크는 **탄소 전기 발전기**의 전지를 **단지**라고 불렀으며, 수산화칼륨이 담겨있는 각 단지들에는 직경 76 [mm], 길이 457 [mm]인 탄소막대가 여섯 개씩 에워싼다. 각 단지는 1 [V]를 약간 넘어서는 전압으로, 6.5 [cm^2]의 탄소 표면적 당 약 0.75 [A] (116 [mA/cm^2])의 전류를 생산하였으며, 1 전기마력(1 [hp] = 745.7 [W])을 약간 넘는 전력을 생산했다. 기체를 미세한 스프레이로 분할해 주기 위한 장미형 노즐을 공기공급 파이프에 설치하여 전해질 내의 공기분포를 개선했을 때 전지 전류는 증가되었다.

자크는 전해질로 수산화칼륨을 사용하는 경우의 단점은 탄산(액체속에 용해된 이산화탄소)의 흡수로, 이는 모재 내에서 탄산염으로 변화된다는 것을 깨달았다. 나중에는 오염된 전해질을 정제해야만 했다. 자크는 또한, 용융된 전해질은 열원을 필요로 하며, 표 2.1에서와 같이, 가열에 소모되는 열은 1336 [W·hr]의 전력을 생산하는 데 소요되는 석탄의 60%에 달한다는 것을 깨닫게 되었다. 0.45 [kg]의 석탄 중에서 0.18 [kg]은 단지 내에서 소모되며, 0.27 [kg]은 열을 공급하기 위해서 화덕에서 태워지며, 1,336 [W·hr]의 전력이 생산되는데, 이는 이론적인 양의 32%에 달하는 값이다(탄소 가열값보다 높다).

자크는 더 빠른 속도와 오염이 낮은 기차, 더 항해거리가 길고 더 조용한 모터를 사용하는 대서양 횡단 정기여객선; 깨끗한 전기를 사용한 가정용 조명, 난방 및 조리; 값싼 전기를 사용한 광석의 금속 환원; 그리고 대도시의 더 깨끗한 공기 등과 같이 전기를 생산하기 위한 더 효율적이며 더 청결한 석탄의 사용방법이 가져다 줄 진보에 대해서 예견하였다.

표 2.1 자크가 제안한 탄소 전기 발전기(1896)의 성능

발전된 전기동력	2.16 [hp] (1161 [W])
공기펌프에 의해서 소모된 전기동력	0.11 [hp] (82 [W])
발전된 총 전기동력	2.05 [hp] (1529 [W])
단지 내에서 소모된 탄소	0.223 [lb/hp/hr]
화덕에서 소모된 석탄(가열용)	0.336 [lb/hp/hr]
소모된 총 연료	0.559 [lb/hp/hr]

2.2.2 하버와 브루너(1904)

하버와 브루너(1904)는 **자크요소**라고 불리는 직접 석탄 연료전지를 사용해서, 용융된 알칼리 전해질 내에 있는 강철 전극의 전기 전위에 대해서 연구하였으며, 석탄이 최초에 전해질과 반응하는 것을 발견하여 간접적인 석탄 연료전지를 만들어냈다. 하버와 브루너는 가성소다(수산화나트륨, NaOH)에 불순물로 망간이 함유되어 있으며, 과학용 등급의 순철에 조차도 망간이 함유되어 있다는 점을 지적하였다. 이 망간은 공기 중에 존재하는 산소에 의해 산화되어 과망간산염(MnO_4^-)을 형성하며, 이것은 공기(또는 물)속의 산소를 철 속으로 흡수시키는 운반자로 작용한다. 산화층으로 코팅된 철은 훌륭한 산소전극 이었다. 그들의 이론을 증명하기 위해서, 하버와 브루너는 철을 광택성 백금으로 대체하였고, 이 또한 작동했다.

수소는 용융된 가성소다 내의 석탄으로부터 다음과 같은 반응에 의해서 생성된다.

$$C + H_2O + 2NaOH = CO_3Na_2 + 4H_2$$

300 [℃]의 온도에서 조차도 용융된 가성소다 내에 반응에 필요한 물이 존재한다. 또 다른 수소생성 반응은 일산화탄소와 가성소다 사이에서 일어난다.

$$CO + 2NaOH = CO_3Na_2 + H_2$$

하버와 브루너는 수소의 생산을 위해서 전해질을 소모해야 하기 때문에 자크의 석탄 전지는 가망이 없다고 결론을 내렸다:

> 자크의 석탄요소는 아마도 이제부터는 기술적 문제의 영역에서 점차로 사라질 것이다. 왜냐하면 작동을 위한 소량의 수소와 수소효과를 얻어내기 위해서 고가의 가성소다를 저가의 소다로 퇴화시켜버려야만 하는 전지에 누가 과연 기대를 걸 것인가?

2.2.3 바우어와 에렌버그(1912)

바우어와 에렌버그(1912)는 타이텔바움(1910)의 연구에 따라서, 산소용해성이 뛰어난 용융된 은을 석탄 전지의 음극으로 선정하였다. 하나의 전극이 선정되었으므로, 그들은 여러 종류의 전해질들을 검사했으며, 온도를 유지하기 위해서 용융되어야만 하는가를 확인하였다. 양극의 소재로는 탄소 자체를 사용하거나, 또는 수소 및 일산화탄소와 같은 기체연료를 위해서는, 금속 중에서도 특히, 철이나 구리와 같이 백금보다는 저렴한 재료를 사용할 수 있었다.

전해질로는 소다(수산화나트륨)와 가성칼리(수산화칼륨) 또는 이들의 혼합물 등이 시험되었다; 탄산나트륨칼륨($KNaCO_3$), 불화 칼륨이 부가된 규산칼륨(K_2SiO_3); 알루미나(Al_2O_3)와 빙정석(Na_3AlF_6); 그리고 붕사(붕산나트륨 NaB_4O_7). 온도는 1,000 [℃]였으며, 연구자들은 1 [V]에서 100 [A/m^2]의 성능이 구현되는 것으로 보고되었다.

철, 니켈 및 구리 등이 수소 및 일산화탄소와 함께 양의 전극으로 시험되었으며, 용융된 은을 공기중에 노출된 산소전극으로 사용하였다. 전해질로는 붕사가 사용되었다. 구리는 철이나 니켈만큼 수소를 용해시킬 수 없으며, 또한, 붕소 속으로 용해되는 산소층을 형성하기 때문에, 수소를 연료로 사용하는 경우에는 철과 니켈이 구리보다는 반응에 더 적합한 것으로 증명되었다. 일산화탄소를 사용하는 경우에는 니켈의 경우에 0.8[V]로 최고의 전압이 달성되었지만, 바우어와 에렌버그는 이 값이 만족스럽지 못하다고 생각하였다.

2.2.4 바우어와 브루너(1935, 1937)

바우어와 브루너(1935)는 관련된 문제들(고온, 재 생성, 이산화탄소에 의한 연료가스의 희석, 그리고 수증기)에도 불구하고 **석탄 공기 직접사슬** 문제로 되돌아가서, 그들의 노력을 탄산염 전해질에 집중시켰다. 전해질은 탄산칼륨(K_2CO_3) 8에 탄산나트륨(Na_2CO_3) 7에 염화나트륨(NaCl) 6의 비율과 일부 붕산염을 함유한 혼합물이었다.

양전극으로 탄소와 음전극으로 백금을 사용하여, 그들은 전지를 500~600 [℃]로 작동시켰으며, 전극들로부터 전류를 뽑아내면 성능이 급격하게 저하되는 것을 발견하였다. 그러나 음극에 입김을 불어 공기를 공급해 주면, 성능이 현저하게 개선되었다(그림 2.6 참조). 그들은 이 개선이 이산화탄소에 의한 것임을 규명하였다. 음극에서 산소는 산화나트륨(Na_2O)을 형성하며, 이것은 이산화탄소가 전해질 속으로 용해되는 것을 방해한다고 생각했었다. 그들은 양극에서 형성되는 이산화탄소만으로는 전해질 속으로 용해되기에 충분치 않으며 그러므로 외부 공급이 필요하다고 주장했다.

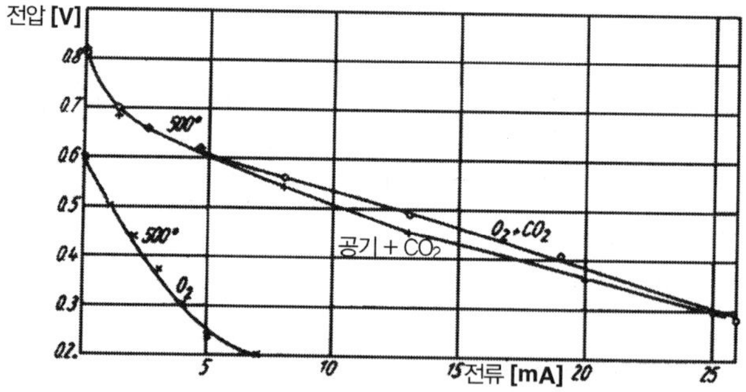

그림 2.6 음극에 이산화탄소를 공급함으로써, 개선된 탄산염 연료전지의 성능(바우어와 브루너, 1935). 음극은 백금을 사용

1937년에, 바우어와 브루너는 그들의 1935년 논문에서 언급했던 강철 음극에 대한 시험에 대해서 보고하면서, 그들은 새로운 설계도 함께 제시하였다. 서두에 에렌버그, 트레드웰-트럼퍼, 브루너 및 바르타 등에 의해서 수행된 이전의 작업에 대한 설명하면서, 그들은 개선에 대한 이유를 제시하였다(그림 2.7 참조) 트레드웰-트럼퍼의 전지는 강철전극을 건조한 상태로 유지하기 위해서 **마그네시아**(MgO)로 만들어진 다공질 다이아프램을 사용했지만, 이는 내부저항을 증가시켰다. 그러므로 연구는 에렌버그의 설계를 개선하는 방향으로 되돌아갔으며, 그 결과로 백금이나 은으로 만들어진 망사천을 사용하는 브루너의 설계(1935년 논문에서 사용된 전지)가 도출되었지만, 전극들은 전해질에 의해서 침수되었다. 바우어와 브루너는

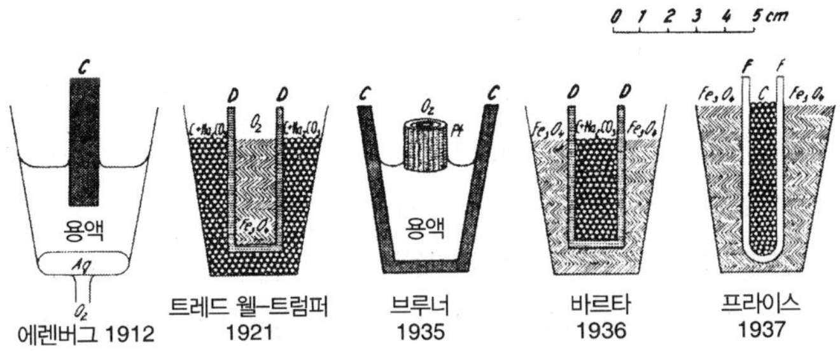

그림 2.7 직접 석탄 연료전지에 사용된 전지 설계의 발전과정(바우어와 브루너, 1937). C: 석탄, D: 다이아프램, F: 페스트라이턴[11)]

용해된 탄산염 속에 잠겨있는 한쪽 끝이 막혀있는 다공질 산화철(자철광, Fe_3O_4) 튜브를 사용하기 위해서 노력하였다. 브루너의 전지에서 이를 작동시키는 것에 실패하자, 그들은 에렌버그와 바르타의 전지에 대해서 이를 시도하였다. 자철광은 실용적으로는 유일한 전극소재였으며 다이아프램을 사용하지 않고서 전극이 침수(그에 따라서 내부저항이 증가된다)되지 않도록 유지하는 것이 어려웠으므로, 용융된 알칼리 탄산염 전해질은 직접 석탄 연료전지의 용도로는 부적합하다는 결론이 내려졌다.

> 석탄-공기 사슬을 만들기 위해서는 용융된 알칼리 탄화물은 제외해야만 한다. 게다가, 실용적인 사용을 위해서는 유일하게 효율적인 산화철 공기전극은 다이아프램을 필요로 한다. 그런데 이것은 어떠한 경우에도 소다용액에 의해서 파괴되어 버린다.

그 대신에, 바우어와 브루너는 단순성 때문에, 전지에 고체 전해질을 사용할 것을 제안하였지만, 그와 동시에 내부저항을 줄이는 것이 어려움을 알고 있었다. 유리는 깨지기 쉽지만 도자기는 전망이 좋은 것처럼 보였다. 1 [mm]의 벽두께를 갖는 도자기 파이프는 1,000 [℃]에서 50 [Ω]의 저항값을 갖는다. 바우어와 브루너는 그들의 과제는 동일한 주형성과 내구성을 갖지만 저항값은 10배 낮은 세라믹 소재를 개발하는 것이라고 생각하였다.

2.3 고체 산화물 연료전지

바우어와 프라이스(1937)는 용융된 전해질보다 더 다루기 쉬운 전해질에 대한 필요성 때문에 **고체 산화물 연료전지**를 개발하였다. 그들은 빌헬름 네른스트에 의해서 1899년에 개발되었던 고체 혼합물을 사용하였다. 바이스바르트와 루카는 1962년에 웨스팅하우스 전기회사에서 이와 유사한 지르코늄을 모재로 하는 전해질을 사용하였다.

1899년 당시에는 백열등이 막 개발되었고, 특히 탄소와 오스뮴-탄탈륨과 같이(탄소는 진공관 내의 고온 하에서 기화하기 때문에 수명이 짧았다; 1906년에 이르러서야 텅스텐 필라

11) Festleitern: 고체상태의 도전체

멘트가 사용되었다) 용융점이 높은 필라멘트가 사용되었기 때문에, 네른스트(1899)는 램프에 사용하기 위한 고온 고체 도전체에 대해서 연구하였다. 금속의 경우, 온도의 상승과 더불어서 저항이 증가하므로, 필라멘트는 가시광선 스펙트럼을 방사하기 위해서 필요한 온도에 도달할 수 없었다.

네른스트는 금속과 비교해서, 용융염은 반대방식으로 거동하므로 고온에서 도전성이 좋아진다는 점을 깨달았다. 그는 고체 전해질을 사용해서 발광체, 즉 전등을 개발하려고 노력했으며 산화물 혼합체의 도전성이 고온에서 놀랄 정도로 높다는 것을 발견하였다. 특히, 마그네슘, 실리콘, 지르코늄 및 희토류 물질들의 혼합체들은 4 지멘스 이상의 놀랄 정도의 도전성을 가지며, 이는 가장 전도성이 높은 황산(18 [℃]에서 0.74)보다도 훨씬 높은 값이었다.

처음에 네른스트는 전기분해에 의해서 전해질이 분해될 가능성을 피하기 위해서 교류전류를 사용하였으나, 직류전류를 사용했을 때에 조차도, 도전체는 처음에 우려했던 분해의 영향없이 수백시간동안 계속해서 빛을 방출했다. 네른스트와 와일드(1900)는 지르코늄, 토륨, 산화 이트륨 및 희토류 요소들의 산화물로 전구의 본체를 만들었으며, 일반적인 램프들의 강한 적색광과 비교해서 거의 순수한 백색광을 방출하였다. 그들은 조성에 따라서 500~700 [℃] 사이에서 핀들이 빛을 방출하기 시작한다는 것을 발견하였다.

2.3.1 바우어와 프라이스(1937)

바우어와 프라이스(1937)는 바우어와 브루너(1937)에 이어 곧바로 발표된 논설에서, 적합한 고체 전해질과 전지의 설계에 대한 연구에 대해서 발표했다.(바우어와 프라이스에 따르면, 이전인 1916년에, 바우어와 트레드웰이 특허를 출원했으나, 그 당시에는 석탄 사슬이 용융된 전해질 속에서만 작동할 것처럼 보였었다)벽돌공장 진흙과 두 가지 유형의 유약을 바르지 않은 자기로 만든 튜브 형태의 세라믹 소재들을 1,050~1,100 [℃]의 온도에서 시험했지만, 높은 저항값 때문에 모든 소재들이 쓸모없는 것처럼 간주되었다.(각각 20 [Ω] ~ 600 [Ω]의 범위) (경질 자기의 저항값이 가장 낮았지만, 전류가 통과할 때 양이온이 밀려나가고 부도체인 규산염 격자만이 남겨지기 때문에, 부도체 층이 형성된다) 그러므로 그들은 데구사의 튜브형

표 2.2 바우어와 프라이스(1937)가 사용했던 고체 전해질의 비교

번호	조성	1,050℃에서 저항값(Ω)	거동
1	ZrO_2	90	전류의 소모는 저항을 증가시킴; 현저한 분극화
2	$ZrO_2$10% MgO	60	1번과 유사
3	CeO_2+50%진흙	200	분극화; 현저한 저항증가는 없음
4	“전자-덩어리“	40	3번과 유사
5	“Nernst-덩어리” 85% ZrO_2+15% Y_2O_3	1~4	전류소모에 따라 저항이 15[Ω]까지 증가; 분극화없음

유의 : 시료들은 유사한 크기의 튜브형태로 시험되었음

도가니를 시험하였다: 상업적으로 사용이 가능한 지르코늄(ZrO_2), 90% ZrO_2+10% MgO 혼합물, CeO_2+50% 진흙, 소위 **전자-덩어리**와 **네른스트-덩어리**(85% ZrO_2+15% Y_2O_3)라고 부르는 저온(500~600 [℃])에서 도전성이 양호한 혼합물 등. 그들의 시험결과는 표 2.2에 제시되어 있다.

이 시험에서는 네른스트-덩어리가 가장 좋은 성능을 나타내었다. 그런데 전류를 추출하면 세라믹에서의 전해액 이동(양이온이 이동해 나감)과 유사한 방식으로, 저항값이 1~4 [Ω]에서 15 [Ω]으로 증가하며, 이는 전지의 극성 반전을 통해서 증명되었다. 바우어와 프라이스는 네른스트-덩어리를 대규모로 시험하기 위해서 여덟 개의 튜브를 수용하는 250 [cm^3] 체적의 전지를 제작하였다. 이 튜브들에는 코크스가 충전되었으며, 자철광 욕조 속에 넣었다. 튜브들이 평행한 상태에서 전지는 0.83 [V]의 정상상태를 나타내었으며, 이는 단일 전지를 사용해서 구현했던 원하는 성능보다 0.2 [V] 낮은 값이었다. 0.070 [A]의 전류를 추출하면 전압은 0.65 [V]로 떨어졌으며, 따라서 전지의 동력은 0.045 [W]/250 [cm^3] 또는 0.18 [W/L]이다. 튜브들의 저항은 12~15 [Ω]이며, 병렬로 연결된 전지들의 저항은 약 2 [Ω]이었다. 바우어와 프라이스는 튜브의 두께를 절반으로 줄이면 이 저항값을 반감시킬 수 있으며, 전지의 크기도 절반 정도 더 소형으로 만들어 0.8 [W/L]를 구현할 수 있을 것으로 예측하였지만, 이 값은 여전히 열 배 이상 작은 값이었다. 이 때문에, 그들은 네른스트-덩어리를 개선하는 것에 대해서 생각하게 되었다.

그들은 세라믹을 만들기 위해서 노력하였으며, 이산화 세슘과 진흙에 기대를 걸었다. 그들은 온도저항성을 위해서 필요한 경도를 희생시켜야만 도전성을 구현할 수 있다는 것을 발견하였다. 리튬 규산염을 사용해서 그들은 진흙과 자기의 도전성 및 온도저항성을 개선시켰지만, 여전히 높은 저항값(60% 자기, 15% 시멘트, 15% 리튬 규산염의 경우 1,100 [℃]에서 10 [Ω])을 가지고 있었다. 그러므로 그들은 다시 네른스트-덩어리로 되돌아갔으며, 70%의 네른스트-덩어리와 10%의 소결된 마그네시아(강화용 재료), 그리고 20%의 리튬 규산염 혼합물을 사용해서 1,050 [℃]에서 2 [Ω]에 도달할 수 있었다. 리튬 규산염을 사용한 전극보다 더 나은(더 낮은 온도에서 더 높은 도전성) 혼합물은 60%의 네른스트-덩어리, 10% 진흙(유해한 Li-Si-Al 공융점을 피하기 위함), 그리고 30%의 리튬 지르콘산염의 조합으로, 수용 가능한 성능을 가지고 있었으며, 바우어와 프라이스로 하여금 이 합성물질이 요구조건들을 충족시킨다는 결론을 이끌어내었다. 하지만 불행히도 이것은 실용적으로 사용하기에 너무도 비쌌다.

이 새로운 전해질을 사용해서, 바우어와 프라이스는 그림 2.8에서와 같이, 1 [mm]의 벽두께를 갖는 60 [mm] 길이의 튜브들을 사용해서 10 [W/L]를 생산할 수 있는, 소형 전지의 성능에 대해서 계산하였다. 이 튜브들에는 철 알갱이(1 [mm] 직경의 Fe_3O_4)를 채우며 내부의 간극은 철(Fe)로 채워 넣었다. 전해질 튜브 속으로 공기를 전달하기 위해서 또 다른 튜브를 삽입하며, 바우어와 프라이스는 열을 벌충하기 위해서 공기를 사용하는 것은 필수적이라고

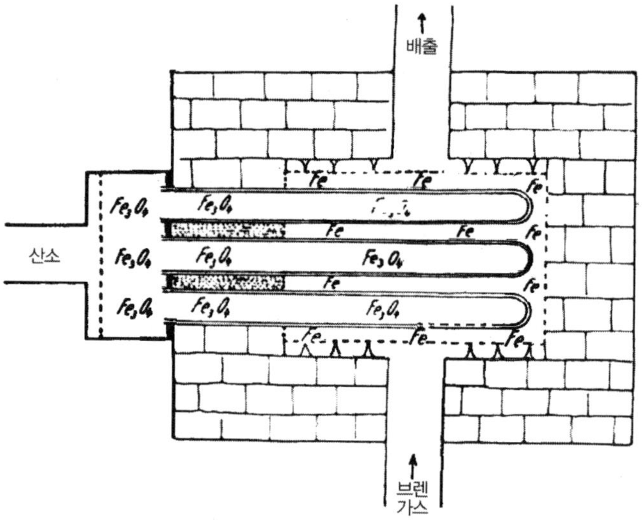

그림 2.8 바우어와 프라이스(1937)는 이 연료전지 개념을 스케치하고는, 체적 전력밀도가 100 [kW/m^3]으로, 1 [kW/m^3]인 스팀발전소와 경쟁이 가능한 수준인 것으로 예측하였다.

주장하였다. 크기를 키웠을 때, 이 전지는 10 [W/L](또는 10 [kW/m^3])의 전력생산에 대한 요구조건을 충족시킬 수 있었다. 그런데 이 전력밀도는, 고온에서 고체 연료전지를 사용하는 연료전지 발전소가 스팀 발전소와 경쟁하기 위해서는 100 [kW/m^3]의 전력밀도를 가져야만 한다고 예측한, 쇼트키의 추정(1935)값도 여전히 열 배 이상 작은 값이었다. 그런데 바우어와 프라이스는, 낮은 목표치인 1 [kW/m^3]를 가지고 있는, 제안된 베를린의 서부 발전소에 대해서 주목하였다. 비록 체적 전력밀도에 있어서는 경쟁이 가능하지만, 지르코늄 산화 이트륨 대신에 값싼 소재를 사용하지 않는다면 경제적인 관점에서의 전망이 밝지 못했다. 베를린의 서부 발전소가 목표하고 있던 동력생산 비용은 234 [Marks/kW]인 반면에 바우어와 프라이스가 산출한 비용은 1,000 [Marks/kW]에 달하였다. 그들은 실용적인 고체 전해질을 제작할 수 있으며, 동력 생산을 위해서 필요한 요구조건들을 충족시킬 수 있을 것으로 결론지었다.

2.3.2 웨스팅하우스 전기회사의 바이스바르트와 루카(1962)

웨스팅하우스 전기회사의 바이스바르트와 루카(1962)는 85%의 ZrO_2와 15%의 CaO를 전해질로, 그리고 다공질 백금을 전극으로 사용하는 연료전지를 제작하였다. 이 전지는 2.5 [cm^2]의 면적과 1.5 [mm] 두께(각 전극들의 두께는 0.0254 [mm]를 가지고 있었으며, 전해질인 $(ZrO_2)_{0.85}(CaO)_{0.15}$와 동일한 재료로 제작되어 한쪽 끝이 막혀있는 튜브 속에 충전된다(그림 2.9 참조). 대기압 상태의 순수한 산소가 음극으로 공급되며, 수소나 메탄은 수중 기포발생기를 통과한 후에 양극 쪽으로 공급된다. 수소가스 내에 함유된 수분이 개회로 전압에 끼치는 영향은 1,015 [℃]에서의 이론적인 성능과 비슷하다는 것이 발견되었다.

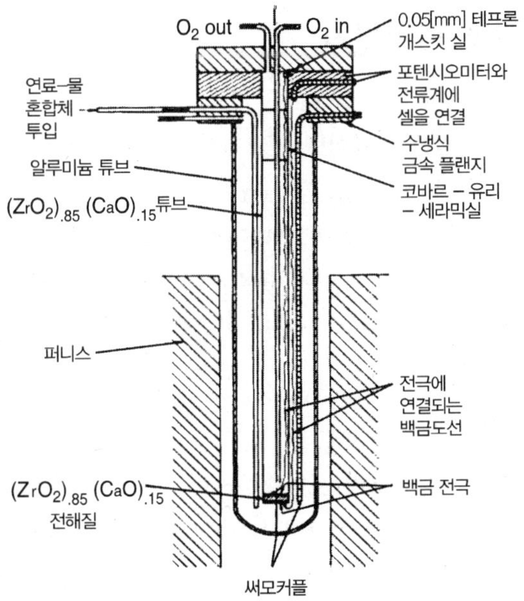

그림 2.9[12] 고체 산화물 전해질을 사용하는 웨스팅하우스 전기회사의 연료전지(바이스바르트와 루카, 1962). 튜브형 설계의 장점은 반응기체가 분리된다는 점이다

이 전지는 이전의 실험에서 산소농도 전지로서 규명된 바 있는 것이었다. 양극에 수소를 사용하는 연료전지로서, 이 전지에서 음극의 반전지 반응은 과산화물 반응이 아닌, $O_2+4e^- \rightleftharpoons 2O^{2-}$인 것으로 예상되었다. 전류-전압 곡선을 구하기 위해서 이 전지는 800~1,100 [℃] 사이에서 시험되었다; 예로서, 순수한 산소(O_2)와 H_2(3 [mol%] H_2O 함유)를 대기압보다 약간 높은 압력(7.1 [kPa])으로 공급하는 경우에 0.7 [V]에서의 성능은 810 [℃]에서 10 [mA/cm^2]와 1094 [℃]에서 76 [mA/cm^2]의 전류밀도를 갖는다.

수소 내에 3 [%mol]과 46 [%mol]의 수분이 함유된 경우의 저항특성을 구하기 위한 또 다른 실험 결과, 수분함량의 증가는 저항값에 영향을 끼치지 않았다. 3.8% 메탄, 2.1% 수분 및 94.1% 질소 혼합물을 양극 연료로 사용해서 메탄에 대해서 시험해 보았으나, 주어진 유량비에 대해서 평형상태에 도달하기에는 스팀의 재형성 반응이 너무 빨랐다. 이런 조건하에서, 약 20%의 메탄이 소모되었으며, 개회로 전압은 0.945 [V]로서, H_2/O_2 반응에 비해서는 5 [mV] 이내의 값을 갖는 반면에, CO/O_2 반응에 비해서는 50 [mV] 낮은 값을 보였다. 유량비를 낮추면 더 많은 스팀 재형성을 허용하며, 개회로 전위가 증가하는데, 이는 양극에서 발생하는 반응들이 메탄(CH_4) 자체 보다는 수소(H_2)와 일산화탄소(CO)를 재형성 반응에 개제시킨다는 것을 반영하는 것이다. 전지 내에서의 탄소 형성은 이와 유사한 H_2O/CH_4 비율을 사용하는 여타의 실험에서 발견되었다.

12) Reproduced by permission of the Electrochemical Society, Inc.

2.4 용융탄산염 연료전지

알칼리 금속 탄산염은 **직접석탄 연료전지**의 개발과정에서 사용된 많은 화합물들 중 하나이지만, 산화된 연료의 생성물들과의 융화성 때문에 다른 염들 사이에서 주목을 받게 되었다. 이 작업들은 스위스의 바우어와 프라이스(1937), 러시아의 다브티안(1946년 초), 네덜란드의 브로야스와 케텔라(1960), 가스기술연구소의 베이커 등(1960년 초)와 제너럴 일렉트릭사의 더글라스(1960) 등에 의해서 영향을 받았다.

2.4.1 다브티안(1946)

석탄가스를 연료로 사용하려는 목표 하에서, 다브티안(1946)은 700 [℃]에서 고체 이온 도전체를 전해질로 사용하는 고온 전지를 대상으로 선정하였다. 다브티안의 작업에 대해서 연구한 브로야스와 케텔라(1960)에 따르면, 이 고체 전해질은 바우어와 프라이스(1937)의 작업에 영향을 받은 것이었다. 바우어와 프라이스가, 특히 네른스트-덩어리(85% ZrO_2 + 15% Y_2O_3)와 추가된 진흙 및 리튬 규산염과 같이, 희토류 혼합물에 대해서 연구한 것과 마찬가지로, 다브티안도 물질들을 합성하여, 모나자이트 모래, 탄산나트륨, 삼산화 텅스텐, 및 소다(소다라임)유리 등으로 구성된 전해질을 개발하였다. 이 합성물질들은 전해질의 도전성과 기계적 강도를 개선시켜 주었다(브로야스와 케텔라, 1960년대). 모나자이트 모래는 인산염 광물로서, 세륨, 란탄, 산화 이트륨 및 토륨 등을 함유하고 있다; 이것을 탄산나트륨과 함께 구운 후에 다시 삼산화 텅스텐과 함께 구우면 과도한 탄산나트륨과 함께, 볼프람 나트륨(Na_2WO_4)이 형성된다. 이 전해질의 조성은 **하소**[13])된 탄산나트륨(Na_2CO_3), 27%의 모나자이트, 20%의 산화텅스텐(WO_3), 그리고 10%의 소다유리이다. 구운 후에는 인산나트륨(Na_3PO_4), 탄산나트륨(Na_2CO_3), 과산화나트륨(Na_2O_4), 메타규산나트륨(Na_2SiO_3) 등과 산화세륨(CeO_2), 산화란탄(LaO_3) 및 산화토륨(ThO_2) 등의 산화물이 생성된다(브로야스와 케텔라, 1960a).

브로야스와 케텔라(1960a와 1960b)는 다브티안의 작업에 기초하여 전해질 혼합물을 준비하였으며, 전해질이 완벽한 고체가 아니었지만, 대신에, 고체 수용체 내에 고정되어 있는 액상을 가지고 있는 것으로 결론지었다. 그들은 이 혼합물을 서로 다른 조성과 서로 다른 온도에 대해서 시험하므로 서 측정하였으며, 전해질의 저항값은 650~750 [℃] 사이에 있는 물질 온도에 의존한다는 것을 발견하였다. 측정과 분석으로부터, 그들은 이 수용체가, 굽는 과정에서 인산염으로부터 생성된, 란탄, 세륨 및 토륨 산화물들과 모나자이트 광석으로부터 형성되었음을 판정하였다.

전해질들은 700 [℃]에서 13.6 [Ω], 그리고 900 [℃]에서 1.3 [Ω]의 저항값을 갖는다. 다

13) calcinate: 광석 등의 고체를 가열하여 열분해나 상전이를 일으키거나 휘발성분을 제거하는 열처리과정

브티안은 이 전해질을 (4 [mm] 두께의) 원판 형태로 성형하여 다공질 전극들과 함께 적층시켰다; 양극은 20% 강철 분말과 20% 진흙, 그리고 60%의 Fe_2O_3로 제작되었으며, 음극은 20%의 자철광(Fe_3O_4), 20% 진흙, 그리고 60%의 Fe_2O_3로 제작되었다. 발생되는 가스를 연료로 사용해서 700 [℃]에서 20 [mA/cm^2]의 전류를 추출할 때에 0.79 [V]의 전지 성능을 구현하였다.

2.4.2 브로야스와 케텔라(1960)

다브티안 전해질의 조성시험이 암스테르담 대학에서 용융 탄산염 연료전지에 대한 브로야스와 케텔라(1960)의 작업의 시발점이었다. 그들이 수행한 연구(1951년에 시작)의 결론은 다브티안이 고체라고 가정했었던 전해질의 상태가 실제로는 두 가지 상을 가지고 있다는 것이었다: 탄산염, 인산염, 텅스텐산염 및 규산염 등(염들의 혼합물의 공융상태)의 용융상과 희토류 산화물의 고체상. 이 고체상은 세륨-란탄-토륨(Ce-La-Th) 산화물(높은 용융점을 갖고 있음)에 의해서 형성되며, 용융된 전해질을 수용하는 다공질 프레임처럼 작용한다. 도시가스를 연료로, 공기를 산화제로 사용하며, 이 전해질을 이용하는 연료전지는 24시간이 경과되면서 약간의 성능저하가 발생하며, 72시간 이상의 안정된 상태를 유지할 수 없었다. 650~800[℃]에서의 실험에서, 텅스텐산염은 화학적으로 감소되며, 음극은 산화되고, 양극은 감소하며, 전지의 구성요소들은 손상되었다.

브로야스와 케텔라는 여타의 전해질에 대한 고찰 끝에 탄산염을 전해질로 사용하는 것으로 결정하였다. 인산염, 염화물, 황화물, 및 질화물들은 탄산염으로 전환(그러므로 보충이 필요)되며, 붕산염과 규산염은 비록 탄산염으로의 전환에 대한 저항성이 더 크지만, 전류를 추출할 때 너무 심한 극성화가 발생된다. 탄산염을 사용함으로써, 브로야스와 케텔라는 이산화탄소에 의한 분해문제를 없앨 수 있었으며, (바우어와 브루너가 1937년에 제시한 것처럼)음극에 이산화탄소를 공급하여 분극화 농도를 줄일 수 있었다.

이 연료전지 설계는 모재가 용융된 탄산염 전해질이 수용한다. 알칼리 탄산염의 전해질 혼합물(리튬, 나트륨, 그리고/또는 칼륨 탄산염)은 소결된 다공질 산화마그네슘(MgO) 디스크 속에 충전되어 있다. 상업적으로 사용할 수 있는 산화마그네슘(MgO)은 1,200[℃]에서 소결되며, 체적 공극률은 40~50%에 달한다. 전해질을 디스크 속에 충전시키고 나면, 전해질 함량은 질량비로 40%에 달하며, 전극의 소재들은 1 [mm] 두께의 분말 형태로 디스크의 양측에 부착된다. 음극은 항상 은(150 [mA/cm^2] 및 500 [℃]에서 분극이 없는 이상적인 O_2 + CO_2 전극)을 사용하며, 수소에 대한 가장 이상적인 양전극은 백금과 니켈이다. 일산화탄소의 산화를 위한 가장 능동적인 전극은 백금, 백금이 도금된 철이나 니켈, 철 및 니켈 등이다. 메탄을 연료로 사용할 때에는, 공급시 스팀을 첨가하며, 니켈 전극은 합성기체 내에서의 내부적인 스팀 재형성과, 또한, 연료전지의 반응을 위한 수소 및 일산화탄소의 산화촉매로 작용한다.

이 전지들(10 [cm^2])을 550~700 [℃] 사이에서 도시가스, 수소, 일산화탄소 및 천연가스 등의 연료와 산소를 사용하여 시험하였으며, 연속작동의 상태에서 수 개월간 작동했다. 연료로 도시가스를 사용하며, 음극 공급가스로 공기와 이산화탄소를 사용하여 작동한 전지들 중 하나는 6개월간 작동하였지만, 시간이 지남에 따라서 전해질의 손실로 인하여 셀 저항이 0.3[Ω]에서 1.5[Ω]으로 증가했기 때문에 개회로 전압은 1.1 [V]에서 0.9[V]로 감소되었다. 전해질의 손실은 이산화탄소(CO_2), 산화리튬(Li_2O), 산화나트륨(Na_2O) 및 산화칼슘(K_2O)의 기화와 개스킷 소재의 화학적 반응 등에 기인한다. 더 많은 반응용 가스들이 산화마그네슘(MgO) 디스크를 통해서 유출되며 전극의 효율과 성능을 저하시킨다.

2.4.3 가스기술 연구소(1963, 1965)

1958년에 제출된 브로야스의 박사학위 논문에서 사용된 개념에 기초한 설계를 기반으로 하여, 1960년대 초, 용융 탄산염 연료전지에 대한 연구가 가스기술 연구소에서 시작되었다. 전해질 반죽은 10 [μm] 두께의 은 음극과 다공질 니켈 파이버 양극 사이에 끼워 넣어진다. 고온에서의 안정성을 확보하기 위해서는 귀금속이 필요한 것으로 판단되었기 때문에, 더 높은 온도의 **고체산화물 연료전지**(SOFC)로 **용융 탄산염 연료전지**가 선정되었다(베이커 등, 1965). 슐츠 등(1963)은 고온 연료전지에서, 전기화학적으로 산화시킬 수소를 만들어내기 위해서 양극 표면에서 스팀과 함께 재형성되는, 메탄을 (전기화학적이 아니라 화학적으로) 직접 사용할 수 있다고 제안하였다. 내부 재형성 반응에 따른 열흡수는 연료전지를 냉각시키는 작용을 하며, 일반적으로 소모되어버리는 열이 유용한 목적으로 사용될 수 있다.

베이커 등(1965)은 전극과 전해질 사이의 계면을 개선하기 위해 수행한 작업에 대해서 보고하였다. 전해질은 55 [MPa], 510 [℃]로 전해질 분말을 열간 압연하여 디스크로 만든다. 장시간의 작동기간 동안 거시적인 유동이 발생하지만, 전극소재를 넓은 표면적을 갖는 금속 산화물로 교체하면, 유동이 발생하지 않는다. 파이버 니켈 전극의 공극율이 연료전지의 성능에 끼치는 영향을 판별하기 위해서 공극율을 변화시켜 보았다. 낮은 공극율(57과 38% 니켈)은 높은 분극성을 갖고 있으며, 제한전류(대량운반)에 도달하지만, 높은 공극률(85, 80, 67%)의 경우에는 분극성이 낮다.

2.4.4 제너럴 일렉트릭社(1960)

제너럴 일렉트릭의 더글라스(1960)는 수용체를 사용하는 대신에 전해질을 수용하기 위해서 다공질 전극을 사용했다. 제작된 연료전지는 확산형 전극의 성능을 연구하기 위한 기준전극을 가지고 있는 실험용 전지였다. 전극들은 끝단이 막힌 짧은 튜브형태의 다공질 금속몸통을 가지고 있었다; 은으로 만들어진 음전극은 약 700[℃]에서 흑연으로 만들어진 주형 내에 분말을 소결시켜서 제작한다. 전극들은 알루미늄 튜브들의 끝단에 부착된다. 니켈 전극의 공극율은 34와 40%이다(10~50 [μm]과 10~30 [μm]); 은 전극의 경우 42와 50%이다(1~50 [μm]와 1~20 [μm]). 반응성 가스가 가압(14 [kPa]에서 최대 34[kPa])된 상태로 이 튜브들을 통해서 전극으로 공급되며, 이 압력 이하에서는 가스가 전극에서 빠져나와 전해질 속으로

들어가면서 기포를 생성할 수 있다. 특히 은으로 제작되는 음극은 (전극을 알루미나와 결합시키는 데에 사용되는) 서로 다른 금속들이 전해질 및 산소와 접촉하게 되면 부식된다. 양극과 음극 모두에 니켈을 사용하면, 개회로 전류가 낮아진다. 또한, 이산화탄소와 헬륨이 음극으로 공급되면, 전류가 여전히 생성된다. 이러한 성능의 원인은 반응에 사용되는 산소가, 용융이 니켈전극을 산화시킴에 따라서 형성되는, 산화니켈에 의해서 공급되기 때문이다. 더글라스는 자유 전해질과 다공질 가스확산 전극을 사용하는 용융탄산염 연료전지(MCFC)가, 전극 사이의 간극을 줄일 수 있기 때문에, (더 높은 온도에서 작동하는)수용체 형태보다 높은 전류밀도를 얻을 수 있을 것으로 예측하였다. 서로 유사한 간극에 대해서 자유 전해질 형태가 더 낮은 내부 저항값을 갖는다.

2.5 알칼리 연료전지

석탄을 사용할 수 있는 연료전지를 개발하려는 노력을 수행하는 동안, **알칼리 연료전지**는 수반되는 화학적 반응이 성능저하를 초래(2.2절 참조)하기 때문에 부적합한 것으로 간주되었다. 그런데 만약 수소를 연료로 사용한다면, 알칼리 전해질이 매우 적합하다. 알칼리 전해질을 사용하는 장점들 중 하나는, 특히, 산성 전해질과 비교해서, 귀금속(백금)이 아닌 전극소재를 사용해도 부식의 위험성이 상대적으로 적다는 점이다. 서로 다른 전극소재를 선정한다고 하여도, 연구자들은 여전히, 전해질이 전극으로부터 씻겨나가는 것을 막기 위해서 전해질을 수용할 수 있는 구조를 개발해야만 한다. 다브티안은 파라핀을 사용했고, 베이컨은 두 개의 서로 다른 크기의 기공층이 있는 전극을 개발했으며, 유스티와 빈셀(1961)은 **이중골조촉매**(DSK) 전극 내에서 기공의 크기를 선택했으며, 코데시(1968)와 니드라 및 알포드(1965)는 **테프론**을 사용하였다. 전극이 씻겨나가는 것을 방지하는 또 다른 방법은 석면 수용체 속에 전해질을 함침시켜 놓는 것으로, 이 방법은 앨리스챌머스社[14)]에 의해서 아폴로 우주계획에서 연료전지로 사용되었으며, 우주왕복선(스페이스셔틀)의 연료전지로도 사용되고 있다.

2.5.1 다브티안(1946)

고온 연료전지의 개발(2.4.1절) 뿐만 아니라, 다브티안은 또한 알칼리 전해질을 사용하며 상온 및 대기압 하에서 작동하는 저온 연료전지에 대해서도 실험하였다(다브티안, 1946, 베이컨, 1954). 전해질은 수산화나트륨(35%) 수용액이었으며, 수소의 산화촉매는 은에 함유된 활성탄소였으며, 산소의 환원촉매는 니켈 속에 함유된 활성탄소였다. 촉매는 구멍이 성형된 니켈 박판 상에 고무로 고정되어 있으며, 전극은 수분의 침투를 막고, 물이 기공 속으로 들어가서 전극이 씻겨나가는 것을 방지하기 위해서 파라핀 왁스로 코팅하였다. 25~35 [mA/cm^2]에

14) Allis Chalmers Manufacturing Company

서 이 전지의 성능은 0.80~0.75[V]였다.

2.5.2 베이컨(1954, 1969, 1979)

1932년에, 전기분해에 대한 논설을 읽고, 베이컨[15]은 윌리엄 그로브와 유사한 아이디어로부터 물의 전기분해를 역으로 수행할 수 있다는 영감을 얻었으며, 만약 이것이 가역반응이라면 에너지 변환공정이 카르노 사이클보다 더 효율적일 것이라고 생각했다(베이컨, 1969). 연료전지는 크게 그의 흥미를 끌었으며, 영국 타인 지방 뉴캐슬에 소재하는 파슨스社[16]의 엔지니어로서, 베이컨은 그의 상급자들에게 알리지도 않고, 전지를 제작하기 시작했다. 5년이 지난 1937년에 그는 회사의 이사진들에게 제안서를 제출하였고, 아무런 응답이 없었지만, 단 한 명의 과학자가 연료전기 개발을 계속할 것을, 특히 그로브의 실험을 재현할 것을 격려하였다. 1938년에, 그는 작은 유리로 만들어진 장치를 제작했다. 1939년에, 경제적으로 실용적인 촉매(귀금속이 아닌 금속)와 실용적인 고압장비 및 밀봉방치를 사용하여 연료전지를 만들기 위한 공학적인 접근을 통해서, 그는 수산화칼륨(KOH: 27%)을 전해질로, 순수한 석면 천을 다이아프램으로(베이컨, 1979, p.7C), 그리고 니켈 망사천을 전극으로 사용하여 20 [MPa]에서 작동하는 전지를 제작하였다. 이것의 성능은 13 [mA/cm^2]에서 0.89 [V]였으며, 약 48분간 유지할 수 있었다(베이컨, 1979). 수산화칼륨(KOH) 전해질에는 귀금속이 아닌 금속을 전극으로 사용할 수 있다; 산을 사용하는 경우, 귀금속만이 산소전극의 부식환경에 저항할 수 있다. 가스는 전해질 속에 용해되어 전극으로 공급된다.

베이컨은 1940년 여름에 런던 소재의 왕립대학[17]에서 그의 연구를 재개하였다. 그해에, 그는 더 안정적인 작동을 달성하기 위해서 이중 전지 시스템을 제작하였다. 수소와 산소는 전기분해장치에 의해서 생산되며 전해질 용액을 통해서 전극으로 운반된다. 이 전지는 200 [℃] 4.1 [MPa]에서 작동했지만, 실용적인 전원으로 사용할 수 있는 기대치라고 그가 생각하고 있었던 0.8 [V]에서 100 [mA/cm^2]의 목표에는 도달할 수 없었다. 1941년에 전쟁 때문에 그의 연구는 중단되었다.

1946년에서 1955년 사이에, 전기연구협회[18]의 지원으로, 베이컨은 케임브리지 대학에서 완벽한 연료전지 시스템을 개발하기 위한 연구를 시작하였다. 그와 그의 동료들은 **2중층 전극**이라고 부르는, 두 개의 기공 크기를 갖고 있는 4 [mm] 두께의 전극을 개발하였다. 이 전극들은 카르보닐 니켈 분말을 압착한 후에 저압 환경에서 소결하여 제작했다. 두 개의 서로 다른 등급의 분말이 사용되었다. 기체 측의 기공 크기는 약 30 [μm]이며, 액체측의 기공 크기는 이보다 훨씬 작은 16 [μm] 직경고, 약 14 [kPa]의 차압을 전극 양편에 부가했다. 이 압력 차이는 액체가 전극의 기공 속으로 유입되어 전극을 씻어내는 것을 방지해 주었다. 마찬

15) Francis T. "Tom" Bacon
16) C.A. Parsons & Co. Ltd.,
17) King's College of the University
18) Electrical Research Association

그림 2.10 1) 1959년에 발표된 6 [kW] 연료전지 적층과 함께 서있는 베이컨.

가지로, 전해질의 표면장력 때문에, 가스는 액체측의 작은 기공을 통과하여 기포를 생성할 수 없었다. 이 전지는 1,076 [A/cm^2], 240 [℃]에서 0.6 [V]에 도달했다(베이컨, 1954). 전해질은 45wt% 수산화칼륨이었으며, 작동수명을 수천시간으로 늘이기 위해서 작동온도는 200 [℃]로 표준화 되었고, 압력은 4.1 [MPa]에서 2.7 [MPa]로 낮추었다. 0.8[V], 2.7 [MPa], 200 [℃]에서의 작동성능은 230 [mA/cm^2] 였다(베이컨, 1979).

베이컨과 그의 연구원들은 25~30시간을 넘으면 연료전지의 점진적인 성능저하를 유발하는 산소전극의 산화문제를 해결하였다. 700 [℃]에서 공기중의 니켈전극이 산화되어 산화니켈 코팅층을 형성하므로, 부식에 대한 문제의 해결방안을 개발하는 데에는 1년 이상이 걸렸다. 이 코팅층은 비록 전극을 보호할 수 있지만, 전자의 전도를 방해한다. 그런데 리튬을 도핑하여 p-형 반도체를 만듦으로서, 베이컨과 그의 동료들은 산화니켈의 도전성을 개선시킬 수 있었다. 전극을 소결한 후에, 수산화 리튬 용액에 담궜다가 건조시킨 후에, 공기중에서 수 분간 700 [℃]로 가열하였다.

1954년에, 런던에서 열린 전시회에서, 베이컨은 127 [mm] 직경의 전극을 사용하며, 4.1 [MPa] 200 [℃]에서 150 [W]를 생산하는 6-전지 배터리를 출품하였다. 이 기술에 대한 상업적인 관심도가 부족했기 때문에, 이 연구는 1955년에 중단되었다.

1956년에, 베이컨과 14명인 그의 연구진들은 제작이 가능한 실용적인 크기의 전지를 보여주기 위해서 대형 전지의 개발을 시작했다. 이 전지는 동일한 설계에 기초한 40개의 전지를 가지고 있어야 했다. 연구자들은 국가 연구개발협회[19]로부터의 지원을 받아 케임브리지 공업협회[20]에서 작업을 수행했다. 이 전지는 직경이 254 [mm] 였으며, 제어시스템을 갖추고 있었다. 3년 후에, 그림 2.19에 도시되어 있는 전지가 완성되었다. 이것은 6 [kW]를 생산하여, 포크레인 트럭, 용접장비 및 원형톱 등의 동력으로 사용되었다. 그런데 이 성공적인 발표에도 불구하고, 아무런 상업적인 실용화가 예견되지 못하였기 때문에 연구는 중단되었다.

연구가 6 [kW] 연료전지 시스템으로까지 발전됨에 따라서, 이 특허에 대해서 두 개의 라이선스가 판매되었다; 1956년에, 연구기관인 리조나 무스 연구소[21]에서 하나를 구입했고, 유나이티드 테크놀로지 주식회사의 프랫 앤 휘트니 항공 사업부에서 이 특허에 대한 라이선스를 취득한 것을 1959년에 베이컨은 알게 되었다.

에너지 컨버전社가 1961년에 설립되었으며, 상업적 생산이 가능한 연료전지의 개발이 시

19) National Research Development Corporation
20) Marshall of Cambridge Ltd.
21) Leesona Moos Laboratories

작되었다. 1962년에, 프랫 앤 휘트니가 아폴로 우주선 모듈의 보조유닛에 동력을 공급하기 위해 연료전지 개발하고 있다는 뉴스를 듣고서, 베이컨은 이 기술이 전환점에 서있다는 것을 알게 되었다(베이컨, 1979).

2.5.3 아폴로 우주계획(1965)

프랫 앤 휘트니 항공사는 1962년 3월에 아폴로 사령선과 서비스모듈에 대한 연료전지 전력 발생장치의 개발을 시작하였다(모릴, 1965). 연료전지는 PC3A-2 모델이었으며, 모듈의 생명 유지장치, 항법장치 및 통신장치를 위한 전기뿐만 아니라 달을 왕복하는 두 주의 임무기간 전체동안 승무원들을 위한 음료수를 공급하기 위해서 세 개의 연료전지가 사용되었다. PC3A-2는 109 [kg]의 무게로, 대략 직경이 57 [cm], 높이 1,120 [mm]의 크기를 가지고 있었다. 이 연료전지들은 대기중으로 재진입하기 전에 방출시켜버렸다. 그림 2.11에서는 조립중인 연료전지들을 보여주고 있다.

임무 수행중에 필요로 하는 평균 전력은 대략적으로 600 [W](퍼거슨, 1969)이다. 각 연료전지들은 463~1,420 [W]의 동력범위에 대해서 27~31 [V]로 최소한 400시간동안 작동하도록 설계되었다; 만약 두 개의 연료전지 모듈을 잃는다고 하여도, 이 대체 기능성을 통해서, 하나의 연료전지 모듈로 우주선의 전력을 공급할 수 있다. 최대 동력은 20.5 [V]의 최소동력에 대해서 2,295 [W](모릴, 1965)이었다. 최대 온도인 260 [℃]에서, 연료전지는 160 [mA/cm^2]의 전류밀도에 대해서 0.87[V]의 출력을 생성하며, 정상 작동온도인 204 [℃]에서, 연료전지는 160 [mA/cm^2]의 전류밀도에 대해서 0.72 [V]의 성능을 갖는다(워세이와 프로코피우스, 1990).

그림 2.11 22) 프랫 앤 휘트니 항공사의 엔지니어들에 의해서 조립중인 아폴로 연료전지 시스템. 하부의 절반은 적층이다.

22) Courtesy of UTC Fuel Cells

연료전지들은 이중 공극률을 갖는 전극과, 가스 반응물질과 액체 전해질 사이의 경계면을 조절하기 위해서 압력차이를 사용하는 베이컨의 설계에 기초하였다. 베이컨의 설계로부터 변한 것은 전해질의 순환이 없다는 것이다. 수산화칼륨 전해질은 345[kPa]의 압력으로 유지되며, 수소와 산소는 413 [kPa]의 압력으로 공급된다. 베이컨의 전지와 비교해서, PC3A-2의 작동압력은 더 낮지만, 성능을 보상하기 위해서, 수산화칼륨의 농도는 30%에서 75%로 더 높였다(워셰이와 프로코피우스, 1990). 또한, 온도도 260 [℃]로 높아졌다. 전극의 소재들과 베이컨 전지의 원형은 유지되었다: 이중 공극을 갖는 소결니켈은 양극용으로 사용되며, 리튬이 도핑된 산화니켈은 음극에 사용된다. 각 연료전지 모듈에는 31개의 전지들이 사용되었다.

물과 열은 수소가스 스팀에 의해서 전지로부터 방출되었으며, 방출되는 질량과 열전달 비율은, 전기 생산을 위해 필요한 양 이상의 수소에 대한 폐루프 재순환 시스템으로 흘러가는 여분 가스의 유동량에 의해서 조절되었다. 열은 글리콜을 사용하는 응축기 내에서 제거되었으며, 글리콜로부터의 열 중 일부는 수소 및 산소 반응물질을 극저온 상태로부터 연료전지 적층에 도달하기 전에 예열하는 데에 사용되었다. 수분 함량은 응축기를 빠져나오는 수소가스의 일정한 온도에 의해서 조절되었다(퍼거슨, 1969). 물의 pH값은 6~8로 조절되어 음료수로 사용할 수 있다.

개발용 모듈들이 진공조건 하에서 360시간 동안 부하상태로 작동해야만 하는 내구성 품질인증 시험을 통과하였다. 환경조건에 따른 영향도 시험되었다: 7 [G]의 선형가속, 무부하 상태로 48시간동안 −29 [℃]의 저온에 방치, 무부하 상태에서 240 시간동안 95%의 습도와 최대 54.5 [℃]의 온도로 방치, 15분간 3축 가변진동부하 부가, 12회의 기동 사이클; 이러한 일련의 시험에 대해서 연료전지에 해가되는 아무런 영향이 없었다. 2년의 저장수명도 충족 또는 초과하였으므로, 사용된 소재들이 퇴화에 저항성이 있음이 밝혀졌다.

2.5.4 유스티와 빈셀 그리고 이중골조촉매(DSK) 전극(1961)

유스티오와 빈셀(1961)은 1943년에 연구를 시작하였으며, 100[℃] 이하와 4기압 이하의 압력에서 작동하는 수소와 산소 연료전지의 전극에 초점을 맞추었다. 그들의 가스확산 전극은 골조 자체라고 추정되는 촉매가 기계적인 안정성, 형상 및 전기적인 전도도를 부여해 주는 골조에 의해서 지지되기 때문에, **이중골조촉매**(DSK)[23]전극이라고 이름을 붙였다. 공급되는 가스의 불순물에 둔감한 능동적인 수소촉매인, **라니니켈**[24]을 사용하는 수소전극은 산소전극에 앞서서 개발되었다. 촉매를 만들어내기 위해서 50%의 알루미늄과 50%의 니켈을 용융시킨 후 냉각하였다. 냉각된 합금을 분쇄한 후에 수산화칼륨(KOH)을 사용하여 알루미늄을 걸러내면 격자상의 결함 때문에, 큰 표면적과 높은 활성도를 갖고 있는 니켈 촉매 입자인 미세골격이 추출된다. 이 **미세골격**은 카르보닐 니켈 분말로 만들어진 지지골조를 이루며, 전극의

23) Doppelskelett-Katalysator

24) Raney Nickel

형태로 압착 및 소결되어 공극 내에 위치하고 있는 미세골격 촉매입자들의 기계적인 안정성과 전기적인 도전성을 제공해 준다.

산소전극은 **라니은**[25] 합금의 연성 때문에 금속을 분말로 빻기가 어려워서, 개발에 더 난관이 많았다. 프리즈(유스티와 빈셀에 의해 인용됨, 1960)는 취성 라니 은을 만들기 위해서 질량비로 35%의 알루미늄을 염화칼슘($CaCl_2$)으로 보호 코팅된 흑연 도가니에서 용융시킨 후에 65%의 은을 첨가하고 이를 섞는다. 이 혼합물을 냉각한 후에 가루로 빻으면, (직경 50~100 [μm]인) 은 입자들이 5~10 [μm] 직경의 니켈 입자와 1의 비율로 결합하는 동안에, 50~75 [μm] 직경의 염화칼륨(KCl) 입자들과는 0.5의 비율로 결합한다. 40 [mm] 전극을 성형하기 위해서는 15 [g]의 혼합물 분말을 350 [℃], 10톤(1 [ton/cm^2])으로 열간압연 한다. 전극을 통과하는 가스의 투과성을 감소시키기 위한 니켈 코팅(2 [g])을 시행하여 2중층 전극을 성형하며, 80 [℃]에서 10 N 수산화칼륨(KOH)을 사용해서 전극을 걸러낸다. 최종적인 무게는 0.94 [g/cm^2]과 0.05 [g/cm^2]은(질량비로 5.3%의 은)이다.

디트만 등(1963)은 질량비 35%의 알루미늄을 염화칼슘($CaCl_2$) 보호코팅이 입혀진 흑연 도가니에서 용융시킨 다음 65%의 은을 첨가하는 또 다른 더욱 진보된 방법을 소개하였다. 여기서 은은 ζ상, 알루미늄은 α상으로 존재한다; 수산화칼륨을 첨가하면 두 상 모두가 공격을 받아서 대부분이 ζ상의 라니은만 남게 된다. 800 [℃] 이상에서 용융시킨 다음에 100 [℃] 이하로 담금질을 시행하면 금속은 취성 및 조직화가 된다. 이 라니은 촉매를 빻아서 니켈 분말과 혼합한 후에 이 혼합물을 300 및 500 [℃] 사이에서 1 [ton/cm^2]로 열간 압연하여 기공속에 있는 촉매를 지지하는 니켈 수용체를 성형한다. 전극을 활성화시키기 위해서 수산화칼륨이 사용되었다.

2.5.5 앨리스 차머스社의 전해질 수용체(1962)

앨리스 차머스社[26]에서 개발된 연료전지는, 알칼리 전해질을 붙잡아 고정시키기 위한 **다공질 수용체**를 **전해질 매개체**로 사용했다(윈빈과 커클랜드, 1962). 연료전지 시스템은 고정된 전해질을 사용해서 더 단순하게 제작되었으며, 이를 통해서 순환 시스템을 위한 펌프와 튜브를 없앨 수 있었다. 백금과 팔라듐 혼합물을 함유한 니켈로 소결하여 만든 다공질 시트(두께 0.7 [mm])인, 수소 및 산소전극과 적층하기 전에, 석면(두께 254 [μm])시트로 만든 수용체 내에 조절된 체적의 전해질을 충전시켰다. 전극들의 공극은 수용체의 공극보다 크며, 더 큰 공극은 모세관 능력이 낮으므로, 전해질은 수용체 공극 내에 남아있게 된다. 또한, 전해질 매개체 덕분에 전극을 젖지 않도록 만들 필요가 없다. 그러므로 베이컨의 이중 공극 전극과 유스티와 빈셀의 이중골조 및 이중층 전극 등을 사용하는 대신에 이 설계에서는 액체를 함유하기 위해서 전해질 매개체를 사용했다. 이 3개의 층을 합한 두께는 1.7 [mm]에 달할 정도로

25) Raney Ag
26) Allis-Chalmers Manufacturing Company

얇지만, 전지는 가스 분배, 지지 및 물 운반용 맴브레인 등의 기능도 갖추어야 한다.

석면 시트의 공극은 높은 모세관 능력을 가지고 있으며, 이는 수용체 내의 가장 큰 공극을 통과하여 가스 기포를 만들기 위해서는 높은 압력이 필요하다는 것을 의미한다. 수소와 산소 전극을 분리하는 수용체인 석면의 공극을 통과하여 반대편 전극 쪽으로 가스를 통과시키기 위해서는 690 [kPa]의 압력차이가 필요하다. 우주에서 사용하기 위한 모의실험 과정에서, 전지들은 중력의 열 배 이상의 가속도와, 무중력, 그리고 충격 등에 대한 시험을 거쳤으며, 고정된 전해질 때문에, 이러한 조건들을 견디면서도 일정한 성능을 유지할 수 있었다. 수소 스팀에 의해서 물을 전지로부터 제거하며, 이 제거비율은 가스 유동양의 변화에 따라서 조절할 수 있었다; 산소는 거의 끝이 막혀있는 구획 속으로 공급되었다. 네 개의 전지로 이루어진 전지는, 총 전극면적이 217 [cm^2]이며, 65±3 [℃]와 0~534 [kPa]에서 108 [mA/cm^2]의 전류밀도로 전지 당 평균 0.8 [V]를 공급할 수 있었다.

2.5.6 유니언 카바이드社의 코데시(1960)

코데시(1968)는 탄소를 사용하는 것으로 되돌아갔지만, 이전의 직접 석탄을 사용하는 연구에서처럼 연료로서가 아니라 전극소재로서 였다. 알칼리 연료전지에서 탄소전극을 사용하려는 그의 관심은, 그와 마르코가 중금속 산화물을 함유한 활성탄소를 산소전극으로 사용하기 위한 방법을 연구했던, 비엔나 대학에서의 그의 작업에서부터 유래했다. 그들은, 촉매가 탄소의 활성도를 증가시켜주며, 또한 알칼리 전해질의 중간 반응 생성물인 과산화수소의 분해를 촉진시키므로, 알칼리 전지 내에서 높은 전류밀도를 구현할 수 있다는 것을 발견하였다. 탄소를 사용할 경우의 문제점은 생산공정 상에서 조성과 구조가 변하기 때문에 성능에 대한 신뢰를 할 수 없다는 점이었다.

코데시는 1955년에 내셔널카본社(1955년에 유니언 카바이드社에 합병됨)와 함께 일했으며, 이 회사의 탄소생산 전문 기술자들의 도움을 받으면서, 더 나은 연료전지용 탄소전극을 개발하기 시작했다. 4종류의 전지 구조가 설계되었다-앞의 두 개는 튜브형 전극에 기초했으며, 나중의 두 개는 평판전극을 사용했다. 최초의 튜브형 전극 설계는 한 쪽 튜브 속으로 수소가 흘러들어가며, 다른 쪽으로는 산소가 공급되고, 수산화칼륨(KOH) 전해질이 두 튜브를 둘러싸며, 튜브의 끝단에서 전류가 수집된다. 두 번째 설계는 하나의 튜브가 더 큰 튜브 속으로 삽입되어 동심형 전지를 형성하며, 외측의 튜브가 더 큰 표면적을 가지고 있으므로, 공기전극으로 사용되었다. 이 동심형 전지는 밀집된 설계 때문에 더 높은 체적대비 전력밀도를 가지고 있었으며, 전류를 튜브의 끝단이 아니라 길이방향을 따라서 수집할 수 있기 때문에 더 낮은 분극화 저항을 가지고 있었다.

1960년에는 이 튜브들을, 전류의 수집과 가스 분배의 관점에서 전지 형태로 조립하기가 더 편리한, 6.35 [mm] 두께의 판형 전극으로 대체하였다. 최종적인 설계(1963)에서는 반응이 발생되는 고정된 영역을 구현하기 위해서 0.56 [mm] 두께의 복합소재 전극을 사용하였다; 다공질 탄소는 전기 화학적으로 활성화된 층이며, 다공질 니켈 판은 기계적인 지지구조와 전기 도전체로 작용했다(코데시, 1968, p.401).

전체가 탄소인 전극(앞의 세 가지 설계에서 사용됨)들은 탄소염기(그을음 등)와 접합제(송진이나 설탕 등)를 혼합하여 만들며, 이 혼합물을 사출하여 튜브를 만들거나 주형을 떠서 판을 만들어낸다. 이 전극들을 구워서 접합제를 제거하면, 다공질 물질이 남으며, 탄소의 내부 표면적을 증가시키기 위해서 이산화탄소 환경 하에서 수 시간 동안 굽는다. 전극들을 금속염 용액속에 담근 후에 공기중에서 건조시키고, 다시 이산화탄소 환경 하에서 700 [℃]나 800 [℃]로 가열한다.(예를 들면, 1.5 [g] 질화코발트, 3.5 [g] 질화알루미늄, 그리고 100 [mL]의 물로 만든 염을 가열하면 **첨정석**[27], 코발트 알루민산염을 형성한다.) 전극들은 왁스 용액이나 분자량이 높은 파라핀 등을 함침시켜서 방수특성을 부여한다. 평면형 복합재료 전극을 만들기 위해서는, 방수특성을 위해서 니켈 플라크를 **폴리테트라플루오로에틸렌**(PTFE)[28]과 함께 분무하며, 테프론와 비활성 탄소 분말을 중간 붙임층으로 니켈 위에 분무하고, 폴리에틸렌과 활성 탄소를 중간 붙임층 위에 다시 분무한다. 이 3층형 전극을 130~140 [℃]의 온도에서 6.9 [MPa]로 압착한다.

튜브형 전지의 성능은 50 [mA/cm^2]에서 0.8 [V]에 달하였다. 평면형 복합재 전극에서, 전지의 성능은 9 N KOH 전해질을 사용하며, 대기압 조건하의 65 [℃] 100 [mA/cm^2]에서 0.8 [V]에 달하였다. 공기압력이 103 [kPa]인 경우, 전지는 200 [mA/cm^2]에서 0.8 [V]의 전압을 출력하였다. 전해질은 전지를 관통하여 순환되었다. 유니언 카바이드社의 알칼리 연료전지 적층이 그림 2.12에 도시되어 있다.

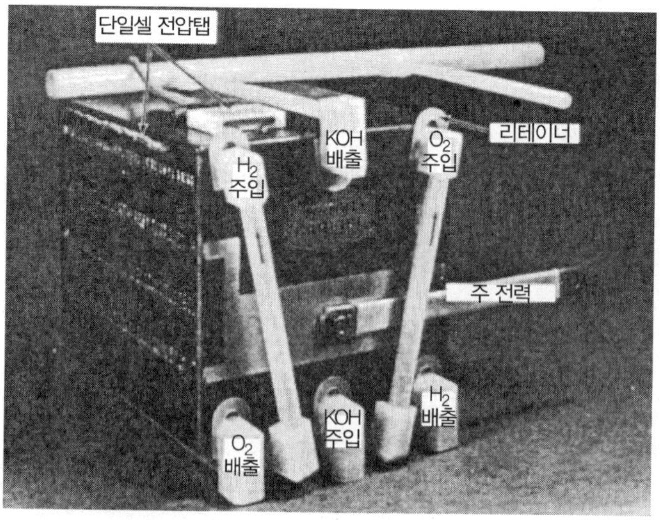

그림 2.12 [29] 얇은 전극 기술을 사용한 유니언 카바이드사의 알칼리 연료전지. 이것은 1967년에 연료전지 동력을 사용하는 벤에서 사용되었다.

27) spinel

28) 일명 테프론

29) Reprinted with permission from SAE paper 6701.76. Copyright 1967 Society of Automotive Engineers, Inc.

2.5.7 방수처리가 된 제너럴 일렉트릭의 전극(1965)

제너럴 일렉트릭에서 니드라와 알퍼드(1965)는 기체-전해질 경계면에서의 **보습특성 조절**을 구현하기 위해서 방수처리 된 테프론을 전극에 사용하였다. 전극 내에서 전해질의 침투도를 조절하기 위해서 수성 전해질을 사용하는, 저온 연료전지에서 이 제품을 시험하였으며, 대기압의 가스압력과 얇은 전극(0.127~0.254 [mm])에 대해서 효과적이었다. 테프론을 촉매제(백금흑)와 섞은 후에, 스크린(니켈, 은, 백금) 위에 압착시켜서 소결하였다. 전극을 성형하기 위해서, 촉매가 스크린을 향하도록, 두 개의 촉매를 혼합한 테프론 필름 사이에 이 스크린을 끼워 넣었다. 촉매제 필름중 하나는 테프론 필름상에 입혀졌다. 이 필름들은 테프론 현탁액을 물로 희석시켜서 127 × 127 [mm^2]의 원형면적을 갖는 박판상에 스프레이로 뿌린 다음, 박판을 가열하여 수분을 증발시킨 후에, 350 [℃]에서 두께가 3.18 [mm]가 되도록 압착함으로써, 테프론이 소결되어 젖은 성분들을 방출하는 성질이 부여된다. 촉매가 입혀진 필름은 0.3 [g]의 백금흑을 테프론과 섞은 다음 박판위에 고르게 바르고, 250~350 [℃]에서 건조시킨다. 스크린을 이 표면위에 덮은 다음 촉매 혼합물이 스크린을 향하도록 그 위에 다시 앞서의 혼합물을 스크린 위에 바른다. 테프론을 소결하기 위해서 이 적층물을 350 [℃]에서 12.4~20.7 [MPa]로 2분간 압착한다. 이 알루미늄 박판은 따듯한 20% 수산화나트륨(NaOH) 용액에 의해서 용해된다. 전극들은 3.2 [mg]의 테프론이 혼합된 35 [mg] 백금 촉매층으로 구성되며, 테프론을 1.6 [mg/cm^2]의 밀도로 필름상에 바른다. 이런 형태의 전극이 그림 2.13에 도시되어 있다.

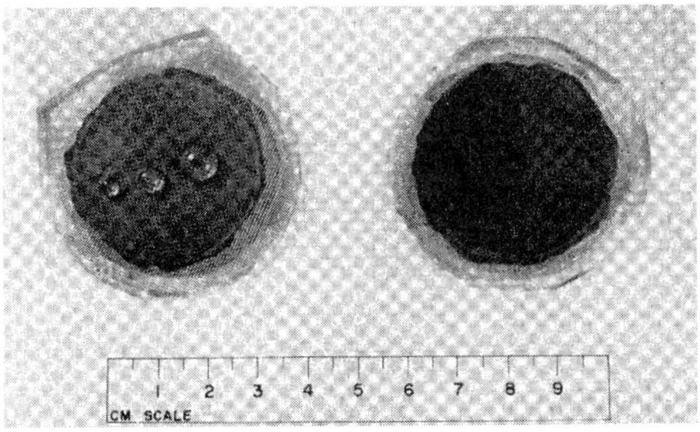

그림 2.13 좌측의 전극은 액체 전해질에 의한 보습률을 조절하기 위해서 테프론을 사용하였다(니드라와 알퍼드, 1965).[30]

2.5.8 우주왕복선

우주왕복선 프로그램(스페이스셔틀)을 위해서 알칼리 연료전지가 선정되었지만, 더 활성도가 높은 촉매를 사용해서 다시 설계되었기에, 압력과 온도를 낮출 수 있었다. 백금을 모재로 하는 촉매를 사용해서, 작동압력을 절대압력 400 [kPa]로 낮추었고, 온도는 93 [℃]로 낮추었

30) Reproduced by permission of the Electrochemical Society Inc.

다. 양극으로 백금([cm^2] 당 10 [mg]의 백금을 사용)이 사용되었으며, 음극에서는 백금을 금과 합금으로 만들었다([cm^2] 당 20 [mg]의 백금). 부식을 방지하기 위해서 금으로 도금된, 니켈 스크린 상의 테프론에 의해 두 촉매 모두가 가둬진다. 32% 수산화칼륨 전해질이 석면 수용체 속에 수용된다(위셰이와 프로코피우스, 1990).

2.6 직접 메탄올 연료전지

1960년대에, **직접**연료전지에 대한 희망이 다시 나타났지만, 석탄을 사용하는 대신에 연료는 메탄올이었다. 석탄과는 반대로 메탄올은 전극에서 전기화학적으로 산화시킬 수 있었다. 그 시대에는 메탄올을 연료전지 내에서 수소를 만들어내기 위해서 **간접**적으로 스팀을 재형성하는 데에 사용하였지만, 만약 연료전지가 전기를 생산하는 데에 메탄올을 직접 사용할 수 있다면, 연료의 재형성 단계를 생략할 수 있으므로 시스템을 단순화 시킬 수 있다.

1960년대의 주요 연구들 이전에, 코데시와 마르코(1951)에 의해서 에탄올이 사용되었던 사례가 있었다. 그들은 새로운 탄소전극의 개발과 성능에 대해서 설명하였고, 알데히드(포름알데히드)와 알코올(에탄올과 메탄올)을 연료로 사용하는 것과 같은 연료전지를 제작하기 위한 새로운 가능성에 대해서 확인하였다. 알코올로부터 추출한 전류는, 알칼리 전해질인 수산화칼륨(KOH) 속에서 탄소전극을 사용하여 0.8 [V]나 0.9 [V]에서 0.3 [mA/cm^2]의 작은 전류를 생산할 수 있었던 포름알데히드의 경우에서보다 더 낮았다.

직접 메탄올 연료전지는, 전기 화학적 반응에 의해서 생성되는 이산화탄소와 반응하지 않는 수용성 산성 전해질을 사용해서, 쉘社(윌리엄 등, 1965)과 에쏘社(타미와 사이프리오스, 1965)의 연구원들에 의해서 개발되었다. 탄산염의 형성에 따른 전해질의 퇴화를 예상하였지만, 소재의 더 나은 융화성 역시 인지하고 있었던, 앨리스 차머스(머레이와 그라임스, 1963)의 연구원들에 의해서 알칼리 전해질들이 시험되었다. 귀금속들 간의 합금에 기초한 촉매들이 순수한 금속촉매 보다는 더 효과적으로 양극에서 메탄올을 산화시켰으며, 바인더 등(1965)은 산과 알칼리 전해질 모두에 대해 서로 다른 조합을 연구하였다. 1992년에, 고체 폴리머 연료전지에 대한 기술적인 진보에 따라서 연구가 다시 시작되었으며, 제트추진연구소의 과학자들은 동일한 고체 폴리머 전해질을 사용해서 직접 메탄올 연료전지를 개발했다(수람프디 등, 1994).

2.6.1 산성 전해질 : 쉘(1965)과 에쏘社(1965)

쉘 연구소[31]에 근무하는 윌리엄스 등(1965)은 메탄올 산화반응에서 생성되는 이산화탄소에

31) Thornton Research Centre

의한 영향을 받지 않기 때문에 산을 알칼리 대신에 전해질로 선정하였다. 또한, 산성 전해질을 사용하면, 연료전지에서 물을 제거하는 것이 간단해진다. 산과 알칼리 전해질에서 이온전달 방향은 서로 반대이므로, 물은 음극에서 산과 함께 생성되며, 과도한 공기유동에 의해서 제거된다. 반면에, 알칼리 시스템의 경우, 물이 양극에서 석출되며, 이곳에는 가스의 유동이 없기 때문에, 물을 제거하는 유일한 방법은 전해질을 통과하여 음극 속으로 확산시켜서 공기 중으로 제거하는 것이다.

여러 종류의 산들 중에서, 낮은 시스템 작동온도(60~70 [℃])에서 황산이 더 높은 전도도를 가지고 있으며, 시험에 사용된 산소전극들이 황산에 약간 더 우수한 성능을 나타냈기 때문에, 인 화합물보다 황화물이 선정되었다.

쉘은 그들의 5 [kW]급 수소-공기 연료전지의 시제품이 너무나 복잡하다고 판단한 다음에, 메탄올로부터 수소를 추출하며 **팔라듐-은 확산 맴브레인**을 사용해서 이를 정제하는, 직접 메탄올-공기 연료전지로 선회했다. 산성 전해질 속에서 소재의 부식을 최소화하기 위해서, 연구자들은 전지가 60 [℃] 내외의 저온에서 작동하도록 선정했으며, 이는 또한, 대기압 상태의 전지 내에서 메탄올이 기화하는 것을 최소화시켜 주었다. 저온에서는 전지의 소재로 염가인 플라스틱을 사용할 수 있었다. 양극과 음극 모두, 미세 다공질 염화폴리비닐 기층위에 금이 얇게 코팅되어 도전체로 작용하는 전극의 표면에 촉매를 부착할 수 있었다(윌리엄스 등, 1965). (금-PVC 기층의 가격은 10.7 [$/m^2] 내외) 쉘은 양극의 소재로 리튬-루테늄을, 그리고 음극의 소재로는 백금을 사용하였다(앤드류와 글레이즈브루크, 1966). (이것은 플라스틱 두 장을 사용하거나 플라스틱 한 장의 양면을 사용하여 만들 수 있다. 전해질은 연료전극의 한쪽이나 양쪽을 순환할 수 있다.)

1963년에, 총 여덟 개의 전지 시제품이 제작되었으며 1 [A]에서 3.15 [W]를 생산하였다; 2년이 경과된 후에 조차도 이 전지는 1 [A]에서 2.85 [W]의 전력을 생산하였으며, 소재의 내구성을 입증해 주었다. 이 전지는 황산 전해질(6 N)과 메탄올(1 M)을 혼합하여 전해질과 함께 순환시킨다. 40개의 전지를 사용한 연료전지 적층이 제작되었으며 12 [V] 60 [℃]에서 300 [W]를 생산하였다. 각각의 연료전지 적층들 내에서, 순환되는 전해질-메탄올 혼합물은 에스테르와 유사한 냄새가 나는데, 이에 대한 분석을 통하여, 예견된 매개물로서, 포름알데히드와 포름산이 함유된 것을 발견하였으며, 아직도 출처가 규명이 되지 않은 초산, 프로피온산, 부티르산, 이소부티르산 등에 대해서도 추적중에 있다. 이러한 합성물들은 양극촉매에 대해서 독성을 끼치므로, 이러한 측면의 반응들이 일어나는 것을 억제하면서도 메탄올 산화에는 효과적인, 더 나은 촉매가 필요했다.

에쏘社[32]는 군용통신 시스템을 위한 휴대용 전지를 미국 전기연구소에 납품하려는 목표로 직접 메탄올-공기 연료전지를 개발하였다(타미와 사이프리오스, 1965). 이 작업은 1962년에 시작되었으며, 1966년에 그들은 독립형 60 [W] 6 [V] 유닛을 발표했다. 이 전지들은 3.7 M의 황산 전해질을 사용했으며, 제어 시스템은 산의 농도를 유지하기 위해서 물을 공급해

32) ESSO Research and Engineering Company

준다. 메탄올 농도는, 최적값으로 밝혀진, 0.75 M이었으며, 전극으로의 확산을 막아주는 확산 맴브레인에 의해서 조절되었다. 전류는 농도에 비례했다. 온도는 60~80 [℃]의 범위로서, 물의 제거를 관장하는 공기유동비율에 의해서 조절되었다. 상온의 공기를 소형 송풍기로 공급하며, 깨끗한 대기로 부터의 공기와 따듯하고 축축한 연소된 공기 사이의 상반된 유동을 분리해주는, 수분 투과성 맴브레인을 사용하는 물 절약 유닛을 사용해서 수분을 공급해 준다. 전극들은 52메시의 티타늄 스크린에 의해서 지지되는데, 0.1 [mm]의 두께로, 양극의 경우, 그 위에는 25 [mg/cm^2]의 촉매가 압착되어 있고, 음극의 경우에는 9 [mg/cm^2]의 테프론이 혼합된 백금이 압착되어 있다.

시제품 유닛은, 적층이 99 [W] (7.0 [V], 14.1 [A])를 생산하며, 부가적인 17 [W]의 동력손실 중에서 제어 시스템이 15 [W]를 소비하여, 결과적으로 6.0 [V], 13.6 [A]에서 82 [W]의 동력을 생산한다. 연속작동의 경우, 작동성능은 6.0 [V]에서 60 [W]까지 감소된다.

60 [℃]에서 작동하는 단일전지의 경우, 전지단자에서의 전압은 54 [mA/cm^2]에서 0.50 [V], 그리고 108 [mA/cm^2]에서 0.40 [V]가 구현되었다. 더 큰 전극을 사용하는 16-전지 전지의 경우, 타미와 사이프리오스는, 낮은 메탄올 농도와 높은 메탄올 전환수준은 전극을 궁핍하게 만들어 유입되는 메탄올 농도가 4 [vol%]인 경우에 0.3 [V]에서부터 1 [vol%]인 경우에 0.44 [V]로 분극을 증가시킨다는 것을 발견하였다. 그런데 메탄올 농도가 낮아지면, 메탄올이 백금으로 만들어진 음극 쪽으로 이동하여 공기에 의해 산화됨에 따른, 전극에서의 전위교란과 그에 따른 전지의 효율저하 등이 감소된다. 공기 유량은 화학량론적으로 필요한 양의 2~10배이며, 이 범위 내에서 온도조절(수분제거)의 필요에 따라서 변화된다.

2.6.2 알칼리 전해질: 앨리스 차머스 제조회사(1963)

앨리스 차머스 제조회사(연구부서)의 머레이와 그라임스(1963)는 알칼리 전해질인 수산화칼륨을 사용하는 메탄올 연료전지를 개발하였다. 메탄올은 수산화칼륨 속에 섞이며, 전해질 농도는 6 M 메탄올(CH_3OH)과 6 M 수산화칼륨(KOH)이 된다. 양극의 경우, 메탄올의 산화는 팔라듐이 첨가된 백금 촉매위에 포름산 중간 생성물을 만들어낸다. 팔라듐 자체는 메탄올 산화에 열등한 촉매이나, 백금과 팔라듐 혼합물은 양극촉매로 작용할 뿐만 아니라, 메탄올을 탄산염으로 산화시켜준다. 니켈 프라그는 양극과 음극의 촉매를 지원해준다. 두 가지의 음극촉매가 시험되었는데, 은 합금과 산화코발트 첨정석(Co_3O_4)이 연료전지에서 사용하기에 적당한 전류용량을 보여주었다. 산화코발트 첨정석은, 산화제의 공급이 중단되거나 셧다운 기간 동안에 발생되는, 침수현상 이후에 메탄올을 흡수하면 불활성화 되어버리기 때문에 한계를 가지고 있었다.

서로 다른 온도조건 하에서 약 0.3 [V]의 전지 전압을 유지하는 장기간 작동성능을 검증하기 위한 수명시험에 약 40 [cm^2]의 면적을 갖고 있는 소형 단일전지가 사용되었다. 작동성능은 60 [℃]에서 약 70시간이, 그리고 30 [℃]에서는 약 90시간이 경과되면서 수산화물이 탄산염으로 변환됨에 따라서 점차로 감소하였다; 수산화칼륨(KOH)의 농도가 2 M에 도달하면,

전해질을 교체했지만, 성능은 원래의 전류용량보다 약간 못하게 회복되었다. 성능은 두 개의 반전지로 분리되며, 양극은 전류밀도의 감소가 주요 원인으로 밝혀진 반면에, 은 음극은 보습특성이 더 좋아지므로 성능이 약간 향상된다. 전류밀도를 향상시켜서 양극의 성능을 **재생**할 수 있다.

니켈 시트를 부착하여 양극과 음극으로 사용했으며, 전극의 크기가 약 480 [cm^2]인 쌍극성 구조를 사용해서 40개의 전지를 사용하는 모듈이 제작되었다. 이 모듈은 49 [℃] 0~34.5 [kPa]에서 작동되었으며, 0.4 [V] 0.057 [A/cm^2] 조건 하에서 440 [W]를, 그리고 산소를 산화제로 사용해서 0.25 [V] 0.151 [A/cm^2] 조건 하에서 최대 730 [W]를 생산하였다. 이보다는 작은 전극면적으로 80개의 전지를 사용하며, 40 [℃]에서 작동하는 모듈 역시 제작되었으며, 5시간 동안 500 [W]를 일정하게 생산하였다; 이와 같은 일정한 성능은 모듈을 40~57 [℃]로 일정하게 가열한 결과이며, 이를 통해서 전해질 내 수산화 이온의 소모를 보상해 주었다.

비록 알칼리 전해질의 사용은 메탄올 연료전지의 제작을 촉진시켜 주었지만, 탄산염이 형성된다는 단점을 인식하게 되었다. 머레이와 그라임스는 귀환되는 탄산염 이온을 수산화 이온으로 재생시키는 공정으로 칼슘이온과의 침전반응을 사용할 것을 제안하였다. 석회의 사용이 경제적인 타당성을 갖고 있기는 하지만, 탄산칼슘($CaCO_3$)의 처분이 곤란하였다. 염소(Cl_2) 생산공장에서 발생되는 잉여 수산화물 용액을 소비하는 연료전지가 의미를 가질 수는 있지만, 실제적인 관점에서, 타당성과 경제성을 갖는 재생기술이 우선적으로 개발되어야만 한다.

2.6.3 촉매와 전극들

바인더 등(1965)은 귀금속(**루테늄**(Ru), **로듐**(Rh), **팔라듐**(Pd), **오스뮴**(Os), **이리듐**(Ir), **백금**(Pt))과 그 합금들을 알칼리와 산성 전해질을 사용하는 반-전지의 전극으로 시험하였다. 수산화칼륨(KOH, 5M=5N) 전해질의 경우, 50 [mA/cm^2] 80 [℃]의 조건하에서 가장 활성도가 높은 라니-형 촉매는 백금, 팔라듐, 루테늄, 로듐, 이리듐 및 오스뮴의 순서(Pt > Pd > Ru > Rh > Ir > Os)를 가지고 있었다. 황산(H_2SO_4, 2.25M=4.5N)을 사용하는 경우(50 [mA/cm^2] 80 [℃])에는 성능이 달라져서, 가장 활성도가 높은 라니 형 촉매는 오스뮴이며, 루테늄과 이리듐, 백금, 로듐, 그리고 팔라듐의 순서(Os > Ru > Ir > Pt > Rh > Pd)를 가지고 있었다. 합금을 사용해서 산 속에서 팔라듐 전극의 분극화를 감소시킬 수 있었으며, 루테늄의 첨가(50 [wt%])는 분극화를 25 [℃]인 경우 800 [mV](팔라듐)에서 459 [mV](팔라듐 루테늄 합금)로, 그리고 80 [℃]인 경우 570 [mV]에서 290 [mV]로 감소시킬 수 있었다. 황산(H_2SO_4)을 사용하는 경우, 백금과 루테늄 합금이 모든 합금들 중에서 가장 좋은 성능을 나타내며, 50 [mA/cm^2] 80 [℃]에서 230 [mV]의 분극전압을 가지고 있다. 600시간의 내구성 시험에서, 산성용액 속의 백금과 루테늄 합금은 약 420 [mV]의 일정한 분극전압으로 2000 [mA/cm^2]를 공급하였다(1968년 논문에서, 리바프스키와 케언스는 금속 사용량이 거의 200 [mg/cm^2]에 달한다는 점을 언급했으며, 상세한 내용은 이 연구그룹의 이전 논문들에서 다루어져 있다). 바인더 등은 비록, 자화율 데이터를 촉매에 대하여 사용할 수 없다는 점을 알고는 있지만, 이런 합금의 높은 활성도는 모든 반응물들과의 최적 수착을 가능케 해 주는 자화율의 탓이라는 가설을 세웠다. 하지만 메탄올 산화 메커니즘은 여전히 불분명하다는 점을 그들은 인지하고 있었다.

산 속에 담겨져 있는 백금의 메탄올 산화 메커니즘은 맥니콜(1981)에 의해서 재검토되었다. 여기에는 백금 촉매의 메탄올 흡수, 탈수소작용, 이산화탄소로의 분자 산화 등이 포함되어 있었다. 탈수소작용의 중간단계에서 촉매에 유해하고 산화의 다음 단계를 느리게 만드는 분자를 생성한다. 그러므로 촉매의 성능을 개선하기 위해서는, 탈수소화 된 분자에 의한 해독에 대한 저항성을 개선하거나, 이러한 분자의 산화능력을 개선해야만 한다.

2.6.4 나피온® 전해질: 제트추진연구소(1992)

직접 메탄올 연료전지(DMFC)의 개발은 고체 폴리머 연료전지(SPFC)의 성공이 있은 후에 재개되었다. 제트추진연구소는 1992년 전후에 자이너[33] 및 남 캘리포니아 대학 등과 함께 나피온 맴브레인을 사용하는 직접 메탄올 연료전지(DMFC)의 개발에 착수했다(수람프디 등, 1994; 나라야난 등, 1998). 황산 전해질을 사용하던 경우와는 달리, 고체 폴리머 전해질 때문에, 메탄올 연료는 전해질을 통하지 않고 양극으로 공급(액체공급)된다. 전지는 고체 폴리머 연료전지(SPFC)의 경우에서와 유사한 방식으로 제작되었지만, 촉매로는 백금 루테늄 합금를 사용했다. 액체 전해질을 사용하는 전지에서처럼, 메탄올이 넘나드는 것이 여전히 문제였다.

제너럴모터스 연구소의 버브러지(1989)는 고체 폴리머 전해질 맴브레인을 사용하는 메탄올 연료전지에서 발생할 수 있는 **화학적인 궁핍**의 정도를 판단하기 위해서 **나피온**117 맴브레인을 통과하는 메탄올 전달에 대한 모델을 만들었다. 모델에서 사용된 전달계수는 (이온의 이동이나 전달이 없는)확산형 전지에서 구해진 실험값과 일치하였다. 맴브레인은 1.0 N의 황산으로 처리되었으며, 셀 온도는 25 [℃] 였다. 모델을 통해서 버브러지는 새로운 맴브레인 시스템에 대해서 연구해야만 한다는 결론을 내리게 되었다.

2.7 인산 연료전지

천연가스를 사용하기 위해서 인산 연료전지가 개발되었지만, 수소를 만들어내기 위해서는 우선 연료를 화학적으로 개질시켜야만 했다. 개질반응의 부산물이 양극의 효율을 낮추는 일산화탄소이므로, 일산화탄소의 제거비율을 높이기 위해서 연료전지의 작동온도를 높였다. (100 [℃] 이상의 온도에서 백금 전극에 인산을 사용할 수 있으나 황산은 백금의 존재 하에서는 분해되기 때문에 사용할 수 없다.) 더 높은 온도를 사용하면 연료전지의 성능 개선 이외에도, 더 작동온도를 높이면 얻을 수 있는 이점은 연료 개질장치의 열 취급성이 향상된다

33) Giner Inc.(http://www.ginerinc.com/)

는 점이다; 천연가스로부터 수소를 만들어내는 화학반응은 흡열반응이므로, 연료전지로부터의 열은 개질반응을 유지하기 위해서 필요한 에너지를 공급해 준다.

인산 연료전지의 개발은 **타겟 프로그램**[34]을 수행하는 과정에서 도출되었으며, 천연가스와 함께 가정에 공급되는 전력 시스템에 대한 1975년 기술전시회에서 그 목표를 달성하였다. 연료전지 시스템은 12.5 [kW]의 전기를 생산했으며, 이 프로그램의 종료 후에는 메가와트(MW) 규모의 연료전지 발전소가 시험되었다. 연료전지 촉매로 탄소를 사용하는 것은 전극을 만들기 위한 백금의 소요량을 감소시켜주며, 연료전지에 소요되는 비용을 허용 가능한 수준으로 낮춰준다.

2.7.1 프랫 앤 휘트니 항공사업부과 타겟 프로그램

타겟[35](가스에너지 운반을 위한 고등연구팀) 프로그램의 정점은 1975년에 천연가스로 작동되는 가정용 인산 연료전지를 발표한 것이다(애플비와 폴크스, 1989). 이 프로그램은 가정의 난방이 천연가스에서부터 전기로 옮겨가고 있던 시기에, 전기시장을 공유하고 싶어 하는 32개의 미국가스회사들의 지원을 받아서, 유나이티드 테크놀로지 주식회사에서 연료전지 개발을 담당하는 프랫 앤 휘트니 항공사업부에 의해서 1967년에 시작되었다.(캐나다의 공공사업 업체 하나도 이 연구에 후원을 하였다; 1972년에는 일본의 두 가스 공공사업 업체도 참여했다) 이 연료전지는 천연가스를 현장에서 상용, 산업용 및 가정용 동력을 위한 전기로 변환시킬 수 있어야 한다. 연료전지의 전력은 가정에서 필요로 하는 최대 동력이라고 판단되는 12.5[kW]로 산정되었고, 가스기기는 유닛의 형태로 만들어 집 주인에게 리스로 대여하는 것을 목표로 하였다. 이 유닛은 전기뿐만 아니라 난방, 가습, 공기정화 및 폐기물처리 공정 등을 수행해야만 한다.

그림 2.14 [36] 타겟 프로그램 수행기간동안 개발된 12.5[kW] 가정용 연료전지인 PC-11. 좌측 유닛은 연료전지와 천연가스 연료 처리기가 들어있으며, 우측의 유닛은 전기 변환기이다.

34) TARGET Program
35) Team to Advance Research for Gas Energy Technology
36) Courtesy of UTC Fuel Cells

이 프로그램을 통해서 개발된, PC-11[37]이라는 이름의, 12.5 [kW] 연료전지의 시제품이 그림 2.14에 도시되어 있다. 이 전지는 천연가스, 프로판, 그리고 스팀 개질반응에 의해서 간단히 증류된 액체연료 등으로부터 만들어진 수소에 의해서 작동된다. 연료전지의 양극으로부터 유출되는 과도한 연료를 연소시킨 열이 스팀 개질반응의 흡열과정에 공급된다. 반응기는 연료전지와 동일한 유닛 내에 위치하지만, DC-AC 변환기는 분리된 유닛으로 만든다.

프로그램의 최종단계에는 60개의 PC-11 유닛이 미국, 캐나다, 및 일본 등에서 시험되었으며, 연료전지에 끼치는 환경적인 영향, 시스템 신뢰성, 최고수요에 대한 응답 등뿐만 아니라 경제성과 사업성 등을 살펴보기 위해서 각 설치장소마다 약 3개월 간 운영을 하였다. PC-11은 시제품이며, 높은 백금함량 때문에, 목표 비용인 150 [$/kW](1967)를 초과했다. 이것의 사용수명 역시 목표한 40,000시간보다 짧았다.

1 [MW] 인산 연료전지 시스템인 PC-19는 1977년에 시험되었다(그림 2.15 참조). 이 모델은 탄소의 도움을 받기 때문에 전극 내의 백금 사용량을 줄일 수 있었다. PC-19는 1,069시간동안 작동하면서 698,000 [kWh]를 생산하였으며, 장래의 4.5 [MW] 유닛을 위한 경험을 제공해 주었다.

240 [kWDC] 적층을 기반으로 하여, 두 개의 4.5 [MWAC] 시범용 유닛이 뉴욕과 일본의 고이[38]에 건설되었다. 뉴욕에 있는 플랜트는 건설 및 허가의 지연과 적층의 기술적인 문제(전해질 내의 공동 때문에 전극들 사이로 반응물질이 넘어다님) 때문에 한 번도 전력을 생산하지 못했다. 그런데 연료전지 플랜트가 표준과 규정들을 준수할 수 있다는 것을 증명해야 만이 가동을 위한 허가를 취득할 수 있다. 이 플랜트는 1978년 후반에 기동을 시작해서 1979년에 시험을 끝내야만 했는데, 수많은 지연과 연장 끝에 이 프로젝트는 1985년에 종료되었다.

그림 2.15 상부 우측의 용기에 인산 연료전지가 설치된 PC-19 1[MW] 플랜트. 연료전지 촉매를 지원하기 위해서 탄소를 사용하므로 서 백금의 사용량을 절감하였다.[39]

37) Power Cell-11

38) 千葉県 市原市 五井

고이에 설치된 플랜트는 도쿄전력[40])이 발주하였고, 주문 후 38개월 이내에 설치되었으며, 건설비용은 2천5백만불(1980년 기준)이 소요되었다. 이 플랜트는 1983년~1985년 사이에 2,423시간동안 5,430 [MWh]의 전력을 생산하였다(시바타, 1992). 수소의 고위발열량(HHV)과, DC-AC 변환기를 거친 다음의 전기출력을 기준으로 하여, 전기 효율은 36.7%에 달하였다(아나하라, 1993). (각각 439개의 전지로 이루어진) 20개의 적층은 250 [kPa]과 191 [℃]에서 작동하였다.

4.5 [MW] 발전소는 일본 고이에 이보다 더 큰 11 [MW] 시험용 발전소를 이끌어냈다(원래 계획이었던 27 [MW]보다 축소한 것임). 목표는 천연가스를 분배 또는 분산 전력원으로 사용하는 것에 대한 적합성을 조사하고, 또한 이 기술을 상용화 시키는 것이었다(시바타, 1992). 그림 2.16에 도시되어 있는 11 [MW] 발전소는 인터내셔널 퓨얼셀社(현재 UTC 연료전지)의 적층(각각이 670 [kW]를 생산하는 PC-23모델) 18개를 사용해서 도시바社가 도쿄전력을 위해서 건설하였다. 건설은 1989년 1월에 시작하였으며, 1991년 4월에 설계된 11 [MW]의 출력수준에 도달하였다. 이 연료전지들은 게이지압력으로 730 [kPa]에 207 [℃]에서 작동되었으며, 총 전기효율은 41.1%이었다(수소를 사용하는 HHV, 인버터 출력단)(아나하라, 1993).

그림 2.16 [41]) PC-23을 사용해서 일본 고이에 건설된 11 [MW] 발전소. 연료전지들은 사진 우측 상단의 원통형 용기에 설치되어있다.

2.7.2 일본의 회사들과 문라이트 프로젝트(1981-1992)

일본에서 인산 연료전지가 시연되고 있는 것과 동시에, 일본 회사들은 정부의 지원을 받아서 그들만의 연료전지 기술을 개발하고 있었다(애플비와 폴크스의 논평, 1989). 일본의 **문라이트 프로젝트**의 목표는 1974년에 구현할 수 있었던 것보다 더 효율이 높은 에너지 변환 시스

39) Courtesy of UTC Fuel Cells
40) TEPCO : 東京電力株式会社
41) Courtesy of UTC Fuel Cells

템을 개발하는 것이었다. 1981년에, 연료전지 기술은 1 [MW] 규모의 연료전지 발전소를 개발하는 10년 계획의 일환으로, **선샤인 프로젝트**에서 문라이트 프로젝트로 전환되었다. 인산 연료전지 기술은 대부분의 자금을 1981~1986년 사이에 지원받았다(4천4백만불 중 3천만불; 1985년 환율, 250Yen = $1.00). 인산 연료전지의 목표는 1986년에 개질연료를 사용하여 운전되는 2기의 1 [MW] 발전소를 시연하는 것이었다. 그런데 용융 탄산염 연료전지 기술의 발전 때문에, 1987년에, 이 프로젝트는 1995년까지로 연장되었다.

1 [MW] 발전소는 분산 또는 중앙집중형 모두로 건설할 수 있었다. 미쓰비시 전기와 후지 전기는 공동으로 저압(487 [kPa]) 분산형 연료전지를 건설하였고, 히타치 유한회사와 도시바 주식회사는 공동으로 고압(680~770 [kPa]) **중앙집중형 연료전지**를 건설하였다 발전소를 건설하기 위하여 공동으로 작업하면서, 이 회사들은 독자적인 기술을 추구하였다; 이런 방식으로, 그들은 최종 설계를 확정할, 선택할 수 있는 기술 조합의 숫자를 더 많이 확보할 수 있을 것으로 기대했다.

2.7.3 탄소의 사용

애플비의 논설(1984)에 따르면, 인산 연료전지는, 연료전지 환경 하에서 탄소가 안정적이라는 것이 발견되었을 때, 비로소 경제적인 가능성을 얻게 되었다. 비록 탄소의 산화반응이 열역학적으로는 바람직하지만, 동력학적으로는 바람직하지 못하다. 인산 연료전지의 조건(산성 전해질, 산화 반응물, 그리고 150[℃] 이상의 온도)하에서 조차도, 탄소가 화학적으로 안정적임을 발견하였다. 부식 저항성, 도전성, 넓은 표면적, 낮은 밀도, 그리고 저비용 등과 같은 또 다른 특성들은 인산 연료전지의 개발에 있어서 돌파구가 되었다. 여러 가지 형태로 제작한 탄소를 처음에는 바닥판(흑연)으로, 그 다음에는 전류 집전자(탄소 직조물)로, 그 다음에는 전극의 모재(전극)로, 마지막에는 촉매 지지구조물로 사용하였다.

탄소를 최초로 사용한 것은 1968~1969년 내외로, 흑연을 기계 가공한 바닥판(또한 분리판)이었다. 1970년을 전후해서, 탄소 직조물이나 탄소 종이를 전류 집전자로 사용했다. 이전의 전류 집전자는 금이 입혀진 티타늄 스크린으로, 이는 2차원 시트로 간주할 수 있다. 두께를 전극과 전해질 사이의 경계면을 조절하는 데에 사용할 수 있도록, 전류 집전자를 3차원으로 만드는 것이 기획되었다. 작동조건의 변화에 따라서 전해질의 경계뿐만 아니라 전해질 체적도 변화하기 때문에 이 방법은 관심을 끌게 되었다; 전해질이 소모되면 저장용기에서 이를 공급해 주어야 하며, 과도하게 만들어진 물을 저장하기 위해서는 저장용기가 필요하다. 트로치올라(1975)는 저장된 전해질이 전해질을 수용하고 있는 수용체(0.5 [mm] 두께로 압착된 석면)로 이동할 수 있는 경로로서 호수성 소재(탄소종이)를 사용했다.(오늘날의 전류 집전자에서도 전극 뒷판에 붙이는 재료이다.) 1972년과 1973년 사이에, 탄소는 전극과 촉매층의 모재로 사용되었다.

탄소가 백금 촉매의 지지구조물로 사용되기 전에는, 탄소를 처음에는 촉매 표면적을 증가시키려는 기대로, 촉매를 희석시키는 데에 사용되었다. 탄소가 없이는 두 물질만을 섞기 때문에, 촉매를 테프론에 최소량인 2~3 [mg/cm^2]만을 입혀서, 전류 집전자에만 국한하여 사용했다. 탄소를 사용한 희석을 통해서, 연속층에서 백금흑의 사용을 1 [mg/cm^2]까지 낮출 수 있었다. 하지만 더 많은 탄소에 백금이 묻혀버리므로, 활용도의 저하가 초래되었다. 그러므로 이 방법은 촉매의 표면적을 넓히는 데에는 성공적이지 못했다.

표면적은 촉매를 조제하는 방법을 바꿈으로서 증가되었다. 그것은 탄소를 지지구조물로 사용하면서 백금을 탄소 위에 침전시키는 방법이었다. 1973~1974년을 전후해서, 유나이티드 테크놀로지 주식회사에서는 음극의 백금촉매를 지지하기 위한 탄소 구조물로 **퍼니스 블랙**42)을 사용했다(캐벗 주식회사에 의해서 생산된 **벌컨** XC-72는 상용 퍼니스 블랙들 중에서 가장 도전성이 높다). 이 퍼니스 블랙은 250 [m^2/g]의 표면적을 가지고 있으며, 테프론 분산물질(듀퐁 테프론 30 등)과 결합하면 150 [℃]에서 사용하는 인산 연료전지의 음극과 양극에 뛰어난 성능을 갖는다.

가장 성공적인 주입방법은 1973~1974년에 프로토텍社에서 페트로프와 앨런(1976)에 의해서 개발되었다. 초기의 방법은 예를 들면, 지지구조에 **클로로백금산**43)을 주입하고, 액체상을 사용하거나, 건조후의 기체상을 사용해서 이를 감소시킨다. 프로토텍社의 방법으로 15~25 [Å] 크기의 콜로이드 백금 입자들을 생산할 수 있었다.

탄소 부식의 문제는 프랫 앤 휘트니 항공사업부의 키노시타와 베트(1973, 1974)에 의해서 보고되었다. 이 연구자들은 콜럼비언카본社의 스펙트럼들을 시험하였으며, 135 [℃]의 인산 내에서, 부식전류는 초기에는 표면에 존재하는 산화된 탄소 화합물로부터, 그리고 나중에는 탄소의 이산화탄소로의 산화로부터 생성된다는 것을 발견하였다. 전극 표면상에서의 전기충전을 측정하기 위한, 주기적 **전압전류법**44)을 사용해서 그들은 벌컨 XC-72를 2,000~2,700 [℃]에서 열처리하면, 납품할 당시에 존재하는 산화물의 양을 줄일 수 있음을 발견하였다.

2.8 고체 폴리머 연료전지

액체 알칼리 전해질을 밀봉하고 순환시키는 데에 있어서의 어려움에 비추어서, 고체 폴리머 전해질이 연료전지에 대한 간단한 해결방안으로 인식되었다. 하지만 전극이 씻겨나가는 것을 방지하기 위해서 음극으로부터 물을 제거함과 동시에, 양성자의 전도를 위해서 맴브레인에 필요한 양의 물을 공급해야만 하므로, 여전히 시스템 내에서는 액상인 물을 다뤄야 한다. 고체 폴리머는 산성이므로, 알칼리 전해질에서와는 달리 가스와의 반응 없이 이산화탄소를 사용할 수 있다. 고체 폴리머 연료전지는 제너럴 일렉트릭(그럽과 니드라, 1960)에 의해서

42) furnace black: 천연가스 혹은 기화된 중질유를 공기와 함께 연소로 속에서 불완전 연소시켜 제조한 카본블랙
43) chloroplantinic acid
44) cyclic voltammetry

개발되었으며, 제미니 지구궤도 프로그램의 동체전력을 공급하였다. 새로운 폴리머 조합(그로트, 1972)에 의한 전해질의 성능 및 내구성 개선과, 전극 제작의 개선(레이스트릭, 1986)을 통해서, 이 연료전지는 특히 차량에 사용(프라터, 1990)할 수 있는, 실제적인 제품을 만들 수 있는 형태인 것처럼 보였다. 어려운 점은 백금을 모재로 하는 촉매에서 발생하는, 수소 추출 반응의 부산물인, 일산화탄소에 의한 유해한 영향을 극복하는 것이었다. 알코올이나 탄화수소 연료에서 추출되는 수소를 사용해서 작동하는 이런 유형의 연료전지를 위해서, 공기유출(가테스필드와 파포드, 1988)이라는 기술이 개발되었다.

2.8.1 제너럴 일렉트릭의 그럽과 니드라(1960)

그럽과 니드라(1960)는 1960년에 **고체 이온교환 맴브레인 전해질**을 사용하는 연료전지를 개발하였다. 이 이온교환 맴브레인은 0.6 [mm] 두께의 폴리머 시트로서, 폴리스티렌 측면 체인들의 끝단에서 황산(HSO_3) 그룹들과 교차 링크되며, 비활성 바인더들과는 경계를 갖도록 만든다. 그럽(1959, 그럽과 니드라의 1960년 논문 참조)에 따르면, 수소거품 내에서의 맴브레인은 0.1 N 농도(보통은 0.5 N)의 황산(H_2SO_4), 용액에서와 동등한 도전성을 갖는다. 그러나 높은 도전성을 유지하기 위해서는, 맴브레인에 수분(25 [℃]에서 100% 습도)이 필요하므로, 유입되는 가스를 물속으로 통과시키면서 거품을 만들어서 가습시킨다. 비록, 맴브레인이 물속에 잠겨있지만, 맴브레인 수분 농도가 포화상태에 이르면 물을 방출하므로, 활동도는 약해지지 않는다.

두 가지 유형의 전지들이 제작되었는데, 작은 것(유형 1)은 활성화 된 면적이 25 [cm^2]이며, 큰 것(유형 2)은 활성화 된 면적이 50 [cm^2]이다. 1번 유형의 전지는 면적이 작기 때문에, 하우징 둘레의 플랜지의 압력에 의해서만 맴브레인에 압착되는 스크린과 박판 전극의 성능을 비교하기 위해서 사용되었다. 1번 유형의 전지에서, 도금된 니켈 스크린 전극을 사용해서, 백금 및 팔라듐이 도금된 전극에서보다 더 높은 전류밀도에 도달하였다. 스크린(직경이 0.076 [mm]인 니켈도선)을 0.05 [mm] (원래는 0.15 [mm]) 두께로 압연해서, 전해질과의 접촉면적을 증가시켜주면, 수소와 산소를 사용하는 경우에 전지는 2.5 [mA/cm^2]에서(10초 후; 동일한 부하저항에 대해서 정상상태에서, 1.6 [mA/cm^2]) 0.75 [V]의 최고 성능을 나타낸다. 상온 황산용액 내있는 산소(O_2) 반전지의 비가역적 전위에 대하여, 수소(H_2)와 산소(O_2)를 사용하는 전지의 개회로 전압은 1.23 [V]가 아니라 0.90~0.96 [V]였으며, 이 손실은 음극에서 발생하는 것으로 판명되었다.

그림 2.17에 도시된 것과 같이, 반경방향 유동 지지판(유동장 지지판)을 갖춘 2번 유형의 전지와 니켈 스크린 전극이 장기간 내구시험을 위하여 사용되었다. 이산화탄소가 전지 성능에 끼치는 영향을 구하기 위해서 15시간 시험이 수행되었으며, 33 [mol%] 수소(H_2)와 67 [mol%] 이산화탄소(CO_2)의 연료혼합물의 경우, 전지의 성능은 분극화곡선에서 보인 것과 같이 동일한 수준을 유지하였다. 두 가지 유형의 전지들에 대한 모든 시험들은 25[℃]±3[℃]에서 수행되었다.

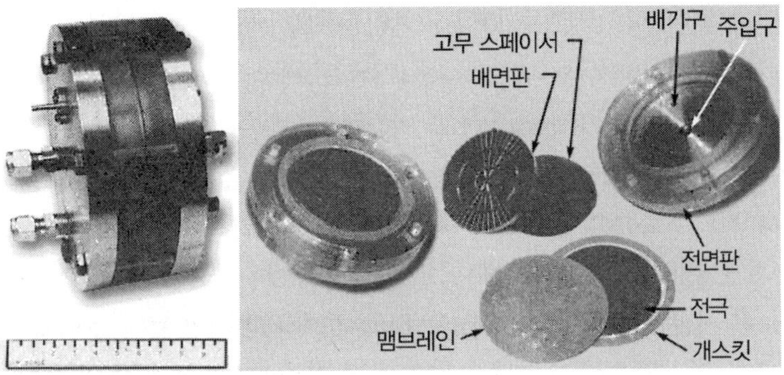

그림 2.17 [45] 이 사진은 조립된 형태(좌측)과 분해된 형태(우측)의 2번 유형 연료전지를 도시하고 있으며, 전해질로 사용하는 이온교환 맴브레인은 제너럴 일렉트릭 사에서 개발된 것이다(그럽과 니드라, 1960).

그럽과 니드라는, 맴브레인의 가스 투과성이 낮은 고체였고 얇았기 때문에, 그 당시 사용했던 전해질에 대해서 장점을 가지고 있었다고 언급했다. 이 맴브레인의 기체 투과율이 낮았기 때문에, 맴브레인 전해질이 가스 분리장치처럼 작동했다. 전해질이 침출이 불가능한 고체이므로, 펌프와 순환제어가 필요치 않다. 1 [mm] 이하인 다중층의 총 두께는 공간계수 또는 전력밀도를 증가시켰으며, 예를 들면 베이컨의 전지보다 상대적으로 낮은 전류밀도를 보상할 수 있었다. 그럽과 니드라는 앞으로의 연구를 통해서 전극과 맴브레인 사이의 접촉특성을 개선하고 산소의 환원반응에서 더 높은 전위를 구현하기를 원했다.

제너럴 일렉트릭 사는 상품명으로 **고분자 고체 전해질**[46](SPE®)을 등록하였으며, 이 기술은 1984년에 유나이티드 테크놀로지 주식회사의 해밀턴-스탠더드 사업부에 매각되었다. (이 기술은 해밀턴-스탠더드 사업부로부터 현재 UTC 연료전지로 이름을 바꾼, 유나이티드 테크놀로지 주식회사의 자회사인 인터내셔널 연료전지로 이전되었다.) 오늘날, 이런 유형의 전지를 일반적으로 **고체 폴리머 연료전지**(SPFC) 또는 **양성자교환 맴브레인**(PEM) 연료전지라고 부른다.

2.8.2 제미니 우주계획(1962)

2인승 제미니 운반체의 주 전기 동력원은 맥도넬 항공사와의 계약 하에서 제너럴 일렉트릭에 의해서 제작된 이온교환 맴브레인 연료전지였다(오스터, 1962). 수소와 산소 반응물질들은 극저온으로 보관되며, 생성된 물은 장기간 임무를 수행하는 승무원들의 음료수로 사용되었다. 이 연료전지를 사용한 최초의 비행임무는 제미니 5호였으며, 1965년 8월 21~29일 사이에 우주비행을 수행하였다.

동력 시스템은 세 개의 연료전지 적층들로 구성되었으며, 각각은 32개의 맴브레인과 전극 조립체로 이루어졌다(코엔, 1966). 이 맴브레인은 Kel-F®(1995년 까지 3M 사의 상품명으

45) Reproduced by permission of the Electrochemical Society Inc.

46) Solid Polymer Electrolyte®

로 등록되었다[47])가 혼합된 폴리스틴렌 술폰기 산성 전해질을 모재로 하여 만들어졌다. 이 맴브레인의 양쪽 면은 백금 촉매로 코팅되어 있는 티타늄 스크린 전극들로 덮여져 있다. 양극쪽에 위치한 맴브레인과 전극 조립체는 맴브레인의 테두리를 따라서 접착된 티타늄 시트에 의해서 밀봉되어서 수소가스를 위한 급기관을 형성한다. 음극측은 산소기체를 공급하기 위해서 개방되어있다. 티타늄 시트의 반대쪽 면은 냉각수를 위한 두 개의 루프가 설치되며, 각 튜브경로들 사이에는 전지로부터 생성된 물을 제거하기 위한 심지가 설치된다.(직물로 만들어진 심지는 수집위치에서의 모세관 작용에 의해서 물을 운반하며, 이 물은 다공질 세라믹 판에 의해서 산소와 분리되어 탱크에 저장된다.) 한 전지의 배관과 심지들이 인접 전지의 산소전극과 접촉할 수 있도록, 전지들은 적층이 된다. 세 개의 적층 모듈들을, 진동과 노이즈를 감쇄하고 온도를 조절하기 위한 기포를 사용해서 단열된, 용기 속에 밀봉하여 설치한다.

이 시스템은 21 [℃]의 저온과 저압에서 작동한다. 수소가스는 물의 수증기압(가습에 사용된 물)보다 12 [kPa] 높게 가압되며, 산소는 수소 압력보다 3.5 [kPa] 높게 가압된다. 폴리스티렌 술폰기 산 맴브레인의 도전성은 수분함량에 의존적이므로, 반응성 가스들을 맴브레인에 도달하기 전에 가습시킨다. 물을 시스템에 첨가하는 것 외에도, 물은 반응과정에서 생성되며, 전극의 공극 내에 축적되여, 전극을 씻어내며, 연료전지의 성능을 감퇴시킨다. 그러므로 전극들은 테프론을 사용해서 방수성을 갖도록 만들어야 하는데, 이 재료는 또한 백금 촉매를 티타늄 스크린에 부착시킬 때에도 사용되며, 전지로부터 물을 빼내기 위해서 심지를 전극 속에 삽입한다. 시스템 내에서 물을 다루는 데에 있어서의 어려움은 후속 우주계획에 고체 폴리머 연료전지 이외의 다른 연료전지 기술을 선택하는 원인들 중 하나가 되었다(워셰이와 프로코피우스, 1990).

이 연료전지 적층은 1 [kW] (평균 620 [W])을 생산했다. 내구성 시험에서, 맴브레인 내에서의 퇴화 때문에, 전지 전압은 거의 시간 당 1~5 [mV]의 비율로 감소하였다. 비행임무 기간동안 적층 모듈중 하나의 평균 성능은 1일차에 16 [A]에서 26.5 [V]에서 8일차에 16 [A]에서 27 [V]로 상승하였다. 첫째날 전압이 낮았던 이유는 발사 전 대기모드에서 연료전지가 전류를 조금밖에 사용하지 않았기 때문에 유발된 수분 불균형 때문이었다.

2.8.3 전해질로서의 나피온 폴리머(1972)

듀퐁社[48])의 그로트(1972)는 안정적이고, (제너럴 일렉트릭사가 제미니 적층에 사용했던)폴리스티렌 기반의 맴브레인을 단시간 내로 파괴시키는 과산화수소(H_2O_2) 내에서도 견딜 수 있는 화학적 퇴화 메커니즘을 가지고 있는 XR이라는 이름의 폴리머를 소개하였다. **XR 맴브레인**과 그 안정성 때문에, 연료전지는 우주공간 내에서 장기간 작동에 사용될 수 있었다(**바이오새털라이트 프로그램**, 1966-1969). 이 맴브레인의 화학적 및 온도 안정성은 테프론

47) 폴리클로로트리플루오로에틸렌(polychlorotrifluoroethylene)

48) E.I. DuPont de Nemours & Company

(PTFE) 기반으로부터 파생된 것이다. 이 소재는 등가질량 1,150~1,200 내외로 만들 수 있으며, 수분흡수에 따른 맴브레인의 전기적(저항) 및 기계적(인장강도) 특성 사이의 훌륭한 절충을 가져다준다. 그로트는 또한 맴브레인의 기계적인 견실성을 증가시키기 위해서 지지용 직물을 사용할 것을 제안하였다. 다이아프램의 제한적인 안정성은 석면과 같은 비선택성 다공질 다이아프램의 사용을 이끌어냈다. 그러나 XR 다이아프램은 120 [℃]까지 (불소를 제외한 황산 및 할로겐 등의)화학물질과 최고 200 [℃]까지의 온도에 견딜 수 있다. XR 다이아프램은 산에 강하며 가공성을 가지고 있다. 이 폴리머는 듀퐁社의 등록상표인 **나피온**[49]이라고 알려지게 되었다(그로트, 1975).

2.8.4 로스 알라모스 국립연구소: 촉매층 내의 나피온(1986)

로스 알라모스 국립연구소의 레이스트릭(1986)은 전류를 얻기 위해서 필요한 촉매의 양을 절감하면서 전극을 만들 수 있는 방법을 고안하였다. 양성자 도전체가 전극구조에 결합되며, 따라서 촉매층 내의 양성자들은 맴브레인으로 전도될 수 있다. 이 아이디어는 **주기적 전압측정법**[50]을 사용해서 표면적의 차이를 측정한 결과 0.35 [mg Pt/cm^2] 전극은 고체 폴리머 전해질(나피온 117)과 접합되어 있을 때에 단지 0.1 [cm^2 Pt/단위전극 단면적]의 값을 보인 반면에, 2.5 M 황산(H_2SO_4)과 함께 사용한 경우에는 ~200 [cm^2 Pt/단위전극 단면적]의 값을 나타낸다는 사실에 착안한 것이었다. 기존 전극의 전해질 쪽은 알코올과 물에 녹인 5% 나피온 수용액을 도포했으며, 용매가 휘발되고 난 후에 전극을 맴브레인에 대해서 압착하였다. 또 다른 공정은 1% 나피온 수용액을 전극에 산포한 후에, 도전성을 개선하기 위해서 필요한 층의 개수를 정하는 것이다; 32회 코팅의 성능수준은 16층에서와 동일하였다. 전극의 분극화는 4 [mg Pt/cm^2]가 맴브레인에 압착된 전극의 경우와 유사한 수준이었다.

2.8.5 발라드 파워 시스템社(1990)

발라드 파워 시스템社(프라터, 1990)는, 연료전지 기술이 군사목적 뿐만 아니라 상용제품에도 적용할 수 있어야 한다는, 캐나다 국립 연구회의 1983년 결정사항에 따라서, 캐나다 국방부와의 계약 하에서 1984년부터 고체 폴리머 연료전지 기술을 개발하기 시작했다. 최초의 목표는 수소와 공기(뿐만 아니라 순수한 산소)하에서 작동하는 적층 하드웨어를 개발하는 것이었고, 두 번째 목표는 개질 탄화수소 연료 생성물에 대해서 작동을 시연하는 것이었다. 이 전지용 하드웨어(활성화 면적이 50 [cm^2]인 MK4)를 개발하면서, 다공질 음극의 뒷면으로 공기를 분배하는 방법과, 반응에 의해 생성되는 물을 제거하는 방법 및 다중전지 적층에서 전지를 위한 매니폴드의 설계 등에 진보가 있었다. 예로서, 수소(H_2)와 공기를 사용하는 경우의 성능은 1.15 화학량[51], 공기 2.0 화학량, 345[kPa], 그리고 맴브레인 전해질로 나피온

49) Nafion®
50) cyclic voltametry

117을 사용한 경우에, 0.538[A/cm^2]에서 0.7[V]이다. 개질 탄화수소 연료를 사용하는 것에 대한 타당성을 시험하기 위해서, 수소(H_2)에 CO_2/0.3% 일산화탄소(CO)를 25% 섞은 혼합가스를 모의시험에 사용하였다. 가스 스팀 내에서 일산화탄소(CO)의 비율을 낮추기 위해서 우선적 산화반응장치가 사용되었으며, 양극에는 백금과 함께 일산화탄소(CO)에 내성이 있는 촉매가 혼합되었다. 0.430 [A/cm^2]에서, 전지전압은 0.67 [V] (단일전지, 207 [kPa], 85 [℃], 나피온 117)이며, 이 값은 수소(H_2)와 공기를 사용한 경우의 성능수준의 95%에 달하는 값이었다.

연료전지의 비용을 낮추기 위해서는 덜 비싼 소재를 사용하고, 더 높은 성능을 구현할 수 있는 소재와 제조기술을 채용해야만 한다. 제미니 연료전지에서 유동장 지지판 소재로 사용되었던 니오브를 흑연이 대체하였다. 1987년에 발라드社는 다우화학社에서 생산한 새로운 맴브레인을 시험한 결과 동일한 셀 전압에 대해서 기존의 나피온 맴브레인에 비해 4배의 전류를 발생시킬 수 있음을 발견하였다. 나피온 117을 사용한 맴브레인 전극 조립체의 제조공정상의 개선을 통해서, 0.5 [V]에서의 전류밀도 한계는 1.076에서 1.507 [A/cm^2]로 증가되었다.

전극면적이 232 [cm^2]인, 새로운 세대의 연료전지 하드웨어(마크5)에서 전력밀도는 4.63배 증가되었다. 이 개선은 활성면적으로, 전극과 흑연판을 더 효율적으로 사용한 결과이다; 마크4 전지에서 활성 전극면적은 단지 전극의 31%에 불과했지만, 마크5 설계에서는 활성면적이 전극 면적의 56%에 달하였다. 성능은 이에 비례하여 증가되었다.

2.8.6 공기누출(1988)

고체 폴리머 연료전지는 27~38 [℃]의 낮은 작동온도를 가지고 있기 때문에, 백금 촉매는 연료 스팀 내에 연료개질반응의 부산물로 함유된 미량(10~100 [ppm])의 일산화탄소에 의해서만도 중독될 수 있다. 가테스필드와 파포드(1988)는 연료 스팀 내에 O_2를 분사시켜서 산화표면 환경을 만듦으로서 이 중독문제가 발생하는 것을 방지하였다. 100 [ppm]과 500 [ppm]의 일산화탄소(CO) 함량에 대해서, (수소(H_2) 유동에 대해서) 2~5% 함량의 O_2를 분사하면 일산화탄소(CO)가 함유되지 않은 경우의 성능수준으로 완벽하게 복구되는 것을 알 수 있었다.

2.9 차량 응용사례

1964년 초반에, 제너럴모터스社의 엔지니어링 부서에서는 연구목표를 결정하고, 모터와 같은 전기구동 시스템, 제어 및 동력원 등을 개발하기 위한 전기자동차 제작프로그램을 시작하였다. 연료전지는 전지와는 달리 주행거리의 한계가 없으며, 엔진의 열효율에 의한 한계가

51) stoichiometry

없고, 따라서 더 높은 연료절감을 구현할 가능성을 갖추고 있기 때문에, 평가에 포함된 전기 동력원들 중 하나였다(막스 등, 1967). 알칼리 연료전지 시스템은 수소와 산소를 반응물질로 사용하였다. 1980년대에, 연료전지는 다시 한 번 운반차량의 동력원으로 고려되었다. 그런데 이 시점에서는 연료가 메탄올과 가솔린 만으로 한정되었으며, 작동온도를 제외하고는 인산 연료전지 시스템이 가장 진보되고 가장 적합한 것처럼 보였었다. 고체 폴리머 연료전지는 가장 뛰어난 특성을 보이는 것처럼 보였지만, 아직도 개발단계에 있었다. 발라드 파워 시스템社에 의한 진보가 있은 다음에야, 1994년에 다임러 벤츠社에 의해서 고체 폴리머 연료전지가 밴에 조립되어 차량용 연료전지로서의 타당성을 시연하게 되었다.

2.9.1 제너럴 모터스의 전기 밴(1967)

제너럴 모터스는 운반차량용 동력 시스템으로서의 연료전지를 검증하기 위해서 전기 밴을 개발하였다(막스 등, 1967). 알칼리 연료전지는 얇은 전극설계(그림 2.12)를 사용해서 유니언 카바이드社에 의해서 제조되었으며, 연속적으로는 32 [kW]를, 그리고 순간적으로는 160 [kW]의 전력을 생산할 수 있었다. 그림 2.18에서와 같이, 주로 차체의 바깥을 중심으로 해서, 차체의 여러 부분에 32개의 연료전지 모듈이 설치되었다. 전해질은 수성인 수산화칼륨으로, 세 개의 자기구동 펌프에 의해서 연료전지 속으로 순환되었다; 연료전지 시스템에 118 [L] 및 저장탱크에는 38 [L]가 채워져 있었다. 66 [℃] 이하로 유지되도록, 연료전지에서 발생된 열은 전해질을 통해서 제거되며, 전해질은 전방 그릴의 후면에 위치한 니켈로 만들어진 열교환기를 통과하면서 열을 방출한다.

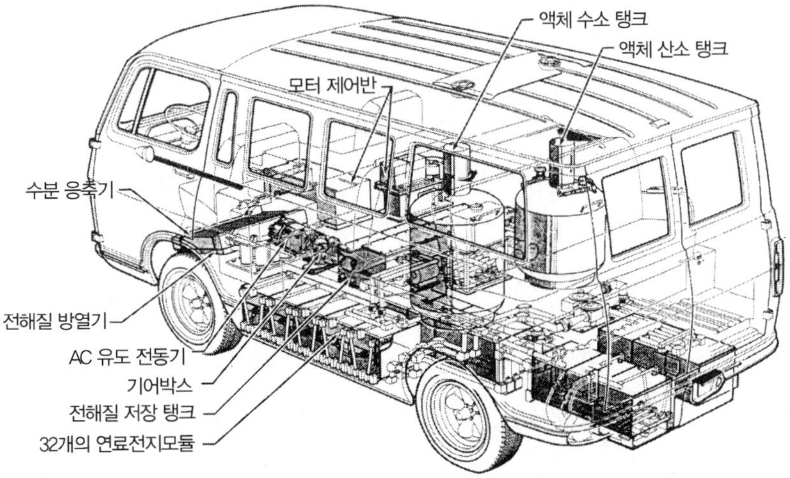

그림 2.18 [52] GM 전기 밴의 바닥에 설치되며, 수소와 산소 반응물질들은 화물칸에 저장되어, 32[kW] 연속동력을 공급하는 알칼리 연료전지 모듈(막스 등, 1967).

52) Reprinted with permission from SAE paper 670176. Copyright 1967 Society of Automotive Engineers, Inc.

연료전지의 반응물질은 극저온 탱크나 가압된 가스탱크(34.5 [MPa])에 저장되어 있는 순수한 수소와 순수한 산소였다. 연료전지에 공급되는 액체 반응물질은 기체 반응물질에 비해서 두 배의 주행거리를 갖는다. 수소 시스템은 고속 재순환 송풍기와 수분 응축기, 그리고 압력조절용 제어 등을 필요로 한다. 산소 시스템은 두 개의 제트 재순환 펌프와 압력조절용 제어 등을 사용했다. 압력 조절용 제어는 가스가 전해질을 통과하여 송풍될 때, 대기압에서와 유사한 작동성능을 발휘할 수 있도록, 9.65 [kPa]로 설정되었다.

구동용 모터는 93 [kW], 3상(AC), 4극 유도전동기로서, 13,700 [rpm]의 최고속도를 가지고 있었다. 모터에는 오일냉각 시스템이 사용되었다. 모터의 전기제어에는, DC모터에서처럼 모터의 속도제어가 가능한, 실리콘 조절형 정류기가 사용되었다. 이 정류기 역시 오일냉각을 사용하였다. 제어회로, 동력회로, 안전회로 및 보조모터 등, 총 3 [kW]에 달하는, 필요한 모든 동력은 연료전지에서 공급받았다.

전기 밴의 시동과정에는 차량을 운전하기 전에 평균 3시간이 소요되었다. 1단계에는, 시스템을 가압하여 누출을 검사한다. 2단계로, 전체 시스템을 알곤으로 충전한다. 3단계로, 산소를 전지에 공급한다. 4단계로 전해질을 전지에 펌핑한다. 그리고 5단계로 수소를 공급한다. 시스템의 스케일 증대시 발견한 문제점인, 반응용 가스의 분포 변화에 따른, 역전압 극성이 발생되는지를 판단하기 위해서 각 모듈의 개별적인 전지들에 대해서 연속적으로 스캐닝한다. 일단 역전압이 발생되는 전지들이 교정되고 나면, 동력원을 사용할 준비가 완료된다.

표준 밴의 중량인 1,474 [kg]에 비해서 전기 밴의 공차중량은 3,221 [kg]에 달한다. 표준 동력장치의 무게인 395 [kg]에 비해서, 연료전지와 전기구동 시스템의 무게는 1,783 [kg]에 달한다. 새로운 기술의 개발에 대한 필요 없이, 향후의 개발만을 통해서 전기 밴에서 464~680 [kg]의 무게를 줄일 수 있을 것으로 기대된다. 그런데 중량의 증가로 말미암아, 표준 동력전달장치에서 엔진에 의해서 공급되는 브레이크 발생력 만으로는 부족하기 때문에, 고성능 브레이크를 설치할 필요가 있다. 또한, 중량의 증가에 따른 또 다른 필요사항은 파워스티어링으로, 추가적인 펌프를 사용하였다. 복잡성 때문에 복열식 브레이크는 사용하지 않았다.

시스템의 효율은 정격부하에서 50% 이상, 최대 출력시는 30%인 것으로 측정되었다(이론적인 셀 출력 대비 수소를 공급받는 시스템에서의 측정값). 보조 시스템에 의해서 소비되는 동력(3 [kW])이외에도, 약 2.4 [kW]의 추가적인 손실이 전해질 누출경로에 의해서 발생된다.

2.9.2 제너럴 일렉트릭의 연구: 고체 폴리머 연료전지(1982)

제너럴 일렉트릭의 매켈로이와 누탈(1982)은 고체 폴리머 연료전지를 차량용으로 사용할 수 있는가를 판단하기 위해서 로스 알라모스 국립 연구소에서 1981년에 수행되었던 연구에 대해서 보고하였다. 일산화탄소(CO) 전환반응에 뒤따르는 스팀 개질을 사용하는 연료 변환공정에 의해서 메탄올로부터 수소를 추출한다. 이 연구자들은 메탄올과 물의 혼합물 대신에 건조한 메탄올을 사용하는 것이 재충전이 쉬워진다고 결론지었다.

기동 및 가속시 필요한 동력을 공급하기 위해서, 연료전지는 동력수요가 작은 기간 동안, 연료전지로 부터의 동력을 사용하여 소형 고체 폴리머 전해질 전기분해기에 의해서 생산된 순수한 수소와 순수한 산소를 소형 저장용기에 저장(4.1 [MPa])했다가 이를 사용한다. 일반적인 작동조건 하에서 음극은 1.013 [MPa] 압력의 공기를 사용하며, 피스톤 압축기에 의해서 공급된다. 압축기를 구동하기 위해서 필요한 동력은, 방금 압축된 공기로부터 열을 공급받기 위해서 음극에서 배출되어 열 교환기를 통과했던 가스의 잔류압력에 의해서 벌충된다. 추가적인 동력은 일산화탄소(CO) 전환 반응기에 의해서 가열된 고압 스팀과 연료전지에 의한 저압 스팀에 의해서 공급된다. 이 스팀은 팽창기를 거친 후에 응축되며, 물은 시스템에서 다시 사용된다.

만약 촉매와 폴리머의 가격을 낮출 수 있다면 이 연료전지 엔진은 경제적으로 타당성을 갖게 될 것이다. 0.75 [mg/cm^2]의 비율로 충전된 촉매를 기술적으로 구현할 수 있다. 3,000~5,000시간의 작동수명을 갖는 저가형 폴리머를 개발할 수 있다. 총 연속출력 20 [kW](총 최대출력 60 [kW])를 구현하기 위해서 연료전지는 140~200 [$/kW]의 비용이 소요된다. 이 총비용 중에서 백금의 가격은 48 [$/kW]로, 총 $960이며, 이는 재생이 가능하다. 이 연료전지 발전장치는 340 [L]의 체적과 317.5 [kg]의 무게, 그리고 96 [VDC]의 공칭 시스템 전압을 충족시킬 수 있다.

2.9.3 로스 알라모스 국립 연구소의 연구: 연료전지 버스(1986)

머레이 등(1986)은 어떤 연료전지 기술이 메탄올을 사용하는 연료전지 동력(38 [kW]와 59 [kW]) 버스의 작동에 가장 적합한가에 대한 연구를 통해서, 개질 연료를 사용하여 시연된 성능 때문에 인산 연료전지를 선정하였다. 이 결정은 그 당시 가장 개발활동이 활발하면서도, 사용 가능한 기술에 의거하였다. 고체 폴리머 연료전지는 지난 15년 간 가장 빠르게 발전해 왔고, 높은 전력밀도, 낮은 작동온도, 견실하고 저장되어있는 전해질, 그리고 저온기동성 등과 같은 장점들 때문에, 장기간의 측면에서는 전망을 가지고 있는 것으로 판단되었다. 그 당시 발라드 테크놀로지社(현재 발라드 파워 시스템社)는 군사목적으로 개질연료와 공기를 사용해서 작동하는 72 [W] 고체 폴리머 연료전지와 5 [kW] 적층을 개발해 놓은 것으로 알려졌었다.

2.9.4 발라드 파워 시스템社의 버스(1993)와 다임러-벤츠社의 밴(1994)

1993년에, 발라드 파워 시스템社는 120 [kW]를 공급하기 위해서 5 [kW] 전지를 24개 적층한, 고체 폴리머 연료전지 시스템을 엔진으로 사용하는 승객용 버스(길이 9.75 [m])를 발표하였다(프라터, 1994). 수소연료는 수송용으로 인증된 천연가스 용기에 기체 상태로 압축되어 저장되며, 이 용기들은 버스 프레임의 하부에 설치된다. 연료전지에 필요한 공기를 압축하기 위해서, 모터에 의해서 구동되는 **과급기**[53])를 연소가스에 의해서 구동되는 터보차저와 함께 조합하여 사용하였다.

다임러-벤츠社는 1994년에, 발라드 파워 시스템社에서 개발(프라터, 1994)된 고체 폴리머 연료전지를 사용하는 NECar[54]를 발표하였다. 이 차량은 화물칸에 12개의 마크5 설계(총 동력 50 [kW])와 압축수소가스 용기를 적재한 메르세데스-벤츠 수송용 벤(MB180)이었다.

2.10 결론

연료전지에 대한 연구는 1838년에 수소와 산소를 반응물질로 하여 시작되어서, 석탄을 연료로 사용하려는 시도와 함께 널리 확대되었으며, 이 기술이 우주계획에서 처음으로 탁월하게 적용되었음이 밝혀진 1950년 이후에는 봇물을 이루었다. 그로브와 숀바인에 의해서 연구되어지고, **기체 동전기 전지**라고 부르는 최초의 연료전지는, 반응성 기체의 결합이 백금 위에서 일어남이 알려져 있었던 시절에, 수소와 산소의 전기화학적인 반응을 보여주었다. 그로브는 백금 전극의 표면적을 증가시킴으로서 그의 설계를 개선하였으며, 레일레이 경과 같은 다른 연구자들은 백금 스펀지를 사용하였다. 몬트와 랑거는 촉매가 씻겨나가는 것이 문제임을 알아내고, 이를 해결하기 위해서 황산 전해질을 저장하기 위한 다이아프램을 사용하였다. 이 설계를 통해서 몬트와 랑거는 다수의 전지들로 구성된 자체 저장형 전지를 제작하였으나, 그 독창성은 앨더 라이트와 톰슨에 의해서 개발된 **이중 급기판 전지**라고 부르는 유사한 장치에 의해서 도전을 받게된다.

수소를 연료로 하는 연료전지의 성공에 따라서, 연구자들은 석탄을 연료로 하는 연료전지를 개발하는 쪽으로 관심을 돌리게 되었다. 그 당시 효율성이 떨어지는 스팀 발전소에서 석탄을 사용하는 대신에, 직접 전기를 생산하기 위해서 연료전지에서 석탄을 사용하는 것이 더 효율적이고 깨끗한 공정이다. 자크는 **탄소 전기 발전기**라고 부르는 직접 석탄으로 추정되는 연료전지를 최초로 제작하였지만, 하버와 브루너는 석탄과 산화제가 아닌 석탄과 전해질 사이에서 반응이 일어나므로, 간접 연료전지가 되었음을 밝혀냈다. 이 전지의 또 다른 문제점은 산화반응에서 발생되는 부산물인 이산화탄소 때문에 알칼리 전해질이 퇴화된다는 점이었다. 바우어와 에렌버그는 수산화물, 탄산염, 규산염 및 붕산염 등을 전해질로 사용하였다; 바우어와 브루너가 1935년에 발견한 바에 따르면, 탄산염 전해질을 사용해서, 이산화탄소를 음극으로 공급하는 것이 분극화 농도를 줄이는 데에 도움이 되었다. 그런데 용융 탄산염 전해질을 저장하는 것은 관리하기가 어렵기 때문에, 바우어와 프라이스는, 지르코늄과 산화 이트륨 혼합물인 네른스트 덩어리를 사용하는 고체 전해질 연료전지를 개발하였다.

이 시기부터, 오늘날 연료전지용 전해질로 사용되는 산, 알칼리, 탄산염 및 산화물 등의 네 가지 유형의 화학물질들이 사용되기 시작했다. 비록 최초의 산성 연료전지가 황산을 사용

53) supercharger
54) New Electric Car

했지만, 인산이 고온에 더 안정적이며, 타겟 프로그램 수행기간 동안 개발된 연료전지에서 사용되었다. 1960년대에, 제너럴 일렉트릭사는 술폰기 산 기능성 그룹과 폴리머를 전해질로 사용하는 연료전지를 개발하였다. 알칼리 연료전지는 베이컨에 의해서 개발되었으며, 이 기술은 프랫 앤 휘트니 항공사에 의해서 아폴로 우주계획에서 동체 소요전력을 생산하기 위해서 수정되었다. 액체 수산화칼륨 전해질이 전극을 씻어내는 것을 방지하기 위해서, 이중 공극 전극, 방수전극 및 전해질 수용체 등, 서로 다른 방법들이 고안되었다.

용융 탄산염 연료전지 전해질에 대한 현대적인 개발은, 고체라고 생각했었지만, 브로야스와 케텔라가 용융 및 고체상이 조합되어 있는 것이라는 것을 증명한, 탄산염, 인산염, 텅스텐산염, 규산염과 희토류 산화물의 고체상들을 포함하는, 혼합물을 사용했던, 다브티안의 영향을 받았다. 브로야스와 케텔라는, 탄화수소 연료의 반응 생성물들 속에서 사용이 가능하기 때문에, 여타의 화합물들 중에서 탄산염을 선택하였다. 가스기술 연구소와 제너럴 일렉트릭社는 용융 탄산염 연료전지에 대한 연구를 계속하였다. 진정한 의미의 고체 전해질에 대한 가장 전도도가 높은 혼합비율을 구하기 위한 시험이 바우어와 프라이스에 의해서 수행되었으며, 웨스팅하우스 전기회사의 바이스바르트와 루카는 산화지르코늄과 칼슘을 선정하였다.

제너럴 일렉트릭의 직접 메탄올 연료전지는 맴브레인 때문에 작동이 어려웠다. 도전성을 유지하기 위해서, 맴브레인은 수분을 함유하고 있어야만 했다. 또한, 음전극의 산화환경 속에서 맴브레인이 퇴화되기 때문에, 맴브레인의 사용수명이 짧았다. 듀퐁社의 나피온 맴브레인을 사용하면서, 폴리머의 안정된 불소의 화학적인 특성 때문에 사용수명이 늘어나게 되었다. 연료전지 성능의 개선은, 촉매와 전해질 사이에 전해질의 연속성을 부여하기 위해서 촉매층 내에 나피온을 사용함에 따라, 전극의 촉매 표면적이 증가하면서 구현되었다. 또한, 촉매의 탄소 지지구조물과 인산 연료전지를 위해서 개발된 기술들 역시 주어진 양의 촉매에 대하여 표면적을 증대시켜 주었다. 전극이 씻겨나가는 문제는, 알칼리 전지에서처럼, 테프론(PTFE)을 사용하여 전극을 방수처리 함으로서 조절할 수 있었다.

고체 폴리머 연료전지는 탄화수소 연료의 반응 부산물들과의 공존성, 낮은 작동온도, 그리고 높은 전력밀도 등 때문에, 차량용으로 사용하기에 가장 적합한 유형처럼 보였다. 고체 폴리머 연료전지가 개발되기 전에는 인산 연료전지가 버스에 사용하기에는 가장 적합한 기술인 것으로 생각되었다. 연료전지를 동력으로 사용하는 차량의 타당성을 검증하기 위해서 제너럴 모터스에서는 밴에 알칼리 연료전지 시스템을 사용하였다. 반응물질은 탑재된 수소와 산소였으며, 연료전지는 밴의 바닥에 수납되었다－이 설계는 오늘날에도 사용되고 있다.

References

Alder Wright, C.R. and Thompson, C., Note on the development of voltaic electricity by atmospheric oxidation of combustible gases and other substances, Proceedings of the Royal Society of London, 46, 372.376, 1889.

Anahara, R., Research, development, and demonstration of phosphoric acid fuel cell systems, in Fuel Cell Systems, Blomen, L.J.M.J. and Mugerwa, M.N., Eds., Plenum Press, New York, 1993, pp. 271.343.

Andrew, M.R. and Glazebrook, R.W., Electrolyte-soluble fuels, in Introduction to Fuel Cells, Williams, K.R., Ed., Elsevier Publishing Company, London, 1966, pp. 109.153.

Appleby, A.J., Carbon components in the phosphoric acid fuel cell . an overview, in Electrochemistry of Carbon, Sarangapani, S., Akridge, J.R., and Schumm, B., Eds., Electrochemical Society, Pennington, NJ, 1984, pp. 251.272.

Appleby, A.J. and Foulkes, F.R., Fuel Cell Handbook, Van Nostrand. Reinhold, New York, 1989.

Bacon, F.T., Research into the properties of the hydrogen-oxygen fuel cell, BEAMA Journal, 61, 6.12, 1954.

Bacon, F.T., Fuel cells: past, present, and future. Electrochimica Acta, 14, 569.585, 1969.

Bacon, F.T., The fuel cell: some thoughts and recollections, Journal of the Electrochemical Society, 126, 7C.17C, 1979.

Baker, B.S. et al., Operational characteristics of high-temperature fuel cells, in Hydrocarbon Fuel Cell Technology, Baker, B.S., Ed., Academic Press, New York, 1965, pp. 293.307.

Baur, E. and Brunner, R., Uber das Verhalten von Sauerstoff-elektroden in Carbonatschmelzen, Zeitschrift fur Elektrochemie, 41, 794.796, 1935.

Baur, E. and Brunner, R., Uber die Eisenoxyd-Kathode in der Kohle-Luft-Kette, Zeitschrift fur Elektrochemie und Angewandte Physikalische Chemie, 43, 94.96, 1937.

Baur, E. and Ehrenberg, H., Uber neue Brennstoffketten, Zeitschrift fur Elektrochemie, 18, 1002.1011, 1912.

Baur, E. and Preis, H., Uber Brennstoff-ketten mit Festleitern, Zeitschrift fur Elektrochemie, 43, 727.732, 1937.

Binder, H., Kohling, A., and Standstede, G., The anodic oxidation of methanol on Raney-type catalysts of platinum metals, in Hydrocarbon Fuel Cell Technology, Baker, B.S., Ed., Academic Press, New York, 1965, pp. 91.102.

Broers, G.H.J. and Ketelaar, J.A.A., High-temperature fuel cells, in Fuel Cells, Young, G.J., Ed., Reinhold Publishing Corporation, New York, 1960a, pp. 78.93.

Broers, G.H.J. and Ketelaar, J.A.A., High temperature fuel cells, Industrial and Engineering Chemistry, 52, 303.306, 1960b.

Cohen, J.M., The Life of Ludwig Mond, Methuen, London, 1956, pp. 280.282.

Cohen, R., Gemini fuel cell system, in Proceedings of the 20th Annual Power Sources Conference, New Jersey, 24.26 May, 1966, pp. 21.24.

Dittmann, H.M., Justi, E.W., and Winsel, A.W., DSK electrodes for the cathodic reduction of oxygen, in Fuel Cells, Vol. 2, Young, G.J., Ed., Reinhold Publishing Corporation, New York, 1963, pp. 133.142.

Douglas, D.L., Molten alkali carbonate cells with gas-diffusion electrodes, in Hydrocarbon Fuel Cell Technology, Baker, B.S., Ed., Academic Press, New York, 1960, pp. 129.149.

Ferguson, R.B., Apollo fuel cell power system, in Proceedings of the 23rd Annual Power Sources Conference, New Jersey, 20.22 May, 1969, pp. 11.13.

Gottesfeld, S. and Pafford, J., A new approach to the problem of carbon monoxide poisoning in fuel cells operating at low temperatures, Journal of the Electrochemical Society, 135, 2651.2652, 1988.

Grot, W., Perfluorierte Ionenaustauscher-Membrane von hoher chemischer und thermischer Stabilitat, Chemie Ingenieur Technik, 44, 167.169, 1972.

Grot, W.G., Perfluorierte Kationenaustauscher-Polymer, Chemie Ingenieur Technik, 47, 617, 1975.

Grove, W.R., On voltaic series and the combination of gases by platinum, Philosophical Magazine and Journal of Science, Series 3, 14, 127.130, 1839. © 2003 by CRC Press LLC

Grove, W.R., On a gaseous voltaic battery, London and Edinburgh Philosophical Magazine and Journal of Science, Series 3, 21, 417.420, 1842.

Grove, W.R., Experiments on the gas voltaic battery, with a view of ascertaining the rationale of its action and on its application to eudiometry, Proceedings of the Royal Society of London, 4, 463.465, 1843.

Grove, W.R., On the gas voltaic battery: voltaic action of phosphorus, sulphur, and hydrocarbons, Proceedings of the Royal Society of London, 5, 557.558, 1845.

Grubb, W.T. and Niedrach, L.W., Batteries with solid ion-exchange membrane electrolytes, II: lowtemperature hydrogen-oxygen fuel cells, Journal of the Electrochemical Society, 107, 131.135, 1960.

Haber, F. and Bruner, L., Das Kohlenelement, eine Knallgaskette, Zeitschrift fur Elektrochemie, 10, 697.713, 1904.

Jacques, W.W., Electricity direct from coal, Harper's New Monthly Magazine, 94, 144.150, 1896.

Justi, E.W. and Winsel, A.W., The DSK system of fuel cell electrodes, Journal of the Electrochemical Society, 108, 1073.1079, 1961.

Ketelaar, J.A.A., History, in Fuel Cell Systems, Blomen, L. and Mugerwa, Eds., Plenum Press, New York, 1993, pp. 19.35.

Kinoshita, K. and Bett, J.A.S., Potentiodynamic analysis of surface oxides on carbon blacks, Carbon, 11, 403.411, 1973.

Kinoshita, K. and Bett, J.A.S., Determination of carbon surface oxides on platinum-catalyzed carbon, Carbon, 12, 525.533, 1974.

Kordesch, K. and Marko, A., Uber neuartige Kohle-Sauerstoff-Elektroden, Osterreichische Chemiker-Zeitung, 52, 125.131, 1951.

Kordesch, K.V., Low temperature.low pressure fuel cell with carbon electrodes, in Handbook of Fuel Cell Technology, Berger, C., Ed., Prentice Hall, New York, 1968, pp. 361.421.

Kordesch, K.V., Twenty-five years of fuel cell development (1951.1976), Journal of the Electrochemical Society, 125, 77C.91C, 1978.

Liebhafsky, H.A. and Cairns, E.J., Fuel Cells and Fuel Batteries: A Guide to Their Research and Development, John Wiley & Sons, New York, 1968.

Marks, C., Rishavy, E.A., and Wyczalek, F.A., Electrovan: a fuel-cell.powered vehicle, Society of Automotive Engineers, Paper 670176, 1967.

Matteucci, M., On the electricity of flame, London and Edinburgh Philosophical Magazine, Series 4, 8, 399.404, 1854.

McElroy, J.F. and Nuttall, L.J., Status of solid polymer electrolyte fuel cell technology and potential for transportation applications, Seventeenth Intersociety Energy Conversion Engineering Conference (IECEC) Meeting held by the IEEE, Paper 829371, 1982.

McNicol, B.D., Electrocatalytic problems associated with the development of direct methanol.air fuel cells, Journal of Electroanalytical Chemistry, 118, 71.87, 1981.

Mond, L. and Langer, C., A new form of gas battery, Proceedings of the Royal Society of London, 46, 296.304, 1889.

Morrill, C.C., Apollo fuel cell system, Proceedings of the 19th Annual Power Sources Conference, New Jersey, 18.20 May, 1965, pp. 38.41.

Murray, H.S. et al., DOT Fuel-Cell-Powered Bus Feasibility Study: Final Report, Los Alamos National Laboratory Technical Report LA.10933.MS, 1986.

Murray, J.N. and Grimes, P.G., Methanol fuel cells, in Fuel Cells, CEP Technical Manual, American Institute of Chemical Engineers (Progress Technical Manual), 1963, pp. 57.65.

Narayanan, S.R. et al., Electrochemical factors in design of direct methanol fuel cell systems, in Proton Conducting Membrane Fuel Cells II, Gottesfeld, S. and Fuller, T.F., Eds., Electrochemical Society, Pennington, NJ, 1998, pp. 316.326.

Nernst, W., Uber die elektrolytische leitung fester korper bei sehr hohen temperaturen, Zeitschrift fur Elektrochemie, 6, 41.43, 1899.

Nernst, W. and Wild, W., Einiges uber das verhalten elektrolytischer gluhkorper, Zeitschrift fur Elektrochemie, 7, 373.376, 1900. © 2003 by CRC Press LLC

Niedrach, L.W. and Alford, H.R., A new high-performance fuel cell employing conducting-porous-Teflon electrodes and liquid electrolytes, Journal of the Electrochemical Society, 112, 117.124, 1965.

Oster, E.A., Ion exchange membrane fuel cells, in Proceedings of the 16th Annual Power Sources Conference, New Jersey, 22.24 May, 1962, pp. 22.24.

Ostwald, W., Die Wissenschaftliche Elektrochemie der Gegenwart und die Technische der Zukunft, Zeitschrift fur Elektrotechnik und Elektrochemie, 4, 122.125, 1894.

Petrow, H.G. and Allen, R.J., Catalytic platinum metal particles on a substrate and method of preparing the catalyst, U.S. patent 3,992,331,1976.

Prater, K.B., The renaissance of the solid polymer fuel cell, Journal of Power Sources, 29, 239.250, 1990. Prater, K.B., Polymer electrolyte fuel cells: a review of recent developments, Journal of Power Sources, 51, 129.144, 1994.

Raistrick, I.D., Modified gas diffusion electrode for proton exchange membrane fuel cells, in Proceedings of the Symposium on Diaphragms, Separators, and Ion-Exchange Membranes, Van Zee, J.W., White, R.E., Kinoshita, K., and Barney, H.S., Eds., Proceedings Volume PV-86, Electrochemical Society, Pennington, NJ, 1986, p. 172.

Rayleigh, L., On a new form of gas battery, Proceedings of the Cambridge Philosophical Society, 4, 198, 1882.

Rideal, E.K. and Evans, U.R., The problem of the fuel cell, Transactions of the Faraday Society, 17, 466.482, 1922.

Schoenbein, C.F., On the mutual voltaic relations of certain peroxides, platina, and inactive iron, The London and Edinburgh Philosophical Magazine and Journal of Science, 12, 225.229, 1838.

Schoenbein, C.F., On the voltaic polarization of certain solid and fluid substances, The London and Edinburgh Philosophical Magazine and Journal of Science, 14, 43.45, 1839.

Schoenbein, C.F., On the theory of the gaseous voltaic battery, The London, Edinburgh, and Dublin Philosophical Magazine and Journal of Science, Series 3, 22, 165.166, 1843.

Shibata, K., The Tokyo Electric Power Company (TEPCO) fuel cell evaluation program, Journal of Power Sources, 37, 81.99, 1992.

Shultz, E.B. et al., High-temperature methane fuel cells, in Fuel Cells, Vol. 2, Young, G.J., Ed., Reinhold Publishing Corporation, New York, 1963, pp. 24.36.

Surampudi, S. et al., Advances in direct oxidation methanol fuel cells, Journal of Power Sources, 47, 377.385, 1994.

Tarmy, B.L. and Ciprios, G., The methanol fuel cell battery, Engineering Developments in Energy Conversion, ASME, 1965, pp. 272.283.

Trocciola, J.C., Novel fuel cell structure, U.S. patent 3,905,832, 1975.

Verbrugge, M.W., Methanol diffusion in perfluorinated ion-exchange membranes, Journal of the Electrochemical Society, 136, 417.423, 1989.

Warshay, M. and Prokopius, P.R., The fuel cell in space: yesterday, today, and tomorrow, Journal of Power Sources, 29, 193.200, 1990.

Weissbart, J. and Ruka, R., A solid electrolyte fuel cell, Journal of the Electrochemical Society, 109, 723.726, 1962.

Williams, K.R., Andrew, M.R., and Jones, F., Some aspects of the design and operation of dissolved methanol fuel cells, in Hydrocarbon Fuel Cell Technology, Baker, B.S., Ed., Academic Press, New York, 1965, pp. 143.149.

Wynveen, R.A. and Kirkland, T.G., The use of a porous electrolyte vehicle in fuel cells, Proceedings of the 16th Annual Power Sources Conference, New Jersey, 22.24 May, 1962, pp. 24.28.

Further Reading

Bossel, U., The Birth of the Fuel Cell 1835.1845, European Fuel Cell Forum, Oberrohrdorf, 2000.

Kordesch, K.V., Twenty-five years of fuel cell development(1951.1976), Journal of the Electrochemical Society, 125, 77C.91C, 1978.

Liebhafsky, H.A. and Cairns, E.J., Fuel Cells and Fuel Batteries: A Guide to Their Research and Development, John Wiley & Sons, New York, 1968. © 2003 by CRC Press LLC

Meibuhr, S.G., Review of United States fuel-cell patents issued from 1860 to 1947, Electrochimica Acta, 11, 1301.1308, 1966.

Meibuhr, S.G., Review of United States fuel-cell patents issued during 1963 and 1964, Electrochimica Acta, 11, 1325.1351, 1966.

Tischer, R.P., Review of United States fuel-cell patents issued from 1947 to 1962, Electrochimica Acta, 11, 1309.1323, 1966.

Chapter 03 열역학과 전기화학적 동력학

연료전지와 열 엔진의 열역학적 해석에 따르면, 등온상태에서 발생하는 에너지 변환공정이 큰 온도차이에 의존하는 공정보다 더 효율적이라는 것을 알 수 있다. 이 장에서는 공업 열역학, 화학적 열역학, 그리고 전극 운동성 등에 대한 기초적인 원리들에 대해서 설명하고 있다. 열역학의 단원에서는 이상적인 연료전지가 덜 비가역적인 에너지 변환장치라는 것을 보여주고 있다. 공업 열역학 단원은 열역학 1법칙, 열역학 2법칙, 열 엔진 및 카르노 사이클, 엔트로피와 엑서지, 열역학 1법칙과 열역학 2법칙에 기초한 효율, 그리고 열 발생에 따른 엑서지의 손실 등에 대해서 다루고 있다. 화학적 열역학 단원은 네른스트 방정식을 유도하기 위해서 사용되는, 깁스 에너지의 변환에 기초하고 있다.

비록 열역학은 에너지 변환장치의 이론적 최대성능을 제시해 주지만, 실제의 성능은 반응비율이 묘사해 준다. 예를 들면, 개회로 상태의 연료전지(전극에서 화학적 평형상태를 이루고 있다)는 최대 전압을 출력하지만, 전극들 사이에 전자의 실제적인 흐름이 없으므로 동력을 생성하지는 않는다. 전기를 생산하기 위해서는, 평형상태로부터 반응을 이동시키기 위해서 전극들을 분극화 시켜야 한다. 전극 운동성의 단원에서는, 버틀러-볼머 방정식으로 표현되는-단일 스텝 전기화학적 반응의 비율에 대한 유도가 제시되어 있다.

3.1 공업 열역학

열역학은 에너지가 한 형태에서 다른 형태로 변환되는 것에 대해서 연구하는 학문이다. 보통, 목표는 열을 생성하거나 일을 하는 것으로, 둘 모두 전기나 기계적인 형태를 갖는다. 에너지의 원천은 연료로, 여기서 에너지는 화학적인 형태로만 국한시킨다. 연료전지나 열 엔진과 같은 장치들은 화학적인 반응에 의해서 에너지를 방출하며, 이를 전기나 열로 변환시킨다. 전기는 전자회로나, 모터와 같은 전자기 장치를 통해서 일로 변환된다. 열은 피스톤-실린더나 터빈 등의 기계적 장치에 의해서 일로 변환된다.

열역학 법칙들은 에너지 변환장치 내에서 에너지의 상태가 변화될 때에, 에너지의 양과 질을 제한한다. 열역학 1법칙에 따르면, 비록 에너지의 형태가 변한다고 하여도, 시스템 내의 에너지 총 량은 일정하게 유지된다. 열역학 2법칙에서, 엔트로피의 성질을 사용하면, 반응이 진행할 방향, 에너지가 품질을 가지고 있다는 개념, 그리고 에너지 변환 효율의 이론적인 한계 등을 확립할 수 있다. 이 절에서는 열 엔진과 관련된 열역학적 원리들에 대한 개괄적인 검토를 통해서, 연소를 통한 에너지 변환공정에 수반되는 비가역성이 등온반응의 경우 보다 효율성이 떨어진다는 것을 규명한다.

3.1.1 열역학 1법칙

열역학 1법칙은 시스템의 에너지가 보존된다는 것이다. 에너지는 없어지거나 만들어지지 않고, 단지 한 형태에서 다른 형태로 변환된다. 열이나 일의 형태를 갖는 에너지는 시스템의 경계를 통과하며, 시스템의 총 에너지에 영향을 끼친다.

$$\delta Q - \delta W = dE \tag{3.1}$$

식 (3.1)에서 양의 부호는 입력을, 음의 부호는 출력을 의미한다: Q는 시스템의 열 에너지이며 $-W$는 시스템에서 유출(수행)되는 일이고, E는 시스템의 총 에너지이다. 열이나 일의 변화는 경로에 의존적이므로 불완전 미분인 δ의 형태로 표시하며, 따라서 **경로함수**라고 부른다. 에너지는 성질이며, 단지 최초 및 최종상태에만 의존하는 점함수이다. 식 (3.1)을 적분하면, 열역학 1법칙은 다음과 같이 변환된다.

$$Q - W = \Delta E \tag{3.2}$$

제어질량(질량유동이 수반되지 않는 시스템)이라고도 부르는, (피스톤 실린더와 같이) 폐쇄된 시스템의 경우, 총 에너지의 변화는 식 (3.3)에서 주어진 것과 같이 관성에너지 U, 운동에너지 KE 및 위치에너지 PE의 합으로 표현된다. 그림 3.1 (a)에서는 제어질량의 예로서 피스톤-실린더를 보여주고 있다.

$$\Delta E = \Delta U + \Delta KE + \Delta PE \tag{3.3}$$

경계를 통해서 질량유동이 발생되지 않는 개방된 시스템인, **제어체적**(스팀터빈 등)의 경우에는, 총 에너지에 추가적인 항이 포함된다. 이 항은 PV로서, P는 압력이고, V는 유체의

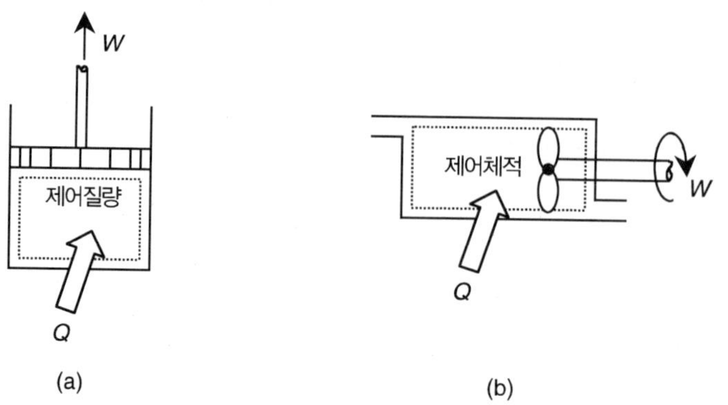

그림 3.1 (a) 제어질량의 사례인 피스톤-실린더. (b) 스팀터빈을 제어체적으로 나타낼 수 있다.

체적이며, 유동을 지속시키기 위해서 유체에 가해지는 일을 나타낸다. 그림 3.1 (b)에서는 제어체적을 보여주고 있다. 식 (3.4)에 의해서 정의된 성질인 **엔탈피** H는 유동일을 나타낸다.

$$H = U + PV \tag{3.4}$$

그러므로 정상유동 조건($\Delta KE = \Delta PE = 0$, 특성들은 시간에 대해 일정)의 정적인 제어체적에 대해서, 열역학 1법칙은 식 (3.5)에서와 같이 엔탈피의 변화로 나타낼 수 있다.

$$Q - W = \Delta H \tag{3.5}$$

연료전지는, 그림 3.2에서와 같이 제어체적으로 나타낼 수 있으며, 열역학적 해석을 위한 식 (3.5)를 만족시킨다. 실린더 내에서의 체적팽창이나 터빈에서의 축회전 등과 같은 형태로 일을 수행하는 대신에, 전위 차이를 가로질러서 전자를 전송하는 형태로 일을 수행한다.

3.1.2 열역학 2법칙

열역학 2법칙은, 시스템 무질서의 척도로 사용할 수 있는 성질인 **엔트로피**로 정의된다. 만약, 공정이 수행된 후에 주변에 어떤 흔적도 남기지 않고 초기 상태(역으로)로 되돌아올 수 있다면, 이 엔트로피를 생성하지 않는 공정을 **가역공정**이라고 부른다. 그러므로 가역공정의 경우, 열역학 1법칙에 따르면, 시스템 내부나 주변에 대해서 열 교환이나 일이 발생하지 않는다. 둘 모두 원래의 상태로 되돌아간다. 반면에, **비가역공정**은, 예를 들면, 제어되지 않는 팽창의 경우, 마찰로부터의 열손실, 또는 유한한 온도차이를 통한 열전달 등 때문에 엔트로피를 생성한다. 열전달이 수반되는 공정은 (열전달 비율을 줄임으로서) 유한한 온도차이나, 온도 편차를 무한히 작은 값으로 줄일 수 있다면 가역적으로 만들 수 있다. 엔트로피는 이 가역적 열전달에 근거하고 있으며, 식 (3.6)에서와 같이, 특성값으로서, 완전미분의 형태로 표시된다.

$$dS = \left(\frac{\delta Q}{T}\right)_{rev} \tag{3.6}$$

엔트로피의 변화는 위 식을 적분한 식 (3.7)에서 보는 것과 같이, 시스템의 초기와 최종상태에만 의존한다.

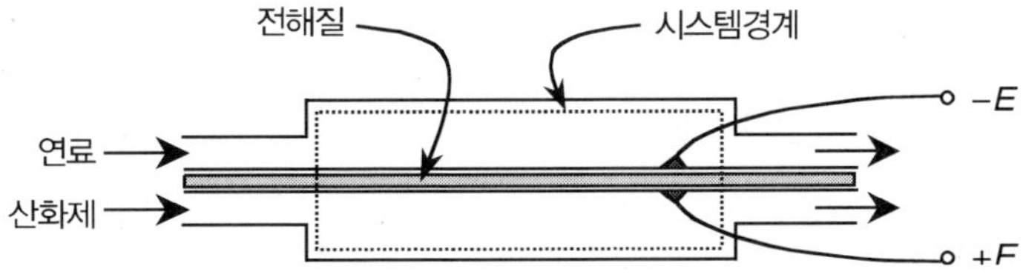

그림 3.2 제어체적으로 나타낸 연료전지. E는 [V]단위로 측정한 전위[1)]

1) With permission from Chen, E.L. and Chen, P.I., Proceedings of the ASME 2001 IMECE, Vol. 3, 11~16. 2001

$$\Delta S = S_2 - S_1 = \int_1^2 \left(\frac{\delta Q}{T}\right)_{rev} \tag{3.7}$$

일정한 온도 T_o에서, 가역적인 열전달 Q_{rev}가 발생하는 공정의 경우, 엔트로피는 식 (3.8)에서와 같이 나타낼 수 있다.

$$\Delta S = \frac{Q_{rev}}{T_o} \tag{3.8}$$

3.1.3 엔트로피 증가의 원리

독일 과학자 클라우지우스[2)](1865년)에 의해서 공식화 된, 식 (3.9)의 **클라우지우스 부등식**은 엔트로피를 찾게 해준다.

$$\oint \frac{\delta Q}{T} \leq 0 \tag{3.9}$$

상태 1에서 시작해서 상태 2를 거쳐서 다시 상태 1로 돌아오는 공정의 경우, 주기적분은 1-2단계와 2-1단계로 분리할 수 있다. 만약 2-1단계가 시스템 내에서 가역적으로 발생된다면, 하첨자 rev를 명기한다.

$$\int_1^2 \frac{\delta Q}{T} + \int_2^1 \left(\frac{\delta Q}{T}\right)_{int\ rev} \leq 0$$

또한, 두 번째 항은 식 (3.6)과 등가이므로 특성 엔트로피를 치환할 수 있다.

$$\Delta S \geq \int_1^2 \frac{\delta Q}{T} \tag{3.10}$$

정의상, 열전달, 일 또는 질량이 경계를 통과하지 않는 격리된 시스템의 경우, δQ이 항은 0이며, 엔트로피의 변화는 0보다 크거나 0이다.

$$\Delta S \geq 0 \tag{3.11}$$

식 (3.11)은 엔트로피 증가이론으로 알려져 있으며, 개방되었건 폐쇄되었건 간에, 모든 시스템들은 시스템의 경계를 충분히 크게 잡는다면 격리된 시스템으로 만들 수 있기 때문에, 보편적으로 사용할 수 있다. 식 (3.12)는 일단 격리되었다면, 모든 시스템에 적용할 수 있다.

$$\Delta S_{isolated} \geq 0 \tag{3.12}$$

등식 부호는 가역공정에 적용되며, 부등식 기호는 비가역 공정에 적용된다. 그러므로 방향성이 결정된다: 가역공정의 경우가 최선으로, 엔트로피의 변화는 0이고, 현실적인 비가역 공정의 경우에는 양의 값을 갖는다.

---

2) R.J.E. Clausius

식 (3.13)은 식 (3.12)에 기초하여 나타낸, 개방 및 폐쇄 시스템 모두에 적용되는, 일반적인 표현식으로, 엔트로피의 변화를 시스템 요소인 ΔS_{sys}와 주변요소인 ΔS_{surr}로 분리하여 나타내었다. S_{gen}은 시스템과 주변 모두에 대한 총 엔트로피 변화이다.

$$S_{gen} = \Delta S_{total} = \Delta S_{sys} + \Delta S_{surr} \geq 0 \tag{3.13}$$

화학반응이 발생하는 챔버의 경우, 시스템은 경계를 통과해서 질량유동이 발생하는 제어체적으로 구성된다. 그러므로 시스템의 엔트로피 변화는 생성물의 엔트로피 S_P와 반응물질의 엔트로피 S_R 사이의 차이이며, N은 반응 내에서 각 구성요소들의 몰(mole)수이다.

$$\Delta S_{sys} = S_P - S_R = \sum N_P \overline{s_P} - \sum N_R \overline{s_R} \tag{3.14}$$

반응에서 생성되거나 소모된 모든 열들은 주변환경에 대한 표현식 속에 포함되며, 식 (3.15)에서 제시된 것과 같이, Q_{surr}는 시스템에서 주변환경으로 전달된 열을 나타내고, T_o는 주변환경의 온도를 나타낸다.

$$\Delta S_{surr} = \frac{Q_{surr}}{T_o} \tag{3.15}$$

식 (3.16)은 반응에서 생성된 엔트로피로서, 식 (3.14)와 (3.15)의 합이다.

$$S_{gen} = (S_P - S_R)_{sys} + \frac{Q_{surr}}{T_o} \tag{3.16}$$

3.1.4 열 엔진과 카르노 사이클

열 엔진은 다음 네 개의 구성요건들에 의해서 정의된다.

1. (석탄화로, 핵 반응기 등과 같은)고온의 열원으로부터 열을 전달받는다.
2. (터빈 등과 같은) 변환요소가 이 열을 일로 바꾼다.
3. 잔류하는 폐열을 (대기나 강 등의)저온 측으로 방출한다.
4. 열역학적 사이클에 따라서 작동한다.

증기 발전소는 열 엔진의 정의와 가장 잘 들어맞으며, 외부 연소챔버로부터 열을 공급받아서, 터빈으로 일을 추출하며, 응축기를 통해서 열을 방출한다. 반면에, 스파크 점화방식 엔진이나 디젤엔진과 같은 내연엔진과는 반대로, 가스 터빈은 개방되어 있어서 작동유체가 계속적으로 교체되므로, 열역학적 사이클에 따른 작동조건을 충족시키지 못한다. 연소가스는 대기중으로 방출되며, 새롭게 충전된 공기도 다음 번 기계적 사이클에 의해서 소모된다.

주기적인 공정의 경우, 처음과 마지막 상태는 동일하므로, 식 (3.2)에서 사용되었던 열역학 1법칙 관계식은 식 (3.17)에와 같이 단지 열 입력과 일 출력 항에만 관련이 된다.

$$Q - W = \Delta E = 0 \tag{3.17}$$

그러므로 시스템이 수행할 수 있는 총 일은 시스템으로 유입된 총 열유동 양과 관계가 있다.

$$W = Q \tag{3.18}$$

열 엔진의 정의에 따르면, 열은 **고온 리저버**로부터 시스템으로 유입되며, **저온 리저버** 측으로 유출되므로, 최소한 두 개의 열 리저버가 사이클에 관련된다. 식 (3.19)에서 총 일 W_{net}은 시스템으로 유입된 열 Q_{in}과 유출된 열 Q_{out} 사이의 차이이다.

$$W_{net} = Q_{in} - Q_{out} \tag{3.19}$$

열 엔진의 열효율 η_{th}는 시스템으로 유입된 에너지의 양으로부터 변환된 일의 양에 의해서 결정된다.

$$\eta_{th} = \frac{W_{net}}{Q_{in}} = \frac{Q_{in} - Q_{out}}{Q_{in}} = 1 - \frac{Q_{out}}{Q_{in}} \tag{3.20}$$

시스템의 총 일이 커질수록, 변환효율은 높아진다. 열 엔진에서 실현가능한 최대 일을 구현하기 위해서는, 모든 공정들이 가역방식으로 수행되어야 한다. 프랑스 과학자인 사디 카르노에 의해서 1824년에, 네 개의 가역공정이 사용되는, 이상화 된 사이클이 제안되었으며, **카르노 사이클**이라고 알려지게 되었다. 그림 3.3에서는 실린더 내에 있는 피스톤을 사용하였고, 그림 3.4에서는 정상유동 장치를 사용해서 해서 이 사이클이 설명되어 있다.

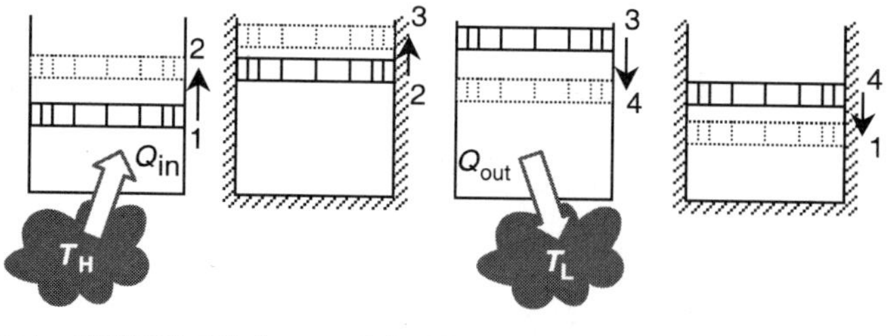

그림 3.3 가역 카르노 사이클의 4단계: (1-2)등온팽창, (2-3)단열팽창, (3-4)등온압축, (4-1)단열압축

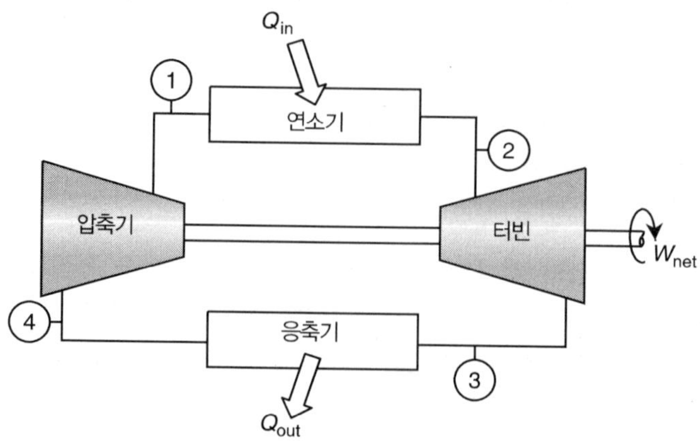

그림 3.4 정상상태, 정상유체장치로 나타낸 카르노 사이클. 모든 공정들은 가역적임.

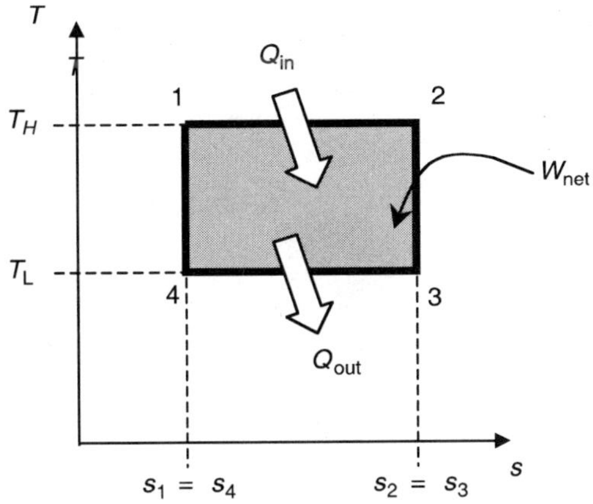

그림 3.5 T-S 선도상에 표시된 카르노 사이클

열의 주입과 방출이 가역적이며 등온적으로 수행되기 때문에, 사이클의 효율을 구하기 위해서 식 (3.15)가 수정된 식 (3.21)을 사용할 수 있다. 식 (3.22)는 열 주입단계(1-2단계)이며 식 (3.23)은 열 방출단계(3-4단계)이다.

$$Q_{rev} = T_o \Delta S \tag{3.21}$$

$$Q_{in} = {}_1Q_2 = T_H(S_2 - S_1) \tag{3.22}$$

$$Q_{out} = -{}_3Q_4 = T_L(S_3 - S_4) \tag{3.23}$$

이 사이클은, 그림 3.5에서 가역 단열공정인 2-3단계와 4-1단계 동안 엔트로피가 동일하게 유지됨을 보여주는, 열역학적 사이클로 표시된다. 이 그림은 또한, 열 입력 Q_{in}과 열 출력 Q_{out} 사이의 차이는, 음영색으로 표시된 영역인, 총 일 W_{net}이다.

식 (3.22)와 (3.23)에서 엔트로피의 항은 동일하며, 이를 식 (3.20)에 대입하면 카르노 사이클의 열효율인 식 (3.24)를 얻을 수 있다. 모든 공정들은 가역적이므로, 이 카르노 사이클은 가장 효율적인 열 엔진이며, 식 (3.24)는 모든 열 엔진들 중에서 구현 가능한 최대 변환효율이다.

$$\eta_{th,\,\mathrm{Carnot}} = 1 - \frac{T_L}{T_H} \tag{3.24}$$

3.1.5 엑서지와 엑서지 감소의 원리

카르노 사이클의 효율은 열역학 2법칙을 적용하여, 열 엔진이 열로부터 만들어낼 수 있는 유용한 일의 양에 대한 상한치를 구한 것이다. 최대 변환효율이 구해지면, 고온 리저버 자체를 일의 원천으로 간주하는 것이 가능해진다. 그림 3.6(a)에서와 같이 T_H의 온도인 고온 리저버가 그림 3.6(b)에서와 같이 열 엔진(그림 3.4의 유형)에 열을 전달할 수 있다면, 일을 할

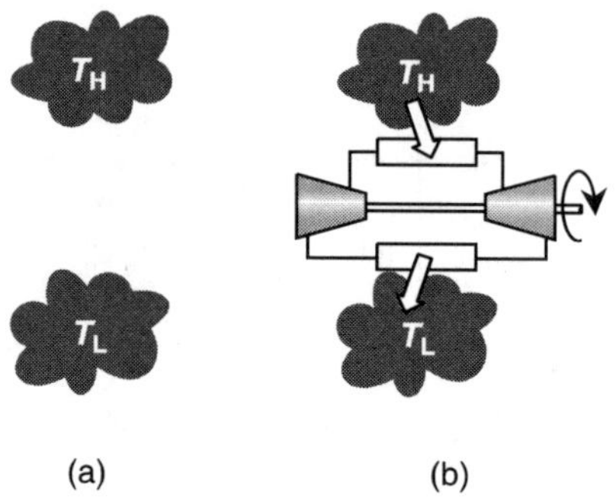

그림 3.6 (a)의 고온 리저버 T_H와 주변환경 사이에 (b)에서와 같이 열 엔진이 설치된다면, T_H의 열을 사용한 후에 주변 환경인 T_L로 폐열을 방출하면서, 일을 할 수 있다.

수 있는 전위를 가지고 있는 것으로 간주할 수 있다. 일을 수행할 수 있는 전위에는 **엑서지**라고 부르는 특성에 포함된다. 엑서지는 시스템이 초기상태에서, 보통 표준온도 및 압력(STP, 25 [℃]와 100 [kPa]) 조건의 자연상태인, 정체상태까지의 작업 전위를 정량화하기 위해서 사용되는 용어이다. (임의의 기준상태를 정지상태로 사용할 수 있다.)

온도의 일 퍼텐셜 외에도, 압력이 터빈을 통해서 해지되면서 압력이 축 일로 변환되기 때문에, 엑서지는 또한 압력에도 적용된다. 온도와 압력이 함께 하나의 상태를 정의하며, 이는 자신에 관련된 특성을 가지고 있으므로, 엔탈피 역시 내부 에너지와 같은 특성들과 일 퍼텐셜을 가지고 있다. 이 단원에서는, 엔탈피의 엑서지가 유도될 것이다. 이것은 열 및 기계반응에 적용된다(화학 및 핵반응은 무시).

양의 부호는 입력을, 음의 부호는 출력으로 하여, 제어체적에 대해서 가장 일반적인 형태로 열역학 1법칙을 나타내면 다음과 같다. 여기서 E는 총 에너지를 나타낸다.

$$\delta E_{in} - \delta E_{out} = dE_{system}$$

T와 P의 상태를 갖는 정상유동장치의 경우, 그림 3.7에 도시된 것처럼, 정체상태인 T_o와 P_o로 변해가면서 유용한 일을 할 수 있는 양이 일 퍼텐셜이다. 이것은 질량유동이 있는 개방 시스템이므로, 질량의 내부 에너지와 유동 일 모두를 고려할 수 있는 특성값은 엔탈피

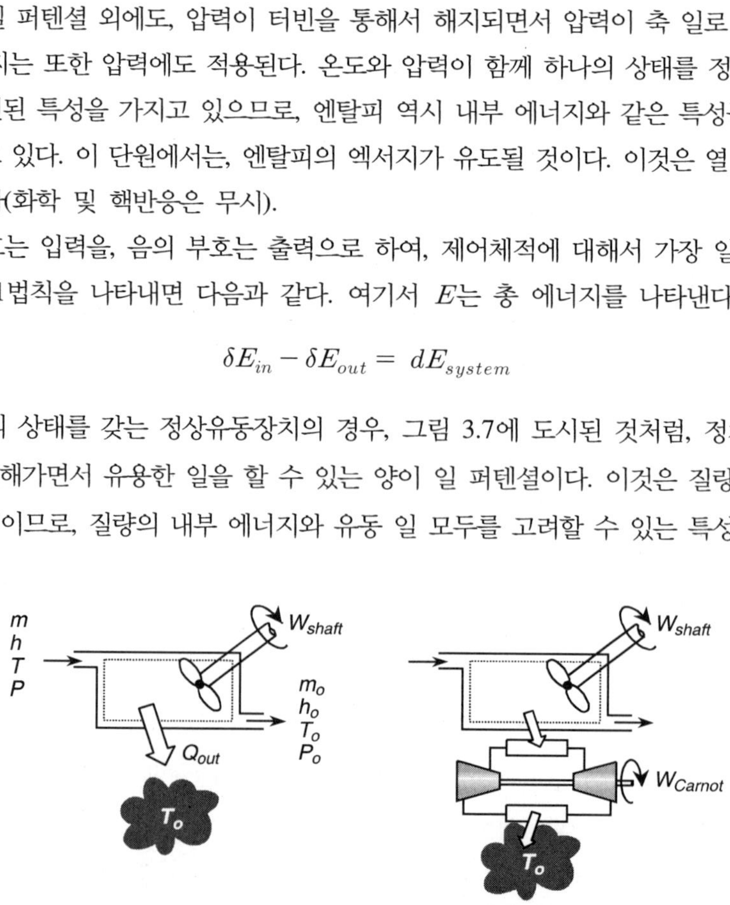

그림 3.7 좌측 그림에서, 정상유동장치는 열 및 일 출력과 함께 도시되어 있다. 우측 그림에서와 같이, 더 많은 일을 만들어내기 위해서, 카르노 사이클 열 엔진에서 열 출력을 사용할 수도 있다.

H이다. 시스템이 정체상태로 변해감에 따라서 열을 방출하고 일을 수행하며, 이들 모두는 출력으로서 음의 부호를 갖는다:

$$-\delta Q - \delta W = dH$$

엑서지는 시스템의 최대 일 퍼텐셜이므로, 최대 일을 달성하기 위해서는 이 공정이, T와 T_o 사이의 유한한 온도차이에 의한 열전달 등과 같은 비 가역성에 의해서 유발되는 손실이 없이, 가역적이어야만 한다. 그러나 만약, T를 열원으로, 그리고 T_o를 열 배출구로 사용하면서, 온도편차를 이어주기 위해서 가역적인 열 엔진이 사용되었다면, 열전달이 가역적이 되며, 추가적으로 유용한 일을 수행할 수 있다. 엑서지를 유도하기 위해서는, 열원이 다른 시스템으로 열을 전달하면서도 원래의 온도를 유지할 수 있는 고온 리저버라고 간주해야 한다. 물리적인 표현 대신에 방정식을 사용한 유도과정에서도 역시 동일한 가정을 사용한다. 그러므로 카르노 사이클에 의거하여 작동되는 가역적 열 엔진에 열이 공급될 수 있다. 식 (3.24)에 따르면 열 엔진에 공급된 열인 $\delta Q_{in,\ \mathrm{Carnot}}$는 카르노 사이클의 효율에 따라서 일로 변환된다. 엔트로피와 식 (3.6)으로부터의 열 사이의 상관관계를 두 번째 항에 대입할 수 있다.

$$\begin{aligned}\delta W_{\mathrm{Carnot}} &= \left(1 - \frac{T_o}{T}\right)\delta Q_{in,\ \mathrm{Carnot}} \\ &= \delta Q_{in,\ \mathrm{Carnot}} - T_o \frac{\delta Q_{in,\ \mathrm{Carnot}}}{T} = \delta Q_{in,\ \mathrm{Carnot}} - T_o dS_{in,\ \mathrm{Carnot}}\end{aligned}$$

$$\delta Q_{in,\ \mathrm{Carnot}} = \delta W_{\mathrm{Carnot}} + T_o dS_{in,\ \mathrm{Carnot}}$$

하지만, 이 식은 카르노 사이클 열 엔진의 항 대신에, 시스템의 항인 $_{sys}$로 기술되어야만 한다. 시스템을 빠져나가는 열인 $Q_{out,\ sys}$는 열 엔진으로 유입되는 열 $Q_{in,\ \mathrm{Carnot}}$와 같으므로, "유입"을 양으로, 그리고 "유출"을 음으로 나타내는 부호규약에 따르면 부호들이 반전된다:

$$\delta Q_{out,\ sys} = -\delta Q_{in,\ \mathrm{Carnot}}$$

마찬가지로, 시스템과 열 엔진 사이의 열전달에 수반된 엔트로피 변화도 동일한 부호규약을 따른다. 시스템과 엔진 사이의 열전달이 **등온과정**으로 이루어진다고 가정하였으므로, $dS = \delta Q / T$의 관계를 사용할 수 있다. 시스템은 열을 잃어버리면($-Q$) 엔트로피가 감소되며, 열을 얻으면 엔트로피가 증가된다. 두 공정들이 동일한 온도 T에서 일어난다.

$$dS_{out,\ sys} = -dS_{in,\ \mathrm{Carnot}}$$

정상상태의 장치가 할 수 있는 일인 δW는 축 일인 δW_{shaft}이다.

$$\delta W = \delta W_{shaft}$$

원래의 식 ($-\delta Q - \delta W = dH$)에 이를 대입하면

$$-(\delta W_{\text{Carnot}} - T_o dS) - \delta W_{shaft} = dH$$

$$\delta W_{shaft} + \delta W_{\text{Carnot}} = -dH + T_o dS$$

초기상태에서 최종인 정체상태까지를 적분하면:

$$\int_{\text{initial}}^{\text{dead}} \delta W_{\text{total useful}} = \int (-dH + T_o dS) \tag{3.25}$$

$$W_{\text{total useful}} = (H - H_o) + T_o(S - S_o)$$

식 (3.25)에서 유용한 총 일 퍼텐셜을 엑서지라고 부르며, 정상유동장치의 경우 이를 **엑서지 엔탈피**, x_h라고 부른다:

$$x_h = (h - h_o) - T_o(s - s_o) \tag{3.26}$$

(운동 에너지나 위치 에너지의 변화가 없는 제어체적에 대한) 상태 1에서 상태 2로의 엑서지 변화가 식 (3.27)에서 주어져 있다.

$$\Delta x_h = x_2 - x_1 = (h_2 - h_1) - T_o(s_2 - s_1) \tag{3.27}$$

소실된 엑서지는 엑서지의 변화를 나타내며, 이는 상태변화를 거치는 동안 일 퍼텐셜이 소모되었음을 의미한다.

식 (3.12)에서 보여주는 것과 같이, 비가역 공정에서만이 엔트로피가 증가할 수 있는 것처럼, 엑서지는 비가역 공정에서만 감소할 수 있다. 다음에서는, 그림 3.8에 도시된 장치에 대해서 엑서지 감소원리를 유도해 본다.

그림 3.8에서와 같은 격리된 시스템에 대해서 에너지와 엔트로피 균형이 기술되었으며, E는 시스템의 총 에너지(관성, 운동 및 위치 에너지)를 나타낸다. 다음의 유도식은 격리된 시스템에 대한 것이며, 열역학 1법칙과 열역학 2법칙 모두를 기초로 한 것이다.

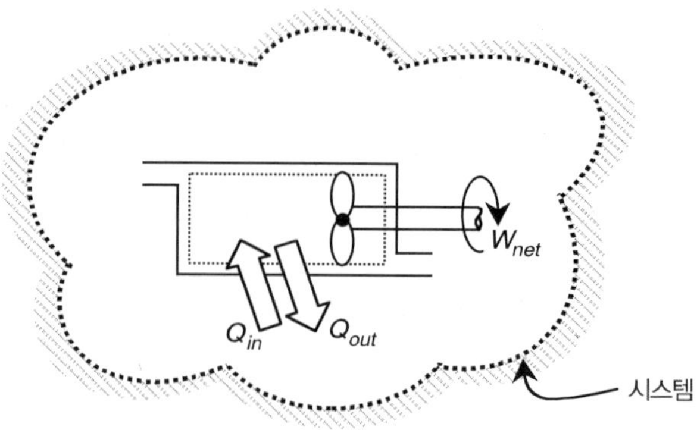

그림 3.8 열, 일 또는 질량 등이 시스템 경계를 통과하여 전달되지 않는 고립된 시스템을 만들기 위해서 시스템의 경계가 주변까지 확장된 정상유동 장치

그림 3.8에 도시된 시스템은 격리되어 있기 때문에, 에너지 균형은 $H_1 = H_2$로 감소된다.

$$\underbrace{\cancelto{0}{E_{\text{in}}} - \cancelto{0}{E_{\text{out}}}}_{\text{Heat, work, mass}} = \underbrace{\Delta E_{\text{sys}}}_{\text{internal, flow, kinetic, potential}} \longrightarrow \begin{aligned} 0 &= E_2 - E_1 \\ 0 &= H_2 - H_1 \end{aligned}$$

식 (3.13)에 기초하면, 엔트로피 균형을 위해서는 확장된 경계를 통과하여 유입이나 유출되는 질량유동이 없다.

$$\cancelto{0}{S_{\text{in}}} - \cancelto{0}{S_{\text{out}}} + S_{\text{gen}} = \Delta S_{\text{sys}} \longrightarrow S_{\text{gen}} = S_2 - S_1$$

엔트로피 방정식(S_{gen})에 T_o를 곱하여, 에너지 균형식과 등가로 놓으면 (3.28)식이 유도된다.

$$-T_o S_{gen} = H_2 - H_1 - T_o(S_2 - S_1) \tag{3.28}$$

앞서의 식 (3.27)으로부터 제어체적에 대한 엑서지의 변화가 유도되었으며, 식 (3.29)에서는 질량상의 특성값으로 제시되어 있다.

$$X_2 - X_1 = (H_2 - H_1) - T_o(S_2 - S_1) \tag{3.29}$$

식 (3.28)에서 식 (3.29)를 빼면 식 (3.30)이 구해진다.

$$-T_o S_{gen} = X_2 - X_1 \tag{3.30}$$

식 (3.12)에서 주어진 엔트로피 증가의 원리로부터, $S_{gen} \geq 0$이므로, 격리된 시스템에서의 엑서지 변화는 음이다. 이는 또한 **엑서지 감소원리**라고도 부른다. 비록 이 유도가 확장된 경계로 국한되어진 제어체적을 기초로 하여 유도되었지만, 그림 3.8에서와 같이, 확장된 경계를 사용해서 모든 시스템들을 격리된 시스템으로 만들 수 있기 때문에, 이 원리를 보편적으로 적용할 수 있다.

$$(X_2 - X_1)_{isolated} \leq 0 \tag{3.31}$$

엑서지의 감소를 엑서지의 소멸, $X_{\text{destroyed}}$이라고 부르며, "소멸"이란 용어가 "음"을 의미하고 있기 때문에, 양의 값을 갖는다.

$$X_{\text{destroyed}} = T_o S_{gen} \tag{3.32}$$

엑서지의 소멸은 비가역성, I와 동일하며, 가역적인 일과 실제 일 사이의 차이값이다.

$$I = W_{rev} - W_{actual} = T_o S_{gen} \tag{3.33}$$

3.2 열엔진과 연료전지의 변환효율

3.1절에서 유도되었던 카르노 사이클의 효율은 열역학 1법칙에 근거하고 있지만, 변환효율에 대한 두 가지 정의는 전력발생장치에 대한 더 정확한 평가를 가능케 해 준다. 첫 번째 정의는 열역학 1법칙에 기초한 열효율로서, 일의 총 출력을, 일반적으로 연료의 열량인, 열 입력과 비교하는 것이다. 이를 표준 기준값으로 해서, 서로 다른 에너지 변환공정들을 서로 비교할 수 있다.

두 번째 정의는 열역학 2법칙에 기초하며, 장치의 실제 성능을, 예를 들면, 열 엔진의 카르노 사이클과 같은, 산출 가능한 최대 일과 비교하는 것이다. 이를 통해서 개선의 여지를 보여줄 수 있다. 엑서지의 개념을 사용하면, 열역학 2법칙은 시스템의 최대 일 퍼텐셜에 대한 상대적인 효율의 척도가 된다.

3.2.1 최대 열 효율

열 엔진의 열 효율은 시스템에 공급되는 열 에너지를 사용해서 엔진이 수행할 수 있는 일의 양으로 정의된다. 연료가 산화될 때, 열 Q_{in}이 방출되며, (외부연소 엔진의 경우)작업유체에 전달된다. (내연엔진에서 연소가스와 같은)작업유체의 팽창을 기계적으로 이용하여 기계적인 일, W_{net}으로 변환시킨다. 식 (3.34)는, 앞서 제시했던 식 (3.20)의 열 엔진의 열효율, η_{th},에 대한 일반적인 표현식이다.

$$\eta_{th} = \frac{W_{net}}{Q_{in}} \tag{3.34}$$

열 엔진이 구현할 수 있는 최대 열효율은, 열동력학적으로 가역적인, 이론적인 카르노 사이클에 의해서 주어진다. 3.1.4절의 식 (3.24)에 따르면, 가역적 열 엔진의 열효율, $\eta_{th,\mathrm{Carnot}}$은 열동력학적인 사이클 내에서의 저온($T_L$)과 고온($T_H$) 사이의 비율에 의존한다. 일반적으로 저온은 대기조건에 따라서 결정되므로, 효율은 사이클의 가장 높은 온도에 의해서 결정된다. 즉, 온도가 높아질수록, 효율이 높아진다.

$$\eta_{th,\mathrm{Carnot}} = 1 - \frac{T_L}{T_H} \tag{3.24}$$

그런데 구현 가능한 가장 높은 온도에 도달하려면, 연료는 연소과정에서 발생하는 비가역적인 공정에 화학적 에너지 중 일부를 잃어야 한다. 예를 들면, 과도한 공기중에서 연소되는 메탄의 단열연소과정에서, 열에너지가 일로 변환되기 전 임에도 불구하고, 연료의 사용가능한 일 퍼텐셜 중 35%가 최대온도에 도달하기 위해서 소모된다(켄겔과 볼스, 1998).

반면에, 축전용 전지나 연료전지와 같은 전기화학적 전지들은, 반응생성물이 반응물질과 동일한 온도를 유지하면서, 일정한 온도에서 작동한다. 이 등온반응 때문에, 반응물질의 화학적 에너지 중 더 많은 부분이 반응 생성물의 온도를 높이는 데에 소모되는 대신에, 전기 에너지로 변환된다. 그러므로 전기 화학적인 변환공정은 연소반응에 비해서 덜 비가역적이다. 전기화학적인 전지에서는, 사이클의 최고온도에 따라 최대 일이 제한되는, 연료전지의 경우에는 부적합한, 열 엔진을 정의하는 원칙들(3.1.4절)중 어떤 것이나, 카르노 사이클 효율이 적용되지 않는다. 대신에, 전기화학적 전지의 최대 일, $W_{\max,cell}$은 반응물과 생성물 사이에서 **깁스 함수**(또는 깁스 에너지)의 변화량, ΔG와 동일하다.

$$W_{\max,\,cell} = -\Delta G \tag{3.35}$$

(유도과정은 3.4.4절에서 제시되어 있다.) 전위차이를 통과하는 전자의 이동에 의하여 수행되는 일은 식 (3.36)에서 W_{cell}로 표시되어 있다. 전기적 항들 내에서, 전위차이를 통과해서 움직이는 전하 $n_e F$를 갖는 전자에 의해서 수행된 일은:

$$W_{cell} = n_e FE \tag{3.36}$$

식 (3.36)에서, n_e는 연료 1 [mol] 당 전달되는 전자의 숫자이며, F는 전자 1 [mol]이 운반하는 전하로, **패러데이 수** (96,485 [C/mol])이다. 그림 3.9에서는 전자가 전위차이를 통과하여 이동하면서 어떻게 일을 하는가를 보여주고 있다.

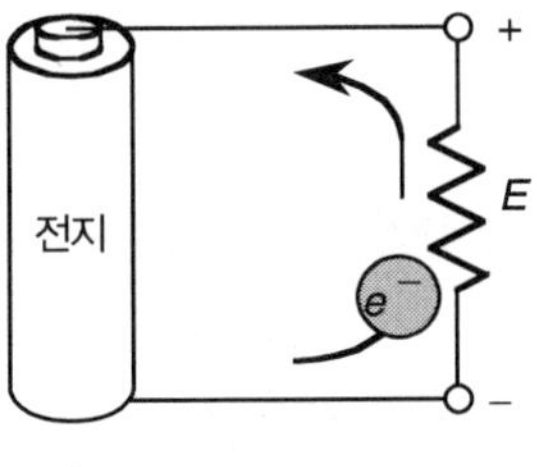

그림 3.9 전자 e^-가 전위차 E를 통과하면서 일을 수행한다.

열 엔진과 전기화학적 전지 사이의 직접비교를 위해서는, 식 (3.34)의 W_{net}에 식 (3.36)을 대입한, 열역학 1법칙에 근거한 효율이 사용된다. 연료의 **고위발열량** (HHV, 연소 생성물 속의 물은 응축된 형태)이 Q_{in}을 대체한다.

$$\eta_{th,cell} = \frac{W_{cell}}{HHV} = \frac{n_e FE}{HHV} \tag{3.37}$$

전기화학적 전지의 최대 열효율은 전지로부터 아무런 전류도 추출되지 않는 평형상태인 개회로 전압, E^o에 대해서 주어진다.

$$\eta_{th,cell,\max} = \frac{n_e FE^o}{HHV} \tag{3.38}$$

E^o값은 식 (3.35)를 식 (3.36)에 관련시키며, 열역학 책에 표로 제시되어 있는 깁스 에너지 데이터를 사용하며 구할 수 있다. 예를 들면, 수소-산소 연료전지의 경우, $E^o = +1.23$ [V]이므로, (25 [℃], 101.3 [kPa]에서) 최대 열효율 $\eta_{th} = 2 \times 96,485 \times 1.23/285,840 = 0.83$이다. (비효율성은 화학반응에서 생성되는 엔트로피 때문이다.) 카르노 사이클 열 엔진이 이 열효율을 맞추기 위해서는, (저온측이 25 [℃]인 경우) 사이클의 고온측이 1,480 [℃]에 도달해야만 한다.

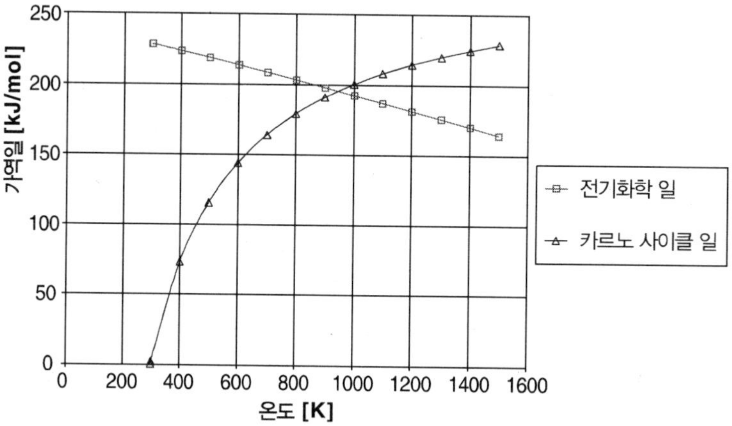

그림 3.10 950 [K] 이하에서는 H_2/O_2 연료전지에서 생산된 가역 일이 카르노 엔진에서보다 많지만, 이보다 높은 온도에서는 카르노 엔진이 H_2의 고위발열량(HHV)을 더 많이(285.840 [kJ/mol]) 일로 변환시킬 수 있다. 수증기를 생성하기 위한 표준 깁스 에너지에 대한 데이터는 라이드(1995, pp.5~64)의 것을 사용하였다.

그림 3.10에서는, 전기화학적 전지의 가역 일을 가역 열 엔진의 경우와 비교해 놓았다. 이 예에서 전기화학적 전지는 수증기(H_2O)를 만들어내기 위해서 수소(H_2)와 산소(O_2)를 사용하는 연료전지이다. 온도가 상승함에 따라서, 반응에 따른 깁스 에너지의 변화는 감소하므로, 식 (3.35)로부터, 연료전지의 최대 일 출력 역시 감소하게 된다. 이 경우, 수증기 생성에 따른 깁스 에너지는 표준 온도와 압력 조건(298.15 [K]와 101.3 [kPa])하에서 −228.582 [kJ/mol]이며, 1,500 [K]에서는 −164.429 [kJ/mol]까지 감소된다. 수소(H_2)의 고위발열량(HHV)을 열원으로 사용하는 열 엔진의 경우, 온도의 상승에 따라서 카르노 사이클의 효율이 증가하기 때문에, 가역 일도 증가한다. 950 [K] 이하에서, 수소 연료전지는 반응물질로부터 더 많은 화학적 에너지를 일로 변환시키지만, 950 [K] 이상에서는 카르노 엔진이 수소(H_2)의 연소로부터 더 많은 일을 만들어낸다.

자동차용 엔진의 열효율은 일반적으로 동력의 항으로 계산되므로, 열 입력은 연료의 유량 비율에 따라서 표시된다. 유량비를 사용하면, 열효율에는 연료의 완전연소와 관련된 인자들이 포함된다. 연료전지의 경우, **연소의 완전성**과 동등한 개념은 **연료 활용도**로서, 이는 전류를 만들어내기 위해서 소모된 연료의 양을 나타낸다. 전기적인 항에서는 이를 **전류효율** η_I라고 부르며, 식 (3.39)에 주어져 있다. 이것의 역은 **연료 화학량**으로서, 이는 전자 수요량을 공급하기 위해서 전지가 필요로 하는 연료량에 비해서 공급된 연료량을 나타낸다.

$$\eta_I = \frac{I}{-n_e F N_{fuel}} = \frac{1}{\text{연료 화학량}} \tag{3.39}$$

식 (3.39)에서, I는 암페어 단위의 전류이며, N_{fuel}은 [mol/sec] 단위로 표시된 연료의 유량비이다. 수소가 연료로 사용되며, 전류효율이 83%라고 가정하자. 수소 1 [mol]에는 전자 2 [mol] ($n_e = 2$)이 들어있으며, 전류효율이 83%라는 것은 83%의 수소가 전기로 변환됨을 의미한다. 나머지 17%은 반응 없이 전지 내에 남아있거나, 비-전기화학적(전지전류에는 전자를 제공하지 않음)으로 반응을 일으킨다. 입구유동과 출구유동이 있는 연료전지의 경우, 전극 전체에 걸쳐서 더 균일한 성능분포를 유지하기 위해서, 유동 채널 끝단에 위치한 전극 단면에 과도한 연료를 공급하므로, 연료의 화학량은 1보다 크다(사용율이 100% 이하). 전지에서 배출된 과도한 연료는 비 반응성 요소가 없는 경우 연료전지 속으로 재순환 시키거나, 또는 열을 생성하기 위해서 화학적으로 반응시킨다. 끝이 막혀서 출구가 없는 연료전지의 경우에는 전지 속으로 공급된 연료는 완벽하게 소모되므로, 사용율은 100%가 된다.

3.2.2 열역학 2법칙 효율

에너지 변환장치의 **열역학 2법칙 효율**, η_{2nd}는 최대 일 퍼텐셜에 대해서 실제 일을 비교한, 가역성의 정도를 나타낸다. 예를 들면, 식 (3.40)에서와 같이, 실제 열 엔진의 성능을 카르노 사이클 엔진에 의해 생성된 일로 나눈다.

$$\eta_{2nd,\ \text{heat engine}} = \frac{W_{act}}{W_{rev}} = \frac{W_{act}}{W_{\text{Carnot}}} \tag{3.40}$$

또한, 이 식을, 실제값을 최대값과 비교한, 열효율 η를 사용해서 표시할 수도 있다. 연료전지의 경우, 식 (3.37)과 (3.38)에서와 같은 열효율을 사용하면, 열역학 2법칙 효율은 전압효율로 변환된다.

$$\eta_{2nd,\ \text{heat engine}} = \frac{\eta_{act}}{\eta_{rev}} = \frac{nFE}{nFE^o} = \frac{E}{E^o} \tag{3.41}$$

그러므로, 식 (3.41)은 실제 전압을 최대전압과 비교한 것이며, 25 [℃], 101.3 [kPa] 하에서 수소-산소 전지의 경우 1.23 [V]이다. 만약 이 전압이 0.7 [V]이면, 열역학 2법칙 효율은 $\eta_{2nd} = 0.57$이 되며, 이는 가용 에너지 중 43%가 일로 변환되지 못함을 의미한다. 연료전지 내에서의 비효율성, 또는 **분극화** 때문에, 이 엑서지(일 퍼텐셜)는 손실되어 열로 방출된다 (3.5.3절의 과전위 참조).

3.3 화학반응

3.1절과 3.2절에서는 열에서 일로의 변환에 초점을 맞추었다; 이 단원에서는 화학반응에 의한 열 발생에 대해서 논의한다. 화학 반응에서 사용할 수 있는 에너지를 나타내기 위해서 식 (3.4)에서의 열역학 1법칙 관계를 사용할 수 있다. 식 (3.42)는 제어체적에 대해서 나타낸 것이다.

$$Q - W = H_P - H_R \tag{3.42}$$

여기서, H_R은 반응물질의 엔탈피이며, H_P는 생성물의 엔탈피이고, 몰 양을 나타내는 변수들은 하첨자로 구분되어, 식 (3.43)과 (3.44)에서 N_P와 N_R은 몰 양을 나타낸다.

$$H_P = \sum N_P(\overline{h}_f^o + \overline{h} - \overline{h}^o)_P \tag{3.43}$$

$$H_R = \sum N_R(\overline{h}_f^o + \overline{h} - \overline{h}^o)_R \tag{3.44}$$

식 (3.43)과 (3.44)에서, $\overline{h}_f^o$는 25[℃] 101.3 [kPa]의 기준상태에서 생성물의 몰 당 엔탈피 [J/mol]이며, $\overline{h}^o$가 기준상태(298 [K], 101.3 [kPa])에서 정의된 엔탈피일 때, $\overline{h} - \overline{h}^o$는 몰 단위로 표시된 감지 가능한 엔탈피이다.

반응에 의해서 수행될 수 있는 최대 일은 가역 일이며, 식 (3.27)의 엑서지 표현방식을 사용하지만, 엔탈피 변화에 대한 괄호항 속에 시스템의 엔트로피 변화를 나타내는 항이 추가된다.

$$W_{rev} = \sum N_R(\overline{h}_f^o + \overline{h} - \overline{h}^o - T_o\overline{s})_R - \sum N_P(\overline{h}_f^o + \overline{h} - \overline{h}^o - T_o\overline{s})_P \tag{3.45}$$

이들 생성물과 반응물들이 주변과 동일한 온도(또는 정체상태), T_o라면, 괄호속의 항들이 결합되어, $G = H - TS$로 정의되는, **깁스 에너지**(또는 **깁스 함수**)라고 부르는 특성값 만들어낸다. 식 (3.55)를 참조하기 바란다. (상첨자 °는 기준상태에서의 특성을 나타낸다; 상첨자 ° 는 주변온도를 나타내며, 반드시 25 [℃]일 필요는 없다.)

$$(\overline{h}_f + \overline{h} - \overline{h}^o = T_o\overline{s})_{T_o} = \overline{g}_o \tag{3.46}$$

엔탈피가 생성물과 감지 가능한 요소들로 분리되는 것처럼, 깁스 에너지도 분리할 수 있다.

$$\overline{g}_o = \overline{g}_f^o + \overline{g} - \overline{g}^o \tag{3.47}$$

가역 일은 식 (3.48)에서 초기상태와 최종상태에서의 깁스 에너지를 사용해서 산출할 수 있다.

$$W_{rev} = \sum N_R(\overline{g}_f^o + \overline{g} - \overline{g}^o)_R - \sum N_P(\overline{g}_f^o + \overline{g} - \overline{g}^o)_P \tag{3.48}$$

그러므로 엑서지의 개념은 최대 일이, 반응물과 생성물 모두가 동일한 정체상태에 있을 때,

깁스 에너지의 차이가 된다. 3.4.4절(최대 일)에서도 동일한 결론에 이르게 되지만, 출발점이 다르다; 식의 유도는 깁스 에너지의 정의로부터 출발하여, 최대 일과 관련되어 있다.

반응물과 생성물 모두가 T_o의 상태이며, T_o는 25 [℃] 101.3 [kPa]의 기준상태일 때, 감지 가능한 성분들은 영이며, 최대 일은 식 (3.49)에서와 같이, 생성물의 깁스 함수들 사이의 차이가 된다.

$$W_{rev} = \sum N_R \, \overline{g}^o_{f,R} - \sum N_P \, \overline{g}^o_{f,P} \tag{3.49}$$

3.3.1 단열 화염온도

열 엔진의 경우, 공정 전체를 통해서, 열의 유입과 방출을 위한 온도 변화도를 만들어주는 두 리저버들이 일정한 온도를 유지한다는 가정 하에서, 이들을 단순화 시켰다. 그런데 실제로는, 연료와 산화제 사이의 화학적 반응을 수반하는 연소공정에 의해서 고온이 만들어진다. 식 (3.24)에서와 같이, 열 엔진의 최대효율은 열원, T_H 온도의 함수이며, 이 온도가 높아질수록, 효율도 높아지게 된다. 도달 가능한 가장 높은 온도를 구현하기 위해서는, 연료가 **단열 연소챔버**(고정체적) 내에서 연소되어 연료의 화학적 에너지가 열전달이나 일로 인하여 손실되지 않도록 만들어야만 한다. 이에 따라서, 연소는 온전히 스스로의 온도를 높이는 데에 사용된다. 정상유체 단열 반응기에 대한 열역학 1법칙은 식 (3.50)에서 열과 일의 항에 영을 대입하여 구할 수 있으며, 그 결과식인 (3.52)에 따르면, 모든 생성물 요소들의 엔탈피, H_P는 모든 반응물의 엔탈피, H_R과 같아진다.

$$Q - W = \Delta H = 0 \tag{3.50}$$

$$\Delta H = \sum H_P - \sum H_R = 0 \tag{3.51}$$

$$\sum H_P = \sum H_R \tag{3.52}$$

단열 화염온도를 계산하기 위한 방법은 연소반응에 대한 평형상태에서의 화학적 방정식에서 시작해서, 표로 제시되어 있는 열역학 데이터로부터 기지의 몰 단위의 엔탈피 항을 식 (3.53)에 대입하며, 생성물의 예상 온도를 선정한다. 예상 온도로부터, 엔탈피 값들은 생성물의 항인 $\overline{h}_P$에 대입하며, 시행착오를 통해서, 오차가 최소화 될 때까지 다른 온도들을 선정해 본다.

$$\sum N_P(\overline{h}^o_f + \overline{h} - \overline{h}^o)_P = \sum N_R(\overline{h}^o_f + \overline{h} - \overline{h}^o)_R \tag{3.53}$$

(단열반응에서 마주치는 가장 높은 온도에서, 반을 생성물들은 해리되므로, 생성물들의 성분을 더 정확히 알아내기 위해서는, 열역학 도표에서 구한 평형상수들을 사용해서 화학적 평형을 조사할 필요가 있다. 그러나 이 단원은 온도의 상승이 에너지 보존에 끼치는 영향을 설명하기 위한 단원이므로, 해리에 대해서는 생략하기로 한다.)

사례 1 : 생성물의 해리가 없는 수소 완전산화의 단열 화염온도

34%의 과도공기(완전연소에 필요한 산소보다 34% 과다) 하에서 수소의 연소에 대한 사례를 통해서 단열 화염온도를 결정하는 공정이 설명되고 있다. $T_o = 25$ [℃]와 $P_o = 101.3$ [kPa] 하에서, 반응물들은 별도의 두 흐름을 통해서 주입된다.

화학반응(해리가 없는 완전연소)에 대한 평형방정식은 다음과 같다:

$$H_2 + 0.67(O_2 + 3.76N_2) \rightarrow H_2O_{(v)} + 0.17O_2 + 2.52N_2$$

생성물 내에 함유되어 있는 수증기 형태의 H_2O는 하첨자(v)로 나타낸다.

만약 반응기 챔버가 단열되어 있다면, 연소 과정에서 가장 높은 화염온도에 도달할 수 있다. 반응기 벽을 통한 열전달 형태의 에너지 손실과, 일의 형태로의 에너지 손실이 일어나지 않기 때문에, 모든 엔탈피는 보존되며, 생성물 가스 내에 열의 형태로 나타나게 된다. 식 (3.53)으로부터,

$$\sum N_P(\overline{h_f^o} + \overline{h} - \overline{h^o})_P = \sum N_R(\overline{h_f^o} + \overline{h} - \overline{h^o})_R$$

켄겔과 볼스, 1998의 표 A-18, A-19, A-22, A-23 및 A-26으로부터 발췌한 특성들

물질	$\overline{h_f^o}$ [kJ/kmol]	$\overline{h_{298}^o}$ [kJ/kmol]
$H_2O(v)$	−241,820	9904
H_2	0	8468
O_2	0	8682
N_2	0	8669

$$\begin{aligned}&(1\ \text{mol}\ H_2O)[(-241{,}820 + \overline{h_{H_2O}} - 9904)] + (0.17\ \text{mol}\ O_2)[(0 + \overline{h_{O_2}} - 8682)] \\ &+ (2.52\ \text{mol}\ N_2)[(0 + \overline{h_{N_2}} - 8669)] \\ &\quad = (1\ \text{mol}\ H_2)[(0+0-0)] + (0.67\ \text{mol}\ O_2)[(0+0-0)] + (2.52\ \text{mol}\ N_2)[(0+0-0)]\end{aligned}$$

$$\overline{h_{H_2O}} + 0.17\overline{h_{O_2}} + 2.51\overline{h_{N_2}} = 251{,}724 + 1475.94 + 21{,}845.88 = 275{,}045.82\ \text{kJ/kmol}$$

켄겔과 볼스, 1998의 표 A-18, A-19, 및 A-23으로부터 발췌한 특성들

물질	2100 [K]에서의 $\overline{h}$	2150 [K]에서의 $\overline{h}$
$H_2O(g)$	87,735	90,330
O_2	71,668	73,573
N_2	68,417	70,226

임의의 값에 대해서 검산해 보면,

2100 [K]에서 $87,735+0.17(71,668)+2.52(68,417) = 272,329.4$ [kJ/kmol$_{H_2}$]

2150 [K]에서 $90,330+0.17(73,573)+2.52(70,226) = 279,806.9$ [kJ/kmol$_{H_2}$]

보간법을 사용하면

$y = mx+b$

$279,806.9-272,329.4 = 7477.5$

$275,045.82-272,329.4 = 2716.42$

$2716.42/7477.5 = 0.36328$

$2100+0.36328(2100-2150) = 2118.164$ [K]

2100 [K]와 2150 [K] 사이의 보간에 따르면, 단열화염온도는 2118 [K] 또는 1845 [℃]이다.

3.3.2 온도상승에 따른 엑서지 손실

단열 반응기 내에서의 온도상승은 연료의 일 퍼텐셜의 감소를 수반한다. 이는 반응물질에서 생성물질로의 변화에 수반되는 엔트로피의 증가에 의해서 유발되며, 소실된 엑서지를 계산하기 위해서 식 (3.32)에서 사용할 수 있다. 수소와 산소 반응의 단열 화염온도를 계산하기 위한 사례 1에 계속하여, 다음의 사례에서는 소실된 엑서지를 계산한다. 그 다음의 사례에서는, 생성물이 반응물과 동일한 상태일 때에 소실된 엑서지를 화학 반응의 경우에 대해서 산출해 본다.

사례 2 : 단열 화염온도에 도달하기 위해서 소실된 엑서지

수소의 산화반응

$$H_2+0.67(O_2+3.76N_2) \rightarrow H_2O_{(v)}+0.17O_2+2.52N_2$$

시 단열 화염온도는 2,118.164 [K]로 계산되었다(사례 1). 반응은 절대압력 101.3 [kPa] 하에서 일어난다. 반응물들과 생성물들 사이의 엔트로피 변화를 구하기 위해서는, 2,118.164 [K]에서의 절대 엔트로피는 켄겔과 볼스, 1998의 표 A-18, A-19, 및 A-23으로부터 발췌한 엔트로피 값들로부터 2,100 [K]와 2,150 [K] 사이에서 보간을 통해서 구한다.

보간을 위해 사용된 엔트로피 테이블 값들

기체	온도 [K]		
	2100	2118.164	2150
$H_2O(g)$	267.081	267.5242	268.301
O_2	270.504	270.8291	271.399
N_2	253.726	254.0355	254.578

온도 이외에도, 엔트로피는 또한 압력의 함수이므로, 가스 혼합물의 경우, 가스들이 이상기체처럼 거동한다는 가정 하에서, 표에 제시된 엔트로피 값은 식 (3.54)를 사용해서, 각 성분들의 분압에 따라서 조절된다.

$$\overline{s}_i(T,P_i) = \overline{s}_i^o(T) - R_u \ln \frac{y_i P_m}{P^o} \tag{3.54}$$

여기서 항 $\overline{s}_i^o$는 표에서 취한 절대 엔트로피, R_u는 일반적인 몰 기체상수, y_i는 가스 혼합물 각 성분들의 몰 분압, P_m은 가스 혼합물의 총 압력, 그리고 P^o는 기준압력(101.3 [kPa])이다. 반응물들과 생성물들의 엔트로피는 스프레드시트를 사용해서 각 성분들에 대해서 계산할 수 있다. N_i는 킬로몰 수이며, y_i는 몰분압이다. 수소(H_2) 연료는 공기와 분리된 흐름으로 주입되므로, $y_{H_2} = 1$, $y_{O_2} = 0.21$이다. 생성물은 하나의 출구를 통해서 반응기로부터 유출된다.

반응물	N_i	y_i	$s^o_{i,298K}$	$-R_u \cdot \ln(y_i \cdot P_m)$	$N_i \cdot s_i$	
H_2	1	1	130.574	0	130.574	
O_2	0.67	0.21	205.033	12.976	146.066	
N_2	2.52	0.79	191.502	1.960	487.524	
				S_r	764.164	$S_{sys} = +212.770$ $[kJ/(kmol_{H_2} \cdot K)]$
생성물			$s^o_{i,2118.2K}$			
$H_2O(v)$	1	0.2710	267.524	10.856	278.380	
O_2	0.17	0.0461	270.829	25.589	50.391	
N_2	2.52	0.6829	254.036	3.171	648.160	
				S_P	976.931	

$$S_{gen} = S_{sys} + (\cancel{S_{surr}})$$

$$X_{dest} = T_o S_{gen} = 298(212.7699) = 63{,}405\ [kJ/kmol_{H_2}]$$

(이 예에서 수치값들은 반올림되었으나, 스프레드시트를 사용해서 모든 자리의 숫자들에 대한 계산을 수행하였다.)

그러므로 1 [mol]의 수소연료의 경우, 반응에 의해서 손실된 엑서지는 $X_{dest} = 63{,}405$ $[kJ/kmol_{H_2}]$이다; 고온에 도달하기 위해서 일 퍼텐셜 중에서 이만큼이 소모되지만, 유용한 일은 아직 수행되지 않은 상태이다. 그림 3.11에서와 같이, 만약 열이 고온 가스로부터 열 엔진의 열교환기 등의 내에서 작업유체로 전달된다면 일이 수행될 수 있다. 그런데 열전달 공정 내에서 엑서지는 $1 - T_L/T_H$의 비율만큼 더 감소하게 된다(3.1.5절 참조).

단열 화염온도에 도달하기 위해서 반응물질의 총 일 퍼텐셜 중 얼마만큼이 반응중에 손실될까? 반응물의 엑서지를 구하기 위해서, 생성물의 엑서지는 정체상태(이 사례에서는 25 [℃]와 101.3 [kPa])에 대해서 결정되며, 엑서지의 변화는 반응물의 총 일 퍼텐셜이 된다. 생성물의 온도는 반응물의 온도와 동일하기 때문에, 반응이 일정한 온도에서 일어난다고 간주할 수 있다; 그런데 열이 발생되어 주변으로 방출된다.

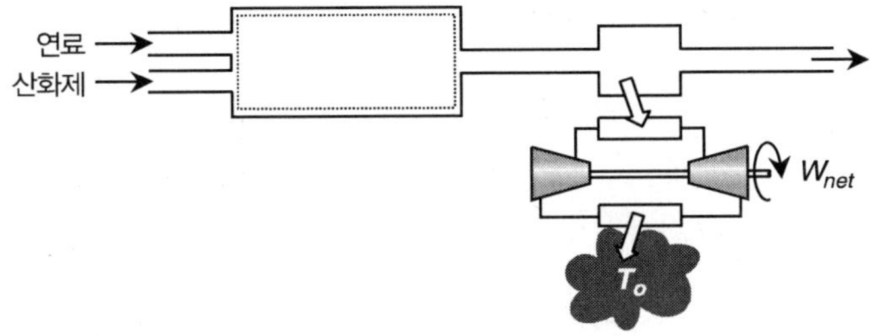

그림 3.11 연소장치에 열이 부가되는 공정은 두 단계로 나뉘어진다: 단열 연소(좌측)와 열전달(우측)

사례 3 : 정체상태에서의 엑서지와 단열 화염온도에 도달하면서의 분류손실

25 [℃]와 101.3 [kPa] 하에서, 생성물 내의 H_2O는 포화된 액체(액체와 증기 모두)로 석출되며, 수증기의 비율은 25[℃]에서 물의 포화압력을 사용해서 계산할 수 있다. 25[℃]에서 $P_{sat} = 3.169$ [kPa]이다.

$$P_{sat}/P_{tot} = 3.169/101.325 = 0.03128$$
$$N_{vapor} = (P_{sat}/P_{tot}) \cdot N_{tot,gas} = (0.03128) \cdot (N_{vapor} + 0.17 + 2.52) = 0.08685$$

그러므로 화학 평형 방정식은:

$$H_2 + 0.67(O_2 + 3.76N_2) \rightarrow 0.913H_2O_{(l)} + 0.087H_2O_{(v)} + 0.17O_2 + 2.52N_2$$

생성물의 엔트로피는 앞서의 사례에서와 동일한 방법으로 계산하며, 각 성분들의 몰 비율 y_i에 따른 절대 엔트로피를 조절한다. 액상의 물은 기체상의 생성물들과는 분리된 상을 갖기 때문에, $y_{H_2O(l)} = 1$이다.

생성물	N_i	y_i	$s^o_{i,298K}$	$-R_u \cdot \ln(y_i \cdot P_m)$	$N_i \cdot s_i$
$H_2O_{(l)}$	0.913	1	69.92	0	63.848
$H_2O_{(v)}$	0.087	0.0313	188.83	28.809	18.901
O_2	0.17	0.0612	205.033	23.225	38.804
N_2	2.52	0.09075	191.502	0.807	484.619
S_P					606.172

생성물의 엔트로피는 $S_P = 606.172[\text{kJ}/(\text{kmol}_{H_2} \cdot \text{K})]$로, 반응물의 총 엔트로피보다 낮기 때문에, 시스템의 엔트로피 변화, S_{sys}는 음이다.

$$S_{sys} = 606.172 - 764.164$$
$$S_{sys} = -157.993 \ [\mathrm{kJ/(kmol_{H_2} \cdot K)}]$$

그러나 반응과정에서 열이 생성되며, Q_{out}만큼 주변에 전달되기 때문에, 반응 내에서 생성되는 엔트로피는 증가된다. S_{gen}을 구하기 위해서 식 (3.42)의 열역학 1법칙과 식 (3.16)의 엔트로피 방정식이 사용된다.

$$Q_{out} = H_P - H_R = [(0.913)(-285{,}830) + (0.087)(-241{,}820)]_P - [0]_R$$
$$= -282{,}008 \ [\mathrm{kJ/kmol_{H_2}}]$$

$$S_{surr} = -Q_{out}/T_o = -(-282{,}008)/298 = +946.335 \ [\mathrm{kJ/(kmol_{H_2} \cdot K)}]$$

$$S_{gen} = S_{sys} + S_{surr} = -157.993 + 946.335 = +788.342 \ [\mathrm{kJ/(kmol_{H_2} \cdot K)}]$$

반응에 의해서 소실된 엑서지는 식 (3.32)에서와 같이, 정체상태에서의 온도를 반응에 의해서 생성된 엔트로피에 곱해서 계산할 수 있다:

$$X_{dest} = T_o S_{gen} = (298)(788.342) = 234{,}926 \ [\mathrm{kJ/kmol_{H_2}}]$$

수소연료의 산화와 생성물을 정체상태로 옮기는 과정에서 소실된 엑서지는 반응물의 엑서지와 같다. (이를 연료의 **화학적 엑서지**라고 부르지만, 이 사례에서는, 반응물의 양이 필요한 화학량보다 많기 때문에, 결과값이 화학적 엑서지 표에서 찾은 값들과 다를 수 있다.)

사례 2(단열 화염온도에 도달하기 위해서 소실된 엑서지)를 다시 살펴보면, 단열 화염온도에 도달하기 위해서 소실된 엑서지는 $X_{dest} = 63{,}405 \ [\mathrm{kJ/(kmol_{H_2} \cdot K)}]$이다. 반응물의 엑서지는 $234{,}926 \ [\mathrm{kJ/(kmol_{H_2} \cdot K)}]$이므로, 반응 생성물의 온도를 상승시키기 위해서 손실된 엑서지의 비율은 다음과 같다.

$$\text{엑서지 손실비율} = 63{,}405/234{,}926 \ [\mathrm{kJ/kmol_{H_2}}]$$
$$= 0.270$$

그러므로 반응물의 엑서지를 열 엔진에서 유용한 일을 수행하기 위해서 사용할 수 있게 되기 전에, 27%가 생성물의 온도를 높이기 위해서 소모된다. 엑서지를 더 효율적으로 사용하기 위해서는 온도를 상승시키는 첫 번째 단계를 없애고, 단열반응 내에서 엑서지를 직접 일로 변환시켜야 한다. 이 사례에서, 엑서지는 열로 변환되며, 주변으로 전달된다; 열로 변환시키는 대신에, 소위, 연료전지라는 전기화학적 장치에 의해서 엑서지를 전기적인 일로 변환시킬 수 있다. 만약 연료의 일 퍼텐셜이 식 (3.46)에 기초하여, 전기적인 일로 변환되었다면, 식 (3.49)에서와 같이, 최대 일의 저하를 유발하는, 반응물 내의 과도한 공기와 생성물 내의 수증기 때문에, 최대 전압은 1.229 [V] 대신에 $E° = W/(n \cdot F) = 234{,}926/(2 \times 96{,}485) = 1.217$ [V]가 된다: 25 [℃]와 101.3 [kPa]인 액상의 물에 대해서, $W_{rev} = \Delta G_f = 237{,}180 \ [\mathrm{kJ/kmol_{H_2}}]$이다.

요약하면, 열 엔진은 열원으로서 고온 저장기를 필요로 하므로, 유용한 일을 수행하기도 전에, 연료의 일 퍼텐셜 중 27%가 단열 화염온도에 도달하는 데에 소비된다. 최대 한계로서, 열 엔진이 열을 일로 전환시키는 과정에서 카르노 사이클 효율을 구현하기 위해서, 더 많은 엑서지의 손실이 발생한다. 그런데 연료전지는 엑서지를 일로 직접 변환시키기 때문에, 가스의 온도를 올리기 위한 과정이 생략된다. 이는 연료전지의 장점이다: 열 엔진에서와 같이 높은 온도에 도달하기 위한 것보다 더 많이 유용한 일을 위해서 연료의 엑서지가 사용된다.

3.4 화학적 열역학

화학 반응은 깁스 에너지를 최소화 시키는 방향으로 진행된다. 깁스 에너지의 변화는 반응이 평형상태로 접근함에 따라서 음이 되며, 화학적 평형상태에서 깁스 에너지의 변화는 0이다. 전기화학적 전지가 수행할 수 있는 최대 일은 반응물이 생성물로 변환됨에 따른 깁스 에너지의 변화량과 동일하다. 전기 전하가 전위차를 통과하여 이동함에 따라서 이 일이 수행되며, 앞서의 식 (3.35)에서 제시된 것과 같이, 평형상태에서, 전압은 깁스 에너지의 변화와 관련이 있다. 네른스트 방정식은 깁스 에너지의 변화에 기초하며, 이 절에서 유도되어 있다.

이 절에서 사용된 방정식들은 깁스 에너지에 대한 정의에 기초하고 있다.

$$G = H - TS \tag{3.55}$$

이 식을 차분화하면, 깁스 에너지는 다음과 같이 표현된다.

$$dG = dH - TdS - SdT$$

H에 대한 엔탈피의 정의를 대입하면,

$$dG = d(U + PV) - TdS - SdT$$

$$dG = dU + PdV + VdP - TdS - SdT$$

닫힌(특성들이 시간에 대하여 일정; $\Delta E = 0$) 정적인 시스템의 깁스 에너지 변화에 대한 일반적인 표현식을 구하기 위해서, 첫 번째 항인 dU는 식 (3.1)에 기초한 열역학 1법칙으로 대체된다:

$$dG = \delta Q - \delta W + PdV + VdP - TdS - SdT \tag{3.56}$$

3.4.1 자연반응의 특징

자연반응의 방향은, 생성된 엔트로피는 0보다 크거나 같아야만 한다는, 열역학 2법칙에 의해서 지배를 받는다. 닫힌 시스템 내에서 일정한 온도와 압력 하에서의 반응에 대해서, 식

(3.56)은 다음과 같이 나타낼 수 있다.

$$dG = \delta Q - \delta W + PdV - TdS$$

만약 시스템이 확장형태의 일을 수행하는 것만으로 제한된다면, 식 (3.57)이 유도되기 위해서는 δW가 PdV를 소거시킬 수 있어야만 한다.

$$dG = \delta Q - TdS \tag{3.57}$$

식 (3.6)의 2법칙은 부등호(가역반응에 대해서는 =, 비가역 반응에 대해서는 ≥)로 표시되며, (3.58)을 유도하기 위해서 이를 (3.57)에 대입한다.

$$dS \geq \left(\frac{\delta Q}{T}\right)_{rev,irrev} \tag{3.58}$$

$$\delta Q - TdS \leq 0$$

2법칙을 사용하면 (3.57)식을 다음과 같이 쓸 수 있다.

$$dG = \delta Q - TdS \leq 0$$

그러므로, 식 (3.59)에서, 2법칙을 만족시키기 위해서는, 일정한 온도와 압력($_{T,P}$)에서의 반응은 깁스 에너지가 최소값인, $dG = 0$에 도달할 때까지, 음의 변화방향으로 진행된다. $dG = 0$일 때, 반응은 평형상태에 도달하게 된다.

$$(dG)_{T,P} \leq 0 \tag{3.59}$$

만약, 변화가 양이라면, 반응은 열역학 2법칙을 위배하게 된다.

3.4.2 ΔG가 온도와 압력에 끼치는 영향

깁스 에너지는 온도와 압력의 함수이며, T와 P가 ΔG에 끼치는 영향은 식 (3.56)에 기초한 다음의 미분식으로 나타내어진다. 가역 공정에 대해서, 2법칙의 관계 때문에, 식 (3.56)의 δQ와 TdS는 소거된다. 만약 시스템이 팽창일 만을 수행할 수 있도록 제한된다면, δW와 PdV도 소거된다:

$$dG = VdP - SdT \tag{3.60}$$

이상기체의 경우, 만약 T가 상수라면, 한 압력에서의 깁스 에너지는 기준압력에서의 값에 대해서 상대적으로 구할 수 있다. 깁스 함수의 압력에 대한 의존성을 나타내는 표현식의 유도는 **이상기체 상태방정식**으로부터 시작된다:

$$PV = nRT$$

이상기체 방정식에서, n은 몰 수이며, R은 몰기체상수, 그리고 T는 절대온도이다.

등온공정의 경우, 식 (3.60)은 다음과 같이 변형된다:

$$dG = V\,dP$$

V에 대해서 이상기체 방정식을 대입하면,

$$dG = nRT\frac{dP}{P}$$

그리고 이 미분식을 적분한다.

$$\int_1^2 dG = nRT\int_1^2 \frac{dP}{P}$$

일정한 온도에서 압력의 변화에 따른 깁스 에너지의 변화는

$$G_2 - G_1 = RT\ln\left(\frac{P_2}{P_1}\right)$$

만약, 상태 1을 표준 기준상태, G^o와 기준압력, P^o로 대체하면, 깁스 에너지의 변화는

$$G_2 = G^o + nRT\ln\left(\frac{P_2}{P^o}\right) \tag{3.61}$$

식 (3.61)을 몰단위의 양(kJ/mol)으로 다시 쓸 수 있으며, 이를 문자 위에 바, ¯를 사용해서 나타낸다:

$$\bar{g}_2 = \bar{g}^o + RT\ln\left(\frac{P_2}{P^o}\right)$$

기준상태에서의 표준 깁스 에너지는 단지 온도의 함수이며, 압력항은 깁스는 서로 다른 압력에 대해서 계산할 수 있도록 해준다. 열역학 교재에는, 표준 깁스 함수가 일정한 기준압력에 대해서 온도의 항으로 제시되어 있다($P^o = 101.3$ [kPa]).

$$\bar{g}_i(T, P_i) = \bar{g}_i^o(T) + RT\ln\left(\frac{P_i}{P^o}\right) \tag{3.62}$$

이 방정식은 가스 혼합물 내 구성성분들의 엔트로피를 구하기 위해서 3.3.2절(사례 2)에서 사용된 식 (3.54)와 유사하다.

3.4.3 가스 혼합물의 평형

일정한 온도와 압력하에서 발생하는 화학반응에 대해서, 반응기체 A와 B가 생성물 M과 N을 만들어낸다. 화학량적인 계수들은 아래에서 a, b 및 m, n과 같이, 이탤릭체로 표기한다.

$$a\mathrm{A} + b\mathrm{B} \rightleftharpoons m\mathrm{M} + n\mathrm{N}$$

깁스 에너지, $\varDelta G$의 변화는 생성물과 반응물 사이의 차이로 표시된다.

$$\varDelta G = m\bar{g}_M + n\bar{g}_N - a\bar{g}_A - b\bar{g}_B$$

식 (3.62)를 네 개의 항 모두에 각각 대입한다.

$$\varDelta G = m\left[\bar{g}^o_M + RT\ln\left(\frac{P_M}{P^o}\right)\right] + n\left[\bar{g}^o_N + RT\ln\left(\frac{P_N}{P^o}\right)\right]$$
$$- a\left[\bar{g}^o_A + RT\ln\left(\frac{P_A}{P^o}\right)\right] - b\left[\bar{g}^o_B + RT\ln\left(\frac{P_B}{P^o}\right)\right]$$

표준 깁스 에너지 항들은 표준 깁스 에너지의 변화인 $\varDelta G^o$로 통합 정리할 수 있다.

$$\varDelta G^o = m\bar{g}^o_M + n\bar{g}^o_N - a\bar{g}^o_A - b\bar{g}^o_B$$

기준압력, P^o는 일반적으로 1기압이며, 위 식은 다음과 같이 단순화시킬 수 있다.

$$\varDelta G = \varDelta G^o + RT\ln\frac{P^m_M P^n_N}{P^a_A P^b_B}$$

압력에 대한 일반적인 반응계수 Q를 대입한다.

$$Q = \frac{P^m_M P^n_N}{P^a_A P^b_B}$$

이 계수를 사용하면, 가스가 게재된 반응의 깁스 에너지 변화에 대한 식 (3.63)을 단순화시킬 수 있다.

$$\varDelta G = \varDelta G^o + RT\ln Q \tag{3.63}$$

3.4.4 최대 일

시스템이 수행할 수 있는 최대 일은 깁스 에너지의 변화와 관련이 있다. 식 (3.56)의 일반적인 표현식에 가역 공정에 대한 2법칙을 대입하면 δQ가 $-TdS$와 서로 소거된다:

$$dG = -\delta W + PdV + VdP - SdT$$

일정한 온도와 압력에 대해서, 일의 항만이 남게 된다.

$$dG = -\delta W + PdV$$

식 (3.64)에 따르면, 화학반응의 깁스 에너지 변화는 시스템이 수행할 수 있는 **비팽창 일**이다.

$$dG = -(\delta W - PdV) \tag{3.64}$$

비팽창 일의 일종인 전기화학적 일, W_e에서는 전기전하가 전위차를 통과해서 이동한다.

$$dG = -\delta W_e$$

식 (3.64)의 적분된 형태에 대해서, 깁스 에너지 변화는 전기화학적 일과는 반대의 부호를 갖는다.

$$\Delta G = \delta W_e \tag{3.65}$$

이 표현식은 3.3절(화학적 반응)에서 유도된, 식 (3.48)과 유사하며, 엑서지의 개념에 기초하였다. 엑서지 방정식을 식 (3.65)와 동일하게 만들기 위해서는, 반응물 항에 대해서는 반응물 온도로, 생성물의 항에 대해서는 생성물의 온도로 기준 정체상태를 설정한다.

3.4.5 네른스트 방정식과 개방회로

기체 혼합물에 대해서 유도된 식 (3.63)에서 일반적으로 표현된 항들은, 앞서 식 (3.36)에서 사용된 일 상관관계를 사용해서 전기화학적 평형에 대해서 표현으로 변환된다.

$$W_e = n_e FE \tag{3.66}$$

여기서 W_e는 전기화학적 일이며, n_e는 반응 내에서 이동한 전기전하의 숫자, F는 몰 단의의 전자(또는 양자)에 의해서 운반된 전하, 그리고 E는 전극들 사이의 전위차이다.

깁스 에너지 내의 전하는 식 (3.65)에서 제시된 것처럼, 전기화학적 일의 음의 값과 같다. 식 (3.66)을 식 (3.65)에 대입하면 식 (3.67)이 도출된다.

$$\Delta G = -n_e FE \tag{3.67}$$

식 (3.68)내에서 표준전위 E^o를 정의하기 위해서, 동일한 대입이 표준 깁스 에너지에 적용된다.

$$\Delta G^o = -n_e FE^o \tag{3.68}$$

식 (3.67)과 식 (3.68)을 대입한 후에 전압의 항으로 다시 쓰면 다음의 식 (3.63)에서와 같다.

$$\Delta G = \Delta G^o + RT\ln Q \tag{3.63}$$

$$E = \frac{\Delta G^o}{n_e F} - \frac{RT}{n_e F}\ln Q$$

깁스 에너지 내의 전하는 표준 전극 전위 E^o에서 반응기체의 분압에 의존적인 항인 Q를 뺀 값과 같으며, 식 (3.69)를 **네른스트 방정식**이라고 부른다.

$$E = E^o - \frac{RT}{n_e F}\ln Q \tag{3.69}$$

예를 들면, 수소-산소 연료전지의 경우, 총체적인 반응의 화학량은

$$H_2 + 1/2O_2 \rightarrow H_2O$$

이 반응 내에서 두 개의 전자가 전달되므로, $n_e = 2$이다. 그리고 물, 수소 및 산소의 분압들은 반응계수 내에 포함된다.

$$E = E^o - \frac{RT}{2F} \ln \frac{P_{H_2O}}{P_{H_2} P_{O_2}^{1/2}}$$

만약 반응계수의 분모가 분자보다 작다면, 표준 전위 퍼텐셜에서 차감하는 자연로그 항은 연료전지의 성능을 낮춘다. 그러므로 반응기체의 희석은 전지가 만들어낼 수 있는 최대전압을 낮춘다. 예를 들면, 연료전지가 연료개질반응의 생성물에 의해서 작동될 때, 수소는 이산화탄소와 질소에 의해서 희석될 수 있다. 마찬가지로, 만약 공기가 반응물로 사용된다면, 산소의 몰 비율은 0.21이다.

3.5 전기화학적 동력학

전기화학에서, 화학반응은 전기전하의 전달과 깁스 에너지 변화를 수반한다. 전기화학적 반응은 전극과 용액(또는 전해질) 사이의 계면에서 발생된다. 전해질에서 전극으로의 이동시, 전하는 활성 에너지 장벽을 넘어야만 하며, 장벽의 높이는 반응의 비율을 결정한다. 연료전지에 적용되는 버틀러-볼머 방정식은 **전이상태원리**[3)]에 기초하여 유도된다.

3.5.1 전극 운동성

반응물 산화에 대한 일반적인 절반-반응식은:

$$\text{Red} \rightarrow \text{Ox} + ne^-$$

여기서 반응물 Red는 전자를 잃어버리며, 산화생성물인 Ox로 변하며, n은 반응 내에서 전달되는 전자의 숫자이다. 반대방향에 대해서, Ox는 전자를 얻으며, 절반반응 내에서 Red를 형성하기 위해서 환원이 일어난다.

$$\text{Ox} + ne^- \rightarrow \text{Red}$$

이것이 자연발생적인 화학반응의 방향이기 때문에, 표로 제시되어 있는 **표준 환원전위**는, 이 방향으로의 진행에 따라 발생되는 전위를 반영한다.

3) Transition State Theory: 절대비율원리라고도 부른다

평형상태에 있는 하나의 전극에서, 두 개의 공정이 동일한 비율로 발생되며, 이들 두 상관관계에 의해서 발생된 전류는 서로 균형을 맞추고 있어서, 결과적으로는 전극으로부터 아무런 전류가 발생되지 않는다.

$$\mathrm{Ox} + ne^- \rightleftharpoons \mathrm{Red} \tag{3.70}$$

3.5.2 단일단계 전극반응

비록 하나의 방향이 지배적이라고 할지라도, **산화반응**과 **환원반응** 모두가 하나의 전극상에서 발생한다. 평형상태에서, 두 반응의 비율이 동일할 때, 전자들은 동일한 비율로 생성 및 소모되므로, 총 전류는 0이 된다. 단 하나의 반응방향만을 고려할 때, 생성된 전류는:

$$I = nA \cdot F \cdot j$$

여기서 I는 암페어[A] 단위로 표시된 전류, A는 전극의 활성면적[cm^2], F는 패러데이 상수(1 [mol]의 전자 당 전하, 쿨롱[C]=96,485 [C/mol e^-]), 그리고 j는 표면에 도달하는 반응물의 유동[mol/sec]이다.

동일한 방정식의 더 일반적인 형태는 방정식에서 면적 항을 소거하며, 서로 다른 전극들에 의해서 생산되는 전류밀도를 더 직접적으로 비교할 수 있도록 해 준다:

$$i = nF \cdot j \tag{3.71}$$

전류는 반응물로부터 생성되어 전극의 표면에 도달하며 전자를 얻거나 잃어버린다. 그러므로 유동은 표면에서의 반응물농도 변환비율에 의해서 결정된다. 식 (3.70)의 **전진방향**(→) 반응(하첨자 f)의 경우, Ox 환원의 부산물인 유동은:

$$j_f = k_f\,[\mathrm{Ox}]_o \tag{3.72}$$

대괄호에 첨부된 하첨자 o는 반응물의 표면농도를 의미하며, k_f는 전진방향 반응율 계수이다. 식 (3.70)의 **후진방향**(하첨자 b: ←)에서, Red의 산화에 의해 생성된 유동은:

$$j_b = k_b\,[\mathrm{Red}]_o \tag{3.73}$$

그리고 후진방향 반응율 계수는 k_b이다.

총 유동은 이들 두 경쟁적인 반응의 차이이다:

$$j = j_f - j_b \tag{3.74}$$

식 (3.72)와 (3.73)을 (3.74)에 대입하고 (3.74)를 다시 (3.71)에 대입하면, 식 (3.75)에서와 같이, 전류가 생성될 때에 전극상에 나타나는 전류밀도를 구할 수 있다.

$$i = n(F k_f [\mathrm{Ox}]_o - F k_b [\mathrm{Red}]_o) \tag{3.75}$$

3.5.3 버틀러-볼머 방정식

식 (3.76)에서 이종 반응비율 계수 k는 활성화에 따른 깁스 에너지의 함수이며, 이 표현식은 **전이상태이론** (앳킨스, 1998, 27장 참조)으로부터 유도되었다.

$$k = \frac{k_B T}{h} \exp\left(\frac{-\Delta \overline{G}^{\neq}}{RT}\right) \tag{3.76}$$

전기장의 존재 하에서 발생되는 전기화학적인 반응 때문에, 식 (3.77)과 (3.78)에 사용된 활성화에 따른 깁스 에너지에는 화학적 및 전기적인 항들이 모두 포함되어 있다:

$$\Delta \overline{G}^{\neq} = \Delta \overline{G}_c^{\neq} + nF\Delta\phi \quad \textbf{환원} \tag{3.77}$$

$$\Delta \overline{G}^{\neq} = \Delta \overline{G}_c^{\neq} - n(1-\beta)F\Delta\phi \quad \textbf{산화} \tag{3.78}$$

하첨자 c는 화학적 성분을 의미한다. 전기적 성분은 $\Delta\phi$가 포함되어 있으며, 이는 전위의 변화를 의미한다. 전기적인 성분 앞에 있는 양의 부호는 환원반응에 적용되며, 음의 부호는 산화반응을 의미한다. β는 전달계수(t때로는 α로 표시하기도 함)라고 부른다. 이론상으로, 이 값은 전기화학적인 반응 내에서 전이상태의 대칭성에 따라서, 0과 1 사이에서 변한다. 실험상에서, 이 값은 대략 0.5 내외로 정해진다.

환원반응의 경우, 식 (3.77)을 (3.76)에 대입한다:

$$k_f = \frac{k_B T}{h} \exp\left(\frac{-[\Delta \overline{G}_{c,f}^{\neq} + n\beta F\Delta\phi]}{RT}\right) \tag{3.79}$$

식 (3.79)에서 지수항을 화학적인 성분과 전기적인 성분으로 분리해서 (3.80)을 도출한다.

$$k_f = \frac{k_B T}{h} \exp\left(\frac{-\Delta \overline{G}_{c.f}^{\neq}}{RT}\right) \exp\left(\frac{-n\beta F\Delta\phi}{RT}\right) \tag{3.80}$$

과도전위 η는 실제전위 $\Delta\phi$에서 **가역전위** $\Delta\phi_{rev}$를 뺀 값으로, 식 (3.81)에서와 같이 정의되어 있다:

$$\eta = \Delta\phi - \Delta\phi_{rev} \tag{3.81}$$

수소-산소 연료전지의 경우, 수소의 산화가 발생하는 양극에서의 가역전위는 0 [V]이다. 음극에서의 산소환원반응의 경우, 25 [℃]에서 가역전위는 +1.23 [V]이다. 작동중인 연료전지 내에서, 양극의 과도전위는 양이며, 이는 전극전위가 0[V]보다 높음을 의미한다; 음극의 경우, 전극전위는 +1.23 [V] 이하로, 이는 과도전위가 음의 값임을 의미한다. 다음의 식 (3.84)에서는 과도전위와 전류 사이의 상관관계에 대해서 설명하고 있다. 식 (3.80)의 전기적인 항에 과도전위를 대입하여 산화와 환원비율을 나타내면 다음과 같다.

$$k_f = \frac{k_B T}{h}\exp\left(\frac{-\Delta G^{\neq}_{c,f}}{RT}\right)\exp\left(\frac{-n\beta F\Delta\phi_{rev}}{RT}\right)\exp\left(\frac{-n\beta F\eta}{RT}\right) \quad \textbf{환원}$$

$$k_b = \frac{k_B T}{h}\exp\left(\frac{-\Delta \overline{G}^{\neq}_{c,b}}{RT}\right)\exp\left(\frac{n[1-\beta]F\Delta\phi_{rev}}{RT}\right)\exp\left(\frac{n[1-\beta]F\eta}{RT}\right) \quad \textbf{산화}$$

우측 끝단의 지수함수를 제외한 모든 항들은 양방향에 대해서 상수 k_o로 간주할 수 있다:

$$k_f = k_{o,f}\exp\left(\frac{\beta F\eta}{-n\beta F\eta}\right) \quad \textbf{환원}$$

$$k_b = k_{o,b}\exp\left(\frac{n[1-\beta]F\eta}{RT}\right) \quad \textbf{산화}$$

그러므로 식 (3.75)를 대입하면 다음과 같이 전류밀도를 구할 수 있다.

$$i = nF[\mathrm{Ox}]_o k_{o,f}\exp\left(\frac{-n\beta F\eta}{RT}\right) - nF[\mathrm{Red}]_o k_{o,b}\exp\left(\frac{n[1-\beta]F\eta}{RT}\right) \tag{3.82}$$

전극이 평형상태와 가역전위상태에 있으면, 과도전위와 외부전류는 모두 0이다. 전류가 양방향으로 동일하게 흐르므로, 이 상태에서의 **교환전류밀도**, i_o가 식 (3.83)에서 정의되어 있다.

$$nF[\mathrm{Ox}]_o k_{o,f} = nF[\mathrm{Red}]_o k_{o,b} \equiv i_o\ [\mathrm{A/cm^2}] \tag{3.83}$$

교환전류밀도는 전기 화학적인 활성화 깁스 에너지 중 화학적인 부분을 포함하고 있는 동적인 항과 일체화된다. 이 때문에, 서로 다른 촉매들 사이의 비교에 이를 사용할 수 있다: 활성화 에너지가 작을수록, 교환전류밀도가 크다-그리고 촉매작용이 더 좋다.

교환전류밀도를 식 (3.82)에 대입하여 구해진, 전류밀도의 최종적인 형태는 식 (3.84)이며, **버틀러-볼머 방정식**이라고 부른다.

$$i = i_o\left[\exp\left(\frac{-n\beta F\eta}{RT}\right) - \exp\left(\frac{n[1-\beta]F\eta}{RT}\right)\right] \tag{3.84}$$

식 (3.84)는 전기화학적인 반응의 일반적인 형태이며, 환원(좌변)과 산화(우변)요소 모두를 가지고 있다. 만약 전극의 과도전위, η가 양이라면, 실제전위가 가역전위(식 3.81)보다 높음을 의미하며, 산화요소가 더 커지게 된다. 이와 동시에, 전극상의 환원반응(좌변)이 작아진다. 그리고 지수함수적인 특성 때문에 매우 빠르게 일어난다. 이와 함께, 총 전류밀도가 음이 되며, 이는 연료전지의 양극에서, 전자가 전극으로부터 이탈하는 총 산화반응에 해당된다. 실제 전위가 가역전위보다 낮은, 음의 과도전위의 경우, 좌측방향을 향하며, 식 (3.84)에서 환원반응의 지수항이 지배적이다. 이는 산소의 환원이 발생하는, 작동중인 연료전지에서, 음전극의 상태이다.

산소 환원의 음극반응은 양극반응에서보다 더 현저한 과도전위를 필요로 하기 때문에, 작동중인 연료전지에서, 연료전지 전체의 성능을 식 (3.84)의 지수항들 중 단 하나만을 사용해서 나타낼 수 있다. 단 하나만의 항을 사용하면, 식의 재구성이 가능해져서, 주어진 전류밀도에 대해서 과도전위를 풀어낼 수 있다. 이 방정식의 적용 사례는, 서로 다른 공정들이 연료전지 전체 성능에 끼치는 영향에 대해서 논의하는, 4장에서 제시되어 있다.

3.6 결론

공업 열역학에서 사용하는 엑서지의 개념을 사용해서, 이 단원의 첫 절에서는 등온 에너지 변환공정이 고온에 도달하기 위한 연소공정 보다는 덜 비가역적임을 논증하였다. 연료전지는 반응물의 화학적 에너지를 전기화학적으로 추출하며, 열 엔진의 연소공정에서처럼, 열이라는 중간적인 형태를 거치지 않고 전기로 직접 변환시킨다. 수소 산화의 사례에서, 고온 연소반응은 열 엔진이 유용한 일을 수행하기 전에, 반응물 내의 엑서지 중 27%를 소모하며, 카르노 사이클 효율을 구현하기 위해서, 열 엔진 내에서 더 많은 엑서지가 감소된다. 연료전지의 경우, 등온 전기화학적 반응으로 인하여, 더 많은 화학적 에너지가 유용한 일로 변환된다.

3.4절에서는 전기화학적 장치에 의해서 수행될 수 있는 최대 일은 반응물과 생성물 사이의 깁스 에너지 차이인 ΔG와 같다. 이 상관관계를 통해서, 화학적인 평형에 기초한 방정식들을 네른스트 방정식과 같은 전기적인 항들로 나타낼 수 있다.

연료전지가 최대 일을 출력할 때, 전극들에서의 반응은 평형을 이루며, 총 전류는 0이다. 3.5절에서 제시된 것처럼, 연료전지가 동력을 생성할 때, 전극들은 분극화되며, 총 전류를 출력하기 위해서 평형상태에서 이탈한다. 버틀러-볼머 방정식에 따르면, 전극들에서의 과도전위가 전류의 양을 결정한다. 이 활성화 분극은 반응비율에 의존하며, 따라서 전기촉매의 활성도에 의해서 결정된다.

3.1절에서 사용한 부호(공학 열역학)

부호	의미	단위
d	상미분	
$\bar{h}$	몰 엔탈피	[kJ/kmol]
$\bar{g}$	몰 깁스 함수(또는 에너지)	[kJ/kmol]
$\bar{s}$	몰 엔트로피	[kJ/kmol/K]
E	총 에너지	[kJ/kmol]
H	엔탈피	[kJ/kmol]
I	비가역성	[kJ/kmol]
KE	동력학적 에너지	[kJ/kmol]
N	몰 수	
P	압력	[Pa]
PE	전위 에너지	[kJ/kmol]
Q	열 에너지	[kJ/kmol]

S	엔트로피	[kJ/K]
T	절대온도	[K]
T_o	기준온도	[K]
U	내부에너지	[kJ/kmol]
V	체적	[m^3]
W	일 에너지	[kJ/kmol]
X	엑서지	[kJ/kmol]

그리스기호

δ	부정적분
η_{th}	열효율
η_{2nd}	2법칙 효율
Δ	생성물 빼기 반응물

하첨자

1,2,3,4	상태 1, 2, 3, 4
adiabatic	단열(엔트로피)
Carnot	카르노 사이클
f	형태(엔탈피, 깁스 함수)
gen	생산(엔트로피)
H	높음(온도)
in	입력(열)
L	저온
net	총(일)
out	출력(열)
P	생성물
R	반응물
rev	가역(열, 일)
surr	주변(엔트로피)
sys	시스템(엔트로피)
th	열(효율)
total	총(엔트로피)

상첨자

o	표준 기준상태(25 [℃]와 1 [atm])

3.4절에서 사용한 부호(화학 열역학)

d	상미분	
E	전극들과 E^o 표준전위 사이의 전위차	[V]
F	패러데이 상수, 전하는 몰 단위 전자에 의해서 운반된다(96,485 [C/mol])	
G	깁스 에너지	[kJ/kmol]
H	엔탈피	[kJ/kmol]

$K_{P,eq}$	평형상태에서의 반응계수	
n	몰 수	
n_e	전기적 전하의 수	
P	압력	[Pa]
P^o	표준 기준압력(1 [atm])	
Q	일반적인 반응계수	
Q	열 에너지	[kJ/kmol]
R	몰 기체상수(8.3145 [kJ/mol/K])	
S	엔트로피	[kJ/K]
T	절대온도	[K]
U	내부 에너지	[kJ/kmol]
V	체적	[m^3]
W	일 에너지	[kJ/kmol]
W_e	전기화학적 일, $W_{e,\max}$는 최대 전기화학적 일	[kJ/mol]

그리스기호

δ	부정적분
Δ	생성물 빼기 반응물
∂	편미분

하첨자

1,2	상태 1, 2
T, P	일정한 온도와 압력
rev, irrev	가역 및 비가역 공정
A, B, M, N	반응물 가스
i	성분 i

상첨자

o	표준 기준상태(깁스 에너지)
a, b, m, n	화학량 계수

3.5절에서 사용한 부호(전기화학 동력학)

$\Delta \overline{G}^{ne}$	활성화 깁스 에너지, $\Delta \overline{G}_c^{ne}$는 깁스 화학적 활성화 에너지, $\Delta \overline{G}_{chem}^{ne}$는 깁스 화학적 활성화 에너지	[kJ/kmol]
[ ]	농도, $[\ ]_o$는 표면농도	[Molarity] 또는 [mol/cm^3]
A	전극의 활성화 면적	[cm^2]
e^-	전자	
F	패러데이 상수(96,485 [C/mol])	
h	플랑크 상수(6.6261×10^{-34} [J · s])	
H^+	양성자	

i	전류밀도	[A/cm^2]
I	전류	[A]
i_o	교환전류밀도	[A/cm^2]
j	표면에 도달하는 반응물 흐름	[mol/sec]
k	비율계수, k_o는 버틀러-볼머 방정식에서 유도되며, k_f는 전진 계수비율, k_b는 후진계수비율	[l/s]
k_B	볼쯔만 상수	
n	몰 수	
Ox	산화반응의 생성물 종류	
R	몰 기체상수(8.3145 [kJ/mol/K])	
Red	환원반응 생성물 종류	
T	절대온도	[K]
W_e	전기적 일	[kJ]

그리스기호

β	전달계수	
ϕ	전위	[V]
η	과도전위(또는 분극)	[V] 또는 [mV]

하첨자

b	후진(비율계수, 흐름)
c	화학적(깁스 에너지)
f	전진(비율계수, 흐름)
rev	가역(전위)

References

Atkins, P.W., Physical Chemistry, 6th ed., Oxford University Press, Oxford, 1998.

Cengel, Y.A. and Boles, M.A., Thermodynamics: An Engineering Approach, 3rd ed., WCB/McGraw-Hill, Boston, 1998.

Chen, E.L. and Chen, P.I., Integration of fuel cell technology into engineering thermodynamic textbooks, in Proceedings of the AMSE 2001 IMECE, Vol. 3, (CD-ROM), New York, Nov. 11.16, 2001, New York: ASME, paper AES-23647.

Lide, D.R., Ed., CRC Handbook of Chemistry and Physics, 76th ed., CRC Press, Boca Raton, FL, 1995, pp. 5-63.5-69.

Further Reading

Barclay, F.J., Combined Power and Process: An Exergy Approach, 2nd ed., Professional Engineering, London, 1998.

Breiter, M.W., Electrochemical Processes in Fuel Cells, Springer-Verlag, Heidelberg, 1969.

Hamann, C.H. Hamnett, A., and Vielstich, W., Electrochemistry, Wiley-VCH, New York, 1998.

Chapter 04 연료전지의 구성요소와 성능에 끼치는 영향

양성자교환 맴브레인 연료전지(PEMFC)는 단순성과 높은 전력밀도 때문에, 현재 유일하게 승용차용 전력발생장치로 고려되고 있을 정도로 뛰어난 성능을 가지고 있다. 양성자교환 맴브레인 연료전지(PEMFC)는 또한, 스테이션 형과 휴대용 전력발생장치로도 개발되었다. 이 연료전지가 실제로는 얼마나 잘 작동할까? 전류와 전압출력은 단지 몇 개의 일반적인 인자들에 의해서 결정되며, 이는 여타의 연료전지들에도 똑같이 적용된다는 점을 알게 될 것이다. 양성자교환 맴브레인 연료전지(PEMFC)를 사례로 해서, 연료전지의 성능을 다양한 측면에서 분석해본다. 그 다음으로, 각 구성요소들이 전류와 전압출력에 끼치는 영향들에 대해서 논의한다.

4.1 일반적인 설계특성

양성자교환 연료전지(PEMFC)는 전해질로 사용하는 특수한 플라스틱 맴브레인 때문에 그 이름을 얻게 되었다. 견실한 양이온 교환 맴브레인은 원래 클로랄-알칼리 산업계를 위해서 듀퐁에 의해서 개발되었으며, 양전극과 음전극 및 전해질 등과 같은, 연료전지의 모든 핵심 부품들을 매우 집약적으로 결합하는 수단이라는 것이 규명되었다. 수백 마이크로미터 이하의 두께를 갖고 있는, 이 맴브레인 전극 조립체(MEA)는 양성자교환 맴브레인 연료전지(PEMFC)의 심장이며, 연료와 공기가 함께 공급되면, 약 0.7 [V] 내외의 전지전압으로 전력을 발생시키며, 전력밀도는 전극면적 당 최대 1 [W/cm^2]에 달한다. 맴브레인 양쪽 면에 입혀져 있는 가스-다공질 귀금속 전극 박막층(수 마이크로미터에서 수십 마이크로미터)은 필요한 모든 전기촉매를 함유하고 있으며, 이것은 전기화학적인 전력발생공정을 인도한다. 맴브레인은 양성자의 전도를 효율적으로 수행하기 위해서 액상인 물의 존재에 의존하며, 이는 양성자교환 맴브레인 연료전지(PEMFC)가 작동할 수 있는 온도를 제한하는 요인이 된다.[1)] 그림 4.1에서는 맴브레인 전극 조립체(MEA)의 개략도를 보여주고 있다.

1) 이는 물론, 작동 가스압력에 의존한다. 하지만 높은 압축에너지가 필요하기 때문에, 작동압력은 일반적으로 대기압보다 약 100~300 [kPa] 높게 설정하여 사용한다.

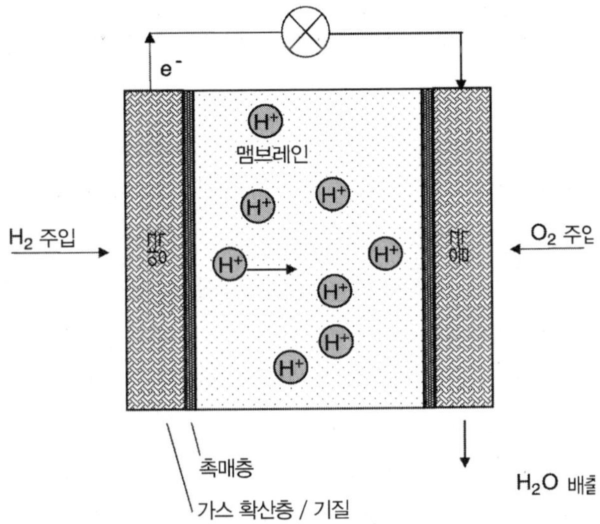

그림 4.1 촉매층, 가스 확산층, 및 양성자 교환 맴브레인으로 구성된, 맴브레인 전극 조립체(MEA)의 개략도. 유닛 전체의 두께가 수백 마이크론 이하임에도 동력밀도는 전극 단면적 당 최대 1 [W/cm^2]에 달한다.

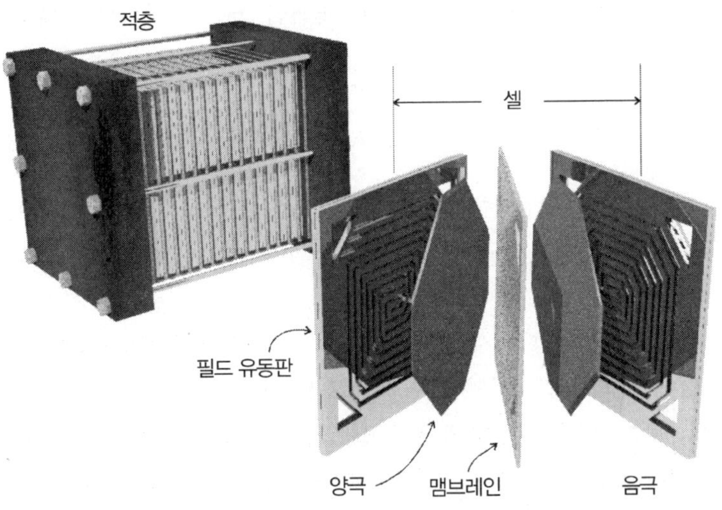

그림 4.2 유동장 판(또는 쌍극성 판)들과 맴브레인 전극 조립체(MEA)(인서트 내측에 도시되어 있는 부분)

맴브레인 전극 조립체(MEA)는 전형적으로 그림 4.2에서 도시된 것과 같이, 한 쌍의 전류 수집판들 사이에서 연료 및 산화제를 각각, 양극과 음극에 분배하기 위해 기계적으로 가공된 유동장들과 함께 설치된다. 냉각을 위한 물 재킷은 일반적으로 각 반응물 유동장의 후면에 금속 전류 수집판 다음으로 위치한다. 전지는 또한 맴브레인 전해질이 건조되는 것을 방지하기 위해서 반응물 가스를 포화수증기압에 근접한 수준으로 유지하기 위한 가습영역을 갖추고 있다.

4.2 연료전지의 성능 : 맴브레인 전극 조립체(MEA)와 전류/전압 곡선

전형적인 전류/전압곡선을 뛰어넘어 전지를 작동시키려고 시도할 때에, 연료전지의 성능을 제어하기 위한 근원적인 인자들에 대해서 가장 잘 이해할 수 있다. 많은 경우, 이 기여도는 개별적인 연료전지 구성요소들에 연관되어 있다. 여기서 제시되어 있는 개요는 양성자 교환 맴브레인 연료전지의 작동에 기초를 두고 있다. 양성자교환 맴브레인 연료전지(PEMFC)는 현재 가장 널리 연구되는 연료전지의 형태이기 때문에, 이는 타당한 것처럼 보인다. 또한, 모든 유형의 연료전지들에서, 동일한 주요 성능계수들을 확인할 수 있으므로, 여기서 개괄적으로 설명한 개요들을 각각에 맞게 적용할 수 있다.

양성자 교환 맴브레인 연료전지의 가장 작은 구성단위는 그림 4.1에서와 같이, **맴브레인 전극 조립체**(MEA)이다. 양극과 음극의, 두 개의 전극과 폴리머 전해질로 구성되어, 본질적으로 완벽한 연료전지를 구성한다.

전류/전압 곡선에 대해서 더 상세하게 논의하기 전에, 맴브레인 전극 조립체(MEA) 구성요소들에 대한 각각의 기능들을 고찰해 보는 것이 도움이 된다. 그림 4.1에서는 양극과 음극의 촉매층 각각에서 발생하는 전기화학적인 반응에 대해서 설명하고 있다.

$$\mathrm{H_2 \rightarrow 2H^+ + 2e^-} \qquad (E_r = 0\ [\mathrm{V}]) \tag{4.1}$$

$$\mathrm{1/2O_2 + 2H^+ + 2e^- \rightarrow 1H_2O} \qquad (E_r = 1.23\ [\mathrm{V}]) \tag{4.2}$$

양극에서의 가스 확산층 또는 전극 지지층(또는 전극 뒤붙임 소재)는 전극 내에서 수소가 반응영역에 도달할 수 있도록 해준다. 반응과정에서, 양성자는 이온 투과성 맴브레인을 통과하여 전달되며, 전자는 지지층을 통과하여, 결과적으로는, 연료전지 적층의 전기 터미널로 전도된다. 그러므로 양극 지지층은 기체 다공성일 뿐만 아니라 전기 전도특성을 갖추고 있다. 반응물에 의해서 맴브레인 전극 조립체(MEA)에 공급되는 화학적 에너지 중 전체가 전력으로 변환되는 것이 아니기 때문에, 맴브레인 전극 조립체(MEA) 내부에서는 어느 정도의 열도 발생하게 된다. 따라서 맴브레인 전극 조립체(MEA)의 반응영역에서 발생된 열을 제거하기 위해서, 가스 다공질 지지층은 또한, 열 전도체로도 작동한다.

음극에서의 지지층의 기능은 더욱 더 복잡하다. 음극에서는 (4.2)식에 따라서 물이 생성된다. 이 물을 액체의 형태(반응물이 수증기로 포화되어 있다면, 일반적으로 그렇다)로 전극에서 배출시켜야만 하므로, 액체가 지지층의 기공을 막아서, 결과적으로는 반응영역에 기체가 접근하는 것을 차단할 위험이 있다. 경제적인 이유 때문에 가장 실용적으로 사용되는 산화제는 산소가 아니라 공기이므로, 심각한 성능상의 문제를 내포하고 있다. 그러므로 모든 경계층 및 전체층에 관련된 문제들과 더불어서, 음극에 존재하는 기체 중 80%는 비활성이 되어버린다. 그러므로 연료전지의 작동은 활성화 음극촉매로 향하는 산소의 고갈을 초래한다.

맴브레인은 양성자 전달체로 작동한다. 예견되는 바와 같이, 양성자 전달 공정은 맴브레인

상에 존재하는 수분에 의존하기 때문에, 맴브레인을 잘 가습시킬 필요가 있다. 그 결과, 양극에서 음극으로의 추가적인 물의 흐름이 존재하며, 이는 양성자 이동과 관련을 가지고 있다(전기 삼투압 항력; 4.3.1.2절 참조). 이는 결과적으로 맴브레인 양극측 계면의 수분고갈을 초래하므로, 보통, 양극 가스를 사용해서 반응물질의 전처리 가습을 통해 수분을 공급해야 한다.

표 4.1에서는 다양한 맴브레인 전극 조립체(MEA) 구성요소들의 복잡한 임무들에 대해서 요약하고 있다. 맴브레인 전극 조립체(MEA) 구성요소들에 대해서는 4.3절에서 더 상세하게 논의할 예정이다.

맴브레인 전극 조립체(MEA)에 대한 연구는, 적층의 크기와 형상으로 대표되는 단일 전지 내에서 맴브레인 전극 조립체(MEA)의 성능에 대한 완벽한 해석을 제공해 주는, 문제에 대해서 다루어야만 한다. 현재 사용할 수 있는 자가진단 도구는, 전류/전위 곡선을 운동성, 저항변화 및 질량전달 기여도 등으로 분해할 수 있을 정도에 이른다. 이를 수학적 모델링과 함께 사용하면, 성능한계의 검증이 가능하며, 장래의 맴브레인 전극 조립체(MEA)의 설계를 위한 지침을 얻을 수 있다.

표 4.1 맴브레인 전극 조립체(MEA)의 구성요소들과 그들의 임무

맴브레인 전극 조립체(MEA) 요소	임무/효과
양극 지지층	연료공급과 분배(수소/연료가스) 전자 전도 반응영역으로부터 열 제거 전기촉매 속으로 수분(증기) 공급
양극 촉매층	양극반응의 촉매, 식(4.1) 맴브레인 속으로 양성자 전도 지지층 속으로 전자의 전도 수분 운반 열 운반
양성자 교환 맴브레인	양성자 전도 수분 운반 전기적 절연
음극 촉매층	음극 반응의 촉매 반응위치까지 산소의 운반 맴브레인에서 반응위치까지 양성자의 전도 지지층에서 반응위치까지 전자의 전도 반응위치에서 지지층 속으로 수분의 제거
음극 지지층	열 생성/제거 산화제의 공급 및 분배(공기/산소) 반응역역까지 전자의 전도 열 제거 수분 운반(액체/증기)

4.2.1 전압효율과 전력밀도

그림 4.3에서는 각각의 성능손실들에 따라서 분해한, 전형적인 전류/전압곡선을 도시하고 있다. 개회로 전지전압인 **개회로전압**(OCV)은 일반적으로, 주어진 온도와 압력에 대해서 가역 음극전위의 이론적인 값(3장에서 논의했던 것처럼, 표준조건에 대해서, 이 값은 1.23[V]이다)에 도달하지 못한다. 전지로부터 아무런 전류도 추출하지 않을 때, 기생 전기화학적 공정들이 **수소의 산화**(HOR; 양극)와 **산소의 환원**(ORR; 음극)이라는 두 주요 반응과 인접하여 발생된다. 개회로 전압(OCV)에서의 일부 전압손실은 수소 중 일부가 맴브레인 전해질을 통과하여 혼합된 전위가 유발되는 음극으로 이동하기 때문이다; 즉, 음극에서 일어나는 전기화학적인 수소의 산화가 산소의 환원과 경쟁하게 된다. 또한, 전극의 조성에 따라서는 부식공정(탄소부식도 일부 포함될 수 있다)이 발생할 수 있다. 다시, 이 반응들은 해당 전극전위를 이 개별적인 반응에 대한 평형전위 쪽으로 인도하며, 혼합된 전위를 유발시킨다.

전지에서 전류를 추출하면, 곧장 훨씬 큰 전류밀도를 출력할 수 있으며, 따라서 전극 전위를 지배하는, 주 전기화학 반응들이 이 기생효과들을 압도하게 된다.

맴브레인 전극 조립체(MEA)에서 생산되는 전기적 전력밀도는 전류/전압곡선상의 각각의 점에서 전압과 전류밀도를 단순히 곱하여 구하며, 그림 4.3에도 도시되어 있다. 개회로 전압하에서는 아무런 전력도 생산되지 않는다. 전력력은 최대값에 도달할 때까지 전류밀도의 증가에 따라서 증가하며, 이 작동점은 사용된 맴브레인 전극 조립체(MEA)의 설계와 품질에 의존한다. 최대값 이상에서는 전지전압의 강하가 전류밀도의 증가보다 강해진다. 그러므로 다소간의 신속한 전력의 감소가 발생하게 되어, 극단적으로는 단락회로의 상태까지 떨어지게 된다. 일단 정성적으로 살펴보면, 승용차와 같이, 주어진 맴브레인 전극 조립체(MEA)에 대해서 최대한의 출력이 필요한 경우에, 전력의 최대값은 전류밀도가 높은 쪽으로 이동되어야만 하며, 저항 손실은 최소한으로 감소되어야만 한다(4.2.2절 참조).

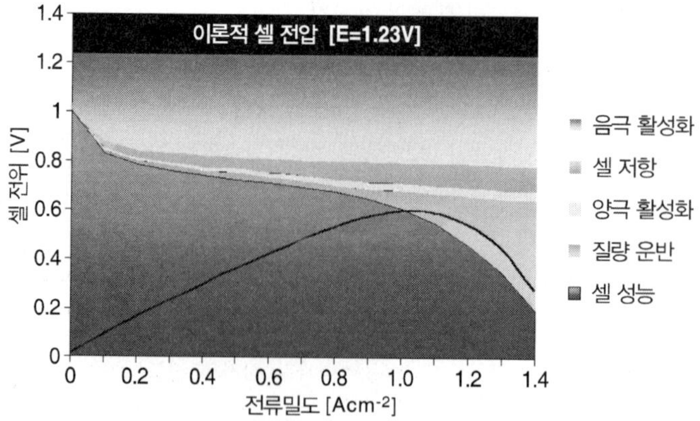

그림 4.3 고체 폴리머 연료전지의 전형적인 성능곡선은 음극과 양극의 활성화, 옴 저항, 및 질량운반 등의 상대적인 영향 등을 보여주고 있다. 동력밀도 역시 도시하고 있다.

하지만 높은 전력밀도를 구현하기 위해서는 대가를 치러야만 한다: 3.2.1절에서는, 전지효율 η, 즉, 수소(고위발열량)의 형태를 갖는 화학적 에너지 입력에 대한 사용도가 식 (3.37)인, $\eta = 0.68\ \mathrm{V}^{-1} E_{cell}$(고위 발열량에 기초한 식)을 통해서 전지 전압과 직접 연관 지워져 있다. 마찬가지로, 차량의 경우에 일반적으로 사용하는, **저위발열량**(LHV)에 기초하여 계산한다면, $\eta = 0.80\ \mathrm{V}^{-1} E_{cell}$이 된다[2]. 다시 말해서, 측정된 전지 전압은 전지효율의 척도이기도 하며, 전압이 낮아질수록, 더 많은 화학적 에너지가 조악한 전기화학적 변환에 의해서 소모된다. 그러므로 발전설비와 같이, 연료효율이 가장 중요한 경우에는 전지가 0.8~0.9 [V]의 특정값 이상에서 작동해야만 한다. 하지만 가속을 위해서 최대 동력이 필요한 차량의 용도에서 조차도, 충분한 연비를 확보하기 위해서는 전지들이 0.7~0.8 [V] 이상의 전압에서 작동해야만 한다.

그림 4.3에서는 또한 왜 연료전지 동력을 사용하는 차량들이 궁극적으로는 훌륭한 총 연비를 갖는가를 보여주고 있다. 내연기관(11장)과는 달리, 현재 차량의 연비를 지배하는 **부분부하 효율**은 동력수요의 감소에 따라서 증가한다. 차량과 발전설비 시스템의 효율에 대한 완벽한 평가에는 연료전지뿐만 아니라 모든 시스템 구성요소들과 주요 연료원들이 포함되어야만 하며, 따라서 이는 매우 복잡한 일이다(12장 비교).

지금부터 성능을 지배하는 주요 인자들에 대해서 차례로 논의해 보기로 한다.

4.2.2 옴 저항들

여러 가지의 연료전지 적층 구성요소들, 그리고 전극 지지층과 두 촉매층 내에 위치한 맴브레인 전극 조립체(MEA) 내부 등에 전기저항이 존재한다. 양성자 전달이 발생하는 곳, 즉, 맴브레인 전해질 내부와 촉매층 내부에서는 **이온 저항**이 발생한다.

총 저항값이 그림 4.3에서 도시되어 있는 전류/전압 곡선 중앙의 직선으로 근사화 할 수 있는 부분의 기울기를 결정한다. 저항값이 커질수록, 전류밀도의 증가에 따라서 전류/전압곡선이 급격하게 떨어지게 된다.

전기적으로, 연료전지는 이상적인 전압원 E_o와 총 내부저항 R의 직렬회로로 간주할 수 있다(그림 4.4). 전류유동이 커질수록, 연료전지 내부의 모든 내부저항값들의 합에 의한 **옴 전압강하** 값이 증가한다. 그러므로 총 옴저항 R은 다양한 연료전지 구성요소들의 전기 및 이온저항의 조합이다; 즉, **옴 손실**은 전자와 이온(양성자)들이 이동하는 과정에서 발생한다.

성능에 끼치는 서로 다른 영향들을 구분하려면, 데이터의 옴 보정이 연료전지의 전류/전압곡선의 해석을 위한 첫 번째 단계이다. 순수한 산소에 대해서 기록된 데이터에 대한 수치적 근사(아래 참조) 및 임피던스 분광, 또는 더 일반적으로는 전류 차단기법 등을 사용해서 이를 수행할 수 있다.

2) 5.3절과 비교.

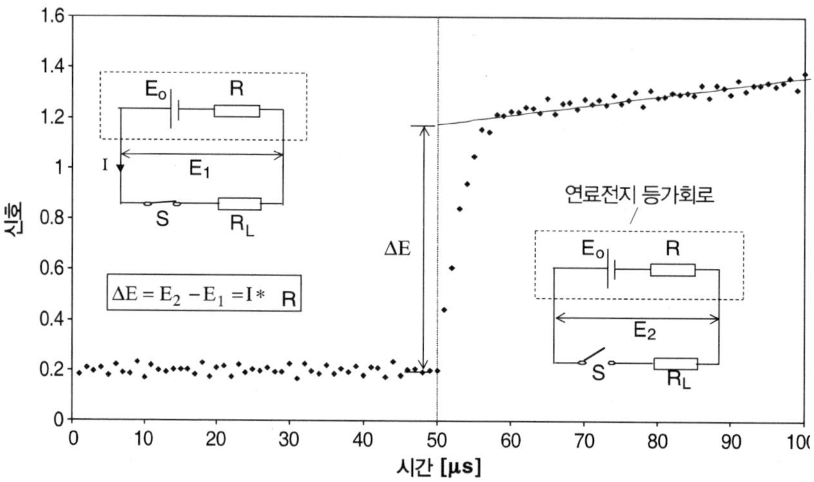

그림 4.4 (예를 들면 오실로스코프 등을 사용한)전류차단 측정에서 기록된 일시적인 전위. 전지전류는 $t=50\,[\mu s]$에서 차단되며, 옴(이온) 저항은 고속 전위상승 ΔE를 회로가 끊어지기 직전의 전지전류값으로 나누어서 구한다. 결과적으로, 훨씬 긴 시간단위에 대해서 셀 전위는 개회로 전위로 완화되어 버린다.

이 기법은 그림 4.4에서 설명하고 있는 개방된 스위치에서와 같이, 내부저항 사이에서 발생하는 전압강하($\Delta E = IR$)는 정상상태 전류 I가 일시적으로 차단되었을 때에는 사라져버린다는 사실에 의거하고 있다. 따라서 R값은 ΔE와 I의 비율에 의해서 계산된다.

명백하게, 결과적인 **전위스텝**은 전극들 내에 존재하는 정전용량 때문에 무한히 빠르지는 않다. 그러나 이 변화는 전기화학적 공정보다는 훨씬 빠른 시간단위로 발생하므로, 궁극적으로는 개방회로에서의 값 쪽으로 서서히 이동시키기 위해서 전지전위를 유발한다(그림 4.4와 비교). 그러므로 이들 두 공정에 대한 명확한 구분을 위해서는, 일시적인 스위칭뿐만 아니라 전압응답의 고속 샘플링이 필요하다(부히 등, 1995a). 일반적으로 샘플링을 위해서 고속 오실로스코프를 사용한다.

전류 차단은 아마도, 맴브레인 전극 조립체(MEA)에 대한 일상적인 성능해석에 있어서 가장 중요한 기법일 것이다. 이 기법은 예를 들면, 그림 4.4에 도시된 것처럼, 전류가 다시 흐르기 전까지의 수십 마이크로초 동안 응답을 기록하는 것처럼, 연료전지 성능이 측정에 의해서 영향을 받지 않을 정도로 스위치가 충분히 빠른 속도로 닫히는 경우에 이 기법을 사용할 수 있다. 다시 말해서, 연료전지가 전류의 짧은 차단을 인식하지 못한다. 마이크로초의 시간단위 동안 수백 암페어의 전류를 차단하기 위해서는 전기회로의 세심한 선정이 필요하다는 것이 명백하다(부히 등, 1995).

연료전지 전극들과 맴브레인 전극 조립체(MEA)들은 본질적으로 연료전지의 설계에 따라서 면적 A가 변하는 평면 부품으로, 손쉬운 성능비교를 위해서 일반적으로 전류 I 대신에 전류밀도 i를 사용하며, 그에 따라서 저항 R대신에 면적 비저항 $r = RA$를 사용한다.

예를 들면, $A_1 = 200\,[\mathrm{cm}^2]$의 활성면적을 갖고 있는 전지 내의 맴브레인 전극 조립체(MEA)가 200 [A](일반적인 값은 아니다)의 전류를 송출하며, 1.0 [A/cm^2]의 전류밀도로 작동한다. 옴 효과(예를 들면 전류차단을 사용해서 측정)에 의해서 만약 100 [mV]의 전지 전압이 손실된다면, 맴브레인 전극 조립체(MEA) 전체는 $R_1 = \Delta E_R / I = 0.5$ [mΩ]의 저항값을 갖는다. 이 장치가 단지 활성면적이 $A_2 = 10$ [cm^2]인 2차 전지를 갖고 있을 수 있다. 작은 전지 내에서 유사한(그러나 작은) 맴브레인 전극 조립체(MEA)의 옴 손실을 예측하려면, 면적 비저항 $r = R_1 A_1$을 사용하는 것이 더 좋다. 여기서, $r = 0.5$ [mΩ] × 200 [cm^2] = 100 [mΩ × cm^2] = 0.1 [Ωcm^2]이다. 1.0 [A/cm^2]로 작동하는 소형 전지 내에서도 동일하게 작동한다고 가정한다면, 여기서도 마찬가지로 $\Delta E_R = 0.1$ [Ωcm^2] × 1.0 [A/cm^2] = 100 [mV]의 옴 손실이 도출된다. 하지만 여기서 총 전지저항은 대형 전지의 경우 0.5 [mΩ]보다는 훨씬 큰 값인 $R_2 = r / A_2 = 0.1$ [Ωcm^2 / 10 cm^2] = 10 [mΩ]이다.

4.2.3 동력학적 성능

순수한 수소를 사용해서 작동할 때, 양극은 이론적인 수소전극의 가역전위, 즉 $E_r = 0$ [V]에 근접한 값을 유지한다.(식 (4.1)과 비교) 전기화학적인 용어를 사용한다면, 이는 동력학적으로 유순한 반응을 직설적으로 표현한 낮은 과도전위에 해당한다. 그러므로 일단은, 전지 전압에 대한 양극 기여도를 무시하며, 양극전위를 0 [V]로 가정한다. 전지 전압은 양극과 음극전위 사이의 차이이므로, 전지 전압은 음극전위, E_c와 같다(매우 훌륭한 근사값이다).

양극반응과는 달리, 음극에서의 산소환원반응(ORR)은 활성화된 공정이며, 그러므로 훨씬 더 높은 과도전위를 나타낸다. 전기화학적 운동성을 관장하는 주요 방정식인, 버틀러-볼머 방정식은 이런 활성화 공정을 수학적으로 나타내어준다. 이에 대해서는 3장의 (3.84)식이 주어져 있다.

맴브레인 전극 조립체(MEA)에 대한 실용적인 작업을 위해서 더 유용한 공식은 **타펠 방정식**이다. 원래 경험적인 결과로부터 공식이 도출되었으며, 버틀러-볼머 방정식의 한 변을 반전시키면 손쉽게 유리화시킬 수 있어, 식 (3.84)의 과도전위 $\eta = E_c - E_r$에 대한 첫 번째 항을 풀 수 있다. 이를 통해서 전지 전압 E_c에 대한 표현식을 도출할 수 있다:

$$E_c = E_r - b \log_{10}(i / i_o) - ir \tag{4.3}$$

여기서 E_r =전지의 가역전위, i_o = 산소 환원의 교환전류밀도, b =산소환원에 대한 **타펠 기울기**, r =(단위면적 당 특성) 옴저항, 그리고 i =전류밀도이다; $(-ir) = -\Delta E$라는 항을 추가함으로써 옴 손실을 포함시켰다.

소위 타펠 기울기 b는 전기화학적 공정의 성질에 따라서 결정된다. 식 (4.3)을 식 (3.84)와 비교해 보면, b를 다음과 같이 나타낼 수 있다:

$$b = \frac{RT}{\eta \beta F \log 10^e} \tag{4.4}$$

여기서 $R = 8.314$ [J/(mol K)]은 범용 기체상수, $F = 96{,}485$ [C/mol]은 패러데이 상수, T는

온도 [K], 그리고 β는 전달계수를 나타내며, 전이상태의 대칭성과 관련된 인자로는, 어떠한 우선적인 원리에 대한 정보도 사용할 수 없을 때, 일반적으로 0.5를 사용한다(3.5.3절 참조). 실제적인 연료전지의 산소 환원반응[$n=2$, 식 (4.2)참조]의 경우, b는 일반적으로 40~80 [mV]이다.

활성화 과도전위와 그에 따른 전지 전위, $E_{cell} = E_c$를 조절하는 주요 인자는 (겉보기) 교환전류밀도 i_o이다. 식 (4.3)에 따르면, 로그함수에 의해서, i_o의 열 배 증가가, 주어진 전류에 대해서 b값 1 만큼의 증가, 또는 전형적으로 60 [mV]의 전지 전위 증가를 유발한다. 이 점을 강조하는 것이 중요하다. 타펠 기울기 b가 화학적 반응(과 온도)에 의해서 지배를 받는다고 하여도, i_o 값은 반응 동력학에 의존한다. 궁극적으로, 이는 이 값을 증가시키기 위해서 노력하는 맴브레인 전극 조립체(MEA)와 전기촉매 생산자의 기술에 의존하게 된다(6장과 비교).

원리상으로, 다음과 같은 접근이 가능하다:

- 더 많은 전기촉매를 음극에 덧붙여서 (한계값 이내에서) i_o의 크기를 증가시킬 수 있다. 하지만 오늘날의 전기촉매는 백금을 함유하고 있으며, 경제적인 관점 때문에 맴브레인 전극 조립체(MEA) 제조업자들이 그들 제품에 집어넣을 수 있는 백금의 양이 제한을 받는다[3].
- 주 음극촉매로 백금을 사용하지 않으려는 시도가 많이 시도되었다. 일부 시도들에 대해서 6장에서 논의되어 있다. 불행히도, 현재까지는 백금이나 관련 귀금속을 대체할 수 있는 어떤 대안도 제시되지 못하고 있다. 이는 여타의 촉매 시스템들이 단지 촉매 활성도가 부족하기 때문이 아니라, 많은 경우, 고려된 소재들의 화학적 안정성 부족 때문이기도 하다. 연료전지 촉매에 대한 보다 깊은 논의가 6장에서 수행되었다.
- 논리적이고 매우 성공적인 접근은 연료전지 전극 내에서 백금을 더 효과적으로 사용하는 것이다. 기체상 촉매로부터 차용한 기술 중 하나는 작고 고도로 분산된 백금 촉매를 함유한 지지촉매를 사용하는 것이다. 물론, 6장에서 논의된 것처럼, 특수 처리된 탄소와 같이, 전기촉매는 전기적으로 도전성을 갖는 지지용 소재를 사용해야만 한다. 발라드社와 존슨매티社 사이의 유용한 협력관계 덕분에, 이 개념을 양성자교환 맴브레인 연료전지(PEMFC) 기술에 적용해서, 이전의 발라드의 작업에 비하여 전극에 사용되는 백금의 양을 열 배(랄프 등, 1997), 또는 1950년대의 선도적인 작업에 비해서 100배(2장 및 6장과 비교) 이상 절감하였다. 현대적인 탄소지지 전기촉매에 대한 투과전자현미경(TEM) 사진이 그림 6.12에 도시되어 있다.
- 물론, 단지 사용된 촉매의 표면적을 개선하는 것만으로는 충분치 못하다; 맴브레인과 촉매층 사이의 훌륭한 전기화학적인 접촉 역시 필요하다. **유효 백금 표면적**(EPSA)의 현장 측정은 전극 구조물의 품질에 대한 중요한 시험이다. 유효 백금 표면적(EPSA)은 전기

3) 양성자교환 맴브레인 연료전지(PEMFC)는 우주선에 사용할 목적으로 1960년대에 시작되었다. 일반적으로 전극면적 당 50[mg/cm]의 백금을 충전하였다-2장과 비교.

적인 방법을 사용해서 측정하거나, 더 일반적으로는, 전하의 측정과 함께, 일산화탄소의 흡수와 그 결과로서 일어나는 이산화탄소로의 전기-산화에 의해 측정할 수 있다(6장)

연료전지의 성능을 옴 저항값에 대해서 보정하고, (순수한 산소를 사용해서-아래 참조) 질량전달의 영향을 규명하거나 제거한 다음에야 만이 진정한 음극의 동적 성능을 고찰할 수 있다. 이를 위해서, 산소에 대해서 측정된 저항 보정 데이터는 소위 **타펠 해석**(그림 4.9 참조)에 사용된다. 식 (4.4)가 제시하는 것처럼, 질량전달 효과가 성능곡선의 급격한 강하를 유발하는 전류밀도에 이를 때까지, 이 데이터는 세미로그 그래프 내에서 직선으로 나타난다. 그러므로 맴브레인 전극 조립체(MEA) 개발자의 목표는 타펠 곡선 내에서 전체적인 성능곡선을 끌어올리는 것이다. 실제적인 부하조건 하에서의 임피던스 측정은 작동조건 하에서 촉매 활용도에 대한 소중한 정보를 제공해 줄 수 있다.

4.2.4 질량전달 효과

전류/전위곡선(그림 4.3, 그림 4.6 및 그림 4.7)에서 제시된 근사직선 영역의 끝단은, 식 (4.3)의 단순한 기능적 형태를 사용해서는 표현할 수 없는, 질량전달 한계의 발생에 의해서 구분된다. 이를 적절하게 다루기 위해서는, 다공질 음극 매질로 유입되는 공기와 유출되는 물의 2상 유동문제에 대한 유체 동력학을 사용한다(그림 4.1). 실험적으로는, 일반적인 공기에 비해서 인조공기(헬륨 내에 체적비로 21%의 산소 혼합)와 순수한 산소를 사용하면, 촉매층, 지지소재, 또는 유동장 내에서의 질량전달 손실과 발생위치를 찾아낼 수 있다. 질량전달 효과는 다음의 제한조건들 중 하나 또는 그 이상의 영향에 기인한다: 소위 **질소 블랭킷 효과**에 덧붙여서, 공기 내의 산소분압 감소; 촉매층 내에서 제한된 산소의 확산; 그리고 유동장이나 전극 내에 형성된 물방울에 의한 가스 출입 방해.

또한, 단일전지의 총 수분 밸런스를 확립하면, 맴브레인 전극 조립체(MEA) 내에서 양극에서 음극으로의 수분전달에 대한 소중한 정보를 제공해준다. 수분의 총 이동량은 양성자 이동과 관련된 전기-삼투 항력과 농도 변화율에 따른 수분의 **후위확산**[4]의 합이다. 운반된 물 분자와 운반된 양성자의 비율은 서로 다른 맴브레인 물질들에 따라서 변화하며, 맴브레인 전극 조립체(MEA)의 질량전달 거동에 강한 영향을 끼친다. 4.3.11.2절에서의 논의와 비교해 본다.

4.2.5 실제사례

그림 4.5에서는 최대 506.6 [kPa] 조건과 다양한 가스 조성비율과 질량유동 하에서 작동하는 실험용 연료전지 시험 장비를 보여주고 있다. 반응물 가스들은, 그림 4.5에서 도시되어 있는, 두 개의 개별적으로 조절이 가능한 맴브레인 가습기를 사용해서 가습한다. 그림 4.6에서는 공기와 산소 샘플에 대한 맴브레인 전극 조립체(MEA)의 성능이 도시되어 있다; 두 경우 모

---

4) Fickian back diffusion

두에서, 양극은 순수한 수소로 작동된다. 비교에 따르면, 전체적으로 공기에 비해서 산소가 더 높은 성능을 나타내고 있으며, 이들 둘은 서로 다른 질량전달 거동을 나타낸다. 산소를 사용하는 경우, 맴브레인 전극 조립체(MEA)는 공기에 비해서 거의 두 배(1.2 [A/cm^2]에 비해서 두 배 이상)의 전류한계가 구현된다. 백색 심벌은 전류차단을 사용해서 측정한 두 시료에 대한 전지 저항을 나타낸다.

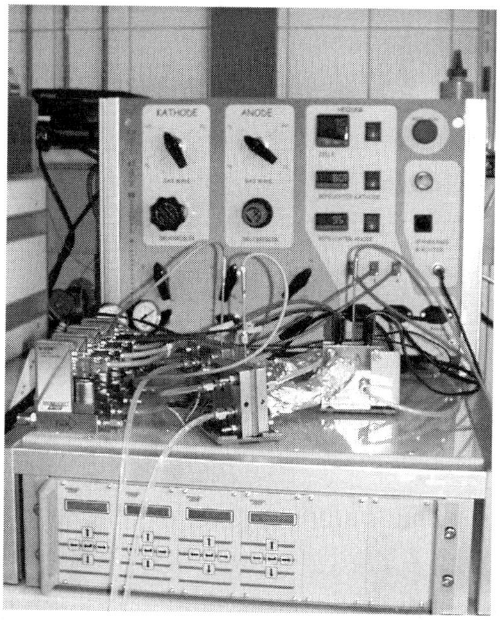

그림 4.5 비르켄펠트 움벨트 캠퍼스(그렐링과 클라인)에서 전용으로 설계된 연료전지 시험장치. 좌측의 질량유동 제어기가 음극과 양극 시험용 가스 혼합물을 공급한다. 전면 하단에 위치한 개별적으로 조절이 가능한 두 개의 맴브레인 형 가습기에 의해서 반응물들이 가습되어진다. 실제의 전지(10 [cm^2])는 우측에 도시되어 있다. 전형적인 작동조건은: 수소/공기 또는 산소: 304 [kPa]; 전지 온도 80 [℃]; 양극과 음극용 가습기의 온도는 각각 80 [℃]와 85 [℃]이다.

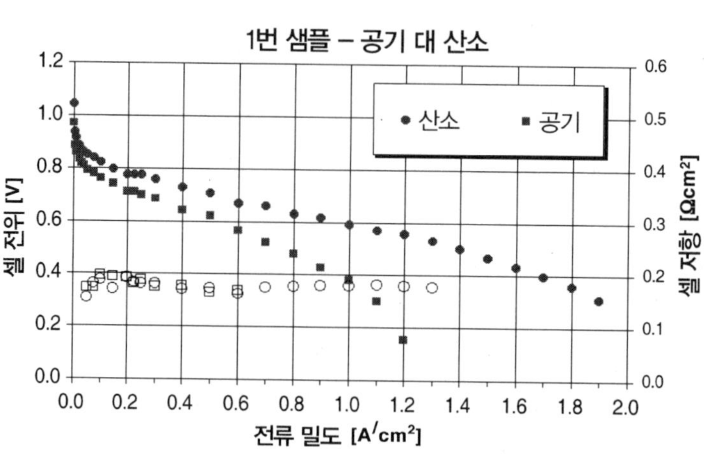

그림 4.6 1번 샘플에 대한 공기와 산소 데이터(본문 참조). 공기와 산소의 작용에 대한 전류차단 저항값도 도시되어 있다.

그림 4.7에서는, 1번 샘플에 비해서 두 배의 백금이 입혀진 음극으로 제작된, 2번 샘플의 경우에 대한 산소 데이터가 도시되어 있다. 전류 차단저항은 1번 샘플의 경우보다 높다. 게다가, 그래프 내에는 곡선근사 데이터(점선)가 포함되어 있다. 식 (4.3)을 사용한 곡선근사와 실제 데이터 사이의 차이는, 산소(O_2) 하에서 조차도 질량전달 문제가 발생되는, 1 [A/cm^2]를 초과하는 전류밀도를 전후해서 구분된다.

산소환경 하에서, 동일한 10 [cm^2] 면적의 실험용 연료전지로 작동되는, 두 맴브레인 전극 조립체(MEA) 모두에 대한 전류/전압 곡선이 그림 4.8에서 도시되어 있다. 비록 2번 샘플이 음전극에 단위면적 당 두 배의 백금이 충전되어 있지만, 이와 같이 면적이 작은 전지에서의 성능은 1번 샘플에서와 거의 동일하며, 사실상 높은 전류밀도 하에서는 더 나쁘다(1 [A/cm^2] 이상). 앞서의 단원에서 논의했던 것처럼, 이 제한적인 데이터베이스에 기초해서는 무엇이

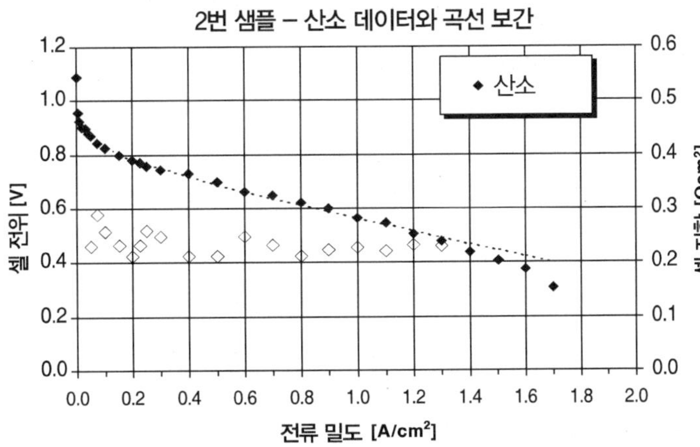

그림 4.7 샘플 2에 대한 산소 성능 데이터와 전류차단저항. 데이터는 (4.3)식을 사용해서 곡선보간이 되었다. 2번 샘플에서 사용된 음극은 1번 샘플에 비해서 두 배의 백금이 주입되었다. 양극은 동일하다.

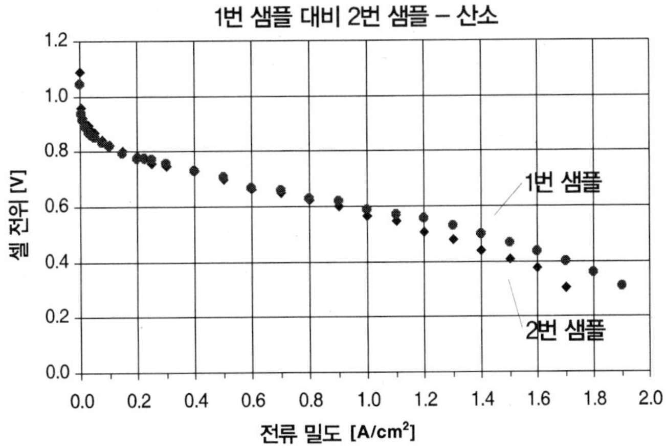

그림 4.8 1번 샘플과 2번 샘플의 산소성능 데이터

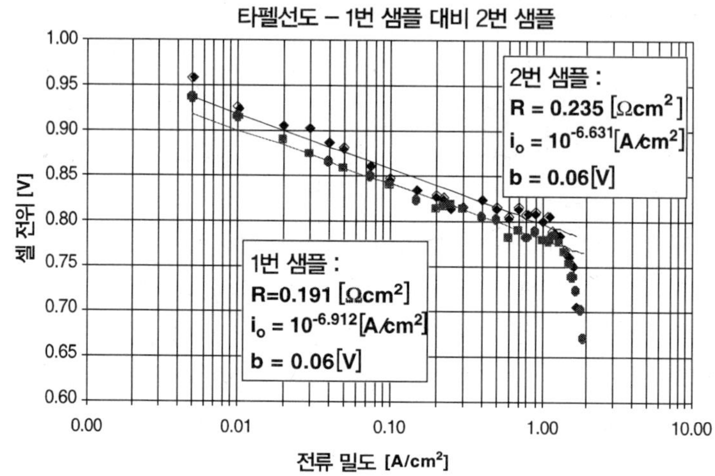

그림 4.9 타펠 선도에서 도시된 것처럼, 곡선보간 후에 1번 샘플과 2번 샘플에 대한 산소 성능 데이터. 원 데이터의 옴 보정 후에 살펴보면 백금의 주입량이 많은 2번 샘플의 동력학적인 이점이 명확해진다. 곡선보간의 결과가 그래프에 도시되어 있다.

맴브레인 전극 조립체(MEA)의 성능을 지배하는가에 대한 명백한 정의를 내릴 수 없다. 두 가지 샘플에 대한 동력학적인 성능을 비교하기 위해서는, 우선적으로 저항효과를 제거해야만 한다.

그림 4.6과 그림 4.7에서의 전류차단 데이터에 따르면, 2번 샘플가 더 높은 전지 저항을 갖고 있다는 것을 알 수 있다. 곡선보간을 통해서 옴 손실을 보정하므로 서, 두 가지 샘플 모두에 대한 타펠 선도를 만들 수 있다. 타펠 선도인, 그림 4.9는 두 가지 샘플에 대한 동력학적인 성능을 반영하고 있다.

원 데이터에 대해서 저항효과를 보정해 보면, 더 많은 백금을 주입한 2번 샘플의 동력학적인 성능이 1번 샘플에 비해서 월등히 높음을 그래프를 통해서 알 수 있다. 곡선보간을 통해서 구한 옴 저항은 20% 정도의 차이가 있다. 실제의 경우에서는, 이 문제에 대해서 명확하게 규명해야 하며, 예를 들면, 사용된 맴브레인 소재의 서로 다른 배치들 때문일 것이다. 그러나 각각의 성능분석을 위한 구조에 대한 논의에 따르면, 백금을 더 많이 주입한 경우의 동력학적인 이득을 명확히 확인할 수 있다.

이 사례는 동일한 하드웨어에서 조차도 맴브레인 전극 조립체(MEA) 샘플의 비교에는 일부 함정이 존재한다는 점을 설명할 의도로 제시되었다. 사실, 각 샘플에 대해서는 백금 표면적의 현장측정을 포함한, 유효 백금 표면적(EPSA)(6장과 비교), 임피던스 측정, 그리고, 일부의 경우에는 수분 평형의 측정 등과 같은 훨씬 많은 노력이 필요한 측정 프로그램을 적용해야만 한다.

4.3 맴브레인 전극 조립체(MEA) 요소들

맴브레인 전극 조립체의 개발은 연료전지를 실험실과 시제품 단계에서 상품으로 이전시키는 핵심 인자이다. 고성능 맴브레인 전극 조립체(MEA)는 적층의 성능과 내구성뿐만 아니라 가격에도 강한 영향을 끼친다. 맴브레인 전극 조립체(MEA) 단위면적 당 발생되는 전력밀도가 높아질수록, 더 작은 외부 하드웨어를 필요로 한다. 이는 다시 적층을 더 작고, 가벼우며, 더 값싸게 만들어준다. 그러므로 고성능, 장수명, 저가 맴브레인 전극 조립체(MEA)를 제조하는 것이 핵심기술임은 명확하다.

맴브레인 전극 조립체(MEA) 성능을 최적화하기 위해서는, 4.2절에서 논의된 저항값, 동력학 및 질량전달 등의 성능인자들에 각 구성요소들이 끼치는 영향에 대해서 완전하게 이해하는 것이 필수적이다. 하지만 궁극적으로는 완벽한 맴브레인 전극 조립체(MEA)만을 실제의 시스템에서 사용할 것이기 때문에 이것만으로는 충분치 못하다. 그러므로 4.2절에서 논의했던 해석적인 도구들과 성능해석의 중요성을 다시 한 번 강조한다. 다음의 단원들에서는, 맴브레인 전극 조립체(MEA) 요소들의 재료 선정시 고려할 사항들에 대해서 살펴보기로 한다.

4.3.1 맴브레인과 이오노머

양성자 교환 맴브레인 연료전지에 대한 큰 관심은 고체 폴리머 전해질의 사용에 따른 이점에 기인한다. 고체 폴리머 전해질은 두 전극들 사이에서 얇지만 안정적인 부도체 및 가스 차단벽을 형성하면서도 신속한 양성자 전달과 높은 전류밀도를 가능케 해 준다. 이는 다시, 자동차에 사용할 수 있을 정도의 높은 전지 및 적층 전력밀도를 가능케 해 준다. 일단 설치되고 나면, 고체 전해질은 재분배, 확산 또는 증발되지 않으며, 단속적인 작동과 빠른 부하변동이 가능하고, 특정한 방위에 대해서 본질적으로 둔감하게 양성자 교환 맴브레인 연료전지를 만들어낼 수 있다.

고체 폴리머 전해질 내에서 양성자 전달은, 양성자가 전자구름에 의해서 보호되는 동안에는 두 가지 주 메커니즘을 추종하므로, 사실상 일시적으로 존재하는 자유로운 양성자는 발견할 수 없다. 양성자 이동의 가장 열악한 경우에는 더 큰 종류에 대한 전달 운동성을 필요로 한다. 이 **운반체 메커니즘**(크루어 등 1982)에서, 예를 들면 H_2O의 경우 양성자는 H_3O^+와 같은 운반체와 함께 매질을 통과하여 확산된다.

또 다른 주 메커니즘에서, 운반체는 뚜렷한 국부 운동성을 나타내지만 자신의 위치를 유지한다. 양성자들은 수소결합을 통해서 하나의 운반체에서 다른 운반체로 전달된다. 개별적인 종류들의 재 배향이나 더 광범위한 동시작용으로 이루어진 양성자 환경의 동시다발적인 재편을 통해서 양성자 이동을 위한 방해받지 않는 경로가 형성된다. 이 메커니즘은 **그로투스 메커니즘**(반 그로투스, 1806), 또는 **양성자 호핑**이라고 알려져 있다. 일반적으로 이 과정은 양성자 확산 경로를 생성하기 위한 고유한 부분으로서, (H_2O와 같은) 용매 쌍극자의 재배향이 수반된다.

4.3.1.1 과불화 맴브레인

양성자 교환 맴브레인 연료전지는 제미니 우주선 계획(1962~1965)을 위해서 제너럴 일렉트릭(GE)에 의해서 최초로 개발되었으며, 최장 2주 동안의 임무를 수행하기 위한 전기와 음료수를 공급하기 위해서 1-[kW_{el}] 연료전지 시스템이 사용되었다(2장 참조). 21 [℃]의 작동온도에서, 폴리스티렌 술폰산 맴브레인이 사용되었으며, 반응용 가스를 사용해서 이를 가습시켜야만 했다(프라터, 1990). 결과적으로 알칼리 연료전지(AFC)를 사용하게 만든, 전지 내에서 수분의 관리에 따른 어려움과 더불어서, 강한 산화환경 하에서의 맴브레인 수명은 연속적인 장시간 작동에 부적합했다.

내구성 문제는, 클로르-알칼리 산업에 사용하기 위해서 1960년대 후반에 듀퐁社에서 개발하여 **나피온**[5]이라는 상품명으로 판매하고 있는 **과불화 술폰산 맴브레인**이 개발되면서 해결되었다.

나피온은 기층재료가 **폴리테트라플루오로에틸렌**[6](PTFE: 듀퐁의 상품 명칭은 테프론)이므로 강한 화학적 불활성을 지니고 있다. 측면 체인들은 과불화 비닐 폴리에스터로 구성되며, 산소원자에 의해서 테프론(PTFE) 기층과 결합된다. 그림 4.10(a)의 술폰산 그룹과 비교-측면 체인 끝단에 위치한 술폰산기(SO_3H)는 폴리머에 양이온 교환능력을 부여해 준다.

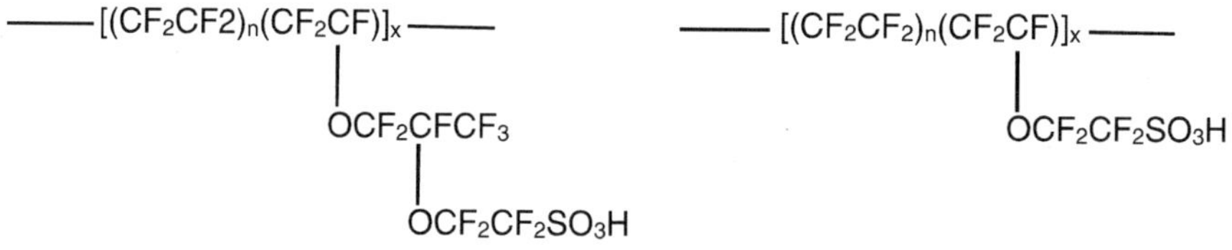

(a) (b)

그림 4.10 (a) 듀퐁社와 (b) 다우화학에서 생산하는 과폴리머의 구조. n값과 x값은 서로 다른 소재의 등가질량(EW)에 따라 변한다.

양성자 교환능력, 또는 폴리머의 산성은 적정[7]을 통해서 측정된 활성화 술폰산 그룹의 질량 당 폴리머의 질량인 **등가질량**(EW)을 사용하여 측정된다. 주어진 이온교환 폴리머에 대해서, 등가질량 값이 낮으면 폴리머의 도전성이 높아지므로 생산된 폴리머의 정확한 화학적 조성을 조절하는 것이 매우 중요하다. 나피온 맴브레인은 대략적으로 900~1,100 사이의 등가질량값을 갖으며, 두께는 25.4~177.8 [μm] 내외이다. 이들 소재는 특히 연료전지의 용도에 적합하며, 80 [℃]에서 작동하는 연료전지 적층 내에서 60,000시간 이상의 수명을 갖는 것으로 규명되었다(스텍, 1995). 상업적으로 사용이 가능한 최초의 맴브레인 소재는 나피온 117

5) Nafion®

6) polymerized tetrafluoethylene

7) titration

(1,100 [EW], 두께 178 [μm])의 후속모델인 나피온 120 (1200 [EW], 두께 250 [μm])이었다. 80 [℃]와 적절한 가습 하에서, 나피온 117은 약 0.17[S/cm]에서 높은 이온 전도성을 나타내었다. 178 [μm] 두께를 갖는 맴브레인의 경우, 이 값은 $r = 0.105$ [Ωcm^2]의 단위면적당 비저항, 또는 1 [A/cm^2]의 전류밀도 하에서 105 [mV]의 옴 손실에 해당한다. 실제로 작동중인 연료전지의 경우에는 접촉조건이나 불충분한 가습 등에 의해서 거의 두 배의 옴 손실이 발생한다.

등가질량을 더 줄이기 위한 시도를 통해서, 1988년에 다우 화학회사에 의해서 실험적인 과불화 술폰산 맴브레인이 소개되었다. 그림 4.10 (b)에 도시되어 있는 반복되는 유닛의 분자구조에 따르면, 나피온에 비해서 본질적으로 더 짧은 측면체인 때문에 다우社의 실험적인 맴브레인은 대략 800의 등가질량을 갖는다. 다우 맴브레인을 사용함에 따라서 직접 수소 연료전지의 성능이 획기적으로 향상되었다. 또한 10,000시간 이상의 내구성도 증명되었다. 이 과정에서, 이 맴브레인의 생산권이 듀퐁으로 이관되었다.

이러한 다우화학의 성공 이후에, 듀퐁은 내구성이 확보된 맴브레인을 적극적으로 개발하게 되었으며 꾸준한 개선이 이루어졌다. 등가질량의 더 많은 감소(등가질량값을 1,100에서 1,000으로)와 맴브레인 두께의 감소(178 [μm]에서 25 [μm]으로)에 따라서 전력밀도가 증가되었다. 나피온 105 (1,000 [EW], 두께 127 [μm]) 맴브레인을 사용하는 단일전지의 성능은 다우 맴브레인과 유사한 성능을 나타내었다(스텍, 1995). 또한, 아사히 화학과 아사히 유리회사는 긴 측면체인을 갖는 과불소술폰화 맴브레인을 생산하였으며, 이들을 각각, **Aciplex-S®**와 **Flemion®**으로 상품화시켰다. 오늘날 까지도, 나피온은 연료전지용 고체 폴리머 전해질 소재로 애용되고 있다.

맴브레인 두께의 감소는 성능을 가장 크게 개선시켜준다(프라터, 1990). 이 단순한 원칙은 맴브레인 저항의 감소, 소재 사용량의 절감(그에 따른 비용절감), 그리고 맴브레인 전체의 함수성 개선 등의 장점을 가져다준다. 그런데 맴브레인 두께의 감소는 내구성과 반응물질 누출방지의 어려움 등에 의해서 제한된다. 이는 과도한 메탄올의 누출이 발생하는(그에 따라서 전력밀도가 감소하는) 직접 메탄올 연료전지의 경우에 특히 그렇다. 메탄올의 누출은 연료의 효율을 낮출 뿐만 아니라, 산소음극의 성능에 해를 끼쳐서 전지의 성능을 현저히 낮춘다(7장 참조).

4.3.1.2 물의 역할

나피온과 같은 과불화 맴브레인의 전도성은 수화정도에 심하게 의존한다(조와젠스키 등, 1993). 그러므로 연료전지 시스템에서는, 음극에서 다량의 물이 발생됨에도 불구하고 수분의 증발을 막기 위해서 반응물들을 가습시켜야만 한다(4.4.2절 참조). 양성자 교환 맴브레인들이 대기압 하에서 100 [℃] 이상의 온도에 놓이게 되면, 탈수에 의해서 전도성이 급격하게 저하된다. 반응물의 압력을 물의 수증기압력 보다 높게 유지하면 어느 정도 높은 온도에 도달할 수 있다. 하지만 명백한 점은 압축을 위해서 부수적으로 많은 전력이 필요하기 때문에 연료전지에서 반응물을 대기압보다 100~200 [kPa] 이상 높게 유지하는 것은 비현실적이다. 열 안정성 문제와 더불어서 이 문제 때문에 일련의 양성자 전도성 소재들은 고온(120~200 [℃]) 연료전지의 목적에 부적합하다.

과불화 맴브레인 내에서 물의 전달과정은 복잡하다. (앞에서의) 운반체 메커니즘이 H_3O^+의 형태로 양성자를 전달하는 역할을 한다면, 각 양성자의 이동은 최소한 하나의 물 분자의 전달과 관련이 된다. 실제적인 연료전지에서, 혼합된 전달공정이 발생하는 것으로 믿어지며, 특정한 하나의 양성자에 대한 물 분자들의 **전기-삼투 항력인자**가 도출된다. 이 값은 0.6~2.0 내외인 것으로 생각된다(풀러와 뉴먼, 1992; 조와젠스키 등, 1993). 총 수분전달에 있어서, 이 값은 **픽의 법칙**에 따른 중성 물 분자의 (음극에서 양극으로의) 역확산에 의해서 크게 보상된다. 전기-삼투 항력은 주로 폴리머의 성질과 온도에 주로 의존하는 반면에, 두께에는 의존하지 않으므로, 얇은 맴브레인일수록 더욱 균일한 수분의 단면분포를 형성하는 경향이 있다. 게다가, 더 얇은 맴브레인은 맴브레인을 통과하여 생성된 수분을 제거할 수 있는 추가적인 경로를 열어주므로, 높은 전류밀도 하에서의 질량전달의 한계를 줄여주는 데에 도움이 된다.

4.3.1.3 맴브레인용 대체 소재

다양한 이유 때문에, 나피온과 그와 연관되어 4.3.1.1절에서 논의된 폴리머들을 대체할 소재를 개발하기 위해서 많은 시도가 수행되었다.

새로운 연료전지 맴브레인을 만들기 위한 현재의 모든 시도들에 대해서 모두 논의하는 것은 이 책의 범주를 넘어서는 일이다. 호가스 등(2001)의 서적에서 이들에 대해서 상세히 논의하고 있다. 그런데 중요한 개발방향들에 대해서는 간단히 살펴보기로 한다. 이들은 대략적으로 다음의 범주들로 분류된다:

- 경비절감
- 더 높은 온도에서의 성능
- 수화의 필요성 저감
- 메탄올 투과성의 감소

비용절감

구매하는 양에 따라서, 나피온 맴브레인의 현재 가격은 500~1,000 [U.S.$/m^2] 내외로, 특히, 승용차의 분야와 같은, 상용 연료전지의 목적으로는 너무 높은 가격을 가지고 있다. 이 유형이 전망을 갖기 위해서는, (맴브레인 전극 조립체(MEA) 면적에 대해서) 1 [W/cm^2]의 최대 전력밀도를 가져야만 하며, 이는 기술적으로 실현성을 가지고 있다. 이를 환산해보면 최소한 1,000 [cm^2] 면적의 나피온 맴브레인으로 1 [kW]의 전력을 생산하는 셈이다. 이는 순수한 맴브레인의 가격을 전력 1 [kW] 당 50~100 [U.S.$]로 만들어주며, 이는 차량용 전체를 위한 연료전지 시스템의 비용목표이다. 완전히 불화 된 맴브레인의 높은 구매가격이 값싼 소재를 개발하기 위한 관심의 견인차가 되었다. 여기에서는 단지 몇 가지의 시도에 대해서만 논의하기로 한다.

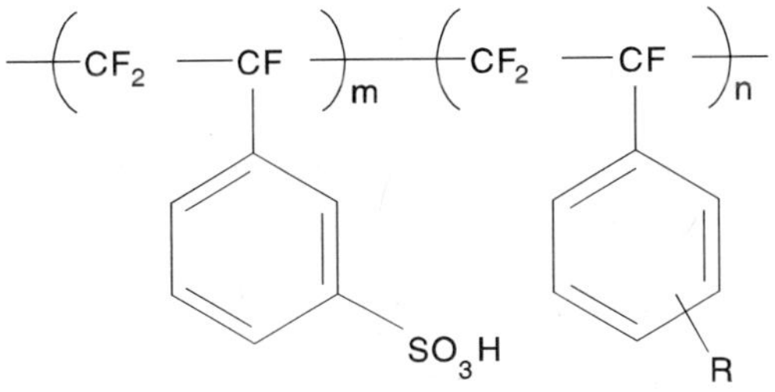

그림 4.11 BAM 3G 폴리머의 구조

발라드 파워 시스템은 그들이 소유권을 갖는 **BAM 3G**[8] 맴브레인을 개발하였는데, 여기서는 그림 4.11에서 도시된 것처럼, 측면 체인 위치에서의 불화를 포기하였다(웨이 등, 1995). 대신에, 3불화스티렌 폴리머가 사용되었는데, 이것은 등가질량 407 [EW]의 낮은 값(바수라 등, 1998)을 갖고 있으면서도 15,000 시간 이상의 충분한 수명(스텍과 스톤, 1997)을 보이며, 다우의 맴브레인과 비교할 수 있을 정도의 성능을 보였다.

방사접합 맴브레인[9]은 부분적으로 불화된 폴리머 맴브레인의 또 다른 사례로서, 나피온-형 소재에 비해서 훨씬 낮은 생산비용이 예상된다(뷔치 등, 1995a). 이 맴브레인들은 테프론(PTFE)과 같은 기층재료를 기능적인 측면체인과 베타(전자) 또는 감마 방사선을 사용해서 교차 결합시켜서 제조하며, 훌륭한 성능과 수천시간의 수명을 갖고 있지만, 60 [℃] 이하 온도에서의 수명 데이터만이 발표되어 있다; 이는 고온에서 연료전지 내부의 산화성 공격문제 때문인 것으로 추측된다.

또 다른 개념은 전적으로 탄화수소에 기초하는 맴브레인을 사용하는 것이다. 이런 맴브레인들은 저온에서 사용되는 소형 연료전지의 경우에 사용하기에 충분한 안정성과 성능을 가지고 있기 때문에 DAIS社(현재 DIAS 애널리틱社[10])에서 적용하고 있다(에렌버그 등, 1997). 예상되는 수명은 60 [℃]에서 2,500시간이며, 상온에서는 4,000시간이므로, 충분히 낮은 가격으로 적층을 생산할 수 있다면 정기적으로 교환하는 교체품으로 사용할 수 있을 것으로 이제는 많은 전문가들이 믿고 있다. 이는 물론, 사용자 친화적이고 관리가 필요 없다는 연료전지의 개념을 파괴하는 것이다. 또한, 귀금속 촉매를 소모된 연료전지 적층으로부터 회수하기 위해서도 많은 노력이 필요하다.

복합적인 접근방법들에는 양성자 전도 폴리머와 결합된 직조방식이나 비 직조방식의 수용체 등 다양한 방식이 사용되고 있다. 이런 유형의 과불화 이오노머 복합재료 맴브레인은 수용체가 필요로 하는 강도를 갖고 있으면서도 양성자 전도 폴리머의 뛰어난 이온 전도성을 타나낸다. 고어[11]와 그의 동료들은 새로운 테프론(PTFE)/과불화 이오노머 복합재료 맴브레인을 GoreSelect®라는 상품명으로 출시하였다. 이것은 나피온 용체를 함유한 다공질 테프론

8) Ballard Advanced Materials Third Generation

9) radiation grafted membrane

10) http://www.daisanalytic.com/

11) W. L. Gore, 고어텍스의 발명자

(PTFE) 맴브레인으로 구성된 매우 얇은(5~20 [μm]) 복합재료 맴브레인이다(바하 등, 1996). 테프론(PTFE) 성분들이 향상된 기계적 성질(수화상태에서 낮은 수축과 높은 기계적 강도)을 나타내지만, 맴브레인의 비저항은 증가되었다. 그런데 이 맴브레인들은 너무 얇기 때문에, 증가된 저항이 연료전지의 성능에 영향을 끼치지 않는다. 이 테프론(PTFE) 매트릭스는 복합재료 맴브레인을 기존의 나피온에 비해서 더 큰 공수성을 갖도록 만들어준다. 얇은 맴브레인, 테프론(PTFE) 매트릭스의 존재, 또는 이 두 가지 요소의 결합 중 어떤 이유 때문에, 맴브레인 내에서 더 효율적인 수분관리가 이루어졌는지를 판단하기는 어렵다.

이 복합적인 개념을 여타의 직조 및 비 직조 수용체에 적용할 수 있다(개스코인 등, 2000). 수용체의 사용이 맴브레인의 기계적인 성질을 향상시킨다는 것은 명확한 반면에, 비용을 절감시켜주지는 못한다. 그러나 적절한 수용체의 세심한 선정은 맴브레인의 탈수에 대한 민감도와 심지어는 연료 투과율을 줄이는 데에 도움이 되므로, 더 높은 온도에서의 작동을 가능케 해 준다(아래 참조).

나피온의 가격은 인위적으로 고가를 유지하고 있지만 연료전지 사업의 수요가 증가하면 대량생산이 가능해져서 곧장 가격이 급락할 것이기에, 비용절감의 측면에서 시도되고 있는 이들 모든 시도는 상업적이 위험성을 않고 있다. 듀퐁은 목표가격을 50 [\$/m^2]으로 발표하였는데, 이는 현재 가격의 1/10, 또는 5 [U.S.\$/kW$_{el}$]에 해당된다.

고온 작동성능/낮은 가습

가격보다 성능이 150~200 [℃]의 더 높은 온도범위에서 작동하는 맴브레인 개발의 목표이다. 인산 연료전지(PAFC) 기술에 따르면, 연료기체 내에 1~2% 수준의 일산화탄소 내성을 크게 개선할 수 있다는 점이 알려져 있다(6장 참조). 연료 개질기와 연계되어, 일산화탄소(CO)의 제거가 불필요하게 되거나 최소한 단순화 될 수 있기 때문에, 연료전지 전력 시스템 전체가 단순해 질 수 있다는 장점을 가지고 있다(5장 참조). 이를 구현하기 위해서는, 사용된 폴리머의 고온 안정성에 대해서 수분관리 만큼이나 많은 관심을 기울여야만 한다. 현재의 연료전지 맴브레인은 높은 양성자 전도성을 얻기 위해서 액상인 물과의 접촉에 의존하고 있다. 논의대상 온도에서 액상인 물이 존재하기 위해서는 높은 시스템 압력이 필요하며, 이를 해결하기 위해서는, 시스템이 터무니없이 높은 압축동력을 필요로 하게 된다(4.3.1.2절 참조).

현재 두 가지 접근방식이 사용되고 있다. 가장 논리적인 방안은 양성자 전도를 위해서 물을 필요로 하지 않는 소재를 채용하는 것이다. 그에 대한 대안으로는, 귀금속 맴브레인 소재를 사용해서 만약 탈수에 대한 저항성을 더 높일 수 있다면, 더 낮은 가습조건 하에서도 작동이 가능해진다. 첫 번째 방법은 케이스웨스턴리저브 대학의 연구자들에 의해서 수행되었는데, 이들은 인산(H_3PO_4)을 함유한 필름에 나피온을 도핑(세브넬 등, 1994)하다가, 나중에는 PBI[12)]를 도핑하였다(웨인라이트 등, 1995). 이 시스템은 200 [℃]까지의 온도에서 훌륭한

12) polybenzimidazole

기계적 성질을 나타내며, 190 [℃]에서 3.5×10^{-2} [S/cm]의 도전성을 구현하였다(웨인라이트 등, 1995). 수소 내에 함유된 1%의 일산화탄소(CO)를 완벽하게 견딜 수 있는, PBI/H_3PO_4 맴브레인을 사용하며 150[℃] 이상에서 작동하는 연료전지가 발표되었다(바르가스 등, 1999). 전기-삼투압 항력계수(4.3.1.2절 참조)를 거의 무시할 수 있다는 것이 밝혀졌기 때문에, 전도공정이 물에 의지하지 않는 것으로 추정된다. 이 산/폴리머 복합체에 대한 가능한 가설은 인산의 여과작용이다.

더 최근에는, 용융산 염을 사용해서 나피온 맴브레인을 변형시켰다. 상용 나피온 맴브레인에 1-부틸, 3-메틸 이미다졸리움 3불화메탄 술폰기(BMITf)를 주입시켜서, 무수조건 하에서조차도 180[℃]에서 0.1[S/cm]의 양성자 전도성을 갖는 소재를 만들어냈다(도일 등, 2000).

나피온에 기초한 약간 색다른 시도는 맴브레인 내에 백금 및 이산화티타늄(TiO_2) 또는 이산화규소(SiO_2) 입자를 주입하는 것이다. 백금은 맴브레인 내에서 촉매작용을 통해서 수소(H_2)와 산소(O_2)를 재결합시킴으로서, **내부 가습**을 제공하여, 맴브레인 내에서 금속 산화물이 수분을 함유하게 되는 것으로 생각된다(와타나베 등, 1998).

고온에서 사용할 수 있는 또 다른 소재는 그림 4.12에서 도시된 것과 같은 S-PEEK, 술폰화 폴리에테르에테르케톤이다. 이런 부류의 폴리머 소재는 현재 ICI(빅트렉스[13]), 푸마텍[14] 및 악시바/어벤티스/훼히스트 등에서 개발중에 있다(소즈카-구스 등, 1999). 이들은 훌륭한 성능과 50 [℃]에서 최소한 4,000시간 이상의 내구성이 증명되었다(소즈카-구스 등, 1999).

맥스뎀社에 의해서 중합체의 직접 술폰화에 기초하고 있는 화학적으로 관련성이 있는 맴브레인 소재들[15](S-PPBP)이 **폴리-X** 2000이라는 이름으로 개발되고 있다(옌 등, 1998). 비록 메탄올 누출의 문제는 직접 메탄올 연료전지(DMFC)와 메탄올 공급 양성자교환 맴브레인 연료전지(PEMFC)의 경우에만 해당되지만(7장 참조), 여기서 논의할 가치가 있다.

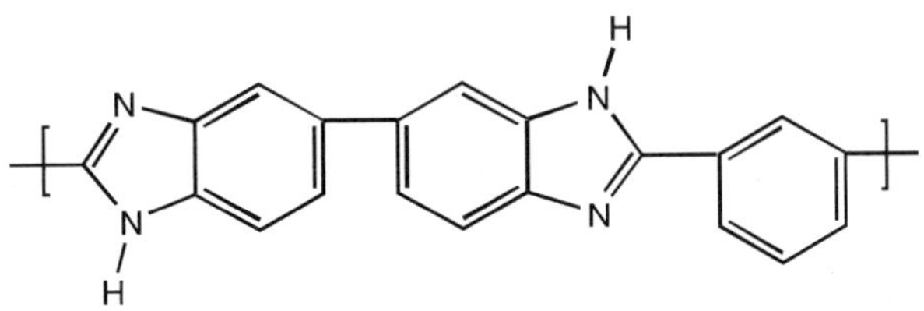

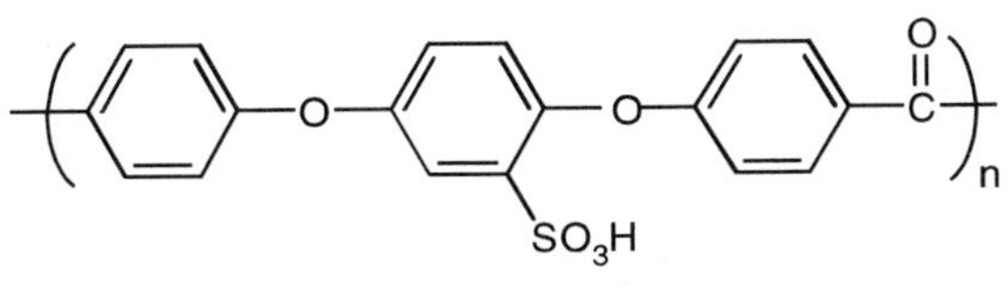

그림 4.12 폴리벤지이미다졸(PBI)의 분자구조(위)와 술폰화 폴리에테르에테르케톤(S-PEEK)의 분자구조(아래)

13) www.victrex.com

14) www.fumatech.com

15) 4-phenoxybenzoyl-1, 4-phenylene

메탄올 누출은 직접 메탄올 연료전지(DMFC)의 성능을 저하시키는 주요 원인들 중 하나이다. 메탄올 누출은 물의 전기-삼투압 항력과 유사하게, 메탄올의 양성자 항력에 의해서 유발된다. 두 분자들 모두 양성자 교환 맴브레인 내에서 유사하게 거동하므로, 메탄올 투과율을 낮추면 맴브레인 내로 흡수되는 물이 줄어들어 전도성이 낮아지게 된다.

직접 메탄올 연료전지(DMFC)의 두 번째 중요한 단점은 양극의 운동성이 느리다는 점이다; 즉, 메탄올의 전기화학적인 산화는 수소산화에 비해서 현저히 떨어진다. 이 문제는 앞 절에서 논의한 것과 같이 맴브레인을 포함하는 직접 메탄올 연료전지(DMFC)를 고온에서 작동시켜서 해결할 수 있다.

인산이 도핑된 **폴리벤지이미다졸**(PBI) 맴브레인을 사용하면 양성자 전달을 위해서 액상의 물에 의존하지 않게 되며, 고온 안정성을 확보할 수 있어 직접 메탄올 연료전지(DMFC)의 성능 향상을 위한 새로운 전환점이 될 것이다.

4.3.2 연료전지 전극과 가스 확산층

현대적인 연료전지 전극들은 표면적이 큰 가스 다공질 층과 가스 다공질, 전기 전도성을 갖는 가스 확산층, 또는 전극 기질(또는 전극 지지소재) 등으로 구성된 **가스확산전극**(GDE)을 사용한다(그림 4.1과 비교). 두 유사한 전극인 양극과 음극은 폴리머 전해질 맴브레인과 밀접하게 접촉하고 있다.

전극이라는 용어가 단지 맴브레인에 부착된 층을 이루고 있는 촉매구조를 지칭하는 것인가, 아니면 기층과 촉매층을 포함하는가에 대해서는 서로 다른 시각이 있다. 마찬가지로, 현재 판매되는 맴브레인 전극 조립체(MEA)에는 전극 기층이 포함되어있지 않으며, 이를 따로 구입해야만 한다. 이 책에서는, 촉매작용을 하는 맴브레인 조립체(CMA)라고 부르는 게 더 낳다. 우리는 그림 4.1에 도시되어 있는 완벽한 구성체를 맴브레인 전극 조립체(MEA)라고 부르며, 전극이나 가스확산 전극(GDE)을 촉매와 밀접하게 접촉하고 있는 **가스 확산층**이라고 칭한다.

연료전지 전극의 다양한 기능들에 대해서는 표 4.1에 요약되어 있다. 간단히, 양극과 음극

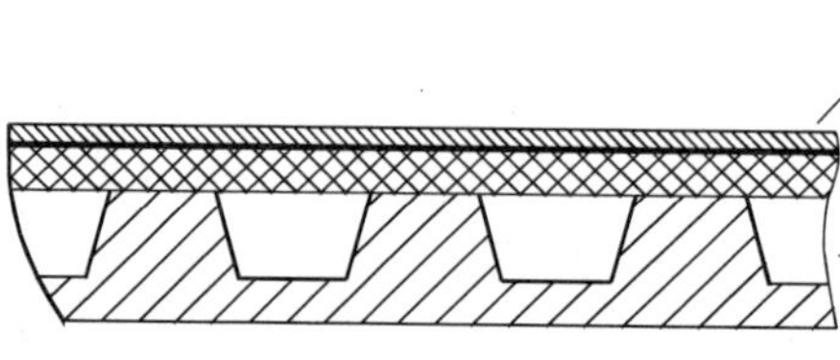

그림 4.13 유동장 판과 접촉하고 있는 맴브레인 전극 조립체(MEA)(맴브레인과 하나의 전극만 도시되어 있다)의 단면도. 개략도는 다공질 전극 기층의 기능을 보여주고 있다. 개방된 가스통로는 반응물질의 공급을 위해서 필요하지만, 안착영역만이 전류를 흘려보낼 수 있다. 그러므로 기층은 개방통로 위에 위치한 전극영역으로부터 안착영역으로 전류를 전도시켜준다. 마찬가지로, 가스는 다공질 소재를 통과하여 안착영역 위에 있는 전극위치에 도달하게 된다.[16]

16) 도면에 대한 권한은 Elke Schnur, Umwelt Campus, Birkenfeld

전극들은 각각의 반응물질들인 수소와 공기/산소를 전극 내의 반응 영역에 도달할 수 있도록 만들어진다. 전자와 열은 기층을 통과하여 전도되어, 인접한 전지들, 냉각판, 또는 전류수집판들과 상호 연관관계를 형성하게 된다. 음극에서, 생성된 물(액체)의 제거가 추가적으로 수행되어야 하며, 이는 특히 중요한 사안이다.

왜 완벽한 가스의 접근과 효과적인 수분의 제거를 위해서 반응물질들이 직접 촉매층을 통과하도록 허용하지 않는가? 그림 4.13에서는 기층소재가 왜 필요한가에 대한 이유를 보여주고 있다. 기체상 반응장치를 만들면서도 옴 손실을 최소화하기 위해서는 궁극적으로 양자간의 절충을 할 필요가 있다. 그림 4.13에서 나타내고 있듯이, 가스 분산구조나 유동장의 지지리브 뒷면에 위치한 촉매층 쪽으로 가스의 접근통로를 확보할 때조차도, 스페이서로서 기층이 필요하다(4.4.1.1절 참조). 이들 영역은 또한 **안착영역**이라고 알려져 있다. 마찬가지로, 전자들은 개방된 가스통로 아래의 촉매영역으로 전도되어 유입되거나 유출된다. 여기서, 기층은 유동장의 안착영역으로의 전도경로를 형성한다.

연료전지 전극의 기층소재로 수많은 소재들이 사용되었다. 탄소섬유 종이와 직조된 탄소직물은 가장 널리 사용되는 전극 지지층이다. 탄소섬유 종이는 고온에서 소결되어, 다소간 단단한 구조를 갖고 있으며, 뛰어난 전기 전도도를 나타낸다(캠벨 등, 1999). 직물은 유연한 소재이나, 이 또한 훌륭한 전도도를 갖으며(캠벨 등, 1999) 수분관리의 개선을 통하여 높은 전력성능을 구현할 수 있다(랄프 등, 1997). 현재 이 소재들은 몇몇 업자들을 통하여 공급되고 있다. 두 가지 연료전지용 탄소섬유 종이와 탄소직물을 사용한 기층의 현미경 조직 사진이 그림 4.14에 도시되어 있다.

탄소흑과 같은 전기전도성 충전물로 채워진 전도성이 떨어지는 탄소 직물(비 직조 소재와 유사한)을 사용하여 가격을 낮추려는 시도가 수행되고 있다(캠벨 등, 1999). (최소한 음극에 사용되는 경우에)기층은 가스가 유입되고 물은 유출되는 2상유동이 가능해야만 하므로, 일반적으로 표면에는 테프론(PTFE)과 같은 방수성 약품처리가 시행된다(모스데일 등, 1994).

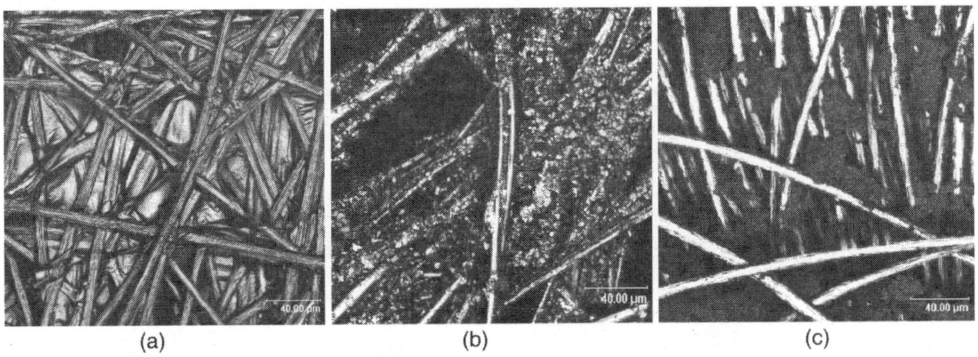

그림 4.14 상업적으로 사용이 가능한 탄소 파이버 종이는 (a) 트로이 인더스트리, (b) SGL 카본, 그리고 (c) E-텍의 탄소 직물. (b)와 (c)에서 충전물에 의한 변형에 유의.[17]

17) Tanja Horn, Umwelt Campus, Birkenfeld가 찍은 공초점 이미지

4.3.3 연료전지 전기촉매

연료전지를 위해서 개발된 전기촉매의 전반적인 상황과 현재의 기술들에 대해서는 6장에서 논의되어 있다.

4.3.4 맴브레인 전극 조립체(MEA)의 제조와 성능

현재 사용되고 있는 맴브레인 전극 조립체(MEA)의 접합방법에는 주로 두 가지가 있다. 촉매층들을 맴브레인의 양쪽 면에 직접 입힐 수 있다; 그런 다음 (촉매가 입혀진 맴브레인 조립체로 알려진)이 유닛을 연료전지 내부의 가스 확산층들 사이에 적층한다. 그 대안으로는, 촉매층을 입혀서 전극들을 전극 기층에 미리 제조해 놓은 다음, 이들을 맴브레인에 압착시킨다.

발라드 마크5 적층에 사용된 이전의 고농도 주입기술(두 전극 모두에 최대 8 [mgPt/cm^2])의 경우에서와 마찬가지로, 전극들은 용매를 사용하지 않는 촉매 잉크를 지지층 위에 스크린 프린트하여 제작한 다음 0.6 [mgPt/cm^2] 이하의 비율(음극)과 0.25 [mgPt/cm^2] (양극, 여기에 0.12 [mgRu/cm^2] 추가) 로 백금을 주입하여 맴브레인에 접착시킨다. 대량생산공정을 사용하여 제조한 맴브레인 전극 조립체(MEA)는 0.7 [V]에서 0.6 [A/cm^2]의 성능이 구현되었다. 이들 맴브레인 전극 조립체(MEA)는 순수한 수소(H_2)와 개질연료 모두에서, 실제적인 조건 하에서 작동하는 시제품 적층의 경우에 수천시간의 작동수명을 달성하였다. 촉매 탄소 지지 구조물의 다공질 속에 용해된 형태의 폴리머와 혼합되어 촉매층과 맴브레인 사이의 연속성이 개선되어, 백금의 높은 활용도가 구현되었다(랄프 등, 1997).

소위 **이오노머**라고 부르는 맴브레인의 용해된 형태가 촉매 잉크 속에 혼합되면 백금과 훌륭한 이온접촉이 이루어지기 때문에, 0.2 [mgPt/cm^2]의 충전만으로도 작동이 가능하다. 잉크 내에 약 40 [wt%] 내외의 나피온을 충전하면 이온 도전성과 구현 가능한 전달한계 사이의 올바른 균형상태를 이룰 수 있다(안톤리니 등, 1999).

로스 알라모스 국립 연구소의 연구원들은 촉매를 맴브레인에 직접 얹는 방법을 발표하였다. 우선, 테프론 모재에 결합제로서 이오노머를 함유하고 있는 얇은 촉매층을 입혀서 데칼을 만든 후에, 열간압착을 통해서 이를 맴브레인에 부착시킨다(윌슨 등, 1992). 동일한 연구원들이 개발한 또다른 방법에서는 촉매를 맴브레인에 직접 부착하였다. 알코올 계통의 용해제를 함유한 촉매 잉크를 건조한 맴브레인에 바른 다음에, 반대쪽 면에 촉매층을 바르기 전에, 진공 테이블 위에서 이를 건조시킨다(윌슨 등, 1992). 맴브레인과의 밀접한 접촉을 구현하기 위해서 압착시 높은 압력과 온도를 사용하였다. 그러므로 맴브레인의 양성자 전도 H^+ 형성은 이 공정에서 사용되지 않았다; 그 대신에 더 열악한 공정조건 하에서도 견딜 수 있는 소위 **Na^+ 형성방식**의 이온교환이 사용되었다. 기체확산층의 열간압착을 통하여 맴브레인 전극 조립체(MEA)의 양쪽 면에 촉매 맴브레인 조립체를 입히기 전에, 황산의 비등을 통하여 자신의 H^+형성을 우선적으로 되돌려놓는다. 그로브와 그의 동료들이 상용 맴브레인 전극 조립체(MEA)를 생산하는 데에 이 제조방법을 적용하였다(콜드 등, 1995).

4.4 여타의 하드웨어들－연료전지 적층

그림 4.2에서는 어떻게 맴브레인 전극 조립체(MEA)에 반응성 가스가 공급되고, 연료전지 적층을 구성하기 위해서 어떻게 조립되는가를 보여주고 있다. 옴 손실을 줄이고 반응물질의 충분한 접근을 허용하기 위해서는 평면형태의 설계 내에서 가스 공급에 대한 절충안을 도출해야 한다. 그러므로 연료전지 적층 내에서 수소를 양극으로 공급하며, 공기/산소를 음극으로 공급하기 위해서 소위 **유동장 판**을 사용한다(4.4.1절 참조). 여타의 적층 요소들은 냉각 요소들(4.4.3절에서 논의), 동력선과의 연결을 위한 (금속성) 전류 수집판, 마감판 및 가능하다면 가습장치 등으로 구성된다. 마감판은 연료전지 적층의 기계적 안정성과, 압착을 통해서 서로 다른 요소들 사이의 밀봉을 확보해준다. 수많은 설계들이 제시되어져 있다. 발라드 파워 시스템社는 압착을 위해서 적층 전체 길이를 가로지르는 나사봉과 중앙단면을 죄는 금속 밴드의 두 가지 방법 모두를 사용하였다(그림 10.4(a) 참조).

4.4.1 쌍극성 판

연료전지 설계에서 초기-그리고 현재에도 여전히 실험실에서 사용되고 있는-유동장 판은 일반적으로 유로를 손쉽게 가공할 수 있기 때문에, 흑연으로 제작한다. 이 판들은 높은 열 및 전기전도성을 가지고 있으며, 연료전지 내의 화학적인 환경에 대해서 안정적이다. 흑연 원소재 덩어리는 수 주가 소요되는 고온 소결공정을 통해서 만들어지며, 형상의 왜곡이 유발되며, 판 내에 기공이 일부 존재한다. 따라서 유동장 판의 제작은 원 소재를 필요한 두께의 판으로 절단, 가스 밀봉성을 확보하기 위한 블록에 대한 진공충전이나 절단된 판에 대한 수지주입(워싱턴 등, 1994), 그리고 필요한 표면 다듬질을 위한 연삭과 폴리싱 등을 포함하는 지루하고도 노동 집약적인 공정이 수반된다. 그 이후에야 만이 일반적인 밀링과 조각공정을 사용해서 판재에 가스 유동장을 가공할 수 있다. 이 소재는 가공이 용이하지만, 마모성을 갖고 있다. 이 방식으로 제작한 유동장 판은 일반적으로 수 밀리미터의 두께를 갖고 있기에, 주로 기계적인 강도를 제공하며, 유동 채널을 조각해 넣을 수 있다. 이 방식을 통해서 유동장의 설계와 최적화에 대해서 최대한의 유연성을 부여해 줄 수 있다. 적층을 만들 때, 유동장을 유동장 판의 양쪽 면에 가공해서 한쪽은 음극판을, 다른 쪽은 양극판을 형성하도록 제작할 수 있다. 그러므로 **쌍극성 판**이라는 용어가 이 책에서 자주 사용된다. 그런 다음, 반응 가스들을 판들 사이의 단면으로 흘려 넣으면 본질적인 연료전지 적층이 구성된다(그림 4.2 참조).

4.4.1.1 유동장의 설계와 이들이 성능에 끼치는 영향

유동장 판의 주요 임무에 대해서 우선 살펴보기로 한다:

- 전류 전도
- 열 전도
- 가스유동의 조절
- 생성된 수분의 제거

그림 4.13에서는 가스의 공급과 전류의 전도 사이에 균형이 존재하고 있음을 보여주고 있다. 최상의 도전체인 금속 박판은 모든 기체의 근접을 허용하지 않는 반면에, 완전히 개방된 구조는 어떤 전류의 흐름도 허용하지 못한다. 그러므로 유동장 내부에는 일종의 대규모 다공성이 필요하다. 그림 4.13에서 도시되어 있는 리브와 채널 설계는 단지 이를 구현하기 위한

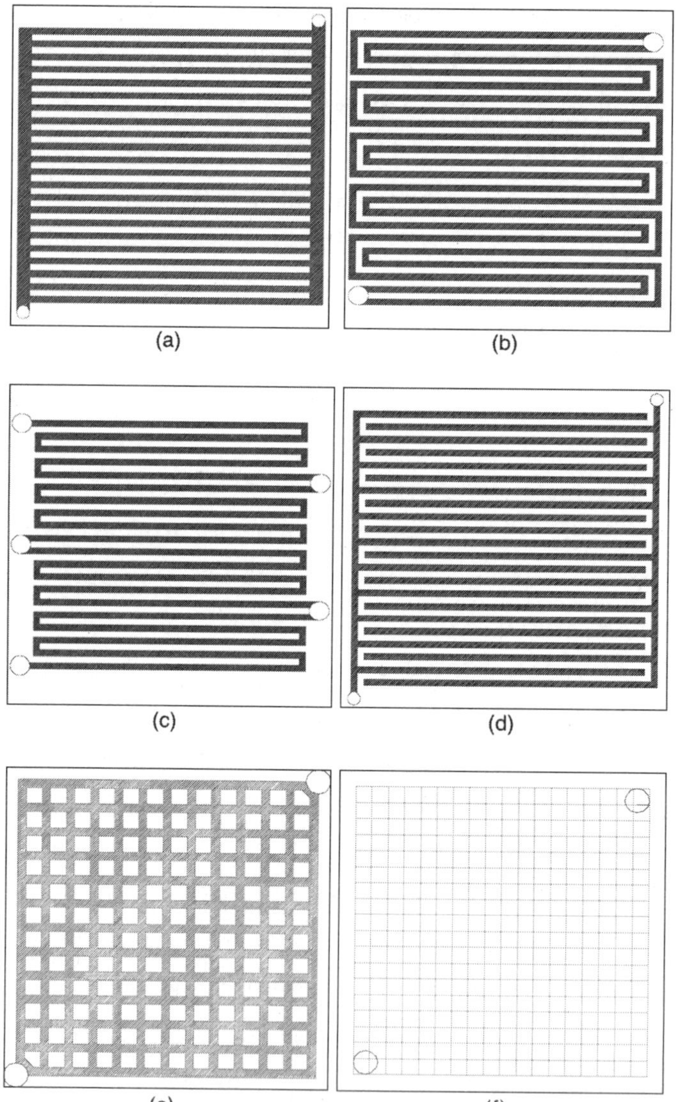

그림 4.15 다양한 유동장 설계의 사례들: (a) 평행 가스유로-이 설계는 인접 유로들 사이의 압력 불균일과 가스 막힘이 유발될 우려가 있다; (b) 발라드 파워 시스템社에서 특허권을 설정한 사형 유동장; (c) 제너럴 모터스에서 특허권을 설정한 복제형 유동장; (d) 부착된 전극 기층을 통과하여 가스가 전도되는 깍지형 유동장; (e) 유로가 없는 가스 확산층(여기서는 균일한 지지패드 구조); (f) 금속 메시 유동장-금속 와이어의 아래와 위쪽으로 메시를 통과하여 가스가 흐른다.[18]

18) Drawing courtesy of Elke Schnur, Umwelt-Campus Birkenfeld

방편들 중 하나에 불과하다. 명백하게, 유로와 같은)개방유동 구조의 크기는 가스 확산층을 포함하는 사용된 소재의 저항특성, 맴브레인 전극 조립체(MEA)의 크기, 작동압력, 및 사용할 전류범위 등에 의존한다. 올바른 구조를 구현하기 위한 복잡한 과정들은 수많은 서로 다른 설계들에 대해서 유체-동력학 모델링과 실험적 고찰의 병행을 통하여 수행할 수 있다. 모델링은 또한 동력을 생성하는 맴브레인 전극 조립체(MEA)로부터 적층 내의 열 방출구로 열을 배출하는 과정을 충분히 정확하게 고려할 수 있어야만 한다.

(음극에서)생성된 수분의 제거는 2상 유동 문제이기 때문에 훨씬 더 복잡하다. 약간의 와류는 가스가 근접할 수 있는 공간을 확보해 주기 때문에, 개방된 가스 확산층 구조로부터 수분을 제거하는 데에 도움이 되기는 하지만, 가스의 와류 유동은 유동장 입구와 출구 사이에 큰 압력강하를 유발한다. 반응물질들을 유동장 구조 속으로 통과시키기 위한 차압은 압축 에너지를 필요로 하며, 이에 따라서 시스템의 효율이 영향을 받는다. 가능한 해답은 그림 4.15 (a)에서와 같이 다수의 평행한 가스 유로를 만드는 것이다. 다수의 유로를 통과하는 평행한 유동은 가스 입구와 출구 사이의 차압을 줄여준다. 불행히도, 음극에 형성되는 수분은 음극에 인접한 유로에 집적된다. 물방울들은 서로 합쳐져서 더 큰 방울을 형성하여 유로를 부분적으로 막아버리는 경향이 있다. 모든 유로들이 균일하게 막혀버리지는 않으며, 주 가스 유동은 나머지 개방유로들을 통하여 분산되어버린다. 궁극적으로, 맴브레인 전극 조립체(MEA) 중 일부분은 더 이상 반응기체들을 공급받지 못하며, 비활성화 되어버린다.

선도적인 적층 개발자들이 사용하는 유동장 설계들은 비밀에 부쳐져 있다. 그런데 특허자료들에 따르면 어떤 주요 원리들이 사용되는가에 대한 힌트를 얻을 수 있다.

발라드社의 연구자들이 발표한 소위, **사행 유동장**(왓킨스, 1992)이 그림 4.15(b)에 도시되어 있다. 입구측과 출구측 사이의 차압이 정체되어 있는 수분을 유로 밖으로 밀어내기 때문에, 생성된 수분에 의해서 특정한 유로가 막혀버리는 것을 극복할 수 있다고 믿어지고 있다. 더 많은 유동이 필요하고 유로의 확장이 불가능하다면, 유로의 수를 증가시켜야 한다. 발라드 적층의 뛰어난 성능은 아마도 이러한 개념을 사용한 때문일 것이다.

제너럴 모터스는 그림 4.15(c)에서 도시되어 있는 직선형 평행채널과 단일 사형 유동장의 절충안처럼 보이는 유동장 설계(소위 **복제형 유동장**)에 대해서 특허를 설정하였다. 이 특허(록, 2000)는 또한, 아래에서 설명하는 것처럼, 소재의 측면과 쌍극성 판 내에서의 냉각과의 통합의 측면에서 흥미롭다.

그림 4.15(d)에서 도시된 유형의 구조들이 제안되었는데, 여기서 유로들은 더 이상 연속적이지 않으며, 가스들은 가스 확산층의 일부를 통과하여 흐르게 된다. 그림 4.15(d)에 도시되어 있는 깍지 끼워진 형태의 구조는 단지 하나의 적용사례일 뿐이다. 이 구조는 가스 확산층의 개방된 구조로부터 강제로 수분을 제거하는 데에 도움이 되지만, 통과유동의 경우에서보다 입구와 출구측 사이에서의 압력강하가 더 크게 발생된다.

또 다른 옵션으로는 그림 4.15(e)에서와 같이 채널을 포기하고 규칙적인 형태의 지지용 구획, 또는 딤플을 만들거나, 그림 4.15(f)에서와 같이 와이어 메시(윌슨과 조와젠스키, 2001)

나 거품(갬버제브 등, 1999) 등으로 등방성이 떨어지는 가스 분배층을 사용하기도 한다. 이들 두 옵션들은 제한된 전류범위에 대해서, 단일 전지 또는 단수가 많지 않은 적층 내에서는 잘 작동한다. 맴브레인 전극 조립체(MEA) 내에서 더 많은 전력이 생산될 때, 가스 유동은 유동장의 중앙영역으로 더욱 더 집중되며, 모서리 주면에서는 비활성 구획들이 남겨진다. 그에 따라서 그림 4.15(a)에서 도시되어 있는 구조와 관련되어 정체된 수분의 문제에 대해서 논의했던 일들이 벌어지게 된다.

더 중요한 것은 그림 4.15(f)에서 도시된 형태의 불규칙한 구조를 완벽하게 동일한 다공성을 갖도록 만드는 것이 매우 어렵다는 점이다. 적층 내에서, 이는 서로 다른 전지들 간의 유동저항 차이와 그에 따른 큰 성능차이를 유발하게 된다. 특정한 전지들은 수분의 누적과 반응물질의 부족으로 인하여 작동을 중지하게 되며, 파손될 우려도 있다. 이 문제를 해결하기 위해서는, 일부 적층 제조업자들이 사용하고 있는 주기적으로 적층을 불어내어 정화시키는 기법을 사용할 수도 있다.

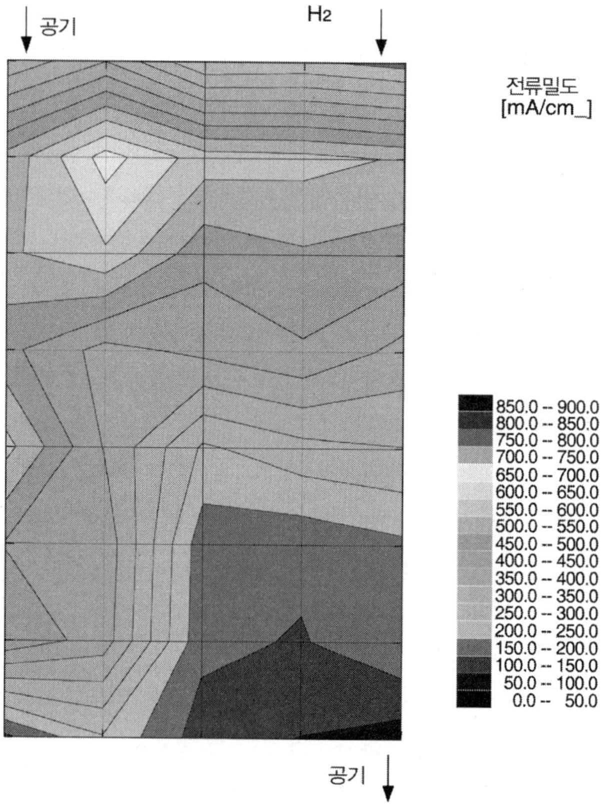

그림 4.16 실제적인 크기(304×190 [mm])의 연료전지 내에서 전류의 분포. 측정기법은 DLR(독일)에 의해서 개발되었다(비저 등, 2000). 이 그래프는 최적화되지 않은 다공질 등방성 가스 분배기를 사용함에 따라서, 생성된 수분을 불충분하게 제거한 결과로 음극에 산소공급이 저하되어 발생된 불균일한 전류분포를 보여주고 있다(100 [mV], 200 [A], 80 [℃], 절대압력 200 [kPa], 가습된 공기사용, 화학량 1.8).[19]

19) Graph courtesy of DLR

4.4.1.2 유동장 설계 도구들

유동장 설계자들이 사용할 수 있는 최고의 도구는 아마도 임의의 형상에 대해서 2상 유동 문제를 풀어낼 수 있는 강력한 컴퓨터 프로그램(온타논 등, 2000)일 것이다. 아직까지는, 적층 개발자들이 이런 모델링을 적용한 결과를 문헌상으로 발표하지 못하고 있다.

유동장 판 내에서의 전류분포에 대한 실험적인 모니터링을 위한 기법들 중 하나가 발표되었다. 소위 **전류 매핑**이라고 부르는 이 기법은 적층 내를 포함하는 실제적인 작동조건 하에서 유동장과 맴브레인 전극 조립체(MEA) 조합의 성능에 대한 연구를 가능케 해 주었다.

발라드社가 최초로 **전류매핑 데이터**를 발표하였다(캠벨 등, 1997). 그림 4.16에서는 작동중인 연료전지에서의 전류분포를 보여주고 있다. 적용 가능한 설계들 중 하나는 적층 내에서 사용되는 판상의 구조에 적합하게 독특하며, 구획으로 나누어진 판이다. 전류값은 각 구획을 가로지르면서 발생되는 전압강하로부터 측정할 수 있다. DLR의 연구자들에 의해서 고체상 홀 센서를 판의 구획에 삽입한, 또 다른 접근방법이 제안되었다(그림 4.16 참조). 홀 센서는 전류에 매우 민감하지만, 또한, 전지 내부에서의 온도 편차에도 응답한다(비저 등, 2000).

4.4.1.3 쌍극성 판의 소재와 제조기법

쌍극성 판의 기본적인 소재특성들 중 일부가 표 4.2에 제시되어 있다. 공개적으로 알려진 한도 내에서는, 흑연과 금속을 기초로 하는 두 가지 유형의 유동장 소재에 대한 접근방식이 서로 경쟁하고 있다. 우리는 이 두 가지 시스템 모두를 차례로 논의해 본다.

표 4.2 쌍극성 판에 사용되는 소재의 특성

소재특성	목표값	사유
가스의 투과성	낮음	양극과 음극 구획의 분리
전기전도성	높음 < 판 하나당 1 [mV] 손실	최대 4 [A/cm^2]의 높은 전류밀도
밀도	낮음 < 1 [kg/kW$_{el}$]	적층 무게
열 전도성	높음	반응열의 제거(MEA에서 약 1 [W/cm^2])
부식 저항성	높음	1M의 H_2SO_4와 등가인 양성자 활성도
패턴의 정의	높음	연료전지 적층 내의 모든 판들에서 동일한 압력강하
열 및 패턴 안정성	중간	80 [℃]에서 500[h]/50,000[h]의 작동 수명기간동안 가스 밀봉성 유지
가공	염가(적층 전체에 대해서 15 [$/kW$_{el}$])	맴브레인 전극 조립체(MEA) 내에서 두 번째로 값비싼 요소

흑연을 기초로 하는 소재들

상용 연료전지 적층에서 쌍극성 판을 제작하기 위해서 선택할 수 있는 소재는 4.4.1.1절에서 논의했던 성능에 대한 고려사항들 뿐만 아니라 비용의 측면에도 영향을 받는다. 현재, 흑연 판 모재의 가격은 소량인 경우, 개당 $20~$50, 즉 최고 U.S.$1,000, 또는 1 [W/cm^2]의 전력

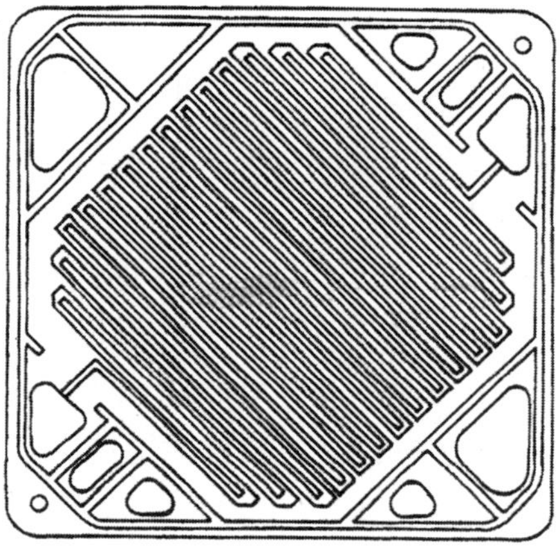

그림 4.17 흑연 포일위에 돌출 성형된 사형 유동장의 개략도-발라드(윌킨슨 등, 1996)

밀도를 갖는 맴브레인 전극 조립체(MEA)에서 맴브레인 전극 조립체(MEA) 하나 당 판 하나와 냉각판을 사용한다고 가정할 때, 100 [U.S.$/kW] 이상에 달한다(4.3.1.3절에서 맴브레인 가격에 대한 논의에서와 비교). 다시 한 번, 추가적인 가공 및 공구교체시간 등을 무시한다고 하더라도, 승용차에서의 비용목표를 훨씬 초과한다.

이 딜레마는 몇가지 대안적인 접근을 촉발시켰다. 발라드 파워 시스템社는 유동 장 패턴을 만들기 위해서 절단(워싱턴 등, 1994), 몰딩, 또는 양각이 가능한 (적층된) 흑연 포일을 사용하는 판을 개발하였다(윌킨슨 등, 1996)(그림 4.17 참조). 이는 쌍극성 판을 염가로 대량생산할 수 있는 길을 열어줄 수도 있다. 추가적으로 고려할 사항은 아마도 불확실한 비용과 흑연 시트 소재를 대량으로 사용할 수 있는가의 여부 등이다.

또 다른 염가형 대량생산기법은 사출 또는 압출몰딩이다. 판재의 몰딩에 따른 어려움은 올바른 소재 조성을 찾아내는 데에 있으며, 일반적으로 폴리머 매트릭스 내에 흑연 분말이 혼합된 것을 사용한다. 비록 전기 전도도를 향상시키기 위해서는 고도의 **흑연 충전**이 필요하지만, 이는 유동성을 저하시켜서 합성물질의 주조성을 악화시킨다. 열 안정성과 폴리머의 화학적 공격에 대한 저항성은 소재의 선정을 제한한다. 에너지파트너社(바버 등, 1997)와 로스 알라모스 국립 연구소(LANL)는 공동으로 비닐 에스터 매트릭스 내에 68[wt%]의 흑연 분말이 함유된 로스 알라모스 국립 연구소(LANL) 합성물질을 포함해서 적합한 합성물질들에 대한 권리를 설정하였다. 더 최근에는, 로스 알라모스 국립 연구소(LANL)(윌슨과 뷰직, 2001)와 프레믹스社[20] (버틀러, 2001)의 특허가 거의 동시에 발표되었다. 특히 프레믹스社의 특허에서는 주조판에 대한 광범위한 해결방안들이 기술되어 있다: 합성수지들, 유동성 개선제, 촉발제, 억제제, 파이버 및 주물 이형제 등. 충전물은 하나 또는 그 이상의 좁은 입도범위를 갖는 흑연분말과 탄소흑의 혼합물이다. 모재의 도전성은 40~96 [S/cm]의 범위를 갖고 있으며, 이는 현재 흑연의 기계가공으로 구현할 수 있는 최하위 수준이다.

20) www.premix.com

다공질 탄소로 만들어진 유격층을 사용하는 판들 역시 발표되었다(갬버제브 등, 1999). 하지만 4.4.1.1절에서 성능에 대해서 논의했던 사항들을 생각해야만 한다.

약간 색다른 접근방식이 다우 화학회사의 연구자들에 의해서 시도되었다. 최근의 특허(힌턴 등, 2000)에 따르면, 전기 도전성 소재(예를 들면 탄소섬유 종이)와 일부 폴리머 소재가 사이에 게재된 가스 밀봉용 고체 층의 두 다공질 층으로 만들어진 쌍극성 판을 사용하였다. 그런 다음, 두 다공질 층들 사이에 끼워 넣은 폴리머 소재와 함께 쌍극성 판들을 몰딩할 수 있다.

플러그파워社(칼스트롬, 2000)는 유동장의 일부분을 구성하는 비 도전성 소재에 의해서 지지되는 도전성 부분들로 구성된 유동장 판에 대한 특허권을 설정하였다. 듀퐁社는 금속, 질화금속, 또는 탄화금속 등으로 표면이 코팅되어 표면에서만 도전이 가능한 (금속 코어가 심어진)주조된 폴리머 판에 대한 개념을 특허로 설정하였다. 표면전도는 높은 전력밀도를 갖는 적층에는 적합지 않지만, 휴대용 시스템에서는 적용이 가능하다.

금속성 쌍극성 판

금속은 매우 훌륭한 전기 및 열 전도체이며, 뛰어난 기계적 성질을 가지고 있다. 바람직하지 못한 특성들로는 제한적인 내부식성과 가공의 어려움 및 가공비용 등이다.

판들 내부에 함유된 금속은 연료전지 적층 내의 열악한 전기화학적인 환경 속으로 스며 나오는 위험을 견뎌야만 한다. 스며 나온 금속은 전기촉매층 위에 유해한 퇴적물을 형성하거나, 맴브레인 속, 또는 이오노머의 이온을 치환하여 전도성을 감소시킬 수도 있다(마 등, 2000). 부식은 양극에서 더 심각한 것으로 간주되고 있는데(마케스, 2000), 아마도 수소 대기 내에서 보호용 산화층의 약화에 기인한 것으로 추정된다.

다양한 등급(STS310, STS316, STS904L)의 스테인리스강들이 보호용 비활성 층을 형성하므로 서, 고도의 부식성을 갖고있는 연료전지 적층 내에서 현저한 퇴화 없이 3,000시간 이상을 견뎌낸 것으로 보고되었다(데이비스 등, 2000).

명백히, 산화층의 형성은 사용된 소재의 전도성을 감소시킨다. 그러므로, 일부의 경우에는 코팅이 사용되었다. 가장 단순한 경우, 금이나 티타늄 층을 사용할 수 있다(호지슨 등, 2001). 질화티타늄 층들은 또 다른 대안이며, 내 부식성 격리층을 갖고 있는 알루미늄이나 티타늄 등으로 만들어진 경량판의 경우에 적용되어 왔다(양리 등, 2001). 이러한 접근방식들의 상업적 타당성은 소재와 공정비용 사이의 균형에 의존한다. 때로는 딤플이나 여타 형상의 돌출이 성형된 금속 박판을 사용해서 가스유동을 안내하기도 한다. 대안으로는, 메시(윌슨과 조와젠스키, 2001)와 발포금속(화이타와 만테가차, 1996)등이 격리소재로 사용되고 있다. 4.4.1.1절에서 논의했던 사항들이 이 모든 접근방법들에 적용되고 있다.

고체인 스테인리스 강판상에 기계적으로 유동장을 가공하는 것은 어렵다. 마이크로포넌츠社(영국 버밍엄)와 PEM(독일) 등과 같은 수많은 회사들은 유동장 판을 대량생산하기 위해서 화학적 에칭기법을 사용하려고 시도하고 있다. 하지만 에칭은 저속 공정이며, 중금속을 함유한 슬러리를 만들어내므로, 대량생산에서는 제한적으로 사용되고 있다.

사형 유동장 제작문제를 해결하기 위한 또 다른 방안은 잘 알려진 금속타격 방법을 사용하는 것이다. 현재까지, 비록 제너럴모터스의 특허(록, 2000)가 층상금속 유동장 판에 대해서 명확하게 명시하고는 있지만, 이 방식을 사용해서 유동장을 성공적으로 생산한 사례는 보고되지 않았다. 그림 4.18에서는 이 특허에서 추출한 그림을 도시하고 있다. 쌍극성 판은 세 개의 부분들로 구성되어 있다: 유동장 구조가 성형되어 있는 두 박판금속과 금속 스페이서에 의해서, 인접한 맴브레인 전극 조립체(MEA)들 사이로 냉각수가 흐를 수 있다. 이 세 층들은 예를 들면 브레이징 등을 통해서 접합할 수 있다. 산업체 파트너와의 협업을 통해서, 움벨트 캠퍼스 비르켄펠트社는 염가에 대량으로 유로가 잘 가공된 유동장을 생산하는 기법을 개발하였다.

4.4.2 가습장치와 냉각판

연료전지 적층에는 여타의 요소들이 포함될 수 있다. 가장 중요한 요소는 반응열을 제거하기 위한 냉각판, 또는 이를 위한 장치 및 기법과 가습장치이다.

냉각은 주어진 연료전지 적층이 필요로 하는 작동점을 유지하기 위해서 필수적이다. 이는 등온조건이며, 수분의 제거를 위해서 고의적으로 온도편차를 부가할 수도 있다. 비교적 간단한 계산에 따르면, 차량용 적층21)에서와 같이 매우 전력밀도가 높은 경우에는 수냉방식이 필수적이다. 이를 위해서 그림 4.18에서 도시된 것과 같이, 적층내부로 물이 순환되는 전용 냉각판을 삽입한 내부 냉각방식의 쌍극성 판을 전형적으로 사용하거나, 또는 적층의 단 수가 작은 경우 적층의 마감판만을 냉각하기도 한다.

휴대용 시스템에서와 같이 요구조건이 심하지 않은 예에서는, 시스템을 최소한의 구성요소들로 단순화시켜야만 하며, 공랭식이 자주 사용된다. 가장 단순한 경우, 음극 유동장은 대

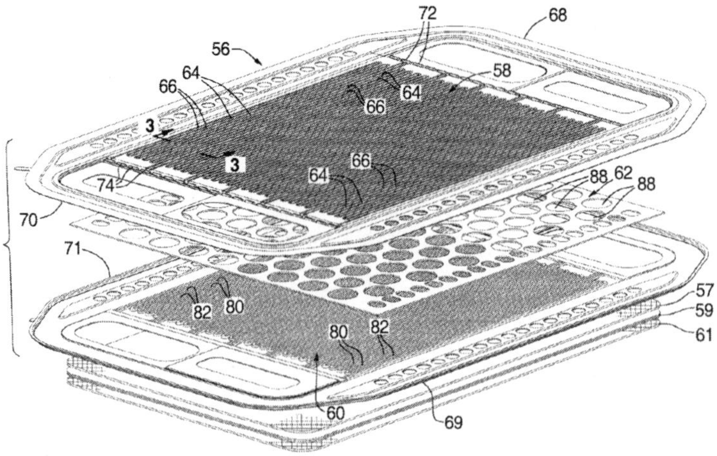

그림 4.18 3개의 금속 층으로 복제된 쌍극성 판의 스케치. 상판과 하판은 적층 내의 두 인접 전지들 내에서 양극과 음극으로 사용된다. 세 장의 금속 박판들을 브레이징으로 용접하고 나면, 판 내부에서 냉각수의 와류 교차유동이 발생된다-제너럴모터스(록, 2000)

21) Ballard and GM have reported electric power densities close to $2[kW/m^3]$

(a) (b)

그림 4.19 10 [cm^2] 크기의 실험실용 연료전지에 사용되는 두 가지 유동장 판: (a) 가공된 흑연, (b) 저가 대량생산 방식의 금속 유동장[22)]

기로 개방되어 있으며, 팬을 사용해서 반응용 공기를 공급하면서, 동시에 냉각을 시행한다. 이런 유형을 갖는 공랭식 적층의 장기간 성능에 대해서는 보고된 바 없다.

적층에 자주 통합되어지는 두 번째 기능은 반응물질의 가습이다. 현재로는 가습을 필요로 하지 않는 고성능 연료전지 적층을 만들 수 있는 창의적인 맴브레인 개념이 아직 도출되지 못하고 있다(4.3.1.3절 참조). 현재 사용되는 대부분의 차량용 적층에서는 최대 전력이 필요하며, 이는 맴브레인 저항을 최소한으로 낮추어야만 구현할 수 있기 때문에, 연료가스와 공기 모두 가습되어야만 한다.

문헌상으로는 버블러, 맴브레인이나 파이버 다발형 가습기 및 물 증발기 등 여러 유형의 가습기들이 인용되어 있다. 가장 단순한 가습기는 잘 알려진 **버블러**이며, 이는 본질적으로 기체가 액체 속을 직접 통과하는 형태의 **세정병**[23)] 설계를 사용한다. 명백히, 이 방식은 단지 조악한 습도 조절만이 가능하므로, 복잡한 연료전지 시스템에는 적합지 못하며, 유체와의 직접적인 접촉에 기인하여 안전사고의 위험을 내포하고 있다. 또다른 접근방법은 맴브레인 가습장치를 사용하는 것이다. 반투과성 맴브레인은 물로 채워져 있는 구획을 반응가스 구획과 분리시켜 준다. 이상적으로는, 가스는 맴브레인을 따라서 전달되며, 가스 입구측에서 가스 출구측까지를 통과하면서 포화수증기압에 근접한 수준까지 습도가 지속적으로 증가된다. 대면유동 배치도 도움이 된다(슈트라서, 1993). 또한, 맴브레인은 튜브(슈트라서, 1993), 또는 심지어 (중공형 파이버 등의)튜브 다발로 구성할 수 있으며, 습도를 조절하기 위해서 유입 및 유출을 반전시킬 수도 있다(카타기리 등, 2001). 현장에서 물의 정제를 위해서 가습용 물이 흐르는 도관 내에서 활성탄소를 사용하는 것이 제안되었다(카바사와, 2001). 액상의 물 대신에, 음극에서 유출되는 수분이 포화된 가스를 사용해서 음극(슈트라서, 1993) 또는 음극과 양극의 가습(이케가미 등, 2001)에 사용하는 것이 제안되었다.

22) Umwelt-Campus Birkenfeld and Industrial partners

23) wash bottle

플러그파워, 산요전기, 및 탄카 키키조쿠 코교 등 최소한 3개社(야나기하라, 1997)가 가습과 냉각이 결합된 개념을 특허로 설정하였다. 플러그파워社의 설계(비탈레와 존스, 2000)는 한쪽 면에서 열을 제거하기 위한 물이 흐르는 냉각-가습판과 반대쪽 면에서 반응가스를 가습하기 위한 심지로 구성되어 있다. 가습측에서 물의 증발은 부수적으로 냉각효과를 발생시킨다. 증발냉각 자체도 산요社의 연구자들에 의해서 제안(하마다 등, 1996)되었지만, 대형이나 높은 전력밀도를 갖는 연료전지에서 사용할 수 있을 정도로 충분치는 못하다.

연료전지 적층에서 가장 중요한 기능적 요소들에 대해서 열거하면서 이 단원을 마무리한다. 연료전지 시스템은 연료의 세대에 따라서 펌프나 압축기 등 수많은 서로 다른 요소들이 사용되며(5장 참조), 이들에 대해서는 단순히 장비균형의 항목에서 요약되어 있다. 차량, 설비 및 휴대용 연료전지 시스템 등과 같은 수많은 사례들에 대해서는 이 책의 두 번째 부분인 8장~10장에서 논의되어 있다.

References

Antonlini, E. et al., Influence of nafion loading in the catalyst layer of gas diffusion electrodes for PEFC, J. Power Sources, 77, 3, 1999.

Bahar, B. et al., U.S. Patent 5,547,551, 1996.

Barbir, F., Braun, J., and Neutzler, J., Effect of Collector Plate Resistance on Fuel Cell Stack Performance, http://www.energypartners.org/papers/EffectofCollPlateRes.html, 1997.

Basura, V.I., Beattie, P.D., and Holdcroft, S., Solid-state electrochemical oxygen reduction at Pt/Nafion 117 and Pt/BAM3G 407 interfaces, J. Electroanalyt. Chem., 458, 1, 1998.

Buchi, F.N., Marek, A., and Scherer, G.G., In situ membrane resistance measurements in polymer electrolyte fuel cells by fast auxiliary current pulses, J. Electrochem. Soc., 142, 1895, 1995.

Buchi, F.N. et al., Electrochim. Acta, 40, 345, 1995.

Butler, K.I. (Premix), U.S. Patent 6,251,308 B1, 2001.

Carlstrom, C.M., Jr. (Plug Power), U.S. Patent 6,071,635, 2000.

Campbell, S.A., Stumper, J., and Wilkinson, D.P., The 1997 Joint International Meeting (Paris), The Electrochemical Society and The International Society of Electrochemistry, Meeting Abstracts, Volume 97.2, p. 87.

Campbell, S.A. et al., Porous Electrode Substrate for an Electrochemical Fuel Cell, U.S. Patent 5,863,673, 1999.

Davies, D.P. et al., J. Power Sources, 86, 237, 2000.

Doyle, M., Choi, S.K., and Proulx, G., J. Electrochem. Soc., 147, 34, 2000.

Ehrenberg, S.G. et al., Hydrocarbon PEM/electrode assemblies for low-cost fuel cells: development, performance, and market opportunities, in New Materials for Fuel Cells and Modern Battery Systems II, Savadogo, O. and Roberge, P.R., Eds., University of Montreal, 1997, p. 828.

Faita, G. and Mantegazza, C. (De Nora), U.S. Patent 5,482,792, 1996.

Fuller, T.F. and Newman, J., J. Electrochem. Soc., 139, 1332, 1992.

Gamburzev, S., Boyer, C., and Appleby, A.J., Low platinum loading, lightweight PEM fuel cells, Fuel Cells Bulletin, 6, 6, 1999.

Gascoyne, J.M. et al. (Johnson Matthey), World Patent WO0024074, 2000.

van Grotthuss, C.J.D., Ann. Chim., 58, 54, 1806.

Hamada, A. et al. (Sanyo Electric Co), European Patent EP0,743,693, 1996.

Hinton, C.E. et al., (The 다우 Chemcial Company), Bipolar plates for electrochemical cells, U.S. patent 6,103,413, 2000.

Hodgson, D.R. et al., J. Power Sources, 96, 233, 2001.

Hogarth, M.P. et al., High temperature membranes for solid polymer fuel cells, ETSU F/02/001891 REP, U.K. Department of Trade and Industry, 2001.

Hontanon, E. et al., J. Power Sources, 86, 363, 2000.

Hoogers, G., Fuel cells: power for the future, Physics World, 11, 31, 1998, http://physicsweb.org/article/world/11/8/11.

Ikegami, S. et al. (Daikin Industries, Ltd.), Japanese Patent JP2001,143,733, 2001.

Kabasawa A. (Fuji Electric Company, Ltd), Japanese Patent JP2001,023,662, 2001.

Katagiri, T. et al. (Honda Motor Company, Ltd.), U.S. Patent 2001,009,306, 2001.

Kolde, J.A. et al., Advanced composite polymer electrolyte fuel cell memberanes, Proceedings of the First International Symposium on Proton Conducting Membrane Fuel Cells I., Pennignton, NJ, The Electrochemical Society, 95.23, p. 193, 1995.

Kreuer, K.D., Weppner, W., and Rabenau, A., Angew. Chem. Int. Ed. Engl., 21, 208, 1982.

Ma, L., Wartgesen, S., and Shores, D.A., J. New Mater. Electrochem. Syst., 3, 221, 2000.

Makkus, R.C. et al., J. Power Sources, 86, 274, 2000.

Mosdale, R., Wakizoe, M., and Srinivasan, S., Fabrication of electrodes for proton exchange membrane fuel cells using a spraying method and their performance evaluation, in Proceedings of the Symposium on Electrode Materials and Processes for Energy Storage and Conversion, Srinivasan, S., Macdonald,
D.D., and Khandkar, A.C., Eds., The Electrochemical Society, Pennington, NJ, 1994, p. 179.

Prater, K., J. Power Sources, 29, 239, 1990.

Ralph, T.R. et al., Low cost electrodes for proton exchange membrane fuel cells: performance in single cells and Ballard stacks, J. Electrochem. Soc., 144, 3845, 1997.

Rock, J.A. (General Motors Corporation), U.S. Patent 6,099,984, 2000.

Savinell, R. et al., J. Electrochem. Soc., 141, L46, 1994.

Soczka-Guth, T. et al., International Patent WO99/29763, 1999.

Steck, A., in Proceedings of the First International Symposium on New Materials for Fuel Cell Systems, Savadogo, O., Roberge, P.R., and Veziroglu, T.N., Eds., Montreal, July 9.13, 1995, p. 74.

Steck, A.E. and Stone, C., in Proceedings of the Second International Symposium on New Materials for Fuel Cell and Modern Battery Systems, Savadogo, O. and Roberge, P.R., Eds., Montreal, July 6.10, 1997, p. 792.

Strasser, K. (Siemens AG), German Patent DE4,201,632, 1993.

Vargas, M.A., Vargas, R.A., and Mellander, B.E., Electrochim. Acta, 44, 4227, 1999.

Vitale, N.G. and Jones, D.O. (Plug Power, Inc.), U.S. Patent US6,066,408, 2000.

Wainright, J.S. et al., J., Electrochem. Soc., 142, L121, 1995.

Wainright, J.S., Savinell, R.F., and Litt, M.H., in Proceedings of the Second International Symposium on New Materials for Fuel Cell and Modern Battery Systems, Savadogo, O. and Roberge, P.R., Eds., Montreal, July 6.10, 1997, p. 808.

Warshay, M. and Prokopius, P.R., The fuel cell in space: yesterday, today and tomorrow, J. Power Sources, 29, 193, 1990.

Washington, K.B., Wilkinson, D.P., and Voss, H.H., Laminated Fluid Flow Field Assembly for Electrochemical Fuel Cells, U.S. Patent 5,300,370, 1994.

Watanabe, M. et al., J. Electrochem. Soc., 143, 3847, 1996.

Watkins, D.S., Dircks, K.W., and Epp, D.G., Fuel Cell Fluid Flow Field Plate, U.S. Patent 5,108,849, 1992.

Wei, J., Stone, C., and Steck, A.E., U.S. Patent 5,422,411, 1995.

Wieser, C., Helmbold, A., and Gulzow, E., J. Appl. Electrochem., 30, 803, 2000.

Wilkinson, D.P. et al., Embossed Fluid Flow Field Plate for Electrochemical Fuel Cells, U.S. Patent 5,521,018, 1996.

Wilson, M.S. and Gottesfeld, S., High performance catalyzed membranes of ultra-low Pt loadings for polymer electrolyte fuel cells, J. Electrochem. Soc., 139, L28, 1992.

Wilson, M.S. and Busick, D.N., U.S. Patent 6,248,467, 2001.

Wilson, M.S. and Zawodzinski, C., U.S. Patent 6,207,310, 2001.

Yang, Li, T. et al., (General Motors Corporation), Corrosion resistant PEM fuel cell, U.S. patent RE37,284E, 2001.

Yanagihara, H. (Tanaka Kikinzoku Kogyo), Japanese Patent JP9,204,924, 1997.

Yen, S.-P.S. et al., U.S. Patent 5,795,496, 1998.

Zawodzinski, T.A. et al., J. Electrochem. Soc., 140, 1981, 1993.

Chapter

Fuel Cell Technology Handbook

05 충전문제 : 연료전지시스템

물의 전기분해를 통한 재생성 수소·생물자원(biomass)과 폐기물 : 연료전지 동력으로서의 생물자원

비록 대부분의 연료전지에서 수소가 이상적인 연료지만, 현재 수소 공급시설이 존재하지 않으며[1], 연료를 일차 에너지원으로부터 만들어야만 한다. 어떤 종류의 일차연료가 사용되며, 어떤 연료공정이 현장(발전설비의 경우) 또는 차량(운송장비의 경우) 내에서 사용되는가는 적용사례, 올바른 연료의 국지적/세계적 가용성 여부 및 정확한 연료전지 유형 등에 의존한다. 이 단원에서는 기술적 옵션들이 연료(수소)의 저장, 현장/차량 발전, 및 전체적인 시스템에 끼치는 영향에 대해서 논의한다.

5.1 충전옵션

수소는 저온 및 중간온도의 연료전지, 즉, 알칼리 연료전지(AFC), 양성자 교환 맴브레인 연료전지(PEMFC) 및 인산 연료전지(PAFC) 등에서 사용된다(1장의 표 1.1 참조). 일반적으로, 수소의 순도에 대한 요구조건은 작동온도의 상승에 따라서 줄어든다. 연료 가스 내에 수[ppm] 이상의 일산화탄소(CO)가 함유되어 있으면 양성자교환 맴브레인 연료전지(PEMFC)는 작동할 수 없는(쿠퍼 등, 1997; 후거스와 톰셋, 1999) 반면에, 인산 연료전지(PAFC)는 작동온도가 높기 때문에, 1~2%의 높은 일산화탄소 농도 하에서도 작동성능의 현저한 저하 없이 작동할 수 있다(EG&G 서비스, 2000).

연료 가스에 이산화탄소(CO_2)의 함유 여부는 또 다른 중요한 고려사항이다. 양성자교환 맴브레인 연료전지(PEMFC)는 연료가스에 최대 25%의 이산화탄소가 존재하면 부차적인 성능저하를 겪게 된다. 연료나 심지어는 산화제에 이산화탄소가 섞여 있을 때, 알칼리 전해질(KOH나 NaOH) 내에서 탄화물이 형성되기 때문에, 알칼리 연료전지(AFC)에서 급격한 성능저하가 발생된다.

1) 특정한 산업단지에 수소 파이프라인 네트웍이 설치되어 있다. 독일의 루르 산업단지(208[km])와 로이나 산업단지 내에 50[km] 이상의 길이를 갖는 네트웍이 하나씩 설치되어 있으며 염소 생산공장과 스팀 리포머 공장으로부터 수소를 공급받는다.(질레, 1996). 텍사스 휴스턴에는 100[km] 길이의 압축공기 공급라인이 작동중에 있다(울먼, 1983).

고온 연료전지, 용융 탄산염 연료전지(MCFC) 및 고체 산화물 연료전지(SOFC) 등은 수소, 일산화탄소 및 심지어는 (소량의) 탄화수소 하에서 작동하게 된다. 특히 주로 프로판 계열인 메탄(천연가스의 주 성분)과 액화 석유가스(LPG)는 사용이 가능한 연료이다. 또한, 이러한 유형의 연료전지는 일정량의 이산화탄소를 함유하고 있다.

질소는 특히, 고온 연료전지 등에서 질소산화물(NOx) 계열이 생성될 수는 있지만, 모든 연료전지들에 대해서 불활성 가스로 간주할 수 있다.

이미 일차연료 내에 존재하는 넓은 범위의 추적 불순물들이 모든 연료전지의 작동에 손상을 끼칠 수 있다. 황, 할로겐 및 실리콘 합성물들은 대부분의 화석연료, 또는 생물가스, 오수가스 또는 매립지 가스 등과 같은 재생연료에 일반적으로 함유되어 있다. 경험적으로, 연료전지의 작동온도가 높아질수록, 불순물의 농도에 대한 내성이 증대된다.

우선 수소연료를 연료전지 시스템에 공급하기 위한 옵션의 종류들에 대해서 살펴보며, 그 다음으로 연료전지 시스템에서 고려해야만 하는 주요 고려사항들인 연료공급, 세척, 및 연료전지 적층 등에 대해서는 5.6절에서 다시 살펴보기로 한다.

특히 연료의 탑재공간이 제약되어 있는 차량과 같은 적용사례에서, 저온 연료전지들은 연료의 생성에 가장 주의를 기울여야만 하기 때문에, 다음의 논의는 양성자교환 맴브레인 연료전지(PEMFC) 시스템에 주로 초점을 맞추기로 한다. 논의사항의 대부분은 여타의 연료전지에도 적용이 가능하다. 고온 연료전지의 경우에 추가적으로 필요한 고려사항들은 5.6절과 5.7절에서 논의되어 있다.

5.2 현재의 수소저장기술

차량에 적용하는 경우, 충전문제의 해결방안들 중 하나는 어떤 공급원으로부터 공급되는 정제된 수소를 사용하며, 이를 차량의 내부에 저장하는 것이다. 불행히도, 수소의 임계온도, 즉, 가스를 액화시킬 수 있는 온도는 33 [K]로서, 상온보다 훨씬 낮다. 따라서 상온에서는 수소를 단지 압력 실린더 내에 저장할 수 있을 뿐이다. 반면에, 수소의 비등온도인 20.39 [K]에서 101.3 [kPa]로 저장할 수 있는 극저온탱크에서는 액화공정에 필요한 에너지를 소모하는 대신에, 높은 저장밀도를 얻을 수 있다.

여타의 저장방법들은 특정 캐리어 물질에 수소를 흡수시키는 방식에 의존한다. 금속 수소화합물 탱크는 현재 잘 만들어져 있다. 이들은 수소가 금속 또는 금속 합금의 격자구조 내로 침입해 들어올 수 있도록 해 준다. 이 방식을 사용해서, 수소는 고체 내에 높은 밀도로 저장된다. 그런데 실제의 경우, 저장탱크의 무게와 저장공정에서의 발열 때문에 이 옵션은 특히, 차량의 경우에 있어서는 제외된다.

노스이스턴 대학의 연구자들이 엄청난 수소 저장용량을 갖는 특수한 탄소섬유에 대한 권리를 설정하자, 이 탄소섬유에 대한 연구가 넓은 관심을 끌게 되었다(챔버스 등, 1998).

또 다른, 약간 색다른 수소의 저장방법은 스팀-철 공정을 사용하는 것이다(셀란 등, 1997). 이 공정의 경우, 산화철은 고도로 반응성이 높은 금속이온으로 전환된다. 이 철을 특수한 탱크 속에 저장하여 차량에 탑재하며, 순차적으로 스팀에 노출시킨다. 이온과 산소의 친화성이 높기 때문에, 수소는 물의 철분 산화공정 속으로 방출된다. 이 공정의 가장 매력적인 측면은 산화철 전환방법과 전환 작용제 선택의 유연성이다. 그러나 재충전 위한 탱크 전체의 교환과 재처리과정이 미해결 상태이므로, 스팀-철 공정에 대해서는 이 책에서 더 이상 논의하지 않는다.

5.2.1 압력 실린더

경량의 가스 저장장치에 대한 수요는 강철보다 경량인 복합재 실린더의 개발을 이끌어냈다. 기존의 탄소 권선방식 알루미늄 실린더는 최대 55 [MPa]의 압력까지 수소를 저장할 수 있으나, 법률과 실행규정 등에서는 허용 압력을 이보다 낮은 값으로 제한해 놓고 있다. 대부분의 국가들에서, 가스 실린더는 전형적으로 최대 24.8 [MPa] 또는 30 [MPa]까지 채울 수 있도록 제한하고 있다. 더 높은 압력에서, 현대적인 복합재료 탱크는 약 3%의 수소질량비율에 도달한다, 즉, 완전히 채워진 실린더 무게의 단지 3%만이 수소임을 의미한다.[2)]

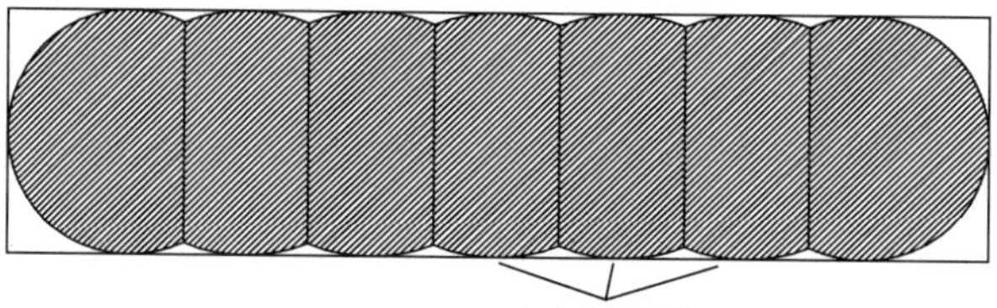

그림 5.1 기존의 실린더에 비해서 최대 50% 향상된 공간충전이 가능한 정합형 압력탱크의 개념.(티오콜, 2001)

더 많은 개발을 통해서, 밀봉된 실린더 보다 공간 충전율을 개선하기 위해서 소위 **정합형 탱크**가 만들어졌다(그림 5.1 참조). 티오콜 프로펄션社는 이 개념을 사용해서 완전히 충전되었을 때 29 [kg]의 무게를 갖는 탱크를 개발하였다. 이것은 1.5 [kg]의 수소를 저장하며, 5.2 [wt%]의 저장밀도를 구현하였다(골드, 1998). 수소 저장용기는 또한, 가스 투과율을 감소시키기 위해서 폴리머 장벽을 사용할 필요가 있다. 이 단원의 뒤에 수록되어 있는 그림 5.5에서는 다양한 직접 및 간접(화학-5.4절 참조) 저장방식들을 비교하고 있다.

수소 압력 저장장치는 다임러 크라이슬러 및 여타 업체들에 의해서 제작되어서 발라드 파워 시스템社에 의해서 개발된 시제품 버스에 장착되었다. 1995년 6월, 발라드社는 두 번째 버스로, 12 [m] 길이의 완전한 크기를 갖고, 205 [kW]의 연료전지 엔진에 의해서 전력을 공급받는, 무공해차량(ZEV)을 발표하였다. 주행거리가 400 [km]에 달하여, 이 버스는 디젤을

2) 유럽 청정 시내버스(CUTE) 프로젝트를 통해서 2016년 현재 70 [MPa] 압력까지 수소를 저장할 수 있는 수소탱크와 밸브가 연료전지 버스에 사용되고 있다.(www.luxfercylinders.com)

사용하는 수송용 버스의 작동성능을 충족시켰다. 이 버스는 207 [kPa]로 공급되는 압축 수소에 의해서 작동하였다. 수소는 24.8 [MPa]의 압력으로 압축되어 천정에 설치된 탱크 속에 저장되며, 이는 압축 천연가스의 표준압력과 같다.

다임러 크라이슬러社의 1997년 NEBUS 천정 시스템은 30.0 [MPa] 압력으로 채워진 일곱 개의 150 [L] 실린더로 구성된다. 이들은 약 45,000 [L]의 수소를 연료전지에 공급한다. 사용 조건에 따라서, 이 NEBUS는 최장 250 [km]의 거리를 주행할 수 있다.

제너럴 모터스가 사용하는 압축 수소가스 저장 시스템은 35 [MPa]로 압축된 140 [L]/65 [kg] 탱크를 사용해서 전형적으로 2.1 [kg]의 수소를 저장하며, 이는 170 [km]의 주행거리에 해당된다. 현재는 70 [MPa]의 압력으로 7 [kg]의 수소를 저장하는 230 [L]/110 [kg] 탱크가 개발되어, 액체 수소를 사용하는 경우(5.2.2절 참조)와 동일한 주행거리인 700 [km]를 구현할 수 있다(수소 와 연료전지 레터, 2001). 이에 대해서는 10.2.1절도 역시 참조하기 바란다.

2001년에, 캘리포니아에 소재하는 퀀텀 테크놀로지 월드와이드社[3]는 거의 70 [MPa]의 공칭 작동압력을 갖고 있어, 35 [MPa]에서 작동하는 탱크에 비해서 80%의 용량이 증가된 복합재 수소저장탱크를 발표하였다. 이 새로운 탱크는 정수압 시험결과, 162 [MPa]에서 파괴되었다. 이 시험은 유럽 통합 수소 프로젝트(EIHP)에 의해서 제정된 기준에 따라서 시행되었다. 이 탱크는 1 [MPa] 이상의 압력으로는 가스가 공급되지 않도록 탱크 내부에 설치된 압력조절기를 갖추고 있다.[4]

5.2.2 액체수소

수소를 대기압 상태에서 비등점인 20.39 [K] 이하로 낮추기 위해서는 대략 39.1 [kJ/g](울만, 1983, p.312) 또는 79 [kJ/mol]의 에너지가 필요하다. 이를 환산해 보면, 이 에너지양은 3배의 저위발열량(LHV 242 [kJ/mol])과 4배 이상의 고위발열량(HHV 286 [kJ/mol])에 해당된다. 다시 말하면, 극저온탱크에 충전하는 순간에 이미 총 에너지 효율이 현저히 떨어져 버림을 의미한다.

이 에너지 중 일부인, 6 [kJ/g](울만, 1983, p.312)은 양자의 기계적 현상인 핵 자전에 의해서 소모된다. 수소(H_2)는 두 개의 원자를 포함하고 있기 때문에 소위 **오르토수소**(o-H_2)와 역평행 상태인 **파라수소**(p-H_2)가 존재한다. 비록 대기온도 하에서 수소는 25%의 p-H_2와 75%의 o-H_2로 구성되어 있지만, p-H_2는 극저온에서 안정된 형태이다. 불행히도, **오르토-파라 전환**은 일 단위의 시간주기를 갖고 일어나며(울만, 1983, p.245), 고도의 발열반응이므로, 아래에서 논의할 열 누출에 따른 비등과 더불어서, 증발에 의해서 과도한 수소의 손실이 초래된다. 그러므로 산화철, 수산화물, 또는 알루미나에 의해서 지지되는 크롬산화물 등의 촉매를 통해서, 액화공정 과정에서 p-H_2로의 자전변환을 일으킨다.

3) www.qtww.com

4) 퀀텀 테크놀로지 월드와이드社는 70[MPa] 탱크에 대한 독일 TUV 인증을 받았다.

그림 5.2 수소 내연동력을 사용하는 BMW 7시리즈 세단 내부에 설치된 액체수소 탱크(BMW)

극저온저장의 또 다른 문제는 수소의 비등이다. 훌륭한 열 차폐에도 불구하고, 극저온탱크 속으로 유입되는 열은 다량의 액체 비등(증발열)을 통해서 지속적으로 보상된다. 대부분의 개발자들에 따르면 차량에 탑재되는 극저온 저장 시스템에서, 비등율은 1일 당 약 1%에 달하므로, 이를 통해서 추가적인 효율손실이 초래된다.

현재 린데와 메세르 등 여러 회사들에 의해서 극저온 탱크가 공급되고 있다. 이들은 다중층 알루미늄 박판 단열재로 구성되어 있다. BMW는 수소 내연엔진에서 이 탱크를 120 [L] 또는 8.5 [kg]의 극저온 수소를 저장하기 위해서 사용하였는데, 이는 0.071 [kg/dm^3]의 극도로 낮은 저장밀도에 해당된다. BMW 내연자동차의 수소탱크 내부가 그림 5.2에서 도시되어 있다. 속이 빈 탱크의 내부체적은 약 200 [L]이며, 무게는 51.5 [kg]이다(라미니와 딕스, 2000). 이는 14.2%의 수소질량비율에 해당된다. 이 단원의 후반부에 있는 그림 5.5에서는 다양한 저장장치 옵션들에 대해서 도시하고 있다. 새로운 BMW 미니쿠퍼 하이드로겐의 내부에 장착하기에 적합한 탱크와 관련된 기술들이 개발되고 있다(그림 5.3 참조). 부에 장착하기에 적합한 탱크와 관련된 기술들이 개발되고 있다(그림 5.3 참조).

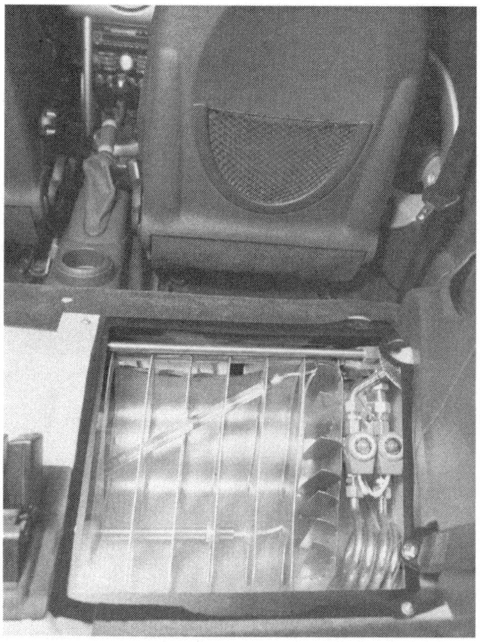

그림 5.3 미니 차체에 맞는 수소탱크를 장착한 미니 쿠퍼 하이드로겐[1)]

그림 5.4 세계최초의 공용 액체수소 충전소, 린데社에서 건설한 완전자동 충전 메커니즘과 액체수소를 위한 공급장치[5)]

제너럴 모터스의 하이드로겐 1에서는 130 [L]/50 [kg] 탱크에 5 [kg]의 수소가 저장되며, 400 [km]의 거리를 주행한다. 앞으로의 목표는 더 가벼우며 7 [kg]의 수소를 저장하여 700 [km]의 거리를 주행할 수 있으면서도, 추가적인 액화/건조를 위해 독일의 산업용 가스 생산 업체인 린데社에서 개발한 공기냉각 차단막을 사용하여 비등시간을 줄인, 150 [L] 탱크를 개발하는 것이다(수소 와 연료전지 레터, 2001). 놀랍게도, 극저온 수소저장장치에서 안전은 주 고려대상이 아니다; 수소탱크에 대해서 독일 안전국인 TUV는 기술적 인가를 부여해 주었다.

극저온 수소의 실제적인 취급은 특수한 주유소와 주유공정이 필요하기 때문에 문제가 있다. 완전히 자동화 된 액체수소용 로봇 주유소가 린데社와 BMW 사이의 협업을 통해서 뮌헨 공항에 설치되었다. 이는 그림 5.4에 도시되어 있다.[6)]

5.2.3 금속 수소화물

모든 원소들은 이온결합, 금속결합, 공유결합, 또는 폴리머 형태의 수소화물, 또는 이 모든 혼합체를 형성한다(그린우드와 언쇼, 1984). 이온결합과 금속결합을 통해서 수소의 가역적 저장이 가능하기 때문에 특별한 관심의 대상이다(샌드록, 1994).

수소화물의 형성은 발열공정이다. 이 책 내에서 중요한 인자는 수소화물의 엔탈피 형성으로, 저장된 수소 1 [mol] 당 수 [kJ]에서 수백 [kJ]의 범위를 갖으며, 수소화물로부터 수소를 방출하기 위해서는 온도와 압력이 필요하다. 이 값들을 기술적으로 허용 가능한 수준으로 조절하기 위해서는, 금속간 혼합물이 개발되어야만 한다. 표 5.1에서는 **금속 수소화물** 시스템의 범주를 나열하고 있다. 사용된 수소화물들에 따라서, 수소의 질량비율은 총 질량의

5) www.linde.de

6) 2016년 현재 전 세계에 724개의 수소충전소가 운영중에 있다.

1.4~7.7%의 범위를 갖고 있다. 놀랄만한 사실은 대부분의 수소화물들이 실제로는 액체수소의 경우보다 체적비율로 더 많은 수소를 저장할 수 있다는 점이다(표 5.1의 두 번째 열을 참조). 또한 이 표에서는 저장과정에서 방출되는 열량도 제시하고 있다. 마지막 두 줄에서, 저장과정에서 방출되는 열은 수소의 고위 및 저위발열량(각각, HHV와 LHV)에 대한 비율로 표시되어 있다. 명백히, 제시된 일부 수화물들은 에너지 효율의 측면에서 부적합하다. 또한, 이들 화합물에서 수소를 추출하기 위해서는 최소한 동일한 양의 열이 수소화물에 가해져야만 하므로, 이것이 시스템의 가장 큰 문제점으로 대두된다.

물론, 실제적으로 구현할 수 있는 저장밀도가 가장 중요하다. 독일의 GfE[7]에 의해서 1

표 5.1 다양한 금속 수소화물의 수소저장 특성들

금속 수소화물 시스템	Mg/MgH_2	Ti/TiH_2	V/VH_2	Mg_2Ni/Mg_2NiH_4	$FeTi/FeTiH_{1.95}$	$LaNi_5/LaNi_5H_{5.9}$	LH_2b
수소함량 질량비(%)	7.7	4.0	2.1	3.2	1.8	1.4	100.0
수소함량 체적비(kg/dm^3)	0.101	0.15	0.09	0.08	0.096	0.09	0.077
에너지함량(MJ/kg) (고위발열량 기준)	9.9	5.7	3.0	4.5	2.5a	1.95	143.0
에너지함량(MJ/kg) (저위발열량 기준)[a]	8.4	4.8	2.5	3.8	2.1	1.6	120.0
반응열(kJ/Nm^3)(H_2)	3360	5600	–	2800	1330	1340	–
반응열(kJ/kmol)[a]	76.3	127.2	–	63.6	30.2	30.4	–
반응열(HHV에 대한 비율, %)[a]	26.7	44.5	–	22.2	10.6	10.6	–
반응열(LHV에 대한 비율, %)[a]	31.6	52.6	–	26.3	12.5	12.6	–

a (Ullmann, 1983)에서 추출한 원 데이터. 데이터는 저자가 다시 계산함
b LH_2:액체수소

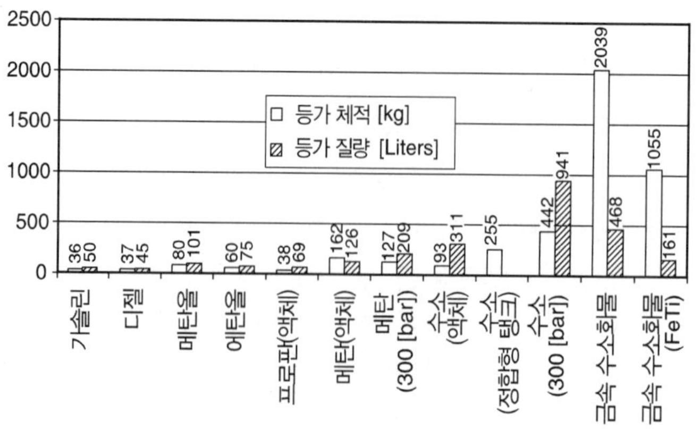

그림 5.5 질량과 체적으로 비교한 다양한 연료저장 옵션들. 모든 비교는 50 [L] 가솔린(1,590 [MJ]과 등가)의 에너지(LHV)함량에 의거함

7) Gesellschaft fur Elektrometallurgie; 2001년에 GPE가 Hydro Quebec 및 Shell 하이드로겐 등과 연합하여 설립한 벤처회사인 Hera에 의해서 금속 수소화물 개발활동이 통합되었다.

$[cm^3]$의 금속 수소화물 내에 0.7 [L]의 수소를 저장하기 위해서 소량의 에너지가 소요되는 금속 수소화물 여과장치가 개발되었다. 60 $[cm^3]$의 체적을 갖는 소형 여과장치의 경우 1.7 [g]의 수소를 저장하며, 여과장치의 벽들을 고려한다면, 이 값은 여과장치 체적 1 $[cm^3]$ 당 (표준상태의) 수소가스 0.3 [L]로 줄어들게 된다(라미니와 딕스의 재계산 결과, 2000). 이 값은 0.26 [kg]의 공질량에 대해서 수소의 질량비가 0.7%임을 의미한다(그림 5.5 참조).

12장에서는 수소저장합금(FeTi)을 기반으로 하는 또 다른 대형 시스템에 대해서 논의되어 있다(울만, 1983). 체적 1.7 [L], 무게 3.5 [kg]인 강철 실린더 내에 충전된 7.5 [kg]의 수소화물은 0.14 [kg]의 수소를 저장할 수 있으며, 이를 통해서 1.3%의 질량비율이 구현된다(그림 5.5와 비교).

만약 교체를 위한 기반시스템이 구축된다면, 금속 수소화물 저장 시스템은 특정한 휴대용 연료전지 시스템에 대해서 이상적이다. 자동차의 경우, 두 가지 중요한 장애요인이 존재한다. 대부분의 경우, 저장공정 자체에서 현저한 열이 발산되며(표 5.1 참조), 이는 연료효율을 낮춘다. 충전과정에서 금속 수소화물 탱크의 빠른 열 발산은 또한, 극저온 저장의 경우에서와 유사한 상황인, 충전소에서의 열 발산문제를 야기할 가능성이 있다. 더 중요한 사실은, 금속 수소화물 탱크의 무게가 차량에 탑재하기에는 너무 무겁다.

금속 수소화물 저장장치에서 필요로 하는 수소의 순도는 논쟁의 여지를 갖고 있다. 불순물들은 저장매체 내에서 안정된 합성물질을 형성할 수 없기 때문에, 금속 수소화물 저장장치가 연료가스로 부터 불순물을 제거하는 데에 도움이 된다는 주장이 있다. 그런데 이는 메탄(CH_4)이나 이산화탄소 및 희소가스와 같이 흡수되지 않는 불순물의 경우에만 해당된다. 반면에, 일산화탄소(CO), 산소(O_2) 및 물(H_2O)과 같은 불순물에 의한 오염은 저장탱크에 비가역적인 손상을 입혀서 저장용량의 급격한 저하를 초래할 우려가 있다(울만, 1983, p.335).

5.2.4 탄소 파이버

특수한 형태의 탄소 나노섬유가 총 질량의 2/3에 달하는 질량비율의 수소를 흡수할 수 있다(챔버스 등, 1998)는 노스이스턴 대학의 연구그룹으로부터의 뉴스는 연료전지 업계 전반에 걸쳐서 과학적으로나 상업적으로도 큰 반향을 불러일으켰다. 수소가 활성탄소에 의해서 저장될 수 있다는 점(얀코우스카 등, 1991)은 잘 알려져 있지만, 노스이스턴 대학의 연구그룹에 의해서 발견된 사실은 그때까지 알려진 바 없던 사실이었다. 만약 이 소재를 현실성 있는 분량으로 사용이 가능해 진다면, 아무리 복잡한 수소 충전방법이 사용된다고 하더라도, 연료전지 전력을 사용하는 자동차가 연료탱크 하나만으로도 수천 킬로미터를 주행할 수 있게 될 것이다(랄프와 하드스, 1998). 다임러크라이슬러와 연구 협업체계가 구성된 직후에 이들이 다시 갈라선 것은 놀랄 일이 아니다. 아무리 유망하다고 하더라도, 현재 아무도 적합한 섬유소재를 시제품이나 랩 규모의 검증에 필요한 수량만큼 만들어낼 수 없다. 그러므로 개선된 나노파이버 소재가 차량의 수소저장 문제에 대한 기술적인 해결방안을 제공해 줄 수 있는가에 대해서는 불확실하다.

5.3 연료저장 용량

또 다른 접근방법은 수소를 필요한 장소와 시간에 생산하는 것이다. 이 방법을 **화학적 수소 저장**이라고 간주할 수 있으며, 궁극적으로 수많은 액체연료들이 연료전지 차량의 충전 문제에 대한 가능한 해결방안으로 간주될 수 있다. 가솔린이나 디젤과 같은 탄화수소 물질들이 특히 중요하지만, 메탄과 LPG/프로판 등도, 비록차량에 탑재되어 수소를 발생시키는 용도로는 아직 널리 고려되고 있지는 않지만, 고려의 대상이다. 메탄올은 처리과정이 비교적 손쉽기 때문에 지대한 관심을 받고 있다. 또 다른 알코올인 에탄올은 연료의 기반이 발효공정에 의해서 어느 정도 제약을 받고 있기 때문에, 비록 재생 가능한 연료원으로 간주될 수는 있지만, 열 공정을 통해서 모든 종류의 생물자원으로부터 추출이 가능한 메탄올에 비해서는 확실히 활용성이 떨어진다(Koßmehl과 하인리히, 1998)(5.8.2절 참조).

액체 연료의 두 가지 이목을 끄는 장점은 높은 에너지 저장밀도와 운반 및 취급의 용이성이다. 액체연료 탱크는 즉시 사용할 수 있으며, 질량과 체적은 본질적으로 연료 자체에 의해서 지배를 받는다. LPG는 일부 국가들에서 운송용으로 광범위하게 사용되고 있으며, LPG는 적절한 압력(수백 [kPa])하에서 즉시 액화되므로, 저장이 비교적 용이하다. 천연가스/메탄의 경우, 압력저장과 111.6 [K]의 비등온도를 갖는 메탄에 대한 극저온 저장 등, 5.2.1절 및 5.2.2절에서 논의되었던 수소와 동일한 저장기술을 사용할 수 있다. 미국에서는 압축 천연가스를 사용하는 차량에서는 이미 16.6, 20.7 및 24.8 [MPa]의, 세 가지 표준압력을 사용하고 있다. 저장 압력수준은 점차로 상승하는 경향에 있다.

그림 5.5에서는 다양한 저장옵션들이 저위발열량(LHV)에 의거하여 질량 및 체적에 따라서 서로 비교되어 있다. 비교는 50 [L]의 가솔린에 함유된 에너지인 1,590 [MJ](저위발열량)을 기준으로 하여 수행되었다. 각각의 연료와 각각의 저장방법에 따라서, 탱크를 포함하는 질량과 체적이 제시되어 있다. 그래프에 따르면 무거운 탄화수소들이 질량과 체적 모두의 관점에서 뛰어난 연료이며, 메탄올, 에탄올 및 프로판(또는 LPG) 등이 그 뒤를 잇는다는 것을 명확하게 알 수 있다. 수송 목적의 경우, 금속 수소화물 저장방법은 너무 무거운 반면에, 제시된 여타의 옵션들은 겨우 사용이 가능한 수준이다. 가장 큰 체적을 필요로 하는 압축수소도 진보된 버전인 다임러크라이슬러의 NeCar 4와 같은 실용 연료전지 차량에서 성공적으로 사용되었다(10.2.3절 참조). 압축된 메탄의 경우 액화보다 압축에 더 작은 에너지가 필요하기 때문에, 조금 더 관심을 끈다. 공간 및 무게에 대한 고려 이외에도, 총 에너지 효율과 운반 및 취급의 용이성의 측면에서 세심한 고찰이 필요하다는 점은 명확하다. 이는 특히 극저온 저장뿐만 아니라 차량에 탑재되어 화학적 변환과정을 통해 수소를 발생시키는 여타 연료들의 경우에도 해당된다. 아래에서 개질기술에 대해서 논의한다.

이 책에서 가열값을 사용하기 위해서 몇가지 용어를 언급하는 것이 도움이 될 것이다. 불행히도, 연료 효율과 연료저장에 대한 문헌들에서 사용되는 가열값에 대한 용어들은 매우 혼란스럽다. 내연기관의 경우 연소과정에서 생성되는 물은 일반적으로 증기상태이므로, 저위발열량(LHV)이 의미있는 계수이다. 따라서 물의 기화열은 전체 연료사이클에서 손실되어버린다. 반면에, 연료전지와 관련된 문헌들 속에서는 고위발열량(HHV)이 가끔씩 사용된다(부록 1과 비교). 이것은 액체상태인 생성된 물과 연소 엔탈피로 이루어진다. (수산화물 등의)수소 저장에 대해서 논의할 때는 고위발열량이 자주 사용되는 반면에, 효율계산을 위해서는 저위발열량이 사용된다. 그러나 연료전지 내에서 1 [mol]의 수소에서 추출할 수 있는 최대 전기에너지를 표시하기 위해서는 고위발열량($\Delta H = -286$ [kJ/mol])이나 저위발열량($\Delta H = -242$ [kJ/mol])을 사용하는 대신에 깁스 자유에너지, $\Delta G = -237$ [kJ/mol]을 사용한다(3장과 부록 1 참조). 다행히도, 고위발열량과 저위발열량을 손쉽게 변환할 수 있다: 298 [K]에서 수분 증발에 따른 몰 열은 44 [kJ/mol]이다(앳킨스, 1994). 예를 들어, 만약 메탄(CH_4) 1 [mol]이 이산화탄소(CO_2)와 2 [mol]의 물(H_2O)로 완전산화 된다면, 메탄 1 [mol] 당 고위발열량과 저위발열량 사이의 차이는 2 × 44 [kJ] = 88 [kJ]에 달한다. 메탄의 몰 질량인 16.04 [mol/g]으로 이를 나누면, 고위발열량과 저위발열량 사이에는 5.5 [MJ/kg]의 차이가 있음을 알 수 있다. 실제로, 메탄의 고위발열량과 저위발열량은 각각 55.5와 50 [MJ/kg]이다.

5.4 개질기술

현재, 수소는 주로 두 가지 용도를 위해서 대량으로 생산되고 있다. 대략적으로 세계 수소 생산량의 50%는 주로 승용차용 연료를 생산하는 정유공장에서 오일의 **수력제형**[8])을 위해서 사용된다. 대략적으로 40%는 대기중의 질소를 결합시킬 수 있는 유일한 산업적 공정으로 알려진, 질소의 암모니아화 반응을 위해서 생산된다. 암모니아는 특히, 비료생산을 포함해서 다양한 용도에 사용된다.

그런데 수소의 산업적 생산현황에 대해서 살펴보는 것은 장래의 예측에 도움이 된다. 미국 내의 연간 수소생산체적은 평균 가솔린 소비량의 약 2일분에 해당된다(벡톨드, 1997). 그러므로 주유소를 수소충전소로 바꾸는 일이 단기간 내에 이루어지지는 못할 것이다.

그러므로 많은 사람들이, 차량 내에 저장된 어떤 탄화수소에서 추출된 액체연료로부터 수소를 사용하는 방안을 대안으로 간주하게 되면서 연료전지를 사용하는 승용차에 빠르게 도입되었다. 이들 시제 자동차를 통하여, 다임러크라이슬러와 같은 제조업체들(NeCar 3 및 5)과 최근에는 토요타(RAV 4) 등은 연료의 공급시설과 차량에 탑재하는 연료공정의 편이성 사이의 절충안으로서, 메탄올(CH_3OH)을 선정하였음을 공표하였다.

앞서 발표한 메탄올을 연료로 사용하는 시제품 자동차와 함께, 또 다른 자동차 연료장치 개발의 선두주자인, 제너럴 모터스는 현재, 가솔린 개질에 집중하면서, 수소 공급시설의 확충에 방해가 되는 메탄올을 배제하였다. 수소는 차량용 연료전지에서 최적이며, 또한, 완전

8) hydroformulation

한 재생성 연료와 경제성 측면에서 경쟁이 가능하기 때문에, 궁극적으로, 수소 공급시설이 필요하다는 논리는 논쟁의 여지가 있다. 이미 잘 구축되어 있는 가솔린(과 디젤) 공급시설을 단지 일시적인 해결책으로 간주되며, 장래에는 없어질, 메탄올 공급시설로 전환하기 위한 비용은 수소 충전설비 네트웍에 있어서 너무도 과도한 투자이다(슈베르트, 2001). 그러므로 제너럴 모터스는, 장래에 연료전지 동력 차량에는 수소가 궁극적으로 사용될 것이며, 차량에 탑재되는 가솔린 개질장치가 몇 년 이내로 시장에 진입할 것으로 전망하고 있다.[9]

확실히 타당성 있는, 이 사안은 기존 연료시장의 변화를 바라지 않는 쉘이나 엑손모빌 등과 같은 중요한 정유회사들의 강력한 지원을 받고 있다. 제한된 기간 동안, 쉘은 다임러크라이슬러와 승용차에 탑재하는 가솔린 개질장치에 대한 연구를 협조하였다. 이 프로젝트는 2000년에 종료되었다(카이퍼스, 2000). 쉘은 직후에 IFC와 공동으로, 수소연료 처리장치의 개발, 제조 및 판매를 위한 조인트벤처를 설립하였다(현재 UTC 연료전지).

불행히도, 수많은 연구노력에도 불구하고, 가솔린 개질장치의 현재 상황은 NeCar 5에 장착된 메탄올 개질장치에 비해서 상대적인 완성도가 많이 뒤처진다. 하지만 제너럴모터스, 토요타, 및 엑손모빌 등은 2001년 후반까지 작동하는 가솔린 연료 처리기를 차량에 설치하기로 협약을 맺었다. 이 방향에 대해서 중요한 단계는 제너럴모터스가 시보레 S10 픽업트럭(10장 그림 10.3)을 공개 발표한 2001년 8월이다. 그런데 S10은 본질적으로 실험장치를 탑재한 것이므로, 연료 개질기가 트럭 적재함의 절반을 차지(그림 5.6 참조)하며, 연료전지는 차량의 75 [kW] 동력 중 단지 25 [kW]만을 공급한다. 만약 근시일 내로 현저한 발전이 이루어지지 않는다면, 차량용 연료전지 동력은 수소가 널리 사용될 때 까지 지연되어야만 할 것이다.

그림 5.6 제너럴 모터스는 세계 최초의 차량에 탑재된 연료전지 추진용 가솔린 연료 처리기를 발표하였다. 시보레 S-10 픽업트럭에 장착된 GEN 3 처리기는 차량내에서 청결한 가솔린을 변환시켜서 연료전지 적층으로 공급되는 수소를 추출한다. 이 차량은 2001년 8월 7일 마이애미 주 트래버스 시티에서 열린 자동차 경영자 학회에서 제너럴모터스의 연구개발 및 기획분야 부사장인 래리번에 의해서 발표되었다(사진: 조 폴리메니). 차량 전체의 모습은 그림 10.3에 도시되어 있다.

9) 황화물에 의한 촉매의 중독현상이 가솔린 개질기술의 상용화를 가로막고 있다. 황화물에 내성을 갖춘 촉매들이 속속 개발되고 있지만, 2016년 현재에도 상용시스템은 여전히 요원한 것처럼 보인다.

차량에 탑재하는 연료 처리장치에서 스팀 개질이나, 부분산화 등과 같은 대규모 산업용 공정을 표준사이즈의 차량에 맞는 경량, 소형 반응장치로 전환시키려는 시도가 진행중에 있다. 개질수소 연료를 수소로 변환시키는 공정은 일반적으로 스팀개질, 부분산화, 또는 두 과정 모두를 통해서 수행된다. 트리밈과 온산(2001)은 연료공정에 게재되는 촉매에 대해서 포괄적이고도 뛰어난 논의를 수행하였다.

5.4.1 스팀개질(SR)

메탄올의 **스팀개질**(SR)은 다음의 화학 반응식으로 표현된다[10].

$$CH_3OH(g) + H_2O(g) \rightarrow CO_2 + 3H_2 \quad \Delta H = 49\ [kJ/mol] \tag{5.1}$$

메탄올과 물은 촉매 반응장치 내에서 증발 및 반응하여 원하는 부산물인 이산화탄소와 수소로 변환된다. 메탄올 스팀 개질은 현재 아연산화물에 지지되는 구리촉매를 사용하여 200~300 [℃] 범위에서 수행된다(에몽스 등, 1998). 메탄올 1 [mol]은 3 [mol]의 수소(H_2)로 변환된다. 이는 추가된 수분에 의해서 추가적인 몰의 수소가 추출되었음을 의미한다.

실제의 경우, (5.1)식에서의 반응은 전체 반응 중 일부에 불과하며, 원래의 개질 생성물은 수소, 이산화탄소 및 일산화탄소로 이루어진다. 저온전환(LTS)단계에 뒤따르는 고온전환(HTS)단계에서 일산화탄소는 이산화탄소로 변환되면서 추가적으로 수소가 생성된다. 두 단계 모두에서 수분-가스 전환반응이 발생된다.

$$CO + H_2O(g) \rightarrow CO_2 + H_2 \quad \Delta H = -41\ [kJ/mol] \tag{5.2}$$

수분-가스 전환은 발열반응이다. 그러므로 만약 너무 많은 열이 발생된다면, 궁극적으로 반응물의 **재생산반응**이 일어난다(**르사례리의 원리**). 이를 방지하기 위해서, 실제의 경우에는 중간 냉각과정을 포함하는 다중단계를 사용한다. 고온전환(HTS)반응에서 최고의 촉매는 철과 크롬 산화물(Fe_3O_4와 Cr_2O_3)의 혼합물로서, 400~550 [℃] 사이에서 훌륭한 활성도를 갖는다(주드히미, 2000). 저온전환(LTS)은 식 (5.1)의 메탄올 스팀개질에서 사용되는 것과 유사한 촉매와 유사한 작동조건을 사용한다.

천연가스로부터 메탄의 스팀개질은 산업용 규모로 수소를 생산하는 표준방법이다. 그러므로 이 방법은 수소의 경제성 측면에서 일반적인 중요성을 갖는다. 또한, 저온 연료전지인 양성자교환 맴브레인 연료전지(PEMFC) 및 인산 연료전지(PAFC)를 사용하는 발전시스템 설비에 수소를 공급하기 위해서 소규모 메탄 스팀 개질장치가 개발되었다.

메탄의 스팀 개질반응은 다음 식으로 표현된다.

$$CH_4 + H_2O(g) \rightarrow CO + 3H_2 \quad \Delta H = 206\ [kJ/mol] \tag{5.3}$$

식 (5.2)의 전환반응에 뒤이어서 다시 합성가스 제조단계가 시행된다.

10) For thermodynamics data, see Appendix 1

메탄의 스팀 개질은 일반적으로 750~1,000 [℃]에서 니켈에 의해서 촉발되며(리들러와 트웍, 1996), 니켈 촉매위에 탄소가 증착되는 것을 막기 위해서 과도한 스팀이 사용된다(트리밈과 온산, 2001).

5.4.2 부분산화(POX)

산업적 규모로 수소를 발생시키기 위한 두 번째 중요한 반응은 **부분산화**(POX)이다. 이것은 무거운 탄화수소를 사용(댐스, 1996)하거나, 공장 내에서 특정한 반응물질(예를 들면 순수한 산소)을 사용할 수 있는 등의 특수한 조건이 존재하는 경우에 일반적으로 사용된다. 이것은 안정된 최종물질인 이산화탄소와 물로 완전산화 시키기 위해서 필요한 양보다 산소가 부족한 산화과정에서 발생된다.

예를 들면, 메탄의 경우:

$$CH_4 + 1/2O_2 \rightarrow CO + 2H_2 \quad \Delta H = -36\ [\mathrm{kJ/mol}] \tag{5.4a}$$

그리고/또는

$$CH_4 + O_2 \rightarrow CO_2 + 2H_2 \quad \Delta H = -319\ [\mathrm{kJ/mol}] \tag{5.4b}$$

비록 다임러크라이슬러와 토요타에서 발표한 차량들에서 사용된 메탄올 개질장치가 스팀 개질방식을 사용하고 있지만, 에픽스社(아서 D. 리틀社의 자회사)와 쉘은 가솔린의 처리를 위해서 부분산화 반응기를 개발하고 있다. 에픽스社는 촉매없는 반응기를 개발하고 있으며, 이를 통해서 탄화수소와 알코올에도 적용 가능한 장치를 개발하려 하고 있다.[11)]

쉘의 공정은 특수하게 설계된 6 알루민산염 바륨으로 지지되는 로듐 촉매를 사용한다(드종 등, 1998). 부분산화공정중 이 분야는 또한, **촉매부분산화**(CPO)라고도 부른다.

그림 5.7 존슨매티의 모듈형 HotSpot® 연료처리장치. 각 유닛은 시간 당 6000 [L]의 수소를 생산하며, 이는 핫스팟 모듈 하나 당 한 시간에 750 [L]의 수소를 생산하는 것에 해당된다.[12)]

11) 2016년 현재 에픽스사는 온라인상에서 검색되지 않는 것으로 보아 개발에 실패한 것으로 보인다. 하지만 플레임 안정화를 위해 플라스마를 사용하는 무촉매 연료개질기에 대한 연구는 계속 진행중이다.

12) Courtesy of Johnson Matthey

5.4.3 자열개질(ATR)

스팀 개질과 부분산화의 장점을 결합하려는 시도가 수행되었다. 이상적으로, 식 (5.4)의 발열 반응은 기동과 정상상태 작동시의 흡열공정에 열을 가해주기 위해서 사용된다. 이 반응들은 상호 열 접촉이 양호한 별도의 반응기나 단일 촉매 반응기를 사용해서 수행될 수 있다. 이 결합공정을 **자열개질**(ATR)이라고 부른다.

존슨매티는 처음에는 메탄올을 사용하기 위하여, **핫스팟 연료처리기**(그림 5.7 참조)를 개발하였다(에드워즈 등, 1998). 핫스팟은 반응의 발열성질을 이용하며, 기동과정에는 높은 부분산화 비율로 운전하므로 서, 차가운 기동상태에서 20초 이내에는 최대 수소출력의 75%를 생산하고, 1분 이내에 100%에 도달하였다. 그 이후의 정상상태 작동기간동안, 245 [cm^2] 면적을 갖는 하나의 반응장치가 시간 당 750 [L] 이상의 수소를 발생시키며, 대략 1 [kW] 연료전지를 지원할 수 있다. 이 장치의 조밀성 덕분에, 반응장치 내에서 미세규모의 발열반응과 흡열반응 사이의 효과적인 열교환이 가능해졌다.13)

정량적으로 1 [mol]의 메탄올로부터 평균 2.4 [mol]의 수소가 생산되었다(에드워즈 등, 1998). 식 (5.4)와 (5.1)의 비교에 따르면, 이는 1 [mol] 당 각각, 2 [mol]의 수소가 만들어지는 부분산화와 3 [mol]의 수소가 만들어지는 스팀개질의 사이에 있음을 알 수 있다.

프라운호퍼 태양에너지 시스템 연구소의 연구자들은 프로판을 사용해서 낮은 [kW] 수준의 자열 개질기(ATR)를 개발하였다.

5.4.4 개질기술들의 비교

그런데 각 개질기술들을 언제 사용하는 것이 최선일까? 첫 번째 고려사항은 어떤 방법을 사용하면 손쉽게 선정된 연료를 개질시킬 수 있느냐이다. 일반적으로, 메탄올은 저온에서 가장 손쉽게 개질할 수 있으며, 어떤 유형의 개질장치에서도 사용할 수 있다. 메탄과 LPG는 훨씬 더 높은 온도를 필요로 하지만, 5.4.1절에서 5.4.3절 사이에서 논의되는 모든 방법을 사용해서 처리할 수 있다. 더 높은 수준의 탄화수소인, 자동차 분야에서 사용되는 현재의 표준 연료를 사용하는 경우에는 일반적으로 부분산화(POX) 반응기에 의존한다.

표 5.2 메탄올을 연료로 사용하는 스팀 개질기(SR)와 부분산화 개질기(POX) 및 자열개질기(ATR)에서 만들어지는 개질연료의 조성

생성물의 조성 (건조가스 %)	SR (파셀 등, 2000)	POX (파셀 등, 2000)	ATR (골룬스키, 1998)
H_2	67	45	55
CO_2	22	20	22
N_2	–	22	21
CO	–	–	2

13) 2016년 현재로는 핫스팟 연료처리기에 대한 최근 자료가 더 이상 온라인상에서 검출되지 않고 있는 것으로 보아 더 이상의 발전이 없는 것으로 판단된다. 존슨매티社는 현재 코발트 피셔-트롭슈 촉매를 사용한 대규모 연료개질기를 생산하고 있다.

표 5.2에서는 전형적인 개질기에서 만들어지는 전형적인 가스의 조성을 보여주고 있다. 스팀 개질이 가장 높은 수소농도를 만들어낸다. 이와 동시에, 완전히 스팀 개질에 의존하는 시스템은 빠른 동적 응답을 낼 수 없기 때문에, 정상상태 조건 하에서 최고의 성능을 갖는다. 이는 또한 기동에도 적용된다.

반면에, 부분산화는 조밀성, 빠른 기동 및 빠른 동적 응답 등을 갖는 반면에 저농도의 수소를 만들어낸다; 식 (5.4)와 (5.3)을 비교. 스팀 개질기(SR)과 부분산화(POX) 개질장치 사이의 생성물의 정량적 차이와 더불어서, 부분산화(POX) 개질기의 생성물은 질소에 의해서 훨씬 더 희석된다. 질소는 일반적으로 가장 경제적인 산소의 공급원인 공기를 통해서 시스템에 유입되며, 불활성 가스로서 함께 운반된다(표 5.1 참조). 자열개질기(ATR)는 5.4.3절에서 논의했던 것처럼 절충안을 제공해 준다.

그런데 연료처리장치는 그 자체만을 따로 생각할 수 없다. 스팀 개질은 고도의 흡열반응이다. 예를 들면 여분 연료의 연소 등을 통하여 일반적으로 열이 반응기에 공급된다. 연료전지 시스템에서 양극으로부터 유출되는 과도한 수소를 (촉매)산화시키는 것은 필요한 열에너지를 발생시키는 손쉬운 방법이다. 발전설비에서는 스팀을 만들어내서 연료 처리기로 공급하기에 충분한 온도에서 인산 연료전지(PAFC) 적층을 작동시키는 것을 고려할 가치가 있다. 이 경우에는 스팀 개질이 적합한 반면에, 저등급의 열만을 사용할 수 있는 양성자교환 맴브레인 연료전지(PEMFC) 시스템에서는 자열개질을 고려할 수 있다.

연료효율에 대해서도 세심한 주의를 기울일 필요가 있다. 항상 중요한 항목이지만, 연료의 가격은 발전설비의 경우에 (플랜트 가용성의 측면에서)가장 중요한 인자이다. 따라서 일반적으로 천연가스와 같은, 선택된 연료에 대해서 가장 많은 수소를 만들어낼 수 있는 방법이 선정된다. 스팀 개질을 통해서 가장 고농도의 수소가 만들어진다. 그러므로 더 높은 수소함량에서 연료전지 적층의 효율은 스팀 발생을 위해서 필요한 더 많은 연료소모량을 보상할 수 있다. 이것이 양성자 교환 맴브레인 연료전지를 사용하는 발전소에서 천연가스 개질을 위해서 현재에도 스팀개질을 선호하는 이유일 것이다(8장 참조).

차량에 적용하는 사례의 경우, 최대동력을 공급하기 위해서 사용되는 백업 전지, 슈퍼커패시터, 또는 여타의 기법 등에 따라서, 개질 시스템의 동적인 거동은 전체 구동트레인을 지배하게 된다. 부분산화(POX) 개질기는 필요한 동적 거동과 쾌속기동 등을 가능케 해 주며, 고탄화수소 물질에 대해서는 최선의 선택일 것이다. 메탄올과 같은 여타의 연료에 대해서는 자열개질기(ATR)가 가장 잘 작동한다. 그럼에도 불구하고 다임러크라이슬러社가 NeCar 3 및 NeCar 5에서 사용한 것은 스팀 개질기였다. 아마도 이런 놀랄만한 선택은 기동과정에서 특정 비율의 부분산화를 구현하기 위해서 추가적인 공기를 개질 시스템으로 공급하기 위한 절충안일 것이다(다임러 크라이슬러, 2000). 정상상태 작동과정에서, 개질장치는 과도한 수소로부터 열을 공급받는 스팀개질(SR)로서 단독으로 작동한다. 서로 다른 개질기들 사이의 경계를 명확히 구분하는 것은 매우 어렵다.

5.5 일산화탄소 제거/팔라듐-맴브레인 기술

이 단원의 서언에서 언급한 것과 같이, 연료전지의 유형에 따라서 서로 다른 가스순도를 필요로 한다. 일산화탄소(CO) 제거는 양성자교환 맴브레인 연료전지(PEMFC) 작동의 경우에 특별한 주의가 필요한 반면에 인산 연료전지(PAFC)에서는 심각성이 덜하다. 개질과 수분가스전이가 일어난 후에, 개질가스 내의 일산화탄소(CO) 농도는 일반적으로 1~2%로 감소된다. 안정적인 작동이 보장된 경우에는, 이정도면 인산 연료전지(PAFC)를 신뢰성 있게 운전하기에 충분하다. 양성자교환 맴브레인 연료전지(PEMFC)의 경우에는 낮은 [ppm] 영역까지 이 수준을 낮추기 위한 추가적인 정화장치를 반드시 필요로 한다. 추가적인 일산화탄소(CO) 정화단계를 갖춰야 하는 또 다른 이유는 차량에 적용하는 경우에 예상되는 개질 시스템의 급속한 부하변동에 따라서 일산화탄소(CO) 농도가 급격하게 증가할 위험이 있기 때문이다.

원래의 개질가스에 함유된 일산화탄소(CO)를 정화하는 방법은 많이 있다. 그 대신에, 팔라듐(Pd) 맴브레인 기술을 사용해서 어떠한 오염도 없는 초순수 수소를 제조할 수 있다. 이 방법들에 대해서 차례로 살펴보기로 한다.

5.5.1 메탄화

개질가스의 조성을 살펴보면, **메탄화 반응**, 즉 식 (5.3)의 역반응을 통하여 일산화탄소(CO)가 수소와 반응토록 하여 이를 제거할 수 있다는 점을 가장 손쉽게 생각할 수 있다.

$$CO + 3H_2 \rightarrow CH_4 + H_2O\,(g) \qquad \Delta H = -206\ [kJ/mol] \tag{5.5}$$

비록 원리상으로는 그럴 듯하지만, 이 반응은 두 가지 중요한 이유 때문에 개질가스로부터 일산화탄소를 제거하는 일에 적합지 않다. 우선, 각각의 일산화탄소 분자는 세 개의 수소 분자를 소모해야 없어진다. 약 2%의 일산화탄소농도에서, 이 기법은 연료 효율을 심각하게 저하시킨다. 두 번째로, 이 반응은, 일반적으로 약 10배 이상 농도가 높은, 다량의 이산화탄소 존재 하에서 발생하므로, 다음의 반응과 심하게 경쟁해야만 한다.

$$CO_2 + 4H_2 \rightarrow CH_4 + 2H_2O\,(g) \qquad \Delta H = -165\ [kJ/mol] \tag{5.6}$$

명백히 매우 선택적인 메탄화 촉매를 사용해서 식 (5.5)를 유도한다고 하더라도, 일산화탄소의 메탄화는 이 일산화탄소 함량 범위에 대해서는 적합하지 않다.

하지만 최종적인 100[ppm] 내외의 일산화탄소(CO)를 메탄화 공정을 통해서 정화하는 것은 생각해 볼 수 있다. 또한, 아이디어텍社는 발전설비용으로 팔라듐 맴브레인을 사용하는 개질기를 개발하였다. 이 맴브레인이 존재하는 대부분의 이산화탄소와 일산화탄소를 흡수하므로, 일산화탄소 메탄화를 이 맴브레인 후단에서 적용하는 것이 타당하다.

5.5.2 우선산화

메탄화가 일산화탄소(CO) 정화에 일반적으로 사용되지 않으므로, 일산화탄소의 제거를 위한 산화성 방법이 바람직한 것처럼 보일 수도 있다. 불행히도, 세심하게 측정된 농도의 공기를 연료 흐름 속에 주입해야만하기 때문에, 이러한 유형의 정화방법은 시스템의 복잡성을 증가시킨다. 다음의 반응은 연료가스 내에 이산화탄소가 존재함에도 불구하고 놀랄 만큼 잘 작용한다.

$$CO + 1/2O_2 \rightarrow CO_2(g) \quad \Delta H = -283\ [kJ/mol] \tag{5.7}$$

이는 전형적으로 알루미나에 지지되는 백금, 루테늄, 또는 로듐과 같은 귀금속 촉매의 선정에 기인한다(오와 싱크비치, 1993; 카흐리히 등, 1997; 에드워즈 등, 1998). 환원성 금속 산화물에 지지되는 금 촉매도, 특히 100 [℃]이하의 온도에서 일부 도움이 되는 것으로 밝혀졌다(피엘자크 등, 1999). 이산화탄소와는 달리 일산화탄소(CO)는 저온 또는 중간온도에서 귀금속 표면과 매우 강하게 결합한다는 점은 잘 알려진 사실이다. 그러므로 바람직하지 못한 수소의 직접 촉매산화보다 우선적으로 추가적인 반응인 (5.7)이 촉매 표면에서 발생된다.

$$H_2 + 1/2O_2 \rightarrow H_2O(g) \quad \Delta H = -242\ [kJ/mol] \tag{5.8}$$

그러므로, 이 기법은 **우선산화**(PROX)라고 부른다. 공정의 선택성은 총 산소 소모량에 대한 일산화탄소(CO)의 산화에 소모된 산소의 비율로 정의된다(카흐리히 등, 1997). 선택적 산화 또는 SELOX라는 용어도 사용되지만, 연료전지 내에서 CO제거가 발생하는 경우에 한하여 이 용어를 사용하기도 한다–5.5.4절 참조.

5.5.3 팔라듐 맴브레인

반도체 산업과 같은 일부 산업에서는 초 순수 수소를 필요로 한다. 높은 등급의 가스 구매는 비용을 배가시키므로, 즉석에서 수소를 만들거나 저등급 수소를 정제한다.

(단지 수소에만 적용할 수 있는)수소 정제를 위해서 잘 정립된 방법은 **팔라듐 맴브레인**을 투과시키는 것이다(맥케이브와 미첼, 1986). 수소 정제장치는 상업적으로 사용이 가능하다(존슨매티, 2001). 팔라듐은 수소만을 투과시키며, 질소, 이산화탄소, 일산화탄소 및 여타의 모든 불순물들을 상류측에 막아둔다. 일산화탄소는 귀금속 표면에 강하게 흡수되므로, (약간의 공기가 주입되어)일산화탄소를 이산화탄소로 산화시키기에 충분한 온도에서 맴브레인을 작동시키지 않는다면, 낮은 농도범위에서는 수소가 맴브레인을 투과하는 것을 방해할 수도 있다. 실험 결과, 350 [℃] 이상의 작동온도와 2 [MPa] 이상의 작동압력을 사용해야만 한다(에몽스 등, 1998).[14)]

14) 팔라듐 맴브레인은 고순도 수소가스를 생산할 수 있지만, 수소(H2) 투과성이 낮고 소재가 고가라는 점이 단점으로 지적되어 왔다(F. Gallucci 등, 2013). 이를 개선하기 위해서는 지지체 위에 1[㎛] 미만 두께를 갖는 팔라듐 박막을 적층시켜야 한다. 하지만 이런 복합재 맴브레인은 CO2 연소가스를 걸러내기 어렵다는 문제를 가지고 있다.(Helmi 등, 2014)

경제적인 이유 때문에, 팔라듐/은 층이 세라믹 지지구조물 위에 증착된 박막 맴브레인이 개발되었다. 박막 맴브레인은 팔라듐 사용량을 절감할 수 있으며, 투과율을 개선시켜준다. 은은 작동조건 하에서 팔라듐이 필요로 하는 금속 상을 안정화시키는 역할을 한다. 그런데 열 사이클링과 **수소취성**[15]은 수 마이크로미터 이하의 두께를 갖는 맴브레인의 완전성에 잠재적인 위험요인으로 작용한다(에몽스 등, 1998).

차량용 시스템에서 팔라듐 맴브레인의 가장 중요한 문제점은, 귀금속 비용, 및/또는 맴브레인 수명 등을 대가로 치러야만 하는, 높은 차압을 필요로 한다는 점이다. 소형 발전기와 같은 특정한 적용사례에서는 시스템의 복잡성을 줄이는 데에 도움이 될 수도 있다.

미쓰비시 중공업(쿠로다 등, 1996), 아이디어텍(에드룬드, 2000) 등을 포함하는 여러 회사들이 팔라듐(Pd) 맴브레인을 사용하는 개질장치를 개발하였거나 개발중에 있다. 여기서, 개질공정은 맴브레인 튜브 내부나 팔라듐(Pd) 맴브레인과 밀접한 위치에서 발생한다. 아이디어텍(에드룬드, 2000)는 실제적인 정제맴브레인 유닛 내에서 작동하는 스팀 개질기(SR)의 경우에 다양한 연료를 사용하면서 일산화탄소(CO)와 이산화탄소 농도를 1 [ppm] 이하로 유지하였다.

5.5.4 양극액

여기서는 양성자 교환 맴브레인 연료전지에 대해서만 논의한다. 연료전지가 일산화탄소에 대해서 더 큰 저항성을 갖도록 만드는 세련된 방법은 일산화탄소 저항성 양극촉매와 전극을 개발하는 것이다(쿠퍼 등, 1997). 이를 위한 표준기법은 팔라듐과 루테늄 합금을 사용하는 것이다. 약간 조악하지만 양극이 일산화탄소(CO)에 중독되는 것을 극복하는 또 다른 방법은 양극 자체를 사용해서 일산화탄소(CO)를 직접 산화시키는 것이다(가테스필드와 파포드, 1988). 이것을 앞서 논의했던 우선적 산화의 내적인 형태라고 생각할 수도 있다. 기술을 서로 구분하기 위해서, 보통, 이 방법을 **선택적 산화**(SELOX)라고 부른다. 일산화탄소(CO)를 산화시키는 공기는 연료가스 유동속에 약 1% 내외의 농도로 주입 된다. 그러므로 이 기법을 **공기주입**이라고 부른다(2.8.6절과 비교).

바우만 등(1999)은 개질기를 사용하는 연료전지 시스템에서 급격한 부하변동 시 발생하는 일산화탄소(CO) 스파이크에 따른 양극성능의 저하는 공기주입을 사용하는 경우에 훨씬 더 빨리 회복된다는 것을 규명하였다. 양극액에 대해서는 6장에서 논의될 예정이며, 여기서는 연료전지와 맴브레인 전극 조립체(MEA) 내에 사용되는 모든 촉매에 대해서 다룬다.

5.6 올바른 연료/연료전지 전력시스템

표 5.3에서는 차량과 설비용 연료전지 시스템의 급유 옵션들에 대한 완벽한 리스트를 보여주

15) hydrogen embrittlement

고 있다. (가장 널리 사용되는 연료는 볼드체로 표기하였다.) 예상시장이 고도로 분화되어 있으며, 연료의 선정이 경제성이나 생태학적인 인자들 보다는 편이성에 주로 의거하기 때문에, 휴대용 연료전지의 경우는 여기서 고려하지 않는다.

그 경계선상에 위치한, **보조전력유닛**(APU)이 리스트에 포함되어 있다. 이 유닛들은 현재, 차량 생산업체인 BMW와 협조하에, 델파이 등과 같은 차량용 부품 공급업체(무커지 등, 2001)들에 의해서 개발되고 있다. 보조전력유닛(APU)은 차량의 주 전력원이 아니라, 주 엔진이 작동하지 않더라도 기존의 내연기관에 탑재된 모든 주변장치들의 전력을 공급하기 위한 것이다. (수 [kW]의)많은 전력을 필요로 하는 전형적인 적용사례는 공조시스템이다. 현재, 가솔린 개질의 어려움 때문에, 고온 연료전지를 최고의 선택으로 간주되고 있다. 더 상세한 내용은 9.2.3절을 참조한다.

표 5.3 차량 및 설비목적의 급유옵션들(2차연료), (가장 널리 사용되는 옵션들은 볼드체로 표기하였음)

적용	연료	
	저온연료전지-PEMFC	고온연료전지-SOFC
차량용		
버스 및 중장비 추진동력	**압축수소** 액체수소 가솔린 천연가스 디젤 메탄올	–
승용차, 경장비 추진동력	**압축수소** **액체수소** **가솔린** **메탄올** 디젤 천연가스	–
기존 차량 및 버스주택 등의 보조 전력 공급	순수 수소	**가솔린** **디젤**
발전설비용		
가정용 소형전력 또는 병합발전 (CHP)(1~5 [kW_{el}])	**천연가스** **LPG** 메탄올 **연료오일**	**천연가스** LPG 연료오일
소규모 CHP[a](100 [kW]~1MW)	**천연가스** LPG 석탄가스	**천연가스** **석탄가스** 연료오일 LPG
대규모 중앙 발전소(수MW)	–	**천연가스** 연료오일 **석탄가스**

a CHP: 열병합발전

차량의 경우 연료를 탑재해야만 하므로, 어떤 연료를 선호하는가에 대한 논의 시 가장 주목을 받는다. 그림 5.5에서는 수소나 이를 대체하기 위한 화학적 저장물로 사용되는 탄화수소의 형태로 50 [L]의 가솔린과 등가의 에너지를 저장하기 위해서 필요한 체적과 무게에 대해서 요약하고 있다.

일반적인 액체 탄화수소들은 다량의 에너지를 차량에 탑재하기 위한 효과적인 방안임은 명확하다. 메탄올을 사용하는 것은 저장밀도(가솔린의 절반)와 개질의 용이성 사이를 절충한 것이다. 액체수소는 체적비로 따지면 가솔린의 단지 1/4의 에너지만을 갖고 있다. 그럼에도 불구하고, 액체수소를 사용하는 수많은 차량들이 만들어졌다(10장 참조). 그림 5.5에 따르면 가압된 형태로 가스 상태의 수소를 저장하기 위해서는 공간상의 불이익을 감수해야만 한다는 점이 명백하다. 몇몇 개발자들에 의해서 규명된 바에 의하면(10장) 최초의 상용 연료전지 자동차가 될 것으로 예상되는, 버스의 경우에는 이것이 문제가 되지 않으며, 수많은 개발자들은 가압수소를 승용차에 적용하려 하고 있다. 반면에, 금속 수소화물 탱크로부터 수소를 추출하는 방안은 적용할 수 없을 정도로 무겁다. 차량의 용도에 있어서, 탄소 파이버와 압축 천연가스를 사용하는 방안도 수소의 경우와 마찬가지로 현재는 기반시설이 부족하다는 현실을 고려해야만 한다.

설비분야에서는 많은 경우 천연가스 공급망에 연결된다. 개별 가정용 마이크로 열병합 발전 시스템은 공급망이 연결되지 않은 곳에서는 LPG와 같은 유사연료를 사용할 수도 있다. 연료오일의 개질은 현재 가정용 보일러에서 일반적으로 사용되며, 차량에 탑재되는 가솔린이나 디젤 개질에서와 유사한 문제점을 가지고 있다. 다시, 기술적 진보에 대해서 세심하게 살펴보아야만 한다. 요약하면, 현재의 상황에서는 아마도 다음에서와 같은 연료를 사용하는 것이 가장 안전할 것이다:

- 버스와 중장비 차량
  충전소에서 천연가스로부터 만들어진 압축수소
- 승용차
  중앙에서 생산된 압축 또는 액화수소
  차량에 탑재된 개질기용 메탄올 또는 가솔린
- 소규모 발전설비
  천연가스
- 가정용 동력발전
  천연가스나 LPG

급유문제 때문에, 많은 경우에, 연료전지는 그림 5.8에서 도시되어 있는 것과 같은 일련의 화학 처리장치들로 변형되었다. 게다가, 연료전지의 출력은 DC전력이므로, 인버터 전력변환장치를 사용해서 AC전력으로 변환시켜야만 한다. 시스템 매개변수들을 모니터링하고 필요한 부하상태에 따라서 올바른 작동조건을 설정하기 위해서 더 많은 전자회로들이 필요하다. 실제 시스템 설계에 대해서는 이 책의 2부인 8장~10장에서 논의할 예정이다.

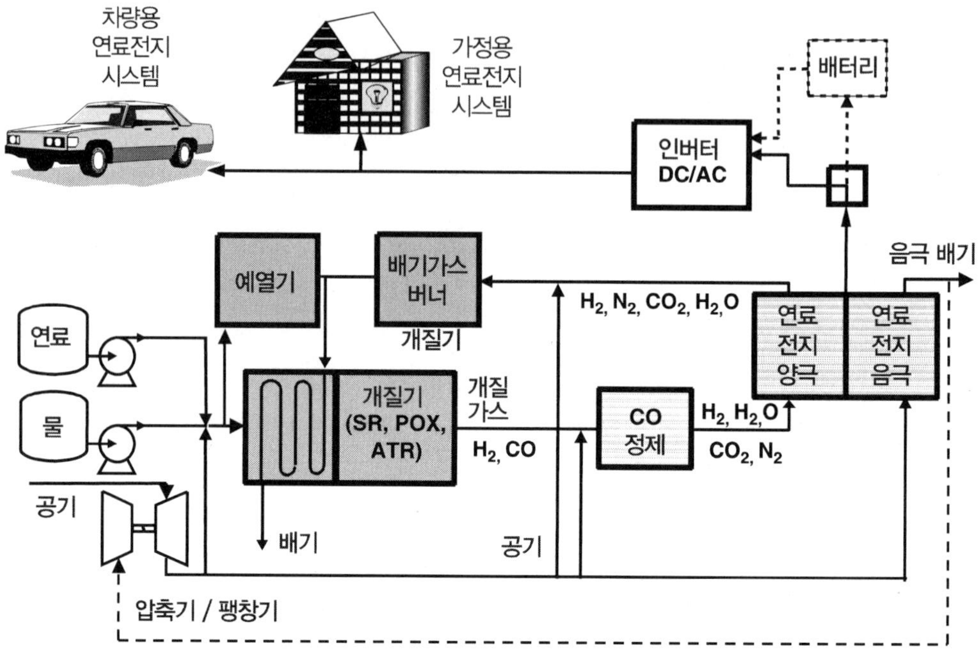

그림 5.8 개질수소를 사용해서 작동중인 완전한 연료전지 시스템의 개략적인 흐름도[16)]

5.7 일차연료와 연료의 정제

앞에서 발전설비 및 차량 시스템에서 가장 널리 사용될 것 같은 (2차)연료들에 대해서 검토해 보았으므로, 필요한 연료의 순도와 연료정제를 위한 옵션들에 대해서 살펴볼 필요가 있다. 5.5절에서는 양성자 교환 맴브레인 연료전지 시스템에서 개질기 가스로부터 일산화탄소를 제거하는 문제에 대해서 주로 다루었다. 어떤 면에서, 이것은 연료전지에 적합한 연료인 순수한 수소 대신에 개질된 가스를 공급함에 따라서 유발되는 불완전성의 문제이다.

여기서, 우리는 사용되는 일차연료 또는 모든 유형의 연료전지와 관련되어 논의된 연료에 존재하는 불순물의 제거에 초점을 맞춘다.

표 5.2에서 따르면, 고려해야만 하는 본질적으로 유일한 일차연료들은 오일과 천연가스임을 보여주고 있다; 메탄올, LPG, 가솔린, 그리고 디젤 등은 2차연료들이다.

오늘날 거의 모든 메탄올(90%)은 천연가스로부터 일반적으로 구리/아연 산화/알루미나 촉매를 사용하는 메탄올 합성 촉매변환장치 내에서 발생되는 식 (5.3)에 의거한 합성가스 생산방식으로 생산된다(소모야이, 1994).

$$CO + 2H_2 \rightarrow CH_3OH(g) \quad \Delta H = -90\ [kJ/mol] \tag{5.9a}$$

16) Adapted from Johnson Matthey graph

또는

$$CO_2 + 3H_2 \rightarrow CH_3OH(g) + H_2O(g) \quad \Delta H = -49\ [kJ/mol] \qquad (5.9b)$$

생산된 메탄올의 대부분은 후속적인 반응을 통해서 고등급 가솔린 연료의 옥탄가를 높이기 위한 화학물질인 MTBE[17]로 변환된다. 현재의 메탄올 연간 생산용량은 3천3백만 톤으로, 단지 80%만이 사용된다(미국 메탄올 협회, 1999). 미국 내에서 밴과 같은 차량이 MTBE를 사용한다면, 천만대의 차량이 사용할 수 있는 메탄올을 공급할 수 있는 생산용량이며, 메탄올 연료 개질기를 사용하는 승용차가 시장에 진입한 최소한 10년 동안 안정적으로 연료를 공급하기에 충분한 양이다(파셀 등, 2000).

가솔린과 디젤처럼, LPG는 오일 정유시설에서 생산되는 탄화수소 연료이다. 미래의 탄화수소 연료들은 실질적으로 무황화 되어야만 한다. 이를 위해서는 청결한 내연기관을 위한 연료가 필요하지만, 차량에 탑재하는 개질기의 경우에는 이보다 더 높은 수준의 연료를 요구한다.

천연가스는 보통, 황화수소(H_2S), 또는 COS[18]의 형태로, 천연적인 황 불순물을 함유하고 있다. 게다가, 누출을 용이하게 감지하기 위해서, 천연가스 공급망에서는 **부취제**를 첨가한다. 발전설비에 사용하기 위해서는 예를 들면 **메르캅탄**과 같은, 이들 인공적인 황화물들도 공급되는 가스에서 제거해야만 한다.

유황성분은 일반적으로 활성탄소 흡착이나, 아연산화물과의 반응, 또는 철산화물과의 반응 등을 통해서 손쉽게 제거할 수 있다(레만 등, 2001). 고농도의 탄화수소, 유기황화물(COS), 또는 특수한 부취제 등에서는 수소-탈황장치를 필요로 한다. 이는 첨가된 수소와 일차 연료를 후속적으로 제거되는 황화수소(H_2S)의 형태로 반응시킨다는 것을 의미한다. 유황의 제거는 연료사슬의 효율저감을 초래한다는 것은 명확하다.

천연가스는 가스정의 위치에 따라서 수 [ppm]에서 최대 1%의 유황 성분을 함유하고 있다(리들러와 트워, 1996). 미국 내에서 유통되는 가솔린은 평균 300 [ppm]의 유황을 함유하고 있다. 2004년 이후에는, 훨씬 엄격한 규정인 30 [ppm]이 적용될 예정이다.

이런 수치가 타당성을 갖도록 하기 위해서, 독일의 용융 탄산염 연료전지(MCFC) 제조업체인 MTU사는 50 [ppm] 이하의 유황성분을 함유하는 천연가스를 사용한다.

여타의 유해한 불순물들로는 최소한 양성자 교환 맴브레인 연료전지에서의 암모니아(우리베 등, 1999)와, 개질기와 정제공정을 통과해 나오거나 개질기 내부에서 생성되는 여타의 물질들이 있다.

가스 정제의 가장 어려운 경우에 해당되는 생물가스와 같은 생물연료를 포함하여, 가공되지 않은 연료들에 대해서 전반적인 기타 불순물들이 제시되어 있다. 생물가스의 정제공정에 대해서는 5.8.2절에서 논의되어 있다.

17) methyl tertyl butyl ether

18) carbonyl sulfide

5.8 재생성에 기초한 연료전지기술

지금가지는, 지속성을 갖춘 연료전지를 만드는 방안에 대해서는 거의 논의하지 않았다. 소음 감소, 높은 연료효율 등과 같은 분야에서 연료전지가 기여할 수 있는 모든 이득에도 불구하고, 지금까지 논의된 모든 승용차 및 발전설비용 연료들이 오일, 천연가스, 또는 석탄 등과 같은 화석 일차연료에 대한 의존성을 근본적으로 바꿀 수는 없다(후거스와 포터, 1999). 물을 분리하기 위해서 원자력에 전적으로 의존하는, 수소를 기반으로 하는 연료전지의 경제는 목표가 될 수 없다. 기존의 원자력 기술과 현재 사용중인 원자력에 대해서 살펴보면, 우라늄 공급은 석유자원의 공급보다 오래 지속될 수 없다.

결국, 가능한 유일한 해답은, 인간의 시간단위에서는 감소되지 않거나, 어떤 자연적 공정을 통해서 계속적으로 재생되는 재생에너지를 사용하는 것이다.

근본적으로, 재생성 일차 에너지원에는 태양의 핵융합공정, 지구핵에서 올라오는 열(이 에너지는 대략적으로, 우리 행성의 초기 형성단계에서 생성된 잠열과 지구 외피층 내에서 작용하는 핵공정에 의한 열 등이다), 그리고 지구와 달의 회전에 의한 에너지와 같이, 단지 세 가지만이 존재한다. 알고 있는 모든 재생에너지들은 이 세 가지 에너지원으로 거슬러 올라갈 수 있으며, 태양 에너지는 여타의 모든 에너지들을 합한 것보다 수량단위 상의 큰 차이를 갖고 있다.

식물과 녹조류의 광합성과, 물의 증발에 따른 퍼텐셜 에너지의 증가, 그리고 지구 표면의 압력차가 지구의 회전과 어우러져서 만들어지는 바람 등을 통하여 태양 에너지가 자연적으로 사용된다. 지열 에너지는 현재, 스팀 공정을 통해서 동력을 만들기 위해서, 150~200 [℃]의 온도를 갖고 있는 고온 리저버나, 난방목적인 경우, 저등급 열수에 손쉽게 접근할 수 있는 특정한 지질학적 위치에서만 사용된다. 조력 에너지는 커다란 강어귀에 수 미터 이상의 조수간만의 차이가 존재하는 매우 드문 특수한 지정학적 위치에서만 사용할 수 있다.

연료전지와 연관해서 이와 같은 재생 에너지원을 수집하는 데에는 두 가지 주요 방안들이 존재한다:

- 재생 에너지를 사용하여 물을 전기분해하여 수소를 생산
- 생물가스, 합성가스(일산화탄소(CO)와 수소(H_2)), 메탄올, 또는 수소를 생산하기 위해서 생물자원을 사용

이 두 가지 방안들에 대해서 더 상세하게 논의해 본다.

5.8.1 물의 전기분해를 통한 재생성 수소

전기분해는 특수한 산업에 깨끗한 수소를 공급하기 위해서 수년간 사용되었다. 재생방법으로 만든 전기 에너지와 결합된 이산화탄소-중성 수소를 만들기 위한 방안들 중 하나로서 이

방법은 많은 주의를 받게 되었다.

수소 주유소는 북미의 새크라멘토, 라스베가스, 디어본(미시간), 및 밴쿠버; 유럽의 함부르크, 뮌헨, 밀란; 그리고 일본의 오사카, 카미토바[19] 등에 이미 설치되었거나 설치될 예정이다.[20] 함부르크는 아이슬란드에서 필요한 수소를 수입하며, 밴쿠버와 함부르크의 설비는 재생에너지원으로서 수력을 사용할 예정이다.

수많은 국가들과 섬들은 재생에너지에 완벽하게 의존하는 수소경제의 최전선에 설 기회를 찾고 있다. 태평양에 위치한 섬나라인 바누아투와 하와이는 수소경제를 출범시킬 계획을 갖고 있으며, 하와이는 캘리포니아로 수소를 수출할 가능성도 있다.[21] 수소 생산은 풍력, 지열 및 태양에너지를 사용한다. 이외에도, 걸프, 오일생산이 최초로 고갈될 것이 명백한 두바이 에미레이트의 정부는 BMW와 함께 재생성 수소를 생산하기 위한, 세계의 태양벨트 중 일부를 분담하여 동력을 생산하는 방안의 타당성에 대해서 검토하고 있다(던, 2001).

언젠가는 재생성에 기초한 에너지 경제가 출범할 것이라는 점은 의심할 여지가 없다. 아직까지는 수력발전에 크게 의존하고 있는 노르웨이와 같은 국가들을 제외하고는, 현재 재생 에너지의 가용비율은 국가 전체의 전기에너지 소모량 중 낮은 값에 불과하다. 산업화된 국가들에서는, 차량분야만으로도 일차에너지 소모량만큼을 소비한다. 그러므로 두 가지 목적을 동시에 달성하기에 충분한 속도로 재생성 전력이 수요를 따라잡을 수 있을까에 대해서는 논쟁의 여지가 있다.

5.8.2 생물자원과 폐기물 : 연료전지 동력으로서의 생물자원

생물자원은 연료문제의 해결방안을 제시해 준다. 그림 5.9에서는 연료전지의 동력원으로 생물자원을 사용하기 위한 방안들에 대해서 개괄적으로 보여주고 있다. 물론 전력을 생산하기 위해서 스팀터빈(또는 스팀 엔진)을 구동하기 위한 스팀 발생을 위해서 생물자원을 연소시킬 수도 있다. 이 책에서 더 흥미로운 점은 화학적 방법, 즉, 연질 생물자원의 혐기성 소화[22]와 합성가스, 일산화탄소 및 수소 혼합물을 제조하기 위한 경질 생물자원의 열 공정 등이다. 이 열공정은 또한, 대부분의 탄소를 함유한 물질들에 사용될 수 있다. 전형적인 연료는 목재, 짚단, 빨리 자라는 갈대(억새의 일종), 그리고 나무에서 수확한 잎사귀 등이다. 에너지의 재배를 위해서는, 생육 및 수확에 막대한 장비가 필요하거나 인공적인 비료가 필요하지 않는 일차연료를 사용하는 것은 매우 중요한 사안이다. 이는 이산화탄소 중성화의 개념과 상치된다. 동일한 이유 때문에, 식물성 오일과 같은 액체 생물연료는 적합성이 떨어진다. 일반적으로 이들은 생육과 후처리 공정에 고준위(화석) 에너지 입력이 필요하다. 특정 식물이 높은 에너

19) http://www.osakagas.co.jp/csr_e/feature/04.html

20) 2016년 현재 전 세계에는 724개의 수소 주유소가 설치되어 있다. 한국의 경우 14개의 수소 주유소가 설치되어 있으며, 이들 중 7개가 운영중에 있다.

21) 하와이 주정부는 2030년까지 재생에너지 차량비율을 70%로 높이며 2040년에는 화석연료 차량을 완전히 퇴출시키는 계획을 추진중에 있다. 2015년 오하우 섬에는 2개의 수소 충전소가 운영중에 있다.

22) anaerobic digestion

지를 회수해 주는 조건은, 기후 및 농업조건 등에 따라서, 국가마다 서로 다르다(Koßmehl과 하인리히, 1998).

쓰레기 처리공정은 현재 높은 관심을 받고 있다. 독일에서는 개인소유의 쓰레기 처리회사인 헤르호프社에 의해서 소위 **건식 안정물**이라고 부르는, 가정 쓰레기를 분리 및 건조시키는 새로운 자동화공정이 개발되었다. 이 기법은 과도한 재생과 세심한 자원사용 사이의 훌륭한 절충안으로 널리 인식되고 있다. 이 공정은 순철, 비철금소, 유리, 세라믹 및 돌, 그리고 전지 등을 분리해 준다. 잔류된 건식 안정물들은 갈탄과 비슷한 열량을 갖고 있으며, 현재 발전소나 시멘트 공장 등에서 소각 처리한다. 가정에서 나오는 생물쓰레기와 종이를 분리수집하고 있음에도 불구하고, 비첸하우젠 연구소의 연구에 따르면, 60[wt%]의 건식 안정물들이 여전히 유기물질로 이루어져 있다는 사실을 인식할 가치가 있다(컨과 스프릭, 2001). 독일과 이탈리아에서는, 최소한 네 개의 처리공장이 이미 가동중이거나 가동 예정이다.

건조된 유기물질로부터 합성가스를 생산하기 위한, 에너지 효율성을 갖춘 공정들을 현재 사용할 수 있다(크완트, 2001). 생물자원은 전 세계적으로 일년내내 풍부한 양을 사용할 수 있다. 연료전지 기술의 관점에서는, 생물자원의 가스화로부터 추출한 합성가스에 대한 식 (5-2)의 수분-가스 전이를 통해서 더 많은 수소로 전환시킬 수 있다; 메탄올 합성을 위해서는 식 (5.9a와 b); 또는 용융 탄산염 연료전지(MCFC)나 고체 산화물 연료전지(SOFC) 형 발전시설용 고온 연료전지 시스템의 경우에는 직접 사용한다. 그림 5.9에서는 이들의 사용경로에 대해서 설명하고 있다. 수소와 메탄올은 차량용 연료로 사용될 수도 있기 때문에, 이들을 만드는 방법에 대해서는 알아둘 필요가 있다.

또한 그림 5.9에서는 혐기성 소화작용의 생성물이 **생물가스**라는 점을 설명하고 있다. 거름, 가정용 유기쓰레기, 업소 및 공장 음식물 쓰레기, 깎은 잔디 등과 같은 연질 유기물을

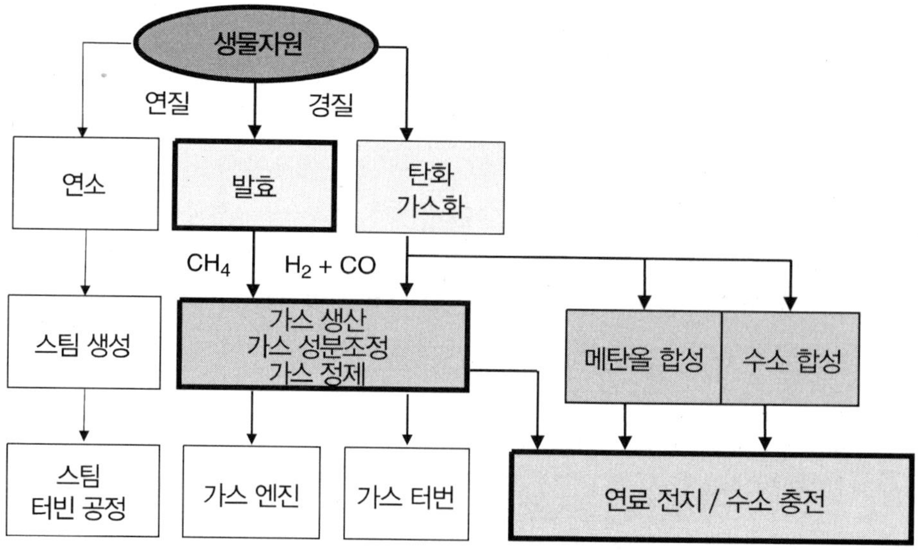

그림 5.9 생물자원에서 연료전지용 재생연료로 변환시키는 경로들

자원으로 사용할 수 있다(코트너, 2001). 생물가스의 조성은 사용된 재료에 따라서 현저하게 변한다. 표 5.4에서는 추가적인 육류나 음식물 쓰레기의 보조발효 없이, 가정용 유기물 쓰레기로부터 추출한 생물가스의 전형적인 조성을 보여주고 있다. 모든 경우에 있어서, 메탄은 체적비율로 생성된 가스의 50~75%에 달하는 주성분이다. 일반적으로, 생물가스 공장의 생산물에는 특정한 함량의 이산화탄소가 함유되어 있다.

표 5.4 가정용 유기쓰레기에서 추출한 생물가스의 전형적인 가스조성(비오사르, 2001)

성분	농도(습윤가스)
메탄	60~75%
이산화탄소	< 35%
수증기	0~10%
질소	< 5%
산소	< 1%
일산화탄소	0.2%
실록산	< 10 [mg/m^3] CH_4
황화수소	150 [ppm]

생물가스는 천연가스와 유사한 조성을 갖는다는 점은, 고온 연료전지에서의 직접사용에서부터 저온 연료전지에서 필요로 하는 조건들을 충족시키기 위한 합성가스나 수소로의 개질 등, 앞서 논의했던 모든 가능성들을 열어준다.

그림 5.10에서는 연료전지에서 생물가스를 사용하기 위한 완전한 흐름도를 보여주고 있다. 생물가스는, 천연가스에서도 발견할 수 있는, 광범위한 오염물들을 함유하고 있다는 점을 상기하는 것이 중요하다. 유사한 정제기술을 사용할 수 있으며, 그림에서 이들을 나열해 놓았다. 그림 5.10에서는 또한, 활성탄소, 산화철 필터, 또는 생물학적 필터 등의 대안들을 제시하고 있다. 후자는 관리가 필요없고, 후속적인 활성탄소 단계의 가용수명을 증가시키는 것으로 믿어지고 있다(레만 등, 2001).

현재까지, 인산 연료전지(PAFC) 기술만을 사용하는 실용적인 공장들이 10여개 이상 건설되었다. 오수가스를 사용하는 파일럿 공장에서 유황성분을 제거하기 위해서 −20 [℃]로 냉각하는 극저온 처리와 활성탄소 흡착이 복합적으로 수행된다. 유황 성분의 급작스러운 유출을 방지하기 위해서 두 탄소필터가 직렬로 사용된다. 극저온 처리는 수분을 제거해주며, 그렇지 않다면 활성탄소의 유황흡착을 사용해야만 하는데, 이는 생산비용의 증가를 초래한다. 극저온 단계의 또 다른 장점은 오늘날 화장품과 여타의 소비자 제품을 통해서 오수와 가정용 쓰레기에 다량 함유된 실록산도 제거해 준다는 점이다.

생물가스를 고온 연료전지에 사용하는 것은 여타 연료전지의 경우에서보다 작은 처리단계가 필요하다는 점은 명확하며(레만 등, 2001), 특히, 용융 탄산염 연료전지(MCFC)는 근본적인 이산화탄소 친화성 때문에 매력적이다(8장 참조).

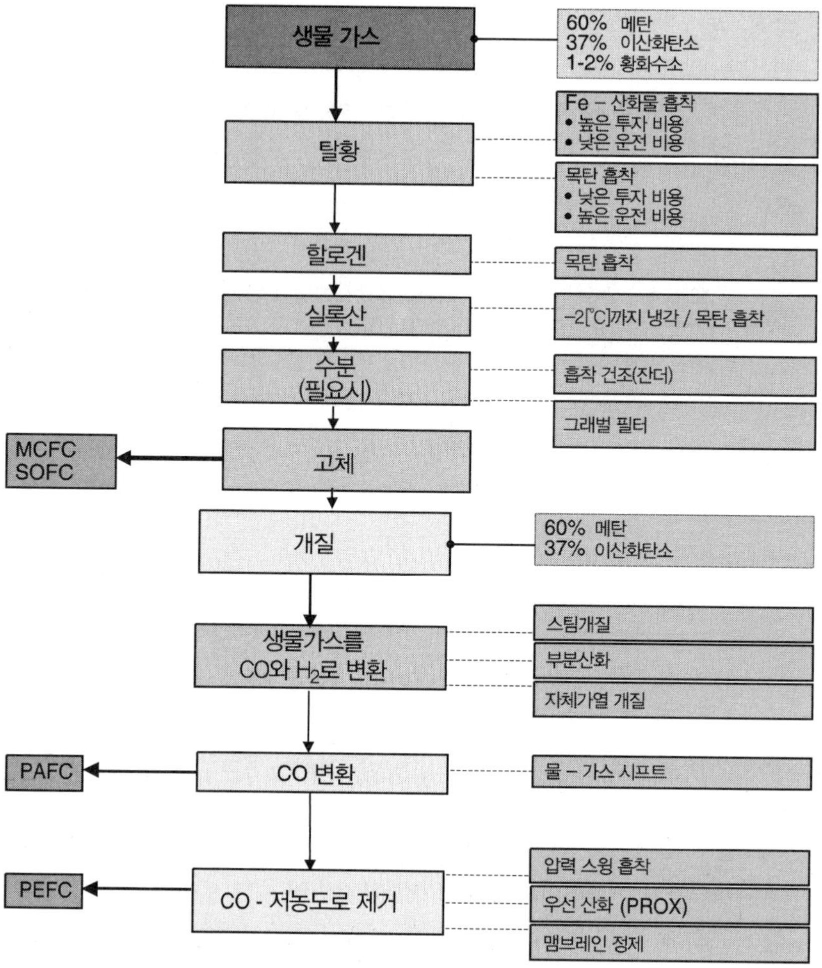

그림 5.10 사용된 연료전지 기술에 의존적인 생물가스의 연료공정과 정제

고체 생물자원과 생물가스는 쓰레기로부터 추출했음에도 불구하고, 연료전지에 동력을 공급하는 실제적이고 가격 경쟁력 있는 방안을 제공해준다(레만 등, 2001). 이 옵션들은 상수와 오수관로를 통합적으로 관리하는 데에 있어서 중요한 구성요소가 될 것으로 생각된다.

References

American Methanol Institute, www.methanol.org, 1999.

Atkins, P.W., Physical Chemistry, 5th ed., Oxford University Press, Oxford, 1994.

Bauman, J.W., Zawodzinski, T.A., Jr., and Gottesfeld, S., in Proceedings of the Second International Symposium on Proton Conducting Membrane Fuel Cells II, Gottesfeld, S. and Fuller, T.F., Eds., Electrochemical Society, Pennington, NJ, 1999.

Bechtold, R.L., Alternative Fuels Guidebook, Society of Automotive Engineers, 1997.

Biosaar GmbH, personal communication, 2001.

Chambers, A. et al., Hydrogen storage in graphite nanofibers, J. Phys. Chem. B, 102, 4253, 1998.

Cooper, S.J. et al., Reformate tolerance in proton exchange membrane fuel cells: electrocatalyst solutions, in New Materials for Fuel Cells and Modern Battery Systems II, Savadogo, O. and Roberge, P.R., Eds., University of Montreal, 1997.

DaimlerChrysler, Oral presentation at Projekthaus Brennstoffzelle, Stuttgart, 2000.

Dams, R.A.J. et al., Feasibility of Using Gasoline Type Fuels in Mobile SPFC Systems, Department of Trade and Industry Advanced Fuel Cells Programme Report, Energy Technology Support Unit Agreement F/02/00097, 1996.

De Jong, K.P., Schoonebeek, R.J., and Vonkeman, K.A., Process for the Catalytic Partial Oxidation of Hydrocarbons, U.S. Patent 5,720,901, 1998.

Dunn, S., Routes to a hydrogen economy, Renewable Energy World, 4, 18, 2001.

EG&G Services, Parsons Inc., Science Applications International Corporation, Fuel Cell Handbook, 5th ed., U.S. Department of Energy, Office of Fossil Energy, National Energy Technology Laboratory, Morgantown, WV, 2000.

Edlund, D., A versatile, low-cost, and compact fuel processor for low-temperature fuel cells, Fuel Cells Bull., No. 14, 2000.

Edwards, N. et al., On-board hydrogen generation for transport applications: the HotSpot methanol processor, J. Power Sources, 71, 123, 1998.

Edwards, N. et al., Self-Sustaining Hydrogen Generator, U.S. Patent 5,762,658, 1998.

Emonts, B. et al., Compact methanol reformer test for fuel-cell powered light-duty vehicles, J. Power Sources, 71, 288, 1998.

Golde, R., High-Pressure Conformable Hydrogen Storage for Fuel Cell Vehicles, in Fuel Cells for Transportation Program: FY 1998 Contractors' Annual Progress Report, U.S. Department of Energy and the Office of Advanced Automotive Technologies, 1, 67, 1998.

Golunski, S., HotSpot fuel processor: advancing the case for fuel-cell.powered cars, Platinum Metals Rev., 42, 2, 1998.

Gottesfeld, S. and Pafford, J., A new approach to the problem of carbon monoxide poisoning in fuel cells operating at low temperatures, J. Electrochem. Soc., 135, 2651, 1988.

Greenwood, N.N. and Earnshaw, A., Chemistry of the Elements, Pergamon Press, Oxford, 1984.

Hoogers, G. and Potter, L.C., Fuel cells: their potential as the ultimate source of clean power, Renewable Energy World, 2, 50, 1999.

Hoogers, G. and Thompsett, D., The role of catalysis in proton exchange membrane fuel cell technology, CaTTech, 3, 106, 1999.

Jankowska, H., Swiatkowski, A., and Choma, J., Active Carbon, Ellis Horwood Ltd., New York, 1991.

Johnson Matthey, 2001, http://www.hydrogentechnology.com/.

Kahlich, M. et al., Kinetics of the selective CO oxidation in H2-rich gas on supported noble metal catalysts, in New Materials for Fuel Cells and Modern Battery Systems II, Savadogo, O. and Roberge, P.R., Eds., 1997.

Kern, M. and Sprick, W., Abschaetzung des Potenzials an regenerativen Energietraegern im Restmuell, in Bio-und Restabfallbehandlung V, Biologisch . Mechanisch . Thermisch, Wiemer, K. and Kern, M., Eds., Witzenhausen, 2001, p. 149.

Kottner, M., Biogas in agriculture and industry: potentials, present use and perspectives, Renewable Energy World, 4, 132, 2001.

Koßmehl, S.-O. and Heinrich, H., Assessment of the use of biofuels in passenger vehicles, in Sustainable Agriculture for Food, Energy and Industry, James & James, London, 1998, pp. 867.875.

Kuypers, H. (Shell, Amsterdam), Oral presentation at the annual meeting of the Dutch Physical Society, NNV, Eindhoven, 2000.

Kuroda, K. et al., Study on performance of hydrogen production from city gas equipped with palladium membranes, Mitsubishi Juko Giho, 33, 5, 1996.

[kW]ant, K.W., Status of biomass gasification, Renewable Energy World, 4, 122, 2001.

Larminie, J. and Dicks, A., Fuel Cell Systems Explained, Wiley-VCH, 2000.

Lehmann, A.-K., Russel, A.E., and Hoogers, G., Renewable fuel cell power from biogas, Renewable Energy World, 4, 76, 2001.

McCabe, R.W. and Mitchell, P.J., J. Catal., 103, 419, 1987.

Mukerjee, S. et al., in Solid Oxide Fuel Cells VII, Proceedings of the Seventh International Symposium, Yokokawa, H. and Singhal, S.C., Eds., Proceedings Vol. 2001.6, The Electrochemical Society, Pennington, NJ, 2001.

Oh, S.H. and Sinkevitch, R.M., Carbon monoxide removal from hydrogen-rich fuel cell feedstreams by selective catalytic oxidation, J. Catal., 142, 254, 1993.

Pasel, J., Peters, R., and Specht, M., Methanol-Herstellung und Einsatz als Energietrager fur Brennstoffzellen, Themen 1999.2000, Forschungsverbund Sonnenenergie, Berlin, 2000.

Plzak, V., Rohland, B., and Jorissen, L., Preparation and Screening of Au/MeO Catalysts for the Preferential Oxidation of CO in H2-Containing Gases, poster, 50th ISE Meeting, Pavia, 1999.

Ralph, T.R. and Hards, G.A., Chemistry and Industry, May 4, 1998, p. 327.

Reister, D. et al., 1992, Current development and outlook for the hydrogen fueled car, in Hydrogen Energy Progress IX, 1202.

Ridler, D.E. and Twigg, M.V., Steam reforming, in Catalyst Handbook, Twigg, M.V., Ed., Manson Publishing, London, 1996, p. 225.

Sandrock, G., Intermetallic hydrides: history and applications, in Intermetallic hydrides: history and applications, in Proceedings of the Symposium on Hydrogen and Metal Hydride Batteries, Bennett, P.D. and Sakai, T., Eds., Sandrock, G., The Electrochemical Society, Pennington, NJ, 94.27, 1, 1994.

Schubert E., Co-Director of the Global Alternative Propulsion Center (GAPC), Oral presentation at the Rhineland-Palatinate Ministry of Environment and Forestry, Mainz, 2001.

Selan, M. et al., The process cycle sponge iron/hydrogen/iron oxide: characterization of used materials, in New Materials for Fuel Cells and Modern Battery Systems II, Savadogo, O. and Roberge, P.R., Eds., 1997.

Somorjai, G.A., Introduction to Surface Chemistry and Catalysis, John Wiley & Sons, New York, 1994.

Sudchemie, Munich, Germany, Personal communication and product information, 2000.

Thiokol Propulsion home page, www.thiokol.com, 2001.

Trimm, D.L. and Onsan, Z., On-board fuel conversion for hydrogen-fuel-cell-driven vehicles, Catalysis Rev., 43, 31, 2001.

Ullmann, 1983, Ullmann's Encyclopedia of Industrial Chemistry, Sixth Ed., Wiley-VCH, 2001.

Uribe, F.A., Zawodzinski, T., Jr., and Gottesfeld, S., Effect of ammonia as possible fuel impurity on PEM fuel cell performance, in Proceedings of the Second International Symposium on Proton Conducting Membrane Fuel Cells II, Gottesfeld. S. and Fuller, T.F., Eds., The Electrochemical Society, Pennington, NJ, 1999, p. 229.

Zittel, W., Hydrogen in the energy sector, HyWeb (www.hydrogen.org), 1996.

Chapter 06 양성자교환 맴브레인 연료전지의 촉매

양성자 교환 맴브레인 연료전지(PEMFC)의 심장인 맴브레인 전극 조립체(MEA)는 두 개의 촉매층으로 구성되어 있다. 이 층들은 맴브레인 전극 조립체(MEA)의 성능을 결정짓는 중요한 역할을 수행한다. 이들 없이 맴브레인 전극 조립체(MEA)는 기능할 수 없으며, 양성자교환 맴브레인 연료전지(PEMFC)는 21세기의 각광받는 에너지 발생기술이 되지 못했을 것이다(후거스와 톰셋, 2000). 이 단원의 목적은 촉매와, 이들의 성능이 양성자교환 맴브레인 연료전지(PEMFC) 기술수준에 끼치는 영향에 대해서 논의하는 것이다.

전기촉매가 본질적인 역할을 수행하기 위해서는, 몇가지 요건을 충족시켜야만 한다. 양극에서 수소(H_2)나 메탄올과 같은 연료의 전기화학적 산화와 음극에서 O_2의 감소에 대해서 본질적으로 높은 활성도를 유지할 필요가 있다. 양성자교환 맴브레인 연료전지(PEMFC)는 수만시간을 작동해야만 하므로, 훌륭한 내구성 역시 중요한 요구조건이다. 또한 촉매층에서 저항손실을 최소화하기 위해서 전기촉매는 훌륭한 전기전도도를 가져야만 하며, 염가로 제조할 수 있어야 하고, 훌륭한 재현성을 갖고 대량으로 생산할 수 있어야 한다.

6.1 양성자교환 맴브레인 연료전지(PEMFC)의 전기촉매

양성자교환 맴브레인 연료전지(PEMFC) 기술을 위한 전기촉매의 개발은 초기 연료전지 기술에서 개발되었던 개념과 공식에 크게 의존하고 있다. 이러한 과거의 성과들에는 1960년대 제너럴 일렉트릭의 양성자교환 맴브레인 연료전지(PEMFC) 프로그램을 통해서 개발된 일산화탄소 내성을 갖는 백금촉매재료, 1970~80년대에 인산 연료전지(PAFC)를 위해서 개발된 탄소에 지지되는 백금촉매, 1960년대에 쉘의 직접메탄올 연료전지(DMFC) 프로그램을 위한 메탄올(MeOH) 산화기술 등이 포함된다. 또한, 실험상의 편이성과 양성자교환 맴브레인 연료전지(PEMFC) 시험에 수반된 특성 때문에, 개발된 많은 촉매들이 액체 전해질 환경 하에서 수행되었다.

이 단원의 목표는 이러한 노력들에 대해서 살펴보는 것이지만, 가능하다면 액체 전해질 환경 보다는 양성자교환 맴브레인 연료전지(PEMFC) 환경 하에서 촉매의 활성도를 설명하도록 노력하겠다. 또한, 비록 연료전지 반응을 위해서 특성이 잘 규명된 표면에 대한 연구는 기존 촉매의 기능을 이해하기 위해서는 무한한 가치를 가지고 있다는 점은 인정하지만, 실제적인 촉매재료에 대한 설명에 중점을 둔다.

6.2 촉매의 설계, 선정 및 특성

실제적인 연료전지에서는 무엇이 중요할까? 서로 다른 모든 촉매소재에서와 마찬가지로, 훌륭한 성능을 구현하기 위해서는, 수많은 기본적인 요구조건들이 필요하다. 여기에는 반응을 위한 위치들의 본질적으로 높은 활성도와 이 위치들의 최대 수가 포함된다. 여타의 요구조건들은 다음과 같다.

- 전기 전도도
- 이오노머와의 좋은 활성도
- 반응가스의 접근성
- 반응물, 생성물 및 전해질 등과의 접촉 안정성

연료전지가 최대 효율을 유지할 수 있도록 만들기 위해서는, 두 전극들이 가지고 있는 열역학적 퍼텐셜에 가능한 한 근접하여 전극반응이 일어나도록 만들 필요가 있다. 수십년간의 연구결과 백금과 백금이 코팅된 촉매들이 활성도와 안정성 모두의 측면에서, 가장 효과적인 촉매소재이다. 더 최근의 노력은 어떻게 하면 백금을 더 효과적으로 사용하는가에 집중되었다.

일반적으로, 주어진 활성 상태에 대해서 활성 위치들의 숫자를 극대화시키기 위해서는, 이 상들을 불활성 지지체위에 분산시킬 필요가 있다. 저온 연료전지의 경우, 지지체 역시 앞서 논의했던 성질들을 가질 필요가 있다. 일반적으로 도전성 탄소흑 지지체는 이 요구조건들을 충족시키며, (일반적으로 백금) 활성상태는 지지표면상에 미세하기 분포되어야 한다. 백금의 입도와 표면적 사이의 상관관계는 간단한 관계식을 사용해서 계산할 수 있다(구형 입자라고 가정):

$$S = \frac{6}{(\rho_{\mathrm{Pt}} \times d)}$$

여기서 $S =$ Pt 표면적, $\rho_{\mathrm{Pt}} =$ Pt 밀도, 그리고 $d =$ 입자의 직경이다.

이들의 상호관계는 그림 6.1에서 도식적으로 표현되어 있다. 그림에 나타낸 것처럼, 백금의 입자크기가 2 [nm]에서 4 [nm]로 증가함에 따라서, 백금의 표면적은 절반으로 감소한다. 그러므로 위치의 숫자를 극대화시키기 위해서는 가능한 한 미세하게 백금 입자들을 분산시켜야만 한다.

이 단원의 목적은 연료전지의 작동을 위한, 두 전극간 반응의 필요조건에 대해서 논의하는 것이다.

6.3 양극 전기촉매

현재, 직접 양성자교환 맴브레인 연료전지(PEMFC) 작동을 위해 고려되고 있는 단 두 가지의 연료는 수소(H_2)(개질연료라고 부르는 수소(H_2)가 풍부한 원료공급을 위해서는) 일반적으로 탄화수소나 산소가 첨가된 탄화수소의 처리를 통해서 생산된다)와 메탄올(MeOH)이다. 에탄올, 포름알데히드 및 포름산과 같은 산소가 첨가된 연료들의 산화에 대해서 고찰하였으나(파슨스와 반데르노트, 1988; 곤잘레스 등, 1998) 이 연료들은 실제적인 양성자교환 맴브레인 연료전지(PEMFC)에서의 사용이 고려되어지고 있지 않기 때문에, 여기서 논의하지 않는다.

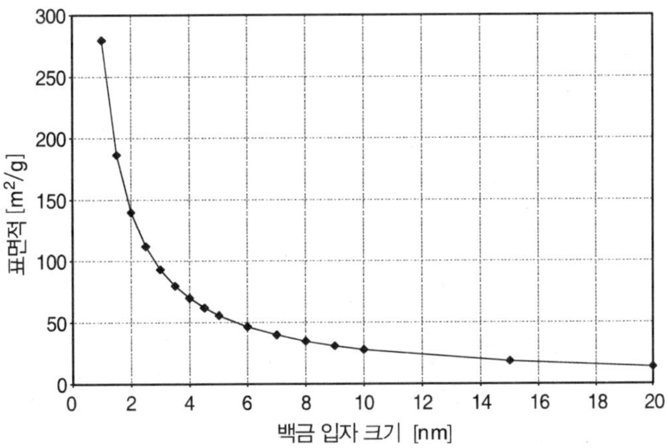

그림 6.1 구면형상으로 가정한 입자의 크기와 백금 표면적 사이의 상관관계

6.3.1 수소(H_2) 전기-산화

백금이나 팔라듐과 같은 귀금속상에서 수소(H_2)의 전기화학적인 산화는 매우 손쉽게 일어난다(마르코비치 등, 1997a).

$$H_2 \rightarrow 2H^+ + 2e^- \quad (E_o = 0.00\ [V],\ \ pH = 0)$$

여타의 소재들도 수소(H_2)에 대해서 높은 전기-산화 활성도를 보이지만, 산성 전해질 속에서의 부식이나 불용성 등의 측면에서는 귀금속이 최고의 안정성을 보인다. 백금함유량이 낮은 단결정상에서 일어나는 반응의 교환전류밀도 i_o는 ~10^{-3}[A/cm^2]의 범위를 갖는다(마르코비치 등, 1997a). i_o가 높다는 것은 부하가 증가함에 따라서 양극이 이론적인 가역 전위값에 근접한 전위를 유지한다는 것을 의미한다-4장 참조.

산성 전해질 속에 높인 백금상에서 수소(H_2)의 전기-산화 메커니즘은 일차적으로 수소의 분열성 흡착이 발생하는 것으로 믿어지며, 이것이 비율-결정단계이다. 그 다음 단계로 전하

전달이 순조롭게 일어난다(바이 등, 1987):

$$H_2 + 2Pt \rightarrow 2Pt - H_{ads}$$

$$2Pt - H_{ads} \rightarrow 2Pt + 2H^+ + 2e^-$$

백금표면상에서 수소(H_2) 산화는 본질적으로 높은 활성도를 가지고 있기 때문에, 순수한 수소를 사용하는 경우에는 매우 낮은 함량의 백금만을 필요로 한다. 0.05 [mg(Pt)/cm^2]의 백금만을 주입하고도 만족스러운 양극 성능을 얻을 수 있음이 검증되었다(아타나소바 등, 2001).

순수한 수소가 양성자교환 맴브레인 연료전지(PEMFC)의 이상적인 연료이기는 하지만 순수한 수소의 경제적인 공급원을 즉각적으로 이용할 수 없다. 그러므로 현재 가장 현실적인 수소(H_2)공급원은 탄화수소의 촉매화 공정이다-5장 참조. 탄화수소 연료의 스팀 개질이나 부분산화에 의해서 생산된 수소에는 일산화탄소(CO) 불순물(1~3%)과 다량의 이산화탄소(19~25%) 및 질소(25%)가 함유되어 있다-5장 참조. 질소는 수소를 희석시키는 역할을 하는 반면에, 이산화탄소와 일산화탄소는 모두 순수한 백금촉매를 중독시켜서 양극의 성능을 저하시킨다. 둘 중에서 일산화탄소가 훨씬 더 큰 영향을 끼치므로, 일산화탄소 농도를 10 [ppm] 이하로 낮추면 성능에 현저한 영향을 끼친다(그림 6.2 참조).

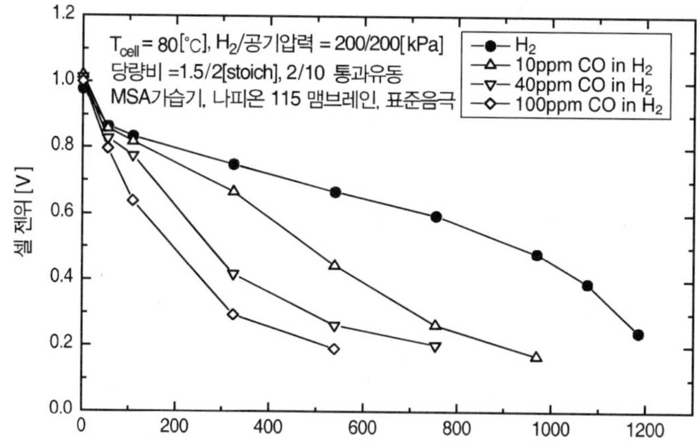

그림 6.2 백금 양극촉매를 사용하는 전지의 성능에 일산화탄소(CO)가 끼치는 영향

6.3.2 일산화탄소의 영향

일산화탄소(CO)가 백금과 강하게 결합한다는 점은 잘 알려져 있다; 그러므로 H_2/CO 혼합체 내에서 수소(H_2)의 흡착과 산화를 위한 가용면적이 감소된다. 비록 일산화탄소의 전기화학적인 산화인

$$CO + H_2O \rightarrow CO_2 + 2H^+ + 2e^- \quad (E_o = -0.10\text{V vs. RHE})^{1)}$$

가 열역학 적으로는 바람직하지만, 실제적으로는 산화가 일어나기 전에 순수한 백금 표면에

큰 과도전위가 필요하다. 예를 들면, 80 [℃] 0.5 [V] 까지는 분산되어 있는 백금촉매상에서, 일산화탄소(CO) 산화의 침투가 관찰되지 않는다. 그러므로 양극이 작동할 필요가 있는 전위 영역(0~0.1 [V])에서 일산화탄소는 불활성 흡착물질이 된다.

백금촉매의 일산화탄소 중독 정도는 온도와 일산화탄소 농도 모두에 심하게 의존적이다. 백금상에 존재하는 [ppm] 단위의 농도를 갖는 일산화탄소 하에서도 작동하기 위해서, 양성자교환 맴브레인 연료전지(PEMFC)의 작동온도는 매우 높다(0.98~1.00). 그런데 작동온도를 인산 연료전지(PAFC)에서와 같이 높이면(>160 [℃]), 퍼센트 단위의 일산화탄소 농도 하에서도 일산화탄소 하에서의 작동도는 약 0.5까지 떨어지게 되어, 훨씬 더 높은 농도에서까지 전지가 작동할 수 있게 된다(다르 등, 1986).

6.3.3 이산화탄소의 영향

특히 개질연료 내의 상대적인 농도에 큰 차이가 나는 경우(전형적으로 이산화탄소 25% 대 일산화탄소(CO) 40 [ppm])에는 순수한 백금촉매의 이산화탄소 중독은 일산화탄소의 영향에 비해서 그리 심하지 않다. 중독의 영향은 가능한 두 가지 메커니즘으로부터 나타난다.

1. $H_2 + CO_2 \rightarrow H_2O + CO$
2. $CO_2 + 2Pt - H_{ads} \rightarrow Pt - CO + H_2O + Pt$

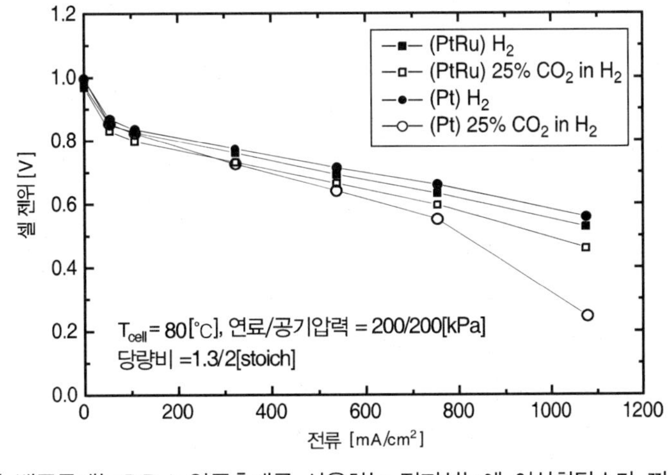

그림 6.3 백금과 백금루테늄(PtRu) 양극촉매를 사용하는 전지성능에 이산화탄소가 끼치는 영향

두 식은 (1) 낮익은 가스-상 반응과 (2) 전기화학적 당량이 수반된 **액체-가스 역전이 반응**의 형태이다. 두 경우 모두, 생성물은 일산화탄소(CO)로, 연료에 일산화탄소가 유입된 것과

1) All potentials are quoted with reference to the reversible hydrogen potential, RHE, at $E_o = 0$ [V] (by definition)

동일한 영향을 끼친다. 계산에 따르면, 비록 잔류수분(H_2O) 농도에 크게 의존하지만, 평형조건 하에서 75% H_2/25% CO_2인 전형적인 가스 혼합물 내에는 100~200 [ppm]의 일산화탄소가 존재해야 한다.

6.4 개질연료 내성에 대한 논의

개질연료의 내성이라는 항목은 수소가 풍부한 개질연료나 불활성 가스와 동일한 수준으로 수소가 희석된 상태에서 작동하더라도 양극(또는 맴브레인 전극 조립체(MEA))의 작동성능에 아무런 차이가 없는 경우에 의미를 갖게 된다. 앞에서 논의했듯이, 순수한 백금 양극의 성능은 공급되는 연료 내에 존재하는 미량의 일산화탄소(CO)에 의해서 심하게 저하되며, 정도는 덜하지만 이산화탄소에 의해서도 영향을 받는다. 양성자 교환 맴브레인 양극의 개질연료 내성 개선에 대한 대부분의 연구들은 일산화탄소 내성에 관한 것들이다. 양극에서 개질연료의 내성을 구현하기 위해서 두 가지 중요한 방법들이 사용되어 왔다.

1. 개질연료 내성이 더 큰 전기촉매의 개발
2. 공기 분사와 선택적 산화층의 사용

6.4.1 개질연료 내성 전기촉매

양극 중독을 극복하는 가장 세련된 방법은 최소한 100 [ppm]의 일산화탄소(CO)와 20~25%의 이산화탄소가 존재하는 조건 하에서도 작동이 가능하도록, 일산화탄소 및 이산화탄소 내성을 갖춘 **전기촉매**를 개발하는 것이다(쿠퍼 등, 1997). 일산화탄소에 대한 내성을 증진시키기 위해서, 여타의 소재들을 사용하여 백금을 개선하려는 수많은 노력이 시도되었다.

1960년대 초반에 제너럴 일렉트릭은 1세대 양성자교환 맴브레인 연료전지(PEMFC)를 개발하는 과정에서 지지물 없이 백금에 루테늄(Ru)과 로듐(Rh) 및 이리듐(Ir)을 섞은 금속 혼합분말(흑체)이 백금흑만을 사용하는 경우보다, 85 [℃] 2.5M 황산(H_2SO_4) 전해질 속으로 공급되는 연료 유동에 섞여있는, 일산화탄소(CO: 0.2~30% 수준) 하에서 견실한 내성을 가지고 있음을 발견하였다(니드라와 웨인스톡, 1965; 니드라 등, 1967; 맥키 등, 1967). 후속적인 연구를 통하여 백금을 함유한 백금흑과 니켈(Ni) 및 구리(Cu) 등의 기반물질의 혼합물이 훌륭한 일산화탄소(CO) 내성을 가지고 있으며, 백금니켈(PtNi) 조합 역시 고온상태의 산성 전해질에 대해서 훌륭한 부식저항성을 음을 발견하였다(맥키와 Pak, 1969). 그런데 이러한 훌륭한 성능은 30 [mg(Pt)/cm^2] 이상의 높은 금속 충진율 하에서 구현된 것이다. 이어서, 탄화붕소와 같은 불활성 도전성 지지체상에 백금루테늄(PtRu)을 주입하면 사용 가능한 수준인 3~5 [mg(Pt)/cm^2]의 충진율 하에서도 동일한 일산화탄소(CO) 내성을 갖는다는 것이 규명되었다(맥키와 스카펠리노, 1968).

혼합된 합금흑과 마찬가지로, 제너럴 일렉트릭은 $CoMoO_4$, MoO_2, WO_2 및 WO_3와 같은 금속 산화물과 백금흑 혼합물을 사용하는 것이 백금만을 사용하는 것보다 높은 금속 주입율 및 사용조건 하에서 일산화탄소(CO) 내성을 개선한다는 것을 발견하였다(니드라와 웨인스톡, 1965). 특히, 산화물을 함유한 전극들의 경우, 순수한 일산화탄소를 연료로 사용하면서, 저전위에서 조차도 활성도가 순수한 수소(H_2)를 사용한 경우에 근접할 정도로, 뛰어난 성능을 보인다. 백금에 대한 대체 첨가물로서 소듐 텅스텐 브론즈(Na_xWO_3, $x=0.28$~0.89)를 사용한 경우에 대한 연구결과 훌륭한 일산화탄소 내성을 갖고 있음이 규명되었다(니드라와 젤라이저, 1969).

비록 이 초기연구를 통해서 일산화탄소(CO) 내성을 갖는 전기촉매에 대한 훌륭한 진보가 있었지만, 명백히, 부품의 비용이 중요한 대규모 시장의 경우에는, 30 [mg(Pt)/cm^2] 또는 그 이상을 주입한 전극을 상업적으로 사용할 수 없다. 발라드社에 의한 더 최근의 연구에서는 흑체 전극기술을 개량하여 양극 주입량을 5 [mg(Pt)/cm^2] 까지 감소시켰지만, 자동차 분야에 적용하기에는 여전히 너무 가격이 높다(랄프 등, 1997).

탄소에 지지되는 촉매 기술이 도입된 것은 인산 연료전지(PAFC)의 개발 이후이다(2장 참조). 인산 연료전지는 상업적 발전을 목표로 하고 있기 때문에, 구성요소들의 가격이 중요한 기준이 된다. 그러므로 양극과 음극 모두에 대한 전기촉매 기술은 백금 소재를 0.1~0.5 [mg(Pt)/cm^2]의 낮은 비율로 주입한 탄소 지지체를 기반으로 한다. 비록, (온도에 따라서 일산화탄소(CO) 결합이 약화되기 때문에) 인산 연료전지의 궁극적인 작동온도(210 [℃])가 특정한 일산화탄소(또는 개질연료)에 대한 내성을 갖는 양극촉매를 사용할 필요가 없을 정도로 높지만, 저온에서 인산 연료전지의 작동이 가능한 일산화탄소 내성을 갖는 물질을 개발하기 위해서 많은 노력이 수행되었다.

탄소에 지지되는 백금로듐(PtRh)과 백금루테늄(PtRu) 촉매 모두에 대해서 연구가 수행되었으며, 수소(H_2)연료 내에 1.7%의 일산화탄소(CO)가 함유된 경우에, 백금로듐이 108~163 [℃] 사이의 온도에서 더 큰 일산화탄소 내성을 갖는다는 점이 밝혀졌다(로스 등, 1975a). 반면에, 백금루테늄 촉매는 120 [℃] 이하의 온도에서만이 백금과 동일한 특성을 갖으며, 이 온도 이상에서는 그보다 못하다(로스 등, 1975b). 인산 연료전지(PAFC) 조건 하에서 우월한 일산화탄소 내성을 갖는 여타의 다양한 백금 함유물들에 대한 특허가 출원되었다. 이에 대해서는 윌킨슨과 톰셋(1997)을 참조하기 바란다.

비록 양극 전기촉매의 일산화탄소(및 이산화탄소) 중독이 오늘날의 전형적인 양성자교환 맴브레인 연료전지(PEMFC) 작동온도(ca, 80 [℃])에서 더 심각하지만, 개질연료에 대한 내성을 갖는 새로운 전기촉매에 대한 개발이 보고된 사례는 거의 없다. 대부분의 연구는 거의 30년 전에 처음으로 보고되었던, 탄소에 지지되는 백금루테늄(PtRu) 촉매기술의 응용에 집중되어 왔다. 그런데 전극에 ca. 0.25 [mg(Pt)/cm^2]의 낮은 주입을 통해서도 적합한 개질연료에 대한 내성을 구현할 수 있으므로, 백금루테늄 촉매는 현재, 개질연료에 대한 내성이 필요한 경우에 선택하는 촉매이다(랄프 등, 1997).

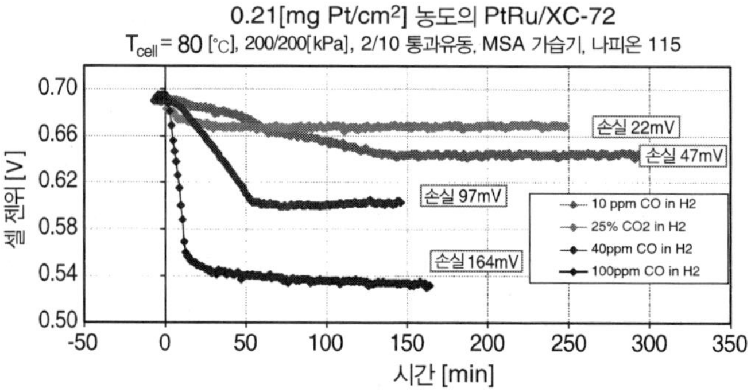

그림 6.4 0.5[Acm^2]에서 일산화탄소(CO)와 이산화탄소가 백금루테늄(PtRu)촉매를 사용하는 전지의 성능에 끼치는 영향

수많은 연구자들이 백금만을 사용한 촉매에 비해서 향상된 일산화탄소(CO) 및 이산화탄소 내성을 갖는 탄소에 지지된 백금루테늄(PtRu) 촉매를 발표하였다(스와티잔, 1994; 애덤스 등, 1983; 랄프 등, 1994; 오이찬 등, 1996). 비록 실제의 경우에는 공기분사를 사용하지 않고는 구현하기 어렵지만(아래 참조), 최대 100 [ppm]의 일산화탄소 농도에 대한 내성을 갖고 있으면서도, 0.5 [mg(Pt)/cm^2] 이하의 백금을 주입한 실용적 전극이 발표되었다(이와세와 카와스츠, 1995)

상업적으로 사용이 가능한 백금루테늄(PtRu) 촉매의 전형적인 일산화탄소(CO) 내성이 그림 6.4에서 도시되어 있으며, 여기에서 80 [℃]의 온도와 500 [mA/cm^2]의 전류밀도에 대해서, 공급되는 수소(H_2) 가스에 10, 40 및 100 [ppm]의 일산화탄소(CO)가 섞임에 따라 성능이 저하되는 것을 볼 수 있다.

대부분의 연구에서는 50 : 50의 분자비율을 갖는 백금루테늄(PtRu) 촉매를 사용하여 왔다. Pt : Ru의 비율이 일산화탄소(CO) 내성에 끼치는 영향은 개스타이거 등(1995)이 백금루테늄 합금 시편 덩어리를 사용해서 연구하였다. 이들은 수소(H_2) 내에 일산화탄소 함량이 높은 (2% = 20,000 [ppm]) 경우에 표면조성 Ru = 0.9인 백금루테늄(PtRu) 표면이 표면의 루테늄(Ru) 함량이 0.5인 경우보다 저전위에서 약간 더 활성적임을 규명하였다. 수소(H_2)내에 0.1%의 일산화탄소(CO)가 저농도로 함유된 경우에는 두 표면의 일산화탄소 내성이 서로 유사하다. 탄소에 지지되는 백금루테늄(PtRu) 촉매의 광범위한 Pt : Ru 비율에 대한 고찰을 통하여 이와세와 카와스츠(1995)는 수소(H_2) 내에 100 [ppm]의 일산화탄소가 함유된 연료를 사용하며 20wt% PtRu/XC72R 촉매를 사용하는 전지의 경우에, Pt : Ru의 비율이 85 : 15에서 15 : 85까지는 동일한 성능을 나타냄을 규명하였다. 그들은 또한, 최적의 일산화탄소 내성을 구현하기 위해서는 백금과 루테늄 합금이 필요하다는 것도 규명하였다. 또한, 오이찬 등(1996)은 XC72R에 지지된 $Pt_{0.5}Ru_{0.5}$와 $Pt_{0.7}Ru_{0.3}$ 촉매가 백금에 비해서 월등한 일산화탄소 내성을 보이며, $Pt_{0.5}Ru_{0.5}$가 $Pt_{0.7}Ru_{0.3}$에 비해서 더 좋은 일산화탄소 내성을 가지고 있음을 규명하였다. 더 최근의 보고에 따르면 40 : 60~20 : 80까지의 Pt : Ru 비율에서는 50 : 50의 경우와 최소한 동일한 성능을 가지고 있다고 주장하고 있다(타다 등, 2000).

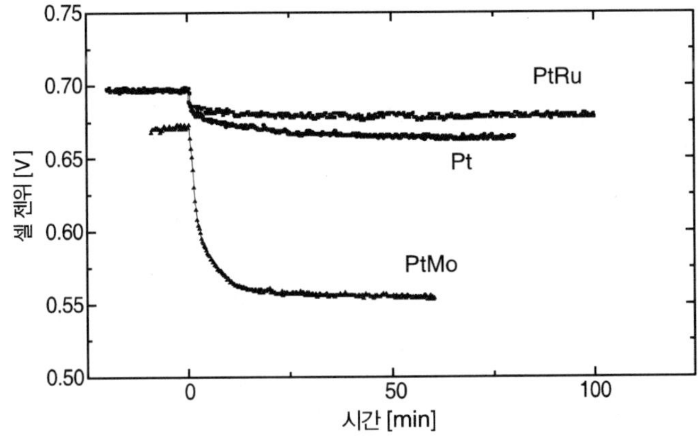

그림 6.5 0.5 [Acm^2], 80 [℃]에서 수소(H_2)에 25%의 이산화탄소가 섞여있을 때, 이산화탄소가 백금, 백금루테늄(PtRu), 및 백금몰리브덴(PtMo) 양극촉매에 끼치는 영향

개질연료 내에 이산화탄소의 존재는 성능에 약간의 영향만을 끼친다. 그림 6.5에서는 수소(H_2) 내에 섞인 25%의 이산화탄소가 80 [℃] 500 [mA/cm^2]의 전류밀도 하에서 작동하는 탄소에 지지된 백금 및 백금루테늄(PtRu) 촉매의 성능에 끼치는 영향을 보여주고 있다. 비록 성능저하는 미미하지만, 백금루테늄 촉매가 백금에 비해서 손실이 작다. 높은 전류밀도 상태에서는 두 촉매의 차이가 증폭(그림 6.3 참조)되며, 백금루테늄 촉매가 적절한 일산화탄소 내성을 가지고 있을 뿐만 아니라, 월등한 이산화탄소 내성을 나타낸다. 잔류 일산화탄소의 영향을 제거하기 위해서 공기분사를 사용하는 것과 함께, 이것이 백금루테늄이 개질연료 양극촉매중 하나로 남아있는 주 이유이다.

6.4.2 개질연료 내성 촉매의 개발

20세기 말부터 일산화탄소(CO) 내성이 더 큰 촉매에 대한 검색이 재개되었다. 일산화탄소의 형성과 제거가 효율적인 메탄올 산화촉매 개발의 요체이므로, 직접 메탄올 연료전지(DMFC)와 개질연료-내성 촉매에 대한 연구의 많은 부분이 서로 중복되게 되었다. 현재 두 연료전지 시스템에 사용되는 양극촉매가 백금루테늄(PtRu)이라는 점은 결코 우연이 아니다.

일산화탄소(CO) 내성을 개선하기 위해서 백금에 대한 많은 종류의 첨가물과 **조촉매**[2])들이 검토되었다(윌킨슨과 톰셋, 1997). 촉매소재에 대한 가장 유망한 그룹들은 초기 제너럴일렉트릭社의 연구를 추종하고 있으며, 탄소에 지지된 백금몰리브덴(PtMo), 백금텅스텐(PtW), 백금코발트몰리브덴(PtCoMo) 및 백금코발트텅스텐(PtCoW) 등과 같은 촉매들은 모두 백금루테늄(PtRu) 합성물과 비교해서 향상된 일산화탄소(CO) 내성을 가지고 있음이 최근에 규명되었다(쿠퍼 등, 1997; 무커지 등, 1999; 거너 등, 1999). 최근의 연구들 중 하나에 따르면, 순수한 수소(H_2)에 비해서 수소에 100 [ppm]의 일산화탄소가 함유되었을 때에도 탄소에 지

2) promoter

지되는 Pt : Mo의 비율이 4 : 1인 백금몰리브덴(PtMo) 촉매에서는 단지 ca. 50 [mV]의 성능 저하가 발생한다는 것이 보고되었다. 반면에, 탄소에 지지되는 백금루테늄 촉매(Pt : Ru = 1 : 1)는 ca. 160 [mV]의 손실이 발생된다(그르구르 등, 1999).

이러한 첨가물들은 두 가지 방식으로 작용한다는 것이 밝혀졌다. 우선, 변경된 성분은 동반 흡착된 수분(H_2O)이 산화제로 작용함에 따라서 저전위에서 인접한 위치들 상에 흡착된 일산화탄소(CO)의 전기-산화를 촉진시킨다. 일산화탄소의 산화에 따라서 수소(H_2) 산화를 지원하기 위한 추가적인 위치들이 노출된다. 두 번째로, 변경된 성분은 촉매의 수소와 일산화탄소 흡착성을 변화시켜서 수소 산화위치들에 비하여 일산화탄소 점유면적의 감소를 초래한다.

사실은 백금루테늄(PtRu)이 어떻게 일산화탄소(CO)에 대한 내성을 갖는지는 완벽하게 규명되어있지 않다. 백금루테늄 합금 덩어리에 대한 연구에 따르면 고전위(62 [℃] ca. 0.4)에서 일산화탄소의 내성은 촉매 표면에서 일산화탄소의 전기-산화에 의해서 구현된다는 것이 규명되었다(이와세와 카와스츠, 1995). 그런데 저전위(ca. 80 [℃]에서 0.2 [V] 미만)에서 이 메커니즘은 명확하다. 대규모 전기산화가 발생되는 전위(80 [℃]에서 0.25 [V]) 이하에서는 백금루테늄 촉매(그리고 덩어리의 표면)가 백금보다 월등한 일산화탄소 내성을 갖는다는 것이 확실하다. 효과적인 일산화탄소 내성을 갖기 위해서 충분한 일산화탄소를 제거하기 위해서는 나노암페어 단위의 일산화탄소 산화전류만이 필요한 것으로 산출되었다(스프링거 등, 1997). 그런데 두 번째 메커니즘 역시 적용이 가능하다고 주장하는 것도 타당성이 있다. EXAFS[3]와 모델링 연구에 따르면 백금 입자들 속에 루테늄(Ru)이 도입되면 백금으로부터 전자밀도를 감소시켜서 백금의 전기적인 성질이 변화된다는 것이 규명되었다(러셀 등, 2001; 미첼 등, 1997). 이는 백금-일산화탄소(Pt-CO) 결합을 약화시키는 영향을 끼쳐서 일산화탄소와 수소의 점유 평형상태를, 수소의 전기-산화 위치의 밀도를 증가시키는 바람직한 상태로 변화시킨다.

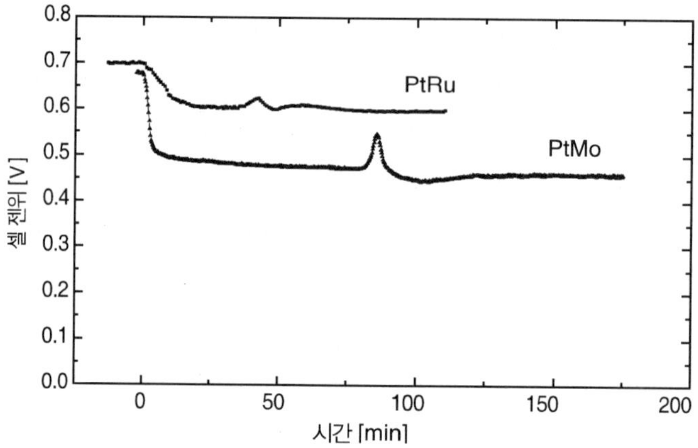

그림 6.6 0.5 [A/cm^2], 80 [℃]에서 수소(H_2)에 40 [ppm]의 일산화탄소(CO)와 25%의 이산화탄소가 함유되어 있을 때, 백금루테늄(PtRu)과 PtMo 양극촉매의 전지성능 비교

3) EXAFS: Extended x-ray absorption fine structure

그런데 비록 백금몰리브덴(PtMo)이 훌륭한 일산화탄소(CO) 내성을 가지고 있다고 하더라도, 이산화탄소에 심각한 취약성을 가지고 있다는 사실이 밝혀졌다(볼 등, 2002)(그림 6.5 참조). 완전한 개질연료 혼합물에서 사용되는 백금루테늄(PtRu)에 비해서 PtMo 촉매는 일반적으로 양극성능에 있어서 백금루테늄에 비하여 성능이 떨어진다(그림 6.6 참조).

6.4.3 공기분사의 이용

일산화탄소(CO) 내성 양극촉매의 개발과 사용에 실제적인 대한 대안은 연료유동이 맴브레인 전극 조립체(MEA)와 접촉하기 전에 산소나 공기분사를 추가하는 것이다. 이를 통해서 양극촉매층의 성능이 저하되지 않을 수준으로 잔류 일산화탄소를 산화시킨다(가테스필드, 1990; 가테스필드와 파포드, 1988)(그림 6.7 참조). 비록 이 방법이 효과적이기는 하지만, 약간의 단점을 가지고 있다. 활성화 된 전기촉매위치, 함유된 이오노머 및 맴브레인 등과 인접한 곳에서 일산화탄소(및 수소(H_2))의 기체상 산화에 다른 발열은 촉매입자의 소결과 맴브레인 퇴화를 초래하여, 결과적으로 촉매층과 맴브레인 전극 조립체(MEA) 성능의 손실을 가져온다. 이러한 문제를 극복하기 위해서는 선택적 산화 또는 **SELOX 촉매** (**기체상 촉매**라고 자주 부른다)층을 전기촉매층으로부터 분리할 수 있다. 예를 들면, 입구측 패치(윌킨슨 등,

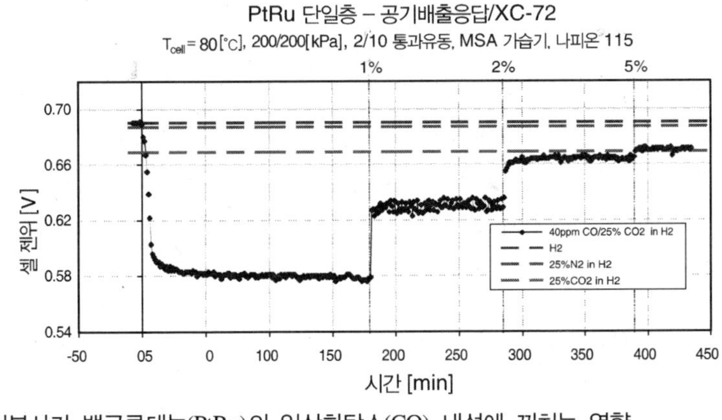

그림 6.7 공기분사가 백금루테늄(PtRu)의 일산화탄소(CO) 내성에 끼치는 영향

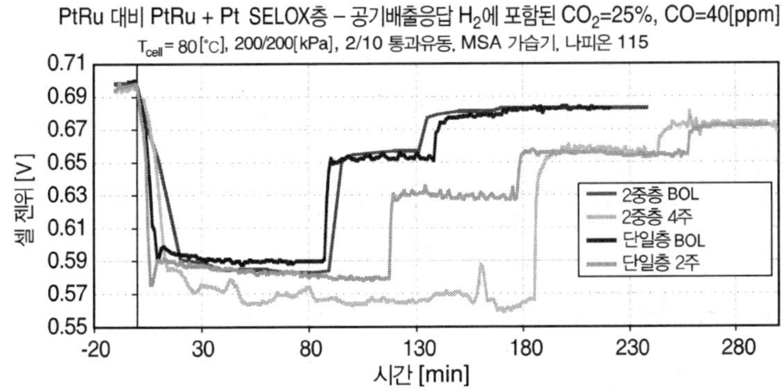

그림 6.8 SELOX 층이 4주간의 작동 후에 공기분사의 민감도에 끼치는 영향

1995 및 1996a), 기저부 외측에 설치된 층(우리베 등, 1999) 또는 복층(윌킨슨 등, 1996b) 등과 같이, 이 층을 설치하는 방안에 대한 많은 특허들이 설정되어 있다.

그림 6.8에서는 SELOX 층을 전기 촉매층 직후방에 설치한 경우에 분사된 공기를 함유하는 개질 연료를 사용해서 작동하는 경우에 맴브레인 전극 조립체(MEA)의 성능에 끼치는 영향을 보여주고 있다. 4주간의 연속작동 후에도 공기분사에 따른 성능은 변하지 않았다. 반면에, 단일층은 2주 후에 퇴화되어 동일한 성능으로 복귀하기 위해서는 더 많은 양의 공기분사가 필요하였다.

현재, 현저한 농도의 일산화탄소(CO)(40 [ppm] 이상)를 함유한 개질연료의 공급에 견디면서 만족스러운 성능을 구현하기 위해서는, 공기분사를 사용하는 것이 실용적이다. 이 경우, 백금루테늄(PtRu) 양극촉매를 사용하는 것이, 최적의 이산화탄소 내성도 함께 구현되므로, 선호된다.

6.5 메탄올 산화 전기촉매

메탄올의 직접 전기산화는 다양한 관점에서 매력적인 사안이다. 산소가 첨가된 탄화수소 연료의 직접 변환은 수소가 풍부한 가스를 생산하기 위한 연료처리 시스템에 대한 필요성을 줄여준다. 메탄올은 액체연료이며, 따라서 단위체적 당 높은 에너지 밀도를 갖는다. 메탄올은 화석연료나 생물자원 모두로부터 생산할 수 있다(5.8.2절과 비교). 비록 산성 전해질 내에서 메탄올의 완벽한 전기-산화에 따른 열역학적 퍼텐셜은 수소의 산화에서와 비슷하지만, 이산화탄소로 다수의 전자가 전달되기 때문에 전체적인 반응은 훨씬 더 복잡하다. 절반반응은 다음과 같다:

$$CH_3OH + H_2O \rightarrow CO_2 + 6H^+ + 6e^- \quad (E = 0.04\ [\mathrm{V}]\ \mathrm{v.s.}\ \ \mathrm{RHE})$$

일반적으로, 가장 좋은 촉매표면에서의 과도전위는 양성자교환 맴브레인 연료전지(PEMFC) 작동온도 상태에서 높은(> 200 [mV]) 값을 갖는다. 이는, 수소를 이탈시키고 흡수된 소량의 메탄올 속으로 산소를 주입할 뿐만 아니라 각 분자들로부터 여섯 개의 전자를 제거할 필요가 있음을 의미한다. 이 전자들의 전달은 동시에 일어나지 않고, 단계적으로 일어나기 때문에, 표면 흡수 물질들을 형성할 수 있으며, 이는 후속적인 메탄올의 흡수와 산화에 독으로 작용할 수 있다.

청결한 백금 표면은 초기에 메탄올 산화에 대한 매우 높은 활성도를 보이지만, 강하게 결속된 중간물질들이 형성되면서 매우 급격히 전류가 감소된다. 이 중간물질들은 이들이 산화될 수 있는 매우 높은 과도전위를 가해야만 제거할 수 있다. 이 중간물질들의 식별은 수많은 실험과 토론의 주제가 되어왔다. 최근 들어서, 일산화탄소(CO)가 가장 광범위하게 발견되는 메탄올 잔류물질이라는 결론이 내려졌다. 따라서 저전위에서 이를 제거하는 것은 개질연료를 사용하는 양성자교환 맴브레인 연료전지(PEMFC)에서의 일산화탄소(CO) 내성과 서로 많이 중복된다.

일반적으로 받아들여지고 있는 백금촉매상에서의 메탄올 산화 메커니즘은 메탄올의 전기흡착과 함께 진행되며, 양성자와 전자의 **스트리핑 (벗기기반응)**이 뒤따라 일어난다. 백금의 기저 인덱스 평면상에서 이 초기단계는 반응비율을 결정한다. 더욱이, 양성자의 제거는 일산화탄소(CO)의 구속을 유발한다. 구속된 일산화탄소에 인접한 위치에 수분이 함께 흡수된다. ca. 450 [mV] 이하의 전위에서, 백금 표면은 일산화탄소 단일층으로 덮여서 중독되며, 더 이상의 수분이나 메탄올 흡수가 발생될 수 없게 된다. 따라서 메탄올의 산화율은 미미한 수준으로 격감한다(예르비와 스투브, 1998).

백금에 기초한 진보적인 촉매의 개발은 2차적인 성분(예를 들면, 루테늄(Ru), 주석(Sn), 텅스텐(W), 레늄(Re) 등)을 첨가하는 쪽으로 초점이 맞춰져 있으며, 이들은 중독된 백금 위치에 인접한 곳에서 저전위하에서 OH_{ads} 종류들을 형성할 수 있는 흡착위치를 제공할 수 있다(바스무스와 쿠버, 1999). 이 흡착위치는 또한 메탄올 자체에 대한 흡착성능은 떨어진다. 그런 다음으로, OH_{ads}는 결합된 일산화탄소(CO)와 반응하여 이산화탄소를 생성하면서 더 많은 메탄올을 흡수하기 위한 위치들이 생성된다.

루테늄(Ru)과 같은 조촉매의 경우, 백금에 대해서 현저하게 낮은(<250 [mV]) 전위에서 안정된 메탄올 산화전류가 발생된다는 것은, 루테늄 자체가 일산화탄소(CO)에 중독되지 않으면서 OH_{ads}를 형성할 수 있다는 것을 의미한다. 현재, 가장 활성도가 높은 촉매는 백금루테늄(PtRu) 합금에 기초하고 있다 그림 6.9에서는 80 [℃] 황산(H_2SO_4) 전해질 속에 놓인 탄소에 지지된 백금과 백금루테늄의 메탄올 전기-산화 활성도를 비교해 보여주고 있다. 그림에서 볼 수 있듯이, 백금루테늄 촉매는 현저히 낮은 과도전위 하에서도 산화 활성도를 보이고 있다.

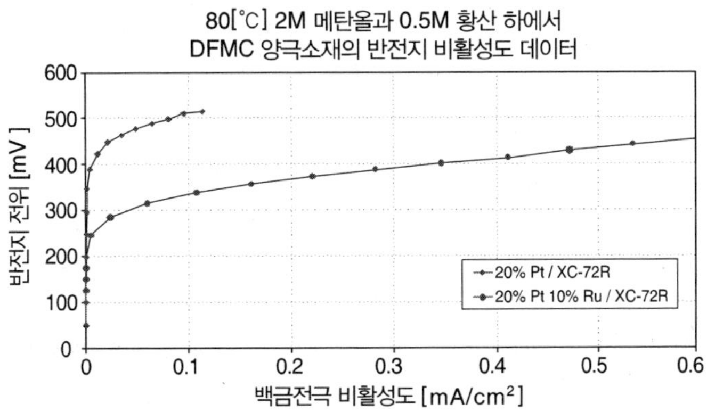

그림 6.9 메탄올(MeOH) 산화에 대한 백금과 백금루테늄(PtRu) 촉매의 반전지 성능비교

산성 직접 메탄올 연료전지(DMFC)는 1960년대와 1970년대 영국의 쉘 연구소에 의해서 개발되었다(2.6절과 비교). 백금 양극촉매를 사용해서 작동할 때 일어나는 문제점들에 대해서 인식하게 된 이후에, 쉘 사의 연구원들은 더 활성도가 높은 촉매의 개발을 시도하였다.

이들은 백금루테늄(PtRu)과 백금로듐(PtRh)만이 효과적인 성능 나타낸다는 것을 발견하였다. 이어서, 10 [mg/cm^2]의 주입율을 갖는 백금루테늄(PtRu) 흑으로 만든 전극이 개발되었다. 이 분야에 대한 쉘社의 노력에 대한 책이 출간되었다(맥니콜 등, 1999).

일반적으로, 현재 직접 메탄올 연료전지(DMFC)를 위해서 선택할 수 있는 양극촉매는 지지구조물이 없는 백금루테늄(PtRu) 흑이다. 이 흑체들을 사용하면 맴브레인에 인접하여 고농도의 활성위치들을 확보할 수 있으므로 고성능을 구현하기 위해서 필요한 사안으로 간주되고 있다. 그런데 지지물이 없는 촉매는 탄소흑에 비해서 상대적으로 조악한 표면적을 가질 수 있으므로, 비교적 높은 비율의 전극 주입율 하에서 사용된다(딘 등, 2000).

탄소에 지지되는 백금루테늄(PtRu) 촉매가 낮은 화학적 조성을 갖는 공기를 사용하는 경우에도 1 [mgPt/cm^2]의 양극 주입율에서 효과적으로 작동할 정도로, 훨씬 낮은 전극 주입율 하에서도 백금루테늄 흑과 동등한 성능을 나타낸다는 것이 규명되었다(발도우프와 프라이뎉, 1999). 그림 6.10에서는 탄소에 지지되는 백금루테늄과 지지구조물이 없는 백금루테늄 흑 양극을 맴브레인 전극 조립체(MEA) 내의 직접 메탄올 연료전지(DMFC) 양극으로 사용하여 시험한 결과를 비교하여 보여주고 있다. 저항값이 보정된 양극성능의 비교에 따르면, 비록 PtRu/C 양극에 절반의 백금을 주입하여도 두 양극의 성능이 동일함을 알 수 있다. 탄소에 지지된 백금루테늄 맴브레인 전극 조립체는 메탄올(MeOH) 누출의 차이에 기인하여 실제적으로는 전체적인 성능이 더 좋다는 것을 알 수 있다.

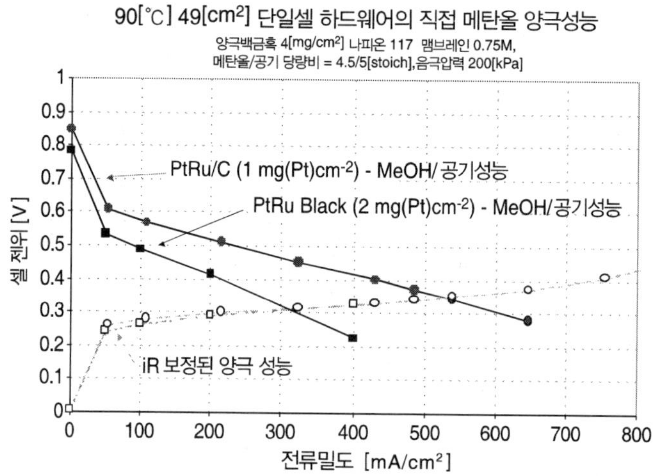

그림 6.10 탄소에 지지된 백금루테늄(PtRu) 양극과 지지구조물이 없는 경우의 메탄올(MeOH)/공기에 대한 단일전지 성능

Pt : Ru 비율에 대한 다양한 연구가 수행되었으며, 특성이 잘 규명된 백금루테늄(PtRu) 합금 덩어리에 대한 연구결과 $Pt_{66}Ru_{33}$ 표면이 60~80 [℃]에서 메탄올(MeOH) 산화에 대해서 최적이라는 것이 밝혀졌음에도 불구하고, 일반적으로 50 : 50의 비율이 지지구조물이 없는 촉매에서 가장 큰 표면적비율을 갖는다는 것이 규명되었다(츄와 길먼, 1996; 다카스 등,

2000). 높은 표면적의 특성과 높은 활성도를 구현하기 위해서 필요한 최적의 표면조성에 대해서 많은 논쟁이 있었다. 산화된 루테늄(Ru)이 메탄올(MeOH) 활성도에 대한 백금 활성도를 증진시키는 데에 중요한 역할을 한다는 점을 알게 되었다. 그런데 논의들 중 대부분이 어떤 백금루테늄(PtRu) 합금이 필요한가, 또는 백금과 산화된 루테늄(Ru)(함수성 산화물)의 어떤 조성이 좋은가 등에 집중되었다. 백금루테늄 합금이 백금과 루테늄의 위치들을 밀접하게 섞어놓을 수 있으며, 산화상태 루테늄의 전위에서 메탄올 산화의 개시가 촉발되므로, 이 합금이 바람직한 표면을 형성한다.

최근의 보고에 따르면, 함수성 루테늄(Ru) 산화물이 양성자 전도체로서의 역할을 수행하는 것으로 규명되었으므로, 촉진제로서의 역할 뿐만 아니라 양성자 전달자로서의 역할 모두를 한다고 제시하였다(롤리슨 등, 1999; 롱 등, 2000). 그러므로 루테늄이 촉매층에서 맴브레인으로 양성자의 전송을 돕기 때문에 활성도가 증가된다는 이론이 제안되었다. 그런데 EXAFS 실장시험의 결과에 따르면 저전위에서 일반적으로 루테늄은 백금루테늄(PtRu) 촉매 내에서 금속성 루테늄으로 존재한다는 것이 규명되었고, 이는 루테늄 수산화물 덩어리는 메탄올(MeOH) 산화촉매 내에서 중요한 역할을 하지 못한다는 것을 시사한다(러셀 등, 2001).

메탄올 산화 촉매로 백금루테늄 소재가 30년 이상 사용되고 있기 때문에, 현재 많은 연구들이 월등한 촉매조성을 찾는 것을 목표로 하고 있다. 전기촉매의 발견을 위한 배합방법의 개발이 메탄올 산화 촉매에서 시작되었다. 초기의 연구는 백금루테늄 합금을 기반으로 하여 3중 또는 4중 조합에 초점을 맞추었다. 백금-루테늄-오스뮴-이리듐(Pt-Ru-Os-Ir) 배합에 대한 검색을 통하여, $Pt_{50}Ru_{50}$을 포함하여 여타의 조성들에 비해서 메탄올 산화성능이 월등하게 좋은 $Pt_{47}Ru_{29}Os_{20}Ir_4$ 조성을 발견하였다. 이 연구에 따르면 $Pt_{56}Ru_{20}Os_{20}Ir_4$ 조성은 $Pt_{50}Ru_{50}$에 비하여 성능이 떨어질 정도로, 메탄올(MeOH) 산화 활성도는 배합에 따라서 매우 민감하다(그라우 등, 1998). 배합방법을 사용한 더 최근의 연구에 따르면, 백금루테늄 조성을 기초로 하는 몇몇 3중 및 4중 조합들이 발견되었고, 선별실험 결과 이들은 백금루테늄에 비해서 우수한 활성도를 갖고 있다. 그런데 단일전지 성능에 대해서는 아직 보고된 바가 없다(고러, 2000a, b 및 c).

6.6 음극 전기촉매

대부분의 양성자교환 맴브레인 연료전지(PEMFC)에서 음극촉매가 선택적 촉매로 작용할 필요가 없기 때문에, 음극반응은 양극에서와는 다르다. 공기중에서 작동하는 경우에 조차도, 여타의 성분들(N_2, Ar, CO_2)은 희석제로서만 작용한다. 백금을 기반으로 하는 촉매는 산소환원과 메탄올(MeOH) 산화 모두의 촉매작용을 하여 혼합전위를 유발하므로, 메탄올을 연료로 사용하는 경우에만 선택적 촉매가 필요하다. 양극에서, 산소(O_2)와 같은 순수한 반응물질을 사용할 때에만이 최대 음극성능이 발휘된다. 그런데 대부분의 경우 공기가 사용할 수 있는 유일한 산화물질이다. 이 때문에 공기중의 산소 성분에 비례해서 음극의 동적 성능이 1/5로 감소된다.

수성매질 속에서 산소의 환원은 가능한 반응의 숫자에 의해서 지배된다. 산성용액 내에서 진행되는 반응의 열역학적 퍼텐셜은 다음과 같다.

$$O_2 + 4H^+ + 4e^- \rightarrow 2H_2O \quad (E_o = 1.229\,[\mathrm{V}]\ \mathrm{vs.}\ \mathrm{RHE}\ @\ 25[^\circ\mathrm{C}])$$

$$O_2 + 2H^+ + 2e^- \rightarrow H_2O_2 \quad (E_o = 0.695\,[\mathrm{V}])$$

$$O_2 + H^+ + e^- \rightarrow H_2O \quad (E_o = -0.046\,[\mathrm{V}])$$

4개의 전자에 의한 산소의 환원은, H_2/O_2 연료전지에서 가장 높은 전지전압을 송출하므로, 촉발시키기가 가장 매력적인 반응이다. 그런데 이 반응은 낮은 과도전위에서는 구현하기 어려운 것으로 판명되었다. 산성 전해질의 가역 전위에서는, 귀금속의 가장 안정된 표면조차도 산화막으로 덮여있다. 유일한 예외는 금(Au)으로, 산성용액 내에서 산소의 환원에 대해서 불활성을 갖는다.

산성 전해질 내에서, 백금, 팔라듐(Pd) 및 로듐(Rh) 등의 귀금속과 그 합금들은 산소의 환원을 위한 촉매로 사용할 수 있다는 것이 밝혀졌다. 그런데 이 촉매들 중 최고인 백금이라 할지라도, 수소(H_2)환원에 비해서 산소 환원에 대해서는 최소한 10^6 배 만큼 덜 활성적이다. 이는 높은 과도전위를 유발하며, 연료전지 효율의 가장 큰 촉매 제약조건으로 작용한다-4장 참조.

백금과 여타의 귀금속 표면에서 일어나는 산소 환원의 역학적 특징에 대해서는 지난 50여년간 광범위하게 연구되어 왔다. 산소 환원은 다중전자 반응으로, 다수의 단계와 병렬경로를 가지고 있다. 따라서 다수의 반응경로들과 중간생성물들이 제시되었다. 산소환원 메커니즘에 대한 폭넓은 고찰이 애플비에 의해서 수행되었다(1993).

비록 백금은 초기단계에서부터, 사용할 수 있는 산소환원 촉매소재로 인식되고 있었지만, 실용적인 백금 촉매기술의 개발은 서로 다른 단계들을 수없이 거쳐야 했다. 제미니 우주계획을 위해서 제너럴 일렉트릭에 의해서 개발된 것과 같은, 초기 양성자교환 맴브레인 연료전지(PEMFC) 기술(2장 참조)은 매우 높은 비율의 백금과 백금흑(지지용 소재가 없는 금속 분말) 주입률에 의존했으며, 많은 경우, 필요로 하는 음극성능을 구현하기 위해서 30 [mg/cm^2] 이상을 주입했다. 이 소재들은 다양한 방법으로 제조하였으며, 일반적으로 낮은 표면적을 갖고 있었다(10~30 [m^2/g]) (리바프스키와 케언스, 1968). 뒤이은 발전소용 인산 연료전지(PAFC)의 개발은, 흑연 탄소에 지지되는 백금촉매를 사용하여, 훨씬 낮은 주입율(ca. 0.5 [mg/cm^2])을 갖는 음극 개발을 이끌어냈다(키노시타, 1992).

탄소흑 지지체를 사용한 백금 지지는 훨씬 높은 비율의 금속 분산을 가능케 해 주며, 따라서 이 흑체를 사용해서 더 넓은 표면적을 구현하였다. 10%의 금속 주입율을 갖는 전형적인 촉매의 경우, 백금 표면적은 120 [m^2/g] 이상이 된다. 인산 연료전지(PAFC)의 사용조건(ca. 200 [℃], 100% H_3PO_4) 하에서 지지구조를 갖는 백금 음극은 시간에 따라서 성능이 현저하게 저하된다(쿤즈, 1977). 이는 백금 소결에 따른 촉매 표면적 손실에 기인한 것으로 밝혀졌다. 기본 금속(바나듐(V), 크롬(Cr), 니켈(Ni) 등)과 백금의 합금을 사용하면 음극성능이 개선되는 것을 발견하였다. 이처럼 나노 단위로 분산된 백금합금의 입자들은 순수한 백금에 비해서 본질적인 활성도와 안정성이 개선되는 것으로 밝혀졌다.

발라드 파워 시스템社의 주도에 의해, 1980년대에 양성자교환 맴브레인 연료전지(PEMFC) 기술이 다시 나타났을 때, 초기에는 백금흑 음극(그리고 양극) 촉매가 사용되었다(프라터, 1994). 그런데 가격 효용성을 갖는 전극과 맴브레인 전극 조립체(MEA)를 생산하려는 바램은, 성능저하 없이, 낮은 주입율을 갖는 탄소에 지지된 백금 전극을 이끌어냈다. 백금 맴브레인 전극 조립체 주입율은 백금흑을 사용했을 때 8 [mg/cm^2]에서부터 1 [mg/cm^2]까지 감소시킬 수 있다는 것이 규명되었다(랄프 등, 1997). 실험실 규모의 시험을 통해서, 심지어는 0.3 [mg/cm^2] 이하에서 조차도 만족스러운 성능을 갖고 있음이 밝혀졌다(윌슨과 가테스필드, 1992).

6.6.1 촉매금속 주입의 효과-입자크기의 영향

일반적으로, 주어진 탄소지지체에 대해서, 금속 주입율의 증가는 더 큰 백금입자를 만들어내며, 금속 표면적 비율을 낮춘다. 그러므로 탄소 지지체 속에 금속 주입율을 증가시키면 활성도의 저하가 초래될 것이 예상된다. 그런데 사실은 그렇지 않다. 몇몇 연구에 따르면 금속 주입률의 증가는 성능을 개선시켜준다. 예를 들면, 토쿠미토 등(1999)과 랄프 등(1997)의 연구에 따르면 10~40 [wt%] 까지는 성능이 향상되지만, 50과 60 [wt%]에서는 감소한다는 것이 밝혀졌다. 이는 두 가지 이유에 기인한다.

1. 촉매 주입율의 증가에 따라서 촉매층이 얇아지면, 산소와/또는 양성자의 확산에 대한 제약이 최소화된다.
2. 입자의 크기효과가 나타난다. 더 큰 입자는 더 높은 본질적 활성도를 갖는다.

첫 번째 이유는 촉매층 발현에 기여하지만, 이 책의 범주를 넘어선다. 두 번째 이유는 촉매효과에 의한 것이며 이에 대해서는 더 상세히 논의한다.

입자 크기의 영향(또 구조물에 민감한 반응이라고 부르기도 한다)은 이방성 촉매의 경우에 일반적이다. 예를 들면, 암모니아의 합성은 반응물에 존재하는 Fe의 기저 인덱스 평면에 고도로 의존한다(소마야이, 1994).

특히 인산 연료전지(PAFC) 음극촉매의 개발과정에서 많은 연구가 백금 입자크기와 산소 환원 활성도 사이의 상관관계를 밝혀내는 데에 투자되었다. 전반적으로 도달된 결론은, 분산되어 있는 백금의 산소 환원에 대한 비활성도[4)](즉, 촉매의 단위 활성면적 당 반응율)는 백금의 분산도가 증가할수록 감소한다는 것이다(브레골리, 1979; 스톤하트, 1990). 포이커트 등

4) specific activity

(1986)에 의해서 수행된 희석된 황산(H_2SO_4) 내에서의 더 적합한 양성자교환 맴브레인 연료전지(PEMFC)의 작동조건에 대한 연구 중 하나에 따르면, 일단 백금 입자크기가 4 [nm] 이하로 떨어지게 되면 산소 환원 활성도가 급격하게 떨어진다. PtO와 $PtO_{0.5}$사이의 흡착된 산소(O_2) 화학량의 변화와 관련이 있다. 이것은 흡착된 산소(O_2)의 화학량은 입자크기의 감소에 따라서 증가한다(즉, PtO에서 PtO_2로)는, 전통적인 기체-상에 대한 연구와는 약간 차이가 있다(왕과 예, 1998).

키노시타(1990)에 의해서 제안된 추가적인 설명에 따르면, 백금 입자 크기가 감소함에 따라서 <111> 기저 **인덱스평면**에 의해서 지배되는 결정평면이 우세하게 된다. 백금 기저 인덱스평면에 대한 연구에 따르면, 전해질들에 따라서 산소 환원반응에 대해 현저한 구조적 민감도를 갖는다. 황산(H_2SO_4)과 사산화황(SO_4)은 <100>과 <110> 평면에 강하게 흡수되므로, 희석된 황산(H_2SO_4)에서 <111>이 가장 활성화 된 평면이라는 것이 밝혀졌다. 그런데 (나피온과 유사할 것으로 예측되는)희석된 과염소산($HClO_4$)과 같이 좌표계가 불분명한 전해질은 세 평면 모두 유사한 활성도를 갖는다(마르코비치 등, 1997b). 이에 따르면, 나피온 환경 하에서는 입자 크기의 영향이 존재해서는 안된다는 것을 시사하고 있다. 비록, 희석된 황산(H_2SO_4) 내에서 나피온이 코팅된 탄소에 지지되는 백금의 산소 환원성은 입자크기에 강한 영향을 받는다는 것이 게임즈 등(1996)에 의해서 밝혀졌지만, 지금까지도, 좌표계가 불분명한 전해질 속에서 작은 백금 입자들의 영향 대해서는 밝혀진 바가 없다.

6.6.2 백금합금

순수한 금속들 중에서, 백금이 산소 환원에 대해서 가장 활성적이고 내구성이 강하다는 것이 증명되었다. 그런데 적절한 전류밀도 하에서, 백금은 평형상태의 가역전위(80 [℃]에서 1.19[V])보다 400 [mV] 이상의 과도전위가 발생된다. 그러므로 산소환원에 대해서 월등한 성능을 갖는 촉매를 검색 및 개발하기 위해서 엄청난 노력이 투입되었다.

프랫 앤 휘트니社(UTC의 계열사)에 의해서 1970년대에 개발된 인산 연료전지(PAFC)용 촉매기술(2.7절 참조)은 양극과 음극 모두에 최초로 탄소에 지지되는 백금촉매를 도입하였다. 이 기술은 가용 금속 표면적을 증가시켜 주면서도, 전체적인 PM 주입량을 절감시켜주는 장점을 가지고 있었다. 탄소에 지지되는 백금촉매의 표면적은 작동에 따라서 감소하는 것으로 밝혀졌다. 그런데 예상되는 활성도 감소는 대형 백금 결정체에서의 비활성도의 증가에 의해서 부분적으로 상쇄된다(위 참조). UTC社는 열탄소[5] 환원반응에 의해서 만들어진 탄소에 지지되는 백금합금이 백금촉매에 비해서 우수한 활성도를 갖으며, 인산 연료전지(PAFC) 작동조건 하에서 수천시간동안 안정상태를 유지한다는 것을 발견하였다(베트, 1992). 규칙적인 합금구조가 불규칙한 구조에 비해서 더 안정적이며, 활성도가 높다는 사실도 발견하였다. 상용 시스템을 위해서 백금, 코발트 및 크롬의 3중 혼합물을 흑연화 된 퍼니스 블랙 탄소에

5) carbothermal

섞는 방안이 선택되었다(루차크와 랜즈만, 1987).

백금합금은 40~60 [mV]의 성능개선(2,153 [A/m^2], 190 [℃]에서 수소(H_2)/공기를 사용시)을 가져다준다는 것이 발견되었다(랜즈만과 루차크, 1982; 루차크와 랜즈만, 1987). 90 [mV/decade]의 전형적인 타펠 경사를 가정한다면, 이는 활성도가 약 3배 증가되었음을 의미한다. 그런데 O_2를 사용하여(900 [mV]에서) 측정된 동적 활성도에 따르면, 촉매성능의 개선은 1.5~2배에 불과하다(뷰캐넌 등, 1992).

인산 연료전지(PAFC) 내의 강화된 활성도가, 양성자 교환 맴브레인을 사용하는 인산 연료전지에서 어떤 이득을 가져다주는가에 대해서 알아내기 위해서 양성자교환 맴브레인 연료전지(PEMFC)를 사용하여 탄소에 지지된 백금합금에 대한 시험을 수행하였다. 타펠 기울기가 60 [mV/decade]라고 가정하면, 2배의 질량 활성도 개선에 따라서 18 [mV]의 개선이 나타나야 한다. 텍사스 A&M 대학의 초기 연구에 따르면, 백금합금은 고압의 산소(O_2)를 사용하는 소형 양성자교환 맴브레인 연료전지(PEMFC) 시험용 전지의 경우, 인산 연료전지(PAFC)의 데이터에서와 마찬가지로, 질량 및 비활성도가 2~3.5배 개선된다는 것이 규명되었다(무커지와 스리니바산, 1993). 더 실제적인 하드웨어 내에서, 산소에 의해서 작동되는 경우, 백금합금이 25 [mV] (3배의 질량 활성도 개선과 등가임)의 동전기 이득을 나타낸다는 것이 규명되었다. 공기를 사용하여 작동하는 경우, 이 이득은 추가적인 질량전달 손실에 의해서 저지되지만, 이는 그림 6.11에 도시된 것과 같이, 촉매 조성의 개선을 통하여 극복할 수 있다(랄프 등, 1998; 랄프와 톰셋, 1999).

비록, 25 [mV]의 성능개선이 규명되어있기는 하지만, 현재, 백금합금들은 맴브레인 전극 조립체(MEA)에서 널리 사용되지는 않고 있다. 음극성능의 개선을 바란다면 백금합금에 지지된 촉매를 사용해야만 할 것으로 예상되고 있다.

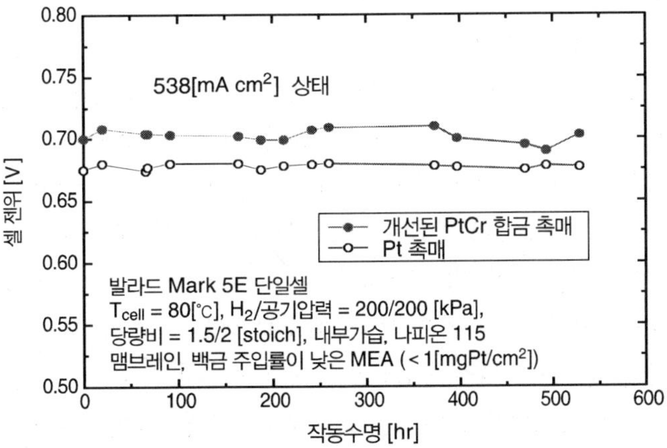

그림 6.11 탄소에 지지된 백금크롬(PtCr) 합금과 백금 음극의 공기에 대한 성능

6.6.3 비 백금촉매

처음에는 인산 연료전지(PAFC)에서부터 이제는 양성자교환 맴브레인 연료전지(PEMFC)에 이르기 까지, 백금을 기반으로 하는 음극촉매들의 높은 예상가격과 비교적 높은 과도전위는, 이를 대체할 수 있는 귀금속을 사용하지 않는 촉매 시스템에 대한 강도 높은 연구를 촉발시켰다. 최근의 문헌에 따르면 루테늄(Ru)을 기반으로 하는 칼코겐화물, 열분해성 철(Fe) 및 장주기 코발트(Co), 그리고 금속 탄화물 등이 현저한 산소 환원특성을 보이고 있다. 게다가, 이 촉매들 중 많은 수가 직접 메탄올 연료전지(DMFC)의 음극촉매로 사용할 때 장점이 될 수도 있는, 메탄올 존재 하에서의 훌륭한 산소 선택성을 보인다. 기저금속(예를 들면, Fe, Co)의 장주기성 화합물(즉, 포르피린, 프탈로시아닌, 테트라아자 아눌렌)들은 오래전부터 산소(O_2)의 전기-환원이 가능한 것으로 알려져 왔다(얀케 등, 1979). 액상의 알칼리 및 산성 시스템 하에서의 연료전지 작동에 대해서 탄소에 지지되는 물질들의 특성이 평가되었다. 알칼리 속에서, 특히 코발트(Co) 기반의 시스템은 뛰어난 성능과 내구성을 보이며, 금속-공기 전지 시스템에서 광범위하게 사용된다(갬버제브 등, 2001). 그런데 비록 철(Fe) 및 코발트(Co)를 기반으로 하는 시스템이 산소 환원 활성도를 가지고 있지만, 산 속에서 이들 둘의 전반적인 성능과 내구성은 열악하다. 이 성질들을 개선하려는 시도를 통해서, 고온에서의 촉매 열처리가 촉매의 내구성을 증가시켜 주지만, 성능은 백금을 기반으로 하는 시스템에 비해서 여전히 열등하다는 것이 밝혀졌다(고이코비치 등, 1999; 지앙과 츄, 2000).

알론소-반테와 트리뷰츠(1986)의 발견 때문에, 루테늄(Ru)을 기반으로 하는 촉매에 대해서 훨씬 더 많은 연구가 수행되었다. 쉐브렐상 Ru-Mo 칼코지나이드(황화물, 셀렌화물)는 산성 전해질 내에서 현저한 산소환원 활성도를 나타낸다. 탄소에 지지되는 소재들은 비정질이라는 것이 발견되었으며, 가습된 공기와 수성 전해질 모두에 노출되었을 때, 다량의 산소를 함유하고 있는 것으로 밝혀졌으므로, 가수분해가 현저하게 발생되는 것으로 추정된다(알론소-반테와 트리뷰츠, 1994; 리브 등, 1998).

탄소에 지지되는 루테늄-몰리브덴(Ru-Mo) 옥시셀레나이드는 탄소에 지지되는 루테늄(Ru) 촉매와 유사한 산소환원에 대한 질량활성도를 갖기 때문에, 몰리브덴(Mo)과 셀레늄(Se) 모두 전기촉매작용에 간여되지 않는 것으로 추정된다. 옥시셀레나이드는(루테늄(Ru) 촉매에서와 같이) 메탄올에 대한 내성이 있는 것으로 밝혀졌지만, (60 [℃]에서 100 [mV] 이상인) 백금에 비해서 산소 환원에 대해서 열등한 촉매이다(슈미트 등, 2000).

비록 양성자교환 맴브레인 연료전지(PEMFC) 조건 하에서 덜 비싼 촉매도 산소환원 활성도를 갖는다는 것을 보여주었지만, 이들 모두는 본질적인 활성도의 측면에서 백금에 비해서 열등하다. 현재, 양성자교환 맴브레인 연료전지(PEMFC) 개발의 목표는 가격보다는 전체적인 성능을 향상시키는 데에 집중하고 있으며, 열등한 성능을 갖는 염가의 촉매기술이 아니라, 더 활성도가 높은 촉매기술을 요구하고 있다.

6.7 촉매합성

탄소에 지지되는 연료전지 촉매의 합성을 위해서 많은 방법들이 적용되어왔다. 만약 논의를 백금 기반의 연료전지 촉매의 합성에 국한한다면, 일반적으로 다섯 가지 방법이 사용되고 있다:

1. 주입
2. 이온교환
3. 석출
4. 콜로이드법
5. 기체상

6.7.1 주입

가장 단순한 합성법은 주입이다. 이 방법에서, 금속염의 용액은 탄소 지지체와 함께 합성 및 혼합된다. 합성된 슬러리에서 용매를 제거하기 위해서 건조시키며, 염을 분해하여 원하는 형태의 촉매를 만들기 위해서 열처리와/또는 환원시킨다. 이 방법의 변형은 **초기함침**이다. 여기서 주입하는 금속용액의 체적은 탄소의 기공체적과 같은 양으로 선정된다. 이 방법은 금속이 탄소의 기공구조 내부에만 퇴적되는 장점을 가지고 있다.

이미 성형된 백금촉매상에 **주입방법**을 사용해서 2차금속을 퇴적시킨 다음에 상호작용을 유발하기 위해서 적절한 열처리를 시행한 예는 많다. UTC에 의한 원래의 작업에서, 미리 합성된 백금촉매는 2차금속을 함유한 수성 용액과 섞여서 슬러리가 되며, 금속이 촉매속에 충분히 흡착될 수 있도록 pH가 조절된다(잘란, 1980; 잘란과 랜즈만, 1980; 랜즈만과 루차크, 1982; 루차크와 랜즈만, 1987). 그런데 일반적으로 탄소흑의 건식혼합과 탄소의 열악한 수성 용액 흡수성에 기인한 어려움 때문에 대량합성공정에서는 선호되지 않는다.

6.7.2 이온교환

이온교환법은 다수의 이온교환위치들을 지지하는 촉매의 경우에 적합하다. 그런데 일반적으로, 탄소흑은 충분한 백금 주입을 실현하기에 충분한 위치들을 갖고 있지 못하다. 백금 주입을 증가시키기 위한 추가적인 이온교환 위치들을 유도하기 위해서 탄소처리를 시행할 수 있지만, 탄소의 부식저항을 희생시켜야 한다(키노시타와 스톤하트, 1977).

6.7.3 석출

특허 문헌에서, 백금 기반 촉매의 합성을 위해서 사용되는 대부분의 방법들은 **석출**에 기초한다. 이들은 일반적으로 화학적 변환에 의한 용융성 물질의 석출에 기반을 둔다. 이는 (예를 들면 산성에서 알칼리성으로의) pH 변화, 또는 (포름알데히드에서 석출금속으로의) 환원제 첨가 등의 방식을 사용한다.

6.7.4 백금 전처리와 석출제

연료전지 촉매의 합성을 위해서 수많은 백금 전처리제가 사용되어왔다. 이들 중에는 클로로백금산(H_2PtCl_6)과 질화백금 등이 포함된다(아우어 등, 1998). 이 염들은 일반적으로 탄산수소나트륨이나 수산화나트륨과 같은 알칼리의 첨가에 의해서 석출된다. 또한, 6수산화백금산[6]($H_2Pt(OH)_6$)과 같은 아민용액 내의 알칼리염은 아세트산과 같은 유기산의 첨가에 의해서 석출된다(이토 등, 1988; 마사루와 준지, 2000). 이 방법들은 일반적으로 백금의 수산화물이나 함수성 산화물의 석출을 초래한다. 이러한 퇴적을 줄이기 위해서는 포름알데히드나 포름산, 또는 히드라진과 같은 화학적 환원제 중 하나가 사용되거나, 또는 수소를 함유한 기체를 사용해서 기체상 환원이 수행된다.

1970년대 프로토텍사에 의해서 처음으로 개발된 아황산염을 사용하는 방법이 널리 사용되고 있다(페트로프와 앨런, 1976a와 b). 이 방법에서, 백금(II) 아황산염 용액은 예를 들면, 이황화나트륨과 클로로백금산의 반응을 통해서 합성된다. 탄소 슬러리에 백금 용액을 첨가하고 백금을 석출시키기 위해서 과산화수소를 더한다. 과산화물 처리에 의해서 백금 산화물 콜로이드가 형성되며, 이어서 탄소에 흡수되는 것으로 추정된다. 이 방법은 백금루테늄(PtRu)의 합성과 여타 이종금속 촉매의 합성에 사용된다.

6.7.5 콜로이드법

백금 기반의 연료전지 촉매를 합성하기 위한 **콜로이드법**의 개발은 최근 들어 더 많은 관심을 받고 있다. 비록 규정된 준비절차를 사용한 안정된 단일금속 콜로이드의 합성방법과 안정화 작용제에 대해서는 오래전부터 알려져 있었지만, 연료전지에 적용한 것은 더 최근의 일이다(본드, 1956; 뷔엔니만 등, 1994). 특히, 콜로이드법은 좁은 입도분포와 합금구조를 사용해서 2종금속 촉매를 합성하는 데에 사용되어왔다(슈미트 등, 1998).

6.7.6 기체상 방법

매우 최근에는 탄소에 지지되는 백금촉매를 합성하기 위해서 **기체상 합성법**들이 사용되고 있다. 이 방법들은 원래 나노상태의 세라믹 소재를 합성하기 위해서 개발되었으나, 현재는 연료전지 촉매에 적용되고 있다. 수많은 방법들이 개발되었다; 이들 중 대부분은 탄소 분말과 용해성 백금 선도물질의 에어로졸 형성에 의존하며, 급속 건조와 환원단계를 거치며, 전 공정이 기체상태에서 시행된다(코다스 등, 2000; 헌트, 2000). 만들어진 촉매를 분말 형태로 취합하거나 촉매층을 만들기 위해서 이오노머와 함께 직접 증착시킨다.

6.7.7 금속흑 합성

탄소에 지지되는 백금을 기반으로 하는 촉매에서와 마찬가지로, (직접 메탄올 연료전지

6) hexahydroxyplantinic acid

(DMFC)에서와 같이) 전극 내에 금속 주입이 중요치 않은 특정한 용도에서는, **금속흑**(지지물질이 없는 금속분말)이 사용된다. 지지물질이 없는 금속분말의 합성을 위한 두 가지 고전적인 방법으로는 **라니법**(라니, 1925과 1927)과 **애덤스법**(애덤스와 슈라이너, 1923)이 있다. 그런데 이 방법들은 불순물 제거에 어려움이 있기 때문에 연료전지용 금속흑의 합성에는 광범위하게 사용되지 않는다. 일반적으로, 앞서 설명했던 석출법을 사용하여 지지물질이 있는 금속 촉매를 합성하는 것과 유사한 방법으로 금속흑을 합성할 수 있다. 게다가, 금속흑은 환원제를 사용해서 금속염 용액으로부터 직접환원을 통하여 합성할 수 있다.

지지물질이 없는 금속 분말을 합성하는 또 한 가지 최근의 방법은 고 에너지 볼 밀링을 사용하는 것이다. 이 공정에서, 백금과 알루미늄(또는 마그네슘) 분말이 혼합되어 볼 밀링에 투입된다. 알루미늄(또는 마그네슘)을 제거하기 위해서, 합성된 혼합분말을 화학적으로 여과하면 적절한 표면적을 갖는 다공질 분말을 얻게 된다. 이 방법은 백금루테늄(PtRu)이나 백금몰리브덴(PtMo) 등과 같은 혼합된 금속 분말 합성에도 적용되고 있다(슐츠 등, 1999; 데니스 등, 1999; 구에렉 등, 2000).

6.7.8 다중촉매의 합성

앞 절에서 논의한 것처럼, 양성자교환 맴브레인 연료전지(PEMFC)에서 사용되는 진보된 많은 연료전지 촉매들은 다중성분으로 구성된다. 이득을 극대화하기 위해서는, 구성성분들 사이의 특정한 상호작용들이 실현되어야 한다. 많은 경우, 성분들을 합금으로 만들 필요가 있다; 또 다른 경우에는 한 성분이 다른 성분을 부분적으로 덮는 것이 중요하다. 실제적인 촉매기술 상에서 이를 실현하기 위해서는 유연한 합성방법을 사용할 필요가 있다.

2종금속촉매를 합성하는 손쉬운 방법 중 하나는 두 번째 성분을 미리 제조된 촉매에 주입하는 것이다. 촉매에 대한 후속적인 처리과정을 통해서 특정한 상호작용을 유도할 수 있다. 구성성분들은 불활성 또는 환원성 가스유동 하에서의 고온 열처리를 통해서 합금으로 만들 수 있다. 이 방법은 입자가 소결되어 촉매의 활성 면적이 저하되는 단점을 가지고 있다.

또 다른 방법에서는 pH의 변화나 환원제의 첨가를 통해서 용융성 금속염의 동반석출을 이용한다. 이 방법은 저온에서 고도로 분산된 2종금속 구조를 형성할 수 있다는 장점을 가지고 있다. 그런데 일반적으로 이 방법은 유사한 화학적 석출특성을 가지고 있는 성분들과/또는 금속으로의 환원이 쉬운 성분들에 한정된다. 앞서 언급한 것처럼, 2종금속촉매에 콜로이드법도 적용할 수 있다.

미리 제조된 촉매상에 두 번째 금속을 증착하는 방법의 대안은 표면의 **유기금속 교체**이다. 이 방법에서, 유기금속 유도물질은 용매 내에서, 흡착된 수소(H_2) 층을 갖고 있는, 미리 제조된 촉매와 함께 반응한다. 이 방법은 유도물질이 흡착된 수소와만 반응하며, 따라서 활성촉매 위치에만 증착된다는 장점을 가지고 있다. Sn-, Ge-, 및 Mo-로 교체된 백금촉매의 합성에 대해서 이 기법을 적용한 사례가 보고되었다(크랩과 라비쿠마르, 2001; 크랩 등, 2000과 2002).

6.7.9 촉매의 대량생산

연료전지 촉매의 대량생산에는 다수의 주요 원칙들이 존재한다. 공학적 문제들뿐만 아니라, 금속 분산과 합금 형성 등과 같이, 높은 성능을 구현하기 위해서 이상적인 나노스케일에서의 성질들과, 높은 수율, 생산의 재현성 및 (건강 및 안전에 대한 요구조건들을 포함하는)제조의 용이성 등과 같은 대량생산기법상의 특성들도 고려해야만 한다. 일반적으로, 대량생산 공정들은, 앞서 제시된 원칙들을 가장 손쉽게 충족시킬 수 있는, 수송매질 내에서의 화학적 석출을 기반으로 하고 있다.

6.8 촉매의 특성규명

기존의 세라믹의 지지를 받는 촉매에서와 마찬가지로, 일상적인 외장형 물리적 특성규명 기법 전반이 연료전지 촉매 연구에 적용될 수 있다. 표 6.1에서는 이에 대해서 개략적으로 요약되어 있다. 그림 6.12에서는 탄소에 지지된 백금촉매의 전자파현미경(TEM)사진을 통해서 특성규명 기법들 중 하나를 살펴볼 수 있다. 큰 회색의 입자들은 탄소지지체이며, 작고 검은 입자들은 백금이다. 백금의 입자크기는 대략적으로 2 [nm] 내외이다.

전위조절 하에서 촉매의 상태에 대한 예측이 가능한 **실장 특성규명기법**에 더 많은 관심이 모아지고 있다. 연료전지 촉매의 전기화학적인 특성규명을 위한 표준 도구는 주기적 전압전류법[7]이다. 대부분의 물리적 특성규명기법들과는 달리, 전압전류법은 표면에 특성규명이 되어, 전위의 함수로 촉매표면의 성질에 대한 정보를 제공해 준다. 백금촉매는 표면의 반응공정에 따라서, 독특한 전압전류특성을 나타낸다. 백금-수소(Pt-H) 상호작용(수소화물의 흡착/탈리)에 기인하여 저전위(0~0.3 [V] 대 RHE)에서도 전류가 흐른다. 고전위에서, 전류는 백금-산소(Pt-O) 상호작용(산화물의 형성/환원)에 따라서 발생된다(그림 6.13). 백금만으로 이

표 6.1 연료전지촉매에 적용가능한 측정기법

기술	취득정보
기체상 흡착(예, CO, H_2)	금속 표면적과 확산
온도프로그램된 환원(TPR)	축소된 표면과 벌크산화물의 온도
온도프로그램된 산화(TPO)	표면과 벌크산화물의 온도
온도프로그램된 탈착(TPD)	금속 표면적과 확산
X-선 회절(XRD)	금속 촉매의 크기, 금속 결정격자 변수(합금화 정도)
X-선 광전스펙트럼(XPS)	원자 조성, 성분들의 산화상태
주사전자현미경(SEM)	응집형태
투사전자현미경(TEM)	입도 분포, 응집 형태

7) cyclic voltametry

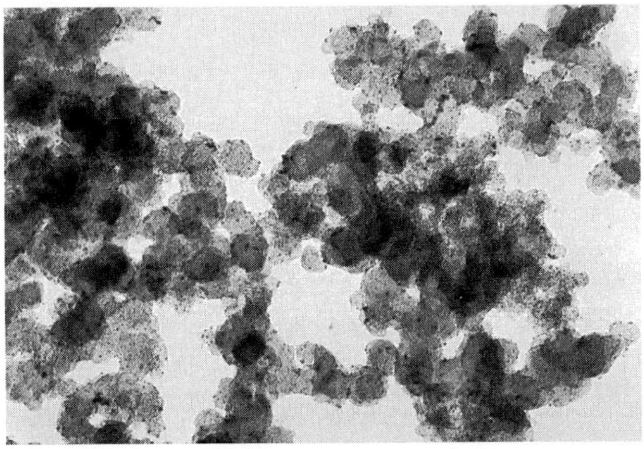

그림 6.12 탄소에 지지된 백금촉매의 전자파현미경(TEM) 사진

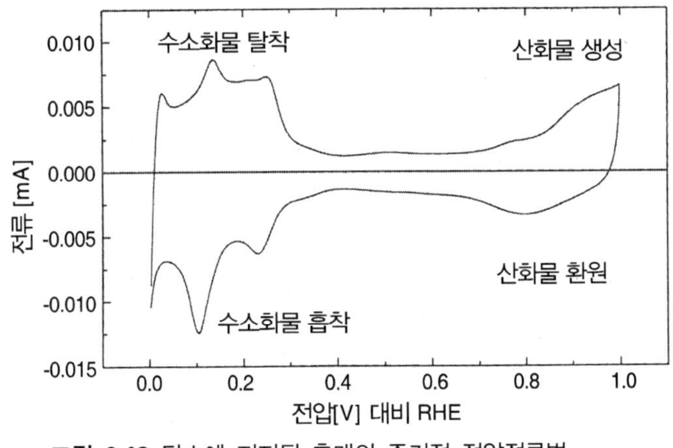

그림 6.13 탄소에 지지된 촉매의 주기적 전압전류법

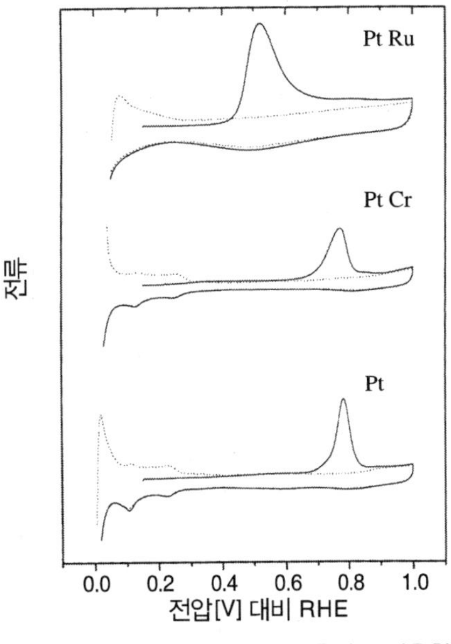

그림 6.14 Pt, PtCr, PtRu 촉매를 이용한 CO 스트리핑 전압전류법

루어진 촉매의 경우, 수소화물의 흡착전하가 전기화학적 환경 하에서 활성화 금속표면적의 척도로 이용되며, 기체상의 수소(H_2)나 일산화탄소(CO) 화학흡착 측정으로부터 구해진 값과의 비교가 용이하다. 그런데 2중, 또는 3중금속 시스템에 이 방법을 적용하면 신뢰도가 떨어지게 된다. 이런 경우, 일산화탄소를 사용하는 것이 선호된다(아래 참조).

전기 활성화 화학흡착 프로브로 일산화탄소를 사용하면 백금촉매의 상태에 대한 올바른 정보를 얻을 수 있다. 특히, 여타의 금속성 소재를 첨가하여 백금촉매를 변화시키면 전압 전류값에 현저한 영향을 끼칠 수 있다. 그림 6.14에서는 분산된 백금, 백금크롬(PtCr) 합금, 및 백금루테늄(PtRu) 합금 촉매의 일산화탄소(CO) 스트리핑 전압전류를 보여주고 있다. 크롬과 백금으로 합금을 만들면 수소화물의 영역 내에서 미묘한 변화가 일어나지만, 여타 영역에서의 프로파일은 백금에서와 유사하다. 반면에, 루테늄(Ru)을 백금에 첨가하면 수소화물과 산화물 영역 모두에서 근본적인 변화가 일어난다. 또한, 촉매로부터 일산화탄소가 산화되는 위치에서의 전위는 백금에 비해서 시프트 된다.

6.8.1 전기촉매의 성질검사를 위한 실장 스펙트럼분석기법의 사용

전위가 조절되는 전극으로서, 연료전지 촉매에 대해 **실장 스펙트럼분석기법**이 점점 더 많이 적용되고 있다. 이 기법은 외장형 기법에 비해서, 실제의 작동조건과 더 근접한 상태에서 촉매의 성질들이 검사된다는 장점을 가지고 있다. 연료전지의 **파생 X-선 흡수 미세구조**(EXAFS)와 **X-선 흡수 모서리 인접구조**(XANES)[8] 등과 같은 **X-선 흡수스펙트럼기법**(XAS)의 적용이 대표적인 사례이다. 특히, 실장형 미세구조(EXAFS)는 특히 전위의 함수로 지지구조물을 갖는 촉매의 성질이 어떻게 변하는가를 나타내므로, 이해하기가 쉽다(무커지와 맥브린, 1998). 탄소에 지지된 백금촉매에 대해서 일산화탄소(CO)의 흡착과 전기산화를 측정하기 위해서, 실장형 미세구조(EXAFS)가 사용되었다(매니구에 등, 2000). 백금루테늄(PtRu) 촉매와 같은, 2중금속 촉매의 구조를 측정하기 위해서 X-선 흡수스펙트럼기법(XAS)도 널리 사용된다. 이를 통하여, 백금과 루테늄(Ru)이 원자수준에서 혼합되어있는가 뿐만 아니라, 루테늄(Ru)이 백금의 전기적 성질에 끼치는 영향에 대한 정보도 얻을 수 있다.

비록 실장형 X-선 흡수스펙트럼기법(XAS) 기법이 탄소에 지지된 촉매의 구조에 대한 훌륭한 정보를 제공해 주지만, 이들은 정의된 것이지 표면특성은 아니다. 연료전지 촉매에 대한 연구를 위하여 표면특성에 대한 몇몇 실장형 스펙트럼 분석기법들이 시도되었지만 완성도가 높지 않다. 언젠가는 벌크형태를 갖는 전기촉매 표면의 연구를 위하여 실장 원적외선(IR) 스펙트럼이 사용될 수 있겠지만, 단지 탄소에 지지된 촉매의 연구에 적용되었을 뿐이다(뭉크 등, 1996). 또한, 탄소에 지지된 백금촉매의 표면 연구에 실장형 핵자기공명(NMR) 스펙트럼도 사용되었다. 일련의 탄소에 지지된 백금촉매의 일산화탄소(CO) 흡착특성에 대한 원적외선(IR)과 핵자기공명(NMR)의 결과를 서로 연관시킴으로서, 일산화탄소의 흡착성질은 백금의 입자크기에 의존하며, 더 작은 입자가 일산화탄소와 더 강하게 결합한다는 것을 발견하였다(라이스 등, 2000). 또한, 탄소에 지지된 백금촉매에 실장형 백금 NMR을 적용해서 표면 및 벌크 백금 원자를 명확하게 구분할 수 있게 되었다(통 등, 1999).

6.9 지지체

활성화 된 전기촉매를 지지하기 위한 요구조건들에 대해서 앞에서 논의하였다. 지지체는 활성화 된 금속 입자에 대해서 구조강도, 도전성 및 내구성을 지원해야만 한다. 양성자교환 맴

8) Or NEXAFS(near edge x-ray adsorption line structure)

브레인 연료전지(PEMFC)에서 가장 일반적으로 사용되는 지지물질은 탄소흑이다. 탄소의 성질과 이용에 대한 심도깊은 고찰을 위해서는 키노시타(1988)의 뛰어난 문헌을 추천한다. 양성자교환 맴브레인 연료전지(PEMFC)에 사용되는 전형적인 탄소에 대해서는 여기서 간략하게 요약해 본다.

두 가지 주요 유형의 탄소들이 백금촉매의 지지체로 사용되어져 왔다: 이들은 **오일-퍼니스 블랙**과 **아세틸렌 블랙**이다. 오일-퍼니스 블랙은 석유 정제과정에서 추출되는 방향성 잔류오일로부터 제조되는 반면에, 아세틸렌 블랙은 아세틸렌(에틸렌)의 열분해를 통해서 제조된다. 일반적으로, 퍼니스 블랙의 표면적은 20~1,500 [m^2/g]에 달하는 반면에, 아세틸렌 블랙의 경우에는, 현재, 시제품으로는 1,000 [m^2/g]의 표면적을 갖는 제품도 생산되고 있지만, 전형적으로 100 [m^2/g] 이하의 표면적을 갖는다.

사용 가능한 다양한 도전성 탄소흑이 있지만, 상대적으로 소수만이 양성자교환 맴브레인 연료전지(PEMFC) 촉매의 지지물로 사용되고 있다는 점은 약간 놀랄만한 일이다. 더 일반적인 소재들이 특성과 함께 표 6.2에 제시되어 있다.

표 6.2 양성자교환 맴브레인 연료전지(PEMFC)에서 백금촉매를 지지하기 위해서 사용되고 있는 탄소흑들

탄소 품명	공급업체	탄소의 종류	BET 표면적 [m^2/g][a]	DBP 흡착 [units][b]
벌컨 XC72	캐벗	퍼니스 블랙	250	190
블랙펄스 2000	캐벗	퍼니스 블랙	1,500	330
케첸 EC300J	케첸블랙 인터내셔널	퍼니스 블랙	800	360
케첸 EC600JD	케첸블랙 인터내셔널	퍼니스 블랙	1,270	495
셔위니건	셰브런	아세틸렌 블랙	80	?
덴카블랙	덴카	아세틸렌 블랙	65	165

a BET:Brunauer-Emmett-Teller method

b DBP:Dibutyl phthalate number(measure of carbon void number)

6.9.1 탄소 지지체가 촉매의 특성과 활성도에 끼치는 영향

서로 다른 탄소 지지물질들이 촉매의 성질에 끼치는 영향에 대해서는 소수의 연구결과들만이 출간되어 있다. 예상하는 것처럼, 탄소 표면적의 증가는 주어진 주입율 하에서 백금의 분산성을 높인다. 토쿠미츠 등(1999)은 탄소 표면적을 60 [m^2/g]에서 1,300 [m^2/g] 이상으로 증가시키면 10 [wt%] 촉매에 대해서 백금 입자의 크기가 2.5 [nm]에서 1.5 [nm]로 감소된다는 것을 규명하였다. 마찬가지로, 우찌다 등(1996)은 일련의 23~24 [wt%] 백금촉매에 대해서 탄소 표면적이 58 [m^2/g]에서 1,500 [m^2/g]으로 증가하면 백금 결정의 크기가 3.7 [nm]에서 1.0 [nm]로 감소된다는 것을 규명하였다. 그런데 이들의 연구에 따르면, 표면적 비율이 높은 탄소 지지체를 통해서 백금 표면적이 증가되었음에도 불구하고 탄소 지지체가 활성도에는 거의 영향을 끼치지 못하는 것으로 밝혀졌다. 이는 백금 입자크기의 영향과, 탄소 지지체와 이오노머 사이의 상호작용 모두가 활성도의 결정에 중요한 역할을 한다는 것을 시사한다.

6.10 연료전지 촉매 공급업체

현재, 수많은 연료전지 촉매 공급업체들이 제품을 공급하고 있다. 이들에 대해서는 표 6.3에서 나열하고 있다. 이들 공급업체 뿐만 아니라, 다수의 제조업체들도 연료전지 촉매의 제조기법에 대한 최근의 특허를 소유하고 있지만, 이 특허들이 상용 제품에 적용될 것인가에 대해서는 명확치 않다.

표 6.3 양성자교환 맴브레인 연료전지(PEMFC) 촉매의 공급업체들

공급업체	제품 유형	웹사이트
존슨매티	HiSPEC 범주의 촉매 백금, PtRu 흑체, 탄소지지 백금, PtRu	www.matthey.com
이텍	광범위한 PM기반의 촉매들	www.etek-inc.com
타나카 KK	다양한 탄소에 지지된 다양한 백금촉매들, 백금루테늄(PtRu)을 포함한 백금합금촉매들	www.tanaka-precious.com
OMG(dmc^2 디비젼)	ElystTM 범주의 지지구조물을 갖는 백금 및 PtRu 촉매들	www.omgi.com

References

Adams, A.A., Coleman, A.J., and Joyce, L.S., Fuel Cell Seminar, Orlando, FL, November 13.16, 1983, p. 118.

Adams, R. and Shriner, R.L., J. Am. Chem. Soc., 45, 2171, 1923.

Alonso-Vante, N. and Tributsch, H., Nature, 323, 431, 1986.

Alonso-Vante, N. and Tributsch, H., in Electrochemistry of Novel Materials, Vol. 3, Lipkowski, J. and Ross, P.N., Eds., VCH, New York, 1994, p. 1.

Appleby, A.J., J. Electroanal. Chem., 357, 117, 1993.

Atanassova, P. et al., Abstract 333, Proceedings of the 200th ECS Meeting, San Francisco, September 2.7, 2001.

Auer, E. et al., Canadian Patent 2,238,123, 1998.

Bai, L., Harrington, P.A., and Conway, B.E., Electrochim. Acta, 32, 1713, 1987.

Baldauf, M. and Preidel, W., J. Power Sources, 84, 161, 1999.

Ball, S.C. et al., Electrochem. Solid State Lett., in press, 2002.

Bellows, R.J., Marruchi-Soos, E.P., and Buckley, D.T., Ind. Eng. Chem. Res., 35, 1235, 1996.

Bett, J.A.S., in Proceedings of the Workshop on Structural Effects in Electrocatalysis and Oxygen Electrochemistry, 92-11, The Electrochemical Society, Pennington, NJ, 1992, p. 573.

Bond, G.C., Trans. Faraday Soc., 52, 1235, 1956.

Bonnemann, H. et al., J. Mol. Catal., 86, 129, 1994.

Bregoli, L., Electrochim. Acta, 23, 489, 1979.

Buchanan, J.S., Fuel Cell Seminar, Tucson, AZ, November 29.December 2, 1992, p. 505.

Chu, D. and Gilman, S., J. Electrochem. Soc., 143, 1685, 1996.

Cooper, S.J. et al., in Proceedings of the Second International Symposium on New Materials for Fuel Cell and Modern Battery Systems, Montreal, July 6.10, 1997, p 286.

Crabb, E.M. and Ravikumar, M.K., Electrochim. Acta, 46, 1033, 2001.
Crabb, E.M., Marshall, R., and Thompsett, D., J. Electrochem. Soc., 147, 4440, 2000.
Crabb, E.M. et al., Electrochem. Solid State Lett., in press, 2002.
Denis, M.C. et al., J. Appl. Electrochem., 29, 951, 1999.
Dhar, H.P. et al., J. Electrochim. Soc., 133, 1574, 1986.
Dinh, H.N. et al., J. Electroanal. Chem., 491, 222, 2000.
Gamburzev, S., Petrov, K., and Appleby, A.J., Abstract 353, Proceedings of the 200th ECS Meeting, San Francisco, September 2.7, 2001.
Gamez, A. et al., Electrochim. Acta, 41, 307, 1996.
Gasteiger, H.A., Markovic, N.M., and Ross, P.N., J. Phys. Chem., 99, 16757, 1995.
Gojkovic, S.L., Gupta, S., and Savinell, R.F., J. Electroanal. Chem., 462, 63, 1999.
Gonzalez, M.J., Hable, C.T., and Wrighton, M.S., J. Phys. Chem. B, 102, 9881, 1998.
Gorer, A., WO 00/54346, 2000a.
Gorer, A., WO 00/55928, 2000b.
Gorer, A., WO 00/69009, 2000c.
Gottesfeld, S., U.S. Patent 4,910,099, Mar 1990.
Gottesfeld, S. and Pafford, J., J. Electrochem. Soc., 135, 2651, 1988.
Gouerec, P. et al., J. Electrochem. Soc., 147, 3989, 2000.
Grgur, B.N., Markovic, N.M., and Ross, P.N., J. Electrochem. Soc., 146, 1613, 1999.
Gunner, A.G. et al., U.S. Patent 5,939,220, 1999.
Gurau, B. et al., J. Phys. Chem. B, 102, 9997, 1998.
Hoogers, G. and Thompsett, D., Cattech, 3, 106, 2000.
Hunt, A.T., PCT Patent WO 00/72391, 2000.
Ito, T., Matsuzawa, S., and Kato, K., U.S. Patent 4,794,054, Dec 1988.
Iwase, M. and Kawastsu, S., in Proceedings of the First International Symposium on Proton Conducting Membrane Fuel Cells, Gottesfeld, S., Halpert, G., and Landgrebe, A., Eds., 95-23, The Electrochemical Society, Pennington, NJ, 1995, p. 12.
Jahnke, H., Schonborn, M., and Zimmermann, G., Top. Curr .Chem., 61, 133, 1979.
Jalan, V.M., U.S. Patent 4,202,934, 1980.
Jalan, V.M. and Landsman, D.A., U.S. Patent 4,186,110, 1980.
Jarvi, T.D. and Stuve, E.M., in Electrocatalysis, Lipkowski, J. and Ross, P.N., Eds., Wiley-VCH, 1998, p. 75.
Jiang, R. and Chu, D., J. Electrochem. Soc., 147, 4605, 2000.
Kinoshita, K., Carbon: Electrochemical and Physicochemical Properties, John Wiley & Sons, New York, 1988.
Kinoshita, K., J. Electrochem. Soc., 137, 845, 1990.
Kinoshita, K., Electrochemical Oxygen Technology, John Wiley & Sons, New York, 1992.
Kinoshita, K. and Stonehart, P., Modern Aspects of Electrochemistry, Vol. 12, Bockris, J.O'M. and Conway, B.E., Eds., Plenum Press, New York, 1977, p. 183.
Kodas, T.T. et al., U.S. Patent 6,103,3392, 2000.
Kunz, H.R., Electrode Materials and Processes for Energy Conversion Storage, 77-6, The Electrochemical Society, Pennington, NJ, 1977, p. 607.
Landsman, D.A. and Luczak, F.J., U.S. Patent 4,316,944, 1982.
Liebhafsky, H.A. and Cairns, E.J., Fuel Cells and Fuel Batteries: A Guide to Their Research and Development, John Wiley & Sons, New York, 1968, p. 370.
Long, J.W. et al., J. Phys. Chem. B, 104, 9772, 2000.
Luczak, F.J. and Landsman, D.A., U.S. Patent 4,677,092, 1987.
Maniguet, S., Mathew, R.J., and Russell, A.E., J. Phys. Chem. B, 104, 1998, 2000.
Markovic, N.M., Grgur, B.N., and Ross, P.N., J. Phys. Chem. B, 101, 5405, 1997a.
Markovic, N., Gasteiger, H., and Ross, P.N., J. Electrochem. Soc., 144, 1591, 1997b.
Masaru, I. and Junji, S., Japanese Patent 2000012043, 2000.
McKee, D.W. and Pak, M.S., J. Electrochem. Soc., 116, 152, 1969.
McKee, D.W. and Scarpellino, A.J., Electrochem. Technol., 6, 101, 1968.
McKee, D.W. et al., Electrochem. Technol., 5, 419, 1967.

McNicol, B.D., Rand, D.A.J., and Williams, K.R., J. Power Sources, 83, 15, 1999.
Mitchell, P.C.H. et al., J. Mol. Cat. A, 119, 223, 1997.
Mukerjee, S. and McBreen, J., J. Electroanal. Chem., 448, 163, 1998.
Mukerjee S. and Srinivasan, S., J. Electroanal. Chem., 357, 201, 1993.
Mukerjee, S. et al., Electrochem. Solid State Lett., 2, 12, 1999.
Munk, J. et al., J. Electroanal. Chem., 401, 215, 1996.
Niedrach, L.W. and Weinstock, I.B., Electrochem. Technol., 3, 270, 1965.
Niedrach, L.W. and Zeliger, H.I., J. Electrochem. Soc., 116, 152, 1969.
Niedrach, L.W. et al., Electrochem. Technol., 5, 318, 1967.
Oetjen, H.F. et al., J. Electrochem. Soc., 143, 3838, 1996.
Parsons, R. and VanderNoot, T., J. Electroanal. Chem., 257, 9, 1988.
Petrow, H.G. and Allen, R.J., U.S. Patent 3,992,312, 1976a.
Petrow, H.G. and Allen, R.J., U.S. Patent 3,992,331, 1976b.
Peuckert, M. et al., J. Electrochem. Soc., 133, 944, 1986.
Prater, K.B., J. Power Sources, 51, 129, 1994.
Ralph, T.R. and Thompsett, D., Proceedings of the Third International Symposium on New Materials for Fuel Cell and Modern Battery Systems, Montreal, July 4.8, 1999, p. 279.
Ralph, T.R. et al., Fuel Cell Seminar, San Diego, November 28.December 1, 1994, p. 199.
Ralph, T.R. et al., J. Electrochem. Soc., 144, 3845, 1997.
Ralph, T.R. et al., Fuel Cell Seminar, Palm Springs, CA, November 16.19, 1998, p. 536.
Raney, M., U.S. Patent 1,563,787, 1925.
Raney, M., U.S. Patent 1,628,191, 1927.
Reeve, R.W. et al., J. Electrochem. Soc., 145, 3463, 1998.
Rice, C. et al., J. Phys. Chem. B, 104, 5803, 2000.
Rolison, D.R. et al., Langmuir, 15, 774, 1999.
Ross, P.N. et al., J. Electroanal. Chem., 59, 177, 1975a.
Ross, P.N. et al., J. Electroanal. Chem., 63, 97, 1975b.
Russell, A.E. et al., J. Power Sources, 96, 226, 2001.
Schmidt, T.J. et al., J. Electrochem. Soc., 145, 925, 1998.
Schmidt, T.J. et al., J. Electrochem. Soc., 147, 2620, 2000.
Schulz, R. et al., U.S. Patent 5,872,074, 1999.
Somarjai, G.A., Introduction to Surface Chemistry and Catalysis, John Wiley & Sons, New York, 1994, p. 454.
Springer, T., Zawodzinski, T., and Gottesfeld, S., in Electrode Materials and Processes for Energy Conversion and Storage IV, McBreen, J., Mukerjee, S., and Srinivasan, S., Eds., 97-13, The Electrochemical Society, Pennington, NJ, 1997, p. 15.
Stonehart, P., Ber. Bunsenges. Phys. Chem., 94, 913, 1990.
Swathirjan, S., Fuel Cell Seminar, San Diego, November 28.December 1, 1994, p. 204.
Tada, T., Inque, M., and Yamamoto, Y., European Patent 1,022,795, 2000.
Takasu, Y. et al., J. Electrochem. Soc., 147, 4421, 2000.
Tokumitsu, K., Wainwright, J.S., and Savinell, R.F., J. New Mater. Electrochem. Syst., 2, 171, 1999.
Tong, Y.Y. et al., J. Am. Chem .Soc., 121, 2996, 1999.
Uchida, M. et al., J. Electrochem. Soc., 143, 2245, 1996.
Uribe, F.A., Zawodzinski, T.A., and Gottesfeld S., WO 00/36679, 1999.
Wang, C.-B. and Yeh, C.-T., J. Catal., 178, 450, 1998.
Wasmus, S. and Kuver, A., J. Power Sources, J. Electroanal. Chem., 461, 14, 1999.
Wilkinson, D.P. and Thompsett, D., Proceedings of the Second International Symposium on New Materials for Fuel Cell and Modern Battery Systems, Montreal, July 6.10, 1997, p. 266.
Wilkinson, D.P. et al., U.S. Patent 5,432,021, 1995.
Wilkinson, D.P. et al., U.S. Patent 5,482,680, 1996a.
Wilkinson, D.P. et al., European Patent 0.736,921, 1996b.
Wilson, M.S. and Gottesfeld, S., J. Electrochem. Soc., 139, L28, 1992.

Chapter 07 직접메탄올 연료전지의 전망

운송용도의 경우, **직접 메탄올 연료전지**(DMFC)는 현존하는 석유급유 네트워크를 통해서 공급할 수 있는, 액체연료를 사용해서 작동하기 때문에 자주, 이상적인 연료전지 시스템으로 간주되고 있다. 게다가, 직접 메탄올 연료전지(DMFC) 동력 시스템은, 메탄올을 수소연료로 변환시키기 위해서 비싸고 덩치가 큰 촉매 개질 시스템에 의존하는, 기존의 간접 메탄올 연료전지에 비해서 본질적으로 단순하며 더 매력적이다. 직접 메탄올 연료전지(DMFC) 시스템은 가격 경쟁력을 높일 수 있지만, 상업적 적용을 위해서 필요한 전력 요구조건을 충족시킬 수 있어야만 한다. 불행히도, 수소(H_2) 양성자교환 맴브레인 연료전지(PEMFC)의 성능에 비해서 전형적으로 1/4의 전력밀도에 불과할 정도로, H_2/O_2 시스템에 비해서 열악한 성능이 직접 메탄올 연료전지(DMFC)의 상용화를 저해하고 있다. 직접 메탄올 연료전지(DMFC)의 가장 중요한 한계는 열악한 양극성능으로, 더 효율적인 **메탄올 전기-산화 촉매**가 시급히 필요하다는 것이다. 이 제약조건이 더 효율적인 메탄올 산화촉매 소재를 검색하는 대대적인 연구를 촉발시켰다. 하지만 백금을 기반으로 하는 소재들만이 적합한 활성도와 필요한 안정성을 나타낸다. 양성자 교환 맴브레인(PEM) 소재를 사용할 수 있게 됨에 따라서 직접 메탄올 연료전지(DMFC)의 작동온도가 전통적인 **액상 전해질**에서 구현할 수 있던 값을 넘어서게 되었으며, 과거 10여년간 이루었던 발전을 뛰어넘는 중요한 전기가 되었다. 더욱 최근에는, 맴브레인 전극 조립체(MEA)의 전력밀도가 개선됨에 따라서, 직접 메탄올 연료전지(DMFC) 시스템이 더 많은 관심을 끌게 되었다. 직접 메탄올 연료전지(DMFC)의 성능은 이제, 소형 휴대장치에 적용할 수 있는 단계에 이른 것처럼 보인다. 따라서, 이런 유형의 응용사례에서는 시스템의 복잡성을 줄일 수 있기 때문에, 직접 메탄올 연료전지(DMFC)가 주도할 수 있는 최적의 시장으로 인식되어지고 있다.

이 단원에서는 직접 메탄올 연료전지(DMFC)의 소재와 시스템 설계에 관련된 주요 고려사항들에 대해서 요약하고 있다. 직접 메탄올 연료전지의 총체적인 성능은 특정 용도의 경우에 상업적인 측면에서 H_2/O_2 시스템을 대체할 수 있을 정도의 수준으로 빠르게 접근해 가고 있다. 그런데 수소(H_2) 양성자교환 맴브레인 연료전지(PEMFC)의 경우에서와는 달리, 직접 메탄올 연료전지(DMFC) 적층과 시스템은 여전히 초보적인 개발단계에 머물고 있다.

7.1 직접 메탄올 연료전지(DMFC)의 작동원리

산성 고체 폴리머 전해질 맴브레인을 사용하는 직접 메탄올 연료전지(DMFC)의 개략도가 그림 7.1에 도시되어 있다. 메탄올과 수분이 양극에서 전기화학적으로 반응(즉, 메탄올이 전기-산화됨)하여 식 (7.1)에서와 같이 이산화탄소, 양성자 및 전자를 생성한다. 알칼리성 전해질 내에서는 불용성 탄화물이 형성되므로, 이산화탄소 방출의 측면에서 산성 전해질이 이점을 갖는다(1장과 2장에서의 알칼리성 연료전지(AFC)에 대한 논의와 비교). 양극에서 생성된 양성자는 폴리머 전해질을 통과하여 음극으로 이동하며, 음극에서 산소와 반응하여 식 (7.2)에서와 같이 수분을 생성한다. 양극에서 생산된 전자들은 화학반응의 자유 에너지 변화를 전달하며, 전기모터로의 동력 공급과 같이 유용한 일을 수행하는 외부회로를 통과해서 흐르게 된다.

$$CH_3OH + H_2O \rightarrow CO_2 + 6H^+ + 6e^- \qquad (E^o_{anode} = 0.046\ [\mathrm{V}]\ \text{양극반응}) \tag{7.1}$$

$$\frac{3}{2}O_2 + 6H^+ + 6e^- \rightarrow 3H_2O \qquad (E^o_{cathode} = 1.23\ [\mathrm{V}]\ \text{음극반응}) \tag{7.2}$$

$$CH_3OH + \frac{3}{2}O_2 + H_2O \rightarrow CO_2 + 3H_2O \qquad (E_{cell} = 1.18\ [\mathrm{V}]\ \text{전지전압}) \tag{7.3}$$

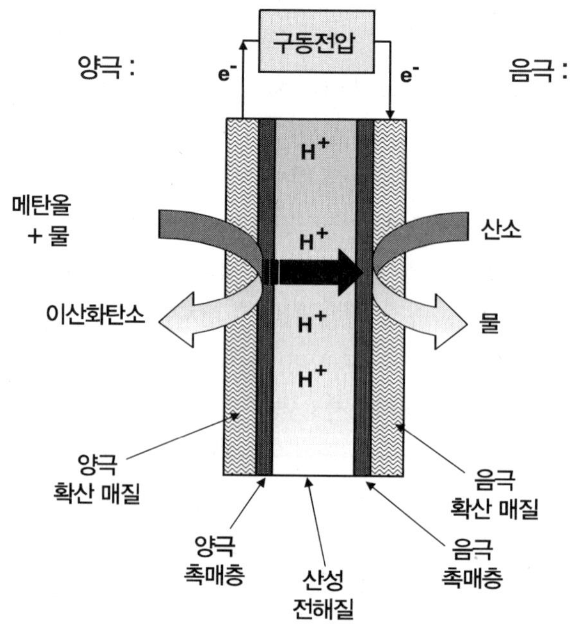

그림 7.1 산성 고체 폴리머 전해질 맴브레인을 사용하는 직접 메탄올 연료전지(DMFC)의 개략도

7.2 직접 메탄올 연료전지(DMFC)의 상용화를 위한 기술적 도전

비록 직접 메탄올 연료전지(DMFC)가 열역학적으로 유리한 반응에 의존한다고 하더라도, 실제적으로는 양전극과 음전극 모두는 반응의 비가역적 성질 때문에 동적으로 제한을 받게 된다. 비록 수소(H_2) 양성자교환 맴브레인 연료전지(PEMFC)의 음극반응도 역시, 식 (7.2)와 동일하다고 하더라도, 양성자교환 맴브레인 연료전지(PEMFC)의 양극 반응을 성능의 제한을 받지 않는다. 그런데 직접 메탄올 연료전지(DMFC)의 경우, 양극과 음극 모두에서 큰 과도전위가 발생한다.(이 단원의 후반부에 있는 그림 7.4 참조)

직접 메탄올 연료전지(DMFC)의 상용화를 가로막고 있는 양전극과 음전극에 관련된 가장 중요한 성능제한 인자들이 그림 7.2와 그림 7.3에 제시되어 있다. 두 경우 모두, 동적, 또는 활성화 과도전위 효과는 전극반응 비율을 제한하여, 실제적인 전류밀도 하에서 최대 400~600 [mV]까지 전지전압을 감소시킨다. 이는 직접 메탄올 연료전지(DMFC)의 **전압효율** (3장 참조)을 결과적으로 50%까지 감소시킬 정도로, 심대한 영향을 끼친다. 따라서, 메탄올 산화를 위한 진보된 촉매 시스템의 개발은 직접 메탄올 연료전지(DMFC)의 효율에 가장 도움이 되는 분야중 하나이다. 실제적으로, 음극과 양극 반응은 백금을 기반으로 하는 전기촉매를 통하여 가장 효과적으로 촉진된다(6장 참조).

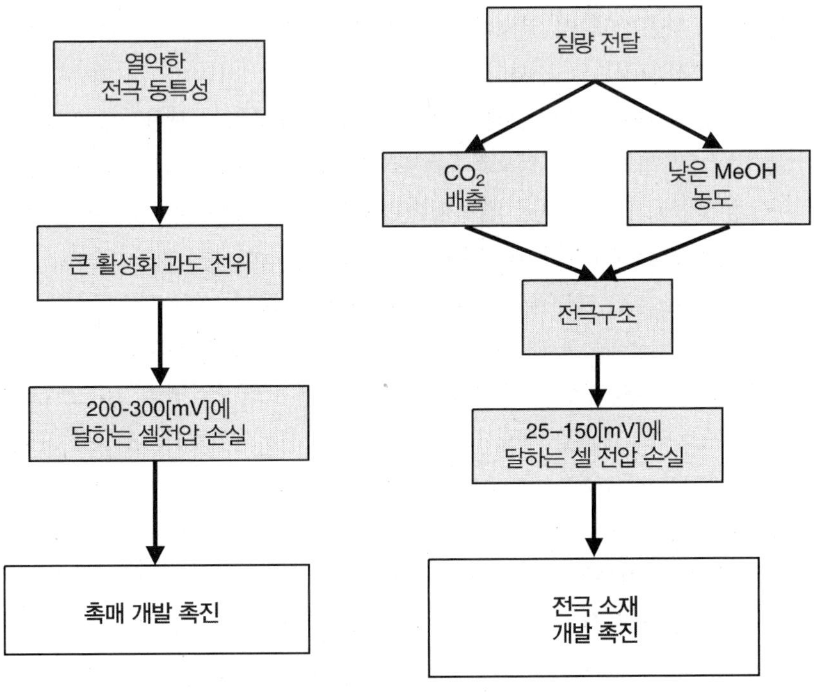

그림 7.2 직접 메탄올 연료전지(DMFC) 양극의 기술적 한계

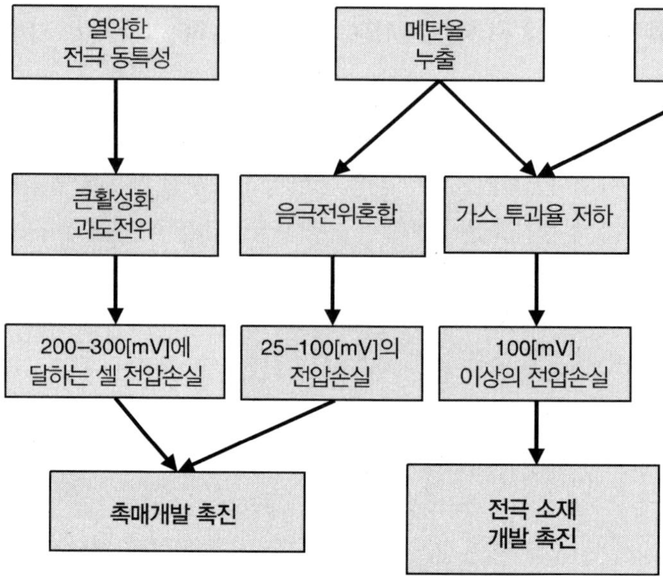

그림 7.3 직접 메탄올 연료전지(DMFC) 음극의 기술적 한계

직접 메탄올 연료전지(DMFC) 전극에서 발생하는 또다른 주요 효율손실은 질량전달 효과와 관련되어 있다. 이는 양극에서, 얼마나 효과적으로 액체 연료가 전극 구조물 속으로 확산될 수 있는가와 그 결과로 만들어지는 이산화탄소가스가 얼마나 효과적으로 이로부터 배출되는가에 의존한다. 이 영향들은 실제적인 전류밀도 하에서 직접 메탄올 연료전지(DMFC)의 전압을 100 [mV]나 그 이상 감소시킨다.

확산을 극대화시키기 위해서는 **양극 전기촉매구조**가 전형적으로 다공성을 가져야만 하며, 일반적으로 탄소섬유나 탄소직물을 모재로 하는, 다공질, 전기전도성 확산층에 의해서 지지된다(4장 참조). 직접 메탄올 연료전지(DMFC) 양극에는 일반적으로 물에 희석된 2~4 [wt%]의 메탄올이 공급되기 때문에, 이들 층의 설계는 특히 중요하다. 특히, 식 (7.1)에서 나타내는, 양극 반응을 통한 메탄올과 수분의 소모량에 따르면, 이는 매우 낮은 농도이다. 그런데 현재 사용 가능한 전해물질 대부분이 메탄올에 대해서 높은 용해도를 가지고 있기 때문에 이처럼 낮은 농도가 선택되었다. 이처럼 높은 용해도는 양극으로부터 음극으로의 **메탄올 누출**을 초래하며, 이는 연료효율을 저하시킬 뿐만 아니라 **전위혼합효과**(25~100 [mV], 화학적 단락)와 질량전달효과(100 [mV] 이하, 가스 투과율 감소)의 결합에 따라서 음극효율도 저하시킨다.

직접 메탄올 연료전지(DMFC)의 양극상황과 유사한 질량전달 효과가 음극의 주 성능제약 인자이며, 100 [mV] 이상의 전지전압 손실을 초래한다. 음극 구조의 설계는 양극에서와 그리 다르지는 않지만, 음극은 촉매 표면으로의 효과적인 공기확산을 허용하도록 설계된다. 양극에서처럼, 음극 구조는 반응 생성물인 수분을 효과적으로 제거할 수 있도록 설계된다. 일반적으로 이를 위해서 촉매층과 확산층에 테프론(PTFE)과 같은 **공수성 소재**를 사용한다. 그런데 양극에서 음극에 도달하는 메탄올이 전극 내의 공수성 표면을 효과적으로 적셔서 구조물 내에 수분이 응축되는 것을 조장하여 공기의 근접을 감소시킨다. 현존하는 전해물질의 성질은 수분이 양극에서 음극 구조 속으로 자유롭게 이동하는 것을 허용하므로, 이러한 상황에 도움을 주지 못한다. 실제의 경우, 직접 메탄올 연료전지(DMFC)는 비록 적절한 전지설계를 통하여 과도한 수분발생을 없앨 수 있지만, 일반적으로 과도한 수분을 제거하기 위해서 수소(H_2) 양성자교환 맴브레인 연료전지(PEMFC)에서 사용하는 공기유량 보다는 많은 유량을 필요로 한다. 그러므로 개요설명을 마감하면서, 직접 메탄올 연료전지(DMFC)의 성능은 촉매 소재의 낮은 활성도 문제에서부터 메탄올 연료를 양극에서 음극으로 자유롭게 통과시키는 맴브레인 문제에 이르기까지, 소재와 관련된 수많은 문제들에 의해서 제한된다. 다음 절에서는, 양극반응과 이러한 목적의 전극을 위해서 개발되어진 새로운 촉매소재에 대해서 더 상세하게 논의할 예정이다. 이 분야가 직접 메탄올 연료전지(DMFC)의 성능을 가장 크게 제약하고 있기 때문에, 최근까지, 대부분의 연구들이 이 분야에 집중되었다.

맴브레인 연구와 **메탄올 내성을 갖는 음극촉매** 등, 여타 중요한 분야들은 상대적으로 많은 관심을 받지 못했다. 그 결과, 직접 메탄올 연료전지(DMFC)는 많은 경우 수소(H_2) 양성자교환 맴브레인 연료전지(PEMFC)에서 개발되어진 기술적 진보를 전수받아 사용하고 있다. 따라서 특히 메탄올 불투과성 맴브레인의 분야에 있어서는 이것이, 항상 문제에 대한 최적의 해법일 수는 없었다. 그런데 근래의 메탄올 불투과성 맴브레인의 개발에 대한 현저한 진보가 직접 메탄올 연료전지(DMFC) 기술을 발전시켰으며, 이에 대해서도 뒤에서 살펴볼 예정이다. 메탄올 내성 음극소재의 분야에서는, 20세기에는 많은 연구가 이루어지지 않았었다.

7.2.1 동력학적 한계

직접 메탄올 연료전지(DMFC)의 열역학에 대해서만 살펴본다면, 원리상 양극 전위가 **가역수소전극**(RHE)에 비해서 0.046[V] 이상 높으면 메탄올이 스스로 산화되어야 한다(5장의 전기화학적 열역학 참조). 마찬가지로, 음극 전위가 가역수소전극(RHE)에 비해서 1.23 [V] 이하로 떨어지면 산소가 스스로 환원되어야 한다. 따라서 직접 메탄올 연료전지(DMFC)는 100% 전압효율 상태에서 전류수요에 무관하게 1.18 [V]의 전지전압을 만들어 내야 한다. 실제의 경우, 식 (7.1)과 (7.2)에서 제시된 반응들은 모두 고도로 활성화되어 있으며, 따라서 열악한 전극 운동성은, 직접 메탄올 연료전지(DMFC)의 작동효율에 심각한 불이익을 가하는 방식으로 작용해서, 전극 반응을 이상적인 열역학적 값들로부터 이탈시킨다. 이는 그림 7.4에 도시되어 있으며, 운동성, 저항, 메탄올 누출, 및 질량전달 등을 포함하는 다양한 제약조건들이 성능을 저하시키고 있다. 전해질과 전극에 관련된 저항효과에 대해서는 4장에서 논의되어 있다.

직접 메탄올 연료전지(DMFC)로부터 전류를 추출하기 위해서는, 적절한 비율까지 반응속도를 높이기 위해서(즉, 전지전류를 생성하기 위해서), 양극에는 훨씬 높은 양전위(과도전위)가 필요하며, 음극에는 훨씬 낮은 음전위(과도전위)가 필요하다. 이들은 그림 7.4에서 검은 회색 영역(동력학적 손실)으로 표시되어 있으며, 이들이 전지효율에 끼치는 영향은 전지로부터 관찰되는 전압을 표시하는, 밝은 회색 영역의 축소로 나타난다. 그림 7.4에서 보여주듯이,

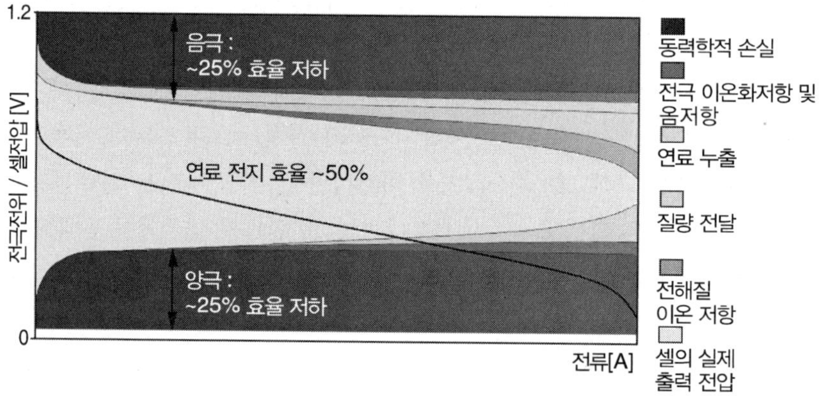

그림 7.4 직접 메탄올 연료전지(DMFC)에서 양극, 음극 및 전해질과 관련된 성능저하의 종류

양극과 음극의 과도전위는 대략적으로 거의 동일한 양의 전지전위를 감소시킨다. 이들은 대략 50%의 직접 메탄올 연료전지(DMFC) 효율감소의 원인으로 작용한다.

양극과 음극에서의 열악한 전극 운동성은 전기화학적 공정이 실제적으로는 식 (7.1)과 (7.2)에서 나타낸 것보다 훨씬 복잡하기 때문에 발생된 것이다. **산소환원반응**(ORR)의 운동성은 3장, 4장 및 6장에서 더 상세하게 논의되어 있다.

간단한 논의를 통해서 왜 산소환원반응(ORR)이 고도로 활성화된 공정인가를 설명할 수 있다: 각 O_2 분자는 완벽한 환원을 위해서 네 개의 전자를 전달해야 하지만, 이 전자들을 동시에 전달하는 것은 거의 불가능하다. 사실, 부분적인 전자전달의 발생은 과산화물과 같은 표면 중간물질의 생성을 유발한다. 백금 전기촉매를 사용하면, 이 중간물질들을 안정화시켜주며, 적절하고 유용한 비율로 반응이 발생하도록 만들어준다(6장 참조). 게다가, 이 촉매는 새로운 반응경로를 개설하여 반응을 가속화시켜준다.

직접 메탄올 연료전지(DMFC)의 양극에서 발생하는 전기산화의 경우에는 이 묘사의 정확성이 떨어진다. 메탄올의 전기산화는 백금이나 백금을 기반으로 하는 전기촉매가 존재하는 경우에만 적절한 비율로 발생된다. 이 반응에 대해서는 활발한 연구주제로 남아있으며, 이 공정에 대한 본질적인 연구결과가 발표되었다(파슨스와 반데르노트, 1988). 그런데 실험데이터들 사이에는 상당한 차이가 존재한다. 이는 연구에 사용된 실험조건이 크게 다르기 때문일 것으로 추정된다.

7.2.2 양극반응의 전극 운동성

메탄올에서 이산화탄소로의 전극산화는 여섯 개의 전자 전달이 수반되며, 이 전자들이 동시에 전달될 가능성은 거의 없다. 또한 부분적인 전자전달 과정이 안정된 액상의 중간물질을 형성할 가능성도 없다. 유용한 전위영역 전반에 걸쳐서, 백금촉매 상에는 표면에 흡수된 물질들이 존재할 것이 명백하며, 이 물질들은 메탄올의 전기-산화에 대한 백금의 열악한 촉매 활성도의 원인임이 자명하다.

메탄올 전기-산화 메커니즘에 대한 가설은 파슨스와 반데르노트(1988)에 의해서 포괄적으로 논의되었으며, 다음과 같이 정리할 수 있다.

- 1단계 : 촉매 표면상에 메탄올이 전기 흡착됨에 따라서 탄소를 함유하는 중간물질이 형성된다.
- 2단계 : 전기흡착된 탄소함유 중간물질에 (수분으로부터)산소를 공급하여 이산화탄소를 생성한다.

이는 다음의 전기 화학적 반응에 해당된다:

$$Pt + H_2O \rightarrow Pt \cdot OH_{ads} + H^+ + e^- \tag{7.4}$$

$$Pt \cdot OH_{ads} + Pt \cdot CO_{ads} \rightarrow 2Pt + CO_2 + H^+ + e^- \tag{7.5}$$

최초 공정(1단계)의 경우, 메탄올을 전기 흡착할 수 있는 물질은 극도로 한정되어 있다. 산성 전해질의 경우, 백금을 기반으로 하는 전기촉매들 만이 필요로 하는 활성도와 화학적 안정성을 나타낸다. 흡착 메커니즘은 그림 7.5에서 도시된 일련의 단계에 따라서 일어나는 것으로 믿어지고 있다(카자리노프 등, 1975; 먼디 등, 1990; 크리스텐슨 등, 1990). 이 메커니즘은, 연속적인 양성자와 전자의 스트리핑에 따른, 일직선으로 결합된 일산화탄소(Pt-CO)에 의해서 주 촉매의 중독이 초래되는, 백금 표면상에서 메탄올의 전기흡착을 보여주고 있다. 후속적인 반응은 이산화탄소를 생성하기 위한 백금-일산화탄소(Pt-CO)로의 산소전달과정으로 믿어진다. 이 분야의 연구는 버스타인 등(1997), 앤더슨과 그란차노바(1995), 크라노브스키 등(1998), 아리코 등(1994), 그리고 리우 등(1998)에 의해서 수행되었다.

약 450 [mV] 이하의 전위에서, 순수한 백금의 표면은 강하게 결합된 CO_{ads}의 층에 의해서 중독된다. 표면을 덮고 있는 CO_{ads}가 백금 표면으로부터 탈리되는 이산화탄소로 산화되기 전 까지는 메탄올의 추가적인 전기흡착은 일어날 수 없다. 약 450 [mV] 이하의 전위에서는 이 공정이 거의 미미한 수준으로 발생되며(수소(H_2) 양성자교환 맴브레인 연료전지

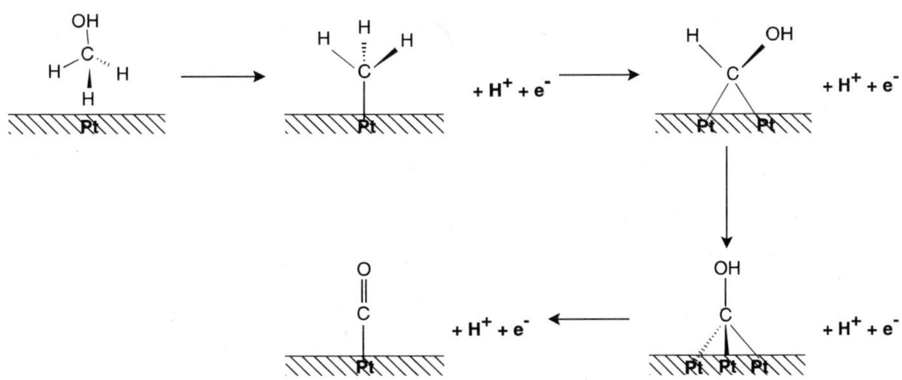

그림 7.5 순수한 백금 표면상의 H_2SO_4 내의 메탄올 전기흡착 메커니즘

(PEMFC)에서 일산화탄소(CO)의 중독과 비교-6장), 따라서 순수한 백금표면은 유용한(낮은) 전위영역 전체에 걸쳐서 중독된 상태로 남아있게 된다. 이 때문에 더 낮은 과도전위 상태에서 메탄올의 전기-산화를 일으킬 수 있는 대체소재, 특히, 백금과 결합하여 앞서 논의했던 공정들을 촉진(식 (7.4)와 (7.5))시킬 수 있는 소재들에 대해서 대대적인 검색이 수행되었다. 이 진보된 소재들에서의 활성도 향상에 대해서는 수많은 가능성이 제기되었다. 가장 개연성이 있는 설명들은 다음과 같다:

1. 2중금속 성분(예를 들면 루테늄)가 백금과 표면 중간물질 사이의 화학적 결합력을 약화시켜서 촉매의 전기적 성질을 변화시킨다(본질적 영향).
2. 2중 성분(예를 들면, 루테늄, 주석, 납 또는 로듐)은 불안정하며, 합금들을 걸러내어 고도로 망사형을 띄며, 고도로 활성화된 표면을 남긴다. 이는 메탄올 전기흡착 공정과 연관된 다수의 파생된 스텝 위치들을 만든다. 게다가, 저등위를 갖는 이러한 위치들은 훨씬 더 손쉽게 전기-산화되어, 평면상의 백금이 산화될 때보다 훨씬 낮은 전위상태에서 Pt-OH_{ads} 류를 생성한다.
3. (루테늄, 주석, 또는 텅스텐과 같은) 2중금속 요소는 **스필오버 공정**을 통해서 백금과 인접한 위치에 $-OH_{ads}$를 생성할 수 있다(**촉진효과**). 따라서 촉매의 활성도는 2중금속 전기-산화의 전위에 의해서 지배되며, 인접한 백금 위치들에 $-OH_{ads}$를 전달한다. 루테늄과 같은 소재들의 경우, 백금 표면에서 보다 현저히 낮은 전위(< 250 [mV])에서 이 현상이 발생한다(개스타이거 등, 1994; 프라나스주크와 소브콥스키, 1992; 햄닛와 케네디, 1988; 티카넬리 등, 1989). 이 공정 덕분에, 현존하는 가장 활성적인 메탄올 전기-산화 촉매들은 **백금루테늄**(PtRu) **합금**소재를 기반으로 한다.

7.3 전극성능

반전지와 단일전지에서 진보된 촉매 시스템의 영향에 대해서 논의한다.

반전지 데이터

직접 메탄올 연료전지(DMFC)의 개발은 쉘과 엑손-알스톰社에 의해서 액체 황산과 알칼리 전해질을 사용해서 1960년대와 1970년대에 각각 시작되었다(2장 참조). 이 프로그램들은 열악한 전극 운동성과 전극간의 심각한 연료누출에 의해서, 충분히 높은 전력밀도를 갖는 적층을 만드는 데에 실패하였다. 양극과 음극촉매 모두 백금을 기반으로 하기 때문에, 황산 전해질의 경우, 메탄올 누출은 특히 심각한 문제이다. 그림 7.6에서는 메탄올 누출에 따른 산소 음극의 성능변화를 보여주고 있다. 전지 내에서 저농도 메탄올을 사용할 때, 전극효율은 현저하게 감소된다.

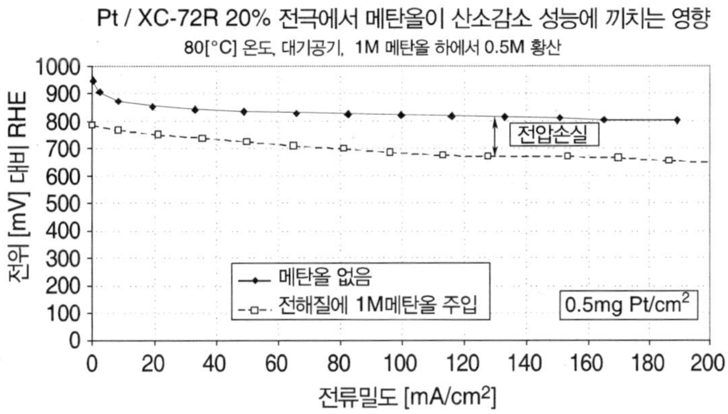

그림 7.6 메탄올 누출의 영향을 나타내는, 메탄올 존재 하에서 산소음극의 전류/전위곡선

그런데 고체 폴리머 전해질 소재로 작동하는 직접 메탄올 연료전지(DMFC)의 개발에 있어서 현저한 발전이 이루어졌다. 이 폴리머 소재들은 황산의 비등점 이상까지 작동온도를 확대시켰으며, 연료의 누출감소에도 도움이 되었다. 전기-산화는 더 높은 메탄올 전기-산화의 본질적인 활성도를 갖는 안정된 소재의 필요성 문제로 집중되었다.

백금루테늄(PtRu)을 기반으로 하는 촉매소재의 개발은, 수소(H_2)-양성자교환 맴브레인 연료전지(PEMFC)/개질기술에 대한 실현가능한 대안이 될 수 있을 정도의 수준이므로, 직접 메탄올 연료전지(DMFC)를 개선할 수 있느냐가 가장 큰 관심사가 되고 있다. 존슨 매티 기술센터에서의 연구에 따르면, 백금루테늄(PtRu)을 기반으로 하는 촉매 시스템을 직접 메탄올 연료전지(DMFC)에 적합하도록 개선할 수 있음을 규명하였다. 그림 7.7에서는 벌컨 XC-72R 탄소흑으로 지지되는 20 [wt%] 백금과 20 [wt%] 백금(Pt)/10 [wt%] 루테늄(Ru) 촉매를 사용해서 제조된 반전지 전극의 80 [℃] 0.5 M 황산(H_2SO_4)과 2 M 메탄올에 대한 전기화학적 전극활성도를 보여주고 있다. 전극들은 나피온117 맴브레인에 접착된 얇은 촉매층과 전류수집용 기층으로 구성된다.

촉매의 활성도 결정에 있어서, 문헌상에서는 거의 언급되어 있지 않은, 중요한 장점들 중 하나는 실제 금속 표면적([mA/cm^2] 백금)의 함수로 활성도를 측정하는 것이다. 이 값은 금속 표면상에 형성된 일산화탄소 단일층의 전기흡착에 의해서 결정된다. 전하를 만들어내기 위해서 이 층은 총 전기화학적 금속 면적(ECA)과 일치되도록, 표면에서 전기화학적으로 산화된다. 이 기법은 촉매 활성도를 표면적과 무관하게 특성을 규명할 수 있으며, 메탄올 전기-산화를 위한 본질적 활성도가 더 큰 소재를 명확하게 구별할 수 있다. 이것은 그림 7.8에 도시되어 있으며, 백금루테늄(PtRu) 소재가 백금보다 훨씬 높은 활성도를 갖으며, 2형 백금루테늄(PtRu)이 표준 1형 백금루테늄(PtRu)보다 훨씬 더 활성적임을 명확히 알 수 있다.

전류밀도의 측면에서는, 0.4 [V]에서 20~25 [mA/cm^2](캐머런 등, 1987)의 전류밀도 범위에서 현재의 기술수준으로는 0.3 [V]에서 200 [mA/cm^2] 이상이 가능한 전극(호가스 등, 1995)에 이르기 까지, 반전지의 성능은 1980년대 이후로 괄목할 만한 개선이 이루어졌다.

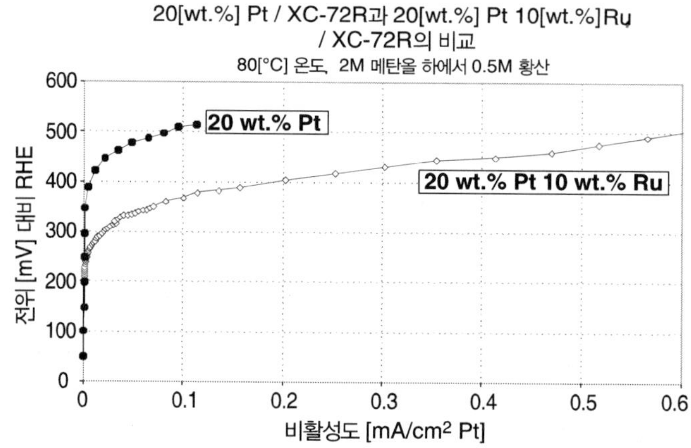

그림 7.7 이 그래프는 벌컨 XC-72R 탄소흑으로 지지되는 20 [wt%] 백금과 20 [wt%] 백금(Pt)/10 [wt%] 루테늄(Ru) 촉매로 제조된 전극들의 80 [℃] 0.5M H_2SO_4와 2M 메탄올 하에서의 반전지 전기화학적 활성도를 비교하고 있다. 전극들은 나피온117 맴브레인에 접촉된 얇은 촉매층과 전류수집용 기층으로 구성되어 있다.

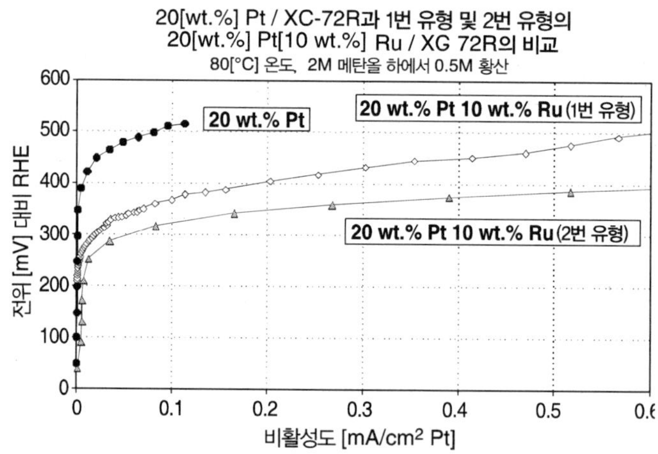

그림 7.8 이 그림에서는 백금루테늄(PtRu) 소재가 백금보다 월등히 높은 활성도를 갖으며, 2번 유형 백금루테늄(PtRu)이 표준 1번 유형 백금루테늄(PtRu)보다 훨씬 더 활성적임을 명확히 보여준다.

단일전지 데이터

수많은 공학적 규정들이 직접 메탄올 연료전지(DMFC)의 설계와 제작에 관련되어있다. 고체 폴리머 시스템이 광범위한 작동온도를 갖고 있기 때문에 메탄올을 액상이나 기체상으로 공급될 수 있다. 비록, 기체 시스템이 더 높은 성능과 개선된 질량전달 특성을 갖고 있지만, 냉각을 위해서 추가적인 하드웨어가 필요하기 때문에 더 복잡하다.

액체공급 시스템은 공학적인 관점에서 가장 간단한 것처럼 보인다. 액체연료 혼합물의 순환은 전지의 과도한 가열을 막아주며, 구성요소의 숫자와 시스템의 크기를 줄여준다. 그러므로 대부분의 연구그룹들이 액체공급 시스템을 선택한 것은 놀라운 일이 아니다.

미국의 아르파(ARPA)[1]는 직접 메탄올 연료전지(DMFC)를 이동 동력원으로 사용할 가능성이 있으며, 미군에서 널리 사용되고 있는 주요 전지들 중 일부를 대체할 가능성이 있는 것으로 간주하고 있다. 아르파(ARPA)와 미국 에너지성으로부터 자금을 지원받아서, 몇몇 그룹들이 직접 메탄올 연료전지(DMFC) 기술을 개발하기 위한 협동연구를 수행하였다. 이 그룹들에는 제트추진연구소(JPL), 자이너社, 로스 알라모스 국립연구소(LANL) 및 국제연료전지(IFC, 현재 UTC 연료전지) 등이 포함되어 있다.

유럽에서, 유럽 의회는 과거 10년간 JOULE 프로그램[2]을 통해서 직접 메탄올 연료전지(DMFC) 프로젝트에 능동적으로 자금을 지원하여왔다. 이 기간동안 몇몇 그룹들이 유럽 내에서 활발히 활동했으며, 씨멘스(독일)와 뉴캐슬 대학(영국)이 가장 성공적이었다. 최근에 존슨매티는 연료전지 적층을 개발하기 위해서 JOULE 3 체제하에서 씨멘스 및 이노비젼(덴마크)社와 공동으로 연구하였다. 이 프로젝트의 성공적인 수행을 통해서 1 [kW] 적층 시범장치가 개발되었다.

위의 그룹들은 다양한 전극조성과 작동조건을 사용해서 넓은 범위의 전지성능을 구현하였다; 이 데이터들을 직접비교하는 것은 어렵다. 메탄올과 공기를 사용해서 작동하는 연료전지의 상용화에 필요한 최소한의 목표는 운송용의 경우 약 250~300 [mW/cm^2], 그리고 대기압에 근접한 휴대용의 경우 약 30~40 [mW/cm^2] 내외인 것으로 판단된다. 두 용도 모두에 대해서, 양호한 효율을 확보하기 위해서는 0.5~0.6 [V]의 전지전압을 충족해야만 한다.

그림 7.9에서는 앞서 언급했던 그룹들에 의해서 구현된 단일전지에서의 결과들을 비교해서 보여주고 있다. 점선으로 표시된 데이터들은 공기를 사용해서 작동하는 전지에 대한 것이다.

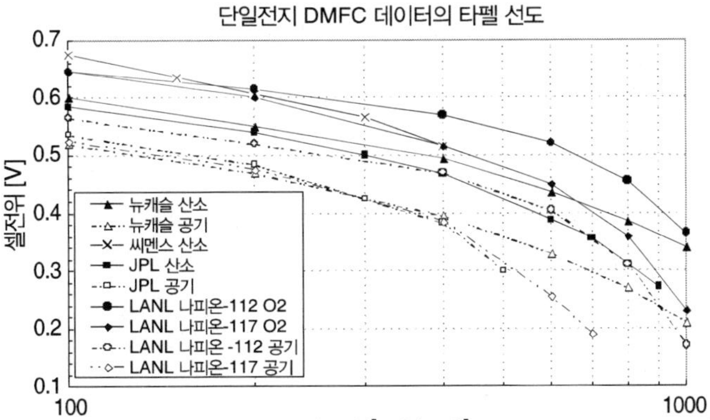

그림 7.9 씨멘스, 뉴캐슬대학교, 제트추진연구소 및 로스 알라모스 국립연구소에서 제시한 직접 메탄올 연료전지(DMFC) 단일전지 데이터들의 비교(점선은 전지가 공기를 사용한 경우임)

1) Advanced Research Project Agency: 미국 국방성 고등연구 계획국

2) Joint Opportunities for Unconventional or Longterm Energy Supply

씨멘스社는 지지체가 없이 높은 비율로 주입된 백금루테늄(PtRu) 흑체(4 [mg/cm^2]) 양극과 백금흑 음극(4 [mg/cm^2])을 사용해서 고온 고압에서 작동하는 단일전지 기술을 개발하였다(그룬 등, 1994). 이 회사의 가장 좋은 데이터에 따르면, 446 [kPa]로 가압된 메탄올/수증기와 507 [kPa]로 가압된 산소를 사용해서 400 [mA/cm^2], 130 [℃]에서 0.52 [V]의 높은 성능을 구현하였다. 이는 약 200 [mW/cm^2]의 매우 높은 전력밀도에 해당하며, 비록 산소를 사용해서 구현한 것이지만, 운송목적에 필요한 목표성능에 접근하는 값이었다. 단일전지에 대한 내구성 시험에 따르면 실제로 사용하기에는 내구성이 충분치 못한 것으로 확인되었다.

뉴캐슬 대학의 연구그룹은 2.5 [mgPt/cm^2] 의 낮은 주입율을 갖는 전극을 사용해서, 액체공급 및 증기공급 시스템 모두에 대해서 고찰을 수행하였다(호가스 등, 1997a; 슈클라 등, 1995). 98 [℃]에서 507 [kPa]의 산소와 2 M의 메탄올/수증기를 사용해서, 400 [mA/cm^2]에서 0.5 [V]의 성능을 구현하였다. 가압 공기를 사용한 경우, 성능은 대략적으로 0.5 [V]에서 130 [mA/cm^2]로, 저하되었으며, 이는 약 60 [mW/cm^2]의 전력밀도에 해당된다(호가스 등, 1997b). 맴브레인 전극 조립체에 대한 장기간 내구시험에 따르면, 18일 동안 양호한 성능을 유지했다.

제트추진연구소/자이너社에서는 90 [℃] 229 [kPa]의 산소와 공기를 사용하는 액체급유 직접 메탄올 연료전지(DMFC) 시스템을 사용해서 400 [mA/cm^2]의 전류밀도에서 각각, 0.47 [V]와 0.38 [V]의 전지 데이터를 얻었다(렌 등, 1996). 이들은 또한, 0.5 [mg/cm^2]의 낮은 백금 주입율을 갖는 전극을 사용해서 95 [℃], 300 [mA/cm^2]에서 0.5 [V]의 전지전압을 구현하는 인상적인 결과를 도출했다.

로스 알라모스 국립연구소의 데이터(렌 등, 1995; 수람프디 등, 1994)에서는 400 [mA/cm^2]에서 0.57 [V]라는 매우 인상적인 결과를 구현하였다. 이 결과는 나피온112 맴브레인을 사용해서 구현한 것으로, 일반적인 나피온117보다 얇으며, 성능의 향상은 전지 내부저항의 감소에 기인한 것이다. 촉매로는 지지구조가 없는 Pt/RuOx를 양극에, 백금흑을 음극에 사용하였다. 로스 알라모스 국립연구소는 전극 운동성을 강화하고 연료 누출을 방지하기 위해서 고온 고압을 사용했다. 연료의 누출은 현재 사용되고 있는 맴브레인 소재의 심각한 제약조건이며, 대부분의 그룹들은 높은 가스압력과 유량비를 사용해서 이 문제를 극복한다. 양극과 음극에 각각 182 [kPa] 및 304 [kPa]을 사용하는 경우, 110 [℃], 400 [mA/cm^2]에서 공기를 사용하는 전지의 성능은 0.52 [V] 였다. 예상하는 것처럼, 더 얇은 나피온112 맴브레인을 사용하면서 로스 알라모스 국립연구소에서 연료누출이 증가되었는지는 분명치 않다. 그런데 로스 알라모스 국립연구소에 따르면, 전지의 성능은 양극촉매의 활성도에 의해서 제한을 받으며, 음극은 메탄올 내성의 척도라는 점을 시사하고 있다. 나피온117을 사용하는 전극의 성능은 뉴캐슬과 제트추진연구소 그룹에 의해서 제시된 데이터들과 매우 유사하다.

7.4 결론과 향후 제언

근래에, 메탄올 전기-산화 촉매의 활성도는 현저하게 향상되었다. 대부분의 개선은 작동조건의 개선과 기존 백금루테늄(PtRu) 소재의 분산도 및 조성조절 등의 소재개선을 통해서 이루어졌다. 게다가, 전극기술은 나피온과 같은 고체 폴리머 전해질의 도입을 통해서 발전했으며, 이를 통해서 작동온도의 확대와 현대적인 전지의 복잡성 감소 등이 이루어졌다.

다양한 그룹에 의해서 제시된 단일전지 데이터에 따르면, 온도, 압력, 반응물질 농도 및 전극구조 등과 같은 인자들의 영향이 규명되었다. 현재 기술수준에 따르면, 높은 온도(130 [℃])와 압력이 원하는 성능의 구현을 제한한다는 것이 밝혀졌다. 이러한 관점에서, 온도와 공기압력이 높아지면 전지의 성능이 향상되며, 따라서, 주어진 전력비에 대해서 전지크기가 적절한 수준까지 감소된다.

대부분의 그룹들이 메탄올 교체를 유용한 비율까지 증가시키기 위해서 양극에 많게는 4 [mg/cm^2]에 이르는 높은 비율로 귀금속을 주입한다는 것이 밝혀졌다. 이와 같이 높은 촉매 주입율 때문에 전지는 수송용으로 사용하기에는 불가능할 정도로 고가이며, 따라서 타당성이 있는 0.5 [mg/cm^2]까지 귀금속 주입율을 감소시키기 위해서는 양극의 촉매활성도를 최소한 10배 이상 향상시켜야만 한다. 촉매구조의 최적화를 통해서 성능도 개선되며, 촉매 활용도 역시 개선된다.

양극에서 음극으로의 메탄올 누출은 현재 가장 큰 난점 중 하나이다. 이 때문에, 적절한 음극성능을 구현하기 위해서 높은 비율의 백금촉매 주입과 높은 가스압력 및 유량비를 필요로 한다. 만약 메탄올 불투과성 전해질이나 메탄올에 내성이 있는 음극이 존재한다면, 직접 메탄올 연료전지(DMFC)의 성능은 현저하게 개선될 것이다. 전자의 경우, 메탄올 누출의 영향을 최소화시키기 위해서 대체 맴브레인 소재에 대한 검색에 많은 노력이 투입되었다.

현재, 전해질 소재들은 함유수분의 부족으로 인해 성능상 제약을 받고 있으므로, 대기압 하에서의 작동온도는 100 [℃] 이하로 제한된다. 만약 대기압 하에서 작동온도를 150 [℃]까지 높일 수 있다면, 양극 반응의 운동성을 현저히 높일 수 있다. 이를 위해서는 가습 없이도 높은 전도도를 유지할 수 있는 새로운 소재가 필요하다.

현존하는 과플루오르화 술폰산의 대안으로 몇 가지 종류의 소재들이 검토되었다(호가스 등, 2001). 고온에서 메탄올 용해도가 낮다는 중요한 장점을 가지고 있기 때문에, 수분으로 완충된 탄산염 전해질이 고려되었다. 여타의 사례들에는 주석 모데나이트와 폴리아크릴 산, 폴리몰리브덴 술폰산, 치환된 술폰산, 실리놀 및 하이드로젤 등으로 만든 복합재료 맴브레인이 포함된다. 그런데 이 소재들에는 문제가 있다; 이들은 화학적으로 불안정하며, 필요로 하는 도전성을 갖추지 못했거나, 수용성이다.

새로운 맴브레인 기술에 대한 대안으로는 메탄올에 대해 내성을 갖춘 음극촉매를 사용하는 것이다. 몰리브덴, 루테늄, 및 황으로 구성되어 넓은 표면적을 갖는 셰브렐 상 복합재가 하나의 가능성을 보여주고 있다. 비록 이들 소재는 아직까지 백금을 기반으로 하는 소재에 비해서 동일한 산소환원특성을 나타내지 못하지만, 이들은 열악한 전기-산화 촉매이다(리브 등, 1998과 2000; 트랩 등, 1996).

직접 메탄올 연료전지(DMFC)는 항상 이상적인 연료전지로 간주되어져 왔다. 구현 가능한 전력밀도가 낮다는 이유로 과거에는 단순한 시스템 설계와 액체연료를 직접 사용한다는 주요 특성들이 간과되어 왔다. 전지의 열악한 성능은 양극반응의 열악한 활동성과 연료의 누출에 기인한다. 비록 현재 개발수준에서 구현할 수 있는 성능수준이 상업적인 목적에는 충분치 못하지만, 만약 근래에 지속되었던 발전속도가 유지된다면, 이 연료전지는 수소연료를 사용하는 경쟁자의 그늘에서 벗어나 세상으로 나올 수 있을 것이다.

References

Anderson, A.B. and Grantscharova, E., J. Phys. Chem., 99, 9149, 1995.

Arico, A.S. et al., Electrochim. Acta, 39, 691, 1994.

Burstein, G.T. et al., Catalysis Today, 38, 425, 1997.

Cameron, D.S. et al., Direct methanol fuel cells: recent developments in search of improved performance, Platinum Metal Rev., 31, 173, 1987.

Christensen, P.A., Hamnett, A., and Potter, R.J., Ber. Bunsenges. Phys. Chem., 94, 1034, 1990.

Chrzanowski, W. et al., J. New Mater. Electrochem. Syst., 1, 31, 1998.

Franaszczuk, K. and Sobkowski, J., J. Electroanal. Chem., 327, 235, 1992.

Gasteiger, H.A. et al., Electrochim. Acta, 39, 1825, 1994.

Grune, H., Kruft, G. and Waidhas, M., Fuel Cell Seminar, San Diego CA, November 28.December 1, 1994, Abstracts, pp. 474.478.

Hamnett, A. and Kennedy, B.J., Electrochim. Acta, 33, 1613, 1988.

Hogarth, M.P., Christensen, P.A., and Hamnett, A., Proceedings of the First International Symposium on New Materials for Fuel Cell Systems, Montreal, July 9.13, 1995, p. 320.

Hogarth, M. et al., The design and construction of high-performance direct methanol fuel cells. 1. Liquidfeed systems, J. Power Sources, 69, 113, 1997a.

Hogarth, M. et al., The design and construction of high-performance direct methanol fuel cells. 2. Vapourfeed systems, J. Power Sources, 69, 125, 1997b.

Hogarth, M. et al., High temperature membranes for solid polymer fuel cells, ETSU F/02/00189/REP, U.K. Department of Trade and Industry, 2001.

Kazarinov, V.E., Ttysyachnaya, G.Y., and Andreev, V.N., J. Electroanal. Chem., 65, 391, 1975.

Liu, L. et al., Electrochem. Solid-State Lett., 1, 123, 1998.

Mundy, G.R. et al., J. Electroanal. Chem., 279, 257, 1990.

Parsons, R. and Vandernoot, T., J. Electroanal. Chem., 257, 9, 1988.

Reeve, W. et al., Methanol tolerant oxygen reduction catalysts based on transition metal sulfides, J. Electrochem. Soc., 145, 3463, 1998.

Reeve, R.W. et al., Methanol tolerant oxygen reduction catalysts based on transition metal sulphides and their application to the study of methanol permeation, Electrochim. Acta, 45, 4237, 2000.

Ren, X., Wilson, M.S., and Gottesfeld, S., Electrochem. Soc. Proc., PV 95.23, Pennington, NJ, 1995.

Ren, X., Wilson, M.S., and Gottesfeld, S., J. Electrochem. Soc., 143, L13, 1996.

Shukla, A.K. et al., A vapour-feed direct methanol fuel cell with proton-exchange membrane electrolyte, J. Power Sources, 55, 87, 1995.

Surampudi, S. et al., J. Power Sources, 47, 377, 1994.

Ticanelli, E. et al., J. Electroanal. Chem., 258, 61, 1989.

Trapp, V., Christensen, P.A., and Hamnett, A., New catalysts for oxygen reduction based on transitionmetal sulfides, J. Chem. Soc. Faraday Trans., 92, 4311, 1996.

제 2 부

응 용

Chapter

Fuel Cell Technology Handbook

08 발전시설

연료전지를 사용하는 발전시설의 필요성은 승용차 및 여타 용도의 경우와는 확연히 다르다. 국가 및 국제 전력시장의 자유화가 확대됨에 따라서, 전력의 발전은 힘들고 경쟁이 심한 사업으로 변하게 되었다. 상업적 발전시설, 또는 설비에 있어서 가장 중요한 고려사항은 일정한 설비 및 일정한 화석 및 여타 연료의 투입량에 대해서 전력 생산량을 극대화하는 것이다.

이 문제는 발전시설에 있어서의 세 가지 중요한 인자들로 집약된다.

- 연간 작동시간
- 발전공정의 전기효율
- 투자비용

연료전지 개발자들은 그들의 기술이 앞서 열거한 인자들 중 앞의 두 가지에 대한 개선, 즉, 관리의 필요성을 절감하여, 연간 작동시간을 연장시키고, 전기공정의 효율을 향상시켰다고 생각하고 있다.

백업 설비의 폐쇄를 통한 작동시간의 최적화는 시장 자유화의 또 다른 결과이며, 전력 소비자에게 중요한 영향을 끼친다. 공급 전원이 더 유동적(정전)이고 더 가변적(공급통제, 주파수변동, 스파이크 등)으로 변한다. 이 모든 상황은 대형 소비자로 하여금 백업 시스템이나, 그에 대한 대안으로 현지 발전시설에 투자하도록 만들고 있다. 현지 발전은 공정 내에서 배출되는 열을 사용할 수 있다는 부수적인 이득도 있기에, 열병합발전(CHP)에 따른 전체적인 연료 효율은 증가된다. 1)

현재 많은 수의 회사들이 연료전지 시스템에 대해서 개발하여, 가정용이나 소규모 상업용으로 소량의 전력(1~20 [kW])을 발전할 수 있게 되었다. 잠재고객층은 유럽과 같이 인구가 조밀한 국가에서부터 광범위한 정착영역을 갖는 미국에 이르기까지 다양하다.

미국의 경우, 송전망 연결에 과도한 비용이 소요되는 위치에 대한 원격발전에 관심이 있으며, 연료전지 시스템이 디젤이나 가솔린 발전장치와 직접적인 경쟁에 돌입할 것이다. 이는 많은 개발도상 국가들의 경우에도 대체로 유사하게 적용이 된다.

유럽의 경우, 송전망의 연결이 어려운 장소는 매우 드물다. 유럽의 소비자들은 가정용 연료전지 시스템을 부가적인 이득을 갖는 보일러 대체품으로 간주하고 있다. 그러므로 소규모

1) 대규모 중앙발전의 경우, 산출량의 가변성 때문에 열을 사용하는 것이 불가능하다. 그러므로 대량의 저급 폐열은 대기, 강, 호수 및 바다 등으로 방출한다.

열병합발전(CHP)이 유럽 연료전지 개발자들의 판매전략이다. 다시 말해서, 잠재고객들은 그들이 사용하는 보일러를 약간 비싸지만, 높은 효율로 열과 전기를 생산하는 유닛으로 대체할 수 있을 것이다.

세 종류의 시장(대규모 중앙발전과 소형 및 마이크로 규모의 열병합발전) 중에서, 뒤의 두 종류가 개발도상 국가들의 전력공급에 중요한 역할을 수행할 것이다. 장래에 동력소비 시장의 증가는 대부분이 이들 나라에서 이루어질 것으로 예상되고 있다. 이 증가속도는 오랜 기간이 소요되는 대규모 중앙발전 시설과 국가 송전망의 입안 및 건설이 뒷받침할 수 없을 정도의 빠른 속도로 일어날 것이다. 개발도상국가에서, 유연한 열병합 시스템은, 휴대전화로 통신 네트워크가 재빠르게 구축되는 것과 마찬가지로, 발전시장에서 동일한 역할을 수행할 것이다. 연료전지 기술은 이 시장을 크게 잠식해 나갈 것이다. 다음의 단락들에서, 서로 다른 용도와 이에 적합한 연료전지 시스템들의 개발상황에 대해서 논의한다.

8.1 발전시설용 연료전지기술

1장에서 논의된 것처럼, 앞서의 단원들에서 중요한 논제였던, 양성자 교환 맴브레인 연료전지(PEMFC)는 서로 다른 연료전지들의 수많은 유형들 중 단지 하나에 불과하다. 양성자교환 맴브레인 연료전지(PEMFC)는 모든 유형들 중에서 가장 높은 체적대비 전력밀도에 도달했고, 손쉽게 기동 및 정지가 가능하며, 염가로 대량생산이 가능하기 때문에 승용차 용도로 선정이 되었다.

여타의 적용대상에 대해서는 선택 가능한 기술의 폭이 훨씬 넓어진다. 1장의 표 1.1에서는 다섯 가지의 서로 다른 연료전지들에 대해서 나열하고 있다. 불순물이 함유된 수소를 사용해서는 작동할 수 없는, 알칼리 연료전지(AFC)를 제외하고, 이론적으로 발전시설의 목적에 적합한 네 가지 연료전지 시스템이 현재 서로 경쟁적 관계에 있다. 이들은 1장에서 논의했던 연료전지에 기반을 둔 시스템이다: 이들은 양성자교환 맴브레인 또는 고체 폴리머 연료전지(PEMFC/SPFC), 인산 연료전지(PAFC), 용융 탄산염 연료전지(MCFC), 그리고 고체 산화물 연료전지(SOFC) 등이다.

서로 다른 유형들 각각의 장점과 단점들을 정당하게 평가하기 위해서, 인산 연료전지(PAFC), 용융 탄산염 연료전지(MCFC) 및 고체 산화물 연료전지(SOFC) 등의 특성들을 현재 개발상황과 주요 개발자들에 대한 소개와 함께 논의해 본다.

8.1.1 인산 연료전지(PAFC)

인산 연료전지(PAFC)는 액상인 **농축 인산**(H_3PO_4)을 전해질로 사용하는 산성 연료전지이다. 이것은 일반적으로 수소와 공기를 사용해서 작동하며, 전극반응은 4장에서 양성자교환 맴브레인 연료전지(PEMFC)에 대해서 논의했던 것과 동일하다(식 (4.1)과 (4.2) 참조). 전극, 촉매 및 쌍극성 판을 포함하는 전반적인 구조는 양성자교환 맴브레인 연료전지(PEMFC)에서와 매우 유사하다; 사실, 현재 탄소에 지지된 백금촉매와 같은, 양성자교환 맴브레인 연료전지(PEMFC)의 설계특성들 중 대부분은 인산 연료전지(PAFC) 기술로부터 차용해 온 것들이다(6장 참조).

존슨매티社는 실용적인 백금 합금 촉매가 순수한 백금에 비해서 월등한 산소환원특성을 갖고 있음을 보고하였다(뷰캐넌 등, 1992). 현재 백금주입량은 아마도 양성자 교환 맴브레인 시스템과 동일한 수준, 즉, 1 [mgPt/cm^2] 내외일 것이다.

인산 연료전지의 성능은 덩치가 큰 전해질 시스템 때문에 체적 당 전력밀도와 면적 당 전력밀도 모두의 관점에서 양성자교환 맴브레인 연료전지(PEMFC)에 비해 열등한 상태이다. 대기압 조건 하에서 전력밀도는 0.195 [W/cm^2]이며 가압(831 [kPa]) 상태에서 전력밀도는 0.323 [W/cm^2]라고 보고된 바 있다(EG&G 서비스, 2000).

두 가지 연료전지 사이의 중요한 차이점은 전해질이다. 인산 연료전지(PAFC)의 경우, 전해질은 양극과 음극을 분리하고 있는 SiC의 다공질 층 속에 분산되어 있다. 이러한 유형의 전해질은 전해질이 씻겨나가는 것을 방지하기 위해서, 전해질의 저장을 포함하는 훌륭한 액체관리특성을 필요로 한다. 전지가 작동하지 않는 기간 동안의 전해질 재분배현상 역시 단속적인 시스템 작동에 따른 문제점으로 알려져 있다.

본질적으로 낮은 증기압력을 갖는 비-수성 전해질을 사용하면 양성자교환 맴브레인 연료전지(PEMFC) 기술과는 약간 다른 작동조건이 만들어진다. 인산 연료전지(PAFC)는 150 [℃] 이상의 온도에서 작동하며 최고 220 [℃]까지도 사용된다. 이는 가장 유리한 요건이다. 일반적으로 작동온도가 높아질수록 운동성이 개선된다. 가장 중요한 이점은 양극에서 일산화탄소(CO)의 산화 운동성이 향상된다는 것으로, 대략적으로 연료흐름에 1%의 일산화탄소(CO)가 함유된 경우에도 인산 연료전지(PAFC) 내성이 확보된다(다르 등, 1986)(6장에서의 논의를 참조). 작동온도가 높아질수록, 기체 및 액체를 사용한 냉각이 가능해지며(EG&G 서비스, 2000), 온수 상태의 저급 열 대신에, 스팀으로 열의 일부를 추출할 수 있다.

불행히도, 작동온도에서 인산 연료전지(PAFC) 내의 전기화학적 환경은 (개방회로의 경우와 같이) 특히 음극전위가 높은 경우에 고도의 부식성을 갖기 때문에, 특수한 작동공정을 통해서 이를 회피하는 것이 최선이다. 그러므로 일반적으로 고체 탄화물 쌍극성 판이 필요하며, 부식에 대해서 더 높은 저항성을 갖도록 만들기 위해서는 탄소 촉매 지지체에 대한 특수한 열 전처리가 필요하다. 인산 연료전지(PAFC)는 일반적으로 (5 [mV]/1000 [hr] 내외의)장기간 성능저하를 겪으며, 보고된 가장 낮은 비율은 미쓰비시 전기회사의 저단적층의 경우로, 0.2~0.25 [A/cm^2]의 전류밀도로 10,000시간을 작동하면서 2 [mV]/1000 [hr]의 비율을 구현하였다(EG&G, 2000).

표 8.1 서로 다른 연료전지들의 불순물에 대한 내성한계

연료 불순물	PEMFC		PAFC		MCFC		SOFC	
	영향	수준	영향	수준	영향	수준	영향	수준
CO	촉매중독	10[ppm][a]	촉매중독	1%[b]	연료	–	연료	–
CO_2	촉매중독	25%이상[a]	희석	–	희석(음극)	공기중18.4%, O_2중 67%[c]	희석	–
H_2S	촉매중독	?	촉매중독	20[ppm][c]	중독	<1[ppm][c]	중독	<1[ppm][c]
COS	촉매중독	?	촉매중독	50[ppm](총유황)[c]	중독	<1[ppm][c]		
NH_3	중독(맴브레인)	?	전해질중독	전해질내0.2% $(NH_4)H_2PO_4$	무해	1%[c]	상대적무해	0.5%[c]
HCl, 여타 할로겐화물	중독	?	?	?	중독	0.1[ppm][c]	중독	0.1[ppm][c]
Si	촉매중독	?	촉매중독	?	중독가능	0.2[ppm]H_2Se	양극중독	?[c]
기타	–	–	–	–	중독c	0.1[ppm]As		

a 후거스, G.와 톰셋 D., *Cattech*, 3, 103, 2000.
b 다르 H.P. 등, *J. Electrochem. Soc.*, 133, 1574, 1986.
c. EG&G 서비스, 파슨스社, *연료전지 핸드북*, 5th ed., 미국 에너지성 화석에너지실, 2000(여러 참고문헌 인용)

인산 연료전지(PAFC) 양극은 연료처리장치를 통해 유입되는 불순물이 섞인 수소에 의해서 중독되어 버린다(5장 참조). 비록 양성자교환 맴브레인 연료전지(PEMFC) 시스템의 경우보다는 훨씬 소량이기는 하지만, 연료 흐름에 함유된 황 화합물(H_2S 및 COS), 암모니아 및 일산화탄소(CO) 등이 중요한 고려의 대상이다(EG&G 2000; 쿤즈, 1977; 벤자민 등, 1980). 견딜 수 있는 불순물 농도가 표 8.1에 제시되어 있다. 현재 UTC 연료전지社로 이름을 바꾼, 인터내셔널 연료전지(IFC)社가 선도적인 제조업체이다(8.2.2절 참조).

8.1.2 용융 탄산염 연료전지(MCFC)

용융 탄산염 연료전지(MCFC) 내에서 사용되는 전해질은 전형적으로 Li_2CO_3 및 K_2CO_3 등과 같은 염기성 탄산염 혼합물이다-때로는 650 [℃] 내외인 작동온도보다 용융온도가 높은 염기성 탄산염을 첨가하기도 한다. 그러므로 전하운반 이온은 더 이상 양성자가 아니라 탄산이온(CO_3^{2-})이 음극에서 양극으로 이동한다. 음극으로부터 탄산염 이온이 소모됨에 따라서, 양극에서 음극으로 이산화탄소를 재순환시키거나, 덜 일반적이지만 대체 공급원으로부터 이산화탄소를 공급받는 것이 용융 탄산염 연료전지(MCFC)의 특성이다. 전형적인 음극 가스는 12.6% 산소(O_2), 18.4% 이산화탄소(CO_2), 및 69% 질소(N_2)이다(EG&G, 2000). 이에 따라서, 양극과 음극 반응은 다음과 같이 표현된다:

$$H_2 + CO_3^{2-} \rightarrow H_2O + CO_2 + 2e^- \tag{8.1}$$

$$\frac{1}{2}O_2 + CO_2 + 2e^- \rightarrow CO_3^{2-} \tag{8.2}$$

전체적인 전지반응은 수소와 산소로부터 수분을 생성하는 것이다. 이산화탄소는 전체 반응에 끼어들지 않는다. 그러므로 비록 양극과 음극에서 서로 다른 이산화탄소 분압이 농도전지 효과에 기인한 옵셋을 유발한다고 하더라도, 표준 가역전위는 여타 연료전지의 경우에서와 동일하다. 수분은 양극에서 생성된다는 점에 유의해야 한다.

용융 탄산염 연료전지(MCFC)의 성능은 면적을 기반으로 한 경우에는 인산 연료전지(PAFC)와 유사하다. 용융 탄산염 연료전지(MCFC)는 ca. 100 [mW/cm^2] 이상의 전력밀도가 구현되며, 성능은 주로 저항손실에 의해서 제한된다.

용융 탄산염 연료전지(MCFC)는 양성자교환 맴브레인 연료전지(PEMFC) 및 인산 연료전지(PAFC)에서와 동일한, 즉, 쌍극성 판, 전극 및 전해질 층 등으로 구성된 적층구조를 갖지만, 용융 탄산염 연료전지(MCFC)의 높은 작동온도와 용융 탄산염의 부식성 환경 때문에, 근본적으로 서로 다른 소재와 설계특성을 필요로 한다.

훨씬 높은 작동온도는 명확한 장점을 갖는다: 반응의 운동성은 더 이상 귀금속 촉매가 필요없을 정도로 크게 향상된다. 전형적인 용융 탄산염 연료전지(MCFC) 음극은 리튬화 산화니켈(NiO)로 제조되며, 양극은 니켈크롬(NiCr)이나 니켈알루미늄(NiAl) 등과 같은 니켈(Ni) 합금으로 제조된다. 전극과 전해질 층의 두께는 모두 1 [mm] 내외의 값을 갖는다.

일산화탄소(CO)와 어느 정도 함량을 갖는 여타 개질가스 불순물들에 의한 양극의 중독은 더 이상 문제가 되지 않는다. 사실, 용융 탄산염 연료전지(MCFC)는 일산화탄소(CO)를 연료로 사용하여 작동한다. 이 경우, 일산화탄소(CO)는 직접 전기-산화되지는 않지만, 전극 내부에서의 신속한 수분-가스 전이에 따라서 수소로 전환된다(EG&G, 2000). 전처리과정이 수행된다면, 용융 탄산염 연료전지(MCFC)는 천연가스와 일부 탄화수소물들을 사용해서도 작동할 수 있다. 반면에, 고온부식은 용융 탄산염 연료전지(MCFC) 기술의 주요 문제점이며, 고가의 소재와 보호층을 사용할 필요가 있다. 동시에, 더 이상 밀봉과 방수를 폴리머 소재에 의지할 수 없다.

두 가지 가스 구획의 상호밀봉을 독창적인 소재의 다공성 조합, 즉, 정교하게 선정된 크기의 기공분포를 사용해서 구현한다. 전해질은 모세관 현상에 의해서 **메타알루민산리튬**($LiAlO_2$)의 나노기공 수용체 내에 저장되어 가스 밀봉 역할을 수행한다. 두 전극들은 마이크로기공을 가지고 있으며, 반응 경계면까지 반응물질을 확산시킴과 동시에 개방된 기공 속으로 전해질 중 일부가 투과되는 것을 허용한다. 본질적으로 다공질 전극중에 전해질로 함침된 부분인, 반응 경계면의 크기는 기공크기-압력 사이의 균형과 전해질의 관리품질에 의존한다(쿤즈, 1987). 가스 구획들은 또한 액상의 탄화물 스스로 형성한 박막에 의해서도 밀봉된다(액체밀봉). 쌍극성 판들은 고품질 스테인리스강으로 제작되며, 니켈(양극)이나 크롬(음극)과 같은 추가적인 코팅소재를 통해서 부식을 방지한다.

이제는, 실용적인 수명을 구현하기 위해서 이러한 모든 영향들을 충분히 조절할 수 있다. 여전히 용융 탄산염 연료전지(MCFC)의 수명을 제한하고 있는 공정은 산화니켈(NiO) 음극으로부터 분해되는 니켈이다. 니켈의 유출은 음극의 기공구조를 막아버리며, 양극에 니켈이 증착되면서, 전해질 층을 관통하여 니켈 돌기가 생장하여, 결과적으로 전기적 단락과 시스템 고장을 초래할 우려가 있다(EG&G, 2000). 특히 고압작동의 경우에, 이 문제는 해결되지 않은 상태로 남아있다.

연료가스에 섞인 불순물의 영향에 대해서는 표 8.1에 요약되어 있다. 양극가스가 음극으로 재순환(이산화탄소 공급의 경우)됨에 따라서 일부 오염물질들이 음전극에 해를 끼칠 수도 있다는 점을 인식해야 한다.

높은 온도에서의 작동은 연료처리에 다양한 옵션을 제공해 준다. 양극의 구획에 덧붙여진, 니켈을 기반으로 하는 양극촉매나-더 일반적으로-산화물에 지지되는 니켈(Ni) 촉매는 소위 **내부개질**, 즉, 양극구획 내부에 존재하는 메탄과 같은 연료의 스팀개질(5장 참조)을 가능케 해주는 충분한 (기체 상)촉매활성도를 나타낸다. 다량의 열을 흡수하는 스팀 개질반응(식 (5.3) 참조)은 연료전지의 발열반응에 의해서 구동되며, 일반적으로 수소의 발생량은 연료전지 양극에서의 전기-산화 비율에 의해서 조절된다. 이러한 소위 **직접내부개질**(DIR)의 경우와는 반대로, 여타의 설계들에서는 구획은 분할되나 열적으로는 양극과 접촉하거나 이 모두가 분리된 기체상 반응기 내에서의 **간접내부개질**(IIR)을 사용한다. 내부개질의 적용이 전체 시스템을 단순화시킬 수 있음은 명확하다.

8.1.3 고체 산화물 연료전지(SOFC)

고체 산화물 연료전지(SOFC)는 특정한 산화물 전해질들이 도전체인 산소이온(O^{2-})으로 변화되는 온도에서 작동한다. 스파크 점화식 자동차에서 사용되는 3로식 촉매 변환기에 적용되는 **람다센서**에서 일어나는 것과 동일한 현상이 발생하며[2], 람다센서는 고체 산화물 연료전지(SOFC)의 손쉬운 실험실 모델로 사용될 수 있다. 사용된 산화물은 이트륨과 지르코늄의 혼합물이며, 이들의 사용은 네른스트의 초기 작업까지 오래 전으로 거슬러 올라간다(2장 참조).

두 전극에서의 반응은 다음과 같이 표현된다:

$$H_2 + O^{2-} \rightarrow H_2O + 2e^- \tag{8.3}$$

$$\frac{1}{2}O_2 + 2e^- \rightarrow O^{2-} \tag{8.4}$$

전체적인 전지반응과 표준 가역전위는 여타의 연료전지들에서와 동일하며, 용융 탄산염 연료전지(MCFC)의 경우에서와 마찬가지로, 양극에서 수분이 발생된다.

용융 탄산염 연료전지(MCFC)의 경우에서와 완벽히 동일하게 적용될 경우와, 8.1.2절에서 논의했던 사안들이 고체 산화물 연료전지(SOFC)에 유사하게 적용되는 경우에, 고온개념의 장점과 단점들에 대해서 논의해 본다. 고체 산화물 연료전지(SOFC)는 양극과 음극에서 뛰어난 활동성을 갖고 있다. 그런데 열역학적 이유 때문에, 작동온도에서의 가역전위는 저온 연료전지의 경우보다 약간 낮다(3장).

2) 람다 센서는 산소농축 전지에서 작동하는 고체 산화물 연료전지(SOFC)로 간주할 수 있다.

고체 산화물 연료전지(SOFC)의 본질적인 장점은, 양성자교환 맴브레인 연료전지(PEMFC)와는 달리, 총체적으로 고체상태의 설계를 사용하므로 수분관리에 문제가 없다는 점이다. 특히 밀봉과 열순환에 관련되어서는, 용융 탄산염 연료전지(MCFC) 기술에서보다 훨씬 더 극심한 소재상의 문제에 직면하고 있다. 사실, 올바른 적층설계에 대한 검색은 지난 십여년간 활발하게 진행되었으며 아직도 진행중이다. 고체 산화물 연료전지(SOFC) 기술의 불순물 내성에 대한 정보들 중 일부가 표 8.1에 제시되어 있다.

고체 산화물 연료전지(SOFC) 기술은 두 가지 기본 설계를 사용한다. 평면형 설계는 여타 연료전지의 경우에서와 동일한 원리를 따르는 반면에, 튜브묶음과 같이 가장 진보된 설계가 1960년대 중반 이후 웨스팅하우스에 의해서 처음으로 개발되었으며, 현재는 씨멘스-웨스팅하우스에 의해서 상용화되었다.

튜브형 고체 산화물 연료전지(SOFC) 설계

튜브형 설계는 평면형 고체 산화물 연료전지(SOFC) 적층의 밀봉문제로부터 출발하였다. 그 작동원리는 그림 8.1[3]에 도시되어 있다. 연료와 공기는 길고 끝단이 막혀있는 고체 산화물 튜브의 외측과 내측으로 각각 공급된다. 소위 **공기전극지지**(AES)기술을 통해서, 튜브 자체가 전지의 음극 또는 공기전극을 형성한다(그림 8.3(a) 참조). 튜브들은 열린 끝단에서만 밀봉되며, 적절한 밀봉이나 완벽하게 밀봉이 없는 구조를 통해서 응력을 해지시킬 수 있다(그림 8.2 참조). 가스는 매니폴드를 통해서 공급되며, 공기의 경우에는 연료전지 튜브 속으로 깊숙하게 꽂혀있는 알루미나가 함침된 튜브들을 통과한다.

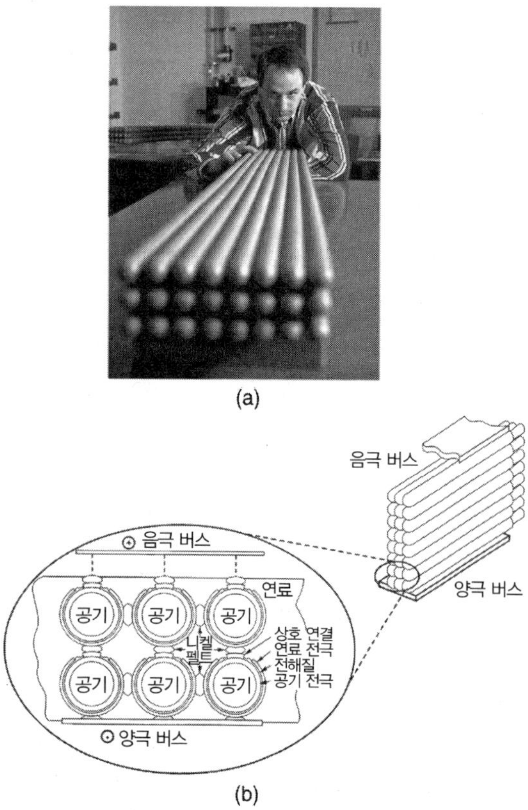

그림 8.1 (a) 씨멘스-웨스팅하우스 공기전극에 지지되는(ASE) 튜브번들. (b) 발전소 내 튜브의 개략적 배치

1,000 [℃]인 작동온도에서, 열응력, 원치 않는 소결, 및 부식 등을 피하기 위해서는 소재와 제조기법의 선정은 특히 중요하다. 고체 산화물 연료전지(SOFC) 음극은 일반적으로 란탄이 도핑된 망간으로 만든다. **씨멘스-웨스팅하우스**의 다공질 음극 튜브를 사용하는 연료전지는 22 [mm]의 직경과 총길이 1,810 [mm]로, 활성화 길이는 1,500 [mm]이며, 등가 활성면적은 834 [cm^2]이다. 이들 튜브상에, 그림 8.3(a)에서와 같이, 접점형성을 위해서

3) Photograph and drawing courtesy of Simens-Westinghouse

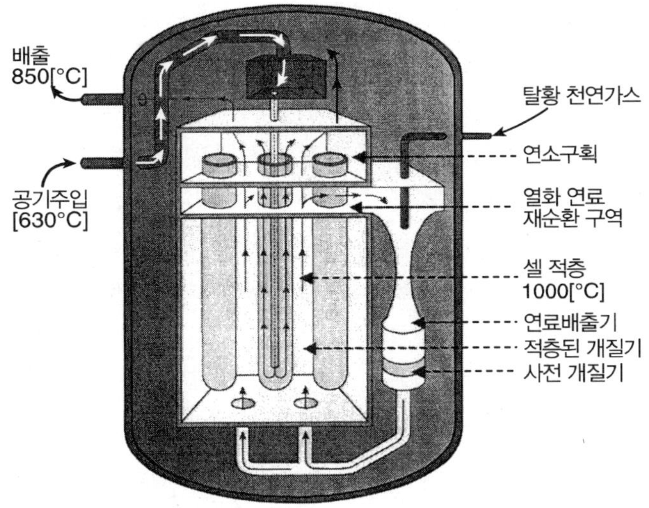

그림 8.2 연료전지 적층 내에서 고체 산화물 연료전지(SOFC)의 밀봉없는 마운팅4)

란탄 스트론튬 아크롬산염을 줄무늬 형태로 플라즈마 도포한다. 현재, 40 [μm] 두께의 이트륨 안정화 지르코늄(YSZ) 전해질 층의 증착은 고가의 전기화학적 증기증착(EVD) 공정을 통해서 시행된다. 함침방식 코팅을 통해서 니켈과 혼합한 **이트륨 안정화 지르코늄**(YSZ) 양극이나 Ni/ZrO_2 서멧을 최종적으로 코팅한 다음에 양극과 음극을 위한 두 가지 서로 다른 대기 내에서 동시에 점화시킨다(블럼 등, 2001). 튜브들은 대략적으로 950 [℃]에서 각각 150 [W]의 전력을 생산하며(블럼 등, 2001), 이는 0.180 [W/cm^2]의 전력밀도에 해당된다.

고체 산화물 연료전지는, 단일튜브의 경우 69,000시간에 달하는 등, 현재 최장 작동시간을 기록하고 있지만(윌리엄스, 2001), 이러한 성공에도 불구하고 현존하는 튜브형 설계의 형상은 두 가지 주요 문제를 안고 있다. 우선, 튜브의 제작과 튜브다발의 조립은 많은 공정 및 노동이 집중되는 생산단계를 필요로 하며, 염가 대량생산을 위한 돌파구를 찾는 것이 어렵다. 다음으로, 튜브형 설계는 전기적 특성을 희생시켜서 가스유동식 반응기 설계를 최적화시켰다. 튜브들은 란탄-스트론튬-크롬의 전기접속과 유연한 니켈 펠트를 사용해서 직렬이나 병렬로 연결되며, 이 방식은 원주방향에 대해서 하나의 선으로만 접촉을 유지할 수 있다(그림 8.3(a) 참조). 긴 튜브상의 접선을 따라서 대부분의 전류가 흐르면서 현저한 저항손실이 발생된다. 그러므로 튜브형 고체 산화물 연료전지(SOFC) 기술은 일반적으로 평면형 연료전지의 경우보다 열등한 전력밀도를 나타낸다.

씨멘스-웨스팅하우스는 더 많은 핵심요소들을 외부에서 구입하기 보다는 자체적으로 생산하는 방법으로 가격문제를 타개하는 방안을 모색하고 있다5). 생산방법 중 일부는 자동화시킬 예정이며, 이를 통해서 생산량이 증가될 것이고, 비용이 많이 소요되는 두 가지 전기화학

4) Courtesy of Siemens- Westinghouse

5) 이전에는, 음극을 지지하는 튜브들을 개당 약 $1600에 구입했었다(Stöver 등, 2001)

적 증착 공정은 이미 생산공정에서 제외시켜서 단지 전해질 전기화학적 증기증착(EVD) 공정만이 남아있다(윌리엄스, 2001). 씨멘스-웨스팅하우스는 또한 그림 8.3(b)에서와 같은, 새로운 튜브 설계에 대해서 고려하고 있다. 평평한 튜브설계 또는 고 전력밀도(HPD) 고체 산화물 연료전지(SOFC) 적층은 공기 투입구 내측에 전기 전도성 리브가 설치되어 있으며, 이는 함침된 튜브들을 견고하게 지지하며 전기 전도성을 향상시켜준다. 전체적인 튜브길이는 1/3로 감소되었다. 이 설계는 또한 공간충진을 향상시킬 수 있어 체적 당 전력밀도를 높일 수 있으며, 이를 통해서 현재의 136 [kW/m^3]을 388 [kW/m^3]으로 높일 계획을 가지고 있다(Stöver 등, 2001).

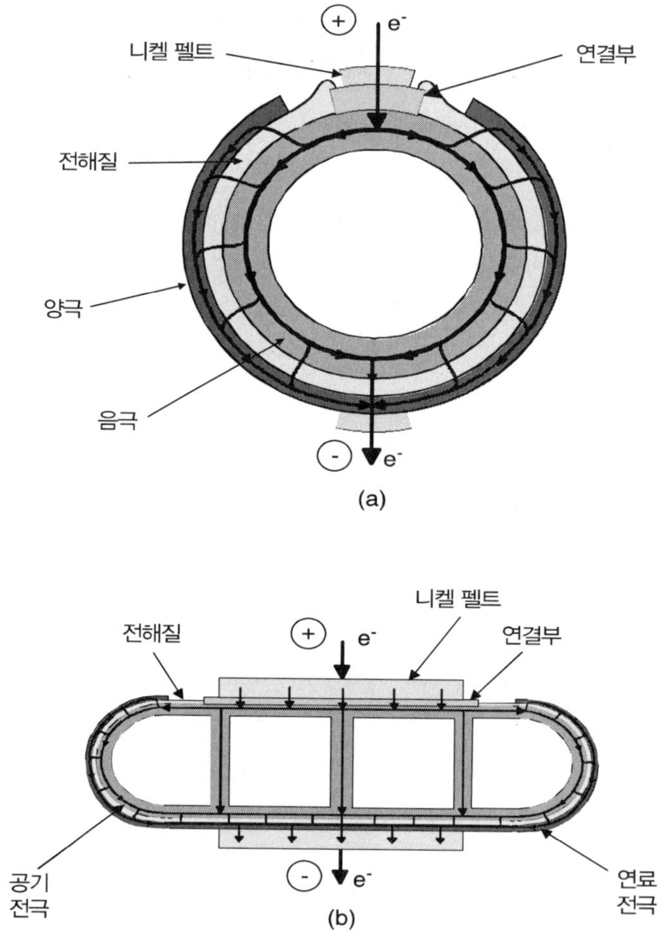

그림 8.3 (a) 씨멘스-웨스팅하우스의 공기전극 지지(ASE) 튜브 단면에서 Ni 펠트를 사용한 접점을 보여주고 있다. (b) 씨멘스-웨스팅하우스의 평평한 튜브를 사용한 새로운 고 전력밀도(HPD) 고체 산화물 연료전지(SOFC) 설계의 단면도. 공기전극 지지(ASE) 튜브내에 설치된 리브는 전기 전도도를 높여주며, 높은 밀도의 충진이 가능하고, 추가적인 튜브 없이도 공기의 안내가 가능하다.6)

6) Drawing courtesy of Siemens-Westinghouse

튜브형 연료전지를 개발하는 여타의 그룹들에는 토토社, 큐슈전력, 일본제철 등이 참여하며, 일본신 에너지 산업기술 종합 개발기구(NEDO)가 자금을 일부 지원하는 뉴썬샤인 프로젝트와 전원개발주식회사(EPDC)[7] 및 주부(中部)전력회사 등과 협력하는 미쓰비시 중공업(MHI)이 있다. 소결기법으로 제조한 직경 22 [mm], 길이 900 [mm]의 튜브를 사용해서, 이 컨소시엄은 대기조건에서 작동하는 3 [kW] 모듈(전지 36개)을 개발하였으며, 개질 천연가스를 사용하여 씨멘스-웨스팅하우스 기술과 매우 유사한 수준인, 면적기준으로 최대 0.192 [W/cm^2](나카야마와 스즈키, 2001)를 구현하였다. 미쓰비시 중공업(MHI) 그룹은 22개의 전지가 직렬로 연결된 720 [mm] 길이의 분할된 유연성 튜브의 개념을 사용했다[8]. 튜브들은 현재 플라즈마 분부를 사용해서 생산된다. 연료는 튜브의 내부를 통해서 공급된다. 가압하에서 석탄가스로 작동되는 10 [kW] 모듈이 최초로 계획되고 있다(이리타니 등, 2001).

평면형 고체 산화물 연료전지(SOFC) 설계

씨멘스는 1998년 평면형 연료전지 기술에 대한 자체개발을 중단하고 새로 설립되는 씨멘스-웨스팅하우스 전력회사에서 튜브형 개념에 초점을 맞추기로 결정했음에도 불구하고, 많은 사람들은 장래에, 가격 경쟁력이 있는 고체 산화물 연료전지(SOFC)는 평면형 설계를 기반으로 할 것이라고 믿고있다. 이를 토대로 하여, 미국 에너지성은, 저가형 모듈방식 5 [kW] 평면 연료전지 적층을 생산하면 다양한 용도로 사용될 것이라는 전망하에, 고체상태 에너지변환 동맹(SECA)[9]을 출범시켰다(윌리엄스, 2001). 하지만 고체 산화물 연료전지(SOFC) 개발자들이 실제로 구현하고자 한 것은 과연 무엇인가?

당면한 목표는 주로 가격 경쟁력 있는 생산방법의 개발과 전력밀도의 증가로, 이는 전력의 킬로와트 당 가격에 가장 큰 영향을 끼친다.

가격절감에 가장 강력한 영향을 끼치는 측면중 하나는 현재 일반적인 기술에서 950~1,000 [℃] 내외로 사용되고 있는 작동온도를 750~850 [℃] 내외인 낮은 작동온도로 낮추는 것이다[10]. 하지만 이트륨 안정화 지르코늄(YSZ) 전해질의 도전성은 온도의 상승에 따라서 급격하게 떨어지기 때문에, 이를 위해서는 매우 얇은(5~10 [μm]) 전해질 층의 증착이 필요하다. 저온 작동의 이점은 저가인 스테인리스강 소재를 전지분할장치 등에 사용할 수 있게 되며, 열 순환계의 안정성도 크게 개선할 수 있다.

다양한 연구그룹들에 의해서 현재 세 가지 유형의 평면형 기술이 개발되고 있다. 이 유형들 중 하나는 하나의 평면 당 하나 또는 그 이상의 전지들을 위한 프레임을 사용하는 것이다. 이 기술의 가장 잘 알려진 사례로는 앞서 설명했던 씨멘스의 평면형 고체 산화물 연료전지(SOFC)로, 독일회사들인 연료전지개발社[11]와 프라운호퍼-IKTS에 의해서 현재도 계속 개

7) Electric Power Development Co.: 電源開発株式会社
8) 이 개념은 항아리와 마개설계로도 알려져 있다(EG&G, 2000).
9) Solid State Energy Conversion Alliance
10) 이는 튜브형 고체 산화물 연료전지(SOFC) 기술에서도 동일하게 적용된다.
11) Entwicklungsgesellschaft Brennstoffzelle GmbH

발되고 있다(르케, 2001). 이 기술은 하나의 평면 당 최대 16개의 이트륨 안정화 지르코늄(YSZ) 전해질에 지지되는 전지를 금속 프레임에 설치한다. 롤스로이스(영국)의 개념은 세라믹 다중셀 배열을 사용해서 튜브형에서의 장점을 수용한 평면형의 구조를 사용한다(르케, 2001). 독일 항공우주센터(DLR)는 플라즈마 분무를 사용해서 다공질 금속 기층지지구조 상에 전지를 층상으로 성형한 프레임형 단일전지 배열을 개발하고 있다(Stöver 등, 2001).

두 번째 방식은 미쓰비시 중공업, 주부(中部)전력회사 및 전력연구 및 개발센터 등으로 구성된 일본 그룹으로, **단일블록층 구조**(MOLB)라고 부르는 모놀리식 연료전지 적층을 공동으로 개발하였다. 이것은 돋을새김 된 이트륨 안정화 지르코늄(YSZ) 전해질층과 표준소재 LSM 및 Ni/YSZ 서멧으로 만들어진 전극을 기반으로 하고 있다(사카키 등, 2001). 돋을새김 된 전지구조는 평면형 접접들에 의해서 서로 분리되어 있으며, 이는 유동 분배기로서의 역할도 수행한다. 진보된 t-MOLB 버전에서는 열 개의 전지가 하나의 적층 유닛으로 조립되었으며, 열 개의 유닛을 조립해서 그림 8.4에서와 같이 하나의 트레인으로 만들었다. 현재의 성능은 0.35 [W/cm^2](사카키 등, 2001)이나, 작동온도는 대략적으로 1000 [℃] 내외에 이른다.

그림 8.4 t-MOLB형의 고체 산화물 연료전지(SOFC):2000년에 발표된 10 [kW]급 적층.[12) 13)]

마지막으로, 전지를 층상으로 제작하는 전지설계는 수없이 많다. 이들은 **줄처헥시스社**(스위스) 고체 산화물 연료전지(SOFC) 시스템에서와 같이 전해질에 의해서 지지되거나, 현재 더 일반적으로는 양극에 의해서 지지된다. 유럽에서 가정용 열병합(CPH) 유닛의 현장시험에 있어서 가장 앞선 개발업체인 줄처헥시스는 그림 8.5에서와 같이, 부분적으로 안정화 된 이트륨 안정화 지르코늄(YSZ) 전해질과 스크린 프린트 된 양극 및 음극을 사용한다(바타위 등, 2001). 이들 중 최소한 일부 요소들은 InDEC(아래 참조)에서 공급받은 것이다. 음극지지

12) Photograph courtesy of A. Nakanishi of Electric Power Research and Development Center, Chubu Electric Power Company, Nagoya

13) 2000년에서 2001년 사이에 수행된 7,500시간 동안의 시험결과 최대출력은 15 [kW]에 달하였다.

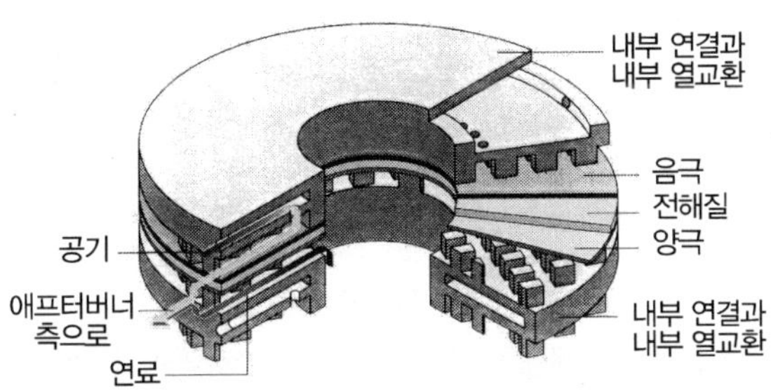

그림 8.5 줄처헥시스 평면형 전지의 개념도. 그림에서는 가스 유동(적층의 중심을 통해서 연료가 유입된다)과 전지 접점을 보여주고 있다.14) 15)

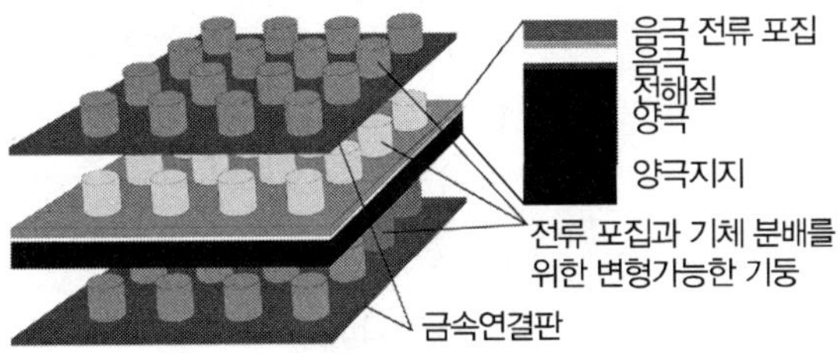

그림 8.6 내부 연결용 금속 포일(Fe-Cr), 양극이 지지된 셀, 그리고 지지구조물 접촉층 등으로 이루어진 전류스택 설계.16)

보다 양극에 지지된 전지를 사용하는 정당한 이유는 더 높은 열 및 전기 전도성, 월등한 기계적 강도, 그리고 전지 제조과정에서 만나게 되는 고온에서 이트륨 안정화 지르코늄(YSZ) 전해질과의 화학적 상호작용의 최소화 등이다(싱걸, 2001). 이러한 전지에서, 5~20 [μm] 두께의 전해질 층은, 전해질 자체가 기계적인 강도를 지지해야만 하는, 50~150 [μm] 두께의 전해질에 지지된 전지보다 타당성이 있는 것으로 간주된다.(싱걸, 2001). 양극에 지지된 전지의 경우에, 800 [℃]에서 1.8 [W/cm^2]의 전력밀도가 구현되었다(김 등, 1999). 그러나 이런 형태의 정보에서는, 연료나 산화제 유동과 같은 정확한 작동인자들과 고온 작동시 수명에 대해서 정확히 아는 것이 항상 중요하다.

층상구조는 전자업계에서 사용하는 세라믹 공정으로 알려진, 염가의 대량생산 기법을 즉, 그림 8.6에서와 같이, 기층에 대한 테이프 주조를 시행한 다음 후속 층들을 스크린 프린트하는 방법을 사용할 수 있다는 장점을 가지고 있다(라센 등, 2001; 리트펠트 등, 2001). 각 단계 후에, 또는 이상적으로는 모든 증착공정이 완료된 다음에 소결을 시행한다(리트펠트 등, 2001). 스크린 프린트와 결합한 테이프 주조와 벨트식 노를 사용하면, 염가로 대량생산이 가능할 것으로 생각된다. 덴마크의 리소 국립연구소, 3대 공익시설, 할도톱쉬, 그리고 IRD등은 정부가 일부 기금을 출연하여 파일럿 플랜트 규모의 고체 산화물 연료전지(SOFC) 기술을

14) Drqwing courtesy of Sulzer Hexis

15) 줄처헥시스가 개발한 갈릴레오1000N 연료전지 히터는 2005년 CE 인증을 획득하였으며, 3세대 갈릴레오 1000N은 2013년에 유럽시장에서 판매가 시작되었다.

16) Drawing courtesy of P.H. Larsen, Risø National Laboratory

개발하는 프로그램에 5년간 투자하였다. 이 고체 산화물 연료전지(SOFC)는 그림 8.6에서와 같이 저온(750~850 [℃])에서 Fe-Cr 접점으로 양극에 지지되며, 적층을 쌓기 위해서 가변형 고정장치를 사용한다(라센 등, 2001).

유럽내 여타 지역의 경우, 한때 씨멘스와 공동으로 작업했던 ECN(네덜란드)은 테이프 주조 기층재료에 스크린 프린트 기법을 사용해서 제조한 세라믹 전해질 지지체(줄처헥시스)와 양극 지지체 소재를 적층 개발자에게 공급하기 위해서 소규모 제조회사인 InDEC을 설립하였다. 알스톰(영국), **율리히 연구소**[17](독일)과 프로토텍(노르웨이) 뿐만 아니라 퓨얼셀 테크놀로지 주식회사(캐나다) 사이에는 소규모 열 병합 발전(CHP) 시스템 기술을 개발하기 위해서 파트너십이 체결되어 있다.

율리히 그룹의 연구는 5~10 [μm]의 얇은 전해질 층으로 이루어진 양극 지지형 전지 시스템에 초점이 맞춰져 있다. 20×20 [cm] 크기의 짧은 5단 전지적층이 생산(드하트 등, 2001)되었으며, 비록 더 작은 전지에 국한되지만, 0.5 [W/cm^2]를 넘어서는 면적기준의 전력밀도가 구현되었다(Stöver 등, 2001). 율리히는 현재까지 사용되어왔던 적층 결합 및 밀봉기술인 유리융착에 기술적인 문제가 있음을 확인하였다(Stöver 등, 2001).

북미지역에서는, 태평양 북서 국립연구소와 **델파이 자동차 시스템社**는 9.2.3절에서 논의하는 것처럼, 자동차 보조전력 공급장치(APU)용 5 [kW], 42 [V] 시스템을 위한 양극지지방식의 고체 산화물 연료전지(SOFC) 적층개발을 위해 작업하였다(싱걸, 2001). 보조전력유닛(APU)용 1세대 고체 산화물 연료전지(SOFC) 적층이 **글로벌 써모일렉트릭社**(캐나다)에 의해서 델파이에 공급되었으며, 개질연료를 사용해서(750 [℃]) 1 [W/cm^2]의 전지성능과 0.37 [W/cm^2]의 적층성능이 구현되었다(무커지 등, 2001). 글로벌 써모일렉트릭社는 율리히 연구소로부터 기반기술을 획득한 1997년 이후 저온 고체 산화물 연료전지(SOFC) 기술을 개발하였다. 현재의 전지성능은 10×10 [cm]으로 제한되지만, 글로벌 써모일렉트릭社는 신뢰할 수 있는 고온밀봉과 적층 압착기술을 찾아낸 것으로 보인다(고시 등, 2001).[18]

여타의 북미 개발자들에는 SOFCo(미국), 맥더모트 인너내셔널社의 자회사와 그 협력사인 세라메텍社 등이 포함된다. 이 그룹은 테이프 주조, 스크린 프린트 및 동시소결공정기술을 기반으로 해서 고체 산화물 연료전지(SOFC) 적층을 개발하려고 한다(엘란고번 등, 2001). 하니웰도 고체 산화물 연료전지(SOFC) 시스템 개발자들중 하나이다. 적층들은 평면형으로 설계(100 [cm^2])되었으며 800 [℃]의 합성가스를 사용해서 최대 0.285 [W/cm^2]의 면적기반 전력밀도를 구현한다. 다시 한 번 얇은 전해질 양극 지지방식이 채용되었으며, 당연히 금속 접점이 사용되었다(민 등, 1996).

이전에 언급했듯이, 이 개발자들 중 누구도 현재 실용성을 갖춘 튜브형 시스템에 근접한 완성도에 도달하지 못하고 있다. 이 연료전지 적층들이 파일럿 시스템 단계까지 도달하게 된

17) Forschungszentrum

18) 글로벌써모일렉트릭社는 현재 Gentherm Global Power Technologies(www.genthermglobalpower.com)로 바뀌었다.

다면, 전반적으로 새로운 소재의 문제점들을 직면해야만 한다. 좋은 사례는 양극 산화환원 안정성이다. 아직까지는, 줄처혝시스社의 시스템만이 고온에서의 정지 후에, 공기 누출과 후속적인 재 환원에 따른 양극 산화에 의해서 전지가 비가역적으로 손상을 받는다는 것이 확인되었다. 이 문제는 현재, 진보된 양극제조를 통해서 해결될 수 있다(리트펠트 등, 2001).

8.1.4 연료의 불순물

특정한 가스 불순물들이 성능에 끼치는 영향과 연료전지의 가용 수명에 대해서는 사용할 수 있는 정보가 제한되어 있다. 석탄가스, 군용연료, 및 생체가스 등 광범위한 연료를 사용해서 파일럿 플랜트를 가동할 것이기 때문에, 이 문제에 대해서는 가까운 미래에 더 많은 관심이 기울여질 것이다. 이 시스템들이 상용화 전단계와 상용화 단계에 들어서게 되면, 어떻게 하면 불순물을 완벽하게 제거할 것인가 보다는 어떻게 하면 보다 가격경쟁력이 있게 이를 구현할 것인가에 관심이 모아질 것이다(레만 등, 2001). 가격경쟁력이란 가스 정제장비에 대한 투자비용뿐만 아니라 작동비용도 포함된다.

완벽성에 대한 요구 없이, 표 8.1에서는 주요 유형의 전료전지들에 대해서 보고된 불순물에 대한 허용수준을 요약하고 있다.

8.2 대규모 중앙발전과 (소규모) 열 병합 발전(CHP) 시스템

1장의 표 1.1에서는 다양한 연료전지 시스템에서 기대되고 있는 전기효율에 대해서 제시하고 있다. 저온 양성자교환 맴브레인 연료전지(PEMFC)와 인산 연료전지(PAFC)를 기반으로 하는 시스템의 경우, 이 범위는 35~45% 내외이다. 알려진 바에 따르면, **ONSI社**[19]의 PC25C 시스템이 최고의 효율을 나타내고 있으며, 현재로는 상업적으로 가장 성공적이어서, 세계적으로 거의 250 유닛이 판매되었다. 전기효율은 전체 수명의 초기에는 최대 42%에 달하며, 연료와 작동효율 등에 따라서, 시간이 경과함에 따라서 감소하게 되어, 30% 내외에 도달하게 되면 전지 적층을 교체한다.

MTU社의 용융 탄산염 연료전지(MCFC)와 씨멘스-웨스팅하우스의 고체 산화물 연료전지(SOFC) 전력 시스템 등과 같은 고온 연료전지 시스템들은 파일럿 플랜트에서 46%의 전기효율을 나타낸다. 용융 탄산염 연료전지(MCFC)의 장기간 안정성에 대해서는 알려진 바가 많지 않지만, 씨멘스-웨스팅하우스의 고체 산화물 연료전지(SOFC) 전지[20]의 내구성은 발전

19) 도시바와 인터내셔널 퓨얼셀(IFC)이 공동으로 1990년에 ONSI社를 설립하였다. 이 회사는 1995년에 200 [kW] 출력의 PC25C를 출시하였다. ONSI社 는 2004년에 도시바가 100% 지분을 소유한 도시바 퓨얼 시스템스社(TFCP)로 전환되었다. TFCP는 94%의 효율을 갖는 2세대 ENE-FARM모델(200~750 [W])을 출시하였으며, 이 시스템은 2015년까지 120,000유닛이 판매되었다. 현재 3세대 ENE-FARM 모델의 효율은 95%에 달한다.

20) 더 정확히는 소형 튜브다발-8.1.3절 참조

시설의 경우에 필요한 40,000시간을 넘어서는 것으로 규명되었다. 용융 탄산염 연료전지(MCFC)와 고체 산화물 연료전지(SOFC)는 또한, 가스터빈 내에서 연료전지가 버너를 대체하는 병합 사이클 시스템의 일부분으로 개발되었다. 이 기술을 사용해서, 개발자들은 궁극적으로 70% 이상의 총 시스템 효율을 구현할 것으로 기대하고 있다.

또다른 주요 고려사항은 연료이다. 대부분의 산업화된 국가들에서, 전력의 대부분이 석탄(또는 가능하다면 갈탄)을 사용해서 생산되고 있으며, 원자력과 천연가스가 그 다음을 차지하고 있다. 원자력이 60%를 차지하고 있는 프랑스와 전기의 많은 부분을 석유에 의존하는 이탈리아는 예외에 속한다.

대규모 중앙 발전소들은 전통적으로 전기효율이 30~40% 내외인 응축식 발전소이며, 현대기술은 50%의 효율에 접근하고 있다. 천연가스 연소 병합 사이클(가스 및 스팀 터빈)을 사용하는 발전소에 대한 새로운 개발을 통하여 60% 이상의 전기효율을 달성하였다. 이 단원의 서언에서 논의했던 이유 때문에, 동력생산 공정에서 발생된 열의 사용은 이러한 대규모 발전설비에서는 고려되지 않는다. 그러므로 연료전지 동력 시스템은 최소한, 전통적인 발전소에 대해서는 가장 적합할 것으로 기대되며, 가능하다면, 석탄, 석탄가스, 또는 천연가스에 대해서도 작동할 수 있다. 다양한 연료전지들에 대한 논의에 따르면, 고온 연료전지만이 효율성의 측면에서 기존의 발전소 사양을 충족하거나 능가할 수 있다는 것을 알 수 있다. 다행히도, 고온 연료전지는 연료와 연료 불순물들에 대해서 가장 유연하다.

만약 높은 효율성을 갖는 병합 사이클 기술이 개발된다면, 중앙 집중식 수 [MW]급 발전소가 용융 탄산염 연료전지(MCFC)나 고체 산화물 연료전지(SOFC) 시스템과 같은 고온연료전지 기술을 기반으로 할 것이라는 점을 쉽게 생각할 수 있다.[21)]

이 책에서, 소규모 병합발전(CHP) 기술은, 100 [kW]~수 [MW] 규모의 전력을 생산하는 기술로 정의된다. 이 수준의 출력에서는 난방 목적이나 산업용 공정의 가열 등의 목적으로, 생성된 열을 현지에서 사용하는 것이 가능하다. 높은 온도의 열은 열에너지를 전송하기 위해서 일반적으로 사용되는 매질인 스팀으로 손쉽게 변환시킬 수 있으므로, 사용하는 열의 온도를 높이는 것이 용이하다. 현재 개발되고 있는 모든 연료전지 시스템들은 원리상, 소규모 열병합발전에 적용할 수 있다. 각각의 시스템들은 서로 다른 장점들을 가지고 있으며, 이들에 대해서는 다음 절에서 현재까지 구현된 실제 응용사례와 함께 논의할 것이다.

8.2.1 열병합발전(CHP) 시스템으로 사용하는 양성자교환 맴브레인 연료전지(PEMFC)

발라드社는 현재 양성자교환 맴브레인 연료전지(PEMFC)를 기반으로 하는 250 [kW] 규모의 전력시스템을 개발하는 유일한 회사이다. 발라드社는 1990년대 중반부터 이 시스템을 개발해 왔으며, 1[MW] 이하급의 발전설비는 현재, 발라드 파워 시스템社, GPU 인터내셔널사, 알스톰사, 및 에바라 주식회사 사이의 협력회사인 발라드 발전 시스템(BGS)社에 의해서 개

21) 퓨얼셀에너지사는 2008년 캘리포니아주 툴레어시에 1[MW] 용량의 퓨얼셀 파워플랜트를 건설하였다.

표 8.2 발라드 발전 시스템社의 250 [kW] 천연가스 연료전지 발전기의 필드시험 프로그램

유닛번호	위치	소비자	상태
1	인디애나주 크레인 소재 해군 수상전투센터	시너지社	작동
2	독일 베를린 소재 BEWAG 트렙토우 가열공장	알스톰/BEWAG	작동
3	스위스 바젤 소재 EBM 본부	알스톰/EBM	장소임대
4	일본 동경소재 NTT 연구실	에바라/NTT	장소임대

발되고 있다. GPU 인터내셔널社는 뉴저지 소재의 다국적 에너지 회사이다. 알스톰社는 발전 시설 및 동력전달계통 장비를 설계 및 생산하는 세계적인 선도기업이다. 일본을 기반으로 하는 에바라 주식회사는 유체기계 시스템, 정밀기계 및 환경 엔지니어링 시스템을 개발, 생산 및 판매하는 메이저 회사임과 동시에 무공해기술의 선도업체이다.

오늘날, **발라드 발전 시스템社**의 250 [kW] 발전설비 중 극소수가 사용자에게 공급되었다(표 8.2 참조). 최초의 유닛은 인디애나주 크레인 소재의 해군 수상전투 센터에 설치하기 위해서 1999년 후반에 시너지 테크놀로지社에 납품되었다. 최초의 유럽형 시스템은, 프랑스의 지역 전기 공급회사인 BEWAG, EdF와 독일 전기 공급회사인 프로이센 일렉트라(하노버), VEAG(베를린) 및 HEW(함부르크) 등이 연합한 프로젝트인, 베를린 기반 프로젝트를 위해서 2000년 4월에 알스톰 발라드社에 의해서 공급되었다(그림 8.7 참조). 전체적인 프로젝트 비용은 대략 3백5십만 유로였다. 이러한 유형의 발전설비가 스위스에도 설치되었으며, 이는 표 8.2에 제시되어 있다.

이 시스템은 수소 생산을 위해서 천연가스 스팀 개질을 사용한다. 초기의 전시용 250 [kW]급 발라드 시스템은 250 [kW]의 전력과 74 [℃]의 저급 열을 237 [kW] (810,000 [Btu/h])만큼 생산하였으며(EG&G 시스템스, 2000), 40%의 전기효율을 달성하였다.

그림 8.7 2000년도에 베를린에 설치된 발라드 발전 시스템社의 250 [kW]급 양성자교환 맴브레인 연료전지(PEMFC) 연료전지 시스템[22]

22) Photograph courtesy of Ballard Power Systems

그림 8.8 초기에 발라드社에서 사용했던 설비용 250 [kW] 연료전지 적층

이 발전시설들이 특정한 적층 하드웨어(그림 8.8[23])에서는 발라드社 설비 하드웨어의 초기형상을 보여주고 있다)를 기반으로 하는 반면에, 더 최근에 발라드 발전 시스템社는 마크900 차량용 적층구조(10장 참조)를 채용하여 60 [kW]급 연료전지 발전설비 시제품을 완성하였다. 이 시스템은 초기에, 백업과 대기용으로 설계되어, 설비용 및 차량용으로 사용할 수 있음을 증명하였다.

8.2.2 열병합발전(CHP) 시스템으로 사용하는 인산 연료전지(PAFC)

8.2.2.1 UTC 퓨얼셀社 –이전에 인터내셔널 퓨얼셀社

UTC 퓨얼셀社는 발전설비, 운송용, 가정용 및 우주선용 연료전지 시스템의 선도개발업체이다. 이 회사는 미국 유인우주선 계획에 사용되는 연료전지의 독점 공급업체이다. UTC와 도시바는 1995년 최초로 200 [kW] 출력의 PC25C 연료전지 유닛을 개발한 이래 10년 이상의 기간동안 PC25A를 제조했다.

명백히, PC25는 가장 성공적인 연료전지 시스템이다; 1995년 이래 13년 간 6개 대륙 19개 국가의 소비자들에게 300 유닛 이상이 공급되었다. 2001년에, UTC 퓨얼셀社는 이제까지 최대의 상업적 주문을 수주하였다: 뉴욕 전기국으로부터 8기 이상의 PC25 발전설비를 수주했다. 이 유닛들은 뉴욕시내의 4개-브루클린, 스테이튼 섬, 브롱스 및 퀸즈-폐수처리장에 설치될 예정이며, 혐기성 소화가스를 사용해서 작동할 것이다. 뉴욕지역에서 PC25C 설비가 설치된 여타의 장소들로는, 타임즈 스퀘어에 있는 콘데나스트 빌딩(2기), 센트럴파크 소재의 뉴욕 경찰국, 용커스 폐수처리장 및 노스센트럴 브롱크스 병원 등이다.

캘리포니아에서, UTC는 2001년에 17번째 PC25를 설치하면서, 미국 내에서 PC25 발전설비를 상업적으로 판매한 최고의 해가 되었다. 또한, 2001년 동안, UTC 퓨얼셀社는 남아메리카, 중국 및 영국에 최초의 연료전지 발전시설을 설치하였고, 미들타운에 소재한 코네티컷 주립발전소에 1.2[MW]급의 세계 최대규모의 시스템을 설치하였다. 이는 예전에 알래스카에 소재한 추가치 전기협회를 위해서 다섯기의 200 [kW]급 PC25를 결합한 1MW PC25 시스템을 설치한 것에 버금가는 규모이다. 이 시스템은 그림 8.9에 도시되어 있으며, 우체국에 전력을 공급한다.[24]

---

23) Photograph courtesy of Ballard Power Systems

24) UTC는 2004년 도시바와 결별한 이후 200 [kW] PureCell™ 이라는 이름으로 PC25를 계속 판매하였으며, 2008년에는 새로운 400 [kW] PureCell™ 모델로 이를 대체하였다. 이 새로운 모델은 2016년 현재 124유닛이

그림 8.9 알래스카 앵커리지에 소재하는 우편 집중국의 주 전력을 공급하는 PC25 발전소. 2000년에 작동을 개시한 이후, 전력계통상의 수많은 교란에도 불구하고 한 번도 전력공급이 중단된 전력이 없다.[25]

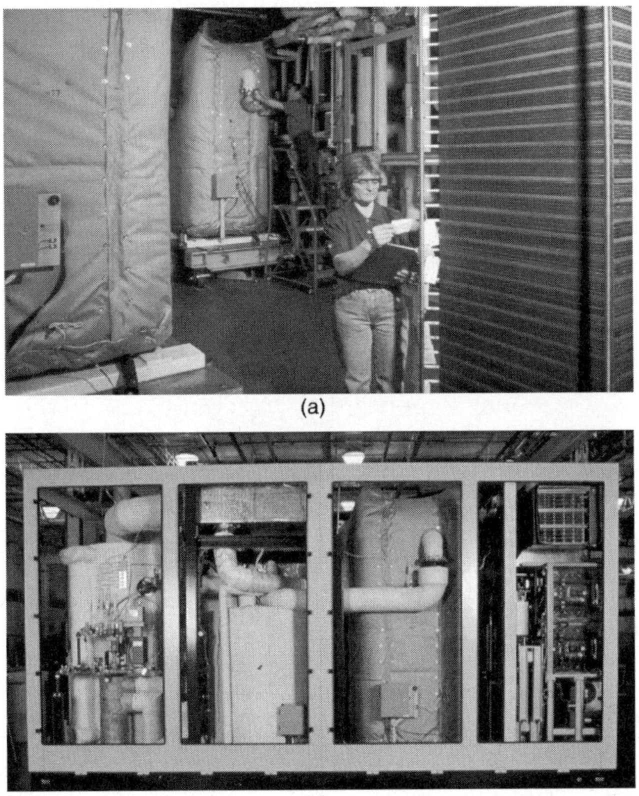

(a)

(b)

그림 8.10 코네티컷주 남 윈저의 발전설비로 UTC가 제조한 PC25 연료전지 적층(a)과 조립된 전체 발전설비(b). (b)의 측면도에는 주요 구성요소들이 도시되어 있다. 좌에서 우로: 연료처리시스템(열려있는 처음 두 패널), 전지적층, 전력조절장치.[26]

판매되었으며 10년 이상의 스택 수명을 가지고 있다.

25) Photograph courtesy of UTC 연료전지

UTC 퓨얼셀社는 2014년에 두산그룹에 인수되어 **두산 퓨얼셀 테크놀로지社**로 전환되었다. 두산 퓨얼셀社는 국내에서 부산그린에너지(30.8 [MW], 계획중), 남동발전 안산(2.64 [MW]), 제2롯데월드(0.8 [MW]), 부산국제금융센터(0.4 [MW]), 남동발전 분당(3.08[MW]), SK ENS(3.08 [MW]), GS 발전소 평촌(4.8 [MW]) 등의 인산 연료전지(PAFC) 파워플랜트를 설치하여 운영중에 있다.

PC25는 200 [kW]의 동력을 공급하는 것 이외에도, 60 [℃]의 열을 264 [kW]만큼 생성하거나, 또는 선택사양으로, 절반은 60 [℃]로, 나머지 절반은 120 [℃]로 열을 생성하여(60 [℃]에서 900,000 [Btu/h] 또는 121 [℃]에서 450,000 [Btu/h]), 난방과 온수공급, 또는 냉기의 흡수와 공기조화에 사용한다(그림 8.10 참조)

또한, 2001년에 스테이튼 섬에 소재한 **PC25C** 연료전지 발전시설은 40,000시간의 작동시간을 달성하였는데, 이는 미국에서의 신기록이며, 이러한 분산발전 시스템의 경우에 일반적으로 인정하는 최소한의 가용수명에 해당된다. 불행히도, 5년이 경과된 이후의 전기효율에 대해서는 아직 보고된 바 없다. 그런데 PC25의 효율은 시간이 경과함에 따라서 감소되는 것으로 알려져 있다.

설치된 대부분의 PC25 유닛들은 천연가스를 사용해서 작동한다. 몇몇 플랜트들은 발효된 폐수가스나, 혐기성 소화가스, 전기회사의 폐 메탄올, 심지어는 폐 기화가스(도시바, 2002) 등의 대체연료(레만 등, 2001)를 사용해서 작동한다. 독일의 쾰른에서 오수를 사용해서 작동하는 또 다른 유닛의 경우, 공급된 가스에 함유된 실록산을 포함한 광범위한 불순물들을 제거하기 위해서, 지역회사인 실록社에 의해서 특수한 가스정제 시스템이 건설되었다(레만, 2000).

PC25C의 구매가격은 현재 $900,000내외였다. 하지만 미국 국방성이 구매자에게 여전히 환불해주고 있는 미국 정부의 구매 보조금($200,000) 때문에 실제의 가격은 이보다는 높다. 그럼에도 불구하고 이 동력수준에서 PC25C는 가장 저렴한 시스템이다.

이 책에서, 발전설비의 백금함량에 대해서 고찰하는 것이 흥미로운 일이다. 초기의 PC25A가 폐기되었을 때, 1.2 [kg]의 백금을 회수할 수 있었다(하이밍 등, 2001). 당시 백금의 온스 당 가격이 $350 였으므로, 회수된 귀금속은 대략 $15,000에 달한다. 따라서, 백금가격이 전체비용을 좌우하는 인자가 아니라는 점이 명백하다.

8.2.2.2 여타의 인산 연료전지(PAFC) 제조업체들

PC25C도 판매하고 있는 도시바, 미쓰비시 전기(500 [kW]), 그리고 후지전기(50~100 [kW]) 등의 3개 일본회사들이 인산 연료전지(PAFC)를 기반으로 하는 시스템을 제조했거나 제조하고 있다. 도시바는 UTC가 공급하는 18기의 670 [kW] 적층을 사용해서, 11[MW] 규모로 평가되는 사상 최대 규모의 인산 연료전지(PAFC)를 도쿄전력에 납품하였다.(2장과 비교).

26) Photograph courtesy of UTC 연료전지

8.2.3 소규모 열병합발전 시스템과 대규모 중앙발전소에서 사용하는 용융 탄산염 연료전지

8.2.3.1 퓨얼셀 에너지社[27)]

퓨얼셀 에너지社는 코네티컷 주 댄버리에 본부를 두고 있으며, 토링턴에는 두 번째 설비를 보유하고 있다. 이 회사는 현재까지 북미에서 작동되는 연료전지 발전소 중에서 가장 큰 설비로 알려진, 공칭 전기출력 2.5 [MW]의 산타클라라 시범프로젝트를 수행한 에너지 연구조합을 결성하였다(1969년 설립). 여타의 시범 플랜트처럼, 이 설비는 **모델**9000이라는 명칭의 300 [kW]급 용융 탄산염 연료전지(MCFC) 적층기술에 기반을 두고 있다. 현재 플랜트의 크기는 300 [kW], 1.5 [MW] 및 3 [MW] 등이다. 이 기술은 천연가스, 메탄올, 에탄올, 생물가스, 및 메탄을 함유한 다른 모든 유형의 연료 등, 다양한 연료를 사용할 수 있는 내부개질기술을 기반으로 하기 때문에, 퓨얼셀 에너지社는 이를 **직접연료전지 기술**이라고 부른다.

퓨얼셀 에너지社와 캐터필러社는 2001년 9월에 공동개발 및 공급에 대한 양해각서를 체결하고, 이에 근거해서 캐터필러社는 미국내에서 선정된 캐터필러社 딜러들에게 퓨얼셀 에너지社의 제품을 공급하고 있다. 아시아에서, 퓨얼셀 에너지社는 일본의 마루베니社와 공동으로 생산된 전력을 성공적으로 일본 내와 아시아 지역에 공급하기 위해서 필요한 공급시설을 설치하기 위해서 공동으로 작업하였다. 아시아 지역에서 최초의 250 [kW] 발전소는 도쿄 외곽의 기린맥주공장에 위치하고 있다. 이 설비는 계약을 통해서, 마루베니社는 전기와 스팀을 맥주공장에 공급하며, 공장에서 배출되는 소화가스를 사용해서 작동하는 병합발전모드로 한다. 2007년 이후에는 포스코 에너지와 파트너쉽을 체결하였다. **포스코 에너지**는 2007년 포항에 연료전지 위탁생산 공장을 준공한 이래 지속적으로 사업을 확장하고 있으며, 국내의 경우, 2016년 현재, 서울 고덕(19.6 [MW]), 경기그린에너지(58.8[MW])를 비롯한 20여 개 발전설비를 통해서 154.2 [MW]의 전력을 생산하고 있다.

퓨얼셀 에너지社의 유럽 파트너인 MTU는 다임러크라이슬러社의 자회사로서, 소위 **고온 모듈** 개발에 기반을 둔 기술에 적극적으로 참여하고 있다(아래 참조). 2001년에, MTU는 독일소재 에르하엔-클리니쿰[28)] 병원에서 필드시험을 시작하였다. 북미의 경우, 이 회사는 앨라배마 소재의 메르세데스-벤츠와 로스엔젤리스 수도 및 전기국에 250 [kW] 발전설비를 납품하였다.[29)] 2001년도 후반에는 병합발전 및 다중연료를 사용하는 설비를 미국, 유럽 및 아시아에 공급하기 위한 총 12 [MW] 규모의 주문을 수주하고 있다. 퓨얼셀 에너지社는 상용 메가와트 이하급 발전설비를 2002년 전반기까지 공급하며, 2003년에는 메가와트 급 발전소를 공급할 수 있을 것으로 기대하고 있다. 2004년에, 기획하고 있는 목표는 400 [MW]이다. 더 효율적인 전기발전을 위해서, 연료전지 기술과 캡스턴 마이크로 터빈을 결합한, DFC/T기술은 2001년 7월에 최초로 작동을 시작하였다.

---

27) 2016년 현재 퓨얼셀 에너지社(www.fuelcellenergy.com)에서 공급하는 DFC4000TM 연료전지 파워플랜트는 3.7[MW]의 출력용량을 가지고 있다. 이 설비의 전기효율은 47%에 달하며, 열병합 발전효율은 90%에 이른다.

28) Rhön-Klinikum

29) 퓨얼셀 에너지사의 현재 유럽지역 비즈니스는 퓨얼셀에너지솔루션社를 통해서 이루어지고 있다.

8.2.3.2 MTU社[30)]

MTU社가 용융 탄산염 연료전지(MCFC)의 개발에 가장 크게 기여한 분야는 고온모듈 설계로, 여기에는 그림 8.11(a)에서와 같이, 일반적인 단열구획 내에 있는 시스템의 모든 부품들이 포함된다. 이 설계는 단열에 소요되는 노력과 밀봉문제의 해소에 도움이 되었다.

(a)

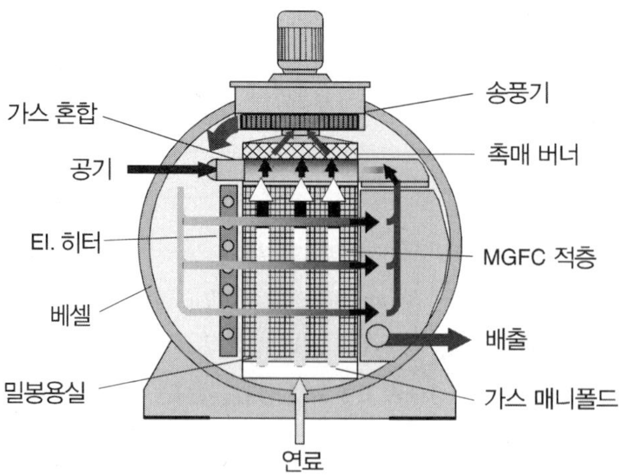

(b)

그림 8.11 (a) 개방된 고온모듈 (b) 고온모듈 내에서 반응가스의 유동[31)]

---

30) MTU社는 2006년에 EQT IV 펀드에 매각되어 토그눔(Tognum)社의 자회사로 편입되었다. 2014년에 토그눔社는 롤스로이스 파워시스템社로 개명하였으며, 롤스로이스가 100% 지분을 보유하고 있다.

그림 8.12 노이슈타트의 에르하엔-클리니쿰(독일)에 설치된 MTU사의 용융 탄산염 연료전지(MCFC) 발전 설비

적층들은 퓨얼셀 에너지社에 의해서 공급되었으며, 매니폴드가 외장인 형태를 가졌다. 모든 연료전지들 중에서 유일하게, 적층이 고온모듈의 내부에 수평방향으로 설치되었다. 그림 8.11(b)에서는 고온모듈 내의 기체 유동과 다양한 구성요소들을 보여주고 있다.

최장 작동시간은 독일의 빌레펠트에 설치된 시험용 파일럿 플랜트에서의 5,700시간으로, 이 플랜트는 최대동력이 263 [kW]이며, 200 [kW] 이상의 출력으로 4,300시간 이상을 작동하였다. 독일에 설치된 두 번째 플랜트는 바트 노이슈타트의 에르하엔-클리니쿰에서 작동을 시작하였다. 이 플랜트가 설치된 모습은 그림 8.12에 도시되어 있다. 이 파일럿 플랜트는 병합발전모드로 작동하며, 전기와 열(200 [℃]의 스팀) 동력을 대략적으로 각각 270 [kW] 및 160 [kW]로 생산하여 병원으로 공급하므로 서, 연간 동력수요의 약 25%를 충당한다. 이 플랜트의 수명은 20,000시간으로 예상된다(하이웹, 2001a). 250 [kW] 플랜트의 가격은 약 300만 유로에 달한다. 전기효율은 적층에서 56%와 플랜트에서 47%가 구현되었다.

2001년에 그로브 연료전지 심포지엄에서, MTU는 앞으로 수행할 일곱가지의 용융 탄산염 연료전지(MCFC) 프로젝트를 열거하였다. 이 위치들은 다음과 같다:

- RWE 독일 에센에 위치한 메테오라이트 에너지공원의 열 및 동력
- IZAR 이 조선회사의 에너지 공급
- 도이체 텔레컴 통신센터의 DC 백업동력
- EnBW/미쉐린 타이어 생산공장의 전기 및 공정용 스팀
- E.ON/데구사 산업용 동력, 열 및 이산화탄소 가스의 생산
- IPF KG 오토 본 게리케 대학 의학연구소의 백업동력과 병합발전
- VSE AG 산업용 세탁과 온실재배용 이산화탄소 사용을 위한 병합발전

31) Photograph and drawing courtesy of MTU

8.2.3.3 M-C 파워社[32)]

여러 해 동안, **M-C 파워社**는 용융 탄산염 연료전지(MCFC)기술의 또 다른 선도적인 개발업체로 알려져 왔다. 이 회사는 가스기술연구소(IGT)에서 발명되어 특허권이 설정된 설계개념을 사용한다. IGT와 함께, M-C 파워社는 샌프란시스코 소재의 벡텔 그룹과 휴스턴 소재의 스튜어트 앤 스티븐슨 서비스社와 파트너 관계를 맺고 있다.

퓨얼셀 에너지社 및 MTU社와는 달리, M-C 파워社는 판형 스팀 개질장치를 기반으로 하는 외부개질 개념을 사용한다. M-C 파워社는 캘리포니아 미라마 소재의 해군 항공기지에 다양한 파일럿 발전설비를 공급(EG&G, 2000)하였으며, 새로운 250 [kW] 플랜트를 공급할 계획이다. 이 플랜트는 또한 지역난방 시스템을 위해서 스팀도 함께 생산한다. M-C 파워社 프로그램의 현재 상황은 불명확하다.

8.2.4 소규모열병합발전시스템과 대규모중앙발전소에서 사용하는 고체산화물연료전지[33)34)]

고체 산화물 연료전지(SOFC)는 일단 (연료전지가 가스터빈의 연소 챔버를 대체한)고효율 병합 사이클 플랜트가 만들어진다면, 대규모 중앙발전설비로 사용될 가능성을 충분히 가지고 있다. 현재, 고체 산화물 연료전지(SOFC)는 고온 스팀을 선택적으로 사용하면서, 주로 100~1,000 [kW] 내외의 전력을 만들어낸다.

8.2.4.1 씨멘스-웨스팅하우스 전력회사[35)]

이런 유형의 발전소의 경우, **씨멘스-웨스팅하우스 전력회사**(SWPC)가 현재 가장 앞서가는 개발회사이다. 그러므로 8.1.3절에서의 튜브형 기술은 본질적으로는 씨멘스-웨스팅하우스社의 설계개념을 사용하였다. 씨멘스-웨스팅하우스 전력회사(SWPC)의 시범용 플랜트에 대한 기록은 인상적이다. 표 8.3에 따르면 1995년부터 새로운 공기전극 지지(ASE) 기술(8.1.3절과 비교)이 사용되었으며, 전력밀도를 현저히 증가시켰다. 현재의 (활성화된 길이)150 [cm]

---

32) 2016년 현재 M-C 파워社는 솔라팜 사업과 LED 조명사업 등에 집중하고 있으며 연료전지 사업과 관련되어서는 정보가 검색되지 않고 있다(www.mcpower.com)

33) 2016년 현재 다수의 업체들이 가정용 열병합 발전설비를 판매하고 있다. 줄처헥시스는 2012년부터 1[kWe] 발전기 시험설비를 운영중이다. 세라믹 퓨얼셀社는 2012년부터 1.5[kWe] 전기와 600[Wt] 열을 공급하는 제품을 판매하고 있다. CERES 파워社는 2016년부터 1[kWe] 발전기를 판매하고 있다. Vaillant社는 2013년부터 1[kWe]의 전기와 1.7[kWt]의 열을 공급하는 발전기를 판매하고 있다. 쿄세라, 아이신세이키, JX Eneos 등은 2012년부터 700[We]급 발전기를 판매하고 있다.

34) 미쓰비시 중공업은 2013년에 200 [kW] SOFC와 마이크로 가스터빈을 결합한 하이브리드 시스템을 개발하였으며 총 4,000시간의 작동시험을 완료하였다. 미국에서는 2005~2010년의 기간동안 Solid State Energy Conversion Alliance(SECA) 프로젝트를 수행하였다. 이를 통해서 Bloom Energy社는 100 [kW] 및 200 [kW] SOFC를 출시하였다. 2011년에는 줄처헥시스가 1 [kW] SOFC를 개발하였으며, JX Nippon Oil and Energy社는 700 [kW] SOFC를 출시하였다.

35) 2009년 2월 씨멘스-웨스팅하우스 전력회사(SWPC)는 Delta8 셀을 사용하는 10 [kW] SOFC 스택에 대한 5,000시간 시험을 완료하였다. 시험 결과 이 스택은 매우 높은 전력밀도를 가지고 있으며, 퇴화현상이 발생하지 않았다. 그럼에도 불구하고 씨멘스-웨스팅하우스 전력회사(SWPC)는 2010년 9월 SOFC 사업을 완전히 중단하였다.

튜브들을 사용한 플랜트 중 하나는 이전에 네덜란드에서 작동했었던, 100 [kW]급 대기압 EDB/ELSAM 발전소이다(그림 8.13).

천연가스와 함께, 합성가스나 군용연료(군대에 의해서 규정된 연료: JP-8 제트연료와 DF-2 디젤연료)등과 같은 다양한 연료들이 사용되었다는 것을 살펴보는 것도 흥미롭다.

거의 13,000시간 동안 작동한 후인, 2001년에 EDB/ELSAM 플랜트(그림 8.13)는 네덜란드의 웨스트보트에서 독일의 에센에 소재하는 메테오라이트 에너지공원으로 이전하였으며, 이곳에는 가압된 씨멘스-웨스팅하우스 전력회사(SWPC) 고체 산화물 연료전지(SOFC) (표 8.3 참조)와 MTU에 의해서 공급되는 용융 탄산염 연료전지(MCFC)(8.2.3.2절과 비교)의 또 다른 2기의 연료전지 설비가 설치되었다.

그림 8.13 웨스트보트(네덜란드)에 설치된 EDB/ELSAM사의 100 [kW] 고체 산화물 연료전지 플랜트. 13,000시간 이상 운전한 후에 이 플랜트는 에센(독일)소재의 메테오라이트 에너지공원으로 이전하였다.

그림 8.14 남부 캘리포니아 에디슨에 설치된 220 [kW] 시스템을 위한 가압된 하이브리드(마이크로가스터빈)기술[36]

36) Photograph courtesy of Siemens-Westinghouse.

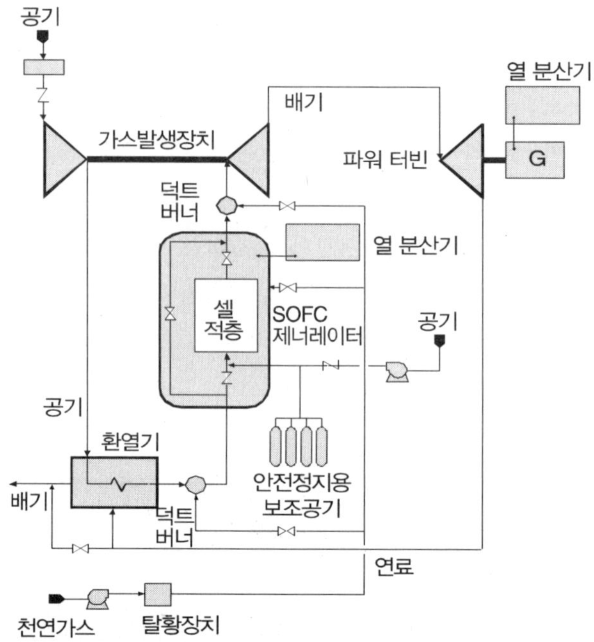

그림 8.15 가압형 병합 사이클 고체 산화물 연료전지(SOFC) 플랜트의 개략도[37)]

이와 병행해서, 씨멘스-웨스팅하우스 전력회사(SWPC)는 남부 캘리포니아 에디슨에 설치하기 위한 220 [kW] 시스템에서 가압된 하이브리드(마이크로 가스터빈) 기술을 평가하고 있다. 그림 8.14에서는 이 플랜트를 보여주고 있다. 그림 8.15는 하이브리드 공정에 대한 공정도의 간략화 된 형태이다.

씨멘스-웨스팅하우스 전력회사(SWPC)는 최초의 1 [MW]급 가압 하이브리드 시스템을 유럽 시장을 위한 상용화 전단계의 플랜트 전시용으로 공급하기 위해서 4개의 유럽의 주요 전력회사와 협약을 체결하였다(표 8.3). 이 프로젝트는 유럽의회의 프레임워크 파이브 프로그램과 미국 에너지성(DOE)으로부터 자금을 지원받았다.[38)] 독일 슈투트가르트에 본부를 두고 있는 EnBW가 마르바흐 지역에서 주 유틸리티공급회사의 역할과 정책적 시범 프로젝트의 프로그램 매니저 역할을 수행하며, 파리에 소재하고 있는 프랑스 국립 유틸리티 공급회사인 프랑스 전기社[39)]와 프랑스 가스社[40)]는 오스트리아 인스부르크 소재의 주요 전력공급회사인 티롤러 수력발전소(TIWAG)[41)]와 함께 마이크로터빈을 공급 및 설치와 플랜트의 조절 등에 참여하기로 협약하였다.[42)]

---

37) Drawing courtesy of Siemens-Westinghouse

38) 후속 프로그램인 FP6를 통해서 PEMFC에 4[M€], DMFC에 2.1[M€], 그리고 SOFC에 9[M€]의 자금이 투입되었다.

39) Electricité de France

40) Gaz de France

41) Tiroler Wasserkraftwerke AG

42) 이 하이브리드 시스템은 60%에 근접하는 효율을 구현할 것으로 기대되었다. 하지만 이 1[MW]급 발전설비에 알맞은 마이크로 터빈 제너레이터를 확보하지 못하여 플랜트 건설이 결국 취소되고 말았다.

표 8.3 웨스팅하우스와 씨멘스-웨스팅하우스의 필드유닛

연도	사용자	적층정격 [kWe]	전지유형	전지길이 [mm]	전지개수	작동 [hr]	연료	[MWh]
1986	TVA	0.4	TK-PST	300	24	1,760	H_2+CO	0.5
1987	오사카가스	3	TK-PST	360	144	3,012	H_2+CO	6
1987	오사카가스	3	TK-PST	360	144	3,683	H_2+CO	7
1987	도쿄가스	3	TK-PST	360	144	4,882	H_2+CO	10
1992	JGU-1	20	TN-PST	500	576	817	PNG	11
1992	UTILITIES-A	20	TN-PST	500	576	2,601	PNG	36
1992	UTILITIES-B1	20	TN-PST	500	576	1,579	PNG	108
1993	UTILITIES-B2	20	TN-PST	500	576	7,064	PNG	108
1994	SCE-1	20	TN-PST	500	576	6,015	PNG	99
1995	SCE-2	27	AES	500	576	5,582	PNG/ DF-2/JP-8	118
1995	JGU-2	25	AES	500	576	13,194	PNG	282
1998	SCE-2/NFCRC	27	AES	500	576	$3,394^{+}$	PNG	73^{+}
1997	EDB/ELSAM	100	AES	1,500	1,152	$4,035^{+}$	PNG	471^{+}
1999	EDB/ELSAM	100	AES	1,500	1,152	12,653	PNG	1474
2001	RWE					$1,340^{+}$		147^{+}
2000	SCE	220	AES	1,500	1,152	778	PNG	131

주:이 데이터들은 2001년 8월 기준임. AES:공기전극지지기술. PST:다공질 지지튜브기술. EDB/ELSAM 공장(그림 8.13)은 최근에 네덜란드에서 메테오라이트 에너지공원(독일 에센)으로 이전하여 RWE에 의해서 운영되고 있다.

출처:Courtesy of Siemens-Westinghouse Power Corporation

2002년에, 씨멘스-웨스팅하우스社는 또 다른 상용화 전단계의 300 [kW]급 고체 산화물 연료전지(SOFC) 발전 시스템을 메테오라이트 에너지공원에 설치(낡은 100 [kW] 플랜트를 교체, 그림 8.13)하기 위해서 RWE Power AG에 공급되었다.43) 두 번째 시스템은 몬테디손 그룹44) 내의 에너지 분과 선도기업인, 이탈리아 밀라노에 소재한 에디슨 온천에 설치되었다. (표 8.4 참조)

표 8.4 씨멘스-웨스팅하우스社의 고체 산화물 연료전지(SOFC) 필드시험계획45)

연도	사용자	플랜트유형	적층정격([kWel])	전지개수
2001	OPT	CHP 250	250	2304
2002	RWE	PH 300	230	1728
2002	에디슨	PH 300	230	1728
2003	EnBW	PH 1000	800	5760
2003	SW 하노버	CHP 250	250	2304
2003	쉘	CHP 250ZE	250	2304

주: PH:가압 하이브리드, CHP:열병합발전, ZE:CO_2 제거를 통한 무공해 플랜트

출처: Courtesy of Siemens-Westinghouse Power Corporation(Fall, 2001)

43) 이 시스템은 60% 이상의 효율로 작동하였다. 하지만 그 이외에는 알려진 것이 거의 없다.

44) Montedison S.P.A. 화학 및 전력생산을 주로 했던 이탈리아 기업. 2002년 법인해산과정을 거친 뒤 에디슨(Edison)으로 이름을 바꾸었다.

45) 이 책이 저술된 2002년 전후의 계획들이다.

미국 에너지성(DOE)과 씨멘스-웨스팅하우스 전력회사(SWPC), 및 노르셰 쉘 등이 부분적으로 출자하여, 노르웨이에 소재한 250 [kW] 고체 산화물 연료전지(SOFC) 발전설비에서 생성된 이산화탄소를 분리나 산업적 사용을 위해서 포집 및 농축할 수 있도록, 재구성하였다. (윌리엄스, 2001; 르케, 2001).[46)]

씨멘스-웨스팅하우스 전력회사(SWPC)는 2004년까지 250~1000 [kW] 범위의 고체 산화물 연료전지(SOFC) 시스템을 최초로 납품하여, 이를 상용화할 계획을 갖고 있었다. 여기에는 250 [kW]급의 간단한 병합발전 시스템과 고체 산화물 연료전지(SOFC)와 마이크로터빈을 사용한 300 및 1000 [kW]급의 하이브리드 시스템이 포함된다. 300 [kW]급 고체 산화물 연료전지(SOFC) 하이브리드 시스템은 60%에 육박하는 전기효율(마이크로터빈으로부터 50 [kW] 출력)을 내기 때문에 유틸리티 계통선에 전력을 공급하기 위한 일반적인 용도로 사용할 수 있다. 표 8.4에서는 2000년대 초반에 활발하게 진행되었던 시범기술들에 대해서 개괄적인 내용을 싣고 있다.

8.3 가정용 난방과 발전

현재 활발하게 움직이는 대부분의 연료전지 개발업체들은 1~20 [kW_{el}] 수준의 가정용 및 상업용 소형전력시장에 초점을 맞추고 있다. 여기에는 전통적인 연료전지 선도기업들과 대학 실험실이나 여타의 기술적 기반에서 출발한 신생기업 등이 포함되어 있다. 이러한 업체들 중 다수는 유틸리티 업체들로부터 상당한 재정지원을 받고 있다(아래 참조).

이 시장의 매력중 하나는 대략적으로 $1,000/ [kW]라는 비용목표가 $50/ [kW]라는 승용차에서의 비용목표보다 손쉽게 달성할 수 있다는 점이다. 과거에는, 잠재시장이 발라드, 제너럴 모터스 및 여타 메이저 회사들에게는 너무 작은 것으로 평가되었기 때문에, 선도적인 자동차 개발자들이 이 시장에 대해서 확신을 갖지 못했었다.

가정용 시스템의 개발목표는 계통선과 무관한 발전에서부터, 마이크로 규모의 열병합발전과, 전력생산 및 냉각 목적의 흡열 칠러의 조합 등으로 매우 다양하다.

이 용도로는 단지 두 가지 연료전지들만이 고려되고 있다: 대다수의 개발자들이 추구하고 있는 양성자교환 맴브레인 연료전지(PEMFC)와 (평면형)고체 산화물 연료전지(SOFC)이다.

8.3.1 가정용 난방과 발전용 인산 연료전지(PAFC)

최초의 가정용 열병합 시스템은 UTC의 인산기술을 기반으로 하였다. 1967년 이래로 12.5 [kW] PC-11 유닛이 개발되었으며, 1975년 미국과 캐나다 및 일본에서 수행되었던 타겟 프로

46) 이 프로젝트는 ONS 2002 Innovation Award를 수상하였다. 이를 기반으로 2010년까지 수[MW]급 유닛을 설치하기 위해서 125[M$]의 투자를 유치한다는 발표가 있었다.

그램을 통해서 60유닛이 필드에서 시험되었다(2.8절 참조). 그림 2.14에서는 해당유닛을 보여주고 있으며, 이 유닛은 실제 개질장치 및 연료전지 모듈과, 이와 거의 동일한 크기의 동력 인버터로 구성되어 있다. 이와 같은 초창기의 놀라운 성과에도 불구하고, 현재의 인산 연료전지(PAFC) 시스템은 더 이상 가정용으로 고려되지 않고 있다. 그 이유로는 단속적인 작동에 따른 문제와 양성자교환 맴브레인 연료전지(PEMFC)에서 예상되는 가격 경쟁력 등에 기인한다. 그럼에도 불구하고, PC-11이 여타의 모든 연료전지 시스템들 중에서 PC25C에 버금가는 성능을 갖고 있다는 점은, UTC의 입지가 연료전지 시장에서 가장 경험이 많은 업체로서, 연료처리과 시스템 공학적 측면에서 뛰어난 기록을 갖고 있다는 것을 명확하게 보여주고 있다.

8.3.2 가정용 난방과 발전용 양성자교환 맴브레인 연료전지(PEMFC)

8.3.2.1 UTC 퓨얼셀社

우주선용 AFC 기술과 발전설비용 인산 연료전지(PAFC) 기술의 선도업체인 UTC(코네티컷주 남 윈저)는 가정용 및 차량용 양성자교환 맴브레인 연료전지(PEMFC) 기술의 중요성에 대해서 인식하게 되었다. 세계 최초의 주거용 전력공급 시스템인 PC-11(8.3.1절 참조)을 포함한, 인산 연료전지(PAFC) 시스템의 개발 및 제조에 대한 회사의 배경 때문에, UTC는 월등한 출발위치를 차지하고 있다. 더욱이, UTC는 과거 50여년 동안, 스팀개질, 자열개질 및 부분산화개질 등 광범위한 연료처리기술을 개발해왔다. UTC의 가정용 연료전지 프로그램은 UTC의 300시리즈 차량용 적층의 소형 버전인, 그림 8.16에서 도시된 적층을 기반으로 하고 있다(10장 참조). 일본시장을 겨냥해서, UTC는 도시바와 함께 일하고 있으며, 2000년에는, 조인트 벤처인 도시바 국제퓨얼셀社의 설립을 발표하였다.[47]

그림 8.16 그림에 도시된 연료전지 적층은 UTC에서 개발된 가정용 연료전지의 심장부이다.[48]

47) 이들은 2004년 11월 결별하였다.

48) Photograph courtesy of UTC Fuel Cell

유럽 시장을 위한 연료전지를 개발하기 위해서, UTC는 부데루스 하이즈테크닉社[49](독일)과 팀을 구성했다. 유럽형 연료전지 시스템은 추가적인 8~9 [kW]의 열동력과 함께, 3~5 [kW] 범위의 전력을 생산한다. 동절기 다량의 난방에 대한 필요성을 고려하여, 시스템에는 또한, 최대수요를 위해서 소형 보일러가 포함된다(부데루스社, 2001).

8.3.2.2 플러그파워/GE 파워시스템/GE 마이크로젠/GE 연료전지 시스템/베일런트

아마도 가장 진보되었고 가장 공격적인 것이 확실한 가정용 프로그램은 1990년 후반기에 플러그파워 LLC(뉴욕주 래섬소재)에 의해서 시작되었다. 디트로이트 에디슨(미시간 최대의 에너지 공급회사)의 모회사이며, 다각적 에너지 서비스 업체인 DTE 에너지社와 초창기 연료전지 개발업체인 메커니컬 테크놀로지社가 연합하여 1997년에 **플러그파워社**[50]를 설립하였다. 1998년에, GE 파워 시스템社는, GE 마이크로젠의 자회사와 플러그파워社가 1999년부터 세계시장 마케팅을 위해서, 플러그파워社의 가정용 시스템 부문을 매입하여 조인트 벤처인 GE 연료전지 시스템社를 설립한다고 발표하였다. 상용화를 위한 최초의 파트너는 NJR 에너지 홀딩스(Wall, NJ)와 플린트 에너지(조지아주 워너로빈스)가 될 예정이었다(하이웹, 1999a). 상용 성전망과는 독자적인(천연가스와 LPG로 작동하는) 홈젠 7000 및 가정용 열병합 발전(CHP) 시스템이 각각 2001년과 2002년에 발표되었다. 이 시스템에 대한 투자비용은 초기에 $8,500에서 2003년에는 $4,000까지 떨어지게 되었다.

플러그파워社는 2001년 말 까지 125~150세트의 5 [kW] 시스템을 시장에 공급하며, 2002년에는 300~600 유닛을 공급할 계획이다(하이웹, 2001b). 이 시스템의 주 사용자는 롱 아일랜드 전력공사(10월 31일까지 51시스템 납품)와 GE 전기 및 DTE 에너지사의 자회사(미시간, 일리노이, 오하이오 및 인디아나 주의 독점 판매권자) 등이다. 뉴욕주의 연구개발국에도 2001년 10월 31일까지 44 유닛이 공급되었다. 2001년 동안, 플러그파워社는 이 제품에 대한 CSA 인증을 획득하였다.[51]

미국 밖에서 플러그파워, GE 연료전지 시스템社, 및 난방시스템 개발자를 독자적으로 보유하고 있는 베일런트社(독일 렘샤이트)는 유럽시장의 가정용 열병합 발전(CHP) 시스템을 목표로 삼고 있다. 이 시스템에는 최대수요 발생에 대응하기 위한 응축 천연가스 보일러를 갖추고 있다(하이웹, 1999b). 공정도는 그림 8.17에 도시되어 있다. 판매는 2003년 초반으로 계획되어 있으며, 2010년의 연간 판매목표는 100,000 유닛이다.[52]

---

49) Buderus Heiztechnik GmbH

50) www.plugpower.com

51) 플러그파워社의 5 [kW]급 CHP 시스템에 대한 검증 프로젝트는 2009년에 시작되어 2013년에 종료되었다. 이 프로젝트를 통하여 30,000시간 이상의 작동과 53 [MWe]의 전기생산 600 [MWh] 이상의 열을 생산하였다. 효율은 평균 89%, 최대 94%에 달하였다. 하지만 상용화의 지연으로 인하여 애초 계획만큼의 매출을 올리지는 못하는 것으로 추정된다.

52) 베일런트사의 ecoPOWER CHP 모듈은 1 [kW]~20 [kW]의 전기출력을 송출할 수 있다.이 모듈은 2011년 독일의 Most Sustainable Module Award를 수상하였다. 2011년까지 약 1,000 유닛이 판매되어 작동중에 있다.

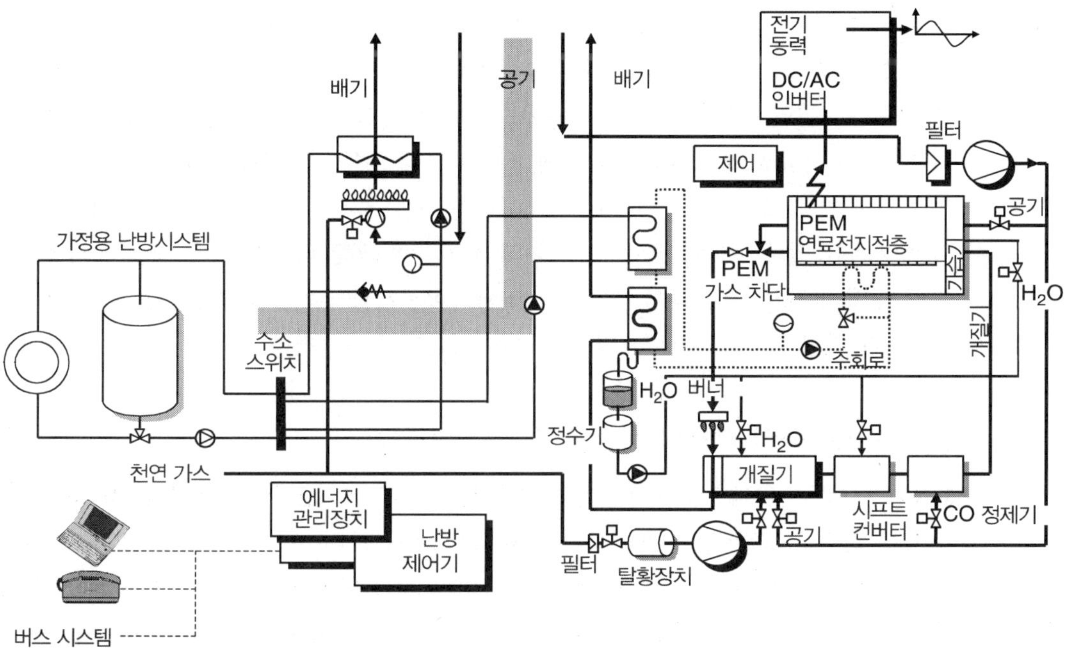

그림 8.17 최대수요 지원을 위한 가정용 가스보일러 일산화탄소(CO)-발생 시스템의 공정도[53)]

현재의 플러그파워 7000 시스템은 플러그파워社의 적층기술과 가스텍社(2000년 2월에 플러그파워社가 합병; 현재 플러그파워 네덜란드)에서 개발된 가스 개질기술에 기반을 두고 있는 것으로 믿어지고 있다. 1997년도의 초기 개질기 시험에는 존슨매티社의 핫스팟이 포함되었으며, 이를 통해서 이 회사는, 1999년에 이탈가스 상을 수상하였다.

1997년에, 플러그파워社는 또한, 가솔린 동력 개질기를 사용한 발전장치를 시연하였다. 2000년에, 플러그파워社는 세 건의 중요한 협정을 맺었는데, 어드밴스 에너지 시스템社와 인버터 기술을, 셀렌스社(예전의 훼히스트/어벤티스/악시바)(4장 참조)와 고온 맴브레인 전극 유닛을, 그리고 엥겔하드 주식회사와는 플러그파워社의 연료처리장치의 전체적인 성능과 효율을 높이기 위한 진보된 촉매의 공급에 대한 협정을 맺었다. 상용화 프로그램들의 일정 중 일부를 변경했음에도 불구하고, 플러그파워 그룹은 특히 미국내에서 가장 촉망받는 개발업체이다.

8.3.2.3 발라드 발전 시스템(BGS)

2001년 1월, **발라드 발전 시스템**(BGS)은 일본시장을 겨냥한 1 [kW]급 가정용 열병합 발전(CHP) 시스템과 도쿄가스의 천연가스 개질기술을 융합하는 3년간의 공동개발 협정을 맺었다(발라드, 2001b).[54)]

53) Courtesy of Joh. Vaillant GmbH

54) 에바라와 발라드는 2005년 5월에 1 [kW] CHP 상용화를 위한 30 [M$] 규모의 투자협정을 맺었다. 일본 정부에서는 대당 170,000[¥]의 보조금을 지급하였으며, 2004년 9,500대, 2005년 13,400대를 각각 판매하였다.

더 큰 출력에 대해서, 발라드 발전 시스템社는 10 [kW]급 천연가스 연료를 사용하는 연료전지 발전설비 시제품을 제작하여 내부시험을 시작하였다. 10 [kW] 유닛은 경공업 분야의 백업용으로, 그리고 통신시설 및 여타 고부가가치 산업분야의 비상용 설비로 설계되었으며, 발라드社는 이 규모의 비상용 연료전지 동력 제품에 대한 잠재시장이 매우 큰 것으로 예측하고 있다(발라드, 2001c). 불행히도, 전체 시스템의 설계와 사용된 개질기의 유형에 대해서는 알려진 바가 없다. BGS는 이러한 유형의 적용처에 대해 비교적 늦게 깊은 관심을 보이긴 했지만, 양성자교환 맴브레인 연료전지(PEMFC)와 개질기 기술을 기반으로 하고 있기에, 발라드社가 가장 영향력 있는 개발업체들 중 하나임이 분명하다.

8.3.2.4 텔레다인 에너지 시스템/에너지 파트너스

텔레다인 테크놀로지(로스앤젤레스)의 자회사들 중 하나인 **텔레다인 에너지 시스템**(메릴랜드주 헌트밸리)은 2001년 7월에 에너지 파트너스社(플로리다)와 합병되었다(하이웹 2001b). 에너지 파트너스社는 1990년 이래로 최대 10[kW_{el}] 규모의 시제 시스템을 사용하여 연료전지 기술을 개발해 왔다. 에너지 파트너스社가 보유한 기술들에는 주조된 흑연 복합판재를 사용한 적층기술 뿐만 아니라 자려 가습방식의 연료전지도 포함된다.

2001년 9월, 텔레다인 테크놀로지社는 텔레다인 에너지 시스템社가, 독자적인 작동을 위해서 필요한 연료처리, 연료전지 및 제어 시스템 등을 포함하며, 천연가스 연료를 사용하는 3 [kW]급 연료전지 전력공급 시스템 시제품의 작동시험을 완료했다고 발표하였다.

상용 제품의 궁극적인 시장으로서, 텔레다인社는 통신, 프리미엄 주택, 및 원격 프리미엄 전원 등을 위한 무정전 및 보조전력 발전능력을 겨냥하였다.

과거에, 에너지 파트너스社는 폐기물을 배출하지 않는 개념의 전기차량인 무공해 운반체 개발과 연료전지 동력을 사용하는 차량인 게이터를 1996년에 완성하였다. 게이터는 수소/공기를 사용하는 10 [kW] 연료전지로부터 동력을 공급받으며 에너지 파트너스社 및 디어앤드컴퍼니社가 협력하여 시험용 플랫폼으로 개발하였다.[55)]

8.3.2.5 H-파워[56)]

뉴저지주 벨빌에 본사를 둔 **H-파워社**는 휴대용, 차량용 및 가정용 연료전지를 위한 양성자교환 맴브레인 연료전지(PEMFC) 기술에 초점을 맞춰 1989년에 설립되었다. 2001년에, H-파워社는 캘리포니아 내의 가정용 연료전지 시장에 대해서 에너지 코오퍼튜니티(ECO)社와 협업중에 있다고 발표하였다. 알테어 에너지社는 남부 캘리포니아 시장에 비 독점적 판매권을 가지고 있다(H-파워, 2001). H-파워社는 노스캐롤라이나 주 먼로 및 몬트리얼에 추가적인 생산시설 및 여타 설비를 보유하고 있다.

---

55) 팜스프링스 공항, 요크 기술대학, 사우스캐롤라이나 대학 등에서 게이터 시험용 차량이 운행되었다. 이 차량들의 성능은 가솔린엔진 차량보다 높은 것으로 판명되었다.

56) 2003년 3월 플러그파워社에 인수되었다.

8.3.2.6 누베라 연료전지/에픽스/드노라/E-텍/RWE 플러스

누베라社(메사추세츠주 빌레리카, 이탈리아 밀라노)는 연료처리기술로 특화되어 있는 아서 D. 리틀의 자회사인 에픽스와 드노라(밀라노, 이탈리아)의 자회사인 드노라 연료전지社로부터 2000년에 설립되었다. 이에 앞서서, 드노라는 촉매와 전극 등과 같은 양성자 교환 맴브레인 연료전지 요소들을 소량으로 공급하는 ETek을 합병하였다.

누베라는, 북미지역 가정용 규모의 시장을 목표로 하는, 연료전지 동력 시스템의 동력조절을 위해서 SET社[57]와 협력하고 있다. 유럽에서, 누베라는 또한, 천연가스나 프로판을 연료로 사용하는 최대 50 [kW] 규모의 분산형 연료전지 시스템을 개발하기 위해서, 설비업체인 RWE 플러스 AG(에센, 독일)와 조인트벤처를 설립하였다. 이 협업은 현재 계획이 취소되어 버린, 베일런트/플러그파워의 필드시험을 수행하기 위한 RWE 계획에 뒤이어서 2001년 5월에 발표되었다. 누베라의 가정용 기술은 에픽스의 개질기와 드노라의 연료전지를 기반으로 하고 있다.(누베라, 2001). 누베라는 텍사스주 샌안토니오소재의 H-E-B에 14세트의 연료전지와 수소 충전 스테이션을 판매하였으며, 펜실베니아주 뉴컴벌랜드 소재의 서스퀘헤나 병참기지에 20세트의 연료전지/배터리 세트를 납품하였다.[58]

8.3.2.7 아이디어텍/ 노스웨스트 파워 시스템

아이디어텍 퓨얼셀社(예전의 노스웨스트 파워 시스템社) 지분의 대부분은 인베스텍社가 소유하고 있다.[59] 아이디어텍사는 10 [kW] 미만의 전력, 특히 3 [kW]급의 메탄올 연료를 사용하는 가정용 연료전지 시스템에 초점을 맞추고 있다(그림 8.18[60] 참조). 메탄올과 더불어서, 독특한 아이디어텍의 연료 처리장치는 에탄올, 메탄, 프로판, 케로신, 디젤, 및 바이오디젤 등과 같이 광범위한 연료를 사용하여 작동할 수 있음이 규명되었다. 연료 처리장치는－스팀 개질, 열 발생 및 수소 정제－의 세 가지 기능을 하나의 장치 속에 결합시켜서 콤팩트한 장치로 만들어준다.

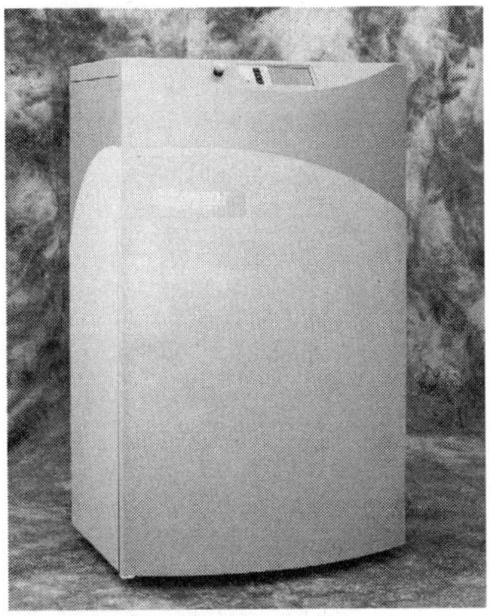

그림 8.18 메탄올을 연료로 사용하는 5 [kW]급 가정용 동력 시스템인 아이디어텍 FCS 5000™

알코올용 제품은 미리 알코올과 물을 섞은 연료를 사용하기 위한 전용제품인 반면에, 탄화수소용 제품은 물과 탄화수소 연료를 공급하기 위한 두 개의 공급장치를 갖추고 있다. 정제공정은 압력편차에 의해서 작동하기 때문에, 스팀 개질반응은 전형적으로 354~1,824 [kPa]의 가압된 상태에서 수행된다. 액체연료를 연료처리장

57) Sustainable Energy Technologies, Ltd.

58) 2010년 기준으로 고용인원은 110명, 생산능력은 연간 약 3,000대 규모이다.

59) 영국소재의 은행인 인베스텍社가 2007년에 아이디어텍 사의 지분 중 70%를 인수하였다.

60) Courtesy of IdaTech, LLC

치 속으로 펌핑하기 위해서 50 [W] 미만의 용량을 갖는 전기식 펌프가 필요하다. (천연가스나 프로판 등의)가스 연료를 사용하기 위해서는 약 250 [W]의 전력이 필요하다. 전용 블로어를 사용해서 연소공기를 공급한다면, 추가적으로 20 [W] 미만의 전력이 필요하다.

스팀 개질공정 다음에, 개질연료는 팔라듐 맴브레인 정제챔버 속으로 유입된다. 수소는 메탄화 촉매베드를 사용해서 더 정제된 다음에 연료전지로 공급된다(5장 참조). 일산화탄소(CO)와 이산화탄소를 함유한 변질된 분자들은 연소챔버로 다시 보내서 스팀 개질공정의 연료로 사용한다.

모든 연료들에 대한 시험을 통해서 아이디어텍은 1 [ppm] 이하의 일산화탄소(CO)와 5 [ppm] 이하의 이산화탄소를 함유하며 모든 잔여 불순물들이 완벽하게 제거된 수소를 생산한다고 발표하였다(표 8.5 참조). 또한, 수소 조성이 개질기의 부하변동에 의해서 변하지 않는다.

1999년에 아이디어텍은 메탄올 생산 및 판매분야에서 세계 1위 기업인 메타넥스, 노르웨이의 국립 오일 및 가스회사이면서 유럽 내에서 메탄올 생산 1위 기업인 스타토일 등과 합작으로 최초의 필드 시제품 시리즈를 출시하였다. 이 프로젝트를 통해서 다수의 가정에 전력계통과는 독립적인 아이디어텍의 가정용 전력유닛이 공급되었다. 이러한 시험에 뒤이어서, 보네빌 전력당국(오리건주 포틀랜드)은 추가적인 필드시험을 위해서 110개의 시스템을 주문하였다(DWV,1999).[61]

표 8.5 메탄올과 메탄을 사용해서 작동하는 아이디어텍 연료처리기에서 생산된 수소의 조성분석결과

사용연료	CO [ppm]	CO_2 [ppm]	CH_4[ppm]	H_2 [%/rate]
메탄올	0	0.66	459	99.95/29-31[SLM][a]
메탄	0	0.8	279	99.97/40[SLM]

a SLM : Standard liters per minute
주의 : 수소 이외의 모든 가스를 감지할 수 있는 최소한계는 1[ppm]; 차이를 이용하여 H_2값을 구한다

8.3.2.8 제너럴 모터스

2001년 9월, **제너럴 모터스**는 차량용 기술을 적용한 가정용 5.3 [kW] 전력공급 시스템을 갑자기 발표하였다. 이 시스템은 그림 8.19[62])에 도시되어 있다. 제너럴 모터스는 천연가스보다 개질된 액상 탄화수소에 대해서 더 많은 경험을 갖고 있다는 점이 명확하다. 이를 통해서 오일만을 연료로 사용해야 하는 가정용품 시장중 일부를 장악할 기회를 잡을지도 모른다. 제너럴 모터스가 직접 자신들의 시스템을 판매할 것으로는 보이지 않지만, 유틸리티나 난방 시스템 개발업자들과의 연합에 대한 소식은 (2002년 1월 까지는)들려오지 않고 있다(제너럴 모터스, 2001).

61) 아이디어텍사는 수소를 연료로 사용하는 2.5/5 [kW] 모델인 ElectraGenTMH2-I와 메탄올을 연료로 사용하는 2.5/5 [kW] 모델인 ElectraGenTMH2-ME를 판매중에 있으며 2010년까지 전 세계에 약 800유닛 이상을 판매하였다.(www.hydrogen.energy.gov)

62) photograph courtesy of General Motors

그림 8.19 제너럴 모터스의 5.3 [kW] 가정용 전력공급 시스템

8.3.2.9 여타의 가정용 양성자교환 맴브레인 연료전지(PEMFC) 시스템 개발업체들

비록 선도 개발업체들에 대해서는 대부분 언급한 것 같지만, 개발업체의 숫자는, 특히, 양성자교환 맴브레인 연료전지(PEMFC)의 경우 매우 많다. 여기에는 DAIS-애널리틱(DIAS와 보스턴 소재의 애널리틱 파워社가 합병하여 설립된 회사; 이전에 함부르크 소재의 HGC를 통해서 유럽과 협력)와 아비스타 래버러토리(워싱턴주 스포캔)가 포함된다.

DIAS는 탄화수소를 기반으로 하는 저가형 맴브레인 소재(수명에 한계)을 독점판매하면서 유명해졌다. 아비스타는 작동상태에서도 모듈의 교체가 가능한(핫스와프), 독특한, 전력밀도가 낮은 모듈형 연료전지 플랜트를 개발하고 있다. 저전력 밀도의 개념과 관련해서 개질기 기술이나 가격 등에 대해서 알려진 바가 아무것도 없다.

8.3.3 가정용 난방과 발전용 고체산화물 연료전지

고체 산화물 연료전지(SOFC)와 양성자교환 맴브레인 연료전지(PEMFC)를 기반으로 하는 시스템들이 가정용 열병합 발전(CHP) 시장에서 경합중에 있으며, 이들 중 어떤 시스템이 최종 사용자에게 더 많은 이득을 가져다주며, 어느 것이 더 가격경쟁력이 있는 자동화 된 공정으로 생산할 수 있는가에 대해서는 현재까지 명확하지 않다.

그림 8.20 줄처헥시스社의 1 [kW] 전력을 열병합 생산하는 가정용 고온 고체산화물 연료전지(SOFC) 프로토타입

8.3.3.1 줄처헥시스

줄처헥시스社(빈터투어, 스위스)는 평면형 고체 산화물 연료전지(SOFC) 기술을 기반으로 해서 가정용 연료전지를 생산하는 선도 개발업체들 중 하나이다

(8.1.3절과 비교). 주로 독일의 유틸리티 업체들과 공동 작업을 통하여 이 회사는 천연가스[63]로 작동하며 1 [kW]의 전력을 생산(약 30%의 전기효율)하는 그들의 시스템에 대한 일련의 필드시험을 성공적으로 수행하였다. 그림 8.20[64]에 이 시스템이 도시되어 있다.[65]

줄처헥시스사는 연료전지 양극에서의 주기적인 산화/환원현상, 연료처리 대안(순수한 물을 공급해야만 하는 스팀 개질의 대안으로서의 촉매 부분산화), 그리고 일반 수요자들의 요구조건 등과 같은 소중한 정보들을 이 필드시험을 통해서 얻게 되었다(바타위 등, 2001).

그러는 동안, 줄처헥시스사는 생산공정의 자동화 비율을 꾸준히 높이면서 2004년에 시장에 진입하기 위하여 상용화 제품개발에 착수하였다. 자동화 공정에는 통합적으로 질량이 관리되는 스크린 프린팅 스텝이 포함되어 있으며, 장래에는, 적외선을 사용한 적층품질관리도 포함될 예정이다(바타위 등, 2001).

8.3.3.2 글로벌 써모일렉트릭[66]

글로벌 써모일렉트릭社(캘거리, 알버타, 캐나다)는 1997년에 연료전지 사업부를 출범하였다. 고체 산화물 연료전지(SOFC) 프로그램은 율리히 연구소로부터 획득한 평면형 고체 산화물 연료전지(SOFC) 기술의 개발 및 상용화를 기반으로 하고 있다(8.1.3절 참조).

2000년 7월에, 글로벌 써모일렉트릭社는 캐나다의 최대 천연가스 공급업체인 엔브리지社(토론토)와 정책적 제휴를 맺었으며, 2001년 5월에는 가정용 에너지를 생산하는 프로토타입 시스템을 엔브리지社에 공급하였다. 이 프로토타입은 천연가스를 연료로 사용하며, 2.3 [kW]의 전력을 생산할 수 있다. 이후 몇 년간 글로벌 써모일렉트릭社는 새로운 스택들을 개발하였으며 2003년에는 천연가스로 작동하는 2 [kW] 프로토타입에 대한 2,900시간 시험을 통하여 23%의 효율을 구현하였다. 미국의 프로판 시장을 겨냥하여, 글로벌 써모일렉트릭社는 프로판을 연료로 사용하는 원격 유닛의 개발과 상용화를 위한 서버번 프로판社(뉴저지주 윕패니)와의 정책적 제휴를 발표하였고(하이웹, 2001c), 비상용 전력공급장치와 소형 상용제품 등에 대한 필드시험 등을 수행하였다.(하이웹, 2001d).

8.3.3.3 퓨얼셀 테크놀로지

킹스턴(온타리오, 캐나다)에 소재한 **퓨얼셀 테크놀로지社**는 5~15 [kW]급의 가정용 전력공급 시스템을 개발하고 있다. 이 회사는 카이네트릭스社(전력의 취급과 통합) 및 씨멘스-웨스팅하우스(튜브형 적층 공급)와 공동 작업을 통하여 2002년 중반까지 시연용 유닛을 개발하려

63) 디젤, 난방유, 또는 목탄가스 등과 같은 대체연료들에 대해서도 시험을 수행하였다.

64) Photograph courtesy of Sulzer Hexis

65) 줄처헥시스는 2001년 1 [kW] 출력의 HXS-1000 모델을 유럽 전역에 약 1,000대 설치하였다. 2005년에는 이전 모델보다 가볍고 작은 차세대 CHP 시스템인 갈릴레오 1000N을 출시하였으며 2016년 현재 갈릴레오 모델은 3 [kW]급까지 출시되었다.

66) 2004년 6월에 Fuel Cell Energy社는 SOFC 기술을 제외하고 글로벌 써모일렉트릭社를 Rockwood Equity Partners社에 매각하였다. 2015년 북미지역 Bridgeport에는 Fuel Cell Energy사의 DFC3000TM모듈 5기를 연결한 14.9[MW] 파워플랜트가 운전을 시작하였다. 이 설비는 15,000가구에 전력을 공급할 수 있다.

하였다(퓨얼셀 테크놀로지, 2002). 퓨얼셀 테크놀로지사는 자신들의 가정용 열병합 발전(CHP) 시스템에 씨멘스-웨스팅하우스 전력회사(SWPC)의 튜브형 연료전지 기술을 적용하려 한다는 점은 명확하다. 원래의 1,500 [mm] 튜브가 사용된다면, 5 [kW] 유닛에는 대략적으로 50개의 튜브가 사용된다. 비용을 논외로 치더라도(8.1.3절에서의 논의 참조), 50개의 셀들이 낼 수 있는 전압이 낮기 때문에, 전압조절장치가 복잡해진다. 그런데 퓨얼셀 테크놀로지사와 인덱社의 공동연구(퓨얼셀 테크놀로지, 2002)에 따르면 결국에 가서는 튜브 기술이 평면형 기술을 능가할 수 있을 것으로 기대된다.

8.3.3.4 여타의 개발업체들

여타의 고체 산화물 연료전지(SOFC) 개발업체들에는 8.3.1절에서 언급했던 평면형 연료전지 개발업체들이 포함된다. 이들 회사나 연구소 대부분은 여전히 연구 및 개발단계이거나 차량의 보조전력 유닛(APU)과 같은 여타의 용도에 초점을 맞추고 있다. 이들에 대해서는 9.2.3절에서 논의할 예정이다.

8.4 전망

이 장에서의 논의사항들에 기초하여, 주제별로 다음과 같은 결론을 얻을 수 있다.

- 연료전지 기술을 사용한 많은 중앙발전 시설들은 (특히 석탄가스를 사용하여 작동하면서) 충분히 높은 전기효율을 구현할 수 있는 경우에만 타당성이 있다. 현재, 가스 터빈을 사용하는 병합 사이클 공정에서 고체 산화물 연료전지(SOFC) 기술만이 실현 가능성을 갖고 있지만, 비용절감의 측면에서는 아직 갈 길이 멀다.
- 100~100 [kW] 용량의 분산발전(보통 열병합 발전(CHP)) 시장에서는 수많은 개발업체들이 경합을 벌이고 있다. 이미 규명된 모터-열병합 발전(CHP) 기술에 비하여 소요되는 비용(30~38%의 전기효율과 [kW] 당 $1,000), 전기효율 및 수명의 세 가지 인자들이 성패를 결정짓는다. 고체 산화물 연료전지(SOFC) 계열과 인산 연료전지(PAFC) 계열들만이 발전설비로 사용하기에 충분한 수명을 가지고 있음이 규명되었다. 효율의 관점에서는 고온 연료전지 기술, 즉, 용융 탄산염 연료전지(MCFC)와 고체 산화물 연료전지(SOFC) 만이 고려할 가치가 있다. 그리고 비용의 측면에서 연료전지가 근미래에 경쟁력을 갖추기 위해서는, 독일에서 재생동력에 지급되는 자금과 같은 특별 보조금이 있어야만 한다.
- 가정용 난방과 발전 및 (격리지역에서의) 송전망과 독립적인 작동 등이 현재 설비형 연료전지 기술을 적용할 수 있는 가장 가망성 있는 적용분야이다. 이들 분야에서는, 시스템이 여타의 고가 난방 시스템을 대체하며, 추가적인 이득을 제공해 주거나, 송전망 연결의 경제적인 타당성이 없기 때문에 비용이 아주 중요하지는 않다. (열병합 발전(CHP)의 경우)

전체 효율이 더 중요하기 때문에 전기 효율도 크게 중요치는 않으며, 실제 시스템에서 가장 중요한 인자는 내구성과 기동-정지특성이다. 지금까지, 양성자교환 맴브레인 연료전지(PEMFC) 기술이 평면형 고체 산화물 연료전지(SOFC) 기술에 비해서 앞서왔다. 사용자의 측면에서 선도기술이 일단 표준으로 결정되고 나면 후발주자들이 이를 극복하기 어렵기 때문에, 이는 결정적인 것이 되어버릴 수 있다. 반면에, 고체 산화물 연료전지(SOFC) 시스템은 장래에 비용 및 수명의 측면에서 이점을 가질 수 있다. 마지막 유의사항으로는: 현재, 에코파워社 및 다흐社의 HKA 열병합 발전(CHP) 시스템과 같이 이미 규명된 모터 기술에 기초하여 부분적으로 연료전지를 사용하면서 수 킬로와트의 전기와 열을 생산하는 가정용 열병합 발전(CHP) 시스템을 사용할 수 있다. 그런데 이들이 전격적으로 시장을 장악할 수 있을 것으로는 보이지 않는다. 이는 유지보수비용 때문이며, 가정용품 시장에서 대규모 매출에 대한 높은 기대를 걸기 전에 세심하게 시장을 분석해 볼 것을 충고하는 바이다.

References

Anahara, R., in Brennstoffzellen . Entwicklung, Technologie, Anwendung, Ledjeff-Hey, K., Mahlendorf, F., and Roes, J., Eds., C.F. Muller, Heidelberg, 2001, p. 145.

Ballard Power Systems, press release, August 2001 (2001a).

Ballard Power Systems, press release, 2001 (2001b)

Ballard Power Systems, press release, July 31, 2001 (2001c).

Batawi, E. et al. (Sulzer Hexis), in Solid Oxide Fuel Cells VII, Proceedings of the Seventh International Symposium, Yokokawa, H. and Singhal, S.C., Eds., Vol. 2001.16, The Electrochemical Society, Pennington, NJ, 2001, p. 140.

Benjamin, T.G., Camara, E.H., and Marianowski, L.G., Handbook of Fuel Cell Performance, Institute of Gas Technology for the U.S. Department of Energy, 1980.

Blum, L., Drenckhahn, W., and Lezuo, A., in Brennstoffzellen . Entwicklung, Technologie, Anwendung, Ledjeff-Hey, K., Mahlendorf, F., and Roes, J., Eds., C.F. Muller, Heidelberg, 2001, p. 187.

Buchanan, J.S. et al., Investigation into the Superior Oxygen Reduction Activity of Platinum Alloy Phosphoric Acid Fuel Cell Catalysts, in Fuel Cell Seminar Abstracts, Tucson, AZ, November 29.December 2, 1992, p. 505.

Buderus GmbH, press release, March 28, 2001.

Dhar, H.P. et al., J. Electrochem. Soc., 133, 1574, 1986.

de Haart, L.G.J. et al., in Solid Oxide Fuel Cells VII, Proceedings of the Seventh International Symposium, Yokokawa, H. and Singhal, S.C., Eds., Vol. 2001.16, The Electrochemical Society, Pennington, NJ, 2001, p. 111. DWV, June 7, 1999.

EG&G Services, Parsons Inc., Science Applications International Corporation, Fuel Cell Handbook, 5th ed., U.S. Department of Energy, Office of Fossil Energy, National Energy Technology Laboratory, Morgantown, WV, 2000.

Elangovan, S. et al., in Solid Oxide Fuel Cells VII, Proceedings of the Seventh International Symposium, Yokokawa, H. and Singhal, S.C., Eds., Vol. 2001.16, The Electrochemical Society, Pennington, NJ, 2001, p. 94. EnBW, press release, October 30, 2000.

Fuel Cell Technologies, home page, www.fuelcelltechnologies.ca, 2002.

General Motors, press release, August 2001.

GEW Koln AG, Fuel Cell Using Digester Gas, information brochure, May 2000.

Ghosh, D. et al., in Solid Oxide Fuel Cells VII, Proceedings of the Seventh International Symposium, Yokokawa, H. and Singhal, S.C., Eds., Vol. 2001.16, The Electrochemical Society, Pennington, NJ, 2001, p. 100.

Heiming, A., Kail, H.-J., and Wisman, G., in Brennstoffzellen . Entwicklung, Technologie, Anwendung,

Ledjeff-Hey, K., Mahlendorf, F., and Roes, J., Eds., C.F. Muller, Heidelberg, 2001, p. 121.
Hoogers, G. and Thompsett, D., Cattech, 3, 106, 2000.
H-Power home page, http://www.hpower.com/NEWScalifornia.html, 2001.
HyWeb, July 23, 1999 (1999a).
HyWeb, September 20, 1999 (1999b).
HyWeb, May 22, 2001 (2001a).
HyWeb, July 26, 2001 (2001b).
HyWeb, September 12, 2001 (2001c).
HyWeb, June 28, 2001 (2001d).
HyWeb, October 5, 2001.
IdaTech, home page, www.idatech.com, technical papers by Edlund D., 2002.
Iritani, J. et al., in Solid Oxide Fuel Cells VII, Proceedings of the Seventh International Symposium, Yokokawa, H. and Singhal, S.C., Eds., Vol. 2001.16, The Electrochemical Society, Pennington, NJ, 2001, p. 63.
Kim, J.W. et al., J. Electrochem. Soc., 146, 69, 1999; as cited in Singhal, S.C. (Pacific Northwest National Laboratory), in Solid Oxide Fuel Cells VII, Proceedings of the Seventh International Symposium, Yokokawa,
H. and Singhal, S.C., Eds., Vol. 2001.16, The Electrochemical Society, Pennington, NJ, 2001, p. 166.
Kunz, H.R., in Proceedings of the Symposium on Electrode Materials and Processes for Energy Conversion and Storage, McIntyre, J.D.E, Srinivasan, S., and Will, F.G., Eds., The Electrochemical Society, Pennington, NJ, 1977, p. 607.
Kunz, H.R., J. Electrochem. Soc., 134, 105, 1987.
Larsen, P.H. et al., in Solid Oxide Fuel Cells VII, Proceedings of the Seventh International Symposium, Yokokawa, H. and Singhal, S.C., Eds., Vol. 2001.16, The Electrochemical Society, Pennington, NJ, 2001, p. 28.
Lehmann, A.-K., Biogas-Brennstoffzellensysteme . Chancen und Risiken in einem Energiemarkt der Zukunft, thesis, Umwelt-Campus Birkenfeld, 2000.
Lehmann, A.-K., Russell, A.E., and Hoogers, G., Renewable Energy World, 4, 76, 2001.
Lequeux, G., Status of the European fuel cell program, in Solid Oxide Fuel Cells VII, Proceedings of the Seventh International Symposium, The Electrochemical Society, Pennington, NJ, 2001, p. 14.
Minh, N. et al., Program and Abstracts, 1996 Fuel Cell Seminar, 1996, p. 40.
Minh, N. et al., in Solid Oxide Fuel Cells VII, Proceedings of the Seventh International Symposium, Yokokawa, H. and Singhal, S.C., Eds., Vol. 2001.16, The Electrochemical Society, Pennington, NJ, 2001, p. 190.
Mukerjee, S. et al., in Solid Oxide Fuel Cells VII, Proceedings of the Seventh International Symposium, Yokokawa, H. and Singhal, S.C., Eds., Vol. 2001.16, The Electrochemical Society, Pennington, NJ, 2001, p. 173.
Nakayama, T. and Suzuki, M., in Solid Oxide Fuel Cells VII, Proceedings of the Seventh International Symposium, Yokokawa, H. and Singhal, S.C., Eds., Vol. 2001.16, The Electrochemical Society, Pennington, NJ, 2001, p. 8
Nuvera, home page, www.nuvera.com, 2001.
Rietveld, G., Nammensma, P., and Ouweltjes, J.P. (ECN), in Solid Oxide Fuel Cells VII, Proceedings of the Seventh International Symposium, Yokokawa, H. and Singhal, S.C., Eds., Vol. 2001.16, The E lectrochemical Society, Pennington, NJ, 2001, p. 125.
Sakaki, Y. et al., in Solid Oxide Fuel Cells VII, Proceedings of the Seventh International Symposium, Yokokawa, H. and Singhal, S.C., Eds., Vol. 2001.16, The Electrochemical Society, Pennington, NJ, 2001, p. 72.
Singhal, S.C. (Pacific Northwest National Laboratory), in Solid Oxide Fuel Cells VII, Proceedings of the Seventh International Symposium, Yokokawa, H. and Singhal, S.C., Eds., Vol. 2001.16, The Electrochemical Society, Pennington, NJ, 2001, p. 166.
Stover, D. et al., in Solid Oxide Fuel Cells VII, Proceedings of the Seventh International Symposium, Yokokawa, H. and Singhal, S.C., Eds., Vol. 2001.16, The Electrochemical Society, Pennington, NJ, 2001, p. 38.
Siemens-Westinghouse, press release, December 6, 2000.
Toshiba, home page, www.toshiba.co.jp/product/fc, January 2002.
UTC Fuel Cells, home page, www.utcfuelcells.com, January 2002.
Williams, M.C., in Solid Oxide Fuel Cells VII, Proceedings of the Seventh International Symposium, Yokokawa, H. and Singhal, S.C., Eds., Vol. 2001.16, The Electrochemical Society, Pennington, NJ, 2001, p. 3.

Chapter

Fuel Cell Technology Handbook

09 휴대용 전원

나중에 차량용 연료전지를 다루는 장(10장)에서 논의하겠지만, 지난 30여 년간 연료전지에 대한 연구와 개발을 이끄는 힘은 청정동력 차량을 개발하는 것이었다. 설비와 휴대용 장치들은 염가의 차량용 연료전지의 상용화가 실현되고 나면 자동적으로 따라 올 부산물로 여겨져 왔다. 돌이켜 보면, 연료전지의 개발은 이와는 다른 순서로 진행될 필요가 있음을 쉽게 알 수 있다. 자동차의 경우 전력 공급 시스템 전체의 목표가격은 [kW] 당 $50이며, 발전설비의 경우, $1,000/[kW], 그리고 이동용 전원의 경우에는 예측이 어렵지만, 이들 보다는 높을 것이기 때문에 최저 가격인 50 [$/kW]까지 실제 가격이 떨어질 것을 발전설비와 휴대용 전원 공급장치 개발업체들이 기다릴 필요가 없다. 이러한 용도에 대한 상용화는 이들을 사용으로 사용할 수 있는 시점이 될 것이며, 최소한 휴대용 유닛의 경우에는 대략적으로 바로 지금이 그 시점이다.

비록 산업계의 구조적 문제 때문에 지연된다고 하더라도, 우리가 지금 기대하고 있는 것은 바로 이 과정이 진행되는 것이다. 선도 개발업체들은 거의 독점적으로 자동차 산업을 선점하고 있으며, 이미 수억 달러의 연구비를 적층과 차량용 연료전지 구동 트레인에 쏟아 부었다. 가장 성공적인 개발업체들 중 하나인 발라드社 역시, 가장 수익이 높은 사업 분야로서, 이 시장에 집중하고 있다. 이들 대부분의 차량용 전지 선도 개발업체들은 발전설비나 휴대전원에 대해서 아무런 사업경험이 없을 뿐만 아니라, 최소한 처음에는 차량용 시장에 비해서 틈새시장일 뿐이기에, 그에 대한 잠재수익에 별 기대를 걸지 않고 있다.

그러므로, 현재 휴대용 전원으로 특화 된 다수의 신생업체들이 나타나고 있으며, 차량용 전원 시장에서 성공을 거두지 못한 소규모 업체들이 되돌아오며, 휴대용 전원과 발전설비 분야에 특화 된 선도 개발업체들의 사업적 연대도 진행중에 있다.

현재, 휴대용 전원은 아마도 연료전지 분야에서 가장 빠르게 사업이 확장되고 있는 분야일 것이다. 이 시장에 뛰어든 있는 업체들은 수없이 많으며, 이들 중 몇몇 업체들이 작은 틈새시장들을 점령하고 있다. 이 단원에서는 휴대용 전원 개발업체들 중 성공사례들을 몇가지 소개하며, 개발업체들이 처하고 있거나 앞으로 처할 문제들에 대해서도 논의할 예정이다.

9.1 휴대용 시스템이란?

9.1.1 정의

산업계 전반에 걸쳐서 휴대용이란 용어는 범용적으로 사용되어 왔으며, 명확하게 정의되어 있지 않다. 이러한 관습을 따르면서, 이 책에서는 이동용이란 수 와트에서 대략 1 [kW]의 범주에 들어있는 소형, 송전망과 독립적인 유닛으로, 환경이나 에너지 절약에 대한 고려를 심각하게 하지 않고 주로 편의목적으로 사용되는 전원이라고 정의한다.

편의라는 용어는 다음 사항들 중 하나 이상을 포함하고 있다.

1. 송전망과의 분리가 가능하거나, 분리기간을 연장시킨다.
2. 소음이나 악취를 줄이고 발전품질을 높이는 등의 고품질화
3. 훈련이나 장난감 효과

다음에서는 휴대용 전원에 대한 더 상세한 논의를 통해서 이러한 동기들에 논의할 예정이다. 이런 시스템들은 다양한 연료전지 유형들과 연료를 사용할 수 있다(1장 참조). 전형적인 사례들로는 금속 수소화물 용기에서 수소를 공급받는, 직접 수소전력 양성자 교환 맴브레인 연료전지(PEMFC); 직접 메탄올 연료전지(직접 메탄올 연료전지(DMFC), 7장 참조); 또는 가솔린이나 여타의 즉시 사용이 가능한 연료를 사용하여 작동하는, 개질기반 양성자교환 맴브레인 연료전지(PEMFC)나 고체 산화물 연료전지(SOFC) 시스템 등이다. 이러한 정의에 따르면, 등산용 산장에서 사용되는 송전망에 연결되지 않은 발전설비 역시 휴대용 시스템에 속하게 된다. 이는 차량용 보조전력 유닛(APU)의 경우에도 해당된다(10.1절 참조). 차량용 구동 트레인과 가정용 발전을 위한 마이크로-열병합 발전(CHP) 유닛의 경우에는 환경이나 에너지 절약이 주요 동기이므로 휴대용 시스템에 포함되지 않는다.

9.1.2 적용분야

휴대용 연료전지 시스템이 공개적으로 논의되기 시작했을 때, 처음으로 머리에 떠오르는 적용분야는 연료전지가 일반전지와 경쟁하는 분야이다. 잘 알려진 사례들로는 휴대전화, 노트북 컴퓨터, 캠코더, 및 이들과 유사한 장치들이다. 이러한 적용분야에서의 성패 여부는 다음의 몇 가지 고려사항들에 의존한다.

- 연료전지 시스템이 리튬이온 2차 전지와 같은 진보된 전지 기술과의 경쟁에서 이길 수 있다.
- 연료전지를 휴대용 전기장치 속에 넣을 수 있을 정도로 작게 만들 수 있다.
- 충분한 가격경쟁력을 갖춘다.
- 급유문제를 해결할 수 있다.

급유문제란 연료 카트리지나 이와 유사한 장치의 교환이 당장 가능해야만 하며, 예를 들면 노트북 컴퓨터의 2차 전지 팩 보다도 다루기가 쉬워야만 한다. 또한, 이제는 거의 어디에서나 즉각 사용이 가능한 전원 소켓을 사용한 재충전에 비해서 전반적인 급유공정이 명확한 이점을 갖고 있어야만 한다. 또 다른 고려사항은 안전이다. 항공사가 특히 가연성 액체를 저장하고 있는 카트리지나 탱크를 탑승 시 휴대하도록 허용할지는 미지수이다[1].

장치들의 첫 번째 그룹을 작동시간 연장을 위한 전지 대체품으로 요약할 수 있다. 이 그룹은 전형적으로 100 [W] 이하의 전력 범주에 속한다.

현존하는 2차전지에 비해서 현저하게 높은 전력밀도나 더 큰 에너지 저장용량 역시 전선을 사용하지 않는 전동공구(고출력), 원격 기상관측이나 여타 관측 시스템(장기간 대기 및 사용), 또는 통신 및 전송장치(장기간 작동과 고출력)등과 같은 새로운 용도를 갖고 있다. 전지를 대체하는 분야에 있어서 송전망과의 분리를 가능케 하는 연료전지의 이러한 새로운 적용분야에 대한 논의도 9.2.1절에서 수행할 예정이다.

적용분야의 두 번째 그룹은 예를 들면 1 [kW] 규모의 연속출력을 필요로 하는 더 큰 규모의 발전장치들이다. 이 분야에서는 가솔린이나 디젤을 사용하는 염가의 신뢰성 높은 장치들도 사용할 수 있다. 그럼에도 불구하고 이런 장비들을 한번이라도 사용해 본 사람들은 누구나 심한 소음과 공기오염이 발생한다는 것을 알 수 있기 때문에 실내에서 사용할 수 없음은 말할 나위가 없다. 연료전지 발전장치는 건물 내, 캠핑장, 콘서트장, 또는 사진사들이 사용할 수 있을 것이다.

예비전력은 또 다른 활용분야이다. 이 분야는 고품질 전력공급을 필요로 하는 컴퓨터와 통신 네트워크 분야를 지원하는 자유화 전력시장에서 점점 더 많은 관심을 받고 있다. 이 분야는 서로 상호연관 되어있기 때문에, 9.2.2절에서 논의하기로 한다. 또한 이 유닛들은 보트, 캐러밴(이동식 주택), 그리고 고급 승용차 탑재용(보조전력 유닛) 또는 장거리 운송트럭 등에서도 사용할 수 있다. 보조전력 유닛(APU)에 대해서는 9.2.3절에서 논의하기로 한다.

현재까지는, 연료전지를 통해서 실제로 돈을 벌고 있는 유일한 사람은 컨퍼런스 주최측 뿐이다. 이 새로운 기술에 대해서 전문가들뿐만 아니라 일반인들이 폭넓은 관심을 갖고 있음에도 불구하고, 연료전지에 대해서 손쉽게 얻을 수 있는 정보가 부족하다. 그 이유는 연료전지 기술이 본질적으로 자동차나 가정용 난방 보일러 산업 전반을 뿌리부터 뒤엎을 뿐만 아니라 특정 생산분야(엔진) 전반을 없애고 새로운 분야(적층과 전기모터)를 창출할 수 있기 때문이다. 두 번째 효과는 훈련과 어떤 **장난감효과**가 필요하다는 점이다. 이는 태양전지 분야에서 잘 알려져 있는데, 지붕을 개조하기 전에, 어느 날 갑자기 실험용 키트, 다양한 종류의 태양전지 동력 장난감, 그리고 특정한 전시효과를 갖고 있는 기계장치(태양전지 시계, 알람시계, 전기식 카푸치노 거품기 등) 등이 출시되었다. 이러한 전시 및 장난감 분야에 대한 사업화에 커다란 기회가 존재할 것이다(9.2.4절).

표 9.4에서는 휴대장치의 적용분야와 연료문제에 대해서 요약하고 있다.

1) 항공기 내에서 즉시 사용할 수 있는 알코올 혼합체의 사례가 있다.

9.2 프로토타입과 사례들

이 단원의 목적은 새로운 연료전지에 대한 사업화의 가능성을 심도 깊게 논의하는 것이 아니다. 비록 이 책의 범주를 넘어서지만, 가능성 있는 적용분야 각각에 대한 심도 깊은 기술, 시장 및 비용분석을 수행할 것을 권장한다. (기존의 개발업체들이 이러한 분석을 항상 수행하지는 않아왔다.) 이 단원의 목적은 단순히 특정한 용도의 연료전지에 대한 단기개발 사례와 선도 개발업체에 대해서 예시하는 것이다. 개발업체는 매일같이 증가하고 있으므로 이 리스트는 완벽성과 거리가 멀다. 그리고 이 분야에 대해서 특별하게 관심을 갖고 있는 독자라면 소형 및 휴대용 연료전지에 대한 특정한 학술대회들과 부록에 수록되어 있는 리스트를 살펴볼 것을 추천하는 바이다.

9.2.1 전지 대체

전지를 대체하는 연료전지가 즉시 시장에 출시되지 못하는 이유들 중 하나는 (리튬이온 기술 등을 기반으로 하여)지금도 꾸준하게 개선되고 있는 전지들과 처음부터 경쟁해야만 하기 때문이다. 예를 들면, 발라드 파워 시스템社는 전지 분야에서부터 개발을 시작했었다. 두 번째로, 이 분야는 군사용 목적 때문에 항상 비밀에 감춰져있다. 그림 9.1[2)]에서는 군사용 전지의 대체품 사례를 보여주고 있다.[3)]

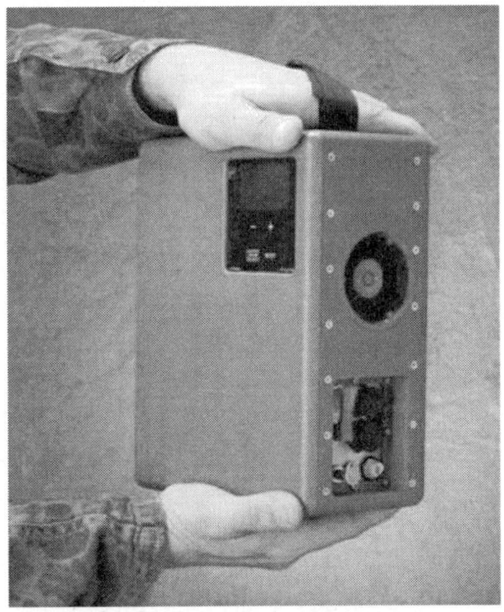

그림 9.1 금속 수소화물 충전탱크를 사용하는 H-파워社의 PPS100 군용 전지 교체장치

직접 메탄올 연료전지(DMFC)

현재, (야전에서) 병사들의 전자장비에 전력을 공급하는 데에 많은 문제가 있다. 서로 다른 장비들에 사용되는 전지 팩은 상호 교환이 불가능하며, 별도의 충전기를 필요로 한다. 더욱이, 이들은 모두 최대전력 공급을 기준으로 크기가 결정되었기 때문에 전지의 총 중량이 필요이상으로 무겁다. 장래에는 중앙 전력공급 장치를 사용하여 병사들이 사용하는 서로 다른 모든 장비들의 전력을 공급받을 것으로 예상된다. 국부 전압변환기(DC/DC 변환기)를 통한 중앙 에너지 버스의 사용은 다른 군대들 사이에서도 호환을 가능케 해 준다. 향후로도 충전식 전지는 여전히 최고의 에너지원으로 인식되고 있을 것이다. 하지만 긴 안목에서 전지의

2) Photograph courtesy of H-Power

3) 퓨얼셀 에너지社는 DARPA 프로그램의 지원을 받아 무인항공기와 무인잠수함용 SOFC를 개발중에 있다. 무인항공기의 경우 주간에는 솔라패널을 사용하여 전력을 공급하며 야간에는 연료전지를 사용한다.

대체를 위해서는, **직접 메탄올 연료전지**(DMFC)가 가장 실현가능성 있는 대안이다(라드셀더스와 얀센, 2001).[4)]

상용화의 가능성을 갖고 있는 잘 알려진 사례로는 휴대전화기가 있다. 로스 알라모스 국립연구소에 재직하고 있는 선도 연구자인 하카데이는 휴대전화기에 전력을 공급하기 위한 소형 직접 메탄올 연료전지(DMFC)를 개발하기 위해서 회사(에너지 릴레이티드 디바이스社, ERD)를 설립할 생각을 했던 최초의 사람들 중 하나이다(하카데이와 나바스, 1999). ERD는 현재 (연료전지)기술개발업체인 맨해튼 과학사에 소속되어 있다-맨해튼사의 독일 지사인 노바스社[5)]에 의해서 개발된 수소전력 시스템에 대해서도 참조하기 바란다.[6)]

전형적으로, 이런 장치들은 음극측이 대기에 노출되어있고 양극 측에서 공급된 메탄올과 이온접촉을 유지하는 소위 **공기호흡방식 연료전지**를 사용한다(가테스필드와 렌, 2001).

여타의 미국소재 직접 메탄올 연료전지(DMFC) 개발업체들에는 모토롤라, 로렌스 리버모어 국립연구소 소재의 마이크로테크놀로지 엔지니어링 센터, 제트추진연구소(JPL), 그리고 제너럴 모터스에서 30%의 지분을 소유(제너럴 모터스, 2001)하고 있는 자이너社(지너, 2001) 등이다. 자이너社의 직접 메탄올 연료전지(DMFC)는 인치당 10개 이상의 구획이 나누어진 흑연주조방식의 구획 분리를 특징으로 가지고 있다(지너, 2002). 적용사례에는 개인용이나 차량용 이동식 동력원을 위한 직접 메탄올 연료전지, 전기 및 통신장비의 전지 대체, 개인용 냉난방 장비, 전지 충전, 잔디깍기, 자전거, 그리고 정원용 및 업소용 공구 등이 있다. 장래에 적용 가능한 용도에는 빌딩과 유틸리티용 전력원이 있다(지너, 2002).

2002년 10월 함부르크에서 개최된 수소 박람회(SFC, 2001a)에서 **스마트 퓨얼셀社**(SFC, 브룬탈, 독일)는 메탄올 탱크 하나를 사용해서 약 여덟 시간을 작동할 수 있는, 직접 메탄올 연료전지(DMFC) 동력을 사용하는 캠코더를 발표하였다. 이 교체가 가능한 2.5 [L] 메탄올 탱크를 포함하여, 유닛의 크기는 400×120×120 [mm]이며 최대 100 [W]의 전력을 생산할 수 있다. 하나의 탱크를 사용해서 2.5 [kWh]의 전력을 공급할 수 있다. 2002년 1월까지를 목표로,

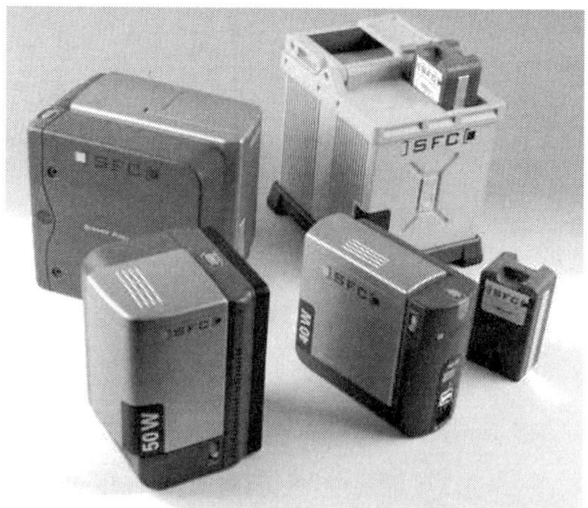

그림 9.2 스마트 퓨얼셀社에 의해서 개발된 직접 메탄올 연료전지(DMFC) 시제품

4) DMFC의 선도업체인 Oorja社는 2014년 DARPA 및 Palm Power Program의 지원을 받으면서 로스알라모스 내셔널 랩의 DMFC 특허를 양도받아 군용 DMFC 파워 시스템을 개발한다고 발표하였다. 이를 통해서 DMFC의 효율을 높이고 비용은 현재보다 0~50% 절감하는 것을 목표로 삼고 있다.

5) www.novars.de

6) 2008년 9월 도시바는 3.33[ml] 용량의 메탄올 리저버를 장착하고 6시간의 통화가 가능한 DMFC를 휴대전화에 장착하였다고 발표하였다.

스마트 연료전지는 필드 시험용 제품 1,000개의 한정생산을 수행하였다(하이스, 2002)(그림 9.2[7] 참조). 2001년 7월까지 다임러 크라이슬러社의 직접 메탄올 연료전지(DMFC) 프로젝트 매니저로 근무했던 J. 뮐러가 연구개발부서장으로 이 회사에 합류하였다(SFC, 2001b)(10.2.3절 참조). 표 9.1에서는 스마트 퓨얼셀社에서 현재 생산하는 캠코더형 모듈의 사양을 제시하고 있다. 캠핑차량 및 캠핑용으로 이와 유사한 시제품의 개발이 진행중이다.[8]

표 9.1 스마트 퓨얼셀社의 캠코더형 전력모듈의 사양

연속출력	최대 25 [W]
출력전압	12[VDC]
작동온도	40 [℃](표면)
크기	120 × 160 × 170 [mm]
중량	2.8[kg]
연료공급	교체형 탱크 카트리지(작동중 교체가능)
연료저장용량	메탄올 120 [mL]
연료에 저장된 에너지	>120 [Wh]
20W 출력시 작동시간	> 6 [h]
카트리지 크기	100 × 40 × 55 [mm]
카트리지 중량	190 [g]

출처: 스마트 퓨얼셀社 홈페이지, http://www.smartfuelcell.de

일부 개발업체들은 소형 직접 메탄올 연료전지(DMFC)를 제작하기 위해서 마이크로 가공기술을 적용하고 있다. MEMS 분야 제 14차 IEEE 국제학회에서 우 등(2001)이 의료용 마이크로 연료전지를 발표하였다. 이 마이크로 직접 메탄올 연료전지(DMFC)는 하나의 양성자 교환 맴브레인과 250 [μm]의 폭과 50 [μm] 깊이를 갖는 채널이 성형된 두 개의 실리콘 기저층으로 구성된다. 유닛 전체의 크기는 16×16×1.2 [mm]에 불과하며, 대기압 조건하에서 50 : 50의 메탄올과 물 배합비율을 사용하여 100 [mV]의 전압을 송출한다.

도시바, 소니 및 NEC 등 선도적인 일본업체들의 소형 직접 메탄올 연료전지(DMFC) 개발이 보고되고 있다. 메탄올은 머지않아 더 많을 전력을 필요로 하게 될 것으로 예상되는 현대적인 휴대용 사무기기 및 통신기기를 위한 이상적인 연료로 간주되고 있다.(하이스, 2001).[9]

미국에서는, **플러그파워社**의 공동 설립자인 메카니컬 테크놀로지社가 직접 메탄올 연료전지(DMFC) 기술을 기반으로 하는 새로운 전지(MTI 마이크로 퓨얼셀社)의 개발을 시작하였다. 2001년에, MTI 마이크로 퓨얼셀社는 예전에 로스 알라모스 국립연구소의 직접 메탄올 연료전지(DMFC) 연구팀 리더였던 S. 가테스필드(수석 기술관이며 연구개발부 부사장)와 그

7) Photograph courtesy of Smart Fuel Cells

8) 스마트 퓨얼셀社는 2010년 SFC에너지로 회사명을 변경하였다. SFC는 레저 및 방위산업 부분에서 34,000대 이상의 DFMC 연료전지를 판매하였으며 2015년에는 60만불 규모의 군용차량에 장착하는 500 [W] DFMC 연료전지 납품계약을 하였다.(www.sfc.com)

9) 2004년에 캘리포니아주 프리몬트에서 창업한 Oorja社는 OorjaPac Model1(5 [kW]), OorjaPac Model3(1.5 [kW]), OorjaPac ModelT 등 다양한 출력용량을 갖는 DFMC를 상용화하였다. 이 연료전지는 2014년 토요다 Tsusho에 장착되어 시험되고 있다.

의 전 동료였던 X. 렌, 에너지 파트너스社에 근무하다가 후에 모토롤라의 직접 메탄올 연료전지(DMFC) 프로그램 프로젝트 매니저를 했던 J.K. 노이츨러 등 주요 스태프를 영입하였다(MTI, 2001a). 2001년 8월부터 듀퐁사가 MTI 마이크로 퓨얼셀社에 참여하게 되었다. 듀퐁사의 참여는 맴브레인 전극 조립체(MEA) 요소의 안정적인 공급을 가능케 해 주었다(MTI 2001b).[10] [11] [12]

수소연료

직접 메탄올 연료전지(DMFC) 시스템과 직접적인 경쟁관계로서, 여타의 업체들은 수소연료 시스템을 개발하고 있다. 최초의 연료전지 전력을 사용하는 노트북 컴퓨터는 **발라드 파워 시스템社**에 의해서 1990년대 초기에 발표되었다. 수소 연료전지는 노트북과는 분리된 별도의 금속 수소화물 저장용기를 사용해서 연료를 공급받았다(발라드, 2002). 이 유닛은 그림 9.3[13]에 도시되어 있다.

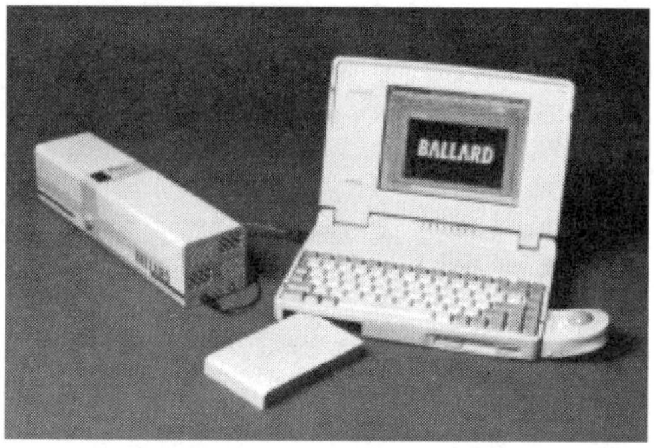

그림 9.3 노트북 컴퓨터에 동력을 공급하는 발라드社의 수소 연료전지 시제품. 수소는 금속 수소화물 저장용기로부터 공급된다.

프라운호퍼 태양에너지 시스템 연구소(ISE, 프라이부르크, 독일)에서는 휴대용 컴퓨터와 관련해서 이와 유사한 개념을 발표하였다. 태양에너지 연구소(ISE)는 연료전지 각각의 전지전압이 너무 낮다는 소형 연료전지가 안고 있는 핵심 문제점을 극복하고 소형 전자장비의 전력을 공급하기 위해서 두 가지 서로 다른 방식을 시도하고 있다. 단일 전지는 다량의 전류를 송출하면서도 매우 작게(평평하게) 만들 수 있는 반면에 0.5~0.8 [V] 내외인 출력전압은 현저한 손실 없이는 조절할 수 없다. 그러므로 태양에너지 연구소(ISE)는 개별적인 전지들이 직조방식으로 짜여져서 가용 전압은 상호연결을 통해 얻을 수 있는 반면에 스트립 전체는 하나의 수소구획과 하나의 공기구획만을 필요로 하는, 스트립형 전지설계를 개발하여, 적층구성을 배제하였다. 이 구조를 사용해서 405 [Wh/L]의 에너지 밀도와 106 [Wh/kg]의 전력비율을 구현하였다(하인젤, 2001). 태양에너지 연구소(ISE)가 선호하는 또 다른 접근방법은 몇 개의 전지만으로 구성된 매우 짧은 적층에서 출력되는 낮은 전압을 집적식 고효율 DC/DC 변압기를 사용해서 높은 전압으로 변환시키는 방안이다(하인젤, 2001). 이 두 번째

10) MTI社는 2012년 9월에 연료전지 사업을 포기한다고 발표하였다. 이는 자회사인 마이크로퓨얼셀社가 10여년 동안 DFMC 연료전지 개발에 6천만 달러를 투입하였지만 상용화에 실패하였기 때문이다.

11) 삼성 SDI는 2006년 11월 스마트폰 충전기용 2.6 [W] DFMC를 발표하였으며 2006년 12월에는 한번 충전하면 한달간 쓴다는 노트북용 12 [W] DFMC를 발표하였다. SDI에 따르면 DFMC는 2차전지에 비해서 중량과 가격을 절반 이하로 줄일 수 있다.

12) Fujikura사는 2014년 1 [kW] 출력용량을 갖는 60×44×33 [cm] 크기의 DFMC와 1 [W] 출력용량을 갖는 135×75×23 [mm] 크기의 DFMC를 개발하였다.

13) Photograph courtesy of Ballard Power Systems

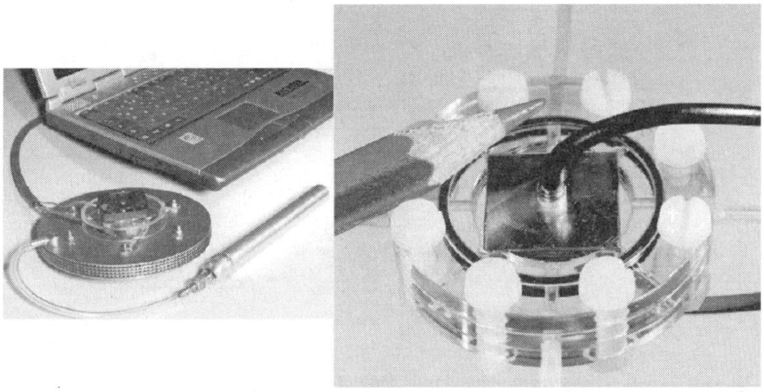

(a) (b)

그림 9.4 (a) 몇 개의 전지만을 사용해서 최대 15[VDC]를 송출하는 집적형 DC/DC 변압기가 내장된 소형 연료전지. 수소는 금속 수소화물 저장용기에 저장되어 있다. (b) 태양에너지 연구소(ISE) 프라이부르크와 협력회사들에 의해서 개발된 소형 연료전지 시제품. 이 유닛은 다섯 개의 전지로 구성되어 있으며, 1 [W/cm^3]의 전력밀도에 해당되는 250 [mW]의 전력을 구현하였다(하인젤, 2001).[14)]

방법을 사용해서, 태양에너지 연구소(ISE)는 금속 수소화물 저장용기로부터 수소를 공급받는 노트북을 하노버 전시회에 선보였다; 이는 그림 9.4(a)에 도시되어 있다. 태양에너지 연구소(ISE)는 또한, 수백 밀리와트의 전력을 송출하는 소형 연료전지도 제작하였다. 그림 9.4(b)에서는 이 시제품을 보여주고 있다.[15)]

이미 시제품의 단계에 도달한 장치들이 **플레탁 모바일 라디오社**[16)](퓌르트, 독일)에 의해서 2001년 9월에 베일을 벗었다. 이 회사는 화물용 트레인왜건에서 같이 오랜 기간동안 물체의 위치를 송출하기 위한 이동식 전력공급장치에 사용되는 내비게이션 컴퓨터를 선보였다. 이 유닛을 하루에 15분 씩 능동적으로 사용한다면, 수소탱크 하나로 6년간 작동할 수 있다(하이웹, 2001a). 이처럼, 대기시간이 매우 긴 적용분야는 연료전지가 여타의 전지 기술에 비해서 장점을 갖고 있다는 것을 증명할 수 있는 틈새시장의 전형적인 사례이다.

표 9.2 맨해튼 과학사의 600 [W]급 공랭식 양성자 교환 맴브레인 연료전지동력 유닛의 사양

출력	600 [W]
출력전압	24[VDC]
전지 수	40
크기	직경 100 [mm], 높이 130 [mm]
중량	780[g]
연료	압축수소

출처: 노바스 홈페이지, www.novars.de

14) Photograph courtesy of Fraunhofer ISE

15) 2016년 10월 태양에너지 연구소(ISE)는 미국 에너지성 산하 신재생 에너지 연구소(NREL)과 수소연료전지 연구를 위한 전략적 제휴를 발표하였다.

16) Plettac Mobile Radio GmbH

(a) (b)

그림 9.5 (a) 노바스/맨해튼 과학사에 의해서 개발된 600 [W] 전력공급 유닛은 전력을 생산하기 위해서 압축수소와 공기를 사용하는 폴리머 전해질 연료전지를 기반으로 하고 있다. (b) 맨해튼 과학사의 하이드로사이클은 2000년 6월에 발표되었다. 연료전지 자전거에서, 압축수소는 2 [L] 용량의 실린더형 탱크에서 연료전지로 흘러나간다.[17)]

파사우 근처에 위치한 맨해튼 과학社의 독일 자회사인 노바스社는 최대 3 [kW]급의 소형 공랭식 연료전지 전력유닛을 개발하였다(맨해튼 사이언티픽, 2001). 그림 9.5(a)에서는 압축수소를 공급받는 600 [W] 유닛을 도시하고 있으며, 기술사양들은 표 9.2에 제시되어 있다. 그림 9.5(b)에서는 이 기술을 사용해서 구현한 자전거 시제품을 보여주고 있다.

2000년에, 발라드 파워 시스템社와 밀레니엄 셀社(뉴저지)는 발라드社의 휴대용 연료전지 제품에 적용하기 위해서 밀레니엄社가 보유하고 있는 수소발생시스템에 대한 추가적인 개발을 공동으로 수행하기로 협약을 맺었다(발라드, 2000a). 밀레니엄 셀社는 **수요에 따른 수소 생산**[18)]이라고 부르는 공정을 개발하여 보유하고 있다. 이 공정에서는 수소화 붕산나트륨과 물의 배합을 조절함으로써 수소 발생을 조절할 수 있다.

발라드社의 고객관계에는 일본시장을 겨냥하여 발라드 연료전지를 탑재한 250 [W]급의 휴대용 발전기를 공급하는 마쓰시타 전기사업부와의 공급계약도 포함되어 있다. 마쓰시타와의 협력관계는 연료전지 평가 프로그램을 통하여 1996년부터 시작된 것이다(발라드, 2000b).

휴대용 기술에 있어서 발라드社의 또 다른 주요 고객 및 협력업체로는, 썬빔 주식회사의 자회사인 콜맨 파워메이트社가 있다. 썬빔社는 썬빔®, 콜맨®, 미스터 커피®, 퍼스트 얼럿®, 파워메이트®, 헬스-오-미터®, 이스트팩®, 그리고 캠핑가즈® 등과 같은 브랜드 명으로 다양한 소비제품을 판매하고 있다. 이 두 회사는 발라드社의 마크900 적층구조를 기반으로 하여, 휴대용 및 백업용 전력유닛을 협동으로 개발하고 있다(발라드 2000c).

2001년 9월에, 발라드社는 휴대전용 연료전지 시스템인 넥사의 상용 시판을 발표하였다(발라드, 2001a). 이 시스템은 그림 9.6[19)]에 도시되어 있으며, 사양은 표 9.3에 제시되어 있다. 넥사는 1200 [WDC] 전력을 송출하며, 다음 단원에서 설명할 백업의 용도로 사용할 수도 있다.

17) Photograph courtesy of Manhattan Scientifics

18) Hydrogen-On-Demand

19) Photograph courtesy of Ballard Power Systems

표 9.3 발라드社 넥사 전력모듈의 사양

연속출력	최대 1200 [W]
출력전압/전류	26[VDC]/46[A]
작동온도	3~30 [℃]
크기	560 × 250 × 330 [mm]
중량	13[kg]
연료	4.0등급 수소, 70~1,700 [kPa]
연료저장용량	외장
연료소모율	18.5 [L/min]

출처: 발라드 홈페이지, www.ballard.com

그림 9.6 발라드社의 1.2 [kW] 휴대용 전력모듈인 넥사

제너럴모터스의 파트너(다음 단원 참조)인 **하이드로제닉스社** 역시 소형 수소전력모듈을 개발하였다. 여기에는 공칭출력 범위가 5~200 [W]이며, 전압은 4~60 [VDC]인 (설치형) **HyTEF 시리즈** 발전기가 포함된다. 저압수소가 연료로 사용된다. HyTEF는 −50~+40 [℃]의 넓은 작동온도범위를 갖고 있다.

HyTEF 발전기와는 달리, HyPORT 발전기는 군용(그림 9.7)과 같이 순수한 휴대용으로 개발되었다. HyPORT는 0~40 [℃]의 온도범위에서 작동이 가능하며 전형적으로 24[VDC]로 300 [W]의 전력을 생산할 수 있다. 수소는 금속 수소화물 탱크로부터 공급받는다. 화학적 수소화물 탱크로부터 동력을 공급받는 이 장치의 500 [W] 버전은 2002년 2월에 미국과 캐나다 군부대를 대상으로 성공적인 시연을 마쳤다(퓨얼셀 투데이, 2002).

그림 9.7 하이드로제닉스社에서 개발된 휴대용 Hyport 발전기[20]

20) Photograph courtesy of Hydrogenics

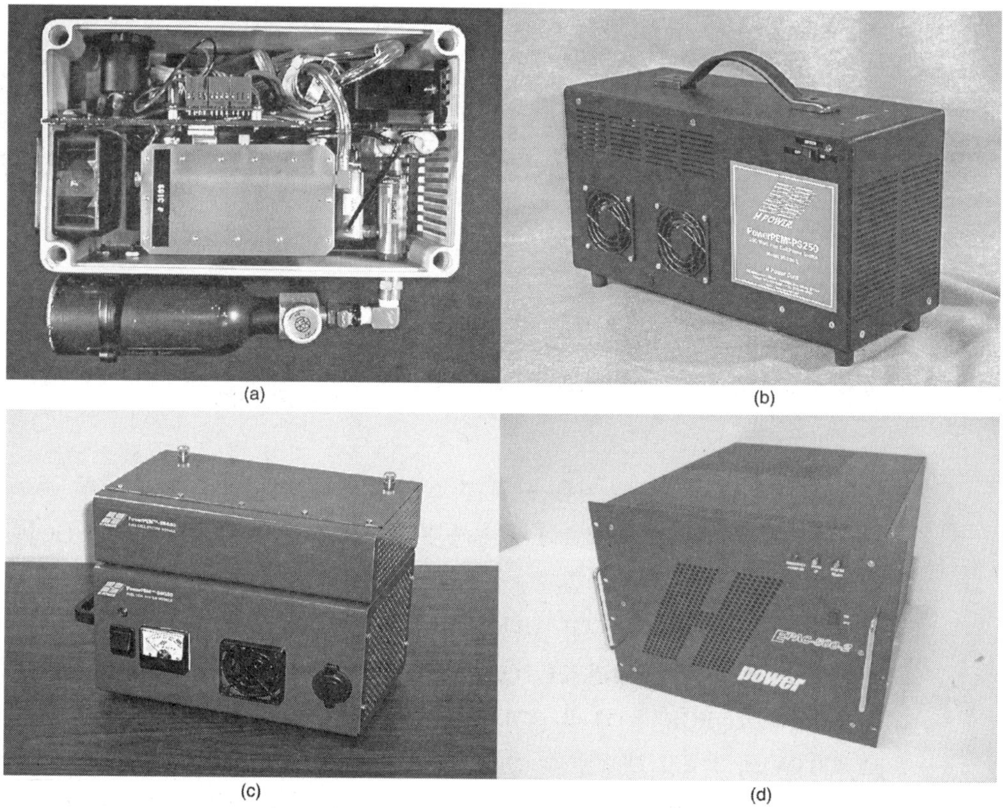

그림 9.8 H-파워社의 전지 대체 및 휴대용 시스템: (a) D35, (b) 250 [W] 휴대용 전력유닛 PS250, (c) 수소화물 탱크를 장착한 SSG50, (d) 랙 마운트형 EPAC500[21]

H-파워社는 1989년 뉴저지주 벨빌에서 설립되었고 현재 몬트리올과 노스캐롤라이나주 먼로의 두 곳에 위치하고 있으며, 가정용, 상업용 및 군용으로 30~1,000 [W] 범위의 전력을 생산하는 휴대용 연료전지 제품군을 개발하였다. 네 가지 사례가 그림 9.8에 도시되어 있다. 또한, 이 회사는 버스, 트럭 및 승용차뿐만 아니라 가정 및 소형 업소에 전력을 공급하는 설치용으로 사용될, 수 킬로와트 범위의 양성자 교환 맴브레인 연료전지에 대한 특허를 소유하고 있으며 개발을 진행중에 있다(하이웹, 2001a)(8장 참조).[22]

9.2.2 원격 발전과 백업

발라드 파워 시스템社

(발라드社의 1.2 [kW] 넥사 전력모듈에 대한 앞 절 참조) 2001년, **발라드 파워 시스템社**는 차량용 마크900 적층구조를 사용해서 60 [kW]급 설비용 연료전지 발전기의 공학적 시제품

21) Photograph courtesy of H-Power

22) 영국 최대의 산업용 가스공급업체인 BOC는 2014년 9월 세계 최초의 상업용 수소연료전지 발전기인 HYMERA®II를 출시하였다. 이 제품의 최대출력은 175 [W]이다.

을 완성하였다(10장 참조). 이 시스템은 백업과 비상용으로 설계되었으며, 발전설비와 차량용으로 함께 사용할 수 있는 최초의 제품이다(발라드, 2001b, 8장 참조).[23)]

H-파워

H-파워社는 백업 발전의 선도업체이다. 아마도 최초의 상업적 매출을 올린 양성자 교환 맴브레인 시스템으로, H-파워社는 1998년 3월 도로용 가변 메시지 표시장치의 백업전력을 공급하기 위하 연료전지에 대한 $749,000 이상의 계약을 수주했다. 이 제품은 그림 9.9에 도시되어 있다.

그림 9.9 연료전지 백업 동력을 사용하는 H-파워社의 도로용 가변 메시지 표시장치[24)]

아이디어텍

아이디어텍(8장 참조)은 1 [kW] 연료전지를 기반으로 하는 휴대용 발전기를 위한 개질장치 시스템을 개발하였다. 아이디어텍의 개질기는 13 [dm^3/min]의 고순도 수소를 공급할 수 있으며, 3분 이내의 냉간 기동성이 증명되었다. 이 시제장치는 직경이 약 150 [mm], 높이도 약 150 [mm]이며 20 [W] 미만의 전력을 필요로 한다.

하이드로제닉스社/자이너社/제너럴모터스

2001년 10월에, 제너럴 모터스社와 협력업체인 하이드로제닉스, 퀀텀, 자이너社[25)] 등은 정

23) 2016년 현재 발라드社가 판매중인 백업용 FCgen®-H2PM 수소연료전지 시스템은 최대 30 [kW] 출력용량을 가지고 있으며 −40[℃]의 온도에서도 작동이 가능하다

24) Photograph courtesy of H-Power

25) 자이너社는 현재 수소생산용 스택의 생산과 판매에 집중하고 있으며 연료전지와 관련되어서는 솔루션을 제공하고 있을 뿐이다.(www.ginerinc.com)

전시 휴대전화 전송탑에 백업전력을 공급하는, 전력공급 중단이 없는 전력유닛의 시제품을 발표하였다. 이 HyUPS™ 시스템은 수소저장용량에 따라서 다르지만, 최장 2시간 동안 최대 25 [kW]의 전력을 송출할 수 있다. 현재 퀀텀社의 수소저장 및 취급 시스템은 34.5 [MPa]로 140 [L]의 수소를 저장한다. 자이너社의 전기분해 장치는 현장에서 전력이 다시 공급되면 송전망으로부터 전력을 공급받아서 수소를 생산하여, 연료를 다시 충전하므로, 폐루프 시스템을 구축할 수 있다. 제너럴모터스는 연료전지 적층을 공급한다.

하이드로제닉스社[26]는 자사의 H2X 연료전지 적층을 기반으로 하여 수소연료를 사용하는 양성자 교환 맴브레인 연료전지 시스템인 HyPM 시리즈를 개발하였다. 2016년 현재, 2~16 [kW] DC 파워를 공급하는 HyPM™XR 연료전지 파워모듈과 2~200 [kW] AC 전력을 공급하는 데이터센터용 19인치 랙 설치용 UPS인 HyPM™-R 모델을 판매하고 있다. 특히, HyPM™-HD30 모델의 최대출력은 1[MW]에 달한다. 제너럴모터스는 하이드로제닉스社의 지분 중 24%를 소유하고 있을 뿐만 아니라, 자이너社와 퀀텀 테크놀로지社의 지분을 각각 30% 및 20%만큼 소유하고 있다(제너럴 모터스, 2001).

9.2.3 차량용 보조전력 유닛(APU)

현재 수많은 개발업체들이 연료전지 동력을 차량용 동력으로 탑재할 기회를 엿보고 있다. 보조전력 유닛(APU)은 승객의 편이성을 높여준다. 이 유닛은 심지어는, 주 엔진이 작동하지 않는 동안에도 공조시스템에 전력을 공급할 수 있다. 훌륭한 시스템 엔지니어링 작업을 통해서, 차량에 소요되는 전기발전의 효율을 높이고, 발전기 및 심지어는 전지마저도 대체할 수 있다. 또 다른 활용분야로는 트럭과 여가용 차량의 보조동력; 하이브리드 차량, 선박 및 보트의 전기 발전; 그리고 군사용 장치 등을 들 수 있다. 5 [kW] 범위의 보조전력유닛(APU)을 시제품 수준으로 개발한 업체들로는 델파이(무커지 등, 2001)와 하니웰(민 등, 2001)이 있다.

UTC 퓨얼셀社[27]와 BMW

아마도 최초의 보조전력유닛(APU)은 수소를 사용한 것이다. 그것은 UTC 퓨얼셀社에서 BMW사의 차량용 수소동력 내연엔진을 위해서 개발한 양성자 교환 맴브레인 연료전지 시스템이며, 그림 9.10에 도시되어 있다. BMW사는 BMW7 시리즈용으로 수소동력 버전을 개발하였다. 뿐만 아니라, 더 최근에는 새 미니쿠퍼에 새로운 수소버전을 개발하였다. 이 차량은 차량에 탑재된 극저온 탱크 속에 액체수소를 저장한다(5장의 그림 5.2 및 그림 5.3과 비교). BMW750hL 모델 시리즈는 고급형 차량으로, 수소와 가솔린 탱크를 동시에 갖추고 있다.

---

26) www.hydrogenics.com

27) UTC Power社는 2013년 2월에 ClearEdge Power社에 매각되었다. 하지만 ClearEdge사는 2014년 4월에 파산하였으며, 2014년 6월에 두산그룹이 이를 인수하여 두산 퓨얼셀社와 두산 퓨얼셀 아메리카를 설립하게 되었다. 두산은 코네티컷주 사우스윈저 소재의 ClearEdge 공장의 운영을 재개하여 400 [kW] 연료전지 스테이션 생산에 집중하고 있다.

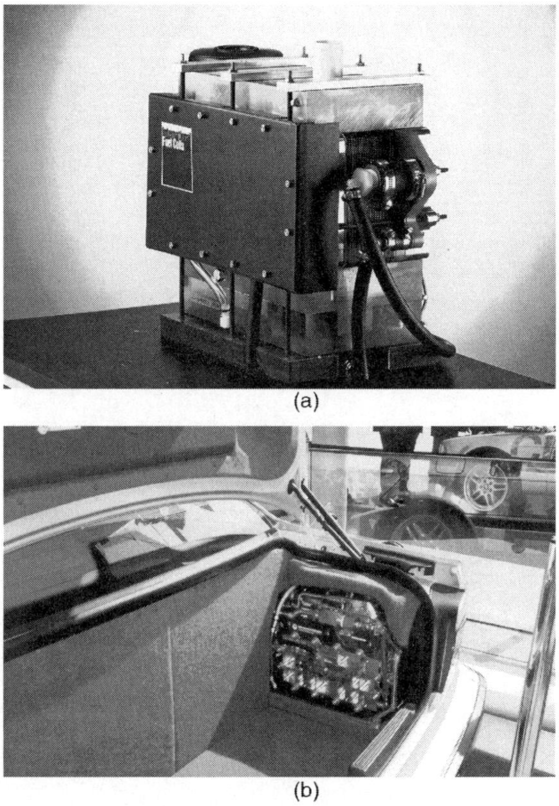

그림 9.10 (a)UTC 연료전지(이전의 IFC)사에 의해서 개발된 수소동력 보조전력유닛(APU) 시스템[28] (b) BMW의 수소 내연기관 차량에 설치된 보조전력유닛(APU)[29]

델파이와 BMW

수소동력을 사용하는 보조전력유닛(APU)은 수소연료 내연기관을 사용하는 차량(ICE)(연료전지 동력을 사용하는 차량도 포함)에서만 사용되는 반면에, 현재의 자동차 기술은 가솔린을 사용하여 작동하는 연료전지 동력 시스템을 필요로 하고 있다. 델파이는 이 문제의 가장 단순한 해결방안으로서, 가솔린 연료 개질기를 사용하는 고체 산화물 연료전지(SOFC) 전력유닛을 결합하려고 하고 있다. 적절한 고체 산화물 연료전지(SOFC) 기술에 대해서는 8.1.3절에서 더 상세하게 논의하였다. 고체 산화물 연료전지(SOFC)는 개질연료 속에 함유된 불순물, 특히 일산화탄소에 의한 중독에 덜 민감하기 때문에, 현재의 보조전력유닛(APU) 개발업체들은 평면형 고체 산화물 연료전지(SOFC) 기술이 적절한 해결방안을 제시해 줄 수 있을 것으로 기대하고 있다.

2년 이하의 개발기간을 투자하여, 2001년 2월에, BMW와 **델파이**는 가솔린으로 작동하는 고체 산화물 연료전지(SOFC)를 사용해서 전력을 공급받는 최초의 차량을 발표하였다. 보조

28) Photograph courtesy of BMW

29) Photograph courtesy of UTC Fuel Cells

전력유닛(APU) 시스템(그림 9.11)은 글로벌 써모일렉트릭社에서 공급(8장 참조)받은 두 개의 고체 산화물 연료전지(SOFC) 적층(평면 전력밀도: 0.37 [W/cm^2]), 마이크로 개질기와 주 개질기, 열 관리 시스템, 폐 에너지 회수유닛(WER), 공기 처리 시스템, 고체 산화물 연료전지(SOFC) 제어부 및 동력용 전기, 그리고 플라스틱 리튬이온 전지 팩 등으로 구성되어 있다. 현재, 기동시간은 45분 이상이 소요된다(무커지 등, 2001). 고체 산화물 연료전지(SOFC) 시스템은 약 800 [℃]에서 작동한다. 기동과 주 개질장치에서, 가솔린은 증발되며, 약 800 [℃] 온도에서 수소도 발생된다. 반응하지 못한 잔류가스는 연소시키며, 이를 통해서 발생된 열은 반응에 필요한 공기와 개질기를 예열하여, 총 효율을 증가시킨다. BMW에 따르면, 개질기와 고체 산화물 연료전지(SOFC) 연료전지를 통해서 가솔린이 전기로 변환되는 비율은 내연기관, 발전기 및 전지를 사용하는 경우보다 거의 두 배의 효율을 갖고 있다.

그림 9.11 델파이와 BMW에 의해서 개발된 보조전력유닛(APU) 시제품(목업). 이 5 [kW], 42 [V]유닛은 가솔린을 연료로 사용한다. 보조전력유닛(APU)에 사용하기 위한 1세대 고체 산화물 연료전지 적층은 글로벌 써모일렉트릭社에 의해서 델파이에 공급되었다.[30)]

자동으로 작동하는 5 [kW] 연료전지 보조전력유닛(APU)은 다양한 새로운 기능들을 구현할 수 있도록 해준다. 차에 타기 전에 유리창의 성에를 제거하거나, 의자와 핸들을 덥혀놓을 수 있다. 외부 온도가 높은 곳에서는 엔진속도와 무관하게 에어컨을 최적으로 작동시킬 수 있다(오토모티브 인텔리전스 뉴스, 2001). 엔진이 정지한 상태에서 에어컨의 사용은 오늘날, 기존의 기계구동방식의 발전기를 사용하는 경우보다 1/4의 에너지만을 필요로 한다. 전기적으로 구동되는 조향장치나 브레이크 등과 같은 장래의 전기방식 시스템들은 훨씬 더 많은 전력을 필요로 하지만, 고체 산화물 연료전지(SOFC) 연료전지를 사용하면 이를 효율적으로 공급할 수 있다.

30) Photograph courtesy of Delphi

기존의 보조전력유닛(APU) 차량은 일반적인 12 [V] 전력만을 공급받는데, 새롭게, 42 [V]의 에어컨 시스템을 지원할 수 있도록 개발되었다. BMW는 2006년을 전후하여 이 기술을 상용화할 계획을 갖고있다(오토모티브 인텔리전스 뉴스, 2001). 디젤 연료를 사용하는 이와 유사한 동력 시스템 역시 군용차량을 포함하여, 중장비 차량 분야에서 관심을 받고있다(돕스 등, 2000).[31)]

9.2.4 시연품과 장난감

연료전지 기술에 대한 큰 대중적 관심 때문에 교육용 연료전지 키트와 같은 시연품의 수요가 매우 많다. 베를린을 근거지로 창업한 **헬리오센트리스社**[32)]는 이런 시스템을 전 세계적인 네트웍을 통해서 공급하는 최초의 회사들 중 하나이다. 그림 9.12에서는 이 설계들 중 하나를 보여주고 있다－메탄올 동력을 사용하는 장난감 자동차. 2000년 하노버 전시회에서, 헬리오센트리스社(헬리오센트리스, 2002)는 전기와 열(방열기에 공급)을 만들어내는 양성자 교환 맴브레인 연료전지(수소를 연료로 사용)를 사용하는 열병합 발전(CHP) 시스템－을 선보였다.

그림 9.12 직접 메탄올 연료전지(DMFC)를 통해서 동력을 공급받는 연료전지 장난감 자동차

9.3 결론

표 9.4에서는 이 단원에서 논의했던 휴대용 시스템들의 동력범위와 연료에 대해서 요약하고 있다.

31) 델파이는 30,000대 이상 판매한 3세대 스택 기술을 기반으로 하여 2011년 4세대 SOFC 스택을 발표하였다. 이 스택은 500 [mW/cm^2] 이상의 전력밀도와 40,000시간 이상의 작동수명을 가지고 있다.

32) 헬리오센트리스社는 2016년 현재 2.5 [kW] 출력의 수소연료전지 UPS 시스템인 Jupiter를 판매하고 있다.

표 9.4 상업적으로 판매되는 백업 및 원격 연료전지의 사례[33)]

제조업체	제품명칭	유형	출력
Acta S.p.A.(이탈리아)	Acta Power	PEM	2, 4 [kW]
Ajusa(스페인)	NOIL 5000 AC Plus	PEM	5 [kW]
어큐멘트릭스(미국)	RP250P-LITE	SOFC	250 [W]
	RP250/RP500	SOFC	250, 500 [W]
	RP1000/RP1500	SOFC	1, 1.5 [kW]
얼터지 시스템스(미국)	FreedomPowerTM	PEM	500 [W], 1, 5, 7.5 [kW]
Axane(프랑스)	CommPac500TM	PEM	500 [W]~10 [kW]
발라드파워시스템스 (캐나다)/ 단썸파워(덴마크)	FCgen-1020ACS	PEM	1.5~3.6 [kW]
	FCgen-1300	PEM	2~11 [kW]
	ElectraGen-ME	PEM	2.5, 5 [kW]
	ElectraGen-J2	PEM	1.2, 2.5, 5 [kW]
파워셀(스웨덴)	S1	PEM	3 [kW]
일렉트로파워시스템스 (이탈리아), VP에너지(미국)	Electro™ ElectroShelf™	PEM	1.5~10 [kW]
퍼스트엘리먼트에너지(미국)	공랭식/수냉식	PEM	2~25 [kW]
헬로센트리스퓨얼셀(독일)	Nexa 1200	PEM	1.2 [kW]
호라이즌퓨얼셀(싱가포르)	H-시리즈	PEM	10 [W]~5 [kW]
	Ecobox-MR	PEM	1~10 [kW]
	GreenHub Powerbox	PEM	500 [W]~2 [kW]
하이드로제닉스(캐나다)	HyPM XR 파워모듈	PEM	4.5~12.6 [kW]
	HyPM Rack	PEM	2~200 [kW]
인텔리전트에너지(영국)	공냉식	PEM	5 [kW]
Oorja퓨얼셀(미국)	Model T	DFMC	1.5 [kW]
렐리온 플러그파워(미국)	E-200	PEM	175~525 [W]
	E-1000x	PEM	1~4 [kW]
	E-1100	PEM	1.1~4.4 [kW]
	E-2200x	PEM	2.2~17.5 [kW]
	E-2500	PEM	2.5~20 [kW]
	T-2000	PEM	100 [W]~6 [kW]+
SFC 에너지	EFOY Pro 800	DFMC	45 [W]
	EFOY Pro 2400	DFMC	110 [W]
울트라셀(미국)	XX25	RMFC	50 [W]
	Blade 50	RMFC	50 [W]
	Blade 0-165	RMFC	75, 100, 150 [W]

33) Fuel Cell Technologies Market Report 2014

이 표에 따르면 시생산 된 제품들에서 소위 휴대용의 범위가 광범위하다는 것을 알 수 있다. 이 시스템들은 양성자교환 맴브레인 연료전지(PEMFC)나 고체 산화물 연료전지(SOFC) 기술을 사용할 수 있으며, 연료는 수소나 메탄올(직접 메탄올 연료전지(DMFC) 형이나 개질기)에서 가솔린 및 디젤에 이르기까지 다양하다. 이 분야에 있어서 광범위한 시장진입 기회가 있다는 점은 명확하다.

틈새시장은 소규모 후발업체들이 차지할 것으로 보인다. 그럼에도 불구하고, 다목적 시스템이 광범위한 용도로 사용될 것이며, 발라드 파워 시스템社와 제너럴 모터스와 같은 주요 개발업체들도 역시 이러한 기회를 인식하고 있다. 앞으로 몇 년 동안 신속하고 흥미로운 개발이 진행될 것으로 기대된다.

표 9.5 이 단원의 서언에서 정의했던 휴대용 시스템의 전력범위와 연료

차량용		
용도	저온연료전지-PEMFC	고온연료전지-SOFC
보조전력 유닛(APU)	수소(BMW만 사용)	가솔린 및 디젤
휴대용		
용도	수소 PEMFC	직접 메탄올 PEMFC=DMFC
원격동력(100~500 [W])	–	메탄올 탱크
원격동력(300~3,000 [W])	프로판/부탄/메탄올	메탄올 탱크
소형 전자장치	금속 수소화물 용기속의 수소	메틴올 카트리지

References

Automotive Intelligence News, http://www.autointell.com/News-2001/February-2001/ February-21.02-p3.htm, February 21, 2001.

Ballard Power Systems, press release, October 30, 2000 (2000a).

Ballard Power Systems, press release, October 24, 2000 (2000b).

Ballard Power Systems, press release, January 16, 2000 (2000c).

Ballard Power Systems, press release, September 27, 2001 (2001a).

Ballard Power Systems, press release, August 2001 (2001b).

Ballard Power Systems, home page, www.ballard.com, accessed January 2002.

Dobbs, H.H. et al., Diesel-Fueled Solid Oxide Fuel Cell Auxiliary Power Units for Heavy-Duty Vehicles, in Fourth European Solid Oxide Fuel Cell Forum, Proceedings, Vol. 1, European Fuel Cell Forum, Oberrohrdorf, Switzerland, 2000, p. 85.

Fuel Cell Today, http://www.fuelcelltoday.com/FuelCellToday/IndustryInformation/IndustryInformationExternal/NewsDisplayArticle/0,1471,987,00.html, February 26, 2002.

Gibbard, H.K., Highly Reliable 50 Watt Fuel Cell System for Variable Message Signs, in Proceedings of the European Fuel Cell Forum Por표 Fuel Cells Conference, Lucerne, 1999, pp. 170.112.

Giner home page, www.ginerinc.com, 2002.

General Motors, press release, October 31, 2001.

Gottesfeld, S. and Ren, X., Passive Air Breathing Direct Methanol Fuel Cell, World Patent WO0145189, 2001.

Heinzel, A., in Brennstoffzellen . Entwicklung, Technologie, Anwendung, Ledjeff-Hey, K., Mahlendorf, F. and Roes, J., Eds., C.F. Muller, Heidelberg, 2001.

Heise online, news report, October 16, 2001.

Heise Newsticker, http://www.heise.de/newsticker/data/wst-31.01.02.000, 2002.

Heliocentris, www.heliocentris.com, 2002.

Hockaday, R. and Navas, C., Micro-Fuel Cells for Por표 Electronics, in Proceedings of the European Fuel Cell Forum Por표 Fuel Cells Conference, Lucern, 1999, p. 45.

Hydrogenics home page, www.hydrogenics.com, 2001.

HyWeb, http://www.hydrogen.org, September 12, 2001 (2001a).

HyWeb, http://www.hydrogen.org, July 27, 2001 (2001b).

Manhattan Scientifics, press release, www.mhtx.com, www.novars.de, July 26, 2001.

Minh, N. et al., in Solid Oxide Fuel Cells VII, Proceedings of the Seventh International Symposium, Yokokawa, H., and Singhal, S.C., Eds., Vol. 2001.16, The Electrochemical Society, Pennington, NJ, 2001, p. 3.

MTI, press releases, January 4 and April 19, 2001, www.mtimicrofuelcells.com (2001a).

MTI, press release, August 7, 2001, www.mtimicrofuelcells.com (2001b).

Mukerjee, S. et al., in Solid Oxide Fuel Cells VII, Proceedings of the Seventh International Symposium, Yokokawa, H. and Singhal, S.C., Eds., Vol. 2001.16, The Electrochemical Society, Pennington, NJ, 2001, p. 173.

NovArs Home page, www.novars.de, 2001.

Raadschelders, J.W. and Jansen T., J. Power Sources, 96, 160, 2001.

Ren, X. et al., J. Power Sources, 86, 111, 2000.

Smart Fuel Cell, press release, October 11, 2001, http://www.smartfuelcell.de/de/ presse/c011011.html (2001a).

Smart Fuel Cell, press release, September 12, 2001, http://www.smartfuelcell.de/de/ presse (2001b).

Smart Fuel Cell home page, http://www.smartfuelcell.de, 2002.

Woo, Y.S., Geun, Y.K., and Sang, S.Y., Proceedings of the 14th IEEE International Conference on Micro Electro Mechanical Systems, Interlaken, Switzerland, Technical Digest, MEMS 2001, No. 01CH37090, IEEE, Piscataway, NJ, 2001, p. 341.

Chapter

Fuel Cell Technology Handbook

10 차량 적용사례

미디어들이 항상 앞질러서 이 분야에서의 새로운 발명과 성과들을 기사화하기 때문에, 연료전지 동력을 사용하는 차량을 개발하려 했던 원래의 동기인 청정한 배기물에 대해서는 거의 잊혀 버렸다. 연료전지 동력 차량을 내년에 차량 딜러의 전시장에서 볼 수 있기를 기대하는 바람에서부터 자동차가 수소나 메탄올을 연료로 사용하여 석유수입에서 완전히 독립하는 것에 이르기 까지 기대의 범위는 넓다.[1] [2]

왜 연료전지를 필요로 하나?라는 의문은 1장에서 이미 제기되었으며, 이 분야의 시장에서 어떤 것들이 개발되었으며, 누가 선도 개발업체인가에 대한 통찰력을 갖게 해 주는 것이 이 단원의 목적이기도 하다. 연료전지가 개선된 내연기관 및 여타의 개념들과 힘겨운 경쟁을 치러야 한다는 점은 의심할 여지가 없다. 이러한 경쟁에 대한 심도 깊은 논의에 대해서는 11장 및 12장에서 다루고 있다.

10.1 차량기술에 적용되는 연료전지

과거 20여년간 , 또는 그 이상의 기간 동안 차량용 연료전지 개발을 지속해 온 주요 개발업체들은 주 동력전달계통에서 기존의 내연기관(ICE) 엔진을 대체하거나 보조하기 위해서 차량에 탑재된 전기모터를 구동하기에 충분한 전력을 생산할 수 있는 이동용 동력원을 개발하기 위해서 노력해 왔다. 아래에서는 다양한 시도들에 대해서 논의할 예정이다. 이들 모두는 양성자 교환 맴브레인 연료전지(PEMFC)기술을 기반으로 하고 있다.

그러는 동안, 새로운 용도로서 중장비, 군용차량 및 고급차량에서 사용되는 기계식 발전기를 대체하는 방안들이 도출되었다. 이들 시스템은 내연기관 동력을 사용하는 차량을 표적으

1) 연료전지 동력을 사용하는 차량이 물로 작동된다고 믿는 사람들이 많다. 이러한 관점은 정원용 호스로 차량의 연료통을 채우는 독일 유틸리티 회사인 REW사의 반 페이지짜리 신문광고와 같은 과대광고에 의한 것임은 자명하다.

2) 2014년 4월 BMW, 다임러, 혼다, 현대 및 토요다는 HyFive 프로젝트를 통해서 유럽의 여러 도시들에서 총 110대의 연료전지 자동차를 운행시키는 49[M$] 규모의 프로젝트를 시작하였다. 이 프로그램을 통해서 런던, 덴마크 및 오스트리아 등에서 수소충전 스테이션을 운영한다. 일본 정부는 연료전지차량 구매에 $18,165의 보조금을 지급하고 있으며, 중국정부는 2016년부터 정부 구입차량의 30%를 연료전지 차량으로 구입한다고 발표하였다.

로 하고 있으며, 따라서 (한 건의 예외를 빼고는) 가솔린이나 디젤 연료를 사용하도록 설계되었다. 모든 시스템들은 평면형 고체 산화물 연료전지(SOFC)기술에 기반을 두고 있으며, 아직까지도 초기 개발단계에 불과하다.

10.1.1 추진동력의 발전

차량용 구동 트레인에 연료전지 동력을 사용하기 위한 다양한 개념들이 연구되고 있다. 우선, 연료전지만을 사용하는 차량(FCV)과 연료전지 및 전기나 기계적 에너지 저장장치를 사용하는 차량(FCHV)을 구분할 수 있어야 한다. 다음으로, 5장에서 상세하게 다뤘던 연료에 대한 의문들, 즉, 차량에 탑재하는 (액상, 가압, 또는 금속 수소화물) 수소저장장치나, 메탄올, 가솔린/디젤, (가압된) 액화 석유가스(LPG)나 천연가스 등과 같은 화학적 연료의 저장 등에 대해서 고찰할 가치가 있다.

다임러 크라이슬러社는 버퍼나 백업 전지를 사용하지 않고 순수하게 연료전지로 차량을 구동하는 개념을 채용해 왔다. 이를 위해서는 플랜트(펌프, 압축기 및 전기장치)와 특히, 차량에 탑재되어 수소를 생산하는 개질기와 같은, 연료전지 시스템의 나머지 부분들 사이의 균형이 높은 수준의 동적 응답특성을 갖춰야 함은 명확하다. 실제 연료전지 적층의 동적 응답은 순간적인 부하변화를 수반하므로, 일반적으로 문제가 되지 않는다.

과거 많은 개발업체들은 전지나 슈퍼 커패시터 등과 같은 전력 저장장치나, 플라이휠과 같은 기계적인 동력 저장장치를 연료전지와 함께 사용하는 복합식을 채용하였다. 동력의 (전기적 또는 기계적) 버퍼는 연료전지 동력 시스템의 동적 응답수준을 결정할 뿐만 아니라, 회생제동 옵션의 해결방안이 되기도 한다.

10.1.2 보조전력의 발전

10여년 전부터 **차량용 보조전력 유닛**(APU)에 대한 개발이 시도되었다. 보조전력 유닛은 가솔린을 사용해서 작동하도록 개발되고 있다(수소를 연료로 사용하는 BMW 내연기관의 경우, 액체수소탱크에서 연료를 공급받는 보조전력 유닛의 사례를 제외하고는, 비등이 발생할 위험이 있다, 9.2.3절 참조). 또한, 보조전력 유닛 기술은 대부분의 경우, 고체 산화물 연료전지를 사용하는 추진용 연료전지 기술과는 차이가 있으며, 오히려 양성자 교환 맴브레인 연료전지가 사용된다. 그러므로 보조전력 유닛에 대해서는 휴대용 동력의 발전(9장)에서 논의하는 것이 더 타당하다.

10.2 차량기술의 주요 개발업체들

10.2.1 제너럴모터스[3], 오펠, 스즈키[4]

보유기술과 협력업체

제너럴 모터스(GM)는 연료전지기술 연구와 개발에 있어서 오랜 역사를 가지고 있다. 1964년, 제너럴모터스는 모터, 제어장치 및 동력원 등과 같은 전기구동 시스템의 연구와 개발을 목적으로 전기차량 제작 프로그램을 출발시켰다. 연료전지 동력원은 두 가지 중요한 장점을 가지고 있기 때문에, 평가를 위해 사용된 전력원들 중 하나로 선정되었다:

- 배터리와는 달리, 주행거리의 한계가 없다.
- 열 엔진의 효율에 의해서 제한을 받지 않기 때문에 연료 사용에 비해 월등한 경제성을 확보할 가능성이 있다.

1996년 제너럴모터스는 주행이 가능한 연료전지 차량인 일렉트로밴(2장 참조)을 출품한 최초의 차량 제조업체가 되었다. 이 일렉트로밴은 액체수소와 액체산소 탱크를 탑재하고, 240 [km]의 주행거리를 갖고 있으며, 최고시속은 110 [km/h]에 달하였다. 알칼리 연료전지는 유니언 카바이드 주식회사가 제작하였으며, 연속적으로 32 [kW], 일시적으로는 160 [kW]의 전력을 생산하여 90 [kW]급 3상 AC 전동기를 구동할 수 있다(상세한 내용은 2장 참조) 이 일렉트로밴 프로그램은 연료전지 차량의 상용화에 대한 제너럴모터스의 초기 관심을 잘 보여주고 있으며, 이제는 대부분이 극복된, 많은 장애요인들을 확인시켜 주었다.

1998년 11월 이후, 제너럴모터스의 연료전지 개발을 위한 작업들은 워런, 로체스터 및 마인츠 카스텔(오펠, 독일)에 위치한 글로벌 대체추진 센터(GPAC)[5]와 협동으로 수행되었다. 제너럴모터스 독일지사로부터의 중요한 의사를 반영시키기 위해서, 오펠과 글로벌 대체추진 센터(GPAC)는 두 명의 이사인 바이런 맥코믹(미국)과 에르하르트 슈베르트(독일)를 선임하였다. 두 명의 이사들뿐만 아니라 여타 제너럴모터스의 고위 집행부들은 수소가 장기적 관점에서 운송수단의 연료가 될 것이며, 수소는 재생성 연료에서 추출해야만 한다는 점을 꾸준히 강조해 왔다.

그럼에도 불구하고, 가솔린에 대한 (전환단계에서의)옵션을 꾸준히 유지하기 위해서, 엑손모빌과 제너럴모터스는 1998년에 차세대 차량의 하드웨어와 연료 옵션에 대한 연구를 수행하기 위한 협정서를 조인하였다. 이 협력관계는 그 이후에 가솔린 개질장치(현재 GEN 3)의

---

3) 제너럴모터스는 1966년 연료전지 콘셉트카인 Electrovan을 선보인 이래 2001년 HydroGen3, 2002년 HyWire, 2005년 Sequel 하이브리드, 2006년 시보레 Equinox, 2007년 HydroGen4 등의 연료전지 콘셉트카를 선보이고 있지만, 아직 상용차량을 출시하지는 않고 있다.

4) 스즈키는 2003년 MR 웨건 FCV, 2004년 웨건 R-FCV, 2008년 SX4-FCV 등의 콘셉트카를 선보였다.

5) Global Alternative Propulsion Center

개발을 이끌어냈으며, 2001년에는 시보레 S-10 차량에 탑재되는 25 [kW] 연료전지 시스템에 동력을 공급할 수 있게 되었다(그림 5.6 참조). 개질기의 효율은 80%에 달하는 것으로 추정되며, 시스템 효율은 거의 40%에 이를 것으로 기대된다. 이 처리장치는 이전 세대에 비해서 50% 가볍고 절반의 크기에 불과하며, 이전 세대의 장치들이 12~15분의 기동시간을 필요로 하는 것에 비하여 3분 이내로 기동이 가능하다(GM, 2002a).

제너럴모터스의 부사장인 로렌스 D. 번스(GM, 2000b)에 따르면, 가솔린을 사용하는 연료전지를 통해서, 10년 이내로 소비자들에게 더 깨끗하고 더 효율적인 차량을 공급케 해 줄 것이다. 하지만 주의할 점은 개질기가 청결한 가솔린을 사용해서 작동하며, 이는 현재 주유소에서 공급하는 탄화수소와는 아주 다른 화학적으로 순수한 연료를 의미한다.

또 다른 정책적 연대가 2001년에 스즈키, 하이드로제닉스社 및 자이너社 사이에서 체결되었다(하이드로겐 앤 퓨얼셀 레터, 2001a). 하이드로제닉스社는 연료전지 개발 및 최적화를 위한 우선 협력업체와, 또한, 양자가 함께 개발한 설비형 시스템의 공급업체가 될 예정이다.[6] 과거에, 하이드로제닉스社는 병원용과 같은 고 부가가치 적용분야를 위한 연료전지 동력 백업 시스템을 공급하였고, 이 분야는 연료전지 시험장비의 선도시장들 중 하나이다. 자이너社는 수소 재급유기술 분야에서 제너럴모터스를 도울 예정이다. 제너럴모터스는 두 회사의 지분을 각각 24%와 30%씩 소유하고 있다(제너럴 모터스, 2001a). 스즈키社와 협력관계의 주목표는 연료전지 시스템을 콤팩트하고 소형인 차량 내부에 통합시켜 넣는 것이다. 제너럴모터스는 현재 스즈키社의 지분을 20% 보유하고 있다(하이드로겐 앤 퓨얼셀 레터, 2001a).

수소 저장은 GM과 오펠이 파트너로 협력하는 또 다른 분야이다. 퀀텀 테크놀로지社(캘리포니아주 어바인)와의 협력은 2001년 6월에 발표되었다. 퀀텀社는 압축수소 저장장치 경량화 기술의 선도 개발업체로, 2000년에는 총 중량의 13%에 달하는 수소를 저장(5장 참조)하는 기록을 달성하였다(퀀텀, 2001).

2001년에, 퀀텀社는 기존의 35 [MPa] 탱크보다 80%의 가스를 더 저장할 수 있는 70 [MPa] 탱크를 발표하였다. 폭발압력은 162 [MPa]인 것으로 판명되었다(도이치 수소연합[7], 2001). 제너럴모터스社는 이 회사의 지분을 20% 보유하고 있다(GM, 2001a).

1999년에, 제너럴모터스는 진보된 추진기술의 도입을 앞당기기 위해서 또 다른 선도 개발업체(10.2.2 참조)들 중 하나인 토요타와 5년간의 연구개발 협정을 체결하였다.

제너럴모터스는 자동차 제조업체, 석유 및 에너지 회사들, 연료전지 개발업체 및 정부기관 등으로 구성된 캘리포니아 연료전지 협력기구의 회원사이다. 이 협력기구는 2003년까지 70대 이상의 연료전지 승용차와 연료전지 버스를 운행시킬 계획을 가지고 있다.[8]

---

6) 하이드로제닉스사는 2016년 현재 1 [kW]~1[MW] 출력범위를 가지고 있는 HyPM 연료전지 발전시스템을 공급하고 있다.

7) Deutscher Wassertoff Verband

8) 2016년 현재 캘리포니아에서는 27대의 연료전지 버스가 운행중에 있다. 전세계적으로는 약 300대의 연료전지 버스가 운행중이다.

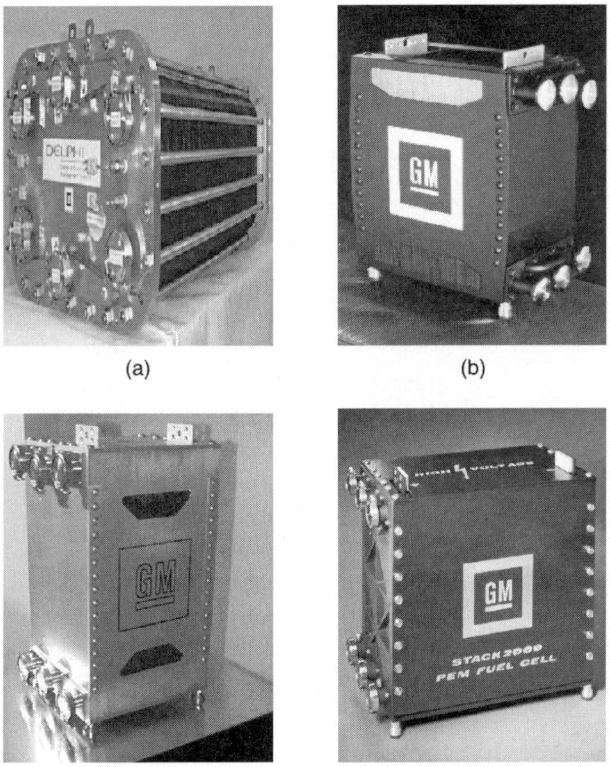

(a) (b) (c) (d)

그림 10.1 제너럴 모터스/오펠 연료전지 프로그램의 발전사. 시리즈 (a)에서 (d)까지는 1997년에서 2000년 사이에 개발된 적층을 도시하고 있다. (a) Gen3(전력밀도 0.26 [kW/L]), (b) Gen4 (0.77 [kW/L]), (c) Gen7 (0.47 [kW/L]-하이드로겐1의 동력용으로 사용됨), 그리고 (d) 스택2000(1.6 [kW/L]-하이드로겐3). 제너럴모터스社의 최근 적층(스택2001-그림에는 없음)은 1.75 [kW/L]의 동력을 송출한다. 기술적 사양들은 표 10.1참조9)

적층

그림 10.1에서는 1997년에서 2000년 사이에 제너럴모터스/오펠 연료전지 프로그램을 통해서 개발된 일련의 적층들을 보여주고 있다. 그림 10.1 (c)에 도시된 제너럴모터스社의 하이드로겐1 적층(Gen 7, 1999)은 1.1 [kW/dm^3] 및 0.47 [kW/kg]의 밀도로 80 [kW]의 전력을 송출하는 반면에, 그림 10.1 (b)에 도시된 제너럴모터스社의 초기 Gen4 적층은 23 [kW]를 생산하였다. Gen4는 106개의 전지를 내장하고 각각, 0.77 [kW/dm^3]의 전력밀도와 0.31 [kW/kg]의 전력비율을 구현하였다(퓨얼셀 투데이, 2002a)(표 10.1 참조).

그러는 동안, 제너럴모터스社는 그림 10.1 (d)에 도시된 스택2000 설계를 통하여, 매우 강력한 양성자 교환 맴브레인 연료전지 적층을 개발하였으며, 동결조건에서 기동하면서 조차도 전력을 생산할 능력이 있음을 보여줬다. −20 [℃]와 −30 [℃]에서 단지 20초와 60초 이내에 최대출력에 도달할 수 있었다. 200개의 전지를 기반으로 하여, 제너럴모터스社의 스택2000은 1.6 [kW/dm^3]의 전력밀도와 0.94 [kW/kg]의 전력비율을 구현하였다(표 10.1 참조).

9) Photograph courtesy of Adam Opel AG.

적층은 전지의 작동을 위해서 추가적인 외부 가습장치를 필요로 하지 않는다(오펠, 2002)(4장 참조).[10)]

또한, 2001년 말 까지, 제너럴모터스社는 1.75 [kW/L] 이상의 전력밀도를 갖는 적층의 상세사양을 제시하였다. 640개의 전지를 사용하는 적층은 82 [kg]의 무게를 갖고 100 [kW] 이상의 전력을 연속으로 송출할 수 있다(퓨얼셀 투데이, 2002a)(표 10.1 참조).

표 10.1 제너럴 모터스社 적층 하드웨어의 발달사

적층	Gen3	Gen4	Gen7	스택2000	스택2001
개발시기	1997	1998	1999	2000	2001
적층출력 [kW]	37-41	23-40	80-120	94-129	102-129
전력밀도 [kW/L]	0.26	0.77	1.10	1.60	1.75
비동력 [kW/kg]	0.16	0.31	0.47	0.94	1.22a
전지수	220	106	200	200	640
활성화 면적 [cm^2]	500	500	800	800	?
압력 [kPa]	270	270	270	150-270	?
온도 [℃]	80	80	80	80	?
크기 [mm]	-	-	590×270×500	472×251×496	140×820×500
여타특징	-	-	-	외부가습장치 없음	외부가습장치 없음
적용사례	-	1998 자피라	하이드로겐1	하이드로겐3	-

Note: 그림 10.1에서는 이 적층들을 도시하고 있음
a 저자가 산출한 수치임
출처: 데이터들은 오펠사와 퓨얼셀 투데이 및 제너럴 모터스社에서 취합하였음

승용차

1980년대 후반 발라드 파워 시스템社의 공기를 사용해서 작동하는 양성자교환 맴브레인 연료전지(PEMFC) 기술의 성공(그 이후로 차량 추진용 연료전지 분야에서 다른 모든 연료전지를 밀어냈다)에 힘입어 미국 에너지성은 1991년 메탄올 동력을 사용하는 전기자동차를 개발하기 위해서 제너럴모터스에 재원을 투입하였다.

메탄올 개질기를 사용하는 오펠 **자피라** 연료전지 차량이 1998년 9월 파리 모터쇼에서 발표되었다. 50 [kW] 연료전지 동력 유닛은 차량을 최대시속 120 [km/h]까지 가속시킬 수 있었다(표 10.2 참조). 이 차량의 주행거리는 483 [km]였다(퓨얼셀 2000 정보서비스, 2002). 전지가 일시적인 동력을 공급하며 회생제동시 발생되는 전력을 저장한다(제너럴 모터스, 1998). 사용된 개질기의 유형은 알려지지 않았다. 그러나 이 차량에는 추가적인 20 [L] 물탱크와 개질기가 필요로 하는 열을 공급하는 촉매 버너가 설치(제너럴 모터스, 1998)되어 있는 것으로 보아서, 스팀 개질기(5장)를 사용하는 것이 거의 확실하다. 제너럴모터스가 메탄올 개질기술을 포기하였기 때문에, 현재 이 차량에 대해서 얻을 수 있는 정보는 거의 없다.

10) 내장형 적층 가습장치를 의미

표 10.2 제너럴모터스社의 1998년 메탄올 동력 자피라의 기술데이터

연료전지차량의 명칭(시기)	퓨얼셀 자피라(1998년 9월)
차체	오펠 자피라
중량	1,850[kg]
탑승인원	?
최대속도	120 [km/h]
연료전지 유형/정격출력	2×25 [kW] PEM 연료전지(아마도 Gen4) 80~90 [℃] 적층, 연료변환 시스템, 후방에 설치된 메탄올 탱크
모터유형/정격출력	50 [kW] AC 유도전동기, 전륜구동 2세대 GM 동력전자기술, 단일속도 기어세트, 10.9:1 모터, 전지팩, 및 동력제어회로들을 엔진실에 설치
연료처리장치	메탄올; 아마도 스팀 개질기[여분의 물탱크와 개질기에 필요한 열을 공급하는 촉매버너(제너럴 모터스, 1998)]
연료저장용량	메탄올 54 [L](물 20 [L] 추가적으로 사용)
백업 전지	금속 수소화물 전지(오비오닉 배터리社)
여타사항	회생제동
주행거리	483[km]

출처: 데이터들은 1988년 9월 29일 제너럴 모터스 발표자료; L-B-시스템테크닉 연료전지 자동차 리스트, 2002년 2월; 퓨얼셀 2000 정보서비스, 2002 등을 참조

그림 10.2 제너럴 모터스/오펠에 의해서 2000년에 개발된 하이드로겐1 연료전지차량 시제품. 하이드로겐1은 75 [L] 용량의 액체수소를 사용하여 400 [km]를 주행한다[11)]

11) Photograph courtesy of Adam Opel AG

5인승 차량인 **하이드로겐**1 역시 오펠 자피라 컴팩트 밴에서 사용한 기술을 기반으로, 액체수소를 사용해서 작동하며, 2000년 6월 브뤼셀에서 주행이 가능한 버전이 전시되었다(그림 10.2). 이 차량은 순수한 수소연료를 사용하는 75 [kW] 용량의 연료전지 유닛으로부터 전력을 공급받아, 250~380 [V], 55 [kW] 용량의 3상 동기전동기(최대출력 60 [kW], 251~305 [N·m] 범위의 토크, 68 [kg])에 의해서 구동된다. Gen7 연료전지 적층은 200개의 개별적인 연료전지들로 구성되며, 125~200 [V]의 전압을 공급한다. 적층의 크기는 590×270×500 [mm] (길이×폭×높이)이며, 이는 75 [kW]를 기준으로 한다면, [L] 당 0.9 [kW]의 전력밀도(환산값)에 해당된다. 이 전륜구동 차량은 최고속도가 거의 140 [km/h]에 달하며, 탱크에 채워진 수소로 400 [km]를 달릴 수 있다. 후방 시트 아래에 설치되어 있는 스테인리스강으로 제작된 탱크는 길이 1 [m], 직경 400 [mm]로 75 [L] 또는 5 [kg]의 수소를 저장한다. 1,575 [kg]의 차량(공차중량)을 0에서 100 [km/h]까지 가속하는 데에 16초가 소요된다. 하이드로겐1은 또한, 최대출력을 위해서 전지팩을 장착하고 있다(제너럴 모터스, 2000a)(표 10.3 참조).

표 10.3 제너럴모터스社에서 발표한 하이드로겐1의 기술사양

연료전지차량의 명칭(시기)	하이드로겐1(2000)
차체	오펠 자피라
제원	4,317 [mm](ℓ)×1,742 [mm](w)×1,684 [mm](h)
탑승인원	5
최대속도	140 [km/h]
연료전지 유형/정격출력	GM Gen7 PEMFC/75 [W]/200 셀 125~200 [V]
모터유형/정격출력/토크/작동전압/중량	AC/60 [kW]/251-305[N·m]/250~380 [V]/68[kg]
연료처리	수소 직접사용
연료저장	액체수소, 75 [L]/5[kg], 1,000 [mm](ℓ)×400 [mm](d), 1,301/50 [kg]
백업 전지	사용
주행거리	400 [km]

출처: GM 연감, 2000년 11월

2001년 프랑크푸르트 모터쇼에서 하이드로겐1에 이어서 **하이드로겐**3의 목업이 최초로 발표되었다. 표 10.4에서는 하이드로겐3의 기술사양들이 제시되어 있다. 제너럴모터스社의 스택2000은 90 [kW] 이상의 총 정격출력 조건(80 [kW] 이상부터)하에서 [L] 당 1.6 [kW] (1.1 [kW [dm^3] 이상부터)의 출력을 구현하였다(퓨얼셀 투데이, 2002a). 비 중량은 0.94 [kW/kg]이다.

여타의 성과들로는 적층형 가습장치를 내장하여 전지들을 위한 추가적인 외부 가습장치가 필요치 않게 되었다(4장 참조).

표 10.4 제너럴모터스社에서 발표한 하이드로겐3의 기술사양

연료전지차량의 명칭(시기)	하이드로겐3(2001년 9월/목업)
차체	오펠, 자피라
제원	4,317 [mm](ℓ)×1,742 [mm](w)×1,684 [mm](h)
탑승인원	5
총 중량	1,590 [kg]
최대속도	150 [km/h]
연료전지 유형/정격출력/중량/제원	GM 스택2000/94~129 [kW]/200 셀 125~200 [V]/90 [kg] 472/251/496 [mm] 1.60 [kW/L], 0.94 [kW/kg]
모터유형/정격출력/토크	DC/60 [kW]/12,000 [min^{-1}]에서 215 [N · m]
작동전압	250~380 [V], 92 [kg]
연료처리	수소 직접사용
연료저장	액체수소, 68 [L]/4.6 [kg]
백업 전지	?
주행거리	400 [km]

출처: 제너럴 모터스, www.gmfuelcell.com, 2002

그림 10.3 제너럴 모터스는 연료전지 추진을 위해서 세계 최초로 차량에 탑재한 가솔린 연료처리장치를 발표하였다. 시보레 S-10 픽업에 설치된 Gen3 처리장치는 탑재상태에서 순수한 가솔린의 개질처리를 통해서 수소 스팀을 추출하여 연료전지 적층으로 보내준다. 이 차량은 마이애미주 트래버스에서 2001년 8월 7일 개최된 차량관리 컨퍼런스에서 제너럴모터스의 연구개발 및 기획분야 부사장인 래리번즈에 의해서 소개되었다.[12)]

가솔린을 연료로 사용하는 시연용 차량인 **시보레** S-10이 2001년 8월에 발표되었다. 이 차량은 가솔린 개질기를 차량에 탑재한 최초의 도로차량이었다(그림 5.6 참조). 그림 10.3에서 보여주듯이, 이 차량의 동력시스템이 스포츠 유틸리티 차량(SUV)의 적재함 절반을 차지하고 있기 때문에 여전히 개발단계에 있다(하이드로겐 앤드 퓨얼셀 레터, 2001b). 아직도, S-10

12) Photographer:Joe Polimeni; courtesy of General Motors

연료전지는 차량의 전기 구동트레인에 전력을 공급하기 위한 동력용 전지에 25 [kW]의 전력을 공급할 뿐이다. Gen3 가솔린 부분산화 개질기(5장 참조)는 3분 이하의 기동능력을 갖고 있어서, 이전 버전보다는 빠른 기동특성을 나타낸다. 이 전지는 수소를 사용하여 80%의 최대효율을 갖고 70 [kW]를 생산할 수 있다.(제너럴 모터스, 2001b; L-B-시스템테크닉, 2002).

2000년 1월에 디트로이트에서 개최된 북미 국제 오토쇼에서 목업이 발표된 프리셉트 연료전지 전기자동차는 화학적 수소화물을 사용해서 작동하며 800[km]의 주행거리를 갖도록 설계되었다. (L-B-시스템테크닉, 2002; 미국 수송기술사무국, 2002).[13]

10.2.2 토요타[14] 자동차와 다이하쓰

보유기술과 협력업체들

일본 최대, 그리고 세계 3위의 승용차 제조업체인 **토요타 자동차 주식회사**는 27개국에서 차량을 생산하고 있다. 2000년에는 최초로 5백만대를 생산했다.[15]

토요타는 하이브리드 전기차량의 커다란 시장에서 선도적인 생산업체이다. 1997년에, 프리우스의 생산을 시작하였으며(2000년 12월까지 50,000대 이상을 판매했다) 사장인 히로시 오쿠다에 따르면, 궁극적으로는 토요타가 생산하는 모든 모델에 대해서 하이브리드 버전을 제공할 계획을 갖고 있다. 2014년에는 전 세계에서 약 125만대의 하이브리드 자동차를 판매하였으며 2015년 7월까지의 누적 판매대수는 800만대를 돌파하였다.[16]

토요타는 1992년부터 연료전지 개발에 힘써왔기 때문에, 금속 수소화물과 수소 압축탱크로부터 수소를 공급받는 연료전지뿐만 아니라, 메탄올(토요타 환경 업데이트, 2000)과 가솔린 개질기를 사용하는 연료전지를 사용해서 주행하는 다양한 유형의 하이브리드 차량을 개발하였다.

토요타 자동차 주식회사와 제너럴 모터스 주식회사는 1999년 4월에 기술협정의 체결과 차세대 차량과 차량기술의 개발을 촉진하기 위한 추진계획을 발표하였다. 이 협정의 목표는 장래에 사용될 전지, 하이브리드 및 연료전지 등을 사용하는 전기자동차에 공통적으로 사용할 수 있는 전기추진장치 및 제어요소의 개발에 협력하는 것이다. 토요타와 제너럴모터스는 전지 전기차량용 유도형 충전 시스템의 개선; 차세대 하이브리드 전기차량의 구동트레인과 제어 시스템; 미래형 시스템의 설계, 그리고 연료전지 동력을 사용하는 차량의 생산을 지원하기 위한 연료의 선정과 처리 등을 위해서 협력을 지속하였다.

---

13) 제너럴모터스는 NREL과의 공동연구 협력체제를 구축하고 연료전지의 백금 사용량 저감, 출력향상, 연료전지 내구성능 향상 및 생산성 향상 등을 위해서 노력하고 있다.

14) 토요타는 2002년 FCHV 하이브리드 자동차의 콘셉트카를 발표한 이후 2003년 Fine-S와 Fine-N, 2005년 Fine-T와 Fine-X, 2008년 FCHV, 2014년 FCV 등의 콘셉트카를 연이어 발표하였다. 그리고 2015년부터는 FCV Mirai의 상용판매를 시작하였다.

15) 토요타는 2014년 약 1,000만대의 자동차를 생산하였다.

16) Michael Graham Richard, Since 1997, Toyota has sold 8 million hybrids, saving 5.8 billion gallons of gasoline, 2015.8

2001년 디트로이트에서 개최된 북미 국제 오토 쇼에서 제너럴모터스와 토요타는 연료전지 차량용 연료로서, 장기적으로는 수소를, 중단기적으로는 청정 탄화수소 연료를 그들의 연구에 있어서 중요한 후보로 선택하였음을 공표하였다. 일본의 경우, 그들은 또한 청정 탄화수소 연료와 더불어서 천연가스에 대해서도 고려하고 있다.

두 회사 모두 수소가 차량의 효율을 현저하게 증가시키고 차량의 매연을 감소시켜줄 수 있는 유일한 연료라는 점에는 동의하고 있다. 하지만 이를 위해서는 디딤돌이 필요하다는 점을 인식하고, 제너럴모터스와 토요타는 기존의 추진방식과 진보된 추진방식을 함께 사용할 수 있는 차량을 위한 정책과 연료기술을 개발하기 위해서 노력하고 있다. 토요타의 경영이사인 H. 와타나베에 따르면, 공존방식에는 토요타 **프리우스**와 같은 하이브리드 내연기관(ICE)도 역시 포함된다(와타나베, 2000).

새로운 청정 탄화수소 연료를 사용하면, 기존의 공급망을 통해서 연료를 공급받으면서도 고효율, 환경 친화적인 연료전지 차량을 구현할 수 있다고 제너럴모터스와 토요타는 믿고 있다. 이 두 회사는 내연기관 엔진과 연료전지를 사용하는 차량 모두에 사용할 수 있는 연료를 개발하려고 노력하고 있다.

토요타와 제너럴모터스는 엑손모빌社와 1998년과 1995년부터 각각 개별적인 기술협정을 맺고 있으며, 이 세 회사들은 현재, 연료전지용 연료와 그 공급망 구축에 관련된 연구활동을 서로 연계하기로 결정하였다. 청정 탄화수소 연료를 사용하여, 차량에 탑재된 연료처리장치는 연료전지에 동력을 공급하기 위해서 고순도의 수소증기를 만들어낸다. GM과 토요타 및 엑손모빌은 컴퓨터 시뮬레이션 모델과 협업을 통한 각 회사의 연구결과 등을 공유하여 연료처리 기술을 시험하여 궁극적으로, 이 회사들은 앞으로의 개발을 위한 최선의 아이디어를 도출하기를 원하고 있다.

2000년 10월에, 토요타는 제너럴모터스와 더불어서 캘리포니아 연료전지 파트너십社(CaFCP)가 동참한다고 발표하였다.

토요타는 연료전지 차량 상용 생산 목표를 2003년으로 잡고 있다고 말해왔으며, 차량 가격은 $83,000 이하가 될 것이라고 제시하였다(FCHV-4, 아래 참조). 그런데 고위 경영진의 의견은 다른 방향을 시사하고 있다. 2001년 5월에, 토요타의 사장인 후지오초는 비록 이 차량이 개발된다고 하여도, 그 가격은 여전히 너무 비쌀 것이라고 말했다. 판매가 가능한 연료전지 차량은 실제적으로 2010년 까지는 출시가 가능치 못할 것이라고 말하였다(퓨얼셀 투데이, 2001a).[17)]

승용차량

1996년에 개최된 제 13차 국제 전지자동차 심포지엄에서 토요타는 2 [kg]의 수소를 수소흡

17) 토요다의 상업용 연료전지 자동차인 미라이(未來)의 판매는 2014년 12월에 시작되었다. 일본 내에서 판매되는 차량 가격은 $57,400 이었으며 정부는 $19,600의 보조금을 지급하고 있다. 2016년 현재 미라이는 미국 및 유럽시장에서 판매되고 있다.

착성 합금 탱크속에 저장하고 175 [km]의 주행거리를 갖는 연료전지 하이브리드 차량인 RAV4 연료전지 전기자동차(FC EV)를 발표하였다(L-B-시스템테크닉, 2002). 이 차량의 기술 데이터는 표 10.5에 제시되어 있다.

1997년에, 토요타는 세계 최초로 차량에 탑재된 메탄올 개질장치를 사용해서 수소를 생산하는 연료전지 하이브리드 자동차(FCHV)를 발표하였다(표 10.6 참조). 물론, 이 장치로부터 세계 최초의 메탄올 동력을 사용하는 연료전지만으로 작동하는 차량인 NeCar 3이 개발되었다(10.2.3절 참조).

표 10.5 토요타 RAV4 연료전지 전기자동차(FC EV)의 기술데이터

연료전지차량의 명칭(시기)	RAV4 FC EV(1996년 10월)
차체	토요타 RAV4
제원	3.980 [mm](ℓ)×1,695 [mm](w)×2,410 [mm](h)
탑승인원	5
최대속도	100 [km/h]
연료전지 유형/정격출력	20 [kW] PEMFC/120 [kg]
모터유형/정격출력	영구자석 동기식 전동기/45 [kW]
연료처리	직접 수소
연료저장	금속 수소화물, 2%(100 [kg]의 금속 수소화물 내에 2 [kg] H_2 함유)
백업 전지	?
주행거리	175 [km]

표 10.6 메탄올을 연료로 사용하는 토요타 RAV4 연료전지 전기자동차(FC EV)의 기술데이터

연료전지차량의 명칭(시기)	RAV4 FC EV(1997년 9월)
차체	토요타 RAV4
제원	3,980 [mm](ℓ)×1,695 [mm](w)×2,410 [mm](h)
탑승인원	5
최대속도	125 [km/h]
연료전지 유형/정격출력	25 [kW] PEMFC, 400셀, 1.05×0.5×0.24 [m] 0.2 [kW/dm^3]
모터유형/정격출력	영구자석 동기식 전동기/50 [kW]
연료처리	메탄올 개질기-600 [mm](ℓ)×300 [mm](직경)
연료저장	메탄올 탱크
백업 전지	NiMH, 회생제동
주행거리	약 500 [km]

출처: L-B-시스템테크닉 연료전자 자동차 리스트, Feb. 2002.

2001년 3월에 개최된 연료전지 차량 국제 심포지엄에서, 토요타는 **FCHV-3** 연료전지 시험차량의 개발을 공표하였다. 차체는 토요타 **하이렌더** SUV(일본에서는 클루거 V로 판매)를 사용하며, 에너지의 저장을 위해서 추가적인 전지를 내장하고 있다. 이 차량의 동력원으로는 토요타가 설계 및 제작한 90 [kW] 폴리머 전해질 연료전지 적층을 사용하였다. 이 차량의 상세한 사양은 표 10.7에 제시되어 있다.

표 10.7 토요타 FCHV-3의 기술데이터

연료전지차량의 명칭(시기)	FCHV-3(2001년 3월)
차체	토요타 SUV 클루거 V/하이랜더
제원	4,685 [mm](ℓ)×1,825 [mm](w)×1,720 [mm](h)
탑승인원	5
최대속도	>150 [km/h]
연료전지 유형/정격출력	토요타 PEMFC/90 [kW]
모터유형/정격출력	영구자석 동기식 전동기/80 [kW]/260 [Nm]
연료처리	직접수소
연료저장	금속 수소화물
백업 전지	NiMH/ 파나소닉 EV에너지
주행거리	300 [km]

출처: 토요타 환경 업데이트, 2001년 4월

토요타에서 최초로 개발한 연료전지 하이브리드 자동차(FCHV)와 마찬가지로, FCHV-3는 금속 수소화물 저장탱크를 사용한다. 더욱이, FCHV-3은 제동과정에서 생성되는 에너지를 저장하기 위해서 2차 전지를 사용하며, 고효율 구동을 보장받기 위해서 2차측 전지의 충전과 방전 및 전지에서 모터로 공급되는 추가적인 동력 등을 정교하게 제어한다. 표 10.7에서는 차량의 기술적 사양들에 대해서 더 상세하게 보여주고 있다.

탱크 내에 고압으로 수소를 저장하는 FCHV-3의 수정된 버전인 FCHV-4가 2001년 6월에 개최된 제 4차 토요타 환경포럼에서 발표되었다. 이 차량은 일본 내에서 160,000 [km] 이상의 도로주행시험을 완료하였다.

네 개의 고압(25 [MPa]) 수소탱크를 후방객실 바닥하부에 설치한 FCHV-4는 시내주행 조건 하에서 250 [km]의 주행거리(FCHV-3의 주행거리보다 약간 짧다)를 갖는다. 각각의 수소탱크는 11.2 [L]의 가솔린에 해당하는 수소를 저장한다. 토요타는 2002년까지 탱크 압력을 35 [MPa]로, 그리고 2004년에는 50 [MPa]로 증가시켜서 차량의 주행거리를 각각, 350 [km] 및 500 [km]로 늘릴 것을 바라고 있다. 모든 주요 구성요소들(적층, 압축기, 모터 및 동력제어유닛)은 전방 엔진실 내에 설치된다(표 10.8 참조). 더욱이, FCHV-4는 냉매로 프레온(HFC) 대신에 이산화탄소를 사용하는 새로운 히트펌프 공조 시스템을 채용하고 있다.

2001년에 토요타는, 2003년부터 일본 내에서 토요타는 FCHV-4를 기반으로 하는 연료전지 차량의 판매를 시작할 것이라고 발표하였다. 차량이 고압 수소를 사용하여 주행하기 때문에 2003년 당시에 공급망이 극히 제한적일 것이므로 미국과 일본 내에서의 광범위한 시험을 완료한 후에 한정판매 방식(후에 [하이드로겐 앤드 퓨얼셀 레터, 2001a]에 따르면, 30~50대)으로 초기판매가 이루어질 것이다. 판매가격은 천만엔(2001년 가격으로 $79,000)이 될 것이라고 일본 방송에서 리포팅 되었다(하이드로겐 앤드 퓨얼셀 레터, 2001c).

2001년 8월에 미국에서 FCHV-4가 발표되었을 때, 토요타사의 연료전지 개발책임을 맡고 있는 노리코 나카무라 상임고문은, 어떤 제조업체라도 연료전지를 소비자에게 대량으로 판매하기 위해서는 최소한 10년이 필요할 것이라고 경고했다. 그는 에너지 효율수준의 검증,

차량에 탑재하는 수소 저장탱크의 완벽성, 다양한 연료를 사용할 수 있는 시스템의 개발, 연료의 공급을 위한 공급망의 완비 등과 같은 수많은 문제들이 아직 해결되지 않았다는 점을 근거로 이와 같은 예상을 하였다.

2001년에, 토요타는 다섯 대의 FCHV-4를 사용해서 일본 내에서 도로주행 시험을 실시하였으며 누적 주행거리는 4,800 [km]에 달하였다. 토요타가 개발한 연료전지가 미국 내에서의 고속도로 주행, 언덕등판, 및 여타 가혹한 상황에서 원활하게 작동하는가를 검증하기 위해서 두 대의 FCHV-4는 미국 내에서 가혹시험을 수행하였다. 토요타는 모두 합해서 일곱 대의 연료전지 하이브리드 자동차(FCHV)에 대한 도로주행을 실시하였고, 이는 다른 모든 제조업체들보다 많은 숫자이다(하이드로겐 앤드 퓨얼셀 레터, 2001a).

표 10.8 토요타 FCHV-4의 기술데이터

연료전지차량의 명칭(시기)	FCHV-3(2001년 6월)
차체	토요타 SUV 클루거 V/하이랜더
제원	4,735 [mm](ℓ)×1,815 [mm](w)×1,685 [mm](h)
탑승인원	5
최대속도	> 150 [km/h]
연료전지 유형/정격출력	토요타 PEMFC/90 [kW]
모터유형/정격출력	영구자석 동기식 전동기/80 [kW]/260[Nm]
연료처리	직접수소
연료저장	압축 수소(H_2)
백업 전지	NiMH/ 파나소닉 EV에너지
시스템	회생제동
주행거리	250 [km]
주행거리 목표	350 [km](2002년 35 [MPa] 조건); 500 [km](2004년, 실린더압력 50 [MPa] 조건)

출처: 하이드로겐 앤드 퓨얼셀 레터, 2001년 11월; 토요타 환경 업데이트, 2001년 7월

같은 해 10월에 제35차 도쿄 모터쇼에서, 토요타는 연료전지 하이브리드 자동차(FCHV) 시리즈의 다음 차량인 가솔린 동력을 사용하는 **FCHV-5**를 발표하였다. FCHV-5는 토요타에서 개발한 청정 탄화수소 연료(CHP) 개질기를 사용해서 청정 탄화수소 연료(CHP)로부터 수소를 추출하여 전기를 생산하는 연료전지 하이브리드 차량이다. 이 차량의 상세한 사양들은 표 10.9에 제시되어 있다.

FCHV-5가, 연료전지 적층 및 모터와 같은, 주요 연료전지 구성요소들 중 다수를 FCHV-4와 공유하고 있지만, 여타의 구성요소들과 함께, 새롭게 개발된 촉매와 열교환기가 내장된 청정 탄화수소 연료(CHP) 개질기를 차량 내부에 탑재하고 있다(토요타 환경 업데이트, 2001c). 새로운 FCHV-5에 탑재된 주요 시스템 구성요소들에는 120 [L] 개질기(후방시트 하부에 설치), 35 [L] 연료탱크(승객차실 바닥에 위치), 동력제어 유닛, 영구자석 동기식 모터, 그리고 토요타가 개발한 연료전지 적층(이들 모두는 엔진실 내에 설치된다)등과, 재충전이 가능한 니켈 수소화물 전지(후방시트 하부의 후방차축 바로위에 설치된다)로 구성된다.

개질기 모듈에는 개질기, 믹서, 기화기, 연소기, 열교환기, 고온 및 저온 전이촉매, 그리고 일산화탄소 제거장치 등으로 구성된다.

288 [V]에서 작동하는 전지팩은 토요타의 가솔린 전기 하이브리드 자동차인 프리우스에서 사용된 것과 동일한 유닛이다. 이 전지는 토요타의 조인트 벤처업체인 파나소닉 EV 에너지 주식회사, 마쓰시타 전기산업 주식회사, 그리고 마쓰시타 전지산업 주식회사 등에서 공급받는다. 토요타에서 제작한 여타의 하이브리드 차량과 마찬가지로, FCHV-5는 감속과 브레이크 작동시 운동 에너지를 회수하여 전지에 충전하여 가속시 이를 다시 사용하는 회생제동 기술을 채용하고 있다(하이드로겐 앤드 퓨얼셀 레터, 2001a).[18)]

표 10.9 토요타 FCHV-5의 기술데이터

연료전지차량의 명칭(시기)	FCHV-5(2001년 10월)
차체	토요타 SUV 클루거 V/하이랜더
제원	4,735 [mm](ℓ)×1,815 [mm](w)×1,685 [mm](h)
탑승인원	5
최대속도	> 150 [km/h]
연료전지 유형/정격출력	토요타 PEMFC/90 [kW]
모터유형/정격출력	영구자석 동기식 전동기/80 [kW]/260[Nm]
연료처리	가솔린 개질장치(120 [L] 체적)
연료저장	35 [L] 용량의 가솔린(청정 수소화물 연료-CHF)탱크
백업 전지	NiMH/ 파나소닉 EV에너지
시스템	회생제동
주행거리	?

출처: 하이드로겐 앤드 퓨얼셀 레터, 2001년 11월; 토요타 환경 업데이트, 2001년 12월

2002년 당시에, 토요타의 연구원들은 3년 이내로 개질기 모듈의 크기를 1/3으로 줄일 수 있고, 적층과 동력제어 유닛의 크기는 절반으로 줄일 수 있을 것이며, 비록 연료 공급을 위한 공급망의 부재로 인해서 대규모로 시장에 진입하기 위해서는 몇 년이 더 소요되겠지만, 가솔린을 대체하는 청정 탄화수소 연료가 2003년부터 사용이 가능하게 될 것이라고 예상하였다. 토요타, 제너럴 모터스, 및 엑손모빌로 이루어진 컨소시엄이 공동으로 개발하고 있는 이 새로운 연료는 무황연료일 것으로 기대하고 있다. 차세대 액체연료 단원에서 언급한 바와 같이, 청정 탄화수소 연료(CHF)는 원유, 천연가스, 또는 석탄(**피셔트롭시 합성**[19)]과정이 필요하다)에서 추출할 수 있다. 청정 탄화수소 연료(CHF)는 가솔린 엔진 차량에도 사용할 수 있으며, 현재 사용되고 있는 가솔린 펌프를 사용할 수도 있다(하이드로겐 앤드 퓨얼셀 레터, 2001a).[20)]

18) 토요타는 2014년 파리 모터쇼에 Mirai를 발표하였으며 12월부터는 일본시장에서 판매를 개시하였다. 이 차량은 수소탱크 하나를 사용하여 480 [km]를 주행할 수 있다. Mirai의 생산량을 3배로 증가시키기 위해서 182[M$]를 투입하여 생산시설을 증설한다고 발표하였다.

19) Fischer-Tropsch synthesis: Fischer와 H. Tropsch가 발명한, 일산화탄소의 접촉 수소화에 의한 탄화수소 합성법을 말한다.

표 10.10 다이하쓰社의 Move FCV K II의 기술데이터

연료전지차량의 명칭(시기)	Move FCV K II(2001년)
차체	다이하쓰 특수제작
제원	3,395 [mm](ℓ)×1,475 [mm](w)×1,670 [mm](h)
탑승인원	4
최대속도	?
연료전지 유형/정격출력	토요타 PEMFC/30 [kW]
모터유형/정격출력	32 [kW]
연료처리	직접수소
연료저장	압축수소(H_2)
백업 전지	NiMH, 대용량/ 파나소닉 EV에너지
시스템	완전 하이브리드 차량
주행거리	?

출처: 하이드로겐 앤드 퓨얼셀 레터, 2001년 11월

한편, 토요타의 소규모 차량 제조 자회사인 다이하쓰 모터社는 같은 모터쇼에서 압축수소와 전기자동차용 전지를 사용해서 FCHV-4와 같이 소형 연료전지 하이브리드 동력을 사용하는 **Move FCV K II**를 발표하였다.

다이하쓰의 엔지니어들은 FCHV-4 유닛보다 2/3 크기를 갖는, 30 [kW] 토요타 적층을 사용하였다. FCHV-4에서와 마찬가지로, FCV K II의 단일 수소탱크는 후방 시트 하부에 설치되어 있으며, 25 [MPa]의 압력까지 가압한다. 전방 엔진룸 내에 설치되어 있는 모터의 출력은 32 [kW]이다(표 10.10 참조).

FCV K II에 사용된 적층, 공기압축기, 및 두 개의 동력제어 유닛 중 하나는 후방 승객용 시트 하부에 설치되어 있다. 이 차량은 연속가변방식의 동력전달장치를 장착하고 있다. 운전석 하부에 위치한 FCV K II의 충전식 전지는 EV형이므로, 시간당 전류출력의 측면에서 훨씬 더 큰 용량을 갖는다. 파나소닉 EV 에너지사로부터 공급받는 이 전지도, 니켈 수소화물을 사용한다(하이드로겐 앤드 퓨얼셀 레터, 2001a).

다이하쓰社는 1965년부터 전기자동차를 개발해 왔으며, 일본 내에서 전기자동차를 가장 많이 판매하였다(2000년에 약 8,000대 판매). 이 회사는 하이브리드 차량도 생산하고 있으며, 연료전지를 사용하는 시제품인 무브 EV-FC를 1999년에 최초로 개발하였다. 구형 무브는 4인승 소형차량으로서, 오사카 국립연구소와 MITI의 산업과학 및 기술부서에 의해서 설계되고 다이하쓰에서 개발된 메탄올 개질기와 연료전지 적층을 장착하였다. 적층 자체는 16 [kW]급이며, 니켈-금속 전지와 병용하며 32 [kW] 동기식 전동기에 전력을 공급한다. 사용된 연료 개질기는 다이하쓰에서 개발된 초 고성능 촉매를 사용함으로써, 세계에서 가장 작은 크기를 구현하였다(퓨얼셀 투데이, 2001a).[21]

20) 불행히도 2016년 현재까지 상업적으로 사용할 수 있는 연료전지용 청정 탄화수소 연료는 개발되지 않고 있다.

21) 2013년 다이하쓰는 알칼라인 음이온교환 맴브레인을 사용하는 연료전지 차량인 FC Deco Deck 미니트럭을 발표하였다. 이 차량에 사용된 새로운 연료전지는 수소 대신에 취급이 더 용이한 히드라진 수화물을 연료로 사용한다.

버스차량

2001년 6월에 개최된 제 4차 토요타 환경포럼에서 토요타는 히노 자동차와 공동으로 개발한 고압 수소 연료전지 하이브리드 시스템을 동력원으로 사용하는 저상형 시내버스인 **FCHV-BUS1**이 완성되었다고 공표하였다. 이 FCHV-BUS1은 히노사의 길이 10.5 [m] 저상형 63인승 시내용 버스모델을 기반으로 하고 있다. 표 10.11에서는 이 버스의 상세한 사양들을 보여주고 있다.

이 버스는 90 [kW] 연료전지를 동력으로 사용하여 두개의 80 [kW] 영구자석식 모터를 구동한다. FCHV-4 승용차의 경우에서와 마찬가지로, 기체수소는 천정에 설치된 탱크 속에 250기압(25 [MPa])으로 저장된다. 감속과정에서 회수된 에너지를 저장하는 2차 전지를 포함하는 특수한 하이브리드 시스템을 사용해서, FCHV-BUS1 시스템은 더 효율적인 작동과 300 [km] 이상의 주행거리를 구현하였다. 최대속도는 80 [km/h] 이상을 낼 수 있다.[22)]

표 10.11 토요타/히노 자동차의 FCHV-BUS1 기술데이터

연료전지차량의 명칭(시기)	FCHV-BUS1(2001년 6월)
차체	Hino Motors Ltd, 시내버스 HU2PMEE
제원	10,515 [mm](ℓ)×2,490 [mm](w)×3,360 [mm](h)
탑승인원	63
최대속도	> 80 [km/h]
연료전지 유형/정격출력	토요타 PEMFC/90 [kW]
모터유형/정격출력	2×영구자석 동기식모터/80 [kW]/260[Nm]
연료처리	직접수소
연료저장	압축수소(H_2) 실린더 압력 25 [MPa]
백업 전지	NiMH, 대용량/ 파나소닉 EV에너지
시스템	회생제동
주행거리	> 300 [km]

출처: 하이드로겐 앤드 퓨얼셀 레터, 2001년 11월

10.2.3 발라드 파워 시스템社, 다임러[23)] 크라이슬러[24)], 포드[25)] 및 마쯔다[26)]

보유기술 및 파트너

22) 2003년 8월부터 2004년 12월까지 토에이버스社에서 이 FCHV 버스의 시범운영을 수행하였다. 2006년 3월~2009년 12월에는 추부 국제공항내의 순환버스로 사용되었고, 2010년 10월 이후에는 아이치현 토요타시의 시내버스와 토쿄 국제공항 셔틀버스로 사용되고 있다.

23) 다임러社는 1994~2000년 사이에 NeCar1~5까지의 연료전지 콘셉트카들을 발표하였으며, 2002년 F-Cell, 2005년 F600 Hygenius, 2009년 F-Cell Roadstar, 2009년 F-Cell B-Class 등의 콘셉트카를 발표하였다.

24) 크라이슬러社는 2000년 Commander II 지프 하이브리드 차량을 판매하였으며, 2001년 Natrium 하이브리드, 2003년 Treo 지프 하이브리드 등의 콘셉트카를 발표하였다.

25) 포드社는 2000년 Focus FCV, 2006년 F-250 Super Chief 등의 콘셉트카를 발표하였다.

26) 마쯔다社는 1990년대 수소를 연료로 사용하는 방켈 로터리엔진에 집중하고 있었다. 1997년과 2001년에는 메탄올을 연료로 사용하는 Demio FC-EV와 Premacy FC-EV 콘셉트카를 발표하였고, 2003년부터는 수소연료로 전환하여 RX-8 Hydrogen RE, 2007년 Premacy Hydrogen RE 하이브리드, 2009년 Mazda5 Hydrogen RE 하이브리드 등의 콘셉트카를 발표하였다.

발라드社는 버스, 승용차 및 트럭을 포함하여, 중형 및 경량형 운송시스템 모두를 위한 차량용 연료전지 시스템을 개발해 왔다.

발라드 파워 시스템社는 1983년 이래로, 처음부터 대기압 하에서 작동하는 양성자교환 맴브레인 연료전지(PEMFC)기술에 초점을 맞추었으며, 1993년에 120 [kW]를 공급하기 위해서 각각이 5 [kW] 용량인 적층 24개를 사용한 고체 폴리머 연료전지 시스템을 엔진으로 사용하는 수송용 버스를 발표하였다(프라터, 1994).

초기의 상업적 파트너들에는 거의 모든 자동차 커뮤니티들이 포함되어 있었다. 예전 미국 자동차 시장의 빅3인 제너럴 모터스, 크라이슬러, 포드 등은 모두 발라드社의 초기의 상업적 파트너들이었다. 제너럴 모터스는 글로벌 대체추진 센터를 설립하기 바로 한달 전인 1998년까지도, 총 320만불 규모의 연료전지와 시험장비들을 발라드 파워 시스템社로부터 주문했었다(10.2.1절 참조).

나머지 두 미국 자동차 제조업체들은 현재 **엑셀시스(Xcellsis)社**와의 공동연구를 통해서 발라드社와 긴밀하게 협력하고 있다. 델파이역시 미국 에너지성(DOE)의 자금지원을 받았던 초창기 메탄올 연료전지 프로그램의 파트너로서, 가솔린 동력 연료전지 프로그램에서 크라이슬러社와 함께 공동 개발업체로서의 역할을 수행했었다. 1999년에 전시단계에 도달할 것을 목표로 했던 이 프로그램을 위해서, 크라이슬러社는 1997년 2월에 3백만불 규모의 발라드 연료전지 구매를 시행했다(발라드, 1997a). 1998년에 크라이슬러社와 다임러-벤츠社가 합병되어 다임러 크라이슬러社가 되었기 때문에 크라이슬러社의 연료전지 프로그램이 재조정되었을 것이라고 가정하는 것이 안전할 것이다.

발라드社의 다임러-벤츠社와의 협력관계는 1993년으로 거슬러 올라간다. 이 두 회사는 나중에 공동으로, 수많은 연료전지 시연용 차량의 동력장치로 사용된 마크 700 적층을 개발하였다(발라드, 1997b).

1997년에, 발라드, 다임러-벤츠(현재 다임러 크라이슬러), 그리고 전기 구동 트레인 기술의 선도주자인 포드 자동차가 공동으로 연료전지 엔진을 개발할 것이라고 발표하였다. 이 발라드/다임러크라이슬러/포드의 동맹을 통해서 디비비 연료전지 엔진(후에 엑셀시스로 개명), 에코스타 전기구동 시스템, 그리고 발라드 오토모티브와 같이 세 개의 공동소유 회사가 설립되었다. 또 다른 연료전지 구동차량의 초기 개발업체이며, 포드가 대주주인 마쯔다社도 1998년에 이 그룹에 참여하였다(퓨얼셀 투데이, 2001a; 마쯔다 환경 보고서, 2001).

엑셀시스 연료전지 엔진社는 버스, 승용차 및 트럭용 연료전지 엔진의 개발, 제조 및 판매를 목적으로 설립되었다. 엑셀시스社는 다임러 크라이슬러社가 51%, 발라드 파워 시스템社가 27%, 그리고 포드가 22%의 지분을 소유하고 있다.

또한, **에코스타 전기구동 시스템社**는 전기자동차용 전기구동 시스템을 개발하기 위해서 설립되었으며 공동으로 지분을 소유하고 있다(포드 62%, 다임러 크라이슬러 21%, 발라드 17%)(에코스타, 2001).

이 동맹에서 상용화의 분야를 담당하고 있는 발라드 오토모티브社는 전 세계 자동차 제조업체들을 대상으로 연료전지 및 연료전지 엔진의 판매를 담당하고 있다.

2001년 말에, 이 동맹은, 발라드社가 엑셀시스社와 에코스타社의 지분을 모두 인수하는 대신에 다임러 크라이슬러와 포드社는 발라드社에 대한 그들의 지분을 늘리는 547백만불 규모의 거래를 발표하였다(하이드로겐 앤드 퓨얼셀 레터, 2001a). 이러한 재편의 이유에 대해서 의구심을 가질 수도 있다. 그 이유는 아마도 두 대륙의 세 곳(독일, 미국 및 캐나다)에 분산된 장소에서 엑셀시스와 같은 회사를 통해서 중요한 연구와 개발업무를 진행하면서 많은 어려움을 겪었기 때문일 것이다; 서로 다른 세 회사의 소유관계도 일을 어렵게 만들었을 것이다. 두 번째 이유로는 2002년에 발표된 220명(독일 140명, 밴쿠버 80명)의 감원에 따른 비용절감이다.

이 거래를 통해서 향후 20년간의 **연료전지 동맹**의 협정도 조인되었으며(발라드, 2001a), 이 조약 하에서 포드는 4천4백만불 규모의 연료전지 엔진 주문을 시행한다고 발표하였다.(발라드, 2001b). 발라드社의 발표자료에 따르면, 이 협정은 연료전지 엔진에 대한 포드社와의 20년간 독점 구매계약이라고 부른다(발라드, 2001b). 이 협정에도 불구하고 발라드社발라드社는 여타의 수요자들에게 그들의 제품을 자유롭게 판매하고 있다.

적층기술

그림 10.4에서는 발라드社의 엔지니어들에 의해서 구현된 적층 전력밀도의 증가에 대한 기술적 진보를 보여주고 있다. 그림 10.4(a)에서는 총 정격출력 5 [kW], 적층 전력밀도 0.15 [kW/dm^3]인 발라드社의 초창기 **마크**5 기술을 보여주고 있다(틸메츠 등, 2001). 이것은 정격출력과 전력밀도가 배가된(각각 10 [kW]와 0.3 [kW/dm^3]) 마크513 적층과(틸메츠 등, 2001) 1995년에는 **마크** 700 적층으로 대체되었다. 다임러 크라이슬러의 NeCar 4, 포드의 P2000, 혼다의 FCX V1, 그리고 닛산의 연료전지 자동차 등과 같이, 다양한 시제차량의 동력을 공급하기 위해서 두세 개의 마크 700 적층이 사용되었다(발라드, 2000). 이 적층은 약 1 [kW/dm^3]의 전력밀도를 구현하였으며, 총 정격출력은 25 [kW] 미만이었다. 우측에 도시되어 있는 마크 800 적층은 마크 700과 유사한 시기에 개발되었지만, 적층의 형상이 실질적인 공간조건에 맞춰서 변형되었다. 이 마크 800은 50 [kW]의 전력을 송출한다(틸메츠 등, 2001).

2000년 초에, 발라드 파워 시스템社는 차세대 연료전지 적층인 마크900을 발표하였다. 이 연료전지 적층은 저가형 소재를 사용하는 마크900시리즈 연료전지 전력모듈을 사용하며, 승용차 생산규모로 제조할 수 있도록 설계되었다. 이 연료전지 적층만의 전력밀도는 1.31 [kW/dm^3]까지 증가되었다(발라드, 2000a).[27] 75 [kW]급 마크900 모듈에는 다수의 적층이 사용될 뿐만 아니라 작동기 및 센서와 같은 주변장치가 필요하기 때문에, 현재 발라드社는 적층보다는 모듈에 주력하고 있다(틸메츠 등, 2001). 질량은 마크 700기술에 비해서 30% 절

27) 연료전지 적층의 전력밀도는 꾸준히 증가하고 있으며 2005년 1.5 [kW/dm^3]을 넘어섰고 현재는 2.5 [kW/dm^3] 수준인 것으로 추정된다.

감되었다. 이 마크900 모듈은 수소나 메탄올 개질기를 사용한 작동에 적합하며, −25 [℃]의 저온에서도 기동이 가능하다. 또한, 유연성 흑연 유동장 판을 지칭하는 저가형 소재(발라드 2000a)를 사용한다−아래 참조. 마크900 시리즈 기술은 다임러 크라이슬러의 NeCar 5, 포드社의 **TH!NK FC5 FCV**, 혼다의 FCX-V4, 그리고 닛산의 엑스테라 연료전지 자동차 등을 포함하는 발라드社 고객들의 차량을 통해서 시연되었다(발라드, 2001c).

그림 10.4 (a) 발라드社의 세대별 수송용 연료전지. 이 적층들의 전력밀도는 크게 향상되었다(5 [kW]→10 [kW]→25 [kW]→50 [kW]→85 [kW]). 발라드社는 연료전지의 전력밀도를 마크5, 513, 700, 800 및 900에 이르기 까지 1989년 100 [W/L](우측 끝)에서부터 2001년 2250 [W/L](좌측 끝)까지 지속적으로 증가시켰다. (b) 발라드社의 마크 902 연료전지 동력모듈은 가격의 절감, 대량생산을 위한 설계, 신뢰성 및 전력밀도 등의 측면에서 최적화를 구현함으로써, 연료전지 성능의 새로운 표준을 설정해 주었다. 이 마크 902는 발라드社의 4세대 수송용 연료전지 플랫폼을 대표한다; 그런데 이 마크 902 플랫폼은 또한 발전설비용으로 사용할 수 있으며, 10 [kW]에서 300 [kW]에 이르기 까지 용량의 조절이 가능하다. 이 마크 902 플랫폼은 10개 도시 유럽형 연료전지 버스 프로젝트의 버스 동력원으로 사용될 예정이다.[28)]

28) Courtesy of Ballard Power Systems

2001년 10월에, **마크900**은 발라드社의 4세대 차량용 적층기술인 마크 902로 대체되었다. 수송용 조건에 맞춰서 설계된 마크 902 플랫폼은 또한 발전설비용으로 사용할 수 있으며(8장 8.3.2절 참조) 10 [kW]에서 300 [kW]에 이르기 까지 용량의 조절이 가능하다. 수송기 시장의 전형적인 출력은 승용차의 경우 85 [kW], 승객용 버스의 경우 300 [kW]이다. 마크 902는 그라프텍社에서 공급하는 유연성 흑연소재로 제작한 유동장판(4장 참조)을 사용한다(발라드, 2001c).

발라드社 마크 902의 최초 평가용 유닛은 2001년에 공표된 10개 도시 유럽형 연료전지 버스 프로젝트에서 버스동력 공급을 위해서 사용된다.[29)]

구성요소들

발라드社는 다수의 주요 구성요소들에 대한 공급업체들과 공급 및 협력에 관한 협정을 맺었다. 2001년 1월에, 발라드 파워 시스템社는 **빅트렉스 피엘씨社**와 연료전지용 이오노머에 의 개발 및 제조에 대한 독점계약을 체결하였다. 이 계약 하에서, 발라드와 빅트렉스社는 발라드가 소권을 가지고 있는 이오노머(BAM3G-4장 참조)에 대한 제조공정 개발과, 빅트렉스가 소유권을 가지고 있는 이오노머(S-PEEK-4장 참조)에 대한 개발을 공동으로 수행하였으며, 빅트렉스社는 발라드社의 연료전지에 사용하기 위해서 이들 이오노머에 대한 파일럿 제조설비를 구축하였다.

1992년부터 **UCAR 인터내셔널社**와의 공동작업을 통해서, 발라드社는 GRAFOIL 유연 흑연체에 대한 공동개발과 독점공급을 위한 독점적 협력에 대한 양해각서를 1999년 9월에 체결하였다. 유연 흑연체는 발라드社의 연료전지용 유동장판의 제조에 있어서 핵심적인 소재이다(발라드, 1999a)(4장 참조). 2001년 6월에, 이 협정이 갱신 및 연장되었다. 2002년에서 2011년까지로 연장된 이 개발협정에는 운송, 발전설비 및 휴대용으로 사용할 양성자 교환 맴브레인 연료전지에 사용되는 천연 흑연을 모재로 하는 소재와 요소들도 포함된다. 이 공동개발 프로그램은 저가형 흑연소재와 유동장 판 및 가스 확산층을 포함하는 요소들의 개발에 집중하고 있다. 이 협정의 일부분으로, 그라프텍社는 시제품 소재와 요소들을 개발 및 제조하며, 자체 연료전지 시험소에서 이 시제품들에 대한 초기단계 시험을 수행하기로 되어있다. 2015년까지 연장된 추가적인 공급계약 하에서, 그라프텍社는 발라드 마크900 연료전지의 유동장판에 사용되는 진보된 유연 흑연체인 GRAFCELL을 포함하여 발라드社에서 사용되는 연료전지에 소요되는 천연 흑연을 모재로 하는 소재의 독점적 공급업체가 되었다. 이 협정을 통해서, 그라프텍社는 천연 흑연기반 소재와 여타 분야에서 사용되는 양성자 교환 맴브레인 연료전지에 사용되는 특정 요소들에 대해서 협정 종료 후의 제조 및 판매권을 획득하였다. 요소들의 제조 및 판매와 관련되어서, 발라드社는 그라프텍에게 관련된 제조공정기술에 대

29) 발라드社의 150 [kW] PEM 파워모듈인 마크902 P5는 CUTE 프로그램을 통해서 유럽 내에서 27대의 Citaro 버스와 아이슬랜드에서 9대의 Citaro 버스에 탑재되어 운영되었다. 3년간의 시험을 통해서 1.5 [Mkm]의 주행이 이루어졌다. 현재 마크902모델은 FCvelocity-HD6로 바뀌었다. 150 [kW] 및 75 [kW]의 출력을 가지고 있는 새로운 연료전지에 대해서 발라드社는 12,000시간 또는 5년의 수명을 보증하고 있다.

한 로열티 기반의 라이선스를 부여하였다. 발라드社가 그라프텍社를 유연 흑연을 기반으로 하는 모든 요소들에 대한 독점적 제조업체로 만들었다는 것은 발라드社가 이들을 자체적으로 제조하지 않기로 결정했음을 의미한다(발라드, 2001d).

2001년 5월에, 발라드 파워 시스템社는 텍스트론 시스템社의 탄소제품 관련 사업부서를 인수하였다. 이 사업부서는 양성자 교환 맴브레인 연료전지에 사용되는 가스 확산층을 포함하여 차량 및 연료전지용 다양한 탄소소재들을 개발 및 제조한다(발라드, 2001c, 4장 참조). 이렇게 인수한 사업부서는 마이애미주 로웰에 위치하며 발라드 파워 시스템社가 완전한 소유권을 갖는 자회사인 발라드 소재생산회사로 알려져 있다. 아이러닉한 점은 이 사업부가 제너럴 모터스에 2003년형 모델부터 차량 변속기에 사용되는 마찰소재를 독점적으로 공급하는 1차 벤더라는 점이다(발라드, 2001e). 발라드 소재생산회사는 또한, 외부 소비자들에게 가스 확산층과 탄소 파이버를 판매하고 있다(발라드, 2002).

촉매기술 분야에서, 발라드社는 다년간 수많은 협력체계를 구축하였다. 발라드社의 협력체제중 일부분으로서, 존슨매티社는, 1996년 5월 베를린 모터쇼에서 발표된 다임러 벤츠社의 NeCar 2용 25 [kW] 적층에 사용되는 백금을 기반으로 하는 전극을 공급한다(뉴리뷰, 1996). 1998년에, 발라드社는 진보된 소재기술 분야에서 세계 선도업체이며 연료전지의 심장인 백금촉매와 촉매전극의 선도 공급업체인 존슨매티社(영국)와 발라드社의 연료전지에 사용되는 촉매 및 촉매를 함유한 제품에 대한 공동개발 및 공급을 위한 다년계약을 체결하였다(존슨매티, 1999). 이 협정은 1992년에 시작되어 매우 큰 성공을 거두었던, 연료전지의 성능은 향상시키면서도 맴브레인 전극 조립체(MEA)에 백금의 사용을 경제성이 있는 수준까지 절감하는 데에 도움을 준, 백금촉매와 촉매전극의 개발에 대한 협정(존슨매티, 1998)에 뒤이은 것이다(랄프 등, 1997). 그 다음해에, 존슨매티社는 디비비 연료전지 엔진社와 전력을 만들기 위한 연료전지 엔진에서 사용되는 수소가스를 정제하는 촉매와 디비비社의 엔진 시스템에 사용되는 여타의 몇몇 촉매요소들을 개발하기 위한 디비비社의 독점적 파트너가 되는 협정서를 체결하였음을 공표하였다(존슨매티, 1999).

2001년 5월에, 발라드社와 애틀랜타, GA 소재의 마이크로 코팅 테크놀로지社(MCT)는 **마이크로 코팅 테크놀로지社**(MCT)가 보유하고 있는, 진공을 사용하지 않고서, 대기중에서 화염을 사용해서 고순도 박막을 증착시키는 **연소 화학적 증기증착**(CCVD)공법을 독점적으로 개발하기로 협정을 체결하였다. 이 공동개발협정 하에서, 발라드社는 설정된 기간 동안 마이크로 코팅 테크놀로지(MCT)사사가 보유하고 있는 CCVD 기술을 발라드 연료전지의 촉매에 적용하기 위해서 독점적 보유권을 획득하였다. 발라드社는 CCVD 기술이 촉매 주입율을 낮추어 비용을 절감해 주며 성능을 향상시키면서도 제조의 유연성을 확보해 줄 것으로 믿고 있다. 발라드社의 사장이면서 최고운영책임자인 킵스미스가 마이크로 코팅 테크놀로지社(MCT)의 경영진에 참여하였다(발라드, 2001f).[30)]

30) 2016년 현재 발라드社의 CEO는 랜달 맥이웬이다.

제조

9,900 [m^2]의 면적을 갖는 발라드社 최초의 휴대용 및 차량용 연료전지 대량생상용 제조공장이 2000년 12월에 브리티시 컬럼비아의 버너비에 문을 열었다(발라드, 2000b).

승용차(엑셀시스 그룹)

다임러 크라이슬러

1980년대에, 다시 한 번 연료전지가 운송용 차량의 동력원으로 고려되었지만, 연료의 선정이 메탄올이나 가솔린으로 제한되었기 때문에 인산 연료전지 시스템이 작동온도의 문제를 제외하고는 가장 진보되고 가장 적합한 것으로 간주되었다. 고체 폴리머 연료전지가 가장 훌륭한 특성을 갖고 있지만, 여전히 개발단계에 머무르고 있었다. 고체 폴리머 연료전지가 도로차량에 사용할 수 있는 동력원으로 간주되기 시작한 것은 발라드 파워 시스템社의 기술적 진보가 있은 후의 일이다.

1993년에 발라드社와의 공동작업이 시작된 이후, **다임러 크라이슬러社**는 발라드 연료전지를 사용해서 다섯 세대의 승용차량 시제품(NeCar1~5)와 승객용 버스 시제품(NeBUS)를 제작하였다.

발라드 연료전지를 사용한 최초의 완전한 크기의 차량은 NeCar 1이었다. 다임러 벤츠社는 발라드 파워 시스템社에 의해서 개발된 고체 폴리머 연료전지를 사용해서 1994년에 **NeCar 1**을 출품하였다(프라터, 1994). 이 차량은 메르세데스 벤츠 밴(MB 180)(그림 10.5)으로서, 짐칸은 마크5 설계의 적층 12개(총 50 [kW] 용량 또는 각각 5 [kW], 그림 10.4a 참조)와 압축된 수소가스 실린더로 거의 꽉 채워져 있었다. 그러므로 NeCar 1은 운전자와 한 명의 승객을 태울 수 있을 뿐이었다. 더 자세한 사양은 표 10.12에 제시되어 있다.

그림 10.5 다임러 크라이슬러社에서 제작된 수소동력을 사용하며 메탄올 개질기가 탑재된 최초 3종의 시연용 차량인 NeCar 1, 2 및 NeCar 3 [31]

31) Photograph courtesy of DaimlerChrysler

표 10.12 NeCar 1의 기술데이터

연료전지차량의 명칭(시기)	NeCar 1(1994년)
차체	메르세데스 벤츠 180 밴
중량	3,500 [kg]
탑승인원	2
최대속도	90 [km/h]
연료전지 유형/정격출력	167 [W/L] 출력 발라드 마크5 연료전지 적층 12개/총 출력 50 [kW]
모터유형/정격출력/토크	–
연료처리	직접수소
연료저장	압축수소(H_2) 150 [L], 30 [MPa], 알루미늄 용기, 유리섬유 강화
백업 전지	없음
시스템	–
주행거리	130 [km]

출처: 발라드 홈페이지, 2002; 연료전지 2000 정보서비스, 2002

표 10.13 NeCar 2의 기술데이터

연료전지차량의 명칭(시기)	NeCar 2(1996년)
차체	메르세데스 벤츠 V-클래스 MPV
제원	–
탑승인원	5
최고속도	110 [km/h]
연료전지 유형/정격출력	1 [kW/L] 출력 발라드 마크 700 연료전지 적층 2개/총 출력 50 [kW]
모터유형/정격출력/토크	–
연료처리	직접수소
연료저장	압축수소(H_2)
백업 전지	없음
시스템	–
주행거리	250 [km]

출처: 발라드 홈페이지 요약; 연료전지 2000 정보서비스, 2002; 뉴리뷰, 1996.12월; 틸메츠 등, 2001.

1996년에 완료된 두 번째 단계에서, 수소를 연료로 사용하는 두 대의 1,000 [W/L]의 전력밀도를 갖춘 발라드(마크 700) 연료전지 적층을 사용하여 메르세데스 벤츠 V에 총 50 [kW]의 전력을 공급하였다(표 10.13). 이 **NeCar** 2에서, 연료전지 시스템의 크기가 1/5로 감소되어 시스템을 후방시트 하부에 설치할 수 있게 되었으므로 좌석이나 화물용 공간을 줄일 필요가 없게 되었다. 이 차량은 나번 소재의 다임러 크라이슬러社 방문객 프로그램용으로 2000년 봄 까지도 여전히 사용되고 있었다(그림 10.5 참조).

이 차량에 뒤이어서 1997년 9월에는 메르세데스 A 클래스 설계를 기반으로 하여 세계 최초의 메탄올 동력 연료전지 차량인 **NeCar** 3가 개발되었다. 이 차량은 모든 구성요소들, 메탄올 스팀 개질기, 청정장치 및 연료전지를 내장하고 있으며, 후방 좌석 영역에 위치한 개질기 시스템 때문에 일부 공간이 축소되었다. 연료 처리장치는 50 [kW] 용량의 수소를 생산하며 총 전력밀도는 1.1 [kW/dm^3] 또는 0.44 [kW/kg]의 전력비를 갖고 있다(개질기 20 [dm^3]/34 [kg], 연소기 5 [dm^3]/20 [kg], PROX 20 [dm^3]/40 [kg], 5장 참조). 이 장치는 20%까지 기울일 수 있으며 2초의 과도응답시간을 나타낸다(래미니와 딕스, 2000). 표 10.14에서 제시하고 있는 것처럼, 메탄올 40 [L] 탱크를 사용해서, NeCar 3는 400 [km]의 주행거리를 달릴 수 있다.

1999년에, A 클래스를 기반으로 하는 또 하나의 수소동력 승용차인 **NeCar** 4가 발표되었다(그림 10.6). 처음에는, 표 10.15에서와 같이, 5 [kg]의 액체 수소를 사용해서 70 [kW] 연료전지의 동력을 공급하면서 450 [km]의 주행거리를 갖고 있었다. 주행효율은 **신 유럽형 구동 시스템**(NEDC)보다 높은 37.7% 였다. 가솔린 동력에 비하면 16~18%이며 디젤동력 버전에 비하면 22~24% 높은 값이다. 등가연료의 경제성을 비교해 보면 디젤 3.7 [L]로 100 [km]를 주행하는 셈이다(틸메츠 등, 2001)(미국 가솔린을 기준으로 27.2 [km/L]). 또한 이는 1.3 [MJ/km] 또는 0.36 [kWh/km](5장과 비교)라고 표시할 수도 있는데, 이는 (연료전지 동력만

표 10.14 NeCar 3의 기술데이터

연료전지차량의 명칭(시기)	NeCar 3(1997년)
차체	메르세데스 벤츠 A 클래스
중량	1,750 [kg]
탑승인원	2
최대속도	120 [km/h]
연료전지 유형/정격출력	1 [kW/L] 출력 발라드 마크 700 연료전지. 적층 2개 (또는 마크 800 1개?)/총 출력 50 [kW]
모터 정격출력	45 [kW]
연료처리	메탄올 스팀 개질기와 PROX[a]
연료저장	메탄올 40 [L]
백업 전지	없음
시스템	–
주행거리	400 [km]

a PROX: 선택적 산화
출처: 발라드 홈페이지와 L-B-시스템테크닉, 2002

그림 10.6 간단한 조작: 컴팩트한 연료전지가 NeCar 개념의 차량에 설치된다. A 클래스 차량의 샌드위치 바닥은 대체추진 시스템을 위한 이상적인 플랫폼이다.[32)]

32) Photograph courtesy of Daimler Chrysler

을 사용하는 차량부문에서) NeCar 4가 연비 부문 B 등급(0.35보다는 높고 0.52 [kWh/km]와는 동등하거나 낮은 등급)을 받았으며, 주행거리 부문에서는 C 등급(600 [km] 이하, 200 [km]보다는 높거나 같은 등급)을 받았던, **미쉐린 챌린지 비벤덤** 2000에서의 결과와 잘 일치한다(미쉐린 챌린지 비벤덤, 2000).

2000년에는, 압축수소 저장방식을 채택한 소위 NeCar 4-개량형이 출시되었다. 현재의 탱크 용량은 35 [MPa]로 가압된 2.5 [kg]의 수소를 저장할 수 있으며, 그에 따른 주행거리는 200 [km] 이다(표 10.16 참조).

NeCar 3에서 처음으로 채용되었던 개질기 기술로 되돌아가서, 다임러 크라이슬러社는 2000년 11월 7일 베를린에서 NeCar 5를 발표하였다. NeCar 5는 메탄올 연료와, 발라드 마크900 연료전지에 수소를 공급하기 위해서 엑셀시스에서 개발된 개량된 연료처리기 및 시스템을 사용한다. 이 연료전지는 5인의 승객과 수하물을 싣고 메르세데스 A 클래스 차량을 시속 150 [km/h] 이상으로 구동한다(표 10.17 참조).

표 10.15 NeCar 4의 기술데이터

연료전지차량의 명칭(시기)	NeCar 4(1999년)
차체	메르세데스 벤츠 A 클래스
제원	3,570 [mm](ℓ)×1,720[mm](w)×1,580 [mm](h)/1,750 [kg]
탑승인원	5
최대속도	145 [km/h]
연료전지 유형/정격출력	발라드 마크 700/70 [kW]
모터유형/정격출력	55 [kW] 트랜스액슬 비동기식 모터
연료처리	직접수소
연료저장	액체수소 5.5 [kg]; 탱크는 보강된 것으로 예측; 일간 1%의 증발손실
백업 전지	없음
시스템	–
주행거리	450 [km]

출처: 발라드 홈페이지와 L-B-시스템테크닉, 2002

표 10.16 NeCar 4-개량형의 기술데이터

연료전지차량의 명칭(시기)	NeCar 4-개량형(2000년)
차체	메르세데스 벤츠 A 클래스
제원	–
탑승인원	5
최대속도	145 [km/h]
연료전지 유형/정격출력	발라드 마크900/75 [kW]
모터유형/정격출력	–
연료처리	직접수소
연료저장	35 [MPa]로 압축된 수소 2.5 [kg]
백업 전지	없음
시스템	–
주행거리	200 [km]

출처: 미국 수송기술국, 에너지성, 2002년 1월

표 10.17 다임러 크라이슬러社가 개발한 NeCar 5의 기술데이터

연료전지차량의 명칭(발표시기)	NeCar 5(2000년 11월 7일, 베를린)
차체	메르세데스 벤츠 A 클래스
제원	–
탑승인원	5
최대속도	150 [km/h]
연료전지 유형/정격출력	발라드 마크900/75 [kW]
모터유형/정격출력	–
연료처리	메탄올 개질기
연료저장	메탄올 탱크
백업 전지	없음
시스템	–
주행거리	–

출처: 발라드 홈페이지와 퓨얼셀 2000 정보 서비스, 2002

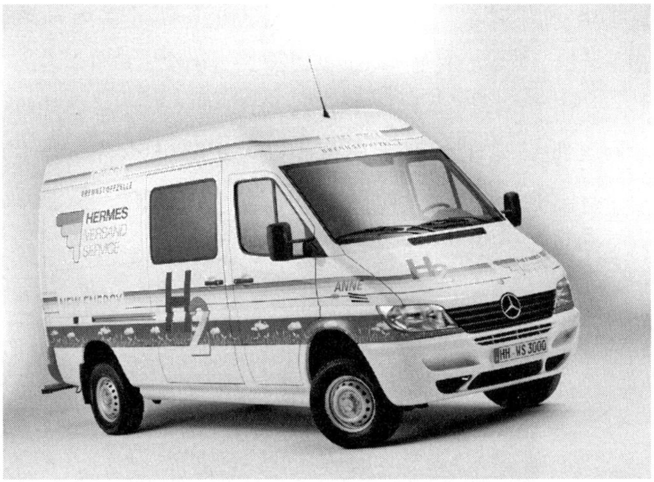

그림 10.7 메르세데스 벤츠 스프린터: 필드시험이 수행된 최초의 연료전지 시스템을 사용한 벤[33]

연료전지 엔진의 상용화 제품은 100 [kW] 이상의 용량을 갖는 다양한 차량 플랫폼까지를 목표로 삼고 있다. 2000년대 초반의 기술로는 메탄올을 사용하고 있었지만, 연료처리기술 및 저장기술의 발전에 따라서 석유계 연료와 수소연료 모두를 사용하는 것을 목표로 삼고 있다.

2001년에는 수송용 밴인 **메르세데스 벤츠 스프린터**가 개발되었다(2001)(그림 10.7 참조). 이 차량은 하나의 75 [kW] 발라드 연료전지로부터 전력을 공급받아 55 [kW] 모터를 구동한다. 이 차량은 25 [MPa] 압력의 100 [L] 탱크 세 개를 사용해서 수소를 저장하며, 최고시속은 120 [km/h], 주행거리는 150 [km]에 달한다(L-B-시스템테크닉, 2002; 퓨얼셀 2000 정보 서비스, 2002). 다임러 크라이슬러社는 연료전지를 탑재한 최초의 메르세데스 벤츠 스프린터를 2001년에 독일 택배회사인 헤르메스 페어잔트 서비스社에 납품하였다(다임러 크라이슬

33) Photograph courtesy of DaimlerChrysler

러, 2001a).[34]

수소동력 연료전지 차량의 주행거리 연장을 위해서 엑셀시스社는 밀레니엄 셀社와 함께 붕소화학 수소화물 연료 시스템에 대한 개발을 수행중에 있다. 나트륨 개념의 차량은 수소방출 화합물을 한 번 충전하고 483 [km]의 주행거리를 달릴 수 있을 것으로 기대된다(퓨얼셀 2000 정보 서비스, 2002).

연료전지 개발업체들의 오래된 염원이 2000년 말에 실현되었다. 슈투트가르트 이노베이션 심포지엄에서 다임러 크라이슬러社는 직접 메탄올 연료전지(DMFC)를 사용하는 고-카트를 발표하였다. 이 3 [kW] 시스템은 현재 진행중인 다임러 크라이슬러社와 발라드社 연구그룹간의 협업의 결과로 도출된 것이다(그림 10.8 참조). 직접 메탄올 연료전지(DMFC)는 양성자교환 맴브레인(PEM)을 사용하는 연료전지로서, 메탄올을 연료로 사용하면서, 연료처리장치 없이도 메탄올로부터 수소를 추출할 수 있다(발라드, 2000c, 7장 참조). 이 차량은 최고속도가 35 [km/h]에 달한다(퓨얼셀 정보 서비스, 2002). 휴대용 전지는 많은 관심을 받고 있는 데에 반해서, 전력밀도, 귀금속의 사용, 맴브레인, 쌍극성 판의 필요성 등을 고려한다면, 저자의 관점으로는 차량용 직접 메탄올 연료전지(DMFC) 시스템은 가시적인 장래에 상용화의 가능성이 없다. 다임러 크라이슬러社의 직접 메탄올 연료전지(DMFC) 부문 전-프로젝트 매니저이자, 휴대용 직접 메탄올 연료전지(DMFC) 시스템을 개발하기 위해서 2001년 7월에 개발책임자의 직책으로 스마트 연료전지(브룬탈, 독일)사를 공동 창업한 옌스 뮐러도 이러한 관점에 동조하고 있다(스마트 퓨얼셀, 2001, 9장 참조).

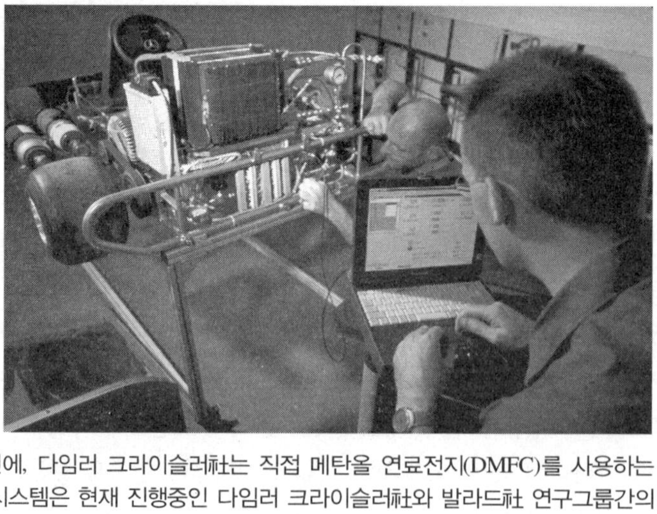

그림 10.8 2000년에, 다임러 크라이슬러社는 직접 메탄올 연료전지(DMFC)를 사용하는 고-카트를 발표하였다. 이 3 [kW] 시스템은 현재 진행중인 다임러 크라이슬러社와 발라드社 연구그룹간의 협업의 결과로 도출된 것이다.[35]

34) 2014년 10월 메르세데스 벤츠 FCEV는 300,000 [km] 주행시험을 통과하였다.

35) Photograph courtesy of DaimlerChrysler

포드

1999년 1월에, **포드社**는 발라드 마크 700 연료전지를 동력원으로 하여, 수소를 연료로 사용하며, 75 [kW] 용량을 갖고, 배기가스가 없는 차량인 포드 P2000을 발표하였다. P2000의 주행거리는 160 [km]였다(표 10.18 참조). 포드社는 1999년 디트로이트 모터쇼에서 비록 목업이기는 하지만, 스포츠 유틸리티 차량(P2000 SUV)의 개념을 선보였다.

2000년 디트로이트 모터쇼에서 발표한 TH!NK FC5 포커스의 목업과 유사한 이름을 다른 차량에 다시 사용하는 바람에, 포드에서 사용한 연료전지 프로토타입에 대한 정보는 약간 혼란스럽다.

표 10.18 포드社 P2000 연료전지 차량의 기술데이터

연료전지차량의 명칭(발표시기)	P2000 FC EV(1999년 1월)
차체	포드 P2000
제원	4,747 [mm](ℓ)×1,755 [mm](w)/1,514 [kg]
탑승인원	5
최대속도	> 120 [km/h]
연료전지 유형/정격출력	발라드 마크 700×3 (전지 381개)
모터유형/정격출력	에코스타에서 사용했던 67 [kW] AC 유도전동기, 최대토크 190[N·m]
연료처리	직접수소
연료저장	다이나텍에서 제작한 두 개의 탄소파이버 권선형 41 [L] 탱크에 24.8 [MPa]로 저장된 1.4 [kg] 압축수소
백업 전지	없음
시스템	–
주행거리	160 [km]

출처: 포드社의 씽크 웹 사이트; 발라드 출판물 2000, 2001;퓨얼셀 2000 정보서비스, 2002; L-B-시스템테크닉, 2002.

표 10.19 포드社 포커스 FC5 메탄올 동력 연료전지 차량의 기술데이터

연료전지차량의 명칭	포드 포커스 FC5
차체	포드 포커스
제원	4,338 [mm](ℓ)×1,758 [mm](w)/1,769 [kg]
탑승인원	?
최대속도	> 128 [km/h]
연료전지 유형/정격출력	발라드 마크900시리즈
모터유형/정격출력	에코스타에서 사용했던 65 [kW] AC 유도전동기, 최대토크 189.8[N·m]
연료처리	메탄올 개질기
연료저장	–
백업 전지	?
시스템	–
주행거리	?

출처: 포드社의 씽크 웹 사이트, 2002년 2월

포드社는 나중에 운전이 가능한 메탄올을 연료로 사용하는 버전인, 포커스를 기반으로 사용하는 연료전지 차량을 발표하였다. 이것은 **포드 포커스 FC5**라고 알려져 있다(포드社의 씽크 웹 사이트, 2002, 표 10.19 참조). 이 차량은 메탄올 동력을 사용하는 훨씬 더 진보된 버전인 마쯔다의 프리머시 연료전지 전기자동차(FC EV, 표 10.22)와 유사한 사양을 갖고 있다(크뤼거, 2002).

그림 10.9 수소를 주입하고 있는 포드 포커스 연료전지 자동차[36)]

표 10.20 포드社 포커스 연료전지 자동차 수소 동력 연료전지 차량의 기술데이터

연료전지차량의 명칭(일시)	포드 포커스 FCV(2001)
차체	포드 포커스
제원	4,338 [mm](ℓ)×1,758 [mm](w)/1,727 [kg]
탑승인원	?
최대속도	> 128 [km/h]
연료전지 유형/정격출력	발라드 마크 901/75 [kW]
모터유형/정격출력	에코스타에서 사용했던 67 [kW] AC 유도전동기, 최대토크 190 [N · m]
연료처리	직접수소
연료저장	24.8 [MPa]로 가압된 1.4 [kg] 수소
백업 전지	?
시스템	?
주행거리	160 [km]

출처: 포드社의 씽크 웹 사이트, 2002; 발라드 출판물, 2001; 퓨얼셀 2000 정보서비스; L-B-시스템테크닉, 2002.

36) Photograph courtesy of Ford

2001년에, 포드社에서 제작한 연료전지 차량의 또 다른 수소동력 버전인 포드 포커스 연료전지 자동차가 발표되었다(포드社의 씽크 웹 사이트, 2002). 기술적 데이터는 표 10.20에 제시되어 있다. 이 차량도 포커스를 기반으로 하고 있다(그림 10.9). P2000에서 발라드 마크 700 세 개를 사용한 것과는 달리, 이 차량에서는 발라드 901 적층을 사용하였다(표 10.18). 새로운 연료전지/Ni-MH 전지(산요) 하이브리드 차량인 포드 포커스 연료전지 전기자동차 하이브리드는 2002년 챌린지 비벤덤에서 주행하였다(2002년 9월). 이 차량은 마크 902 모듈을 사용하며 4 [kg]/35 [MPa] 수소탱크를 사용해서 320 [km]을 주행할 수 있다.

마쯔다 자동차 주식회사

마쯔다는 일본 5위의 자동차 생산기업이다; 자동차, 미니밴, 픽업트럭 및 상용차량 등을 생산한다. 포드 자동차는 이 회사의 경영지분을 확보하고 있다.

마쯔다는 임대형식으로 발라드 연료전지를 공급받아서 1991년부터 연료전지에 대해서 연구를 시작하였으며, 현재까지 수많은 연료전지 차량 시제품을 제작하여 왔다. 1997년에, 이 마쯔다는 자체적인 연료전지 시스템을 사용한 2도어 모델인 데미오 연료전지 전기자동차 시제품을 발표하였다(표 10.21 참조). 마쯔다에서 개발한 적층은 박막 맴브레인을 사용하기 때문에 저온에서 작동하며 가습장치가 필요 없다. 데미오 연료전지 전기자동차의 네 개의 적층들은 20 [kW]밖에 생산을 못하며(미국 수송기술국, 2002), 과도전력은 울트라 커패시터에 저장된다(미국 수송기술국, 2002; 마쯔다 환경보고서, 2001).

1998년에 엑셀시스와 파트너십을 체결한 이래로, 마쯔다의 연료전지 차량은 이 동맹을 통해서 제공받는 동력 시스템을 채용하고 있다.

그림 10.10 1997년에 발표된 마쯔다의 데미오 연료전지 전기자동차. 이 차량은 마쯔다에서 개발된 네 개의 적층(총 동력 20 [kW])을 사용하며 울트라 커패시터의 보조를 받는다. 금속 수소화물 탱크를 사용하여 수소연료를 저장한다.[37]

37) Photograph courtesy of Mazda

표 10.21 마쯔다의 데미오 연료전지 전기자동차 차량의 기술데이터

연료전지차량의 명칭(일시)	마쯔다 데미오 FCEV(1997)
차체	마쯔다 데미오
제원	–
탑승인원	4
최대속도	90 [km/h]
연료전지 유형/정격출력	마쯔다 적층 4개, 총 출력 20 [kW]
모터유형/정격출력	AC 동기전동기, 40 [kW]
연료처리	직접수소
연료저장	금속 수소화물
백업 전지	울트라 커패시터
시스템	하이브리드
주행거리	170 [km]

출처: 미국 수송기술국, 에너지성, 2002년 1월

마쯔다社에서 개발된 연료전지 시제품인 **프리머시** 연료전지 전기자동차(마쯔다 프리머시 기반)가 2001년에 발표되었으며, 개질 메탄올을 사용해서 주행한다(그림 10.11 참조). 이 차량은 현재 일본 다임러 크라이슬러社와 일본 미쓰비시 오일(연료 공급망의 지원)의 협조를 받아서 일본 내에서 도로시험을 수행하였다. 프리머시 연료전지 전기자동차의 기술사양들은 표 10.22에 제시되어 있다.[38)]

표 10.22 마쯔다의 프리머시 연료전지 전기자동차의 기술데이터

연료전지차량의 명칭(일시)	마쯔다 프리머시 FCEV(2001)
차체	마쯔다 프리머시
제원	1,850 [kg](공차중량), 2,125 [kg](총 중량)
탑승인원	5
최대속도	125 [km/h]
연료전지 유형/정격출력	발라드 65 [kW]/마크 901(?)
모터유형/정격출력	AC 유도전동기/65 [kW]/190[N·m]
연료처리	메탄올 개질기
연료저장	메탄올 탱크
백업 전지	채용
시스템	–
주행거리	–

출처: 마쯔다 환경보고서, 2001; 퓨얼셀 2000 정보서비스; 퓨얼셀 투데이, 2001년 9월 7일; 포드社의 씽크 웹사이트, 2002; 미국 수송기술국, 2002.

38) 2009년 9월 마쯔다는 상용 프리머시 하이브리드 차량을 이와타니社에 공급하였다. 이 차량은 수소와 가솔린을 모두 연료로 사용할 수 있으며, 수소연료를 사용하는 경우 200 [km]까지 주행할 수 있다.

그림 10.11 발라드 마크900 시리즈 적층을 사용해서 동력을 공급받는 마쯔다의 메탄올 동력 프리머시 연료전지 전기자동차(2001).[39)]

버스

1993년에 종료된 1단계에서, 발라드社는 수소를 연료로 사용하는 9,754 [mm] 길이의 경 수송용 버스를 개발 및 발표하였다(표 10.23 참조). 수송용으로 사용이 인가된 천연가스용 실린더 내에 수소연료를 압축하여 저장하였으며, 이 실린더들은 버스 프레임의 하부에 위치한다(프라터, 1994). 이것은 세계 최초의 양성자 교환 맴브레인 연료전지에 의해서 모든 동력을 공급받는, **무공해 자동차**(ZEV)이었다. 이 버스는 압축수소 연료를 사용하는 90 [kW] 연료전지 엔진을 장착하고, 1993년 6월에 도로주행을 실시했다(발라드 2002). 연료전지에 공기를 가압하기 위해서 연소가스에 의해서 구동되는 터보차저와 더불어서 모터로 작동되는 과급기가 사용되었다(프라터, 1994).

2년 후인 1995년 6월에, 발라드社는 205 [kW] 발라드 연료전지 엔진(마크513 적층기술 기반)을 사용하는 2단계(P2) 버스인, 12 [m] 길이의 무공해 자동차(ZEV) 시제품을 소개하였

표 10.23 발라드社의 1993년형 9,754 [mm] 길이의 연료전지 버스의 기술데이터

연료전지차량의 명칭	1993 연료전지 버스(P1)
차체	–
제원	9,754 [mm]
탑승인원	20
최대속도	–
연료전지 유형/정격출력	발라드 PEMFC, 90 [kW]
모터유형/정격출력	–
연료처리	직접수소
연료저장	압축수소(H_2)
백업 전지	–
시스템	–
주행거리	160 [km]

출처: 발라드 홈페이지, 2002

39) Photograph courtesy of Mazda

다(틸메츠 등, 2001). 이 차량은 재급유 없이 400 [km]를 주행할 수 있다(표 10.24 참조). 이 차량은 60인승 디젤 수송용 버스의 작동성능을 충족시킨다. 모든 엔진요소들은 디젤엔진이 일반적으로 차지하는 공간 내에 설치할 수 있다.

표 10.24 발라드社의 1995년형 12 [m] P2 연료전지 버스의 기술데이터

연료전지차량의 명칭	1995년형 연료전지 버스(P2)
차체	–
제원	12 [m]
탑승인원	60
최대속도	–
연료전지 유형/정격출력	13 [kW] 발라드 마크 513×20개 205 [kW] 두 개의 병렬/직렬 스트링 전압범위 450~750 [VDC] 연료/공기 압력 207 [kPa] 작동온도 90 [℃]
모터유형/정격출력/토크	수냉식 브러시리스 DC 수냉식 IGBT 인버터 제어기 입력전압 100~800 [V]DC 모터/제어기 효율 93% (연속)출력 160 [kW] 모터속도 최저 1,000[rpm], 최고 7,000 [rpm] 기어 감속비 2.43 : 1 직접구동 토크, 330 [N · m] 냉각시스템: 모터/펌프용량 375 [L/min] 섀시에 설치된 스테인리스 강 방열기 수냉식 동력요소들 열 출력 1.3 [MBTU/h]@90 [℃]
연료처리	직접수소
연료저장	압축 수소가스(CHG) 24,800 [kPa]/표준형-CNG 207 [kPa]로 조절 순환식
백업 전지	–
시스템	회생제동이 없는 다이나믹 제동(함침형 히터가 열만을 사용~엔진의 결빙을 막기 위해서 대기모드에 사용) 모터, 리쇼름 압축기[40] 및 과급기 등을 통해서 공기공급 207 [kPa] 용량: 15 [m^3/min] (0.3 [kg/sec]) 전원: DC링크 주동력은 초퍼없이 650~750 [VDC] 보조전압 460 [VAC], 208 [VAC], 24/12 [VDC] 12 [VDC]/220 [Ah] 용량의 납전지 기동 전지
주행거리	400 [km]

출처: 발라드 홈페이지, 2002

40) Lysholm 압축기: 헬리컬형의 2개의 로터가 서로 맞물려 회전하면서 기체를 압축하는 장치

주동력 시스템 전력은 650 [VDC] 400 [A]로 공급된다. 인버터가 차량 및 엔진작동에 필요한 여러 가지 전압들을 공급해 준다(460 [VAC], 208 [VAC], 24/12 [VDC]). 고출력 전기장치들은 크기와 무게를 줄이기 위해서 수냉식을 채택하였다.

기계시스템, 처리장치 및 전력 시스템 등은 연료, 공기, 냉각, 추진, 표시 및 작동모드들(기동, 예열, 주행 및 셧다운) 등으로 모듈화되어, 통합시스템에 의해서 작동 및 조절된다. 제어시스템은 내부 측정장치들로부터 정보를 수집하며 모터 제어기, 밸브 및 표시기 등 다양한 장치들을 사용하여 출력을 송출한다. 탑재된 컴퓨터는 산업표준형 프로그램화 논리제어기(PLC)를 사용하고 있다.

엔진의 작동온도는 열역학적으로 조절되는 방열기와 전기구동 팬을 사용해서 90 [℃]로 유지된다. 냉각시스템으로부터의 물은 공기와 연료가스 스트림이 연료전지 적층으로 들어가기 전에 이들을 가습하기 위해서 사용된다. 60 [℃] 이하로 유지되는 보조냉각 시스템은 고출력 전기요소들과 공기유출 콘덴서의 냉각을 위해서 사용된다. 저온에서는, 다이나믹 제동저항이 함침 히터로 사용되며, 엔진의 결빙을 막기 위한 외부동력 공급장치에 연결된다. 냉각수를 순수하게 유지하며, 냉각수가 전도체로 변질되는 것을 방지하기 위해서 이온교환 필터가 사용된다.

이 연료전지 엔진은 207 [kPa]의 압력 하에서 최대 출력이 송출되도록 설계되어 있다. 대기로부터 공급된 공기는 전기구동방식의 압축기에 의해서 필터를 통해서 유입되며, 엔진의 배기에너지를 회수하는 터보압축기를 통해서 최대 작동압력까지 상승시킨다. 이 공기는 또한, 전기화학적인 작용에 의해서 생성된 물을 제거해 준다.

가압된 수소가스는 버스 천정에 설치되어 있는 가압용 실린더 내에 저장된다. 연료는 2단 레귤레이터를 통해서 207 [kPa]의 압력으로 공급된다. 연료의 완벽한 사용을 위해서, 외부동력을 사용치 않고, 사용되지 않은 수소를 연료전지 어레이 속으로 재순환시키기 위해서 배출장치가 사용된다(발라드, 2002).

그림 10.12 다임러 크라이슬러社의 NEBUS[41]

연료전지에 대한 시연활동이 가속되면서, 1997년 5월에는 다임러 크라이슬러社가 개량형 발라드 연료전지(아마도 마크 700)를 동력원으로 사용하는 **NEBUS**(그림 10.12)를 발표하였다(표 10.25 참조). 이 연료전지는 250 [kW]의 총 정격출력을 갖고 있다(틸메츠 등, 2001). 55%의 전지효율을 갖고 있어서, 연료전지 시스템의 평균 에너지 수율은 디젤엔진보다 약 15% 높다. 이 연료전지는 차량에 장착되어 파워 스티어링 펌프, 공기압축기, 도어 제어 시스템 등을 포함하여, 차량 시스템에 190 [kW]의 전력을 공급한다. 만차 상태에서 80 [km/h]의 속도로 차량을 운행하기에 충분한 전력이 공급된다. 이 버스는 독일의 기술승인 당국으로부터 TŰV 라이선스를 획득하였다(발라드 2002).

표 10.25 다임러 크라이슬러社의 NEBUS 연료전지 버스의 기술데이터

연료전지차량의 명칭	NEBUS(1997년 5월)
차체	메르세데스 벤츠 저상형 디젤 시내버스 O 405 N_2
제원	11.8 [m](ℓ)×2.5 [m](w)×3.5 [m](h)/18,000 [kg]
탑승인원	62(32좌석+23입석)
최대속도	80 [km/h]
연료전지 유형/정격출력	발라드 PEMFC/250 [kW]
모터유형/정격출력	기존의 후륜구동 전기모터 대신 무단변속 최대정격 75 [kW]인 비동기 전기허브 모터 사용/연속정격 2×50 [kW], 최대정격 2×75 [kW]
연료처리	직접수소
연료저장	천정에 설치된 유리섬유로 강화된 알루미늄 용기 압축수소(H_2) 탱크(150ℓ)×7개, 총 용량 1,050 [L], 21 [kg] 수소(H_2), 30 [MPa]
백업 전지/제조원	NiMH, 대용량/파나소닉 EV 에너지
시스템	회생제동
주행거리	250 [km]

출처: 발라드 홈페이지, 2002; 틸메츠 W. 등, 2001.

3단계에서, 시카고 교통국(CTA)과 트랜스링크(이전의 BC 트랜싯, 밴쿠버)는 엑셀시스로부터 각각 3대의 수소연료 버스 시제품을 공급받았다(표 10.26 참조). 운전자와 유지보수요원들에 대해 필요한 연수를 수행한 후에, 버스는 1998년 3월(시카고-그림 10.13 참조)과 10월(밴쿠버)에 운행을 시작하였다. 2년간의 시험기간 동안, 이 시험단은 성능, 비용 및 신뢰성 등에 대한 정보를 수집하였다. 이 시험은 2000년 3월(시카고)과 7월(밴쿠버)에서 성공적으로 종료되었다. 특정한 부품들과 시스템 배치 등에서 문제점들이 발견되었지만, 전반적으로 버스에 대한 사회적 수용도는 훌륭했다. 총 주행거리는 시카고의 경우 48,000 [km], 밴쿠버의 경우 67,000 [km]에 달했으며, 버스들은 200,000명의 승객을 운송했다(발라드, 2000d와 e).

엑셀시스社가 1999년 플로리다 주 올란도에서 개최된 국제 공공교통 박람회에서 차세대 버스(P4)를 공개할 때까지, 몇 가지 기술적 문제들에 대한 사전 검토가 이루어졌었다.

41) Photogtraph courtesy of Ballard Power Systems

그림 10.13 시카고에서 장기간 필드시험중인 엑셀시스社의 P3 버스[42)]

표 10.26 발라드社의 P3 연료전지 버스의 기술데이터

연료전지차량의 명칭	퓨얼셀 버스(1998)
차체	–
제원	–
탑승인원	60
최대속도	–
연료전지 유형/정격출력	발라드 마크513 PEMFC/205 [kW]
모터유형/정격출력	–
연료처리	직접수소
연료저장	압축수소(H_2)
백업 전지/제조원	없음
시스템	–
주행거리	–

출처: 발라드 홈페이지, 2002; 틸메츠 W. 등, 브렌슈토프젤렌, C.F. 뮐러, 하이델베르크, 2001.

이전의 버스들보다 거의 2,000 [kg]이 가벼운 4단계(P4)엔진은 시카고와 밴쿠버에서 3단계(P3)엔진을 장착한 버스의 주행시험을 통해서 획득한 지식을 사용해서 설계되었다. 또한, 관리를 용이하게 하기 위해서, P4 설계에서는 P3 엔진에서 사용되었던 전용 요소들 대신에 범용 요소들을 사용하였다.

새로운 P4 엔진은 버스에 탑재되어 미래를 위한 운전이라는 캘리포니아 연료전지 파트너십 프로그램 하에서 캘리포니아 운송국과 함께 약 25대의 버스에 대한 시험을 수행되었다(발라드, 1999b). 이 시험은 2001년에 시작되었으며, 2002년에는 **썬라인 트랜싯社**와 함께 브리티시 콜롬비아에서 추가적으로 검증을 확대하여 실시하였다(발라드, 2000e).

205 [kW] 연료전지 엔진을 탑재하고 75명의 승객을 수용하며, 560 [km] 이상을 주행할 수 있는 버스에 대한 상용생산이 2002년(4단계)에 계획되어 있다. 후속적인 개발에는 다른 연료의 사용도 포함되어 있다(발라드, 2002).

42) Photograph courtesy of Ballard Power Systems

발라드社와 파트너들은 유럽연합의 재정지원 하에 2002년에 시작될, 10개의 유럽형 도시 버스 프로그램에 사용할 5세대(P5)버스를 개발하고 있다. 이 프로그램 하에서, 발라드社는 총 30대의 버스에 연료전지를 공급할 예정이다(발라드, 2001g). P5는 마크900(발라드 2001g)이나, 마크 902 하드웨어를 탑재할 예정이다(발라드, 2001c). 최초의 시타로 연료전지 버스(P5 버스, 그림 10.14)는 에보버스[43]로 발표되었으며, 2001년 11월 14일에 발라드 플랜트 1 공장에서 수요자인 유럽 교통국에게 시연되었다. 그런데 실제적인 버스의 인도 시기는 2003년까지도 기획되어있지 않다(엑셀시스, 2001). 시타로 연료전지 동력 버스는 다음과 같은 도시들에서 운행될 예정이다: 암스테르담(네델란드), 바르셀로나(스페인), 마드리드(스페인), 함부르크(독일), 런던(영국), 룩셈부르크, 포르토(포르투갈), 스톡홀름(스웨덴), 슈투트가르트(독일) 및 레이캬비크(아이슬란드) 등이다(다임러 크라이슬러, 2001b). 다임러 크라이슬러社가 지분을 모두 소유하고 있는 에보버스社는 대당가격 125만불로 연료전지를 탑재한 메르세데스 벤츠 저상형 시내버스를 공급하고 있다(다임러 크라이슬러, 2000).[44] [45]

그림 10.14 연료전지 시스템을 탑재한 최초의 시타로버스가 운행시험을 시작하였다.[46]

10.2.4 닛산[47]

토요타와 혼다 다음으로 일본의 세 번째 규모를 갖는 자동차 제조업체인 **닛산**은 초창기부터 발라드社와 지속적인 파트너 관계를 맺고 있는 또 하나의 회사이다. 닛산의 재정위기 기간 동안인 1999년 3월에, 르노社가 닛산 지분 중 36.8%를 인수하였다(닛산, 1999a)

1991년에 최초의 연료전지 시스템을 닛산 자동차 주식회사에 공급한 이래로, 발라드社는

43) www.evobus.com

44) 캘리포니아주 대기보전국(California Air Resources Board)의 재정지원하에 2013년 8월~2015년 7월까지 수행된 연료전지버스 개발 프로그램을 통해서 85,061시간동안 1.5[Mkm]의 주행시험이 수행되었다.

45) 2016년 10월 중국의 포산과 윈푸에 각각 12대와 10대의 발라드 연료전지 버스가 운행을 시작하였다.

46) Photograph courtesy of Daimler Chrysler

47) 닛산은 2002년 X-Trail FCHV 하이브리드 콘셉트카를 발표하였다. 2012년에는 TeRRA SUV 콘셉트카를 발표하였다.

닛산으로부터 1997년 3월(160만불)[48](발라드, 1997c), 1999년 1월(230만불)(발라드 1999c) 및 2001년 3월(220만불)등의 지속적인 주문을 받았다. 160만불 규모의 마크900 연료전지 동력 모듈이 2001년 1월에 닛산에 공급되었다(발라드, 2001i)

닛산 최초의 연료전지 차량은 **르넷** SUV(1999)를 기반으로 하는 연료전지 전지 하이브리드였다(미국 퓨얼셀 협회, 2002). 이 차량은 차량에 탑재되어 40 [L] 탱크로부터 수소를 발생시키기 위해서 메탄올 개질기를 장착하고 있었다. 400×450×550 [mm] 박스 속에 설치된 메탄올 개질기 자체는 80 [L]의 체적을 갖는 반면에, 10 [kW] 발라드 양성자 교환 맴브레인 연료전지 적층(퓨얼셀 2000 정보 서비스, 2002)을 포함하여, 연료전지 전력 시스템 전체는 1×1×0.6 [m]의 크기를 갖는다(미국자동차기술학회, 1999) 표 10.27에서는 추가적인 상세사양들을 보여주고 있다.

이 차량은 리튬이온 전지와 연결된 네오듐 자석 동기식 견인모터에 의해서 추진된다. 이와 동일한 기술은 이전에 르넷 전기자동차와 티노 하이브리드에서 사용되었다. 이 하이브리드 조합은 작동조건에 따라서 연료전지 동력 구동모드와 전지동력 구동모드 사이의 전환을 통해서 최적의 전력 제어를 구현한다(미국 퓨얼셀 협회, 2002; 닛산, 1999b). 전지 팩의 질량은 100 [kg]을 조금 상회하며 수소를 생산하기 전에 예열을 위해서 10~20분이 소요되는 기동과정에서 메탄올 개질기를 보조한다(미국자동차기술학회, 1999). 이 차량은 최고속도가 70 [km/h]에 달한다(퓨얼셀 2000 정보서비스, 2002).

2000년 10월에 또 다른 연료전지 시제품이 발표되었는데, 이번에는 닛산의 엑스테라 SUV를 기반으로 하였다. 또다시, 동력은 발라드社의 연료전지 시스템을 공급받았다. 이 차량(개질된 메탄올을 사용하여 작동)의 시험운행은 2001년 5월에 시작되었다(퓨얼셀 투데이, 2001a).

표 10.27 르넷 SUV에 기초한 닛산 1999 연료전지 차량의 기술데이터

연료전지 차량의 명칭	닛산 르넷 FCV(1999년 작동)
차체	닛산 르넷
제원	–
탑승인원	2
최대속도	70 [km/h]
연료전지 유형/정격출력	발라드 10 [kW]/41 [kg]
모터유형	네오듐 자석 동기식 트랙션 모터(히타치社)
연료처리	메탄올 개질기(80 [L]) 400×550 [mm] 크기의 박스 속에 내장 개질기 예열시간 10~20 [mm]
연료저장	메탄올 40 [L]
백업전지	Li 이온, 100 [kg]
시스템	배터리/연료전기 하이브리드, 셀 적층을 포함한 크기는 1×1×0.6 [m]
주행거리	?

48) 모든 지출은 미국 달러화로 환산. 환율은 발표시점을 기준으로 함

(a)

(b)

그림 10.15 (a) 닛산의 엑스테라 연료전지 자동차 (b) 이 차량은 발라드社의 마크900 연료전지 모듈로부터 전력공급을 받는다.[49)]

닛산은 **캘리포니아 연료전지 파트너십**(CaFCP)에 능동적으로 참여하고 있으며 75 [kW](마크900) 발라드 연료전지를 사용하는 **엑스테라 연료전지 자동차**(닛산, 2001)의 고압 직접수소 연료 버전에 대한 도로주행 시험을 2001년 4월에 시작하였다(퓨얼셀 2000 정보 서비스, 2002). 이 차량과 여기에 사용된 연료전지는 그림 10.15에 도시되어 있다. 이 차량에서 열과 물 관리 시스템을 구현하는 것은 매우 어려운 일이었다. 효율과 최고속도 목표는 각각 45%와 120 [km/h]였다(야마나시, 2001). 이 차량에 대한 상세한 제원들은 표 10.28에서 제시되어 있다.

고압 직접 수소연료 시스템에 대한 개발과 병행하여, 닛산은 또한 르노社와의 파트너십을 통해서 7억1,400만불 규모의 가솔린 개질 연료전지 자동차의 개발계획을 발표하였으며, 이를 통해서 연료의 공급을 위한 공급망을 더 손쉽게 구축할 수 있게 될 것이다(닛산, 2001).[50)]

49) Photograph courtesy of Nissan

50) 2016년 6월 닛산은 세계 최초로 바이오 에탄올을 사용하는 차량용 SOFC를 개발하였다고 발표하였다.

표 10.28 닛산의 2001년 형 엑스테라 연료전지 차량의 기술데이터

연료전지차량의 명칭(시기)	닛산 엑스테라 FCV(2001)
차체	닛산 엑스테라
제원	–
탑승인원	5
최대속도	120 [km/h] 목표
연료전지 유형/정격출력	발라드 마크900/75 [kW]
모터유형/정격출력	네오듐자석 동기식 모터
연료처리	직접수소
연료저장	압축수소(H_2)
백업 전지/제조원	리튬이온
시스템	회생제동
주행거리	?

출처: 퓨얼셀 2000 정보 서비스; 미국 퓨얼셀 협회 홈페이지, L-B-시스템테크닉 연료전지차량 리스트, 2002; U.S. 수송기술국, 에너지성, 2002

2002년 2월에 발표된, 차량용 연료전지와 연료전지 구성요소의 개발을 위한 UTC 퓨얼셀社와 닛산 사이의 양해각서 체결은 이전에 발라드社의 하드웨어를 기반으로 해왔던 닛산의 연료전지 정책을 변환시키는 이정표가 될 것이다. 닛산의 파트너이자 지분 소유자인 르노社 역시 이 프로젝트에 참여하였다(퓨얼셀 투데이, 2002c).[51)]

10.2.5 혼다[52)]

혼다는 일본의 (토요타 다음으로)두 번째 큰 자동차 제조업체이며, 세계 최대의 모터사이클 제조업체이다. 토요타 다음으로 혼다는 **하이브리드 인사이트** 모델을 통한 저공해 차량 개발 분야에서 세계 선도업체이다. 혼다는 또한, 시빅 차량의 하이브리드 모델에 대한 대규모 판매를 시행중에 있으며, 이를 연료전지 차량의 대규모 시장을 개척하는 신호탄으로 간주하고 있다.

혼다는 1989년부터 연료전지의 가능성에 대한 탐색을 시작하였으며, 수많은 연료전지 차량 시제품을 개발해 왔다(퓨얼셀 투데이, 2001a). 최근 들어, 혼다는 수차례에 걸쳐서 발라드社에 연료전지를 주문했다. 발라드社는 혼다로부터 마크900 연료전지와 관련 장비들에 대한 주문을 1999년 10월에 260만불, 2000년 8월에 150만불(마크900), 그리고 2001년 1월에 130만불 규모의 주문을 받았다(발라드, 2001j).

비록 혼다가 타 업체와 기술을 공유하려고 하지 않지만, 이 회사는 포드, 다임러 크라이슬러 및 여타 자동차 제조업체들과 급유 시스템의 개발, 사회적 적용성 확보, 및 상용화 생산의 가능성 연구 등과 같은 분야에서 공동으로 작업하고 있다. 이를 통해서 2003년에 300대의

51) 2013년 다임러AG, 포드, 르노 및 닛산은 2017년 초를 목표로 하여 차량용 상용 연료전지를 공동으로 개발하는 양해각서를 체결하였다.

52) 혼다는 2002년 FCX 하이브리드 차량의 콘셉트카를 발표하였고, 2007년에 세계 최초로 수소연료전지자동차인 FCX Clarity를 판매하기 시작하였다. 2014년에는 FCV 콘셉트카를 발표하였다.

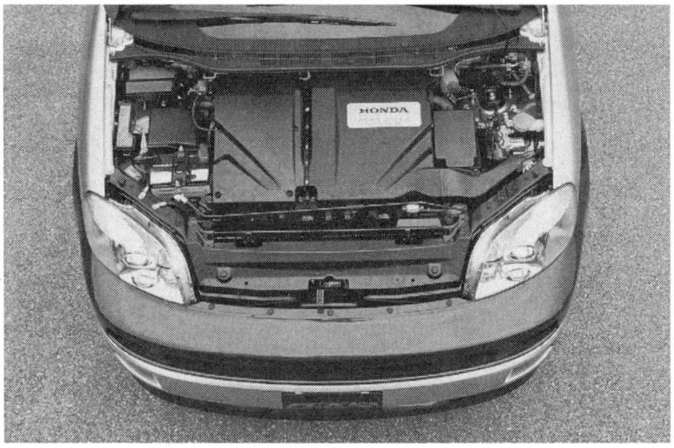

그림 10.16 혼다의 FCX-V4. 이 차량은 일본과 미국에서 도로주행승인을 획득하였다 53)

표 10.29 혼다 FCX-V3의 기술데이터

연료전지차량의 명칭(시기)	Honda FCX-V3(2000년 9월)
차체	Honda EV Plus
제원	1,750 [kg]
탑승인원	4
최대속도	130 [km/h]
연료전지 유형/정격출력	Honda 70 [kW]
모터유형/정격출력	영구자석 동기모터/60 [kW]
연료처리	직접수소
연료저장	압축수소(H_2), 25 [MPa], 25 [L], 2.0 [kg]
백업 전지/제조원	울트라 커패시터
시스템	–
주행거리	176 [km]

출처: 퓨얼셀 투데이, 2001; 퓨얼셀 2000 정보 서비스; L-B- 시스템테크닉 연료전지차량 리스트, 2002

연료전지 차량을 제작하여 일본 및 미국에서 판매하는 것을 목표로 하고 있다(퓨얼셀 투데이, 2001a).

혼다 최초의 연료전지 차량인 **FCX-V1**이 1999년 11월 도쿄 모터쇼에서 발표되었다. 이 차량은 마크 700 연료전지(발라드 2000a)의 동력을 공급받아서, 60 [kW]의 전력을 49 [kW]의 AC 동기형 전동기에 공급한다. 금속 수소화물 탱크에 저장된 수소는 177 [km]의 주행거리를 달린다(L-B-시스템테크닉, 2002; 퓨얼셀 2000 정보 서비스, 2002).

혼다에서 개발한 연료전지(60 [kW])를 사용하는, 이 차량의 메탄올 동력 버전 역시 1999년에 발표되었다(L-B-시스템테크닉, 2002; 퓨얼셀 2000 정보 서비스, 2002).

혼다의 3세대 프로토타입인 FCX-V3는 2000년 9월에 처음으로 발표되었다. 이 차량은 일본과 캘리포니아에서 도로주행시험을 수행하였으며, 이를 통해서 혼다는 로스엔젤리스에 소

53) Photograph courtesy of Honda

재한 연구센터에 소형 수소생산, 저장 및 급유 스테이션을 설치하였다. FCX-V3는 혼다에서 자체적으로 개발한 70 [kW] 양성자 교환 맴브레인 연료전지 적층을 사용하였다. 울트라 커패시터가 전지의 역할을 대체함으로 서, 가속성능을 개선하였다(퓨얼셀 투데이, 2001a). 수소동력을 사용하는 FCX-V3는 25 [MPa]로 가압된 25 [L] 용량의 탱크를 사용해서 2 [kg]의 수소를 저장한다. 한 번 충전으로, 이 차량은 176 [km]의 주행거리를 달성하였다. 표 10.29에서는 이 차량에 대한 추가적인 사양들을 보여주고 있다.

2001년 9월에, 혼다는 4세대 시제품인 **FCX-V4**를 출시하였다(그림 10.16 참조). 이 연료전지 시스템의 각 요소들은 재설계되어, 더 콤팩트하게 제작되었으며, 가속성과 최고속도 등이 개선되었다. 이 차량은 다시, 78 [kW] 용량의 마크900(발라드, 2001c) 발라드 연료전지를 사용하였다. 새롭게 설계된 35 [MPa] 압력의 고압 수소 연료탱크를 설치함으로서, 주행거리는 180 [km]에서 300 [km]으로 연장되었다(퓨얼셀 투데이, 2001a). FCX-V4의 기술적 사양들은 표 10.30에 제시되어 있다.[54) 55)]

표 10.30 혼다 FCX-V4의 기술데이터

연료전지차량의 명칭(시기)	혼다 FCX-V4(2001년 9월)
차체	혼다 EV 플러스
제원	4,045 [mm](ℓ)×1,810 [mm](w)/1,740 [kg]
탑승인원	4
최대속도	140 [km/h]
연료전지 유형/정격출력	발라드 마크900/78 [kW]
모터유형/정격출력	영구자석 동기식 모터/60 [kW]/238[N·m]
연료처리	직접수소
연료저장	압축수소(H_2), 35 [MPa], 130 [L]; 후방시트 하부에 설치
백업 전지/제조원	울트라 커패시터
시스템	–
주행거리	330 [km]

출처: 퓨얼셀 투데이, 2001; 발라드 출판물, 2001; 하이드로겐 앤드 퓨얼셀 레터, 2001년 11월; L-B-시스템테크닉 연료전지차량 리스트, 2002

10.2.6 UTC 퓨얼셀社와 쉘 하이드로겐

보유기술과 파트너

UTC **퓨얼셀社**는 미국 유인 우주계획용 연료전지의 독점 공급업체이며, 현재 상용 발전설비인 PC25C를 생산하고 있는 유일한 회사이다(UTC와 PC25C에 대한 상세한 내용은 8장 참조).

54) 혼다 Clarity의 판매가격은 2016년 현재 US$67,300이며, 한번 충전으로 480 [km]를 달릴 수 있다.

55) 2014년 로스엔젤레스에서 개최된 모터쇼에서 혼다는 FCX Clarity의 후속모델인 FCV CONCEPT를 발표하였다. 이 모델은 2016년 3월부터 일본, 미국 및 유럽에서 판매될 예정이다. FCV CONCEPT의 출력은 100 [kW]이고 70 [MPa]의 압력으로 충전된 수소가스 탱크를 사용하여 690 [km]를 주행할 수 있다.

비록 UTC社가 발전설비용 연료전지의 개발에 있어서 오랜 역사(이 회사는 최초의 가정용 인산 연료전지(PAFC) 시스템을 1960년대 중반에 개발하였다)를 가지고 있지만, UTC社의 자동차 프로그램은 1990년대 말에서야 시작되었다.

2000년 3월에, UTC社는 디트로이트에서 개최된 자동차 엔지니어 협회 미팅에서 가장 강력한 차량용 연료전지 적층을 개발했음을 발표하였다(스택 300, 그림 10.17 참조). 이 적층은 1.5 [kW/L]의 전력밀도를 가지고 75 [kW](L-B-시스템테크닉, 2002)의 전력을 생산한다(UTC, 2000a).

스택 300을 기반으로 하는 UTC社의 연료전지 시스템은 거의 대기압 조건 하에서 작동하므로 조용하고, 일반적으로 개발되고 있는 가압형 시스템보다 덜 복잡하다(UTC, 2000a). UTC는 또한 가압형 시스템보다 더 효율적이고(UTC, 2000a) 기존의 가압형 연료전지 설계에서보다 생성된 수분 관리가 더 용이하다고 주장하고 있다(UTC, 2001).

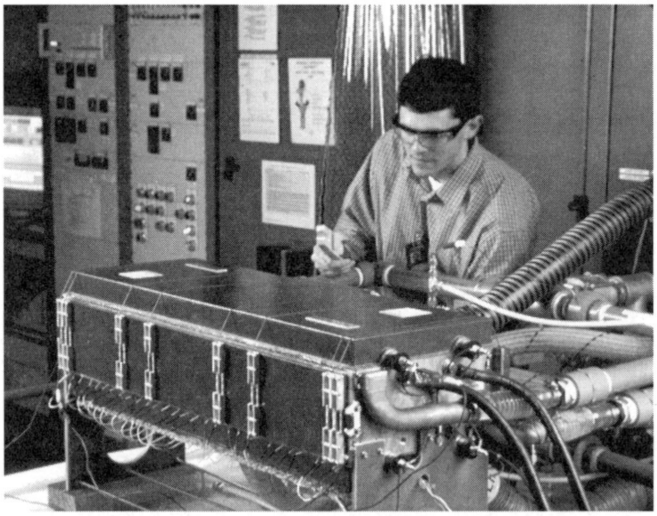

그림 10.17 300시리즈 수송용 연료전지 적층이 UTC 퓨얼셀社의 연구개발 실험실에서 조립되고 있다.[56)]

연료처리기술의 측면에서, UTC와 쉘 오일제조社의 미국지사인 쉘 하이드로겐 U.S.은 앞으로 도래할 연료전지 및 수소연료 시장을 대비하기 위해서 2000년 9월에 연료처리장치의 개발, 제조 및 판매를 위한 50-50 조인트 벤처 설립에 합의하였다.

UTC와 쉘 사이의 양해각서 하에서 하이드로겐소스社라는 조인트 벤처는 차량, 버스 및 발전기용 연료전지와 소매 및 상용 주유소, 편의점 및 가정용과 같은 분산형 수소 급유장치 등을 목표로 삼았다. 게다가, 쉘 하이드로겐社와 UTC 사이의 광범위한 사업 전략적 관계의 일부분으로서, 쉘社는 특정한 발전설비용으로 UTC 연료전지 전력공급 시스템을 판매할 계획을 세웠다(UTC, 2000b).

56) Photograph courtesy of UTC Fuel Cell

쉘 하이드로겐社는 분리된 회사들과 로열 더치/쉘 그룹 내의 여러 조직체들로 구성된 글로벌 비즈니스 업체이다. 쉘 하이드로겐은 수소 및 연료전지와 관련된 사업기회를 개척 및 추구하기 위해서 1999년에 설립되었으며, 본부는 암스테르담에 소재하고 있다(UTC, 2000b).

승용차(현대, 닛산, 르노)

2000년 발간물에서 UTC社는 자동차용 연료전지를 개발하기 위해서 다섯 개의 차량 제조업체와 계약을 맺었다고 말했다. 여기에는 아마도 1999년 10월에 프랑크푸르트 자동차 쇼에서 발표되었던, BMW와 보조전력유닛(APU)을 위해서 개발된 연료전지가 포함되어 있을 것이다(UTC, 2000a).

현대자동차는 차량용 적층기술(10.2.7절 참조)을 위한 UTC의 또 하나의 파트너이며 UTC 적층기술을 기반으로 하여 성공적으로 시연용 차량을 제작하였다(퓨얼셀 투데이, 2002d).

UTC의 가장 최근 파트너로는 2002년 2월에 연료전지 구성요소들을 공동으로 개발하기로 협정을 맺었다고 발표한 닛산과 르노가 있다(퓨얼셀 투데이, 2002c)

버스(토르, 아이리스버스)

UTC社는 미국의 토르 인더스트리스와 유럽의 아이리스버스(르노와 이베코가 공동으로 소유)가 포함된, 버스 및 수송용 차량 제조업체들과 수송용 대기압 연료전지 시스템을 개발하고 있다(UTC, 2001).

토르社는 최대의 중간 사이즈 버스 제조업체이며, 두 번째로 큰 레크리에이션 차량 제조업체이다. 토르社는 북미 전역의 중간사이즈 버스에 대해서, **썬더파워**라는 이름의 완전한 구동시스템 내에 UTC 연료전지를 독점적으로 사용할 권리를 가지고 있다.[57)]

토르社는 여타 대체연료에 비해서 경쟁력 있는 가격으로 판매하기 위해서, 9[m] 길이의 E-Z 라이더 저상형 시내버스를 연료전지 하이브리드 구동시스템의 플랫폼으로 사용할 계획을 가지고 있다. 토르社는 최초의 버스를 제작하여 2002년 11월~2003년 2월 사이에 시험운행을 수행하였다. 640시간동안 14,000 [km]의 시험주행을 통해서 9.5[km/kg]의 평균연비를 기록하였다.

버스 및 트럭용 하이브리드 구동시스템의 선도 개발 및 통합업체인 캘리포니아 샌디애고 소재의 ISE 리서치 주식회사는 하이브리드 시스템을 제공하며, 연료전지 시스템의 통합을 수행한다.

2001년 1월에 처음으로 발표된 아이리스버스社의 시내버스는 60 [kW] 연료전지 적층과 50 [Ah] 전지 조합에 의해서 전력을 공급받으며, 160 [kW] 전기모터에 의해서 추진된다. 수소는 아홉 개의 140 [L] 압력용기에 저장된다(L-B-시스템테크닉, 2002).

57) 토르 인더스트리는 2013년 7월 100[M$]에 버스 비즈니스를 Allied Speciality Vehicles社에 매각하였다. 이후 토르社는 레크리에시션 차량 사업에 집중하고 있다.

10.2.7 현대 58) 59)

한국 자동차업체인 **현대**는 발라드社의 초창기 고객이었다. 1999년 말에, 현대는 한국 정부와의 협력 프로그램의 일환으로 $391,000의 연료전지를 주문했었다(발라드 파워 시스템社, 1999). 2000년 5월에, 현대는 **뉴 산타페** SUV 차량에서 내연기관을 제거하고 연료전지 시스템으로 교체하는 SUV 시연용 프로그램을 통해서 UTC 연료전지 발전설비를 적용하기 위해서, 인터내셔널 연료전지(UTC-10.2.6절 참조)사와의 협정에 서명했다고 발표하였다(UTC, 2000a). 그림 10.18에서는 이 차량과 관련 기술을 보여주고 있으며, 표 10.31에서는 기술 데이터를 수록하고 있다. 초기에, 협정은 두 대의 **산타페** 연료전지 SUV를 개발할 것을 요구하였으나, 이 협정에는 추가적으로 두 대의 차량을 제작하기 위해서 계약을 연장할 가능성을 포함시켜 놓았다.

(a)

(b)

그림 10.18 (a) 수소를 사용하는 대기압 75 [kW] UTC 연료전지에 의해서 동력을 공급받는 현대 산타페 연료전지 차량 (b) 후드 내부의 사진을 통해 조립된 시스템을 볼 수 있다. 이 차량에서는 연료전지가 후드 하부가 아니라 후방시트 아래에 설치된다. 60)

58) 현대자동차는 2001년 산타페 Fe FCEV 콘셉트카를 발표하였다. 2010년에는 투싼 FCEV 콘셉트카를 발표하였고 2014년에는 Intrado 콘셉트카를 발표하였다. 또한 2014년부터는 ix35 FCEV의 상용 판매를 시작하였다. 현대자동차는 UTC Power社의 연료전지를 사용하고 있다.

59) 기아자동차는 2009년 Borrego FCEV 연료전지 콘셉트카를 발표하였다.

산타페의 75 [kW] 단일적층 연료전지 시스템은 수소를 동력으로 사용한다. 기동을 위해서 일반적인 차량용 전지가 사용되었다(표 10.29와 비교).

캘리포니아 소재의 에노바 시스템 오브 토런스社는 현대자동차에서 사용하는 전기 및 하이브리드 구동트레인의 주 개발업체로서, 이 차량의 전기구동 트레인과 전력관리 시스템을 공급하였다(UTC, 2000c). 현대 산타페에 설치된 연료전지 시스템은 차량의 승객 및 수하물 공간을 전혀 침해하지 않았다(UTC, 2001).

현대는 캘리포니아 연료전지 파트너십의 회원사이다.

현대 산타페는, 새로운 차량기술을 독자적인 판단기준으로 평가하는 연례행사인, 2001년 미쉐린 챌린지 비벤덤에서 두 가지 주요 성능부문에서 최고등급을 획득하였다. 이 차량은 소음 부분에서 A 등급(아마도 대기압 하에서 작동하므로 공기압축의 필요성이 없어진 때문인 듯하다)과 에너지 효율에서 B 등급을 획득하여, 이 부문에 참가한 연료전지 차량들 중에서 최고 등급을 차지하였다(UTC, 2001).

여섯 대의 수소동력 연료전지 차량이 로스엔젤리스와 라스베가스에서 개최된 미쉐린 이벤트에 참가하였다. 이벤트의 연료전지 차량 부분에 참가한 여타 자동차업체들로는 포드, 다임러 벤츠, 제너럴 모터스, 토요타 및 혼다 등이다(미쉐린 챌린지 비벤덤, 2001).

2001년에 수소 저장방법을 개선(새로운 IMPCO 탱크)하여 402 [km]의 주행거리를 갖는 새로운 모델이 개발되었다(퓨얼셀 2000 정보 서비스, 2002).

UTC 퓨얼셀社와의 공식적인 동맹을 구성하는 양해각서가 2002년 1월에 체결되었다(퓨얼셀 투데이, 2002d).[61]

표 10.31 현대 산타페 연료전지 차량의 기술데이터

연료전지차량의 명칭(시기)	현대 산타페(2001년 3월)
차체	현대 SUV
제원	3,571 [kg](공차)
탑승인원	5(4?)
최대속도	124 [km/h]
연료전지 유형/정격출력	IFC(UTC) 시리즈 300 PEMFC/75 [kW]
모터유형/정격출력	퓨마 AC 3상 유도전동기(에노바)/65 [kW]
연료처리	직접수소
연료저장	압축수소(H2)(퀀텀 테크놀로지), 35 [MPa]
백업 전지/제조원	납전지
주행거리	330 [km]

출처: 퓨얼셀 2000 정보 서비스, 2002; 미국 수송기술국, 에너지성, 2002; L-B-시스템테크닉 연료전지차량 리스트, 2002; 현대 출판물, 2001.

60) Photograph courtesy of UTC Fuel Cell

61) 현대자동차는 2014년 3월 제네바 모터쇼에서 투싼 FCEV를 발표하였다. 이 차량은 2015년 이후 남부 캘리포니아에서 리스판매를 시작하였고, 2016년 현재 미국을 비롯하여 캐나다, 영국, 독일, 프랑스, 벨기에, 이탈리아, 오스트리아, 등에서 ix35 FCEV라는 이름으로 판매중에 있다.

10.2.8 여타 개발업체들

승용차

*피아트*62)

이탈리아 환경부에서 부분적으로 자금지원을 받아서, **피아트** 연구소는 피아트 2001년 2월에 **세이첸토 엘레트라** 수소(H_2) 연료전지 차량을 발표하였다. 이 연료전지 전지 하이브리드 차량은 피아트의 최소형 시내용 차량을 기반으로 하고 있다. 이 차량은 메이커가 알려지지 않은 하나의 7 [kW] 양성자 교환 맴브레인 연료전지 적층(150 [kPa] 수소와 130 [kPa] 공기, 48 [V])과 하나의 전지로부터 전력을 공급받아, 하나의 3상 비동기식 모터를 구동하여 추진력을 얻는다. 이 차량은 20 [MPa] 압력으로 수소가 충전된 각각 9 [L] 용량의 가스 실린더 6개와 완전히 충전된 전지를 사용해서 최고속도 100 [km/h], 연료전지만으로 작동하는 경우에는 60 [km/h]로 140 [km]의 거리를 주행한다(센트로 리체르케 피아트, 2001; L-B-시스템 테크닉, 2002). 차량에 탑재된 수소만으로는 100 [km]를 주행할 수 있다(센트로 리체르케 피아트, 2001).

연료전지 차량 부문에서 피아트社의 장래 계획이 어떤지에 대해서는 명확하지 않지만, 피아트社의 최고경영자인 파올로 칸타렐라가 2001년 12월에 한 말(퓨얼셀 투데이, 2001b)에 따르면, 그의 견해로는 수소동력 차량이 시장에 진입하기 위해서는 최소한 15년이 필요하다. 시내용 차량, 버스 및 유틸리티 차량으로 천연가스 동력 차량의 사용을 권장하는 정부지원 계획에 대한 발표석상에서 이와 같은 견해를 피력하였고 가까운 미래에는 메탄이 가장 실현 가능한 해결방안인 것으로 간주하였다.

피아트 자동차와 2000년 3월부터 이 회사의 주식을 20% 보유한 제너럴 모터스는 소형차량을 위한 요소들과 시스템을 공동으로 개발할 것을 협약하였다(피아트, 2002).

*미쓰비시 자동차*63)

1999년에, 자동차, 트럭, 버스, 부품 및 동력 트레인 등 모든 자동차 관련제품들에 대한 다국적 제조업체 및 판매업체인 **미쓰비시 자동차 주식회사**는 미쓰비시 중공업이 권리를 보유한 연료전지 시스템과 개질기를 개발하기 위한 노력의 결과로, 도쿄 모터쇼에서 함께, 메탄올 동력 연료전지 개념의 차량(목업)을 전시하였다. 그 당시, 이 회사는 2005년에 상용 연료전지 차량을 상용화 할 것을 목표로 하였다.

2001년 여름에, 미쓰비시 자동차는 (회사의 경영지분을 확보하고 있는)다임러 크라이슬러社와 함께 차량용 연료전지를 개발할 계획을 갖고 있다는 보고가 있었다. 이 조인트 벤처는 미쓰비시 중공업의 진보된 연료전지 기술을 미쓰비시 자동차와 다임러 크라이슬러社의 차량

62) 피아트는 2001년 Seicento Elettra H2 연료전지 하이브리드, 2003년 Seicento Hydrogen 하이브리드, 2005년 Panda Hydrogen, 2008년 Phyllis, 2008년 Panda HyTRAN 등의 연료전지 콘셉트카를 발표하였다.

63) 미쓰비시 자동차는 2004년 FCV 연료전지 콘셉트카를 발표하였다.

기술에 접목하고 있다. 가솔린 대신에 연료전지에서 사용할 수 있는 액체 연료의 개발에 노력중인 니폰 미쓰비시 오일도 함께 동참했다(퓨얼셀 투데이, 2001a). 승용 웨건 개념을 갖고 있는 미쓰비시 **스페이스 라이너**가 2001년 도쿄 모터쇼에서 발표되었다. 이 차량은 다임러 크라이슬러의 NeCar 시리즈에서 사용했던 연료전지 적층을 사용하고 있다(하이드로겐 앤드 퓨얼셀 레터, 2001a).

하지만 재정압박이 미쓰비시의 연료전지 개발을 지연시키고 있다(퓨얼셀 투데이, 2002c).

PSA(푸조 64), 시트로앵)

2000년과 2001년에 PSA에 의해서 두 대의 연료전지 차량이 제작되었다. Hydro-Gen은 2000년 6월에 발표되었다. 4,110×1,960×1,800 [mm] 크기에 1,800 [kg] 무게를 갖는 이 왜건형 차량은 30 [kW](70 [V]) **누베라 연료전지**와 에너지 회수용 162 [V] 전지의 전력을 공급받는 20 [kW] 전기모터(210[N·m] 토크)에 의해서 추진된다. 파트너인 CEA에 의해서 개발된 35 [MPa] 가압탱크(140 [L])에 저장된 3.3 [kg]의 수소를 사용해서 최고 95 [km/h]의 속도와 300 [km]의 주행거리를 달릴 수 있다(L-B-시스템테크닉, 2002).

1년 후에 발표된 **푸조 연료전지 택시**도 유사한 설계를 갖고 있으며(무게는 1,740 [kg]로 절감) 다섯 명의 승객을 태울 수 있다. 이 차량은 5.5 [kW](86 [V]) H-파워 연료전지로부터 전력을 공급받는다. 30 [MPa] 가압 탱크는 80 [L] 또는 1.5 [kg]의 수소를 저장한다. 이 차량도 180 [V], 95[Ah] NiMH 전지(280 [kg])를 에너지 회수와 추가적인 충전을 위해서 사용하며, 200~300 [km] 내외를 주행할 수 있다(PSA, 2002; L-B-시스템테크닉, 2002).

르노

프랑스의 또 다른 대형 차량 제조업체인 **르노**는 지금까지 두 대의 연료전지 차량을 제작했다. 2인승 르노 FEVER(EU 재정지원)가 1997년에 발표되었다. 전력은 320 [kg] 무게의 10 [kW] PEM 드노라 연료전지(115 전지) 세 개에 의해서 공급되며, 225 [L]의 용적을 차지하고, 회생제동을 위해서 2.8 [kWh]의 에너지를 저장할 수 있는 NiMH 전지의 도움을 받는다. 115 [kg] 무게의 에어리퀴드社의 탱크에는 8 [kg] 또는 120 [L]의 액체 수소가 저장된다. 2,200 [kg] 무게의 차량은 500 [km]의 거리를 주행할 수 있으며, 최고속도는 120 [km/h]에 달한다(퓨얼셀 2000 정보 서비스, 2002; L-B-시스템테크닉, 2002).

르노社의 1998년형 연료전지 **랑구나 에스테이트**는 르노에서 개발된 30 [kW] 연료전지로부터 전력을 공급받는다. 이 차량은 액체수소 저장방식을 사용하며, 400 [km]의 주행거리를 갖는다(퓨얼셀 2000 정보 서비스, 2002).

64) 푸조는 2004년 Quark, 2006년 207 Epure, 2008년 H2Origin 등의 연료전지 콘셉트카를 발표하였다.

폭스바겐[65] [66] [67]

폭스바겐社는 2000년 11월에 보라 하이모션에 대한 개념을 발표했다. 이 차량은 제조원을 알 수 없는 75 [kW] 양성자 교환 맴브레인 연료전지와 75 [kW] 비동기 모터를 사용하여 최고속도 140 [km/h]를 구현한다. 주행거리는 350 [km]로 제시되어 있지만, 수소를 가스 또는 액체(50 [L]) 상태로 저장하는 문제에 대한 정보는 서로 다르다(퓨얼셀 2000 정보 서비스, 2002; 미국 수송기술국, 2002; L-B-시스템테크닉, 2002).

그림 10.19 (네오플랜社와 공동으로)프로톤 모터스社에 의해서 개발된 버스. 이 버스는 특수한 플라이휠 에너지 저장장치를 갖추고 있다.[68]

65) 폭스바겐은 2000년 Bora HyMotion, 2002년 Bora HyPower, 2004년 Touran HyMotion. 2007년 Space UP Blue, 2008년 Passat Lingyu HyMotion 등의 콘셉트카를 연이어 발표하였다.

66) 폭스바겐은 2014년 로스앤젤레스 모터쇼에서 골프 스포츠웨건인 HyMotion을 발표하였다. 이 차량은 4세대 100 [kW] 연료전지 파워트레인을 채택하였다. 이 모델은 10초 만에 100 [km]까지 가속할 수 있다. 수소가스는 차량 하부에 탑재된 4개의 탄소섬유 탱크에 저장되며 500 [km]까지 달릴 수 있다. 이와 동일한 구동 트레인을 사용하여 미국 버전의 파사트 모델과 아우디 A7이 제작되었다.

67) 아우디는 2004년 A2H2 하이브리드, 2009년 Q5-FCEV, 2014년 A7 h-tron Quattro 등의 연료전지 콘셉트카를 발표하였다.

68) Photograph courtesy of Proton Motor

표 10.32 현재 개발중인 연료전지 버스 요약(완전치 못함)

개발업체	연료전지	연료저장	에너지저장	모터	최고속도 (km/h)	주행거리 (km)	연도
네오플랜(독일); Midi 버스 N8008FC; www.neoplan.de	드노라 3×40 [kW]	린데4×147 [L] CH_2 탱크; 25 [MPa]	NiMH전지14 모듈, 21[kWh], 100 [kW]	2×45 [kW]후륜구동 비동기모터	50	600	1999
아이리스버스; www.irisbus.com	UTC 60 [kW]	9×140 [L] CH_2 탱크	전지 50[Ah]	160 [kW]	60	-	2001
다임러크라이슬러;저상형 시타리오;www.daimlerchrysler.de; www.lbst.de	발라드 250 [kW]; 천정설치	8×CH_2	?	?	80	300	2001
프로톤모터; 네오플랜(독일)	프로톤모터 80 [kW]	4×150 [L] CH_2; 120[m^3] H_2	100 [kW] 자석모터 구동 플라이휠	4×70 [kW] 휠모터	80	-	2000
조지타운 대학(미국)	발라드 100 [kW]	메탄올과 개질기	납 전지	185.5 [kW] AC 유도전동기	105	560	2000
L-B-시스템테크닉; MAN(독일); www.fuelcellbus.com; www.hydrogen.org	씨멘스 4×30 [kW]	9실린더; 1548 [L] CH_2; 25 [MPa]	?	2×75 [kW] 비동기 모터(씨멘스)	80	>250	2000
MAN 저상형; www.euweb.de/fuel-cell-bus	드노라 3×40 [kW]	2×350 [L] 극저온용기 천정설치	-	2×75 [kW](씨멘스)	75	300	2001?
스카니아, 에어리퀴드	드노라 2×30 [kW]	2×500 [L] 압력용기 (에어리퀴드)	155 [kW] 시스템 피크동력	-	-	250	2001?
에보버스 시타로; 엑셀시스	발라드 마크900	CH_2	-	250 [kW]	80	300	-
토요타, 히노	토요타 90 [kW]	25MPa CH_2	-	2×80 [kW]	>80	>300	2001
토르	UTC	-	-	-	-	-	2001

출처: L-B-시스템테크닉 연료전지 차량 리스트, 2002; 하이드로겐 앤드 퓨얼셀 레터, 2001년 11월; 다임러 크라이슬러 출판물, 2002, 드리고 나열된 웹 링크들

주행이 가능한 폭스바겐의 보라 하이파워가 2002년 1월에 폴쉐르 연구소와 공동으로 제작되었다. 28 [kW] 용량의 연료전지와 회생제동용 슈퍼 커패시터를 사용해서, (압축식?) 수소탱크 하나로 대략 150 [km]를 주행할 수 있다. 최고속도는 115 [km/h]에 달했다(L-B-시스템테크닉, 2002).

폭스바겐社는 또한, 발라드社에서 구입한 양성자 교환 맴브레인 연료전지를 동력으로 사용하는 메탄올 동력 연료전지 차량을 공동으로 제작하기 위해서 EU의 재정지원을 받는 CAPRI 프로젝트(폭스바겐, 볼보, ECN[네델란드] 및 존슨매티[영국])를 도출하였다(L-B-시스템테크닉, 2002).

버스

발라드/다임러 크라이슬러/엑셀시스, 토요타 및 여타 선도 자동차 개발업체들에 의해서 개발된 버스들과는 별개로, 몇몇 컨소시엄에 의한 광범위한 버스 프로젝트들이 진행중에 있다.

현재 개발업체들에는 스카니아(에어리퀴드社와 공동개발); MAN(드노라, 메세르 및 씨멘스와 공동개발); MAN(L-B-시스템테크닉과 공동개발, 압축수소, 25 [MPa] 수소 1,548 [L]를 저장하는 아홉 개의 저장용기); 조지타운 대학(록히드 마틴 전기구동 트레인, 엑셀시스 100 [kW] 연료전지와 메탄올 개질기); 프로톤 모터스(네오플랜社 및 마그넷 모터스社와 공동개발, 압축수소, 프로톤 모터스가 공급하는 80 [kW] 양성자 교환 맴브레인 연료전지, 플라이휠을 사용한 회생제동-그림 10.19 참조); 그리고 네오플랜(드노라 적층, 3×40 [kW]). 표 10.32에서는 현재 진행중인 과제들에 대해서 요약(완전치 못함)해 놓았다.

표 10.33 2014년 상업적으로 사용되는 차량용 연료전지[69)]

제조업체	제품명칭	유형	출력	차량유형
발라드 (캐나다)	FCvelocity-HD6	PEM	75 [kW]와 150 [kW]	승용차, 버스
하이드로제닉스 (캐나다)	Celerity/CelerityPlus	PEM	60 [kW]	버스, 트럭
	HyPMTMHD30	PEM	33 [kW]	기존 전기차량에 탑재
	HyPMTMHD90	PEM	99 [kW]	기존 전기차량에 탑재
	HyPMTMHD180	PEM	198 [kW]	기존 전기차량에 탑재
심바이오FC (프랑스)	ALP	PEM	80~100 [kW]	유틸리티 차량, 트럭
US 퓨얼셀 (미국)	Model 80 APU	PEM	80 [kW]	승용차, 버스
	Model 150 APU	PEM	150 [kW]	버스, 트럭
	UTC PureMotion	PEM	120 [lW], Legacy	버스

69) Fuel Cell Technologies Market Report 2014

10.3 결론

이 단원에서 제시된 기술적 정보들은 선도 개발업체들의 과거와 현재의 연료전지 연구와 개발에 대한 개관을 제시하기 위한 것이었다. 이 정보들은 결코 완벽하지 못하며, 과거 10년간이 급격한 기술진보로 인하여 이들 중 많은 내용들이 과거의 내용이 되어버렸다. 그런데 성능지수들에 따르면 차량용 연료전지 기술에 연관된 업체들 중 누가 핵심이며 그들의 전략이 어떤 것인가를 알 수 있다. 명확히, 각 회사들마다 서로 다른 스타일을 갖고 있으며 이들 중 일부는 실제 시제품보다는 목업을 더 많이 제작했다.

하지만 전체적으로는, 관련 회사들이 연합하여 이룬 성과들이 인상적이다; 작동이 가능한 실제 크기의 승용차와 버스를 제작하였고, 수소, 메탄올 및 (비록 여전히 초기단계이나)청정 가솔린을 사용하여 이를 구동하였다. 기존 연료 공급체계의 영향력과 새로운, 청정기술의 작동 편이성 사이에서 어떤 개념이 기술경쟁에서 승리할 것인가를 관찰하는 것도 흥미로운 일이다.[70)]

고성능 수송용 차량과 특히, 시내버스가 조기에, 그리고 아마도 수송시장에 진입하기 가장 적합한 분야라는 점에는 별 이견이 없다. 이는 몇 가지 인자에 기인한다:

- 기존의 버스들은 시내지역에서 눈에 띄게 심한 매연을 방출하며, 교통난은 현저한 효율저하를 초래한다.
- 주유시설을 이용하면 수소를 사용할 수 있으며 개질기를 탑재할 필요가 없어진다.
- 보수비용과 유지비용의 절감이 예견되므로 버스의 경우에는 연료전지 시스템의 높은 구매가격을 지출할 수 있다.
- 이 적용분야에서는 시스템 패키징, 무게 및 물리적 배치 등에 있어서 비교적 높은 수준의 유연성이 확보된다.
- 연료전지를 사용하는 중장비 차량시장의 초기개발은 경부하 차량의 시장진입과, 초기 연료전지 생산수량의 확보를 도와준다.

---

70) 2014년 SAIC Motor Corp.의 지원하에 수소 연료전지를 탑재한 승용차로 52일간 중국의 64개 도시를 통과하는 10,000 [km] 주행시험을 수행하였다. 이 시험과정에서는 이동식 수소공급장치를 사용하여 128회의 수소공급이 시행되었으며, 1,300[m] 고도의 티벳지역도 성공적으로 통과하였다.

References

Ballard Power Systems, press release, February 25, 1997 (1997a).
Ballard Power Systems, press release, January 8, 1997 (1997b).
Ballard Power Systems, press release, March 20, 1997 (1997c).
Ballard Power Systems, press releases, March 17 and August 14, 1998.
Ballard Power Systems, press release, September 7, 1999 (1999a).
Ballard Power Systems, press release, October 11, 1999 (1999b).
Ballard Power Systems, press release, January 20, 1999 (1999c).
Ballard Power Systems, press release, December 13, 1999.
Ballard Power Systems, press release, January 9, 2000 (2000a).
Ballard Power Systems, press release, December 20, 2000 (2000b).
Ballard Power Systems, press release, November 9, 2000 (2000c).
Ballard Power Systems, press release, March 23, 2000 (2000d).
Ballard Power Systems, press release, July 6, 2000 (2000e).
Ballard Power Systems, press release, November 30, 2001 (2001a).
Ballard Power Systems, press release, December 3, 2001 (2001b).
Ballard Power Systems, press release, October 26, 2001 (2001c).
Ballard Power Systems, press release, June 5, 2001 (2001d).
Ballard Power Systems, press releases, May 22 and 25, 2001 (2001e).
Ballard Power Systems, press release, May 2, 2001 (2001f); see also ww.microcoating.com.
Ballard Power Systems, press release, March 26, 2001 (2001g).
Ballard Power Systems, press release, March 29, 2001 (2001h).
Ballard Power Systems, press release, January 2, 2001 (2001i).
Ballard Power Systems, press releases, October 8, 1999, August 1, 2000, and January 23, 2001 (2001j).
Ballard home page, www.ballard.com, accessed January 2002.
Centro Ricerche Fiat, http://www.ecotrasporti.it/H2.html, http://www.crf.it/uk/AR-CRF-2000/Documenti/Vehicles/vehicles-15.pdf, May 28, 2001.
DaimlerChrysler, press release, http://www.daimlerchrysler.de/index_e.htm?/products/products_e.htm, April 6, 2000. DaimlerChrysler, press release, http://www.daimlerchrysler.de/index_e.htm? /products /products_e.htm,
January 2, 2001 (2001a).
DaimlerChrysler, press release, http://www.daimlerchrysler.com/index_e.htm?/products/, February 4, 2002 (2002b).
DWV (Deutscher Wasserstoff Verband), press release, July 1, 2001.
Ecostar home page, www.ecostardrives.com, accessed December 2001.
Fiat, press release, February 7, 2002.
Ford's Think Web site, www.thinkmobility.com, accessed February 2002.
Fuel Cell Today, http://www.fuelcelltoday.com/FuelCellToday/IndustryInformation/IndustryInformationExternal/IndustryInformationDisplayArticle/0,1168,192,00.html, September 7, 2001 (2001a), Fuel Cell Today, http://www.fuelcelltoday.com/FuelCellToday/IndustryInformation/IndustryInformationExternal/NewsDisplayArticle/0,1471,764,00.html, December 20, 2001(2001b).
Fuel Cell Today, http://www.fuelcelltoday.com/FuelCellToday/IndustryInformation, accessed January 29,2002 (2002a).
Fuel Cell Today, http://www.fuelcelltoday.com/FuelCellToday/IndustryInformation, February 14, 2002 (2002b). Fuel Cell Today, http://www.fuelcelltoday.com/FuelCellToday/ Industry Information/IndustryInformationExternal/NewsDisplayArticle/0,1471,951,00.html 19th February 19, 2002 (2002c).
Fuel Cell Today, http://www.fuelcelltoday.com/FuelCellToday/IndustryInformation, 30th January 30,2002 (2002d).
Fuel Cells 2000 Information Service, http://www.fuelcells.org/fct/carchart.pdf, 2002.
GM (General Motors), press release, http://www.gm.com/cgi-bin/pr_display.pl?470, September 29, 1998.
GM (General Motors), fact sheet, November 2000 (2000a).
GM (General Motors), press conference, Traverse City, Michigan, August 2000 (2000b).

GM (General Motors), press release, October 31, 2001 (2001a).
GM (General Motors), press release, http://www.gm.com/cgi-bin/pr_display.pl?2400, August 7, 2001 (2001b).
GM (General Motors), www.gmfuelcell.com, accessed January 2002 (2002a).
GM (General Motors)http://www.gmfuelcell.com/w_shoop/pdf/Andrew%20Bosco%20FC(E).pdf, accessed 16th February 2002 (2002b).
Hydrogen & Fuel Cell Letter, November 2001 (2001a).
Hydrogen & Fuel Cell Letter, August 2001 (2001b).
Hydrogen & Fuel Cell Letter, July 2001 (2001c).
Hyundai Press Release, November 1, 2001.
Johnson Matthey, press release, http://www.matthey.com/news/Ballard_1098.html, October 27, 1998.
Johnson Matthey, press release, http://www.matthey.com/news/dbb_0399.html, March 3, 1999.
Kruger, R., Ford Research Center Aachen, personal communication, 2002.
Larminie, J. and Dicks, A., Fuel Cell Systems Explained, Wiley-VCH, 2000.
L-B-Systemtechnik fuel cell car listing, www.hydrogen.org/h2cars/overview/cardata, accessed February 2002.
Marks, C., Rishavy, E.A., and Wyczalek, F.A., Electrovan: a fuel-cell.powered vehicle, Society of Automotive Engineers, Paper 670176, 1967.
Mazda Environmental Report 2001, www.mazda.com.
Michelin Challenge Bibendum, Results 2000, www.challengebibendum.com.
Michelin Challenge Bibendum, Results 2001, www.challengebibendum.com.
New Review, The Quarterly Newsletter for the U.K. New and Renewable Energy Industry, ISSUE 30, http://www.dti.gov.uk/NewReview/nr30/html/car_of_tomm.html, November 1996.
Nissan, press release, http://www.nissan-global.com/EN/HOME/0,1305, SI9-LO3-TI519-CI427-IFNMC92-CH120,00.html (1999a).
Nissan, press release, http://www.nissan-global.com/GCC/Japan/NEWS/19990513_0e.html, May 13, 1999(1999b).
Nissan, press release, http://www.nissan-global.com/EN/TECHNOLOGY/0,1296,SI9-LO3-MC110-IFNCH134,00.html,2001
Opel, www.opel.com, accessed 30th January 2002.
Prater, K.B., The renaissance of the solid polymer fuel cell, Journal of Power Sources, 29, 239, 1990.
Prater, K.B., Polymer electrolyte fuel cells: a review of recent developments, Journal of Power Sources, 51,129, 1994.
PSA, home page, www.psa.com.
Quantum, press releases, May 2001.
Ralph, T.R. et al., J. Electrochem. Soc., 144, 3845, 1997.
Smart Fuel Cell, press release, http://www.smartfuelcell.de/de/presse, September 12, 2001.
Society of Automotive Engineers, automotive engineering international online, http://www.sae.org/automag/techbriefs_10.99/02.htm, 1999.
Tillmetz, W., Homburg, G., and Dietrich, G., in Brennstoffzellen, Ledjeff-Hey, K., Mahlendorf, F., and Roes, J., Eds., C.F. Muller, Heidelberg, 2001, p. 61
Toyota, environmental update, November 2000.
Toyota, environmental update, April 2001 (2001a).
Toyota, environmental update, July 2001 (2001b).
Toyota environmental update, December 2001 (2001c).
U.S. Fuel Cell Council Home Page, http://www.usfcc.com/Transportation, accessed 16th February 2002.
U.S. Office of Transportation Technologies, Department of Energy, http://www.ott.doe.gov/otu/field_ops/ pdfs/light_duty_fuel_cell_summary.pdf, accessed January 2002.

Chapter

Fuel Cell Technology Handbook

11 수송분야 경쟁기술

11.1 서언

수송분야에서 주요 경쟁기술은 물론 내연엔진이다. 가스터빈은 대형(대략 10[MW] 이상)의 경우 높은 효율을 갖지만, 지상운송의 경우, 훨씬 작은 크기(대략 100 [kW])가 필요하며, 이 경우에는 효율(특히 부분부하 효율)은 훨씬 낮다. 가스터빈은 매우 낮은 부분부하효율을 극복할 수 있는 대안이기 때문에 하이브리드 차량 시스템에 적용할 가능성이 있다.

왕복동 내연엔진은 100년 이상의 기간동안 발전해 왔고, 현재 매우 높은 수준의 신뢰성, 낮은 연료소모와 높은 비출력, 매연 저감 등이 확보되었다. 대형 선박용 디젤엔진은 50% 이상의 효율을 실현할 수 있지만, 스케일 효과 때문에 대형 트럭엔진(약 300 [kW])의 경우에는 약 45%까지 떨어지고, 자동차와 경트럭 엔진(약 80 [kW])의 경우에는 40%에 불과하다. 아래와 같은 이유 때문에 엔진 사이즈에 따른 효율저하가 발생한다.

- 엔진 실린더가 작아질수록, 체적대비 표면적 비율이 증가하여, 열손실이 더 커진다.
- 엔진이 작아질수록 매연 배출기준이 더 엄격해지며, 많은 경우 연료 효율과 매연 배출량 사이의 절충이 필요하다.

스파크 점화 엔진의 경우, 최대효율은 100 [kW] 엔진의 경우에 약 35%이다.

이 단원의 목적은 엔진효율에 대해서 개괄적으로 살펴보며, 비출력의 증가와 매연배출량의 저감에 대한 지속적인 요구에도 불과하고 얼마나 높은 효율을 얻을 수 있는가를 살펴본다. 그러나, 이를 위해서는 왕복동 엔진의 부분부하 성능에 대한 이해와 이를 차량동력에 대한 요구조건에 어떻게 맞출 수 있는가에 대한 이해가 선행되어야만 한다. 그러므로 이 절에서는 차량 동력의 매칭에 대해서 주로 다루고 있다. 물론, 이는 하이브리드 전기자동차를 통해서 구현할 수 있는 이점에 대한 이해를 위해서 매우 중요하다.

내연엔진의 기반 원리는 이 단원의 범주를 넘어선다. 이에 대해서 관심을 갖고 있는 독자들은 헤이우스(1998)나 스톤(1999)의 서적을 참조하기 바란다.

11.1.1 왕복동 엔진의 효율과 부분부하 성능

스파크 점화 엔진의 효율은 물론 오토 사이클 해석의 예측결과에 비해서 훨씬 낮다. 압축비가 10인 경우, **오토 사이클**의 효율은 60%에 달하는 것으로 산출되지만, (열용량의 비율이 1.3에 근접하는 경우)공기/연료 혼합물의 실제 열역학적인 거동과 그에 따른 연소 생성물에서 효율저하가 존재하므로, 이 사이클의 효율은 47%로 예상된다. 실제로는, 이러한 엔진의 완전 스로틀 브레이크 효율은 30%이며, 이는 다음의 원인들 때문에 추가로 17%의 효율저하를 고려해야 한다:

	효율%
기계적 마찰손실	3
지연연소	3
불완전 연소된 연료의 배기	1
연소 사이클 간의 편차	2
배기가스 배출과 가스교환	–
열전달	7

디젤엔진이 스파크 점화엔진에 비해서 세 가지 이유 때문에 최고효율이 더 높다:

1. 압축비가 더 높다.
2. 압축의 초기단계에는 공기만이 존재한다.
3. 공기/연료 혼합물은 항상 교정혼합[1]에 대해서 취약하다

디젤(압축점화) 엔진의 경우, 완전연소를 구현하기 위해서는, 공기/연료 비율이 항상 이론 **교정혼합**에 대해서 취약하다. 이는 혼합물을 만들기 위한 시간이 매우 제한적이기 때문이다. 압축행정의 종료시점에 연료가 연소챔버 속으로 분사되며, 각각의 연료증기 방울들이 공기와 혼합되어 가연성 혼합물이 형성된다. 따라서 출력은 분사되는 연료의 양을 변화시켜서 조절할 수 있으며, 공기공급량을 조절할 필요가 없다. 자연 흡기방식 디젤엔진의 최고 **브레이크 평균 유효압력**(BMEP)(토크×4π /행정체적)는 스파크 점화 엔진에 비해서 낮기 때문에, 열악한 공기 활용도 역시 이유 중 하나이다. 브레이크 평균 유효압력값은 엔진의 크기나 속도와는 무관한 비출력의 척도이다.

연료전지와는 반대로, 내연엔진의 효율은 부하의 감소에 따라 저하된다. 그림 11.1에 도시된 것처럼, 디젤엔진의 부분부하 효율은 부하감소에 따라서 스파크 점화 엔진 보다는 서서히 저하된다. 스파크 점화와 디젤 엔진 사이의 근본적인 차이는 부하를 조절하는 방식에 있다. 전형적인 스파크 점화 엔진은 항상 교정혼합 값에 근접한 공기/연료 혼합물을 필요로 한다. 따라서 공기유동 뿐만 아니라 연료주입량의 감소를 통해서 출력이 조절된다. 그런데 스로틀링은 스로틀 판 양단에서의 압력강하를 유발하며, 이는 가스교환 공정과정에서 소모되는 펌

1) stoichiometric

핑일을 증가시킨다. 또한, 디젤엔진의 출력은 분사하는 연료의 양을 감소시켜 조절하므로, 공기/연료 비율이 낮아지고, 사이클 효율은 높아진다. 마지막으로, 부하가 감소함에 따라서, 연소 지속시간이 감소하며, 사이클 효율은 높아진다. 요약하면, 디젤엔진 부분부하의 감소는 다음 항목들에 의해서 완화된다.

1. 스로틀링의 부재
2. 공기/연료 혼합비율 저감
3. 연소시간의 단축

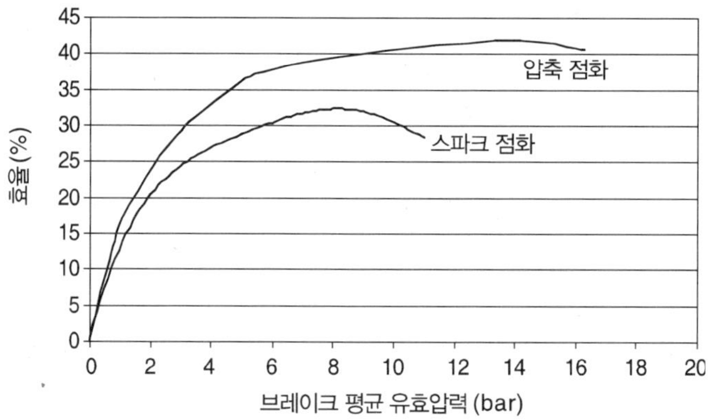

그림 11.1 부하가 디젤(압축점화)과 스파크 점화 엔진의 효율에 끼치는 영향

그림 11.1에 제시된 디젤엔진 데이터는 11.2.2절의 끝에서 논의되어 있는 3기통 직접분사 엔진인 폭스바겐 루포에 대한 것이다. 그림 11.1에 따르면, 이 엔진은 스파크 점화 엔진에 비해서 더 큰 비출력을 갖고있는 것으로 나타나 있다. 그런데 디젤은 속도범위가 더 제한적(최고출력 속도는 스파크 점화 엔진의 6,000 [rpm] 보다 낮은 4,000 [rpm]이다)이며, 디젤의 브레이크 평균유효압력은 속도증가에 따라서 급격하게 떨어진다. 1.2 [L] 루포 디젤의 경우, 최고출력은 4,000 [rpm]에서 45 [kW](1.2 [MPa]의 BMEP)인 반면에, 현대적인 스파크 점화 엔진(예를 들면 로버 K 시리즈 엔진)은 간단히 50 [kW/L]의 출력을 구현할 수 있다. 그림에도 불구하고 차량에 탑재한 디젤 엔진의 성능은, 출력곡선의 피크가 낮고 운전성능이 더 우수한 범위인, 저속에서의 토크가 매우 크기 때문에, 아마도 동일한 행정거리를 갖는 자연흡기 방식의 스파크점화 엔진에 필적할 만하다.

11.1.2 동력트레인 매칭

불행히도, 차량의 동력 요구조건은 부분부하 작동성능에 의해서 결정되며, 엔진효율 뿐만 아니라 동력전달 시스템을 통하여 동력과 부하가 어떻게 매칭되는가도 고려할 필요가 있다. 이는 스톤(1989)이 발견한 **풀러기법**을 사용해서 가장 잘 구현할 수 있다. 이 원리는 기어박스와 엔진의 매칭 원리는 근본적으로 모든 차량에서 동일하므로, 단 하나의 차량에 대해서 논의하는 것만으로도 충분하다. 여기서 사례로 사용하는 차량의 사양은 표 11.1에 제시되어 있다.

견인력(F)은 이 차량의 속도(v)의 함수이다.

$$F = R + 1/2\,\rho v^2 A C_d$$

표 11.1 차량 사양

구름저항, R	225 [N]
항력계수 C_d	0.33
정면 면적 A	2.25 [m^2]
필요한 최고속도	160 [km/h]
질량	925 [kg]

160 [km/h]의 속도에서, 49 [kW]의 동력(브레이크 동력, $W_b = F \times v$)이 필요하다. 이 논의에서는 수동식 기어박스를 가정하지만, 자동변속기의 경우에도 동일한 원리가 적용된다. **상단 기어**라는 용어는 여기서 자동기어박스 3단이나 수동기어박스 4단을 의미한다. 마찬가지로, **증속구동**은 자동기어박스 4단이나 수동기어박스 5단을 의미한다. 160 [km/h]의 속도로 주행시 차륜(W_w)에서 49 [kW]의 동력이 필요하다; 필요한 엔진동력(W_b)을 구하기 위해서는 모든 변속기 효율($\Pi\eta$)의 곱으로 나눈다.

$$W_b = \frac{W_w}{\Pi\eta}$$

상단기어의 효율은 95%, 최종구동은 98%라고 가정한다:

$$W_b = \frac{49}{0.98 \times 0.95} = 52.6\ [\mathrm{kW}]$$

그림 11.1에서 정의된 엔진지도를 갖는 4행정 스파크 점화엔진이 사용된다고 가정한다. 이 곡선은 엔진 효율을 **브레이크 연료소모비**(BSFC, 이 값은 브레이크 효율, η_b에 반비례)로 표시하므로, 연료 소모율의 산출을 도와준다.

$$\eta_b = \frac{3{,}600\ [\mathrm{s/h}]}{\mathrm{BSFC}\ [\mathrm{kg/kWh}] \times CV\ [\mathrm{kJ/kg}]} \times 100\%$$

가솔린의 칼로리 값(CV)은 44,000[kJ/kg]이라고 가정한다.

만약 이 차량의 최고속도(160 [km/h])를 엔진의 최고속도(6,000 [rpm])와 일치시키면, 전체적인 기어비율은 1,000 [rpm] 당 26.7 [km/h]가 된다. 6,000 [rpm]에서, 브레이크 평균 유효압력(BMEP, P_b)는 810 [kPa]이다; 만약 소요 브레이크 동력(W_b)이 52.6 [kW]라면, 필요한 **행정체적**은 다음과 같이 구할 수 있다:

$$V_s = \frac{W_b}{P_b \times N'} = \frac{52.610^3}{8.1 \times 10^5 \times 6{,}000/120} = 1{,}300\ [\mathrm{cm}^3]$$

여기서 N'은 초당 사이클 수이다.

일단 행정체적이 결정되면, 그림 11.2에서 **브레이크 평균 유효압력**(BMEP) 축을 토크 T로 재 교정할 수 있다.

$$T = \frac{P_b \times V_s}{4\pi} \ [\mathrm{Nm}]$$

$$\text{동력}, \ W_b = P_b \times V_s \times N' = T \times \omega$$

4행정 엔진의 경우, $\omega = 4\pi N'$이다.

기어비율과 효율이 160 [km/h]의 속도에서 엔진이 최고출력을 내도록 설정되었기 때문에, **총 견인저항 곡선**(속도의 함수로 표시된 추진력)을 **주행부하곡선**(엔진 속도의 함수로 표시된 추진에 필요한 엔진토크)으로 척도를 변화시킬 수 있다; 이것이 그림 11.2에 도시되어 있다. 이 척도변환은 엔진의 최고동력 요구조건을 정의하기 위해서 사용되기 때문에, 자동적으로 동력전달 효율과 합체된다.

또한 그림 11.2에서 표시된 주행부하곡선상의 점들은 90 [km/h] 및 120 [km/h] 속도에서의 값 들이다. 주행부하곡선과 엔진의 최대토크 사이의 높이 차이는 가속이나 맞바람, 또는 경사를 이겨내기 위해서 사용할 수 있는 토크 값이다. 120 [km/h]의 경우, 41.8[N·m]에서 평형을 이룬다. 총 효율과 기어비율을 알고 있기 때문에, 토크(T)값을 견인력으로 변환시킬 수 있다.

$$\begin{aligned} \text{기어비(gr)} \ 1{,}000 \ [\mathrm{rpm}] \ \text{당} \ 26.67 \ [\mathrm{km/h}] \\ = 26.67/60 = 0.444 \ [\mathrm{m/rev}] \end{aligned}$$

$$0.444/2\pi = 0.07074 \ [\mathrm{m/rad}]$$

사용할 수 있는 잔여 견인력은

$$\frac{T}{gr} \times \eta_{\text{gear box}} \times \eta_{\text{final drive}} = \frac{41.8}{0.07074} \times 0.95 \times 0.98 = 550 \ [\mathrm{N}]$$

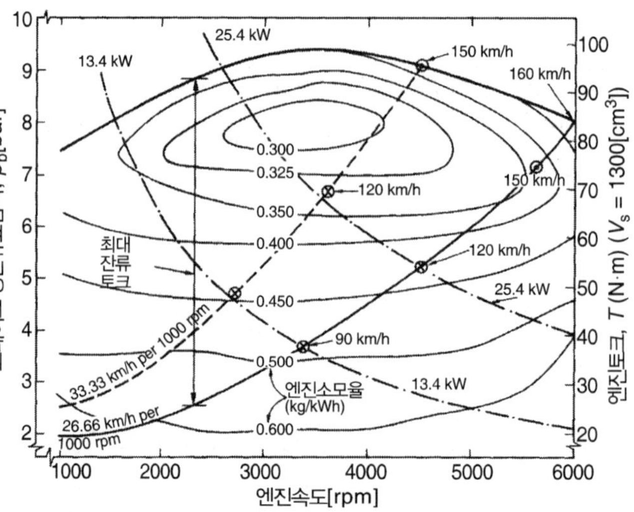

그림 11.2 스파크점화 엔진의 연료소비지도에 추가된 주행부하 곡선과 정출력 곡선(스톤, 1989). 주: 주행부하곡선(점선), 정출력곡선(일점쇄선), 증속(실선)

표 11.2 표 11.1과 그림 11.2에서 정의된 차량의 상위기어 성능특성 요약

차량속도 v [km/h]	엔진속도 [r/min]	엔진속도 ω [rad/s]	토크, T [N·m]	출력 Wb $T\times\omega$ [kW]	브레이크 연료소모비 (BSFC) [kg/kWh]	연비 $v/(sfc\times W_b)$ [km/kg]
90	3375	353.4	38	13.4	0.49	13.7
120	4500	471.2	54	25.4	0.43	11.0
150	5625	589.0	74.5	43.9	0.375	9.1

주: 모든 값들은 엔진출력의 항으로 표시되어있음

이 차량의 질량은 925 [kg]이므로, 중량은 9,074 [N]며, 최고 550/9,074 = 6.0%의 경사도까지 120 [km/h]를 유지할 수 있다. 속도가 감소함에 따라서, 정속주행을 위해서 필요한 토크는 주행부하곡선에 제시되어 있고, 가용토크는 엔진토크곡선에 의해서 결정된다. 속도가 감소함에 따라서 증가하는, 이 차이의 비율은 **토크 백업**이라고 부른다. 토크백업이 큰 경우, 경사를 만났을 때, 속도감소가 최소화되며, 기어변속의 필요성 역시 최소화되므로, 차량의 주행성능이 양호하다. 상위기어에서 언덕 등판을 위한 **최대 가용 잔류토크**는 2,200 [rpm](59 [km/h]에 해당)에서 발생된다; 만약 속도가 이 점 이하로 내려가면, 토크 차이가 증가되며, 경사도가 변하지 않는다면, 엔진이 곧 **실속**하게 된다. 실제의 경우, 운전자는 일반적으로 엔진의 최대 출력점에 근접해서 엔진을 구동하므로 서, 최대속도를 유지하려고하기 때문에, 이 점을 만나기 훨씬 전에 기어변속이 수행된다.

그림 11.2의 보간을 통해서, 엔진의 연료소모비는 120 [km/h]에서 0.43 [kg/kWh], 그리고 90 [km/h]에서 0.49 [kg/kWh]인 것으로 산출된다. 각 작동점에서의 동력 요구조건은 토크와 속도의 곱에 의해서 결정된다. 연료 소모비를 알고 있기 때문에, 각 속도에서의 정상상태 연비를 계산할 수 있다; 이 결과들은 모두 표 11.2에 요약되어 있다.

그림 11.2에서는 이 작동점들 중 어느 것도 최고 엔진효율에 근접하지 못하고 있음을 명확하게 보여주고 있다. 출력은 토크와 속도의 곱이므로, **정출력 곡선**은 그림 11.2에서와 같이 쌍곡선으로 나타난다. 연료소모가 최소인 작동점은 이 정출력 쌍곡선이 연료소모비 등고선에 의해서 정의된 표면과 막 접촉하는 점이다.

증속비율(예를 들면, 1,000 [rpm] 당 33.3 [km/h,] 그림 11.2에서 점선)을 사용해서 엔진의 작동점을 연료소모율이 낮은 영역으로 이동시킨다. 이를 통해서 120 [km/h]에서 연료 소모율을 25% 절감할 수 있지만, 90 [km/h]에서는 7%만 절감할 수 있을 뿐이다. 불행히도, 토크백업이 감소되므로, 주행성능이 감소된다.

최적의 경제성이 확보된 작동곡선을 추종하는 유일한 방안은 **무단변속시스템**을 사용하는 것이다. 이에 대한 깊은 논의는 이 책의 범주를 넘어서지만, 이 방법의 한계에 대해서 살펴보는 것은 도움이 된다; 이것의 설계, 작동, 및 시스템 성능 등에 대한 더 상세한 내용은 스톤(1989)을 참조하기 바란다. 우선, 무단변속장치는 기존의 기어박스보다 기계적 효율이 떨어진다. 다음으로, **변속범위**(최저 기어비에서 최고 기어비 사이의 비율)가 좁다. 최저 기어비는 만차 상태에서의 언덕출발 조건을 사용해서 결정되므로, 변속범위의 한계는 엔진이 고 토크/

저속의 조합 하에서의 작동을 불가능하게 만들 수도 있다. 더욱이, 1,000 [rpm]의 최저 엔진 작동속도에서, 최소 연료소모 작동점은 약 8 [kW]에 해당된다—차량을 약 70 [km/h]로 추진하기에 충분한 동력이다. 따라서 무단변속 시스템이라고 할지라도, 저속에서 최소 연료소모를 구현할 수는 없다. 이 문제에 대한 해결방안은, 저출력(예를 들면 8 [kW] 이하) 상태에서는 엔진이 사용되지 않는 대신에, 전지/전기모터 시스템이 작동하는, 하이브리드 차량이다. 하이브리드 차량에 대해서는 11.5절에서 상세히 논의할 예정이다.

마지막으로, 스파크 점화와 압축 점화성능 사이의 비교 시에는, 연료의 칼로리 값 사이에는 미소한 차이밖에 없지만, 밀도에는 현저한 차이가 있음을 항상 명심해야 한다. 표 11.3에서는 전형적인 값들을 제시하고 있으며, 이 단원에서 브레이크 연료 소모비를 효율로 변환할 때에는 항상 이 값들을 사용한다.

11.1.3 결론

비록 내연엔진이 높은 연비를 확보할 수 있지만, (일반적인 가솔린 엔진의 경우) 부분부하 시 왜 연비가 감소하며, 왜 엔진을 차량 추진에 필요한 요구조건들과 근원적으로 매칭시키지 못하는가에 대해서 알게 되었다. 그럼에도 불구하고, 현대적인 변속장치들은 최선의 매칭을 구현하여, 훌륭한 차량성능과 연비를 확보하고 있다. 다음 절에서는 스파크 점화 엔진과 디젤 엔진의 연비, 출력비 및 매연 배출특성 등이 얼마나 개선되었는가를 살펴보기 위해서, 최근의 개발상황들을 검토해 본다. 하이브리드 차량은 차량의 연료 경제성을 개선할 수 있는 방법으로 이미 검증되었지만, 이에 대해서 논의하기 전에, 전기차량에 대한 기술과 능력에 대해서 다시 살펴보는 것이 적절하다. 마지막으로, 디젤 엔진과 가솔린 엔진을 비교할 때에는 연료의 칼로리 값이 서로 다르다는 것을 명심하는 것이 중요하다. 표 11.3에 따르면, 체적 기준으로는 디젤이 훨씬 높은 에너지를 함유하고 있다. 칼로리 값은 밀도에 따라서는 덜 변하기 때문에, 디젤 연료를 대량으로 사용하는 소비자들은 일반적으로 중량기준으로 구매한다.

표 11.3 가솔린과 디젤 연료의 전형적인 밀도와 칼로리

	가솔린	디젤
칼로리[MJ/kg]	44	42
밀도[kg/m³]	750	900

11.2 내연엔진

비록 **내연(IC)엔진**이 100년 이상 사용되어져 왔지만, 연비와 매연배출 분야에서의 성능은 꾸준히 개선되고 있다. 매연 감소와 낮은 연료소비 사이의 절충이 자주 수행되었으나, 이들 엔

진과 차량을 실제로 사용하기 위해서는 배기가스 법규를 만족시켜야만 한다. 배기가스 후처리장치의 개발에 대해서는 11.3절에서 논의하며, 다음 절에서는 스파크 점화 엔진(11.2.1절)과 디젤엔진(11.2.2절)에 대해서만 다루기로 한다. 여기서는 내연엔진에 대한 기본적인 지식을 갖고 있을 것으로 간주하며, 이에 대해서는 많은 교재들이 있다; 예를 들면 스톤(1999)이나 헤이우드(1988). 이 절에서는 최근 개발상황에 대해서만 다루기로 한다.

11.2.1 스파크 점화 엔진

11.1절에서 논의한 것처럼, 오토 사이클은 **스파크 점화 엔진**이 구현할 수 있는 최고 효율보다 두 배 정도 높은 효율을 예상한다. 이 차이의 절반 정도는 오토 사이클에서 가정한 공기의 거동과는 다른, 불완전 연소 및 연소생성물에 의한 실제 열역학적 거동에 기인한다. 따라서 만약 엔진이 희박한 공기/연료 혼합물을 사용해서 작동한다면, 사이클 효율이 이상적으로 개선될 것이다. 등방성 충전 스파크 점화 엔진은 부분부하 작동을 위해서 공기와 연료의 공급 모두를 줄일 필요가 있다는 점을 기억하는 것도 중요하다. 이를 위해서 보통, **스로틀링**을 사용하며 입구 측 매니폴드에서의 압력(과 그에 따른 밀도)을 감소시킨다. 불행히도, 스로틀을 통과하면서 발생하는 압력강하는 에너지를 소모시켜서, 스로틀링 손실에 의해서 연료소비의 20%, 또는 총 부하의 20%를 잃어버린다(이 손실은 부하가 감소되면 증가한다).

4밸브 **뾰족 천정형 연소 시스템**은, 높은 출력비와 낮은 매연배출량 때문에, 현대적인 스파크점화 엔진에서 광범위하게 사용된다. 뾰족 천정형 연소 시스템은 빠른 연소를 유도하는 소용돌이 모양의 배럴형상을 가지고 있다. 고속 연소 시스템은 다량의 **연소가스 재순환**(EGR)을 견딜 수 있으며, 연소가스 재순환(EGR)은 질소 산화물(NOx) 생성량의 조절이나 부분부하 연료소비량의 절감에 사용된다. 연소가스 재순환(EGR)이 스로틀링 손실을 줄여주기 때문에, 부분부하 연료소모가 감소된다; 주어진 양의 공기를 흡입하기 위해서 스로틀은 더 많이 열려야 하며, 그에 따라서, 스로틀 양단에서의 압력강하(와 그에 따른 에너지손실)는 줄어든다.

고속연소 시스템은 또한 매우 희박한 혼합물에도 견딜 수 있다. 이를 통해서 **3로식 촉매**를 사용하지 않고 배기가스 법규를 충족시키는 희박연소엔진의 개발이 가능해졌다. 이는 또한 촉매가 소화온도에 도달하기 전에 3로식 촉매가 희박연소 모드로 작동하거나, 작동중인 구획 내의 선택된 부분이 희박연소모드로 작동하도록 엔진을 맞출 수 있다.

이것의 가장 유명한 사례는 혼다 **VTEC 엔진**이다(호리에와 니시자와, 1992). 이 엔진은 부분 부하시 입구밸브 중 하나를 닫을 수 있으며, 그에 따라서, 실린더 내의 운동이 더 강력해져서, 엔진이 더 희박한 혼합물에도 작동할 수 있게 된다. 1,500 [rpm] 및 160 [kPa] BMEP의 부분부하 조건에서, 엔진은 0.66의 등가비율로도 작동할 수 있으며, 이는 현저히 낮은 브레이크 연료소모비(12% 낮은 교정혼합비)와 6 [g/kWh] 이하의 질소 산화물(NOx) 배출을 실현시켜준다. 3로식 촉매는 엔진이 희박연소 모드로 작동하는 동안에도 여전히 일산화탄소나 연소되지 않은 탄화수소 성분들을 연소시켜 준다.

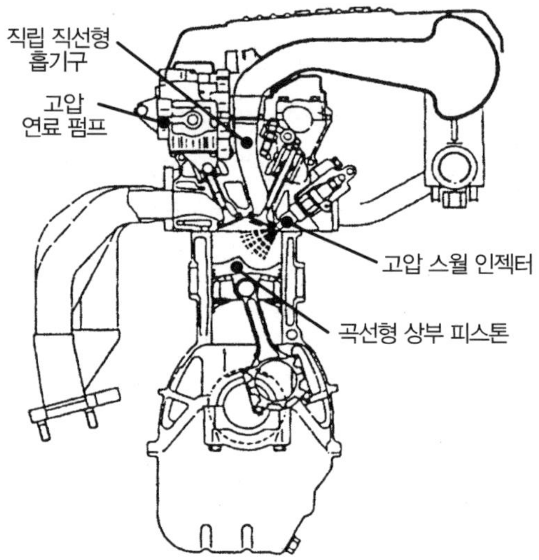

그림 11.3 미쓰비시 GDI(가솔린 직접분사)엔진(안도, 1997)

직접분사 스파크 점화(DISI) 또는 **가솔린 직접분사**(GDI) 엔진은 가솔린 엔진의 비출력을 디젤엔진에 견줄만한 수준까지 연비를 높여줄 능력을 가지고 있다. 미쓰비시는 현대적인 차량에 가솔린 직접분사(DISI) 엔진을 최초로 도입하였다(안도, 1997). 그림 11.3에서는 이 차량의 공기 및 연료처리 시스템 중 일부를 보여주고 있다. 여기서 구면체형 피스톤이 특히 중요하다. 가솔린 직접분사(DISI) 엔진은 진정으로 균일한 혼합물을 만들기 위해서 (흡기공정 과정에서)조기분사를 사용하므로, 완전부하 근처에서도 **교정혼합비**를 구현할 수 있다. 증발냉각은 흡기구나 여타 엔진요소들 뿐만 아니라 공기온도를 낮추므로, 직접분사를 통해서 포트 분사식 엔진에 비해서 (약 5%)더 높은 체적효율을 낼 수 있다. 더욱이, 공기가 더 냉각될수록, 압축행정 말기의 가스온도가 약 30 [K]까지 낮아지므로, **연소 노킹현상**의 발생 없이 (1 또는 2만큼) 더 높은 압축비를 사용할 수 있어, 엔진의 효율이 더 높아진다.

반면에, 부분부하 및 저속의 경우, 가솔린 직접분사 엔진은 압축행정 기간동안 분사를 실시할 수 있다. 이를 통해서 혼합물의 농도를 층화시켜서, 전체적인 공기/연료 비율은 희박하게 유지시키면서도 가연성 혼합물은 스파크 플러그 근처에 집중시킬 수 있다(그리고 산화모드에서는 3로식 촉매가 작동한다). 그런데 엔진에서 유출되는 질소 산화물(NOx) 배출량을 낮게 유지하기 위해서는 혼합물을 층화시키는 방법에 있어서 매우 주의할 필요가 있다.

이 미쓰비시 엔진은 30~40 사이의 공기/연료 혼합비율 내에서 계층화 모드로 작동할 수 있으므로, 스로틀 작동의 필요성이 줄어든다. 등방성 충전모드 하에서는 거의 교정혼합비 상태로 작동하지만, (혼다 VTEC 엔진의 경우에서처럼) 20~25 내외의 공기/연료비율을 갖는 특정 부하조건 하에서는 **희박연소** 상태로 작동시킬 수 있다. 옅은 혼합물을 사용하면, 촉매를 통과시킬 필요가 없을 정도의 질소 산화물(NOx)을 배출하도록 엔진으로 공급되는 공기/연료 비율을 낮출 수 있다. 엔진의 만족할만한 작동은 연료 분사에 대한 실린더 내부에서의 공기유동의 매우 세심한 매칭에 의존한다. **역텀블**(그림 11.3에서 시계방향; 기존의 등방성 충전 엔진에 대해서는 역방향)은 연료분사에 대해서 세심하게 매칭 되어야만 한다. 연료 분사기는 (배기밸브와, 그에 따른 고온을 피하기 위해서) 흡기구 근처에 위치하고 있으며, 역텀블은 피스톤 공동과 충돌한 후에 연료 스프레이를 스파크 플러그 쪽으로의 이동시킨다. 미쓰비시 엔진의 분사기는 회오리를 발생시키는 형상을 갖고 있으며, 최고 5 [MPa]의 압력으로 작동하므로, 연료방울의 크기를 감소시키고, 증발을 촉진시킨다.

계층화 된 충전작용을 통하여, 연료는 압축행정의 시작과 더불어 분사되며, 이때의 실린더 압력은 0.3~1 [MPa]의 범위이다. 이 압력은 가스 압력이 100 [kPa]인 경우에 분사되는 등방성 작용의 경우에서 보다 덜 확산되도록 만들어준다. 초기 분사시 스프레이 확산이 넓어질수록 등방성 충전에 도움이 된다.

공기와 연료의 거동을 적절하게 조절함과 더불어서, 직접분사 스파크점화(DISI) 성능은 계층화 충전작용을 위한 분사시점에 매우 민감하게 반응한다. 잭슨 등(1996)은 연소시 사이클 간 편차가 분사시점에 매우 민감하게 의존함을 발견하였다. **리카도 연소 시스템**은 미쓰비시 시스템과 매우 유사하며, 계층화 충전작용을 휘해서 5~10 [MPa]의 분사압력을 사용한다. 그림 11.4에 따르면, 층화 된 충전작용을 위해서는 사발 형상으로 함몰된 피스톤 설계가 필요하며, 만약 연소에 있어서 각 사이클 간 편차를 허용 가능한 구동성능의 상한값(**평균지시유효압력**(IMEP)[2]에 대한 10%의 계수편차) 이하로 유지해야만 한다면, 분사 종료시점의 시창은 단지 20 [°ca]에 불과하다.

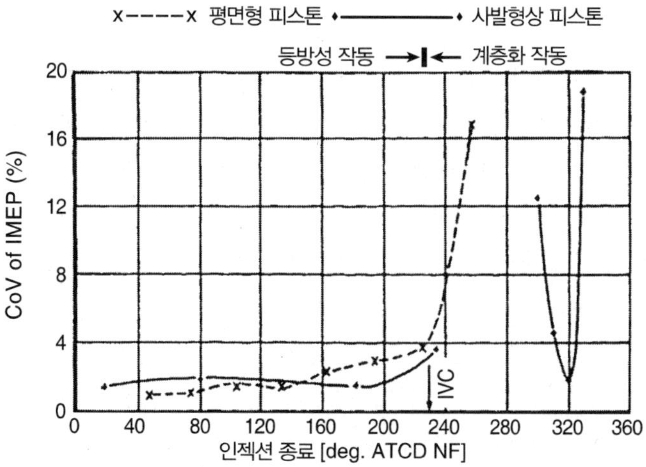

그림 11.4 등방성 및 계층화 충전작용에 대한 사이클간 연소편차에 분사 타이밍이 끼치는 영향(계층화 충전모드의 경우에는 사발형 함몰 피스톤 설계만 사용할 수 있다).[3]

더욱이, 부하가 감소함에 따라서 분사시점의 시창은 좁아지며, 분사 종료시점은 본질적으로 부하에 무관하다. 분사시점의 민감성에 대한 이유는 새들러 등(1998)이 설명해 놓았다.

2) imep : indicated mean effective pressure(평균지시유효압력), 자세한 내용은 스톤, 1999 2장 참조
3) 잭슨, N.S. 등, IMechE 세미나 발표자료, 런던, 1996에서 발췌

그림 11.5에서는 직접분사 스파크 점화엔진의 경우에 연료와 피스톤 변위에 대한 계산결과를 보여주고 있다. 폭발행정이 없는 TDC 이후에 310 [°ca]에서의 **분사개시**(SOI)와 더불어서 연료가 분사된다고 가정하자. 연료는 피스톤과 충돌하고(A), 피스톤의 림 쪽으로 흐르며(B), 역전된 유동이 (C)에 도달함에 따라서 스파크 플러그 쪽으로 밀려간다. 그림 11.5에서, 수평 막대는 분사개시와 일부 혼합물이 스파크 플러그에 도달하는 시점 사이의 시간을 나타낸다. 만약 이 시간이 너무 길다면, 혼합물은 과도하게 희석되고, 반면에 이 시간이 너무 짧다면, 혼합물은 너무 진해진다. 실린더 내부에서의 샘플링 결과 최고의 연소 안정성은 스파크 플러그 영역에 가장 진한 혼합물이 도달한 시점과 일치한다.

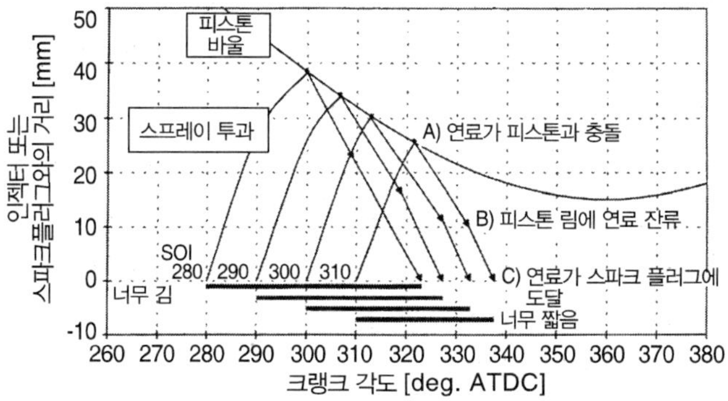

그림 11.5 직접분사 엔진의 경우 연료 스프레이 이동특성 계산결과로, 연료와 피스톤 궤적을 보여준다.4)

희박연소 과정에서는 배기가스에 다량의 산소와 소량의 이산화탄소가 함유되어 있으므로, **연소가스 재순환**(EGR)은 직접분사 엔진의 경우에 유용하게 사용될 수 있다. 잭슨 등(1996)은 1,500 [rpm]에서 150 [kPa]의 고정된 BMEP에 대해서 40% 연소가스 재순환(EGR)은 연료 소모량을 3%, NOx 배출량을 81%, 그리고 불연소 탄화수소를 35% 감소시킨다는 것을 밝혀냈다. 이런 수준의 연소가스 재순환(EGR)에 대해서 조차도, 연소의 사이클간 편차는 무시할 정도이다. 잭슨 등은 또한, 일부 저부하 조건 하에서는 엔진을 약간 스로틀링하는 것이, 연료소모에는 거의 영향을 끼치지 않지만, 연소과정에서의 불연소 탄화수소의 배출과 사이클 간 편차를 줄여주기 때문에, 유리하다고 지적하였다.

비록 직접분사 스파크점화(DISI) 엔진이 상업적으로 생산되고는 있지만, 다음에 제시되어 있는 사항들을 포함하여 수많은 문제들 때문에 계층화 충전모드의 사용이 제약을 받고 있다:

1. 미쓰비시 엔진은 실린더 당 450 [cm^3]의 행정체적을 갖고 있으며, 소행정 엔진의 경우에 이 기술을 적용하는 것은 매우 어렵다.
2. 연소 안정성은 분사시점과 분사시점에 대한 상대적 점화시점에 매우 민감하다.
3. 비록 실린더 내부분사가 근본적으로 양호한 과도응답 특성을 갖고 있다고 하더라도, 특

4) 새들러, M. 등, IMechE 세미나 발간물, 런던, 1998중 발췌

히, 계층화와 등방성 충전작동 모드 사이의 전환시, 제어의 복잡성은 여전히 문제로 남아있다.

4. 스로틀을 사용하지 않는 층화 작동의 가용범위는 매우 제한되어 있으며, 이는 다시, 연료의 경제성을 제한하게 된다.
5. 비록 직접분사 스파크점화(DISI) 엔진을 구현할 수 있다고 하더라도, 연료공급 시스템의 높은 가격문제를 해결해야만 한다.

그림 11.6에서는 직접분사 엔진을 위한 서로 다른 작동방식을 보여주며, 여기서, 압축비가 높아지면, 고부하 효율이 향상됨을 알 수 있다.

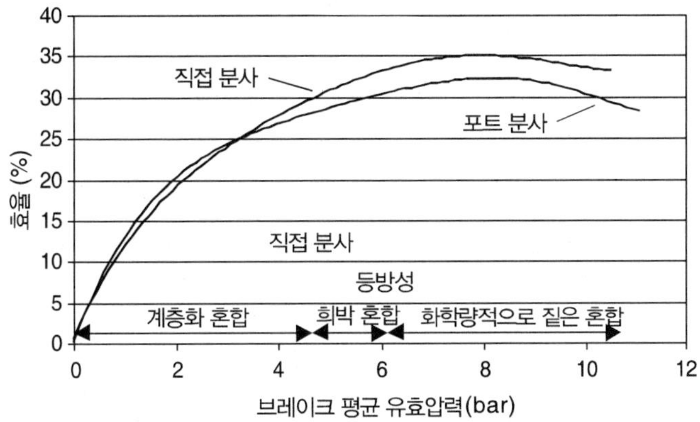

그림 11.6 미쓰비시 가솔린 직접분사(GDI) 엔진과 그림 11.1에서의 포트 분사방식 스파크 점화엔진 사이의 효율비교

11.2.2 디젤엔진

압축점화(디젤)엔진에 있어서 가장 중요한 진보는 더 높은 연료분사압력과 더 낮은 압력에서 훨씬 더 높은 상승압력(그에 따라서 더 높은 토크출력)을 만들어내기 위한 가변형상 터보차저를 사용하는 것이다. **간접분사**(IDI)의 반대 개념인 **직접분사**(DI)의 사용은 이제 거의 범용화 되었다. 비록 연소시스템의 개발은 직접분사 엔진의 경우에 더 어렵지만, 최대 15%의 연료를 절감할 수 있다. 직접분사 엔진은 간접분사 전단 챔버의 유동 입출력과 관련된 압력손실과 열전달을 피할 수 있다.

직접분사 엔진은 연료 스프레이와 공기 운동의 엄밀한 매칭을 필요로 한다. 처음에는, 고속 직접분사 엔진에서 중간 정도의 분사압력(약 60 [MPa])과 회오리를 사용해서 이를 구현하였다. 그런데 회오리에 의한 동력학적 에너지는 흡기과정에서의 압력강하로부터 얻어지므로, 회오리 형성과 체적효율(과 그에 따른 출력) 사이의 절충점이 존재한다. 회오리는 연료와 공기의 훌륭한 혼합을 촉진시킴과 더불어서, 열전달을 증가시키므로, 이는 물론 엔진의 효율을 저하시킨다. 그러므로 현재는 실린더 당 4개의 밸브를 사용하는 경우에, 회오리의 세기를 저감하는 추세이며, 이를 통해서 체적효율과 출력의 이득을 얻는다(피싱거, 1998).

이제는 공기/연료의 혼합을 위해서 더 진보된 연료분사장비를 사용한다. 노즐 구멍은 0.15 [mm]까지 줄어들었으며, 짧은 시간 내에 충분한 연료를 분사하기 위해서는, 분사압력을 1,500 [bar], 또는 그 이상까지 높여야만 한다. 이 때문에 전통적인 **펌프-라인-분사**(PLI)시스템 대신에 **전자유닛 분사기**(EUI)와 **커먼레일**(CR)분사 시스템을 사용하게 되었다.

분사 유닛은 펌핑 요소와 분사장치가 함께 밀봉되어 있으며, 펌핑요소는 실린더 헤드에 위치한 캠축에 의해서 작동된다. 이를 통해서 고압 연료라인과 그에 따른 압력전파 지연 및 탄성효과 등을 없앨 수 있다. 커먼레일 연료 분사 시스템은 압력의 조절과 안정된 압력을 형성하기 위해서 고압 연료펌프를 장착하고 있으며, 분사기는 분사의 개시 및 종료시점을 조절해야만 한다.

커먼레일(CR)과 전자유닛 분사기(EUI) 시스템은 (분사지연 기간동안 분사되는 연료의 양을 조절하여 연소 노이즈를 저감하기 위해서)파일럿 분사 방식을 사용하며, 더 바람직한 분사압력 특성을 가지고 있다. 그림 11.7에서는 펌프-라인-분사(PLI) 시스템에서 엔진 속도에 따라서 분사압력이 얼마나 많이 변하는가를 보여주고 있다. 낮은 분사압력은 공기 활용도를 악화시키므로 분사할 수 있는 연료의 양을 제약하므로 엔진의 저속 토크를 저하시킨다. 커먼레일 분사 시스템의 경우, 넓은 작동속도 범위 내에서 분사압력의 독립적인 제어가 가능하다.

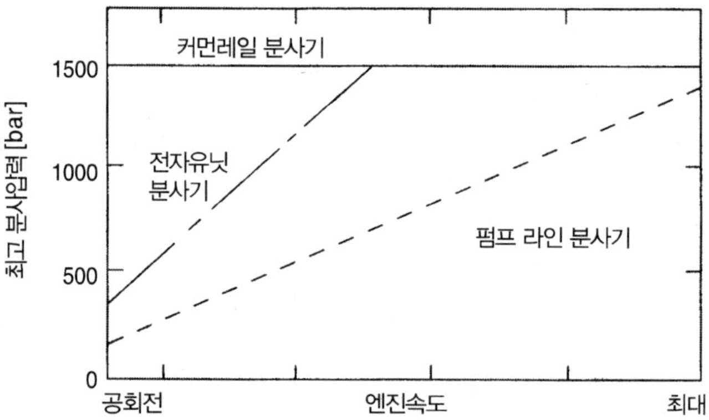

그림 11.7 커먼레일(CR), 전자유닛 분사기(EUI) 및 펌프-라인 분사기(PLI) 시스템들의 엔진속도 변화에 따른 전형적인 최고 분사압력 변화[5)]

전자유닛 분사기(EUI)

델파이 디젤 시스템社의 **전자유닛 분사기**(EUI)에서, 분사의 양과 타이밍은 모두, 콜레노이드 작동기를 사용해서 제어한다. **콜레노이드**는 (최고 160 [MPa]까지의) 매우 높은 분사압력을 제어하기 위해서 (1 [msec]의 분사주기를 갖는)매우 빠른 응답특성을 갖도록 설계된 특허를 받은 구조의 솔레노이드이다.[6)] 콜레노이드는 스필 밸브를 제어하며, 이는 다시 분사과정을

---

5) Stone R., Introduction to Internal Combustion Engines, 3rd ed., Macmillan, New York, 1999, 승인 하에 발췌
6) 아마추어가 원추 형상으로 생긴 솔레노이드

제어하게 된다. 전자유닛 분사기(EUI)의 대안적인 방식은 캐터필러 **유압식 전자유닛 분사기**(HEUI, 다른 자동차 제조업체에 공급된다)이다. 그림 11.8에 도시된 캐터필러 유압식 전자유닛 분사기(HEUI)에서는 분사압력을 만들어내기 위해서 7 : 1의 압력비율을 갖는 유압 증배기를 사용하고 있다. 조절이 가능한 고압을 생성하기 위해서, 엔진 윤활유를 펌핑하여 유압을 만들어낸다. 따라서 커먼레일 분사기 시스템에서와 마찬가지로, 분사압력의 조절이 가능하다. HEUI-B는 오일압력을 조절하기 위해서 2단 밸브를 사용하며, 이는 연료압력 상승비율을 조절할 수 있으므로, 분사비율의 저감은 NOx 배출량의 조절에 도움이 되기 때문에, 이를 사용해서 분사비율을 조절한다.

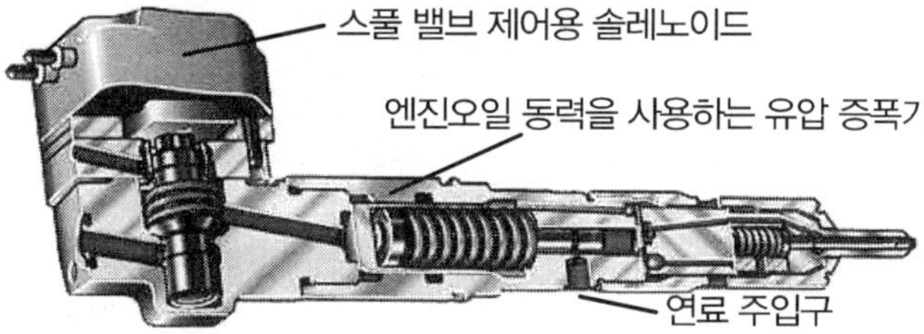

그림 11.8 유압식 전자유닛 분사기[7)]

커먼레일 연료분사 시스템

커먼레일 연료분사 시스템은 분사공정으로부터 압력발생장치를 분리한 것이다. 이 장치는 전자제어로부터 많은 가능성이 제공되기 때문에 널리 사용되게 되었다. 커먼레일 분사기 시스템의 주요 구성요소들은 다음과 같다:

- (제어가 가능한) 고압 펌프
- 압력센서가 설치된 연료레일
- 전자제어식 분사기
- **엔진관리시스템**(EMS)

분사기는 전자-유압장치로서, 제어밸브가 분사기 니들을 시트에서 들어 올릴지 여부를 결정한다. 엔진관리 시스템은 분사공정을 2개의 파일럿 분사단계, 주 분사단계, 후 분사단계(질소 산화물(NOx) 저감을 위한 촉매로서 조절된 양의 탄화수소를 공급)의 4단계로 구분한다. 커먼레일 분사는 또한 비교적 낮은 엔진속도에서도 높은 출력을 구현할 수 있다(피콘과 리놀피, 1998).

디젤 엔진에서 또 다른 경향은 소형화이다. 분사기를 특정한 크기 이하로 제작하는 것은 어렵기 때문에, 최소 보어직경을 제한하게 된다. 폭스바겐의 루포(유럽형 MVEG 구동 사이클을 사용하여 3 [L]/100 [km]이상의 연비를 구현)에서 사용하는 1.2 [L] 직접분사 디젤엔진

7) Walker, J., Disel Progress, September/October, 1997, pp66-69에서 발췌

은 88 [mm] 보어직경을 갖는 세 개의 실린더를 사용한다(에르미쉬 등, 2000). 200 [MPa] 이상의 분사압력을 내는 유닛 분사기는 1,750~2,750 [rpm]의 속도범위에 대해서 1.6 [MPa] 이상의 브레이크 평균유효압력(BMEP)을 내며, 최소 브레이크 연료소모비(BSFC)는 205 [g/kWh](42%의 효율에 해당)이다. (이 연료소모 데이터는 그림 11.1의 작성에 사용되었다). 그림 11.9에서는 실린더 헤드 내에서 캠축으로 구동되는 유닛 분사기를 보여주고 있다.

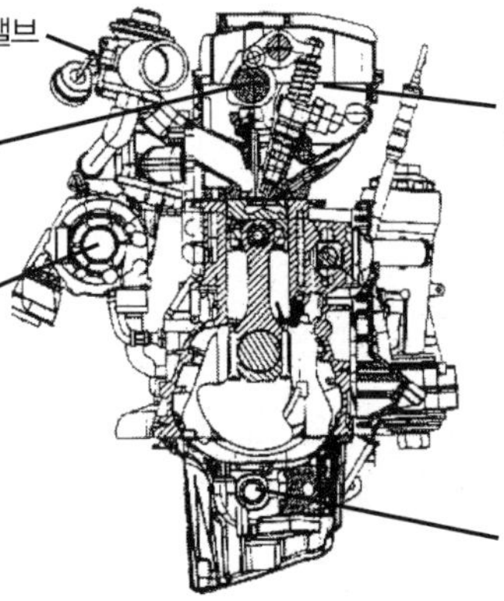

그림 11.9 1.2 [L] 직접분사 디젤엔진을 사용하는 폭스바겐 루포[8)]

마지막으로, 대형 디젤엔진의 경우, 가변형상 터보차저를 사용하는 경향이 있다. 고정형상 터보차저의 효율은 설계점을 벗어나서 작동하면 효율이 급격하게 떨어진다. 가변형상 장치를 사용하면 이런 불리한 영향들을 감소시킬 수 있다; 터빈의 유동영역을 조절하거나 정지 블레이드의 각도를 변화시킨다. 측벽 이동방식인 홀셋 가변형상 터빈은 저속 토크를 증가시켜 준다; 트럭엔진의 경우, 최대토크가 송출되는 엔진속도 범위를 저속으로 40% 만큼 확장하였으며, 1,000 [rpm]에서 토크를 43% 증가시켰다.(스톤, 1999).

11.2.3 결론

더 강화되고 있는 배출가스 법규를 충족시키면서도, 스파크 점화 및 디젤엔진 모두의 비출력과 효율은 계속 개선되고 있다. 만약 연료전지에 사용하기 위한 수소의 경제성이 확보된다고 하더라도, 왕복동 엔진 역시 이를 능가할 수 있을 것이다. 수소를 독자적으로 사용하거나, 기존 연료를 사용하면서 혼합비율 한계를 훨씬 더 낮추고, 연소비율을 증가시킴으로서, 스파크 점화 엔진에 비해서 수소의 경제성과 비출력을 더 높일 수 있을 것이다. 이런 문제들은 이 단원의 범주를 넘어서며, 노벡 등(1996)에서 상세히 설명되어 있다. 12장과도 비교해 보기 바란다.

8) Hilbig, J., Neyer, D., 그리고 Ermisch N., VDI Berichte nr. 1505, 1999, pp. 461-483.

11.3 내연엔진용 배기가스 제어기술

모든 책들이 배기가스 후처리에 대해서 다루고 있으므로(특히, 이스트우드, 2000), 이 절에서는 더 최근의 기술에 대해서 살펴본다. 스파크 점화 엔진의 경우에는 3로식 촉매가 잘 개발되어 있다. 이런 엔진이 교정혼합비율 하에서 작동한다면, 예열된 후에, 촉매는 일산화탄소, 질소 산화물 및 불연소 탄화수소 등의 배출을 근원적으로(90% 이상) 저감시킬 수 있다. 근래에 들어서 주요 개발방향은 촉매 활성화를 촉진시키는 방법에 집중되어 있다.

디젤 엔진의 경우, 산화촉매가 잘 알려져 있고, 일단 예열되고 나면, 일산화탄소와 불연소 탄화수소 농도는 낮출 수 있지만, 질소 산화물을 저감시키지는 못한다. 디젤엔진 분야에서 현재의 개발은 매연포집필터와 총체적인 산화환경 내에서 질소 산화물의 저감기술 등에 주력하고 있다. 이러한 소위 **희박 질소 산화물 촉매**는 희박연소 스파크 점화 엔진에서도 적용이 가능하다. 마찬가지로, 매연 포집 필터가 스파크점화 엔진에서도 필요하게 될 가능성이 있다.

직접분사식 가솔린 엔진은 공기와 연료의 혼합에 부여된 시간이 제한되어 있으므로, 연소 형태가 디젤 엔진에서와 일부 유사한 점이 있다. 기존의 포트-분사식 스파크 점화 엔진의 경우에서 조차도, 매연이 방출된다. 단지 눈으로 감지하기에 너무 미세하며, 아직 법적 제제를 받고 있지 않을 뿐이다. 디젤과 스파크 점화 엔진에서 배기되는 0.1 [μm] 이하의 입자들이 폐에 가장 높은 비율로 흡착된다(부커, 2000).

11.3.1 촉매활성화

배기가스 규제에 대한 요구가 점점 더 높아지면서, 촉매에 대한 연구를 가능한 한 빨리 시작하는 것이 매우 중요한 사안이 되었다. 0.05 [mm] 두께의 포일로 제작된 금속 매트릭스를 사용하여, 촉매의 열관성을 낮출 수 있다. 세라믹 매트릭스의 벽두께는 보통 0.3 [mm]이지만, 촉매 활성도를 조금만 개선하여도 이를 절반으로 줄일 수 있다(야마모토 등, 1991).

촉매 활성도를 향상시켜주는 시스템은 수동요소와 능동요소로 분류할 수 있다-외부에서 공급되는 에너지를 사용하는 것이 능동요소이다. 두 가지 능동형 시스템에는 (금속성 모재를 사용한)촉매 전기가열 방식과 **연소가스 점화**(EGI) 방식이 있다. 연소가스 점화(EGI)는 촉매 내에서의 추가 연소를 통하여 교정혼합비가 구현될 수 있도록, 매우 짙은 혼합비 하에서 작동시키면서 배기가스에 공기를 섞어야 한다(이드 등, 1996). 이 혼합물은 두 개의 촉매블록 사이에 설치된 챔버 내에 위치한 백열 플러그에 의해서 점화된다.

수동형 시스템은 열 관리방법에 의존한다. 전형적으로, 소형의 촉매를 엔진 근처에 설치하여, 질량을 줄이고 높은 인입온도로 인하여 빠른 활성화가 이루어진다. 하지만 작은 체적 때문에 최대 변환효율이 제약을 받으므로, 하류측 먼 곳인 차체 하부에 더 큰 2차 촉매가 설치된다. 촉매 활성화 이전에는 불연소 탄화수소를 포집하여 촉매가 활성화 된 이후에 이를 연소 스트림에 다시 주입하는 방안이 제안되기도 했다.

표 11.4 전기가열 촉매(EHC)가 장착된 두 대의 차량에 대한 표준 성능시험

구조	NMOG[c] [g/km]	CO [g/km]	NOx [g/km]	연비 [km/L]
EHC가 없는 1번 차량	0.093	0.845	0.112	8.585
EHC가 설치된 1번 차량[a]	0.012	0.155	0.112	8.374
EHC가 없는 2번 차량	0.050	0.410	0.056	10.795
EHC가 설치된 2번 차량[b]	0.012	0.186	0.031	10.328

a 300 [L/min]의 공기분사; 냉간기동시 75초, 열간 기동시 30초
b 170 [L/min]의 공기분사; 냉간기동시 50초
c NMOG: 메탄이 함유되지 않은 유기가스
출처:하임리히, M.J. 등, SAE Paper 910612, 1991.

전기가열 촉매(EHC)는 근접촉매와 하류측 촉매 사이에 설치된다. 전기가열 촉매의 소요 전력은 약 5.5 [kW]이며, 엔진의 예열온도가 약 300 [℃] 이상 가열될 때까지 15~30초간 전류가 공급된다. 일단 엔진이 시동되고 나면, 제어기가 촉매온도에 따라서 전력의 공급을 감소시킨다. 전기가열 촉매(EHC)를 장착한 두 대의 차량을 사용한 연구결과(하임리히 등, 1991)가 표 11.4에 제시되어 있다.

만약 차량 제조업체가 엔진관리체계 내에 전기가열 촉매(EHC)를 포함시킨다면, 표 11.4에서 제시된 전기가열 촉매(EHC)의 결과보다도 더 향상된 성능을 보일 것이다. 그런데 전기가열 촉매(EHC) 시스템의 내구성에 의구심이 있으며, 능동형 시스템은 유일한 해결방안일 경우를 제외하고는 사용하지 말아야 한다. 존슨매티 등에 의해서 일산화탄소와 수소 활성화 온도가 100~150 [℃] 범위인 촉매가 최근에 개발되었다. 이 엔진은 초기에 매우 짙은 혼합비로 작동된다(이를 통해서 NOx 배출량을 저감되고 일산화탄소와 수소의 농도가 높아진다). 교정혼합비를 구현하기 위해서 엔진 후단에서 공기가 추가되며, 일산화탄소와 수소의 발열성 산화반응을 통해서 촉매가 가열된다. 초기에는, 불연소 탄화수소를 포집해 저장한 후에, 촉매가 완전히 예열되면 이를 방출해야 한다.

11.3.2 희박연소 질소 산화물(NOx) 저감 촉매

엔진의 효율향상을 위해서 어떻게 교정혼합비가 절충되는가에 대해서는 이미 논의한 바 있지만, 촉매 내에서 질소 산화물(NOx)을 저감시킬 필요가 없도록 하려면, 질소 산화물(NOx) 조절을 위해서 교정혼합비나 충분히 희박한 상태(예를 들면 등가비율 0.6)로 작동시킬 필요가 있다. 만약 산화환경 내에서 질소 산화물(NOx)을 저감시킬 시스템을 고안할 수 있다면, 엔진을 높은 효율로 작동시킬 수 있다.

질소 산화물 저감(DENOx)을 위해 수많은 기술들이 개발되어 왔으며, 그들 중 일부는 스파크 점화 엔진보다는 디젤엔진에 더 적합하다. 여러 종류의 시스템들을 능동형 또는 수동형이라고 부른다(연소가스에 아무것도 첨가하지 않아야 수동형이다). 이러한 시스템에는:

1. **선택적 촉매환원**(SCR)은 NH_3(암모니아)나 일산화탄소(CO)$(NH_2)_2$를 배기가스에 첨가하는 기법이다. 이 방법은 설치식 엔진에 더 적합한 방법이다. 변환효율은 최고 80%까지 구현할 수 있다고는 하나, 환원제를 너무 많이 첨가하면 암모니아가 유출될 수 있으므로 질소 산화물(NOx) 농도를 알아야 한다.
2. **수동형 질소 산화물 저감**기법은 배기가스에 함유된 탄화수소를 사용해서 NO를 화학적으로 감소시키는 기술이다. 좁은 온도범위(백금촉매의 경우 160~220 [℃]) 내에서 산소와 질소산화물 사이의 탄화수소와 결합하기 위한 경쟁이 질소 산화물(NOx)의 저감을 유발한다(요하임 등, 1996). 온도범위가 제약조건이므로, 이 기법은 디젤엔진에 적용하는 것이 더 적합하다. 더 최근의 연구에 따르면, 구리가 치환된 **제올라이트 촉매**는 더 높은 온도에서 효과적이며, 제올라이트의 화학적 특성을 변화시킴으로서, 400 [℃]에서 최고 40%의 질소 산화물(NOx) 변환효율을 실현하였다(브로건 등, 1998).
3. **능동형 질소 산화물 저감**용 촉매는 질소 산화물(NOx)을 저감시키기 위해서 연료 분사를 사용하며, 전형적인 구동사이클을 사용하는 디젤엔진 차량의 경우 약 20%의 질소 산화물(NOx) 저감이 가능하지만, 1.5%의 연료소모 증가가 수반된다(푸이예 등, 1998). 현행 시스템은 연료를 배기 시스템에 분사하지만, 장래의 디젤엔진에서는 실린더 내 지연분사를 사용할 가능성이 있다.
4. **질소산화물 트랩 촉매**(토요타에서 최초로 개발) 기술에서는 엔진이 희박연소 모드로 작동할 때, 질소 산화물(NOx)을 저장하기 위해서 3로식 촉매를 질소 산화물(NOx) 흡수소재와 결합시켰다. 엔진이 짙은 연료농도 하에서 작동할 때, 3로식 촉매 내에의 저장매질로부터 질소 산화물(NOx)이 유출된다.

질소 산화물(NOx) 트랩 촉매는 백금과 알루미늄 모재 사이의 탄산염 바륨이 증착되어 있다. 희박연소 과정에서, 질소 산화물과 산소는 탄산염 바륨을 질화 바륨으로 변환시킨다. 일산화탄소, 불연소 탄화수소, 및 수소가 질화 바륨을 탄산염 바륨으로 환원시키도록, 매 5분마다 과도적인 고농도기간(등가비율 1.4로 약 5초)이 필요하다. 촉매 내의 로듐에 의해서 연소부분생성물들에 의해서 유출된 질소 산화물(NOx)이 저감된다. 연료내의 황 성분은 황화바륨을 생성하기 때문에, 질소 산화물(NOx) 트랩의 무력화를 유발한다. 그런데 등가비율 1.05로 600초간 고농도 연료를 주입하여 600 [℃]의 인입온도를 만들기 위해서 엔진을 고부하 상태로 작동시킴으로서, 유황 침착물들을 제거할 수 있다(브로건 등, 1998).

11.3.3 분진트랩

호커(1995)에 따르면, 디젤엔진에서, 일반적인 백금 기반의 촉매는 기체상의 불연소 탄화수소의 저감에(그리고 일산화탄소의 저감에도) 유용한 반면에, 그을음에는 거의 영향을 주지 못한다. 그런데 촉매 시스템을 사용하기 전에, 디젤 연료에서의 유황성분은 질량기준으로 0.05% 이하로 유지해야만 한다. 이는 산화촉매가 **삼산화황**의 형성과 그에 따른 황산의 생성을 유발하기 때문이다. 결과적으로, 유황성분의 침적물질로 촉매를 덮어버리게 된다. 촉매를 사용하는 부가적인 장점은 디젤 배기가스의 악취를 저감시켜주는 것이다. 엥가 등이 논의한 방법(1982)을 통해서, 배기 매니폴드에 내장된 촉매를 통해서 분진을 산화시킬 수 있다. 그런데 촉매가 만족스럽게 작용하려면, 활성화 온도 이상에서 작동해야만 한다. 디젤엔진의 배기는 비교적 저온이므로, 촉매가 반드시 활성화온도에 도달할 필요는 없다.

분진 트랩은 일반적으로 그을음의 산화를 위해서 550~600 [℃] 온도를 유지하는 필터이다. 이 때문에 전기로 가열되는 축열식 분진트랩이 개발되었고, 아라이와 미야시타(1990) 및 가렛(1990)의 사례가 있다. 배기가스가 트랩을 관통하여 흐르면, 축열 공정이 수행되지 않는다. 배기가스가 다른 경로로 흐르거나, 엔진의 시동이 걸리지 않았을 때, 축열과정이 수행된다. 공기를 트랩 속으로 주입하고, 트랩에 붙잡힌 분진물들의 산화에 충분한 높은 온도를 만들어내기 위해서 전기가열이 사용된다. 피싱거(1998)는 점화온도를 낮추기 위해서 디젤연료 내의 첨가물들이 어떻게 사용되는가를 설명하고 있으며, 전기 점화는 매우 기온이 낮거나 주행 패턴이 극도로 짧은 단거리 주행인 경우에만 필요하다. **분진트랩**의 트랩 효율은 80% 이상이지만, 배기가스의 부압이 너무 높게 걸린다는 점을 명심해야만 한다.

필터의 대안으로는 **사이클론**이 있다. 사이클론 내에서 구심 가속력을 사용해서 분진 입자들을 분리하기에 충분한 크기로 만들기 위해서는, 입자들이 사이클론으로 들어가기 전에 전기전하를 가하여, 서로 응집시켜야 한다(폴라와 래너드, 1994).

산화촉매와 그을음 필터는 그림 11.10에서와 같이 하나의 용기에 결합해 넣을 수 있다(워커, 1998). 호커(1995)는 이 시스템에 대한 상세설계를 완성하였다. 백금 촉매는 밀도가 62 [cells/cm^2]인 일반적인 기층소재 위에 1.8[g/ℓ]의 비율로 주입하는데, 이 촉매는 일산화탄소나 불연소 탄화수소뿐만 아니라 질소 산화물(NOx) 및 이산화질소(NO_2)도 산화시켜준다. 그을음 필터 내에서는 (산소 보다는)이산화질소가 분진을 산화시켜준다. 그을음 필터는 15.5 [cells/cm^2] 밀도의 알루미나 매트릭스를 사용하지만, 인접한 유로들은 서로 반대쪽이 막혀

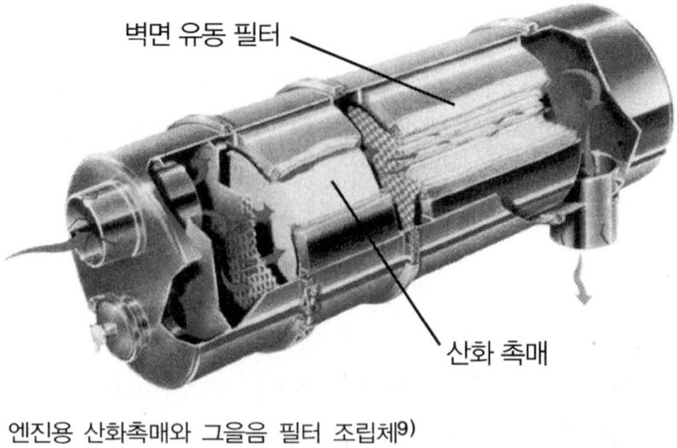

그림 11.10 디젤 엔진용 산화촉매와 그을음 필터 조립체[9]

9) Walker, J., Diesel Progress, May/June 1998, pp. 78-79에서 발췌

있다. 따라서 **벽면유동필터**라고 부른다. 백금촉매의 존재로 인하여, 그을음의 트래핑 및 분해 공정은 275 [℃] 이상에서 연속적으로 일어나며, 이 시스템은 **연속 축열식 트랩**(CRT)이라고 알려져 있다. 이 시스템은 약 5 [kPa]의 부압이 발생하며, 온도가 항상 275 [℃] 이상을 유지될 수 있도록 차량의 듀티 사이클을 조절해야 한다. 이 장치는 소음기(머플러) 속에 함께 설치할 수 있으므로, 기존 차량의 개조도 가능하다(워커, 1998).

11.4 전기자동차

11.4.1 서언

거의 1세기동안, 전기자동차는 에너지 저장비율이 열악한(1톤의 납전지가 3 [L]의 가솔린에 해당하는 에너지밖에 저장하지 못한다)납전지에 의존해 왔다. 물론, 화학적 에너지를 기계적 일로 변환시키는 효율은 전기 변환효율에 비해서 네 배 정도 낮기 때문에 이 비교는 올바른 것이 못된다. 그럼에도 불구하고, 이 예를 통해서 에너지 저장문제가 실제적인 차량의 주행거리를 100 [km], 최고속도는 100 [km/h]로 제한하고 있다는 것을 설명해 준다.

1899년에, 벨기에인 운전사인 카밀 제넛지(1868-1913)가 전기자동차로 106 [km/h]의 세계 최고 주행속도를 기록하였다. 최초의 전기자동차는 1888년 매그너스 볼크(영국)와 1890년 윌리엄 모리슨(미국)이 제작하였다. 1915년 까지는 많은 차량운행이 단거리였고 전기자동차가 운전하기 쉬웠기 때문에, 전기자동차가 일반적으로 사용되었다. 1920에 들어서면서, 도로가 개선되고 속도와 내구성(더 좋은 엔진과 기어박스의 개발과 연계되어)에 대한 기대치가 높아지면서 전기자동차가 쇠퇴하게 되었다; 1921년 미국 내에는 약 9백만대의 자동차가 있었고, 그중 단지 0.2%만이 전기자동차였다(게오르가노, 1997). 영국의 경우, 전기자동차는 공항, 창고, 골프코스, 및 시내배송 등, 주행거리와 최고속도가 문제가 되지 않는 분야에서 널리 사용되고 있다.

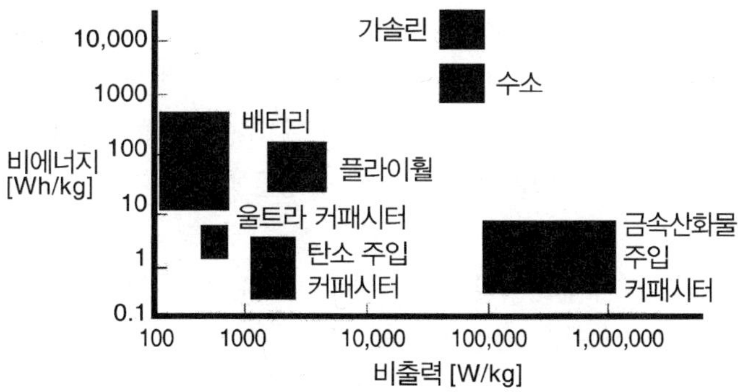

그림 11.11 서로 다른 에너지 저장 시스템들의 비출력과 비에너지 용량10)

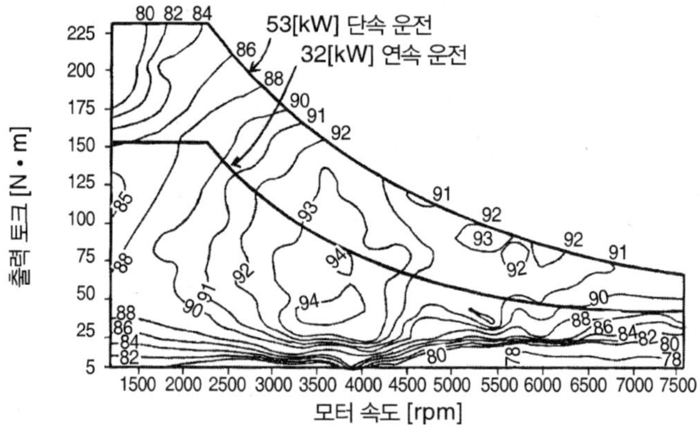

그림 11.12 유니크 모빌리티 캘리버社의 EV53 브러시리스 DC모터의 토크/속도특성과 효율

전기의 저장은 단위질량 당 얼마나 많은 에너지를 저장할 수 있는가(비에너지, 일반적으로 [Wh/kg]로 표시)의 문제만은 아니다. 얼마나 빨리 에너지를 송출할 수 있는가(비출력 [W/kg])역시 문제이다. 그림 11.11에서는 서로 다른 저장 시스템들 간의 비출력과 능력을 도시하고 있다. 두 축 모두 로그단위로 나타내어져 있으며, 전지의 한계를 잘 보여주고 있다.

전기모터의 선정은 더 단순하다. 역사적으로, 제어의 용이성 때문에 브러시 DC모터가 사용되어져 왔지만, 브러시의 교체가 중요한 단점이었다. 반도체 소자를 사용한 제어기의 개발로 인하여 AC 유도전동기와 브러시리스 DC모터가 비용, 유지보수, 제어성 및 효율 등으로 인하여 경쟁력을 얻게 되었다. 그림 11.12에 따르면 전형적인 브러시리스 DC모터의 효율은 대부분의 작동범위 내에서 85~95%를 유지하고 있음을 알 수 있다.

다음 절에서는 여러 종류의 전지 기술에 대해서 논의하며, 11.4.3절에서는 전형적인 전기자동차에 대해서 살펴보기로 한다.

11.4.2 전지의 유형

여기에서는 서로 다른 전지들의 유형과 성능에 대해서 개괄적으로 살펴본다, 더 상세한 내용은 베른트(1997), 크럼프턴(1995) 및 랜드 등(1998)과 같은 서적을 참조하기 바란다.

불행히도, 현재의 전지 기술들 중 어느 것도 출력, 비에너지, 효율 및 수명 등에서 경제성 있는 조합을 갖고 있지 못하다. 일반적으로, 전지는 독성금속을 사용하므로, 설계단계에서부터 재활용을 고려해야만 한다. 전지의 충전상태를 정확하게 판정할 수 있는 기술도 필요하다. 기능을 갖춰야 하는 추가적인 전지 특성들에는 낮은 자가 방전율, 높은 충전수용성(회생제동 활용도의 극대화와 재충전 시간의 단축), 메모리효과 최소화(재충전 후의 부분방전이 에너지 저장용량을 감소시켜서는 안된다), 그리고 긴 수명 등이 포함된다. 표 11.5에서는 서로 다른 전지 기술들의 용량에 대해서 요약하고 있다.

10) 미국 에너지성 http://www.ott.doe.gov/oaat/storage.html

표 11.5 다양한 전지들의 성능

전지 유형	에너지 저장비 [Wh/kg]	출력 (80% 용량에서 30초)[W/kg]	단위비용 [$/kWh]	사이클수명 (용량의 80%를 충방전)
납전지	35(55)[a][171][b]	200(450)	125(75)	450(2,000)
니켈-카드뮴	40(57)[217]	175(220)	600(110)	1,250(1,650)
니켈-금속수소화물	70(120)	150(220)	540(115)	1,500(2,200)
리튬이온	120(200)	300(350)	600(200+)	1,200(3,500)

a 괄호속의 값은 향후 5년간의 예측값

b 대괄호안의 숫자는 에너지 저장비의 이론적 한계값

출처: 에너지 저장비의 이론적 한계값은 랜드, R.A.J 등, Batteries for Electric Vehicle, Research Studies Press, Baldok, U.K., 1998; 여타 데이터들은 애쉬톤, R. Design of a Hybrid Electric Vehicle, University of Oxford, 1998.

전지의 에너지 저장과 출력용량에 있어서 효율은 똑같이 중요하다. 불행히도, 전지의 효율은 충전상태, 온도, 사용기간, 및 충/방전비율 등과 같은 많은 인자들에 의존하므로, 이와 관련된 데이터들을 구하기가 어렵다. 전지 내에서의 손실은 일반적으로 옴 손실(전해질 내의 전자와 이온 모두의 흐름에 대한 저항)에 의해서 지배를 받기 때문에, 전압은 거의 선형적으로 전류값에 따라서 강하한다. 출력은 전압과 전류의 곱이므로, 효율을 출력에 대해서 그래프로 나타내면 선형값에 비해서 조금 더 떨어지는 경향이 있다. 40 [kW] 용량의 니켈-금속수소화물(NiMH) 전지의 경우, 정격출력시 효율은 70% 내외이며, 20 [kW]에서는 87%에 달한다.

동일한 논의가 재충전의 경우에도 적용되므로, 저속충전이 더 유리하다. 가정에서 야간에는 이것이 가능하지만, 공용 시스템이나 택시 등과 같이 빠른 재충전이 필요한 시내차량에 사용되는 경우에는 적합지 않다. 지금부터는 실제적인 전지들에 대해서 조금 더 상세하게 다루기로 한다.

납전지

납전지는 현재 상용 전기자동차(EV)에서 사용되고 있다. 1859년 이래로 꾸준한 개발에도 불구하고, 비출력과 비에너지를 증가시키기 위한 개발의 여지는 여전히 남아있다. 납전지는 염가, 높은 신뢰성, 및 이미 뿌리내린 재활용 기반시설 등의 이유로 선택된다. 그런데 낮은 에너지밀도, 열악한 저온성능, 그리고 낮은 사이클 수명 등이 사용을 제한하는 인자들이다.

납전지는 금속성 납으로 만들어진 양극과 산화납(PbO_2)으로 만들어진 음극이 황산(H_2SO_4)과 물로 구성된 전해질 속에 방치된다. 다음과 같은 화학작용을 통해서 전지가 방전된다:

$$PbO_2 + Pb + 2H_2SO_4 \rightarrow 2PbSO_4 + 2H_2O$$

납과 황산 사이로 전달된 전자는 외부도선을 따라 흐르면서 전류를 생성한다. 재충전 시에는 전지반응이 반전된다.

납전지는 오랜 기간동안 차량용 전지로 사용되어져 왔으며, 원숙한 기술로 간주할 수 있다. 납전지는 매우 높은 출력 송출이 가능하므로 추진용으로 적합하다. 그런데 (상대적으로 낮은 에너지 밀도 때문에) 에너지 저장에 대한 요구조건을 충족시키기 위해서 이 전지는 크고 무거워져야만 한다.

니켈-카드뮴 전지

니켈-카드뮴 전지는 통신 및 의료장비에 일반적으로 사용되며, 적절한 에너지 저장 및 출력 용량을 가기고 있다. 이들은 납전지보다 더 긴 수명을 가지고 있으며, 빠른 재충전이 가능하다. 이러한 유형의 전지는 개발단계의 전기자동차에서 성공적으로 사용되어져 왔다. 니켈-카드뮴 전지는 높은 소재비용, 재활용성, 카드뮴의 독성, 그리고 재충전의 온도제약 등의 문제가 있다. 니켈-카드뮴 전지의 성능은 납전지에 비해서 현저히 뛰어나지 못하며, 에너지 저장 용량은 소위 **기억효과**라는 부분방전에 의해서 상쇄된다.

니켈-금속 수소화물 전지

니켈-금속 수소화물 전지는 현재 컴퓨터, 의료장비, 및 여타의 용도에 사용되고 있다. 이 전지는 납전지나 니켈-카드뮴 전지보다 큰 비에너지, 비출력 용량을 가지고 있지만, 더 비싸다. 이 전지는 재생이 가능하므로, 니켈-금속 수소화물 전지의 가장 큰 제약은 높은 가격, 충전과정에서의 고온발열, 수소 손실에 대한 조절의 필요성, 열악한 충전 지속능력, 그리고 낮은 전지효율 등이다.

금속 수소화물은 높은 수소저장밀도를 구현하기 위해서 개발되었으며, 니켈 수산화물 (NiOOH) 양전극 및 칼륨/리튬 수산화물 전해질과 함께, 음전극으로 직접 사용할 수 있다. 전해질과 양전극은 니켈-카드뮴 전지에 사용하기 위해서 광범위하게 개발되어져 왔다.

전기화학적 반응식은 다음과 같다:

$$MH_x + NiOOH + H_2O \rightarrow MH_{x-1} + Ni(OH)_2 + H_2O$$

방전기간 동안, 니켈 수산화물 전극에서 수산(OH^-) 이온이 생성되며, 금속 수소화물 음전극에서 소모된다. 물분자에 대해서 상반된 반응이 일어나므로, 전해질의 전체적인 농도는 충전 및 방전기간 동안 변하지 않는다. 국부적인 농도변화가 존재하므로, 전해질이 국부적으로 마르지 않도록 분리장치를 통과하는 이온의 흐름을 높게 유지할 수 있게 주의를 기울여야만 한다.

충전 및 방전 사이클 동안 농도가 일정하게 유지되므로, 전해질의 전도성은 일정하게 유지된다. 게다가, 전극 구조물질의 손실이 없기 때문에 전기적 특성이 변하지 않는다. 이 두 가지 이유 때문에 전지는 충전 및 방전의 거의 전 구간 동안 매우 안정된 전압공급 특성을 갖는다.

리튬이온/리튬 폴리머 전지

현재 전기 및 하이브리드 전기차량용 전지 기술은 대부분 리튬전지 기술에 기반을 두고 있다. 리튬은 가장 가볍고 가장 반응성이 높은 금속이며, 이온화 구조상, 전류를 생성하기 위해서 세 개의 전자들 중 하나를 자유롭게 방출한다. 다양한 유형의 리튬 화학전지들이 개발되었다; 이들 중 가장 전망이 밝은 두 가지 유형은 리튬이온과 이것의 진보된 형태인 리튬 폴리머이다.

리튬이온 전지의 구조는 희토류 물질을 사용한다는 점을 제외하고는 여타의 전지들과 유사하지만, 폐기시 심각한 환경문제를 야기하므로 배터리의 재생공정이 필요하다. 이 배터리는 리튬화 금속 산화물로부터 탄소질 양극으로 전자가 통과며, 외부 전자회로를 통해서 전류가 흐르면서 방전된다. 리튬이온이란 특정 시스템이 아니라 일반 작동원리를 칭하는 용어이다; 예를 들면, 차량용 전지로 리튬/알루미늄/철 황화물이 사용되어왔다.

리튬이온 전지는 매우 선형적인 방전특성을 가지고 있으므로, 이를 충전상태 모니터링에 이용할 수 있다. 리튬이온 전지의 충전/방전효율은 대략 80%이다; 니켈-카드뮴 전지(약 65%)에 비해 우월하지만, 니켈-금속 수소화물 전지(약 90%)에 비해서는 열등하다. 비록 사용하는 소재가 무독성이지만, 리튬의 사용시 유의할 점은 발화성이 있다는 점이다.[11)]

리튬 폴리머 전지는 고체 폴리머 전해질을 사용하며, 전지를 커패시터처럼 양극, 폴리머 전극, 복합재 음극, 음극으로부터의 전류 수집판 및 절연체 등을 말아서 제작할 수 있다. 이를 통해서 (높은 전류밀도를 구현하기 위한)넓은 전극면적과 낮은 저항손실을 구현할 수 있다.

11.4.3 전기자동차

1996년 당시에, 제너럴 모터스는 전기자동차 시장의 선도 차량제조업체였다. 1990년대 말 제너럴모터스가 판매했던 EV1의 사양이 표 11.6에 제시되어 있다.

EV1은 3상 AC 유도전동기와 통합(고정비율)감속 기어박스 및 차동기어 등을 사용한다. 최대정격은 103 [kW]이며, 가장 주목할 만한 점은 회생제동 능력으로서, 이를 통해서 주행거리를 최고 20%까지 연장시켰다. 모터의 최고속도는 13,000 [rpm]이며, 시스템 질량은 68 [kg]으로서, 서비스 주기는 160,000 [km]이다. 처음에 EV1은 납전지를 사용하여 출시되었지만, 1998년부터는 NiMH 전지를 사용할 수 있게 되었다. NiMH 전지를 사용하여, 거의 600 [km]의 주행거리를 구현하였다. 납전지를 사용하는 경우에 정지에서 96 [km]까지의 가속시간은 7.7초가 소요되었다. 1997년에, EV1 시제품이 세계 최고의 전기자동차 주행속도인 295 [km/h]를 달성하였다.

그림 11.13에서는 전지 팩이 어떻게 EV1 섀시에 설치되는가를 보여주고 있다. 차량에 탑재되는 110 [V] 전지 충전기나, 고전류 전기 접속의 필요가 없는-동력을 유도방식으로 전송하는 고정식 220 [V] 30[A] 충전기가 사용된다.

11) 2016년 삼성 갤럭시 노트7은 발화문제로 인하여 판매된 제품 전량을 회수하여 폐기하게 되었다. 이는 리튬이온 배터리의 위험성을 보여주는 가장 대표적인 사례이다.

표 11.6 제너럴 모터스 EV1

차체	2인승
질량	1,350 [kg]
모터정격	102 [kW]
전지:	
용량	16.2 [kWh]
질량	533 [kg]
충전(15~95% 충전)	220 [V]/6.6 [kW](3h)
	110 [V]/1.2 [kW](15h)
85% 방전시 주행거리	
시내주행	112 [km]
고속도로주행	145 [km]
가속(0~100 [km/h])	< 9초
최고속도	129 [km/h]
항력계수	0.19
전방면적	1.89 [m^2]
AC_d	0.36 [m^2]

출처: Vauxhall Motors, Electric Vehicles FactFile, 1998

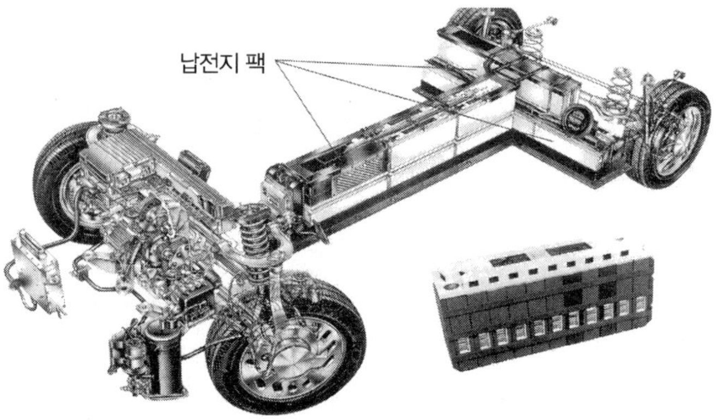

그림 11.13 제너럴 모터스의 EV1 전지와 동력전달장치의 구조; 온도조절을 위한 열펌프도 도시되어 있다.[12)]

표 11.7 일제 소형 전기자동차

	닛산	토요타	미쓰비시
모델	하이퍼미니	c-Com	MEEV-II
좌석수	2	2	2
질량 [kg]	840	770	640
모터[kW/N · m]	24/130	18.5/76	–
모터유형	AC동기식	AC동기식	AC동기식
전지유형	리튬이온	NiMH	리튬이온
전지사양	90 [Wh/kg]	100 [km] 내외	145 [km] 내외
길이[m]	2.65	2.79	2.60
폭[m]	1.475	1.475	1.48

12) Vauxhall Motors, Electric Vehicles FactFile, 1998

EV1의 가격이 높기 때문에, 제너럴모터스는 임대방식을 사용하지만(미국내 차량의 약 30%가 임대), 1999년 3월까지 약 600대의 차량이 임대되었다(NEL, 1999). GM이 EV1의 개발에 10억 달러를 투자했으며, 성패를 가름하기 위해서는 약 10년의 기간이 소요된다는 점이 흥미롭다. 전기자동차를 출시한 여타 제조업체들은 다음과 같다: 크라이슬러 EPIC, 포드 레인저 EV, 시보레 S10, 닛산 알트라 EV, 혼다 EV 플러스, 토요타 RAV4, 피브코 씨티카, 그리고 닛산 프레이 조이 등이다. 최근에, 일본 제조업체들이 다수의 소형 전기자동차를 출시하였으며, 이들은 표 11.7에 제시되어 있다(야마구치, 2000).

포드社는 리튬이온 전지를 사용해서, 가솔린 엔진 차량과 유사한 성능을 갖고 80 [km/h] 속도로 200 [km]의 주행거리를 달리는, 시제품 버전인 e-Ka를 발표하였다. 전지팩의 질량은 280 [kg]이며, 126 [Wh/kg]의 전력밀도를 갖는다(브로게, 2000). 다임러 크라이슬러社는 A 클래스 차량의 전기자동차 버전을 개발해 왔다(연료전지를 동력으로 사용하는 NeCar 3에서와 동일한 모터를 사용). 흥미로운 점은, 이 회사는 나트륨/니켈/염소이온 시스템을 사용해서 자체적인 전지기술을 개발해 왔다는 것이다. 이 ZEBRA 전지는 155 [W/kg]의 전력밀도를 갖고 있으며, 에너지 밀도는 81 [Wh/kg]에 달한다(NiMH 기술보다 우수한 성능)(어나니머스, 1998). 시험을 통해서, ZEBRA 전지는 200,000 [km] 상당의 수명을 갖고 있음을 검증하였지만, 이 전지는 270~350 [℃]에서 작동해야만 한다. 이 전지의 사용은 현재 중단되었다.

11.4.4 전기자동차 결론[13) 14)]

전지기술의 발전에도 불구하고, 전기자동차는 배터리를 사용한 주행거리, 초기비용, 및 신뢰성 등에 의해서 여전히 한계를 가지고 있다. 이러한 단점은 다음 절의 주제인 하이브리드 전기자동차에 의해서 극복될 수 있다. 하지만 전기자동차는 세제혜택, 민감한 지역 내에서는 무공해 자동차의 운행만을 허가하는 법규, 그리고 생산수량의 증가에 따른 비용절감 등의 결과로 점점 더 일반화되어가고 있다. 그런데 대부분의 전기를 화석연료에서 생산하기 때문에, 전기 자동차는 단지 매연이 발생하는 위치를 바꿀 뿐이라는 점을 명심해야 한다. 더욱이, 차륜기준으로 환산해 보면 디젤엔진 차량보다도 효율이 떨어진다. 이에 대해서는 12장을 참조하기 바란다.

13) 전기자동차를 이야기하면 테슬라의 성공을 빼놓을 수 없다. 2003년 창업한 테슬라는 2008년 최초의 스포츠 전기자동차인 테슬라 로드스터를 출시하면서 관심을 끌게 되었고 2012년 고급형 세단인 모델 S를 출시하면서 기업가치가 급상승하게 되었다. 2015년 12월에는 모델 S 100,000대 판매를 달성하였으며 2016년에는 모델3를 $35,000의 가격으로 선판매하여 276,000대의 선주문을 달성하였다.

14) 전기자동차인 닛산 리프는 2010년 출시된 이래 2016년 9월까지 총 240,000대가 판매되었다. 이 차량은 30 [kWh] 용량의 배터리를 장착하고 한 번 충전에 172 [km]를 주행한다.

11.5 하이브리드 전기자동차

11.5.1 서언

하이브리드 전기자동차는 발전기를 최적 작동상태로 작동시키면서 일시적인 동력수요를 발전기와 저장된 에너지의 조합으로 충당하기 때문에, 정상작동 기간동안 연료소비량과 배기가스를 현저하게 절감할 수 있다. 하이브리드 자동차는 또한 민감한 시내환경 하에서는 배기가스를 방출하지 않고 주행할 수 있다는 중요한 장점을 가지고 있다. 그러므로 하이브리드 자동차 시스템을 사용함에 따른 비용 증가가 특정 조건 하에서 정당화될 수 있다. 연료전지 자동차와 비교해서, 하이브리드 자동차는 기존의 기술을 사용하기 때문에 더 값싸게 생산할 수 있다; 이들은 또한 가장 높은 차륜기준 효율을 구현한다.

병렬 및 직렬 하이브리드 구조가 잘 구축되어 있지만, 토요타 프리우스(최초의 상용화 된 하이브리드 자동차)는 직렬 및 병렬구동특성을 조합한 이중 하이브리드 시스템을 사용한다.

그림 11.14에서는 직렬과 병렬, 두 가지 유형의 하이브리드 자동차를 보여주고 있다. 그림 11.14(a)에 도시된 직렬 하이브리드는 엔진과 부하 사이에 기계적인 접속이 없다. 엔진, 또는 **동력 유닛**(PU)은 자동차를 구동하는 대신에 발전기(G)를 통해서 전기를 생산하며, 전기 모터(M)를 사용해서 자동차를 추진시킨다. 남거나 부족한 동력은 차량에 탑재된 전지(B)에 연결되며, 이를 통해서 자동차는 전기자동차(EV)처럼 작동하게 된다.

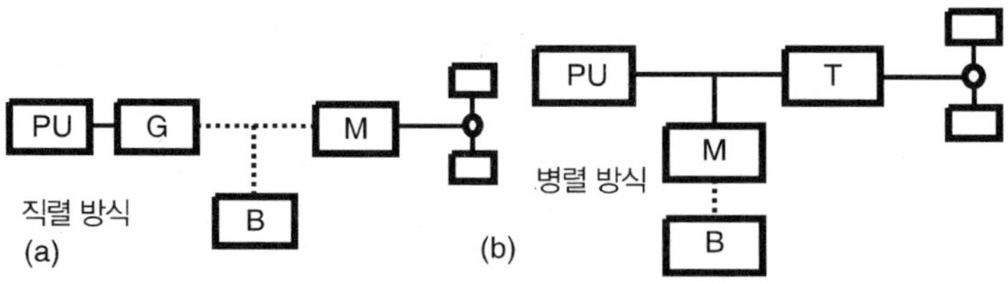

그림 11.14 하이브리드 자동차의 두 가지 기본형태: (a) 직렬방식, (b) 병렬방식

직렬 시스템의 장점은 다음과 같다:

1. 동력 유닛(PU)이 부하와 기계적으로 연결되어있지 않으므로 차륜에서 발생되는 순간적인 수요변화를 충적시켜주지 않아도 된다. 그러므로 연료전지나 가스터빈과 같은 다양한 연료 변환장치들을 사용할 수 있게 되어 효율향상의 가능성이 커지게 된다.
2. 전력유닛은 평균 동력수요만을 충족시키므로, 최적 작동점에서 운전이 가능하다.
3. 구조는 매우 단순하며 구현하기 용이하다.

직렬 시스템의 단점은 다음과 같다:

1. 차륜에 공급하는 동력을 전기모터만으로 충당해야 한다.

2. 효율은 작동점에 매우 민감하다.

그러므로 직렬 시스템은 가스터빈을 활용하기에 매우 적합하며, 이런 시스템이 롱기(1998)에 의해서 소개되었다. 병렬 하이브리드 구조는 그림 11.14(b)에 도시되어 있다. 여기서, 동력 유닛(PU)은 트랜스미션을 통해서 차륜에 연결되어 있으며, 전기기계는 보조적인 토크공급에 사용된다.

병렬 시스템의 장점은 다음과 같다:

1. 대부분의 동력이 기계적으로 전달되므로, 전기적 손실이 발생하지 않는다.
2. 두 가지 시스템 모두를 사용해서 최고 성능을 구현하므로, 전기기계를 소형으로 만들 수 있다.
3. 단 하나의 전기기계만을 필요로 한다.

병렬 시스템의 단점은 다음과 같다:

1. 엔진을 항상 최적 작동상태로 운전할 수 없다.
2. 기계적 트랜스미션이 필요하다.
3. 이 구조는 기계적 커플링과 더 복잡한 제어 시스템을 사용하기 때문에 구현하기가 더 어렵다.

병렬 시스템의 효율은 가스터빈에서와 같이 작동점에 민감하지 않으며, (직렬 하이브리드 시스템에서 사용하는)전기적 동력전달장치 대신에 기계적 동력전달장치를 사용해서 효율이득을 조절할 수 있기 때문에, 동력 유닛이 왕복동 엔진인 경우에 적합하다.

혼다 **종합모터보조장치**(IMA)[15] 하이브리드 자동차(인사이트, 1999년10월에 출시)는 병렬구조를 채용하고 있다(요네하라, 2000). 2인승인 인사이트는 항력계수가 0.25이고 질량은 820 [kg]이다. 1 [L] 스파크 점화 엔진은 52 [kW]/92 [N · m]의 출력을 가지고 있으며, 브러시리스 DC모터의 출력은 10 [kW]/49 [N · m]이다. 니켈 금속 수소화물(NiMH) 전지는 무게가 단지 20 [kg]에 불과하며, 지속적인 전기구동을 사용하지 않는다. 전기모터의 두께는 단지 60 [mm]에 불과하며, 엔진과 기어박스 사이에 설치된다. 이 차량은 1.5 [L]급 엔진을 장착한 자동차와 동일한 성능을 갖고 있다. **MYBRID**[16]라고 부르는 이러한 유형의 하이브리드 자동차는 일부 메이저 자동차업체가 선호하는 형태로, 과도상태를 보조하며, 일시적인 작동만을 목적으로 한다(NEL, 1999).

상용으로 생산되는 최초의 하이브리드 자동차는 토요타 프리우스이다(야마구치, 1997). 이 차량은 다음 절에서 설명할, 직렬과 병렬 작동을 결합한 이중 하이브리드 시스템을 사용하고 있다.

15) Integrated Motor Assist

16) Mild or Minimum hYBRID

11.5.2 이중 하이브리드 시스템

만약 (직렬 시스템에 기계적 동력전달 경로를 추가시키는 것과 같이) 추가적인 전기기계를 사용해서 병렬 시스템을 수정한다면, 주 동력원으로부터, 전기 및 기계식의, 두 개의 병렬경로를 통해서 동력을 전달할 수 있는 시스템이 만들어진다. 이는 **무한가변 동력전달장치**(IVT)를 구현하기 위해서 **연속가변 동력전달장치**(CVT)에 기계적인 분로식 동력전달장치를 사용하는 것과 마찬가지이다(아이언사이드와 스텝스, 1981). 이를 통해서 자동차의 광범위한 작동점들에 대해서 높은 효율로 엔진을 작동시킬 수 있는 동력전달장치를 구현하게 되었다. 이 구조를 잘 설명할 수 있는 사례로는 에쿠스 리서치사에 의해서 개발되어 토요타 프리우스에서 사용되고 있는 이중 하이브리드 시스템을 들 수 있다(야마구치 등, 1996); 이 시스템은 그림 11.15에 도시되어 있다.

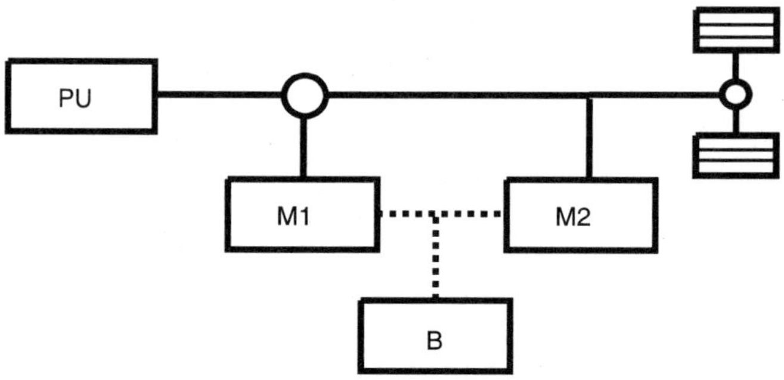

그림 11.15 동력 유닛과 전기기계들 중 하나(M1)를 연결하기 위해서 유성기어(PG)를 사용한 이중 하이브리드 구조

토크 구동기로 사용되는 유성기어는 기계적으로 일정 비율의 엔진동력을 차륜으로 보내어 자동차를 구동하면서 나머지 동력은 전기기계(M1)으로 송출한다. 그 결과, 이 구조는 병렬과 직렬 하이브리드를 동시에 구현하게 된다. M1을 사용해서 엔진 속도를 조절하므로 서, 트랜스미션, 클러치 및 시동모터 등의 필요성을 제거하였다. M2는 병렬 시스템에서 사용되는 모터와 동일한 방식으로, 필요에 따라서 동력을 공급하거나 흡수한다. 그림 11.16에서는 구현할 수 있는 작동모드들을 도식적으로 보여주고 있다.

충전과 변속모드는 이중모드의 하위구조이며, 이러한 제어상의 연속성이 이 구조의 진정한 강점이다. **이중 하이브리드 구조**는 병렬과 직렬의 장점을 모두 결합해 준다:

1. 엔진은 항상 최적 작동상태를 유지한다.
2. (특히 정속주행속도에서)대부분의 동력은 기계적으로 차륜에 전달되므로 효율이 향상된다.
3. 차량이 정지한 상태에서도 충전이 가능하다.
4. 엔진과 M2의 토크결합이 가능하므로 성능이 향상된다.

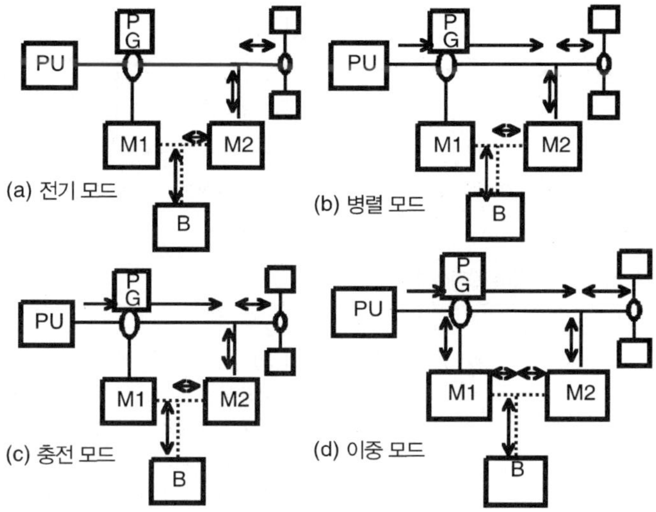

그림 11.16 토요타 프리우스 하이브리드 자동차의 여러 가지 작동모드들. **전기모드**(a) 엔진은 정지하고 M1이 가상적인 클러치로 작동하여 엔진속도를 0으로 유지한다. 토크와 회생제동은 M2에 의해서 구현된다. **병렬모드**(b) M1은 정지(아마도 브레이크 작동)해 있으며, 이 구조는 엔진과 부하측 기어비가 고정된 단순한 병렬상태이다. **충전모드**(c) 자동차는 정지해 있으며, 모든 엔진동력은 M1을 구동하여 배터리를 충전하는 데에 사용된다. 토크는 여전히 차륜에 공급되어 서행이 가능하다. **이중모드**(d) 일부 동력은 차륜을 직접 구동하기 위해서 사용되며 나머지 동력은 M1에 공급된다. M1의 속도가 엔진 작동속도를 결정한다. PG:유성기어박스

(전기기계가 주동력 및 차량 동력수요를 충당해야만 하는)직렬 하이브리드에 비하여, 이중 하이브리드 시스템은 주동력 중 일부만을 전기로 변환시킨다. 이중 하이브리드의 가장 큰 난점은 (엔진속도와 엔진 토크의)2자유도와 그에 관련된 과도상태를 최적제어 및 견실제어 원칙에 입각하여 풀어야만 하는 제어 시스템의 설계에 있다. 여기에는 시스템 모델링이 필수적이다.

11.5.3 토요타 프리우스 17)

그림 11.17에서는 **토요타 프리우스**에서 적용한 이중 하이브리드의 구조를 도시하고 있다; 전기기계를 위한 발전기와 모터는 모두, 모터나 발전기로도 작용할 수 있어야하기 때문에, **주기능**이라고 부른다. 그림 11.17에서는 발전기는 태양기어에 연결되며 모터는 원주상에 연결된, 이중원 형태의 기어박스를 사용하는 유성기어에 엔진이 어떻게 연결되는가를 보여주고 있다. 차륜에 연결되는 동력전달장치를 위해서 (그림에는 도시되어있지 않지만) 고정 감속비 기어박스가 사용된다. 표 11.8에서는 토요타 프리우스의 사양을 보여주고 있다.

17) 토요다 프리우스는 하이브리드 자동차의 대명사처럼 불리고 있다. 1세대 프리우스는 1.8 [L] 4기통 엔진과 5.2 [kWh] 리튬이온 배터리를 장착하고 있으며, 2012년~2015년 사이에 세계적으로 총 75,400대가 판매되었다. 2016년부터 판매가 시작된 2세대 프리우스는 1.8 [L] 4기통 엔진과 8.8 [kWh] 리튬이온 배터리를 장착하고 있으며, 연 20,000대의 판매가 예상되고 있다.

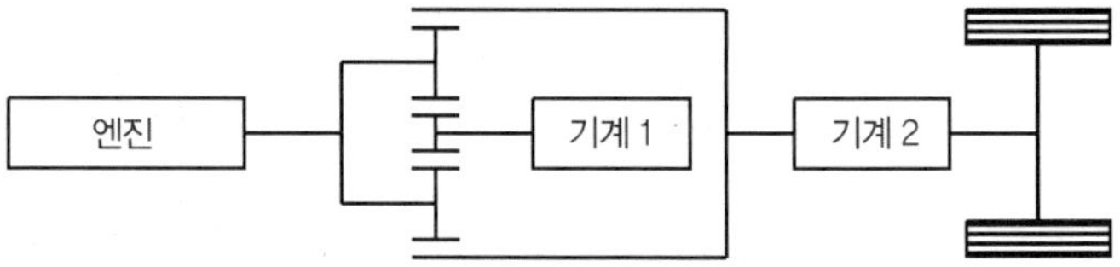

그림 11.17 토요타 프리우스 이중 하이브리드 구조에서 사용된 이중원 기어박스 구조

표 11.8 토요타 프리우스의 사양

길이	4.275 [m]
폭	1.695 [m]
높이	1.490 [m]
엔진	1.5 [L], 4기통, DOHCa, 스파크점화
	압축비 13.5 : 1
	4,000 [rpm]에서 42.6 [kW]
모터	영구자석형 DC, 940~6,000 [rpm]에서 30 [kW]
발전기	영구자석형 DC, 5,500 [rpm]에서 15 [kW]
전지	니켈-금속 수소화물, 12 [V] 유닛 40개; 6.5 [Ah]정격
유성기어비(유성기어/태양기어)	2.6 : 1
최종구동비	3.93 : 1
최고속도	142 [km/h] (엔진만 사용)
	161 [km/h] (하이브리드)

a DOHC : double overhead camshaft
출처: Mercer, M. Diesel Progress, September/November 1998; Hermance, D. and Sasaki, S., IEEE Spectrum, November, 1998

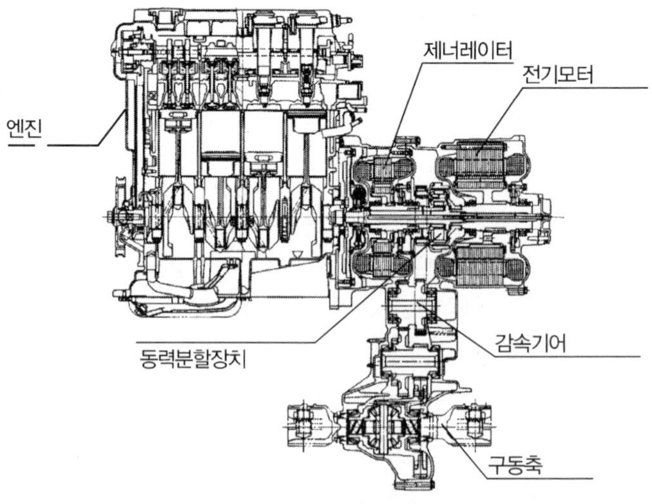

그림 11.18 프리우스에서 사용된 엔진, 기어박스 및 두 개의 전기기계들

하이브리드 차량의 성능은 표 11.9에서 제시된 것과 같이, 가속과 연비의 측면에서 동급의 기존차량(토요타 코롤라 1.5 [L] 자동변속)보다 월등한 성능을 가지고 있다.

프리우스에서 사용된 스파크점화 엔진은 높은 효율로 최적화되어 있다. 엔진속도를 4,000

[rpm]으로 제한하므로 서, 저질량, 저마찰 요소들을 사용할 수 있게 되었으며, 압축비는 9 : 1이지만, 팽창비는 훨씬 더 높게(최고 14:1) 만들기 위해서 가변 밸브타이밍 시스템이 사용되었다. 최고 열효율은 38% 내외이다(에르망스와 사사키, 1998). 그림 11.18에서는 프리우스에서 엔진 기어박스와 두 개의 전기기계들이 매우 콤팩트하게 배치된 것을 보여주고 있다.

표 11.9 하이브리드 자동차와 기존 자동차의 성능비교

	하이브리드	기존차
가속 (40~70 [km/h/sec])	5	> 6
연비 (일본 10-15모드; [L/100 km])	3.57	7.14

11.5.4 이중구조의 모델링

이중구조는 두 개의 (기계적, 또는 전기적)병렬경로를 통해서 주 동력원으로부터 동력을 구동차륜으로 전달해 준다. 전기경로는 무한변속비율을 가지고 있으므로, 엔진의 작동점 선정에 큰 유연성이 확보된다. 물론, 전기기계 역시 속도와 토크/출력 제한조건 이내에서 작동해야 한다. 후속적인 모의실험에 사용하기 위한 정상상태 작동전략을 수립하기 위해서, 사전 모의실험을 통한 (소요동력에 대한 차륜속도의)조견표 작성이 수행되었다.

그림 11.19에서는 (토크와 속도에 대해한) **엔진효율지도**를 정출력선과 함께 보여주고 있으며, 원은 기존 동력전달장치의 작동점을 나타내고 있다. 만약 전기 시스템에 아무런 제약이나 손실이 없다면, 최적의 작동점은 출력선과 효율궤적의 접선상에 위치할 것이다. 그런데 손실과 현실적인 제약조건들 때문에, 손실을 포함해서 출력선을 계산하고 이것이 효율궤적과 접하는 점을 찾아낼 필요가 있다(그림 11.19에서 별로 표시).

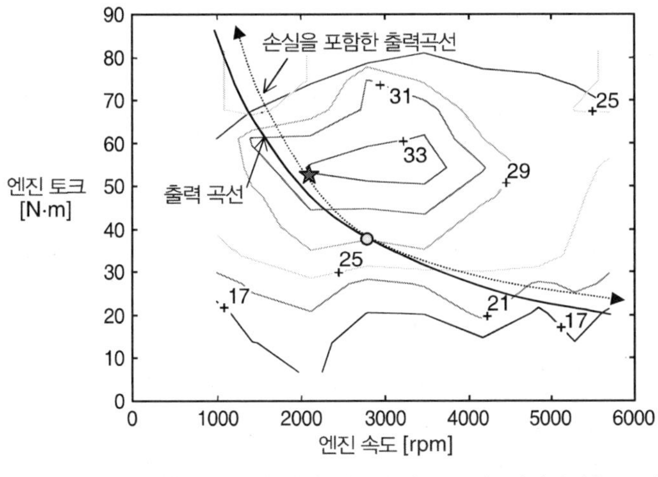

그림 11.19 주어진 동력수요에 대해서 최적의 엔진 작동점(별로 표시) 선정방법을 보여주고 있는 엔진 브레이크 효율지도

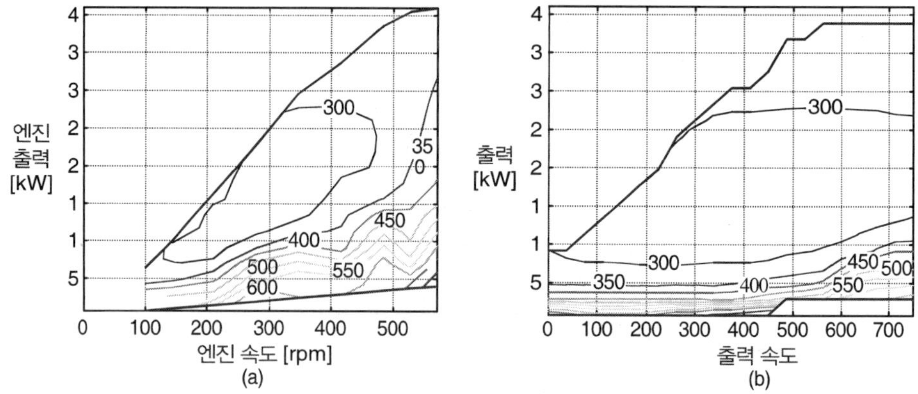

그림 11.20 (a) 엔진과 (b)이중 하이브리드 동력트레인 시스템의 브레이크 연비(g/ [kWh])지도

그림 11.20에서는 이중 하이브리드 시스템이, 300 [g/kWh] 이하인 브레이크 연비를 근본적으로 증가시키기 위해서, 엔진 작동영역을 어떻게 변화시키는지를 보여주고 있다. 이중 하이브리드 차량 역시 (배터리와 같은)어떤 형태의 에너지 저장장치를 가지고 있으므로, 엔진을 (이 경우에는 7.5 [kW] 이하의)저출력 상태에서 작동시킬 필요가 없으므로, 더 높은 효율 이득을 구현할 수 있다.

11.5.5 하이브리드 자동차 모델링

하이브리드 전기자동차와 같이 새로운 동력트레인의 개발에 있어서 다기능의 정교한 모델링 패키지는 매우 중요하다. 서로 다른 연료 변환기, 에너지 저장장치, 동력전달장치, 및 전기기계들의 조합을 평가할 필요가 있으며, 연비와 배기가스 방출에 대해서 정확한 예측값을 구해야 한다. 정확한 실시간 시뮬레이션 역시 차량제어 시스템의 1단계 개발과정에서 사용할 수 있다. 이는 엔진 작동점의 정의에 있어서 추가적인 자유도를 가지고 있는, 하이브리드 자동차의 경우에 특히 적용된다.

제조업체들이 자체적으로 사용하기 위해서 많은 모델들이 개발되었으며, 이중 일부는 상용화되어 있다. 그런데 미국 재생에너지 실험실(NREL)에서 시스템 수준의 해석과, 하이브리드 자동차와 같은 진보된 차량의 상용화 연구를 위해서 개발한, ADVISOR[18]라는 매우 강력한 패키지를 무상으로 사용할 수 있다.

ADVISOR는 그래픽, 객체지향적 프로그램 언어인 매트랩/시뮬링크 기반으로 작동한다. 시뮬링크는 모델을 정의하기 위해서 단순한 빌딩블록 라이브러리를 사용하는 그래픽 환경을 사용한다. 블록들은 선형, 혹은 비선형이고 연속, 또는 이산화 방식으로 모델링되어있다. 사용자 정의방식 블록들 역시 생성이 가능하다. 매트랩은 시뮬링크가 작동하는 플랫폼이며 해석적 도구들과 시각적 결과제시에 도움을 주는 도표화 기능들을 갖추고 있다.

---

18) ADvanced VehIcle SimulatOR(http://www.ctts.nrel.gov/analysis/)

자동차와 시험과정을 함께 나타내기 위해서 **그래픽 유저 인터페이스**(GUI)를 사용하고 있다. ADVISOR의 그래픽 유저 인터페이스(GUI)는 또한 자동 크기조절 기능, 매개변수 시험, 가속시험 및 경사시험 등의 기능을 갖추고 있을 뿐만 아니라, 서로 다른 변수들의 다중분석을 위한 그래프 작성기능도 갖추고 있다. ADVISOR는 본질적으로 후향모델로서, 필요한 속도를 입력받아서 차량의 속도를 충족시키기 위해서 필요한 동력트레인의 출력, 속도 및 토크 등을 구해준다. 일단 요구된 차량속도가 피드백 되어 동력트레인에 부가되면, 그에 따른 구성요소들의 동력, 토크 및 속도 등이 동력트레인으로부터 전방향으로 공급되며, 차량의 속도가 구해진다. 만약 모든 조건들이 잘 들어맞는다면, 요구속도와 구현속도는 같아진다.

다음의 구성요소들이 ADVISOR 내에서 모델링된다:

- 기존자동차-주동력원, 기어박스 유형, 및 기어비 등 선정
- 전기자동차-전기모터의 유형, 기어박스 및 기어비 그리고 배터리 시스템 등 선정
- 연료전지 자동차-연료전지 시스템(서로 다른 연료를 사용함에 따른 손실 고려가능), 전기모터의 유형, 기어박스 및 기어비, 그리고 (만일 사용된다면)배터리 시스템 등 선정
- 하이브리드 자동차-주 동력원과 이중, 직렬 및 병렬방식, 기어박스 유형과 기어비, 전기모터/발전기 유형, 기어박스와 기어비, 그리고 배터리(또는 여타 에너지 저장 시스템) 등 선정

형태를 선정하고 나면 그 속에서 서로 다른 구성요소들을 선택할 수 있다. 구성요소들은 리스트를 사용해서 추가하거나 제거할 수 있으며, 데이터 파일(**엠파일**[19])을 편집할 수 있다. 구성요소들의 크기와 효율은 필요에 따라서 조절할 수 있으며, ADVISOR는 특정한 원리에 입각해서 모듈의 크기를 자동으로 조절할 수 있다. 구성요소들의 효율 그래프를 시각적으로 검토하면서 모든 변수들을 편집할 수 있다. 유저 인터페이스 방식으로 형태를 선택할 수 있으며, 그림 11.21에서는 특정 사례를 보여주고 있다.

ADVISOR는 미국 및 유럽의 구동 사이클에 대한 수많은 표준지침들을 저장하고 있으며, 자유롭게 프로그램을 시행해 보고, 필요하다면 필터를 사용해서 평활화 시킬 수 있다. (1 사이클 이상이 고려되는)여타의 특정 시험과정이 포함되며, 가속시험과 주행시험의 경우에도 마찬가지이다. 세 가지 변수들의 최대값 주변에서 매개변수 고찰을 수행할 수도 있다. 시뮬레이션 설정화면에서 선택과정을 수행할 수 있다.

시험결과는 결과 스크린 상에서 표시 및 분석된다. 표준도표에서는 수요속도에 대한 구현된 속도, 충전상태, 배기가스 및 기어비 등이 도시되지만, 시뮬레이션에서 사용된 모든 변수들(예를 들면 필요한 모터토크와 구현된 모터토크 등)도 표시할 수 있다. 표준 매트랩 도표들에는 다양한 윈도우가 포함된다. 가속도와 (선정한 경우) 등급시험 역시 전반적인 에너지 소비분석과 함께 여기서 도시된다. 출력검사 플롯 버튼은 연료변환장치 및 모터 작동점, 효

19) 확장자가 .m 이기 때문에 엠파일이라고 부른다

율 등을 포함한 10개 이상의 그래프를 생성한다.

모든 매트랩과 시뮬링크 코딩들을 사용할 수 있으므로, ADVISOR 사용자들은 서로 다른 유형의 시스템이나 제어원칙, 또는 (예열기간 동안의 촉매특성 등과 같은)하위공정을 위한 서로 다른 모델들의 대체 등을 위해서 수정을 가할 수 있다. 또한, 차량 시스템에 사용된 구성요소들이나 그들의 작동특성에 대한 정의가 되어있는 데이터파일들의 수정도 가능하다.

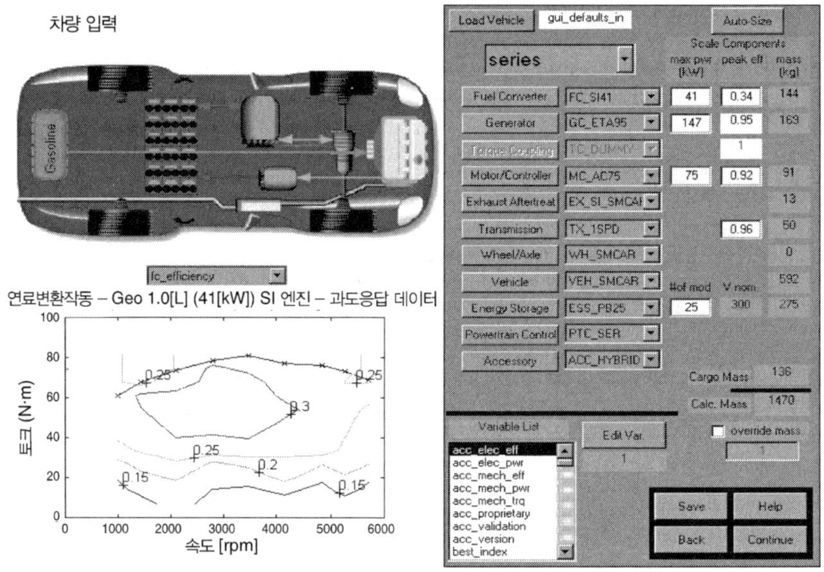

그림 11.21 전형적인 ADVISOR 화면

11.6 결론

왕복동 내연엔진은 연료전지에게는 무서운 도전대상이다. 왕복동 엔진의 연비, 배기가스, 및 출력비 등은 모두 지속적으로 개선되고 있으며, 대량생산으로 인해서 높은 가격경쟁력을 갖고 있다. 전기자동차는 배터리 기술에 대한 단점 때문에 높은 비용과 제한된 주행거리 등의 제약을 갖고 있다(가속성능은 현저하게 발전되었지만, 최고속도는 한계가 있는 상황이다). 대부분의 경우, 전기자동차는 단순히 배기가스가 배출되는 위치를 다른 곳으로 옮긴 것에 불과하다.

연료전지에 비해서, 하이브리드 자동차는 비교적 기술이 잘 확립되어 있으며, 현재 시판중에 있다. 추가적인 제조비용(프리우스의 경우 약 두 배)은 대량생산과 덜 복잡한 시스템, 또는 저출력 전기모드 등을 통해서 절감할 수 있다. 하이브리드 자동차는 가장 높은 유정에서 차륜까지의 효율을 갖고 있으며, 연료전지 동력 자동차의 가장 큰 도전대상이 되고 있다.

Reference

Ando, H., Combustion Control Strategies for Gasoline Engines, IMechE Seminar Publication, Lean Burn Combustion Engines, Paper S433/001/96, 1997, pp. 3.17.

Anon., Attractive Alternatives, Daimler-Benz HighTech Report 1998, 1998.

Arai, M. and Miyashita, S., (1990), Particulate Regeneration Improvement on Actual Vehicle under Various Conditions, IMechE Conference Proceedings, Automotive Power Systems: Environment and Conservation, Paper C394/012, 1990.

Ashton, R., Energy Storage, in Design of a Hybrid Electric Vehicle, project report, University of Oxford, Department of Engineering Science, 1998.

Bernt, D., A Handbook of Battery Technology, 2nd ed., Research Studies Press, Baldock, U.K., 1997.

Booker, D.R., Particulate Matter Sizing, keynote address at the IMechE Conference, Computational and Experimental Methods in Reciprocating Engines, London, November 2, 2000.

Brogan, M.S. et al., Advances in DeNOX Catalyst Technology for Stage IV Emissions Levels, Future Engine and Systems Technologies, IMechE Seminar Publications, PEP, London, 1998.

Broge, J.L., Ford's prototype electric Ka, Automotive Engineering, 108, 28.32, 2000.

Crompton, T. R., Battery Reference Book, 2nd ed., Butterworth Heinmann, Stoneham, MA, 1995.

Eade, D. et al., Exhaust gas ignition, Automotive Engineering, 104, 70.73, 1996.

Eastwood, P., Critical Topics in Exhaust Gas Aftertreatment, Research Studies Press, Baldock, U.K., 2000.

Enga, B.E., Buchman, M.F., and Lichtenstein, I.E., Catalytic Control of Diesel Particulates, SAE paper 820184 (also in SAE P-107), 1982.

Ermisch, N. et al., The powertrain of the 3-l-Lupo, in Dieselmotorentechnik 2000, Bargende, M. and Essers, U., Eds., Expert Verlag, Berlin, 2000.

Garrett, K., Fuel quality, diesel emissions and the city filter, Automotive Engineer, 15, 51.55, 1990.

Georgano, G.N., Vintage Cars 1886 to 1930, Tiger Books International, Twickenham, U.K., 1997.

Hawker, P.N., Diesel emission control technology, Platinum Metal Review, 39, 2.8, 1995.

Heimrich, M.J., Albu, S., and Osborn, J., Electrically-Heated Catalyst System Conversions on Two Current-Technology Vehicles, SAE paper 910612, 1991.

Hermance, D. and Sasaki, S., Hybrid electric vehicles take to the streets, IEEE Spectrum, Nov. 1998, pp.48.52.

Heywood, J. B., Internal Combustion Engine Fundamentals, McGraw-Hill, New York, 1988.

Hilbig, J., Neyer, D., and Ermisch, N., The New 1.2 l, 3 Cylinder Diesel Engine from Volkswagen, VDI Berichte nr. 1505, 461.483, 1999.

Horie, K. and Nishizawa, K., Development of a High Fuel Economy and High Performance Four-Valve Lean Burn Engine, Paper C448/014 Combustion in Engines, Inst. Mech. Engrs. Conf. Proc., London, 1992, pp. 137.143.

Ironside, J.M. and Stubbs, P.W.R., Microcomputer Control of an Automotive Perbury Transmission, 3rd International Automotive Electronics Conference, IMechE, London, 1981, pp. 283-292.

Jackson, N.S. et al., A Direct Injection Stratified Charge Gasoline Combustion System for Future European Passenger Cars, paper presented at IMechE seminar Lean Burn Combustion Engines, London, 1996.

Joccheim, J. et al., A Study of the Catalytic Reduction of NOx in Diesel Exhaust, SAE paper 962042, 1996.

Longee, H., The Capstone MicroTurbneTM as a Hybrid Vehicle Energy Source, SAE paper 981187, 1998.

Mercer, M., Hybrid car to arrive in Europe and U.S. in 2000, Diesel Progress, September/October 1998, pp. 60.61.

NEL, Recent Developments in Hybrid and Electric Vehicles in North America, Department of Trade and Industry, Technology Mission, London, U.K., 1999.

Norbeck, J.M. et al., Hydrogen Fuel for Surface Transportation, SAE, 1996.

Piconne, A. and Rinolfi, R., Fiat Third Generation D1 Diesel Engine, Future Engine and System Technologies, IMechE Seminar, PEP, London, 1998.

Pischinger, F.F., Compression-ignition engines: introduction, in Handbook of Air Pollution from Internal Combustion Engines, Sher, E., Ed., Academic Press, Boston, 1998.

Polach, W. and Leonard, R., Exhaust gas treatment, in Diesel Fuel Injection, Adler, U., Bauer, H., and Beer, A., Eds., Robert Bosch, Stuttgart, 1994.

Pouille, J.-P. et al., Application Strategies of Lean NOx Catalyst Systems to Diesel Passenger Cars, IMechE seminar publication, Future Engine and System Technologies, Professional Engineering Publications, London, 1998.

Rand, R.A.J,, Woods, R., and Dell, R.M., Batteries for Electric Vehicles, Research Studies Press, Baldock, U.K., 1998.

Sadler M. et al., Optimization of the Combustion System for a Direct Injection Gasoline Engine, Using a High Speed In-Cylinder Sampling Valve, IMechE seminar publication, Future Engine and System Technologies, Professional Engineering Publications, London, 1998.

Stone, R., Motor Vehicle Fuel Economy, Macmillan, London, 1989.

Stone, R., Introduction to Internal Combustion Engines, 3rd ed., Macmillan, New York, 1999.

Vauxhall, Electric Vehicles FactFile, Public Affairs Department, Vauxhall Motors, 1998.

Walker, J, Caterpillar presents new engines, plans for growth, Diesel Progress, September/October 1997, pp. 66.69.

Walker, J, Low sulfur fuel stimulates particulate trap sales, Diesel Progress, May/June 1998, pp. 78.79.

Yamaguchi, J., Toyota readies gasoline/electric hybrid system, Automotive Engineering, 105, 55.58, 1997.

Yamaguchi, J, Shrinking electric cars, Automotive Engineering, 108, 10.14, 2000.

Yamaguchi, K. et al., Development of a New Hybrid System: Dual System, SAE paper 960231, 1996.

Yamamoto, H. et al., Warm-Up Characteristics of Thin Wall Honeycomb Catalysts, SAE paper 910611, 1991.

Yonehara, T., Insight: the world's most fuel efficient and environmentally friendly car, CADETT Energy Efficiency Newsletter, No. 2, pp. 18.20, 2000.

Chapter 12 연료전지의 연료사이클

12.1 연료사이클 분석의 개요

12.1.1 배경과 서언

유정에서 차륜까지의 분석이라고도 알려져 있는 **연료사이클 분석**은 (유정에서)원유를 추출하여 (차륜에서)차량에 동력으로 사용될 때까지의 공정에서 배기가스와 에너지의 사용에 대해서 고찰하는 방법이다. 원칙주의자들은 유정에서 차륜까지의 분석은 연료사이클에 대한 해석을 차륜이 없는 발전설비의 경우나, 원유에 의존하지 않는 에너지 수단에도 동일하게 적용하므로 문제가 있다고 생각하지만, 그럼에도 불구하고 자주 사용되고 있다.

특정한 유형의 배기가스에 대해서 고려해야만 하는 것은 아니므로, 일반적으로는 온실가스(주로 이산화탄소와 메탄) 배출과 규제대상 오염물질(예를 들면, 질소산화물 NOx; 황산화물 SOx; 분진 PM; 그리고 휘발성 유기혼합물 VOC 등)의 배출 등을 고려하지만, 대상의 선정은 분석대상 공정에 달려있다. 서로 다른 연료 체인들의 효율과 전망비교를 위해서, 전체적인 연료사이클 과정에서 사용하는 연료 역시 계산 대상에 포함된다. 환경에 끼치는 영향과 그 영향의 크기 등이 연료사이클 분석의 저변인자들로서 고려된다.

완전한 연료사이클 분석에는 원유 추출에서 처리공정과 분배 및 특정용도를 통한 소비에 이르는 사슬의 모든 요소들이 포함되어야만 한다(그림 12.1과 그림 12.2 참조). 그런데 이 모든 단계들에 대한 정확한 데이터들을 추출할 수 없으므로, 일부 어림값을 사용하였다. 분석이 사용될 용도에 따라서 완벽한 정확성을 구현하기 위한 필요조건이 서로 다르기 때문에, 일반적으로 계산과정에는 일정한 불확실 영역이 존재한다.

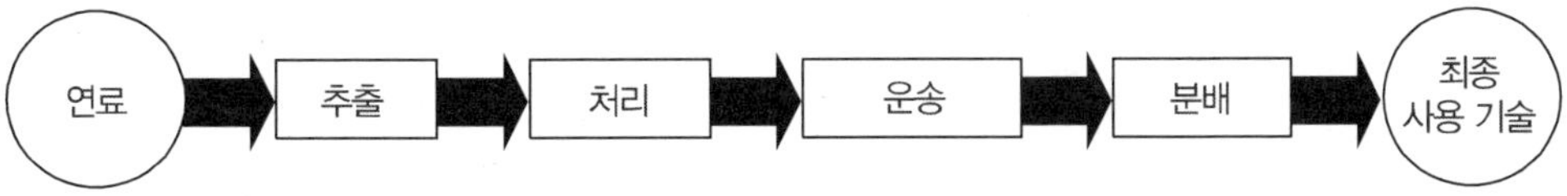

그림 12.1 연료사슬의 개략도

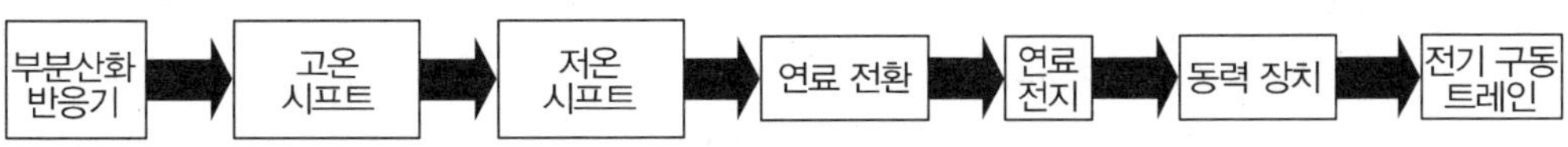

그림 12.2 최종 사용기술의 사례-연료전지 자동차

12.1.2 연료사이클의 분야: 생산과 사용

그림 12.1과 그림 12.2에 도시된 것과 같이, 연료사슬의 두 가지 기본인자들은 에너지 운반자의 생산 및 처리와 그것의 사용이다. 수송분야의 경우, 이들은 **유정에서 탱크까지**와 **탱크에서 차륜까지**라고 부른다. 많은 기술들이 동일한 에너지 운반자를 사용하기 때문에(예를 들면, 설비용 엔진, 터빈 및 연료전지 등이 모두 천연가스를 사용해서 작동할 수 있다), 이 두 가지를 분리하는 것이 유용하다. 에너지 운반자와 사용기술에 대한 결과들을 분리해서 평가하는 것이 연료사슬 분석에 투명성을 더해주며, 하나의 기술이 다른 기술에 비해서 더 우월한 분야를 명확하게 보여줄 수 있다.

12.1.3 위치 민감도

연료사이클 분석을 위해서 두 가지 유형의 위치 민감도를 분류할 수 있다. 첫 번째는 특정 에너지 운반자의 취급과 관련된 배기가스와 에너지 사용의 지리적 특성이며, 두 번째는 특정한 지리적 위치에 오염물질 배출이 끼치는 영향이다.

재료의 취급

비록 일부의 경우에는 분석이 포괄적으로 수행되지만, 대부분의 연료사이클 분석은 특정한 지리적 위치에 대해서 수행된다. 원재료의 조성, 채굴방법, 및 장비의 성능 등은 장소에 따라서 현저하게 달라지기 때문에, 위치는 계산결과에 중요한 영향을 끼친다. 과거에 러시아의 일부를 관통하는 오일 파이프라인은 알래스카 지역에서 사용되는 품질기준을 충족시키지 못했으므로, 이들 두 지역에는 환경적 영향에 의해서 현저한 차이가 존재한다. 게다가, 일부 에너지 운반자들(예를 들면 매우 가볍기 때문에 전형적으로 다량의 에너지 수송이 필요한 수소)로부터 배출된 매연은 다른 에너지원(예를 들면, 에너지 밀도가 높고 수송이 편리한 석유제품)에 비해서 운송과 분배에 극도로 민감하다.

매연배출위치의 민감도

매연의 배출이 발생지역에 어떤 영향을 끼치는가에 대한 고찰도 분석의 중요한 측면이다. 실제적으로, 이 측면은 연료사이클 계산에 포함되지 않지만, 만약 이 분석을 실제적으로 적용하기 위해서는 어떤 방식으로라도 고려해야 한다.

예를 들면, 온실가스인 이산화탄소의 배출은 광범위한 영향을 끼치므로, 매연배출 위치는 상대적으로 덜 중요하다. 그러나 질소 산화물(NOx)과 황산화물(SOx)의 배출은 위치별로 서로 다른, 다중적 영향을 끼친다. 이들은 산성비를 유발하여 과거에 스칸디나비아와 독일의 수목과 어류를 황폐화시켰다. 이 지역은 일반적으로 중성, 또는 산성토양이어서, 추가적인 산성화에 매우 민감하다. 반면에, 그리스의 일부지역에 내린 산성비는 알칼리성 지역 토양에 의해서 재빨리 중성화되므로, 거의 영향을 받지 않는다.

마찬가지로, 시내지역에서 배출된 질소 산화물(NOx)은 다른 매연성분 및 태양광과 반응하여 광-화학적 스모그를 생성할 수 있으며, 이는 인간 및 많은 동물들의 호흡기능에 해를 끼친다. 시외지역에서의 질소 산화물(NOx) 배출은 위험한 반응이 발생할 수준까지는 결코 도달할 수 없겠으나, 동일한 양의 배출이 시내지역에서 일어난다면 매우 위험할 수도 있다. 이와 마찬가지로, 분진의 배출은 인간과 동물의 폐 기능을 손상시킬 수 있으므로, 인구밀집지역에서의 분진배출이나, 국지적 풍향특성에 기인한 인구밀집지역으로의 분진 이동은, 인구밀도가 낮은 지역에서의 매연배출이나, 이런 지역으로의 매연 이동에 비해서 훨씬 더 큰 영향을 끼친다.

12.1.4 기술개발에 따른 변화

연료사이클의 계산은 특정 기술이나 성능에 대한 가정과 특정 공정에 의한 매연배출 등을 기반으로 하여 특정 시점을 기준으로 계산한 값이라는 점을 이해하는 것이 중요하다. 비록 이 공정과 기술 들이 느린 속도로 개발되고 있지만, 파급효과가 크기 때문에, 일정기간에 대한 산출을 통한 평가가 필요하다.

예를 들면, 기존 디젤 사이클을 사용하는 자동차는 매연배출량이 차량의 듀티 사이클과 검사대상 엔진 각각의 성능에 의존한다. 기술의 진보(연료분사의 개선, 경량소재, 커먼레일 기술)에 따라서, 엔진의 효율을 증가시키고 있으며, 구동 사이클 상의 다른 작동점 위치로 이동시킨다. 마찬가지로, 디젤엔진과 비교 대상인 기술들도 머물러있지 않으며, 따라서 올바른 비교를 위해서는 그 계수값들을 다시 살펴봐야만 한다.

특히 연료전지와 같이 현재까지도 실험실 수준이나 초기 시제품 단계에 있는 새로운 기술들의 경우에 이러한 고찰은 매우 중요하다. 많은 경우, 전용 제어 시스템을 도입하고 컴프레서와 같은 플랜트 장비와의 균형을 맞추면 성능이 현저하게 증가되므로, 현재의 데이터들은 일반적으로 개발단계에서 새로운 기술들과의 진정한 비교를 위해 사용하기에는 부적합하다. 연료사이클의 평가를 위해서는 상세하고도 복잡한 시스템 모델링을 수행하거나, 또는 이러한 기술들의 성능에 대해서 가정한 후 이를 검증해야만 한다. 두 경우 모두, 일부 불확실한 인자들을 도입해야만 한다.

동적인 조건 하에서 장비의 성능이 끼치는 영향도 매우 중요하다. 많은 초기 데이터들은 해당 기술에 대해서 최적화 된 조건 하에서 수행된 실험실 수준의 정적 실험으로부터 구해진다. 동적인 부하조건 하에서 작동하면 어떠한 기술이라도 성능이 큰 영향을 받으며, 연료전지도 예외는 아니다.

12.1.5 법규에 따른 변화(예를 들면 청정연료)

법규와 여타의 요구조건들도 연료사이클 배기에 커다란 영향을 끼친다. 예를 들면, 유럽에서 새로운 법규에 따라서 저유황 디젤이 필요하게 되면, 이를 충족시키기 위해서 정유소의 에너지 밸런스가 크게 변하게 된다. 전반적인 에너지 배출량이 저감되는 반면에, 처리공정에 소요되는 에너지가 증가하며, 부수적으로 이산화탄소 배출도 증가하게 된다. 그런데 이와는 반대로, 이런 손실들에도 불구하고 추가적인 이득이 있다: 황산화물의 배출이 명확히 저감되며, 유황도 성분들 중이 하나인, 분진물질의 배출도 연쇄적으로 저감된다. 그러므로 정확한 상태를 파악하기 위해서는 명확히 변화되는 배출성분(유황)에 대해서 뿐만 아니라 연료사이클 전반에 대해서도 재평가해야만 한다.

12.1.6 시간과 환경에 따른 변화

모든 기술들은 퇴화와 직면하게 된다. 이동부분의 마모, 원치 않는 물질의 퇴적, 오염 및 촉매중독 등등은 모두 사용하는 기술의 효율과 매연 배출량에 영향을 끼친다. 모든 기술에 대해서 특정한 실험조건에서 벗어난 실제 성능은, 그것이 작동하는 외부환경을 포함한, 많은 인자들에 의해 영향을 받는다. 이 때문에, 고려 대상 환경에 대하여 특성이 규명 된 데이터와, 수많은 샘플이나 실험들로부터 평균화한 데이터들을 사용하는 것이 바람직하다. 그런데 직접 적용 가능한 데이터를 찾아내는 것이 항상 가능하지는 않으며, 따라서 이런 값들을 사용하기 위해서는 다시 한 번 가정과 모델링이 적용되어야 한다.

12.1.7 선정된 작동조건의 영향

평가를 위해서 선정된 각각의 기술들에 대해서 비록 훌륭한 데이터를 사용할 수 있다고 하더라도, 더 많은 문제들을 절충해야만 한다. 자동차의 경우, 특히 내연기관과 전기자동차의 경우와 같이, 현저하게 서로 다른 기술들을 비교하려면, 구동 사이클의 선정은 중요하다. 이 자동차들의 구동 트레인은 현저히 다른 특징을 가지고 있기 때문에, 이들로부터 동일한 성능을 구현하기 위해서는 매우 서로 다른 설계가 필요하다. 표면상 출력이 낮은 전기모터가 저출력에서는 더 큰 토크를 송출하므로, 정격출력이 더 큰 내연엔진으로 교체하는 것이 적합하다. 주로 시내주행을 하는 구동 사이클의 경우에는 저부하 상태에서 효율이 높은 연료전지 자동차가 적합하다; 고속도로 크루즈 운전의 경우에는 내연기관이 우수하다. 따라서 내연기관용으로 설계된 차량에 연료전지를 장착하는 것은 잘해야 일시적인 해결방안일 뿐이다. 일단 연료전지 자동차를 개발하려면, 초창기 내연기관 자동차가 단순히 마차에 엔진을 붙였던 것에서부터 발전되었던 것처럼, 주 동력원의 장점과 단점을 가장 잘 수용할 수 있도록 특화시켜서 설계해야 한다.

마찬가지로, 발전설비 기술들 사이의 비교도 그것들이 사용될 용도에 심하게 의존한다. 열을 필요로 하며, 전기는 부산물로 취급되는 많은 고온공정의 경우, 내연기관이 연료전지보다 더 적합한 수단이다. 만약 그 역의 경우라면, 전기가 높은 가치를 갖게 되며, 전기효율이 더 높고 열 발생이 낮은 연료전지가 값어치를 발휘한다. 모든 적용사례에 대해서 동일한 열: 동력비율을 가정하여 기술들을 비교하는 것은 비현실적이지만 때로는 필요하다. 이런 경우, 잘못된 길로 빠지지 않도록 하기 위한 가정과 절차가 매우 중요하다.

12.1.8 보고의 명확성

연료사이클 계산으로부터 최고값을 얻기 위해서는 민감도 분석이 필수적이다. 이를 위해서는 모델에 사용된 모든 인자들을 평가해야 하며, 분석의 견실성에 대한 평가방안이 개발되어야 한다. 큰 입력값의 변화에 대해서 출력값의 작은 변화가 초래되는 가정은, 입력값에 의해서 영향받는 인자들을 잘 정의할 수 있기 때문에, 확신을 갖고 보고할 수 있다. 이와는 반대로, 가정값의 변화가 출력값의 큰 차이를 유발하는 경우에는 세심한 평가를 수행해야 한다.

총체적인 연료사이클 효율은 연료 사슬이나 기술들의 비교를 통해서 가장 잘 비교할 수 있는 것만은 아니다. 에너지 소비, 이산화탄소 배출, 또는 분진 등과 같이 관심있는 출력값들에 대해서 각 기술들 간에 서로 비교해야 한다.

설명을 위해서 극단적인 사례를 들어본다. 디젤 내연기관의 효율이 15% 내외인 것에 비해서, 만약 태양열 동력을 사용하는 전기분해 유닛이 수소를 생산하고, 내연기관 자동차기 이를 사용한다면, 유정에서 차륜까지의 공정효율은 1~2%에 불과하다. 그런데 이산화탄소 배출은 디젤엔진의 경우와는 달리 전혀 없다.

실제의 경우, 거의 어떤 결정도 전체적인 연료사슬 효율에 기초하지 않는다. 일반적으로 여타의 인자들이 지배적이다. 예를 들면, 지역적 매연배출이 캘리포니아 무공해차량(ZEV)조례를 제정했고; 이산화탄소 배출이 자동차 제조업체들과 유럽연합(EU) 사이의 협약을 만들었으며; 범세계적으로는 총 비용이 경영판단의 중요한 부분을 차지한다.

12.2 연료전지와 경쟁기술에 대한 연료사이클 해석의 적용

연료전지는 청정하고도 수소가 다량 함유된 연료나, 순수한 수소를 사용하며, 본질적으로 매연배출이 작다. 그런데 총체적인 연료사이클 내의 다양한 단계들에서 매연이 배출되므로, 서로 다른 연료 및 기술들과의 개연성 있는 비교를 수행하기 위해서는 이를 고려해야만 한다. 연료사이클과 관련된 배기가스는 연료전지용 연료를 추출하는 주 에너지원에 따라서 현저하게 변한다. **연료사이클 분석**(FCA)은, 연료의 생산에서부터 특정 에너지 서비스를 위해서 소비되는 최종사용에 이르는, 특정 에너지 변환경로의 전체적인 라이프 사이클을 분석하는 일종의 **라이프 사이클 분석**(LCA)이다.

라이프 사이클 분석(LCA)의 주요 단계들은 일반적으로 다음과 같이 구성된다:

- 목표와 스코프 정의
- 재고분석
- 영향평가
- 개선평가
- 결과의 분석과 설명

연료사이클 분석은 연료전지와 경쟁 기술들은 서로 다른 시스템들의 상대적인 환경적 성능의 비교를 가능케 해 주며, 이를 적용하면 연료전지를 기반으로 하는 시스템이 기존 기술들에 비해서 가장 큰 장점을 갖고 있음을 알 수 있고, 서로 다른 연료전지를 기반으로 하는 연료사이클들 각각의 강점과 약점들을 구분할 수 있게 된다. 전례 없이 엄격한 환경법규들에 대해서 서광을 비춰줄 뿐만 아니라 더 깨끗하고 더 효율적인 시스템을 구현할 수 있다는 경제적 장점 때문에, 이러한 분석기법들이 경영 및 정책 입안자들에게 관심이 높아지고 있다. 매연배출량의 감소에 따라서 현저한 사회적 이득 역시 얻어진다. 간접적인 영향들에 대한 계산(일반적으로 경제성 평가에 포함되지 않는 공해에 따른 건강손상에 의한 비용평가)을 포함하여 연료사이클을 확대분석하면 연료전지와 경쟁 기술들 사이의 연료사이클을 평가할 수 있다.

매연배출이 환경에 끼치는 영향과, 수송 및 설비분야에서 연료전지 및 경쟁 시스템들의 주 에너지 소비에 대한 상세한 연료사이클 분석이 수반된다. 이 분석은 하트와 헤르만딩거(1998) 그리고 바우엔과 하트(2000)에 의해서 개발된 방법론에 기초하고 있다. 연료전지와 관련되어, 여타의 최근 연료사이클에 대한 연구들에 대해서는 이 분야의 개발에 대해서 언급만 하고 있다.

분석에 있어서, 주 에너지원의 다양성, 중간 연료공급 단계들, 그리고 최종사용 등이 고려되었다. 이 분석은 총체적인 연료사이클을 기반으로 하여 시스템 매연배출과 에너지 소비를 비교하는 모델을 기반으로 하고 있다. 결과는 동일한 서비스(즉, 발전설비분야의 경우 생산된 단위 전기량과 가용 열량, 그리고 수송 분야의 경우에는 이동한 단위거리)를 수행하는 시스템들 사이에 편리한 비교를 가능케 해 주기 위해서 매연배출이나 에너지 유닛 등으로 표기되어 있다.

12.2.1 연료사이클의 정의

연료사이클 분석의 첫 번째 단계는 그림 12.3에서와 같이 고려할 수송 및 설비분야를 선정하고 연료사이클 및 경계를 정의하는 것이다. 범위의 정의단계 역시 중요하게 고려되며, 분석에 포함되는 연료사이클 활동들의 선정을 도와주며, 데이터 요구조건들을 정의한다.

이 분석을 위해서 자동차, 버스, 열병합발전, 분산발전, 기저부하발전 그리고 원격발전 등과 같이 다수의 대표적인 연료전지 활용분야들이 선정되었다. 이 응용사례들 각각에 대해서, 다양한 공해물질의 배출을 묘사하는 모델뿐만 아니라, 연료사이클에 따른 에너지 소비 모델도 설정되었다. 기존 기술을 기반으로 하는 응용사례에 대해서도 동일한 방법으로 모델링 되었으며, 양자간의 비교와 연료전지 기술을 사용하여 개선할 수 있는 가능성을 평가하기 위해서 사용되었다.

이 모델은 채굴을 통한 연료의 생산에서부터 최종 소비에 이르는 모든 연료사이클 단계들을 포함하고 있다. 그러나 완전한 라이프 사이클 분석(LCA)과는 달리, 여기서는 제조와 시스템 내의 요소폐기 등과 관련된 매연배출과 에너지 소비는 제외한다. 분석은 배출된 공해의 양과 연료사이클에 의해서 소모된 에너지만을 고려한다. 이 방법은 그 영향이나 공해를 회피나 서로 다른 기술의 개발을 위해서 지출된 경제적 비용이나 그에 따른 영향을 모델에 포함시키려 하지 않는다. 수송 분야에서는 서로 다른 연료를 사용해서 작동하며, 배터리 동력을 사용하는 자동차인, 고체 폴리머 연료전지(SPFC)[1]와 내연기관(ICE) 자동차가 고려되었다. 기존의 가솔린 자동차와 디젤 버스는 수송 분야의 기준값으로 간주되었다. 발전설비 기술 분야에서는 인산 연료전지(PAFC), 고체 산화물 연료전지(SOFC), 상용 연소 엔진과 터빈 시스템, 산업용 열병합발전(CHP), 그리고 분산발전, 기저발전, 및 원격발전 등이 고려되었다. 영국의 **병합 사이클 가스터빈**(CCGT) 플랜트에서 생산되는 전기 믹스와 전기가 분산발전 및 기저발전에 대한 기준 사례로 사용되었다. 열 공급에 대해서는 가스보일러가 기준 시스템으로 사용되었다. 디젤엔진을 기반으로 하는 발전기 세트가 원격 발전의 기준 시스템으로 사용되었다. 고려된 연료사이클이 모든 틈새시장에서 사용되는 서로 다른 유형의 연료전지의 모든 분야를 대표하지는 않지만, 연료전지를 기반으로 하는 분야의 밝은 전망을 제시해 주고 있다.

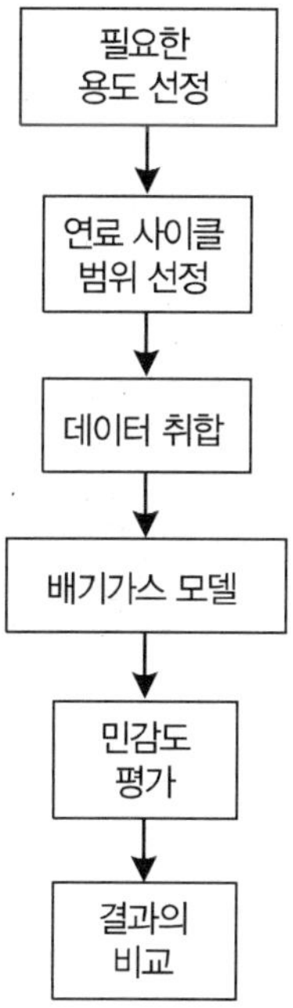

그림 12.3 연료사이클 분석수행단계

서로 다른 시스템들로부터 산출된 배기가스는 조절된 공해물질과 온실가스로 이루어져 있다: 질소 산화물(NOx), 황산화물(SOx), 일산화탄소(CO), 비메탄계 탄화수소(NMHC), 분진물(PM), 이산화탄소(CO_2) 및 메탄(CH_4) 등이다. 게다가, 이 모델은 각 시스템의 주 에너지 총 소비량을 계산해 준다.

12.2.2 연료사이클의 모델링

연료사이클 모델링은 주 연료생산, 연료 운송, 연료처리, 그리고 최종사용 등과 같은 단계 혹은 모듈로 나뉜다. 상세한 데이터들은 각 단계별로 주어진다. 고려된 서로 다른 시스템들이 많은 요소들을 공유하고 있다. 그러므로 정량적인 모델링을 모듈화 하여 수행하면 개별적인 경로들에 모델 요소를 공통으로 여러 번 사용할 수 있다. 이는 결과의 일관성을 확보하는 데에 도움을 준다. 총체적인 사이클의 분석 모델에 사용되는 모듈들이 그림 12.4와 그림 12.5에서 개략적으로 묘사되어 있다. 각각의 경우, 모델 계산은 최종사용 시점에서 시작하며, 주 에너지원까지 시스템을 역으로 거슬러 올라간다. 실제적인 계산은 스프레드시트 프로그램을 사용해서 수행한다.

1) 또는 양성자교환 맴브레인 연료전지(PEMFC)

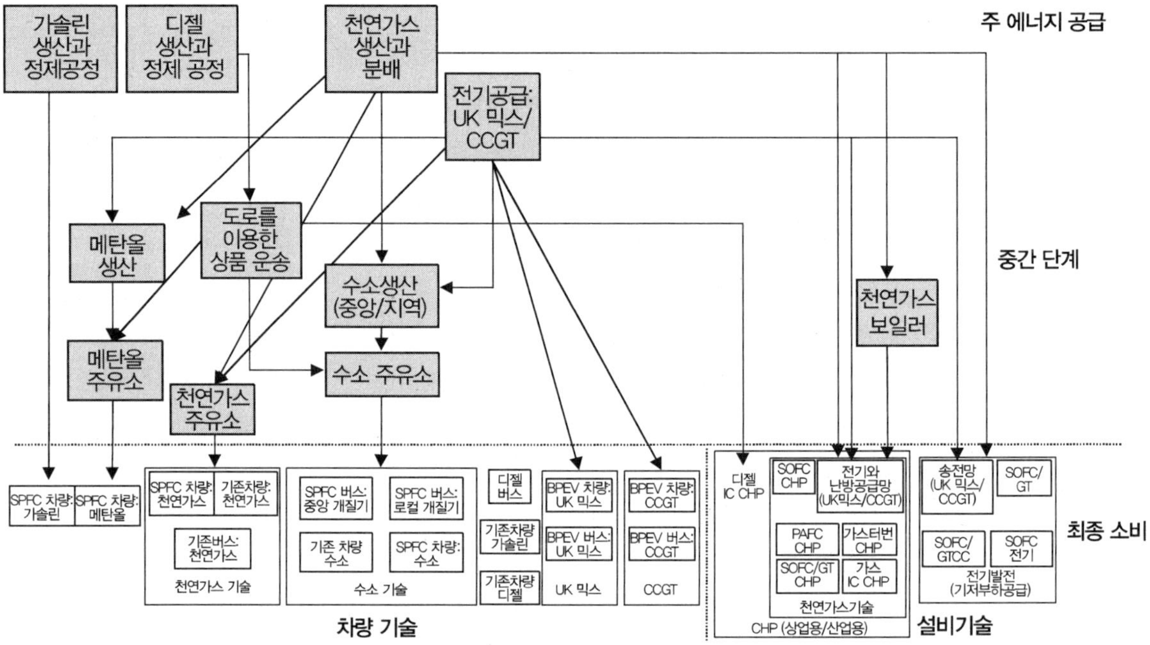

그림 12.4 주요 정량화 모델의 구조에 대한 개괄

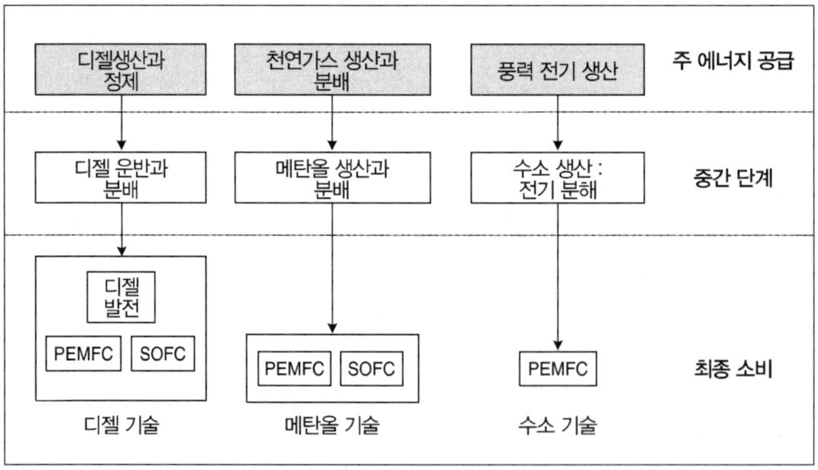

그림 12.5 원격발전 모델의 구조

12.2.3 가정과 데이터

연료사이클 분석에 사용된 가정들과 데이터들은 다양한 문헌자료와 산업체 대표자와의 대화 등을 포함한 산업체로부터의 정보 등으로부터 얻어진 것들이다. 특히 주 연료공급과 범용 가솔린 및 디젤 차량의 에너지 요구조건에 관련된 부분들의 데이터는 그로버 등(1996)에서 추출한 것이다. 최종소비와 관련된 데이터는 주로 (연료전지 및 엔진 제조업체)산업체와 배기가스 규정(자동차에 대한 유로3 표준 등)들로부터 얻어냈다. 고려된 수송 및 발전설비용 연

료사이클들에 대한 설명이 다음에 제시되어 있다.

연료전지 기술 수준이 빠르게 발전하고 있으며, 광범위한 작동조건에 대해서 매연 배출과 효율 데이터를 정확히 알지 못하고 있다는 점을 인식하는 것이 중요하다. 그러므로 이 계산을 통해서 기술의 예상되는 이득을 평가해 주며, 인자들의 변화에 대한 민감도를 찾아내는 데에 커다란 도움을 준다.

12.2.4 수송기기 연료사이클

자동차

고려의 대상에 포함되는 대안의 범주에는 메탄올, 천연가스, 가솔린 및 압축수소를 연료로 사용하는 연료전지 자동차(FCV); 배터리 동력 전기자동차(BPEV); 그리고 압축 천연가스(CNG), 압축수소, 가솔린 및 디젤을 사용하는 내연엔진(ICE) 자동차 등이 포함된다. 배터리 동력 전기자동차(BPEV)에는 두 가지 모델이 있는데, 그중 하나는 표준 **UK 전기믹스**를 사용한 충전방식이며, 다른 하나는 병합 사이클 가스터빈(CCGT) 전기만을 사용하는 것이다. 모든 연료전지 자동차는 고체 폴리머 연료전지(SPFC)를 장착했다고 가정한다. **유로3 배기가스 규정**을 준수한 가솔린 내연기관 자동차를 표준 비교대상으로 삼는다.

자동차 연비

연료전지 자동차의 경우, 차륜측에서의 에너지 수요는 기존의 자동차와 동일한 것으로 간주한다. 현 계산에서는 0.405 [MJ/km]를 시작점으로 삼는다. 이 값은 2.7 [MJ/km]의 연비를 갖는 가솔린을 연료로 사용하는 영국 내 승용차의 평균 연비와 가솔린 자동차의 평균 효율인 15%(탱크에서 차륜까지, 시내주행과 고속도로 주행 모두를 고려)로부터 추출한 값이다(버클러 등, 1994). 계산에 사용된 여타의 모든 에너지 요구조건들은 이 값으로부터 역산하여 추출하였다.

메탄올을 연료로 사용하는 연료전지 자동차

이 구조에서, 차량에 탑재된 스팀 개질기를 통해서 메탄올은 수소 연료로 전환된다. 이에 대해서는 5장을 참조하기 바란다. 메탄올은 천연가스로부터 산업적 규모로 생산되며 기존의 탱크차량을 사용해서 도로변 주유소로 운반된다. 메탄올 생산을 위한 천연가스 개질시 발생되는 매연은 대부분 가열공정에서 사용되는 버너에 의한 것이다. 질소 산화물(NOx) 배출량이 작은 상용버너의 값을 사용하였다.

연료전지가 필요로 하는 수소는 차량에 탑재한 스팀 개질기로 생산하며, 여기서 물과 메탄올이 반응하여 수소와 일산화탄소(CO) 혼합물이 생성된다. 이 공정은 250~300 [℃]에서 발생된다. 개질가스 내의 일산화탄소(CO) 중 대부분은 소위 **천이 반응기** 속에서 이산화탄소(CO_2)로 변환되며, 잔류 일산화탄소(약 1%)는 선택적 산화촉매 베드 상에서 변환된다. 일산화탄소의 제거는 연료전지의 성능을 유지시키기 위해서 매우 중요하다. 이에 대해서는 5장과

6장을 참조하기 바란다.

스팀 개질기는 촉매버너가 연료 중 일부를 연소시켜 반응챔버를 가열하고, 나머지는 연료로 사용한다. 수소가 풍부한 개질가스는 연료전지의 양극으로 공급되지만, 수소 중 모두가 여기서 소모되지는 않는다. 양극에서 배출된 가스 내에 함유된 에너지를 사용하기 위해서, 이를 버너에 다시 공급하며, 따라서, 차량에 탑재된 개질기에서 배출되는 배기가스는 버너에 의해서 소모된다. 메탄올 개질기에서 배출되는 매연성분은 매우 소량이다; 특히, 저온촉매 산화공정 때문에 버너는 매우 낮은 함량의 질소 산화물(NOx)을 배출한다.

가솔린 연료를 사용하는 연료전지 자동차

이 사례에서 연료전지에 공급하기 위해서 필요한 수소는 차량 내에 탑재된 부분산화(POX) 공정에 의해서 생산된다. 연료전지의 폐 에너지를 사용해서 가솔린을 기화시키며, 수소와 일산화탄소(CO)를 생산하기 위해서 소량의 공기와 반응한다. 이 일산화탄소는 촉매 상에서 스팀과 섞이면서 이산화탄소(CO_2)와 함께 추가적인 수소가 생성된다. 이 반응은 수분-가스 천이현상으로 알려져 있다. 일산화탄소 농도가 허용 한계치인 10 [ppm] 이상이면 연료전지의 성능이 저하되므로, 그 이하로 감소시키기 위해서 생성된 가스는 **선택적 산화**(PROX) 반응기 속으로 투입된다. 일산화탄소는 공기와 반응하여 이산화탄소와 수분을 생성하며, 수소가 풍부한 연료 스팀은 연료전지로 공급된다. 5장의 내용을 참조하기 바란다.

연료전지의 중독을 피하기 위해서 가스 스팀을 고도로 정제하기 때문에, 이 공정에서 배출되는 매연은 매우 소량이다. 스팀 내에 존재하는 유황성분은 전량 제거해야만 한다. 일반적으로 아연 트랩을 사용해서 제거하며, 이 연료사슬 단계에서 무시할 만한 수준의 유황만이 배출된다. 질소 산화물(NOx)의 배출 역시 무시할 만한 수준이라고 가정한다. 가솔린은 표준 공급망을 통해 공급받는다.

압축수소 연료를 사용하는 연료전지 자동차

이 경우, 천연가스의 스팀 개질을 통해서 주유소에서 수소를 생산하며, 압축가스의 형태로 차량에 탑재한다. 천연가스의 개질을 통한 수소 생산에 따른 매연배출은 대부분 가열을 위해서 사용하는 버너에서 발생된다. 질소 산화물(NOx) 배출량이 작은 상용버너에서의 값을 사용하였다. 순수한 수소를 차량에 충전하면 (지역적인 매연배출의 기준에서)진정으로 매연이 없는 자동차를 구현할 수 있다. 비록 BMW는 액체 수소(LH_2)를 내연기관에 사용하고, 포드는 압축 수소를 사용하는 지텍社[2]의 엔진을 생산하고 있으며, 토요타는 연료전지에 사용하기 위해서 금속 수소화물 저장장치와 압축가스를 사용하며, 다임러크라이슬러는 압축가스, 금속 수소화물 및 과거에는 액체 수소를 사용해 왔지만, 오늘날 까지도, 제조업체들은 표준을 제정하지 못하고 있다. 수소생산과 저장을 위해서 사용하는 방법은 연료전지의 효율과 매연배출량에 영향을 끼친다.

2) www.zetec.com

배터리 동력 전기자동차(BPEV)

배터리 동력 전기자동차(11.4.3절)는 동력원이 자동차에 탑재된 연료를 소모하는 대신에 배터리에 저장된 전기를 사용한다는 점을 제외하고는 연료전지 자동차와 동일한 구동 트레인을 사용한다. 다른 모든 관점에서 이 두 자동차는 동일하다. 분석의 대상은 니켈-금속 수소화물 배터리(NiMH, 11.4.2절 참조) 자동차를 기반으로 하고 있다.

표준 UK 전기믹스와 병합 사이클 가스터빈(CCGT)플랜트로부터 공급되는 전기라는 두 가지 전기 공급원을 고려하고 있다. 배터리동력 전기자동차로부터 배출되는 매연은 전적으로 공급되는 전기와 사이클 내 다양한 인자들의 효율에 의존한다. 배터리 동력 전기자동차의 에너지 소비량은 0.72 [MJ/km]라고 가정한다. 유의할 점은 배터리동력 전기자동차의 에너지 소모량은 충전과 사용하는 사이클에 심하게 의존하므로, 평균값은 현실을 오도할 수 있다.

천연가스 연료를 사용하는 스파크 점화 내연기관

압축천연가스 내연기관(ICE) 자동차의 경우, 엔진의 효율은 기존 가솔린 자동차보다 10% 이상 높은 것으로 평가된다. 구동 트레인과 같은 여타의 관점에서, 이 자동차는 표준 가솔린 자동차와 동일한 것으로 간주한다. 자동차에서 배출되는 매연은 제조업체에서 공급되는 데이터를 사용하지만, 엔진을 개조했거나 원래 제조업체에서 직접 생산된 것인가에 따라서, 각각의 자동차마다 큰 편차를 갖고 있다.

수소를 연료로 사용하는 스파크 점화 내연기관

충전소에서 천연가스를 사용한 스팀 개질을 통해서 생산하는 수소를 압축가스의 형태로 차량에 저장한다고 가정한다. 여타의 측면에서는 다시 한 번 자동차가 표준 형태라고 가정한다. 이 사례에서는 엔진에서 배출되는 유일한 공해물질은 내연공정에서 고온의 화염에 의해서 생성되는 질소 산화물류들 뿐이다. 엔진의 효율은 가솔린 엔진과 동일하다고 가정한다(15% 구동 사이클 효율). 출력을 낮춘다면 더 높은 효율을 구현할 수 있을 것으로 제안되고 있다.

기존 가솔린 및 디젤 자동차[3)]

가솔린 및 디젤 내연기관 자동차 모두가 모델링 되었다. 가솔린 자동차는 비교대상인 다른 모든 자동차들의 비교기준으로 사용되었다. 자동차로부터 배출된 매연은 유로3 기준을 충족시킨다고 가정한다. 메탄(CH_4)가스의 경우에는 표준이 제정되어있지 않으므로, 국지적 매연 배출은 없다고 설정하였다. SO_2는 유로3에서 제시된 가솔린 및 디젤 연료 내에 함유된 평균

---

3) 유럽연합에서는 1992년 7월에 제정된 유로1에서 출발하여 2014년 9월에 제정된 유로6까지 배기가스 규제가 지속적으로 강화되어 왔다. 유로6 기준에 따르면 대형 경유차의 질소산화물 배출량을 0.4 [gkWh] 미만으로 규제하고 있다. 승용차의 질소산화물 배출량은 0.08[g/km]이다. 이 기준을 맞추기 위해서는 신형 엔진을 장착하거나 별도의 공해 저감장치를 추가해야하기 때문에 일부 회사에서 배기가스 배출량 조작을 시도한 것이 발각되어 세계적으로 큰 물의를 빚기도 하였다.

농도로부터 산출하였으며, 연비와 평균 에너지 효율을 사용해서 킬로미터 당 그램수로 환산하였다. 가솔린 자동차의 경우, 분진물에 대해서 유로3 표준이 없으므로, 현재의 영국 내 자동차들에 대한 평균값을 사용했다. 가솔린 엔진의 구동 사이클 효율은 15%, 디젤은 20%라고 가정한다.

2005년에 실행될 유로4 표준에서는 매연 배출량을 유로3 표준에서보다 절반으로 축소하였다. 유럽연합은 자동차 제조업체들과 이산화탄소 배출량에 대한 협상을 수행했으며, 이에 따르면, 새로운 자동차들의 평균 매연배출량을 2008년까지 140 [g/km]로, 그리고 2010년까지는 120 [g/km]으로 절감하도록 규정하고 있다.4)

버스

고려의 대상에 포함되는 대안의 범주에는 압축수소 연료를 사용하는 고체 폴리머 연료전지(SPFC) 버스, 천연가스 내연기관 자동차, 및 배터리 동력과 기존 디젤 버스 등이 포함된다. 고체 폴리머 연료전지(SPFC)에 대한 계산은 서로 다른 수소의 공급방법에 대해서 각각 수행되었다.

버스 연비

연료전지 버스의 차륜측에서 에너지 수요는 디젤 버스에서와 동일한 것으로 가정하였다. 기존 디젤엔진의 구동 사이클에 대한 평균 효율은 제너럴 모터스의 평가에 기초하여 30%로 잡았다. 구동 트레인(기어박스와 차동기어)의 효율을 0.85라고 한다면 탱크에서 차륜까지의 효율은 25.5%가 된다. 일반 자동차에 비해서 고출력 디젤 자동차가 훨씬 높은 효율을 갖는 이유는 높은 부하계수 하에서 내연기관이 더 효율적이며, 디젤 엔진은 가솔린 엔진에 비해서 고압 및 고온에서 작동하므로 근원적으로 더 효율적이기 때문이다. 13 [MJ/km]의 평균 연비 값을 사용하면 차륜측에서의 에너지 수요는 3.3 [MJ/km]가 된다. 모든 에너지 값들은 이 값을 역산해서 산출한다.

연료전지 버스

고체 폴리머 연료전지 버스는 대규모 스팀 개질기 내에서 천연가스로부터 생산된 압축수소를 충전 받는다고 가정한다. 이 플랜트는 시스템의 저압 부분에서 발생되는 리크를 피하기 위해서 고압 천연가스 공급망으로부터 가스를 공급받는다. 생산된 수소는 압축되어 디젤 연료를 사용하는 수송차량에 의해서 버스 차고로 운송된다. 또한, 고체 폴리머 연료전지(SPFC) 버스의 경우, 버스 차고지에 설치된 국지적 스팀 개질기를 사용해서 천연가스로부터

4) 디젤 승용차의 일산화탄소 배출 허용치는 유로 3의 경우 0.64 [g/km], 유로4~유로6의 경우 0.5 [g/km]이다. 질소산화물의 배출 허용치는 유로3의 경우 0.5 [g/km], 유로 4의 경우 0.25 [g/km], 유로5와 유로6의 경우 0.180 [g/km]이다. 가솔린 승용차의 일산화탄소 배출 허용치는 유로3의 경우 2.3 [g/km], 유로4~유로6의 경우 1.0 [g/km]이다. 질소산화물의 배출 허용치는 유로3의 경우 0.15 [g/km], 유로 4의 경우 0.08 [g/km], 유로5와 유로6의 경우 0.06 [g/km]이다.

수소를 생산하는 방안도 고려하였다. 효율과 개질기로부터의 매연배출은 대규모 개질기의 경우와 동일한 것으로 간주하였지만, 수소의 수송은 더 이상 중요한 논제가 되지 못한다. 수소생산을 위한 가열공정에는 질소 산화물(NOx) 배출량이 작은 버너를 사용하며, 비 메탄계 탄화수소(NMHC), 메탄(CH_4) 및 분진물의 배출은 없다고 가정한다.

천연가스 내연기관 버스

천연가스 내연기관(CNG ICE)버스는 설계와 작동의 측면에서 기존 디젤 버스와 매우 유사하다. 그런데 천연가스를 연소하는 디젤 엔진은 디젤을 연소하는 경우보다 약 6%의 효율이 저하된다. 표준 구동 사이클로부터 발생되는 매연은 볼보와 이베코 포드에 의해서 논의된 바 있으나, 제조업체와 적용사례에 따라서 편차가 크다.

배터리 동력 전기버스

자동차 모델을 사용해서 두 가지 유형의 배터리 동력 전기자동차(BPEV) 버스가 모델링 되었다. 각각의 경우, 자동차는 동일하지만, U.K. 송전망과 병합 사이클 가스터빈(CCGT) 등, 서로 다른 연료믹스로부터 전기가 공급된다고 가정하였다. 버스 자체는 연료전지 버스의 개념과 매우 유사하다. 구동 트레인, 에너지 회수, 그리고 동력전기요소 등은 거의 동일하다. 그리고 니켈-금속 수소화물(NiMH) 배터리를 사용한다고 가정했다. 배터리 동력 전기버스의 에너지 소모량은 4.97 [MJ/km]인 것으로 평가되었다(그로버 등, 1996).

기존 디젤버스

기존 디젤버스에서 배출되는 매연은 유로3 표준을 사용하여 모델링 되었다. CH_4에 대한 기준은 없으므로, 차량에서 배출되는 매연은 없다고 가정했다. 황산화물(SO_2) 값은 유로3에서 제안된 디젤 연료내의 평균 유황농도로부터 산출하였으며, 13 [MJ/km]의 연비와 30%의 구동 사이클 효율을 사용해서 킬로미터 당 그램 수로 환산하였다.

12.2.5 발전설비 연료사이클

자동차 연료사이클과 유사하게, 발전설비도 에너지의 소비와 매연배출 자료들을 근거로 분석할 수 있다. 그런데 일부의 경우, 개략적인 대상들 사이의 비교는 매우 복잡하기 때문에, 비교 가능한 데이터를 추출할 수단(최소한 명확한 가정을 만들어낼 방안)이 특히 중요하다.

대규모 상용 열병합 발전

대규모 상용 열병합 발전 시스템의 전형적인 용량은 대략적으로 200 [kW_e]이다. 본 연구에서, 이러한 용도를 위해서 선정된 연료전지 시스템은 인산 연료전지(PAFC)와 고체 산화물 연료전지(SOFC) 기술을 기반으로 하고 있다. 고체 산화물 연료전지 시스템은 내부개질을 통해서 천연가스를 수소가 풍부한 가스로 변환시킨다. 기존의 열병합 발전 시스템에서는 디젤을 연료로 사용하는 엔진과 천연가스를 연료로 사용하는 엔진을 사용해 왔다. 기준이 되는 시스템은 전기가 병합 사이클 가스터빈(CCGT) 플랜트로부터 공급되며, 열은 가스보일러에서 공급되는 기존의 상황으로 정의된다.

천연가스 보일러, 디젤 및 천연가스를 연료로 사용하는 엔진, 인산 연료전지(PAFC), 및 고체 산화물 연료전지(SOFC) 플랜트 등으로부터 배출되는 매연은 출간된 문헌자료들과 산업체로부터 정보를 입수하여 가공하였으며, 이 정보들 중 어느 것도 본 작업에 필요한 완벽한 세트의 수치를 제공해 주지 못하였다. 엔진의 경우에는 설득력 있는 매연배출 데이터가 사용되었다. 예를 들면, 천연가스를 연료로 사용하는 엔진은 독일 **TA 루프트 규정**(5% 배기산소에 대해 질소산화물 500 [mg/Nm^3])값의 약 절반 수준의 질소 산화물(NOx)이 배출되는 것으로 추정하였다. TA 루프트에 의해서 제한되는 일산화탄소(CO)와 탄화수소 배출량 제한조건(CO : 5% 배기산소에 대해 650 [mg/Nm^3]; 비 메탄계 탄화수소: 5% 배기산소에 대해 150 [mg/Nm^3])은 일반적으로 촉매 변환기를 사용해서 맞출 수 있다.

계산에 사용된 열 대비 출력비율은 1.85이다. 에반스(1990)는 영국의 경우 이 비율이 전형적으로 1.5~2.2라고 하였으므로 그 평균값인 1.85를 사용하였다. 가정된 열 대비 출력비율은 열병합 시스템의 매연발생에 영향을 끼치지 않지만(이것은 생성된 유용에너지의 함수로 표시된다)전기와 열 생산이 독립적인 기준 시스템의 에너지 수요와 배연 배출율에 영향을 끼친다. 기준 시스템의 매연 배출율은 열 대비 출력비율이 증가함에 따라서 감소한다.

특정한 열 대비 출력 비율이 특정 기술에 의해서 충족되는가의 여부는 공칭 전기효율과 총 시스템 효율에 의존하게 된다. 연료전지를 사용한 열병합 발전 플랜트는 이 열 대비 출력 비율을 충족시킬 수 있다. 1.85의 열 대비 출력비율은, 총 시스템 효율이 85%라고 가정하면, 병합발전 시스템의 경우 약 30%의 전기효율을 갖고 있음을 의미한다. 고체 산화물 연료전지(SOFC)의 경우, 전기효율의 측면에서, 열 대비 출력비율이 가장 큰 제약점으로 작용하며, 따라서 이러한 환경적인 영향을 사용해서 비교를 시도할 경우에 경제성에 대한 세심한 계산을 수행해야만 한다.

산업적 규모의 열병합 발전 분야

본 연구에서, 고체 산화물 연료전지(SOFC)가 높은 온도의 열이 필요한 산업적 규모의 수 메가와트 급 열병합 발전에 적합한 사양으로 선정되었다. 이러한 적용분야의 경우, 고체 산화물 연료전지가 단일 사이클, 또는 가스터빈과의 결합 사이클(SOFC/GT)로 사용될 수 있다. 결합 사이클은, 이러한 시스템에 의해서 구현될 수 있는 높은 동력효율을 낼 수 있기 때문에, 열 대비 출력 비율이 비교적 낮은 특징을 갖는 적용분야에 적합하다. 천연가스를 연료로 사용하는 엔진과 천연가스를 연료로 사용하는 터빈이 산업적 규모의 열병합 시스템을 위한 기존의 옵션으로 선정되었다. 기준이 되는 시스템은, 송전망에 연결되어 있는 병합 사이클 가스터빈(CCGT)에 의해서 전기를, 가스보일러에 의해서 열을 공급받는, 대규모 상용 열병합

발전의 경우와 동일하다.

산업적 열병합 발전의 열 대비 출력비율은 1로 선정되었다. 연료전지 시스템은 대부분의 경우 열 대비 출력비율이 낮을(1.2 이하) 필요가 있거나, 잉여 전기가 생산될 가능성이 있는 산업적인 적용분야에서, 이들의 높은 전기효율을 장점으로 사용하기 위해서 채용된다. 연료전지 열병합 발전 시스템은 공칭 전기효율 값보다 높은 열 대비 출력비율로도 작동할 수 있지만, 전기효율의 저하를 감수해야만 한다. 고체 산화물 연료전지/가스터빈 시스템의 경우 열 대비 출력비율의 최소값은 0.25인 반면에, 전기 및 총 시스템 효율에 대한 가정을 기초로 하여 산출해 보면, 천연가스를 연료로 사용하는 가스터빈은 2.27이다.

열병합 발전 분야에서 고체 산화물 연료전지(SOFC)와 고체 산화물 연료전지/가스터빈 사이의 선택은 시스템의 열 대비 출력비율 특성과 경제성 등에 의해서 결정된다. 열 대비 출력비율이 0.55 이하인 경우, 고체 산화물 연료전지/가스터빈 시스템이 필요하다.

분산발전 분야

분산발전 분야의 모델링에 사용된 연료전지 기술은 고체 산화물 연료전지(SOFC)이다. 두 가지 시스템이 고려되었다: 단일 사이클 모드 또는 가스 터빈과 병합 사이클로 작동하는 내부개질-고체산화물 연료전지(IR-SOFC)이다. 전형적인 분산발전 용량(1~10 [MW_e])에 대해서, 고체 산화물 연료전지(SOFC) 시스템의 전기효율은 약 55%인 것으로 평가되며, 고체 산화물 연료전지/가스터빈 시스템의 경우에는 약 70%인 것으로 평가된다. 영국 대륙붕에서 생산되는 천연가스를 연료로 사용하는 병합 사이클 가스터빈(CCGT)플랜트에 의해서 송전망을 통해 전기가 공급되는 경우를 비교기준으로 삼았다.

기저부하 발전

높은 효율과 청정한 기저부하 전력에 대한 가능성 때문에, 병합 사이클을 사용해서 가스터빈과 함께 작동하는 고체 산화물 연료전지(SOFC/GT)또는 가스 및 스팀 터빈과의 삼중 사이클(SOFC/GTCC)가 선정되었다. 전형적인 기저부하 발전의 용량(100[MW_e])에 대해서, 고체 산화물 연료전지/가스터빈(SOFC/GT)의 전기효율은 약 74%인 것으로 평가되며, SOFC/GTCC 시스템은 약 80%인 것으로 평가된다. 영국 전기믹스를 기준사례로 사용하였으며, 병합 사이클 가스터빈(CCGT)도 역시 분석하였다.

원격발전

원격발전 분야는 일반적으로 디젤엔진을 기반으로 하고 있다. 디젤, 메탄올 및 수소 등 다양한 연료를 사용하는 연료전지가 청정발전의 대안으로 간주될 수 있다. 본 연구에서는 디젤연료를 사용하는 비교사례에서와 마찬가지로, 대규모 스팀 개질공장에서 천연가스로부터 메탄올을 추출하여 원격지로 운송하는 것으로 가정한다. 원격지까지의 도로운송 거리는 왕복 800 [km]인 것으로 가정하였다. 수소를 현지까지 운송하거나, 재생 에너지 시스템을 연료전지에 결합시켜서 현지에서 생산할 수도 있다.

천연가스로부터의 메탄올 생산 공정의 효율은 약 72%인 것으로 평가된다. 원격발전의 경우, 연료사이클 내의 서로 다른 요인들에 의한 매연배출은 여타의 수송 및 발전설비 모델에서 사용했던 것들과 유사한 장비들을 기반으로 산출했다.

12.3 연료사이클 해석의 결과

연료사이클의 매연배출과 주 에너지 소비결과들을 단위전기량, 발전설비 분야의 경우에 생산된 가용 열량, 그리고 수송 분야의 경우에는 단위 이동거리 등을 기준으로 표시하였다.

12.3.1 수송기기 분야

자동차

서로 다른 연료사슬들의 매연배출과 에너지 소비에 대한 연료사이클 계산결과가 그림 12.6과 표 12.1에서 제시되어 있다.

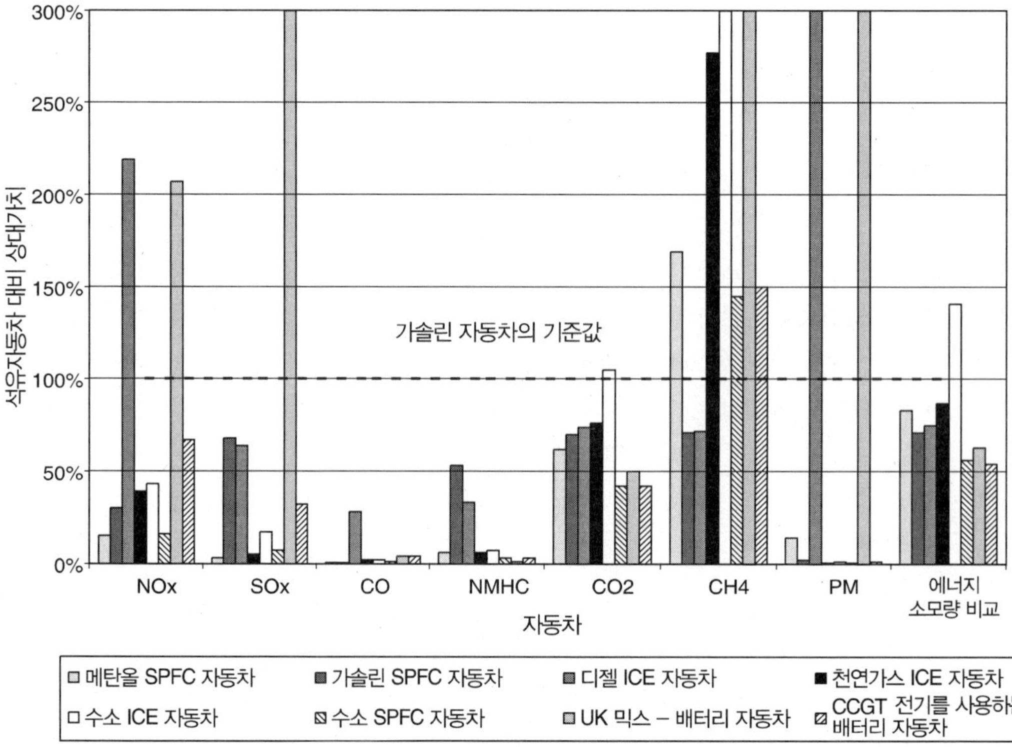

그림 12.6 승용차와 관련된 총 시스템 매연배출량과 주 에너지 소비량

표 12.1 승용차와 관련된 총 시스템 매연 배출량과 주 에너지 소비량

적용분야		공해물질 규정					온실가스		에너지 [MJ/km]
		NOx [g/km]	SOx [g/km]	CO [g.km]	NMHC [g/km]	PM [g/km]	CO_2 [g/km]	CH_4 [g/km]	
가솔린 내연기관 자동차	절대값	0.26	0.2	2.3	0.77	0.01	209	0.042	3.16
디젤 내연기관 자동차	절대값	0.57	0.13	0.65	0.25	0.05	154	0.03	2.36
	상대값	219%	64%	28%	33%	489%	74%	72%	75%
천연가스 내연기관 자동차	절대값	0.10	0.01	0.05	0.05	<0.0001	158	0.12	2.74
	상대값	39%	5%	2%	6%	<0.5%	76%	277%	87%
수소 내연기관 자동차	절대값	0.11	0.03	0.04	0.05	0.0001	220	0.15	4.44
	상대값	43%	17%	2%	7%	1%	105%	364%	141%
메탄올(MeOH) 연료전지 자동차	절대값	0.04	0.006	0.014	0.047	0.0015	130	0.072	2.63
	상대값	15%	3%	0.6%	6.1%	14%	62%	169%	83%
가솔린 연료전지 자동차	절대값	0.08	0.13	0.01	0.41	0.0002	147	0.03	2.24
	상대값	30%	68%	0.4%	53%	2%	70%	71%	71%
수소 연료전지 자동차	절대값	0.04	0.01	0.02	0.02	<0.0001	87.6	0.06	1.77
	상대값	16%	7%	1%	3%	<0.5%	42%	145%	56%
배터리 자동차(UK 전기 믹스)	절대값	0.54	0.74	0.09	0.01	0.05	104	0.30	1.98
	상대값	207%	377%	4%	1%	496%	50%	722%	63%
배터리 자동차(CCGT 전기)	절대값	0.17	0.06	0.08	0.02	0.0001	88.1	0.06	1.71
	상대값	67%	32%	4%	3%	1%	42%	150%	54%

온실가스를 제외한 공해물질의 배출은, 질소 산화물(NOx), 황산화물(SOx) 및 분진물질의 배출이 더 높은, 영국 전기믹스를 사용해서 전기를 충전하는 배터리동력 전기자동차와 질소 산화물(NOx) 및 분진물질 배출이 더 높은 디젤 내연기관 자동차를 제외하고는, 기준이 되는 가솔린 자동차의 경우에 비해서 모든 자동차들이 더 낮았다. 수소 내연기관 자동차를 제외한, 고려 대상인 모든 자동차들은 기존의 가솔린 자동차에 비해서 온실가스 배출이 감소됨을 보였다. 천연가스 사용의 증가에 따라서 메탄의 배출이 증가되었지만 그 비교 기준값이 워낙 낮다. 그런데 비록 메탄 배출량이 이산화탄소에 비해서 매우 낮으며, 모든 경우에 이산화탄소가 감소한다고 하여도 메탄(CH_4)의 증가가 온실효과에 끼치는 영향은 훨씬 지대하다. 수소 내연기관 자동차를 제외한 모든 자동차들이 사용하는 에너지는 기준사례에 비해서 13~56% 낮다. 수소 내연기관 자동차는 수소의 생산 및 압축과정에서의 손실과 내연기관의 비효율성 때문에 가장 효율이 떨어진다. 높은 에너지 수요 때문에 기존의 가솔린 자동차와 유사한 수준의 총 이산화탄소 배출량을 나타낸다. 천연가스 자동차 역시 차량효율 향상을 위해서 연료전지와 전기모터를 사용하지 않는다면 압축가스 연료를 사용함에 따른 비효율성을 감수해야 하므로 연료전지 자동차와 기준사례 사이에 위치하게 된다. 그런데 두 자동차 모두 매연배출은 낮다; 특히 수소 내연기관 자동차의 국지적 매연배출은 매우 낮다-소량의 질소 산화물(NOx)이 배출되는 것을 제외하고는 모두 영이다. 가솔린과 메탄올 연료전지 자동차는

직접수소 연료전지 자동차에 비해서 높은 에너지 요구조건을 갖고 있으며, 진보된 디젤과 유사한 수준이다.

수소 연료전지 자동차는 매연배출과 에너지의 측면에서 가장 좋은 성능을 나타낸다. 수소 연료전지 자동차는 차량의 매연배출이 전무하기 때문에, 진정한 무공해차량이다. 배터리 동력 전기자동차(BPEV) 역시 에너지 소모가 매우 작은 무공해 차량이다. 그런데 배터리 동력 전기자동차는 연료전지 자동차에 비해서 훨씬 높은 상류측에서의 질소 산화물(NOx)과 황산화물(SOx) 배출과, 가장 중요한 문제인 주행거리에 의해서 제약을 받는다. 가솔린 자동차는 매연이 차량에서 배출되는 반면에, 배터리 동력 전기자동차(BPEV)에서의 매연은 시외지역에서 발생된다. 그러므로 단순히 매연배출량을 기준으로 비교하는 것은 어려운 일이다. 또한 매연배출에 대한 더욱 가혹한 제약조건 하에서 동력을 생산하고, 시간대에 따라서 UK 믹스가 변함에 따라서 이 값도 변하게 된다.

만약 주유소에 설치된 국지적 천연가스 개질기를 사용하여 수소를 생산할 수 있다면 수소를 연료로 사용하는 연료전지 자동차의 전망은 매우 밝은 것처럼 보인다. 매연 배출량은 거의 모든 경우에 무시할만한 수준의 일산화탄소(CO), 비 메탄계 탄화수소(NMHC) 및 분진물질의 배출이 저감된다. 질소 산화물(NOx)과 황산화물(SOx)은 상류측에서 배출되는 량을 모두 포함하여 기존 가솔린 자동차의 배기량보다 20% 이하(각각 16 및 17%)로 저감된다. 이산화탄소는 배터리 동력 자동차에서의 저감량과 유사하게, 약 60%가 저감된다. 직접 수소 연료전지 자동차는 가장 환경친화적 옵션이며, 메탄올과 가솔린 연료전지가 각각 그 뒤를 따른다.

버스

버스에서의 매연배출과 에너지 소비에 대한 연료사이클 계산결과가 그림 12.7과 표 12.2에 요약되어 있다. 연료전지 버스는 분석대상인 다른 모든 사례들에 비해서 월등하다. 수소 연료를 사용하는 고체 폴리머 연료전지(SPFC) 버스는 기존의 디젤버스에 비해서 매연저감과 에너지 소비 측면에서 현저한 성능을 보여주고 있다. 중앙 집중 방식 개질기는 비록 매연배출이 더 낮기는 하지만 수소의 수송은 상대적으로 비효율적이기 때문에, 차고지에 설치된 개질기로부터 수소를 공급받는다. 미래의 시나리오에서, 중앙집중식 수소생산이 매력적이고, 중앙집중 방식이 충전소나 차고지와 같이 분산된 매연 배출원들보다 매연의 조절이 훨씬 더 용이하다.

기존 디젤 버스에 비해서 국지적 오염물질의 매우 현저한 절감됨에 따라서, 국지적 공기품질의 측면에서 연료전지 버스를 사용함에 따른 이득은 매우 크다. 온실가스 배출역시 현저히 저감된다. 배터리 동력 버스의 경우, UK 전기믹스에 의한 상류측 매연배출은 현저한 황산화물(SOx), 비 메탄계 탄화수소(NMHC) 및 분진물질 배출의 증가를 수반하며, 상당한 오염을 유발한다. 그런데 매연이 배출되는 위치의 관점에서 승용차의 경우와 동일한 결론이 도출된다. 따라서 오염이 환경에 끼치는 영향은 차량에서 다량의 매연이 배출되는 디젤을 기반으로 하는 경우와는 다르다. 병합 사이클 가스터빈(CCGT) 전기를 충전하는 배터리 동력 버스도 기존 디젤버스에 비하여 온실가스가 아닌 모든 배출가스의 저감효과를 나타낸다. 천연가스 버스가 기존의 디젤버스에 비해서 공기품질에 영향을 끼치는 국지적 매연배출의 측면에서 현저한 장점을 갖고 있는 반면에, 에너지 소비나 이산화탄소 저감의 측면에서는 장점을 갖고 있지 못하다.

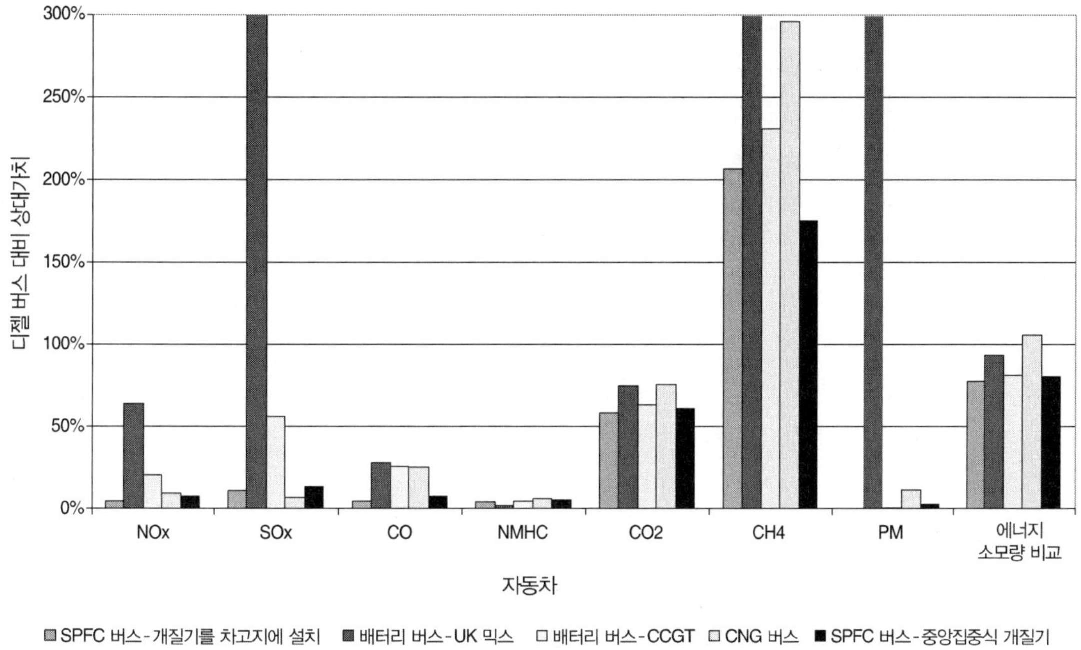

그림 12.7 버스와 관련된 총 시스템 매연배출량과 주 에너지 소비량

표 12.2 버스와 관련된 총 시스템 매연배출량과 주 에너지 소비량

적용분야		공해물질 규정					온실가스		에너지 [MJ/km]
		NOx [g/km]	SOx [g/km]	CO [g/km]	NMHC [g/km]	PM [g/km]	CO_2 [g/km]	CH_4 [g/km]	
디젤버스	절대값	5.8	0.78	2.2	3.2	0.11	962	0.19	14.6
고체폴리머 연료전지 버스 (중앙집중식 개질기)	절대값	0.43	0.11	0.17	0.18	0.0031	588	0.33	11.7
	상대값	7%	14%	8%	6%	3%	61%	175%	80%
고체폴리머 연료전지 버스 (차고지 개질기)	절대값	0.27	0.08	0.11	0.13	0.0001	560	0.39	11.3
	상대값	5%	10.8%	5%	4.2%	<0.5%	58%	206%	78%
천연가스 버스	절대값	0.56	0.05	0.57	0.20	0.01	1250	0.56	15.4
	상대값	10%	7%	25%	6%	12%	130%	296%	105%
배터리 버스 (UK믹스 전기)	절대값	3.71	5.10	0.62	0.08	0.35	721	2.10	13.6
	상대값	64%	657%	28%	2%	321%	75%	1113%	94%
배터리 버스 (병합 사이클 가스터빈 버스)	절대값	1.20	0.44	0.58	0.15	0.0009	608	0.43	11.8
	상대값	21%	56%	26%	4%	1%	63%	231%	81%

SOFC:고체 산화물 연료전지(=PEMFC);CNG:압축 천연가스; CCGT:병합 사이클 가스터빈

표준 디젤엔진의 효율이 비교적 높기 때문에, 에너지 소비량의 개선은 자동차의 경우에서처럼 현저하지 못하다. 두 가지 연료전지 버스와 병합 사이클 가스터빈(CCGT) 전기를 충전하는 배터리 동력 버스는 매우 유사한 에너지 소비 특성을 가지고 있다-기준 디젤의 약 80%이다. UK 전기믹스를 사용해서 충전하는 배터리 동력 버스는 디젤 버스에 비해서 여전히 10%의 절감을 보인다. 천연가스 버스만이 천연가스 디젤엔진의 효율저하 때문에 약간 높은 에너지 소비량을 보인다.

그런데 사용자의 취향이 서로 다르기 때문에, 에너지 소비량의 미소한 감소는 승용차 보다 버스시장에서 더 큰 영향을 끼친다. 승용차 구매자는 자동차의 초기 투자비용에 강하게 영향을 받는 반면에, 버스 사용자는 유지비용 역시 고려한다. 에너지 소비량의 감소는 더 나은 투자비용 회수효과를 유발한다. 자동차보다 연간 주행거리가 훨씬 더 길기 때문에, 연료전지 자동차가 비록 연비절감효과가 작더라도 이산화탄소와 시내 매연배출 총량의 현저한 절감효과를 갖는다.

비록 기술수준과 개발계획에 따르면 차고지에 설치된 개질기를 사용하며 압축수소를 차량에 탑재하는 고체 폴리머 연료전지 버스가 중앙 집중식 개질기와 고체 폴리머 연료전지를 사용하는 경우보다 배연배출이 작기 때문에, 더 나은 선택일 수는 있지만, 분석의 오차범위 내에서, 연료전지 버스들의 우열을 따지는 것은 어렵다.

12.3.2 발전설비 분야

대규모 상용 열병합발전

대규모 상용 열병합 발전에서의 매연배출과 에너지 소비에 대한 연료사이클 계산결과가 그림 12.8과 표 12.3에 요약되어 있다. 연료전지 시스템의 사용을 통해서 병합 사이클 가스터빈(CCGT) 전기와 가스보일러 시스템의 경우에 비해서 매연 배출량을 현저하게 저감시켜준다. 질소 산화물(NOx)과 일산화탄소(CO) 배출량이 가장 현저하게 저감되며, 기준사례에 비해서 열배에서 백배 이상의 저감이 가능하다. 이미 매우 낮은 값을 갖고 있는 황산화물(SOx), 비 메탄계 탄화수소(NMHC), 메탄(CH_4) 및 분진물질(PM) 배출량도 함께 저감된다. 후자의 경우는 고체 산화물 연료전지(SOFC)를 사용하면, 모델의 정밀도 한계 내에서 완벽하게 제거할 수 있다. 연료전지 시스템은 이산화탄소 배출량을 저감시킬 뿐만 아니라, 에너지 소모량도 기준사례의 약 80%까지 저감시켜 준다. 연료전지를 차량에 설치하면 디젤 연료를 사용하는 엔진에 비해서 더 나은 성능을 구현할 수 있으며, 천연가스 연료를 사용하는 엔진과 비교해서도 질소 산화물(NOx), 비 메탄계 탄화수소(NMHC), 메탄(CH_4) 배출량도 저감시켜 줌을 알 수 있다. 단위 가용 에너지 당 이산화탄소와 분진물질 배출량은 연료전지 및 천연가스 엔진 시스템이 유사한 것으로 나타났다. 이 모델에서 사용된 가정 하에서, 디젤과 천연가스 연료를 사용하는 엔진은 기준경우에 비해서 규제 공해물질의 국지적 배출을 증가시킨다는 점에 유의하여야 한다.

기준 시스템이 낮은 에너지효율을 갖는 주요원인은 열병합 발전이 개별적으로 동력과 열을 생산하는 시스템에 비해서 근본적인 장점을 갖고 있기 때문이다. 고려의 대상들에서, 연

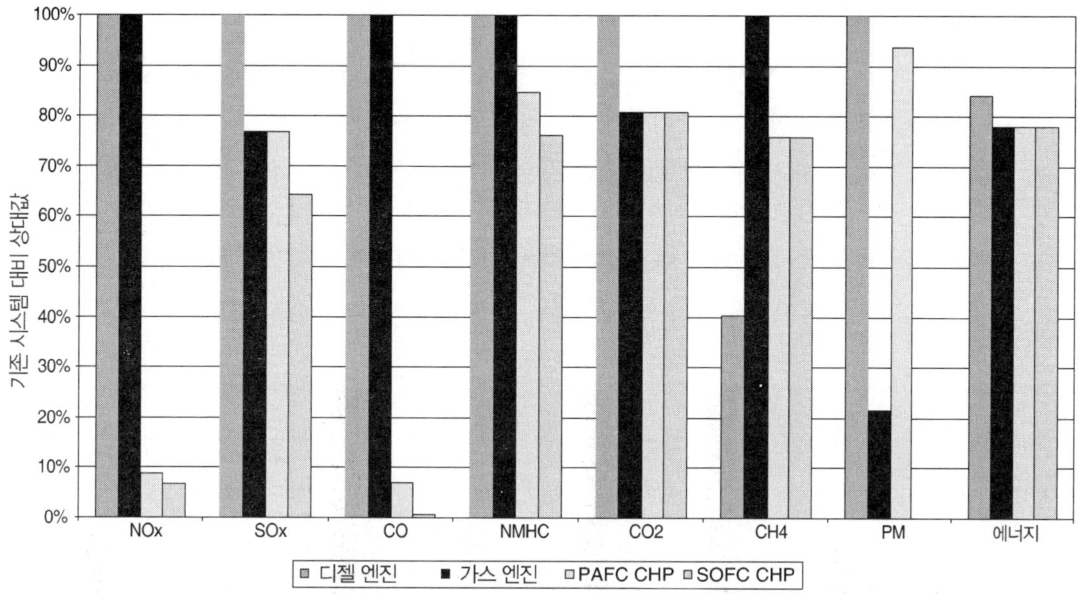

그림 12.8 대규모 열병합 발전과 관련된 총 시스템 매연배출량과 주 에너지 소비량

표 12.3 대규모 열병합 발전과 관련된 총 시스템 매연배출량과 주 에너지 소비량

적용분야		공해물질 규정					온실가스		에너지
		NOx [g/km]	SOx [g/km]	CO [g.km]	NMHC [g/km]	PM [g/km]	CO_2 [g/km]	CH_4 [g/km]	[MJ/km]
병합사이클 가스터빈과 보일러	절대값	0.31	0.007	0.14	0.068	0.003	270	0.20	5.7
디젤엔진	절대값	4.4	0.68	0.22	0.74	0.049	315	0.08	4.8
	상대값	1,432%	9,443%	158%	1,086%	1,390%	116%	40%	84%
가스엔진	절대값	1.2	0.006	1.0	0.094	0.001	218	0.31	4.4
	상대값	402%	77%	706%	139%	21%	81%	157%	78%
인산 연료전지 열병합발전	절대값	0.027	0.006	001	0.058	0.003	218	0.15	4.4
	상대값	8.8%	77%	7%	85%	94%	81%	76%	78%
고체 폴리머 연료전지 열병합발전	절대값	0.021	0.005	0.001	0.052	0	218	0.15	4.4
	상대값	6.8%	64%	1%	76%	0%	81%	76%	78%

CCGT: 병합 사이클 가스터빈; NMHC:비 메탄계 탄화수소; PAFC: 인산 연료전지; PM: 분진물질;
SOFC: 고체 산화물 연료전지
주: 매연 배출량과 에너지 요구조건은 단위 가용 에너지(회수 가능한 열과 전기) 당 비율로 표시됨

료전지 시스템은 천연가스 엔진과 유사하며, 디젤엔진 보다는 월등한 이득을 가지고 있지만, 이는 특정한 상황에 심하게 의존한다. 고려 대상들보다 **열 대비 동력비율**(H : P)이 낮은 경우, 높은 전기효율 때문에 연료전지 열병합발전 시스템이 에너지 소비의 측면에서 더 이득을 가지고 있지만, 열 대비 동력비율(H : P) 비율이 높은 경우에는 기존의 연소장치들이 우월하다. 양성자 교환 맴브레인 연료전지(PEMFC)에서의 결과는 인산 연료전지(PAFC)와 유사하지만, 낮은 온도에서 양성자 교환에 따른 발열이 일어나므로 이를 열병합 발전에 통합시키는 것은 더 어려운 일이다.

산업적 열병합 발전

매연배출과 에너지 소비에 대한 연료사이클 계산결과가 그림 12.9와 표 12.4에 요약되어 있다.

대규모 상용 열병합 발전에 비해서 열 대비 동력 비율이 1.85에서 1로 작아질수록, 이전의 경우에 비해서 기준 시스템(병합 사이클 가스터빈의 전기와 가스보일러 시스템의 열)에 의해 생성된 단위 가용 에너지 당 매연배출 비율이 증가된다. 이 증가는 전기 동력만을 생산함에 따라서 손실비율이 증가했기 때문이다. 그에 따라서 에너지 요구조건도 상승된다.

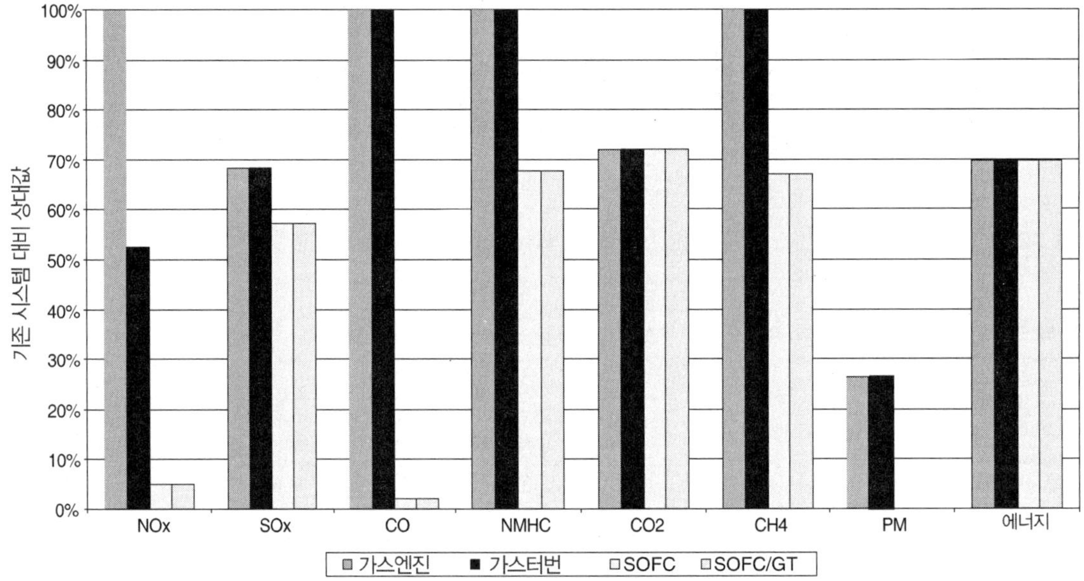

그림 12.9 산업적 규모의 열병합 발전과 관련된 총 시스템 매연배출량과 주 에너지 소비량

표 12.4 산업적 규모의 열병합 발전과 관련된 총 시스템 매연배출량과 주 에너지 소비량

적용분야		공해물질 규정					온실가스		에너지
		NOx [g/km]	SOx [g/km]	CO [g.km]	NMHC [g/km]	PM [g/km]	CO_2 [g/km]	CH_4 [g/km]	[MJ/km]
병합사이클 가스터빈과 보일러	절대값	0.41	0.008	0.20	0.08	0.003	304	0.22	6.3
가스엔진	절대값	1.2	0.006	1.0	0.09	0.001	218	0.31	4.4
	상대값	307%	68%	494%	124%	26%	72%	139%	70%
가스터빈	절대값	0.21	0.006	0.22	0.09	0.001	218	0.31	4.4
	상대값	52%	68%	109%	124%	26%	72%	139%	70%
인산 연료전지 열병합발전	절대값	0.021	0.005	0.004	0.052	0	218	0.15	4.4
	상대값	5%	57%	2%	68%	0%	72%	67%	70%
인산 연료전지/가스터빈 열병합발전	절대값	0.02	0.005	0.004	0.05	0	218	0.15	4.4
	상대값	5%	57%	2%	68%	0%	72%	67%	70%

고체 산화물 연료전지와 고체산화물 연료전지/가스터빈 시스템의 매연배출은 기준 시스템에 비해서 현저히 낮으며, 그 차이는 대규모 상용 열병합 시스템에서와 유사하다. 고체 산화물 연료전지와 고체산화물 연료전지/가스터빈 시스템의 총 시스템 효율이 같다는 약간 독선적인 가정에 따르면, 단위가용 에너지 당 매연배출량의 측면에서 고체 산화물 연료전지에 비해서 고체산화물 연료전지/가스터빈 시스템이 아무런 장점도 갖지 못한다. 매연을 에너지 생성물로 계상하는 방법은 시스템 상호비교에 있어서 결정적인 인자이기 때문에 이는 중요한 의미를 갖는다. 그런데 고체산화물 연료전지/가스터빈은 전기효율이 더 높으므로 열 대비 동력 비율이 낮아야 되는 적용분야에서 선호할 것이다. 연료전지 시스템으로부터 배출되는 규제 매연물질 역시 천연가스 엔진과 터빈 시스템에 비해서 현저히 낮다. 가용 에너지 할당을 기반으로, 엔진, 터빈, 및 연료전지 시스템 등 모두는 기준사례에 비해서 유사한 에너지 사용 및 온실가스 배출 감소효과를 나타낸다.

용융 탄산염 연료전지(MCFC) 시스템에 대한 유사한 분석에서도 이와 유사한 특성이 도출되었다. 여기서도, 경제성과 지역적 조건들이 이들 시스템을 선정하는 또 다른 요건이 된다.

분산발전

매연배출과 에너지 소비에 대한 연료사이클 계산결과가 그림 12.10과 표 12.5에 요약되어 있다. 전기를 발전하기 위해서 기존의 기술(CCGT)을 사용하는 대신에 대규모 고체산화물 연료전지 플랜트를 사용하면 질소 산화물(NOx)과 일산화탄소(CO)를 거의 무시할 정도의 수준으로 저감시킬 수 있다. 황산화물(SOx)은 주로 에너지 수요의 저감에 따른 연료 공급 사슬 내에서의 배출량 감소와, 천연가스 내에 잔류하는 유황성분들이 고체 산화물 연료전지 시스템 내에서 포집된다고 가정하기 때문에 배출량이 감소된다. 고체 산화물 연료전지 시스템의 매연배출은 전무하다는 가정에 기초하여 분진물질은 발생되지 않지만, 병합 사이클 가스터빈의 경우에도 분진물질의 배출은 매우 낮으며, 비 메탄계 탄화수소(NMHC) 배출역시 낮다. 이산화탄소 배출량도 기준사례에 비해서 많아야 80%에 불과하다. 효율향상에 기인하여, 고체산화물 연료전지/가스터빈 시스템의 모든 공해물질의 배출은 단일 사이클 고체산화물 연료전지(SOFC) 시스템에 비해서 22% 이상 저감된다. 병합 사이클 가스터빈 발전에 비해서 단일 사이클 고체산화물 연료전지(SOFC)와 고체산화물 연료전지/가스터빈(SOFC/GT)의 에너지 수요는 각각 21%와 38% 저감된다.

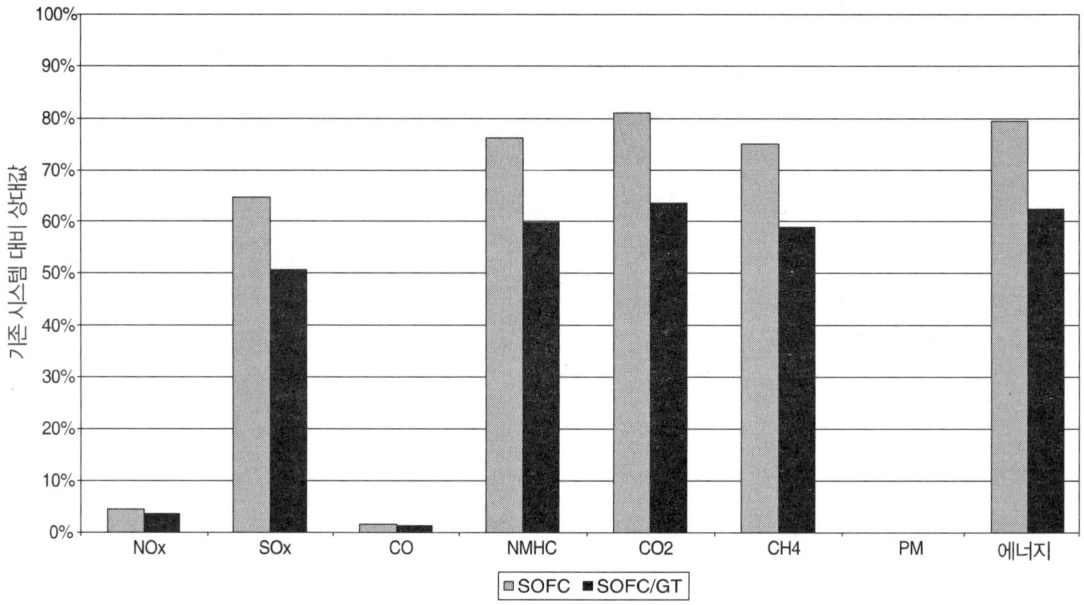

그림 12.10 분산발전과 관련된 총 시스템 매연배출량과 주 에너지 소비량

표 12.5 분산발전과 관련된 총 시스템 매연배출량과 주 에너지 소비량

적용분야		공해물질 규정					온실가스		에너지 [MJ/km]
		NOx [g/km]	SOx [g/km]	CO [g/km]	NMHC [g/km]	PM [g/km]	CO_2 [g/km]	CH_4 [g/km]	
병합 사이클 가스터빈	절대값	0.73	0.01	0.40	0.11	0.0006	417	0.31	8.6
고체 산화물 연료전지	절대값	0.03	0.01	0.01	0.08	0	338	0.23	6.8
	상대값	4%	65%	2%	76%	0%	81%	75%	79%
고체 산화물 연료전지/가스터빈	절대값	0.03	0.006	0.005	0.06	0	265	0.18	5.4
		4%	51%	1%	60%	0%	64%	59%	62%

기저부하 발전

매연배출과 에너지 소비에 대한 연료사이클 계산결과가 그림 12.11과 표 12.6에 요약되어 있다. 기저부하 동력분석에 따르면, 질소 산화물(NOx)과 일산화탄소(CO)의 배출은 UK 전기믹스 뿐만 아니라 병합 사이클 가스터빈(CCGT) 발전에 비해서 현저하게 감소된다. 전체 연료사이클 내에서 황산화물(SOx)의 배출량은 현저하게 감소된다. 고체 산화물 연료전지를 기반으로 하는 시스템의 경우, 발전단계에서의 황산화물(SOx) 생성은 전무하다고 가정한다. 비 메탄계 탄화수소(NMHC)와 메탄(CH_4)의 배출은 고려된 연료전지 시스템의 경우, 연료의 공급활동에 의해서만 발생된다. 비 메탄계 탄화수소의 배출은 일반적으로 낮으며, 고려되는 모든 연료사이클들에서 서로 유사한 것으로 평가된다. 병합 사이클 가스터빈(CCGT)과 연료전지 모두(석탄채굴에 따른 매연배출을 피할 수 있기 때문에) UK 전기믹스에 비해서 메탄(CH_4)의 배출이 현저하게 저감된다. 고체 산화물 연료전지를 기반으로 하는 시스템의 높은

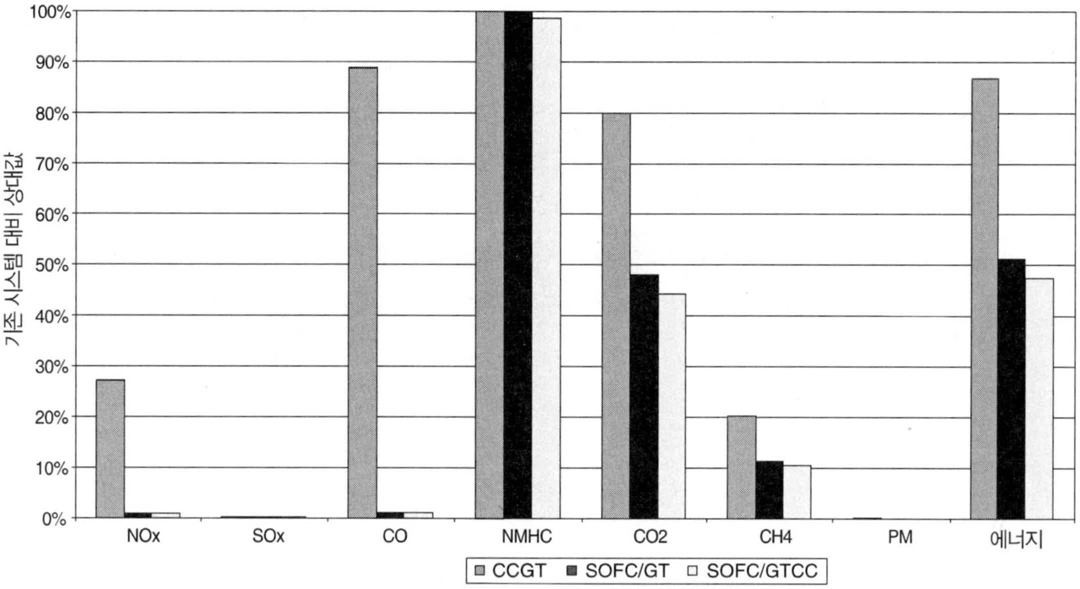

그림 12.11 기저부하 발전과 관련된 총 시스템 매연배출량과 주 에너지 소비량

표 12.6 기저부하 발전과 관련된 총 시스템 매연배출량과 주 에너지 소비량

적용분야		공해물질 규정					온실가스		에너지 [MJ/km]
		NOx [g/km]	SOx [g/km]	CO [g/km]	NMHC [g/km]	PM [g/km]	CO_2 [g/km]	CH_4 [g/km]	
UK 송전망	절대값	2.7	3.7	0.45	0.06	0.25	522	1.5	9.9
병합 사이클 가스터빈	절대값	0.73	0.01	0.40	0.11	0.0006	417	0.31	8.6
	상대값	27%	0.3%	89%	188%	0.3%	80%	20%	87%
고체 산화물 연료전지	절대값	0.02	0.005	0.005	0.06	0	251	0.17	5.1
	상대값	0.9%	0.1%	1.1%	107%	0%	48%	11%	51%
고체 산화물 연료전지/가스 및 스팀터빈	절대값	0.02	0.005	0.004	0.06	0	232	0.16	4.7
	상대값	0.9%	0.1%	1%	99%	0%	44%	10%	47%

CCGT:병합 사이클 가스터빈; SOFC/GT:고체 산화물 연료전지와 가스터빈; SOFC/GTCC: 고체산화물 연료전지/가스 및 스팀터빈

효율로 인하여 이산화탄소 배출량은 UK 믹스에 비해서는 절반, 병합 사이클 가스터빈 시스템에 비해서는 약 60%의 저감이 이루어진다.

원격발전

매연배출과 에너지 소비에 대한 연료사이클 계산결과가 그림 12.12와 표 12.7에 요약되어 있다. 원격발전 분야의 경우, 연료전지 시스템의 사용은 디젤엔진 시스템에 비해서 매우 중요한 매연배출 저감을 구현할 수 있다. 디젤 엔진과 유사하게 온실가스를 배출하는, 디젤 연료를 사용해서 작동하는 고체산화물 연료전지(SPFC)를 제외하고는 온실가스 배출도 현저하게 저감된다. 일부의 경우 기회는 더 크게 열려있다. 풍력이나 태양열과 같이, 단속적인 재생 에너지원으로부터 전기분해를 통해서 생산된 수소를 사용해서 작동하는 연료전지 시스템을 원격발전으로 통합시키면 완전 무공해를 구현할 수 있다. 이 방법은 시스템 구성요소들을 제조 및 설치하기 위해서 사용되는 에너지를 제외하고는 비 재생성 주 에너지가 시스템에 전혀 투입되지 않는다. 수소는 화석연료를 포함하는 다양한 공급원에서 추출할 수 있으며 원격지에서 생산하여 운송할 수도 있다. 이런 연료사슬을 통해서 최종 소비지에서 무공해를 구현할 수 있지만, 특히 이산화탄소 배출의 측면에서는 수소의 생산과 운송단계에서 현저한 배출이 유발될 수 있다.

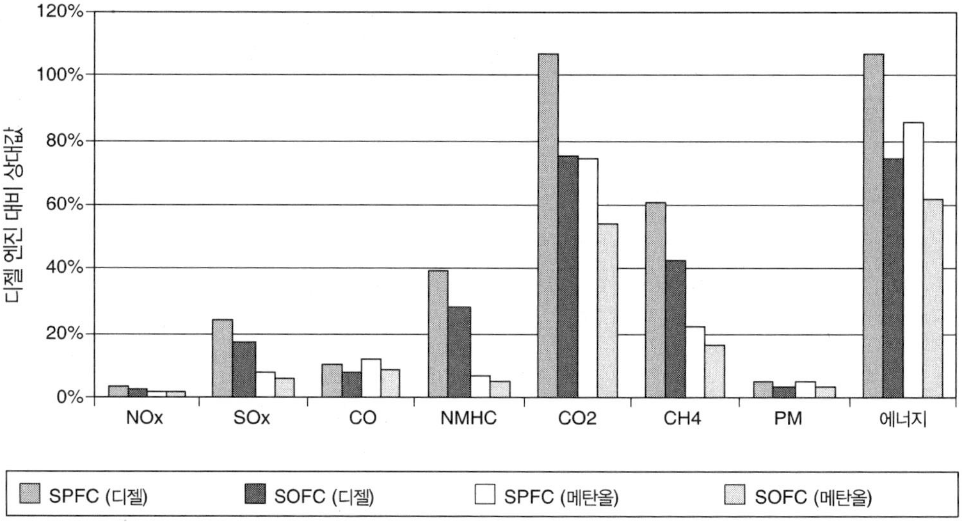

그림 12.12 원격발전과 관련된 총 시스템 매연배출량과 주 에너지 소비량

표 12.7 원격발전과 관련된 총 시스템 매연배출량과 주 에너지 소비량

적용분야		공해물질 규정					온실가스		에너지 [MJ/km]
		NOx [g/km]	SOx [g/km]	CO [g/km]	NMHC [g/km]	PM [g/km]	CO_2 [g/km]	CH_4 [g/km]	
디젤엔진	절대값	12.6	2.0	0.65	2.1	0.15	906.8	0.26	13.7
고체 폴리머 연료전지(디젤)	절대값	0.39	0.48	0.068	0.84	0.007	971.5	0.16	14.7
	상대값	3%	24%	10%	40%	5%	107%	61%	107%
고체 산화물 연료전지(디젤)	절대값	0.27	0.34	0.048	0.59	0.005	680.1	0.11	10.3
	상대값	2%	17%	7%	28%	3%	75%	43%	75%
고체 폴리머 연료전지(메탄올)	절대값	0.24	0.16	0.077	0.15	0.007	675.3	0.06	11.8
	상대값	2%	8%	12%	7%	5%	74%	22%	86%
고체 산화물 연료전지(메탄올)	절대값	0.18	0.11	0.056	0.11	0.005	487.7	0.04	8.5
	상대값	1%	6%	9%	5%	3%	54%	16%	62%

SPFC:고체 폴리머 연료전지(=PEMFC); SOFC: 고체산화물 연료전지

12.4 결과의 분석

연료사이클 계산과 분석의 전반적인 결론에 따르면, 연료전지를 운송 및 발전설비 분야에서 광범위하게 사용하는 것은 에너지 소비의 절감과 세계적, 지역적 및 국지적 오염저감의 측면에서 기존기술 및 근미래에 도래할 경쟁기술들에 비해서 큰 이득이 있음을 알 수 있었다. 이 기술은 개발중에 있지만, 연료전지 기술과 사용하는 연료의 본질상, 환경적 측면에서는 가장 앞선 기술이다. 특히, 연료전지는 풍력이나 태양열과 같은 재생성 에너지를 사용해서 물을 전기분해하여 생산한 수소를 연료로 사용한다면 무공해 에너지의 미래를 열어줄 수 있다.

연료전지 자동차의 경우, 사용할 수 있는 연료뿐만 아니라 차량에 탑재할 시스템의 복잡성과 가격까지도 고려하여 선정해야 한다. 현재의 데이터를 기준으로 한다면 가솔린 연료전지 자동차는 성능이 떨어질 뿐만 아니라 향후 대안도 되지 못한다. 일부 제조업체들이 이 방법을 시도하였지만, 이는 단지 직접 수소 연료전지 자동차로 넘어가기 위한 계단에 불과할 뿐이다(상세한 내용은 10장 참조). 마찬가지로, 대부분의 회사들은 메탄올을 크게 선호하지 않는다. 모든 연료전지 버스들은 대체기술들에 비해서 명백한 장점을 가지고 있으며, 차고지에서의 수소 생산은 매우 효과적인 연료 공급방법이다.

발전설비 분야에서 사용되는 연료전지 시스템은 매연배출과 에너지 소비 저감의 측면에서 명백한 장점을 가지고 있다. 특히 분산발전과 기저부하 발전의 경우에, 가스터빈과의 병합발전을 통해서 에너지 효율을 증대시키고 이산화탄소 배출을 크게 줄일 수 있기 때문에, 이득이 크다. 열병합 발전의 분야에서, 연료전지를 통해서 구현할 수 있는 높은 전기효율이라는 장점을 취해야 한다. 발전설비 분야에서 근 미래에 다양한 연료를 사용해서 연료전지를 구동할 수 있을 것으로 생각되지만, 미래에 수소경제가 확립될 때 까지는 이것이 가지고 있는 환경적 이득에 대해서 완벽하게 인식되지 못할 것이다.

서로 다른 연료사이클들 사이의 즉각 비교가 가능하도록 결과를 표시하였으므로, 이 결과를 다른 연구에 동일하게 확대하여 적용할 수 있다. 연료사이클 비교의 핵심 인자는 가정들과 특정한 지역적 요건의 투명성이다. 논의한 바와 같이, 서로 다른 지정학적 위치에서 채취한 동일한 연료가 서로 다른 매연배출과 에너지 소비패턴을 가질 수 있다. 시스템이 열과 전기를 생산하는 경우에도 매연의 할당에 투명성이 필요하다. 분석 결과가 서로 다른 연료사이클들 사이에 배연의 배출과 에너지 소비에 대한 즉각적인 비교를 가능케 해 주지만, 예를 들면, 서로 다른 매연배출 성분의 저감에 따른 상대적인 이득의 평가와 같이, 비교가 상세한 사안들 모두를 보여주지는 못한다. 그러므로 다양한 보완적 도구들이 필요하다. 이들 중 하나는 영향 경로(공기오염, 수질오염 등)와 범주(인간, 식물, 동물 등)들에 대한 고려를 위한 추가적인 영향평가단계를 추가하는 것이다. 대안으로, 서로 다른 기술들이 사용하는 자원의 생산 및 분배를 포함하는 완벽한 **라이프 사이클 분석**(LCA)이 필요할 수도 있다.

결과에 대한 충분한 확신을 확보하는 것이 필수적이다. 이는 가정의 수립과 사용한 데이터의 출처에 크게 의존하며, 주요 데이터의 변화에 따른 결과의 변화민감도의 측면에서 이를 평가할 수 있다. 그림 12.13에서는 자동차-특히 가솔린 개질기를 장착한 자동차의 연료사이클 분석을 통한 이산화탄소 배출량에 대한 민감도 분석사례를 보여주고 있다.

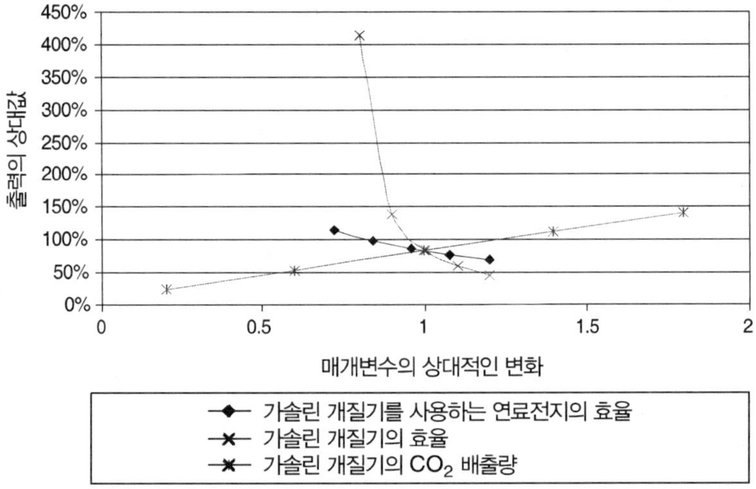

그림 12.13 주요 인자들이 자동차의 이산화탄소 배출에 끼치는 영향

이산화탄소 배출량의 순응성에 대해서는 모델 내의 모든 인자들에 대해서 계산되었으며, 가장 큰 변화를 유발하는 인자들에 대해서는 **스파이더 다이어그램**을 사용해서 도시하였다. 이산화탄소의 경우, 그림 12.13에 따르면, 매연 배출량이 가설에 크게 의존하고 있음을 알 수 있다. 가솔린 개질기 효율의 감소는 연료사슬 내의 다른 여러 인자들의 성능에 영향을 끼치기 때문에, 강한 비선형적 영향을 가지고 있다. 그러므로 결과에 확신을 부여하기 위해서는 이 값을 세심하게 선정해야만 한다. 가솔린 개질기에서 가정했던 특정한 이산화탄소 배출량 역시 큰 영향을 끼친다. 게다가, 개질 가솔린을 사용해서 작동하는 연료전지의 효율에 대한 가정 역시 결과에 큰 영향을 끼친다.

민감도 분석은, 모델의 일부 요소들이 다른 요소들보다 결과에 더 큰 영향을 끼치므로, 이 요소들에 대한 수치나 가정을 세심하게 수립할 필요가 있다는 점을 명확하게 보여주고 있다. 일부 특수한 인자들은 단지 한 가지 오염물질에 대해서만 영향을 끼치는 반면에, 많은 요소들이 모든 경우에 영향을 끼친다. 직접 수소 자동차의 에너지 소비가, 모델의 모든 출력에 영향을 끼치므로, 이에 대한 좋은 사례이다(100%의 매연배출이 상류측에서 발생되므로, 상류측 소재 취급과 수소 생산에 대한 수요에 직접적으로 영향을 끼친다).

연료사이클 분석의 단점은 도입한 시스템의 수가 제한되어 있으며, 시스템들의 일시적인 단편만을 보여준다는 점이다. 민감도 분석이 기술적 진보에 따른 영향을 고려할 수 있게 해주는 방안중 하나이다. 더욱이, 기술의 절대적 가능성과 관련되어 사용된 가정과 데이터들에 대해서, 연료사이클 분석 연구의 한계를 명백하게 밝혀야 한다. 예를 들면 내연기관이 얼마나 더 개선될지에 대해서는 한계가 존재한다.

12.5 연료사이클 분석과 의미

2001년까지 5년간 연료전지 분야에 대해서 광범위한 연료사이클 분석이 수행되었다. 다음에 논의된 내용들 중 대부분은 자동차 분야에 대한 것이며, 이 분야는 발전설비 분야에 비해서 폭넓은 관심을 받고 있다. 참여한 조직들에는 디렉티드 테크놀로지(토마스 등, 1998), 프린스턴 대학(오그던 등, 1999), 아르곤 국립연구소(왕, 1996), 율리히 연구소(Höhlein 등, 1999), 제너럴 모터스 및 기타 회사들(제너럴 모터스 주식회사 등, 2001), 그리고 MIT(바이스 등, 2000) 등이 있다. 모든 분석은 철저하고 상세하게 수행되었다. 대부분의 경우, 유사한 결론이 도출되었다: 직접수소 연료전지 자동차가 매연 배출과 에너지 절감의 측면에서 개질기를 탑재한 차량보다 더 큰 가능성을 가지고 있다; 모든 연료전지 자동차들은 현재의 기존기술에 비해서 약간의 이득을 가지고 있다. 그런데 이는 결코 일반론이 아니어서, 율리히 연구소, 제너럴 모터스 및 MIT의 분석결과는 다른 결과를 시사하고 있으며, 그 차이는 부분적으로 매우 서로 다른 가정에 근거하고 있다.

예를 들면, 아르곤 국립연구소에서 개발된 **GREET 모델**[5]의 초기 버전은 (복잡한 모델에서는 거의 피할 수 없듯이)일부 연료사이클들에 대해서 일부 마이너 한 오류를 가지고 있어서, MIT의 작업에 영향을 끼쳤으며, 이는 제너럴모터스의 연구에서 일부 버전의 수정을 이끌어내게 되었다. 게다가, MIT는 차량을 전체적인 성능보다는 최고속도에 맞추어 모델링 하였으며, 하이브리드 내연기관 자동차에 대해서 매우 높은 성능을 가정하였다. MIT의 모든 연구는 2020년에서의 기술적 성능을 추정하고 있으므로, 많은 가정들이 수립되고 정당화되었다. (이 단원에서 저자가 사용한 모델과 같은)일부 모델들은 연료전지 시스템의 성능에 대한 정적인 상태를 사용하는 한계를 가지고 있다. 이는 비현실적이지만, 동적인 데이터를 즉시 사용할 수 없기 때문에, 때로는 필요하다. 데이비스 소재 캘리포니아 대학에서 개발된 훌륭한 모델링 프로그램이 이 문제에 대한 교정을 시도하고 있으며(하우어, 2000), 여타의 모델들도 존재한다.

반면에 제너럴 모터스는 스포츠 유틸리티 자동차(SUV)를 기반차량으로 사용하며, 북미 시장에서의 수요에 의해서 정의된 최고속도와 등판성능 모두를 포함하여 전반적인 성능에 대해서 차량을 매칭하고 있다. 유럽에 대해서는 추가적인 분석이 수행되며, 차량의 성능과 제원에 대해서 서로 다른 가정이 사용된다. 현재까지 실현되지 못한, 유사한 가정을 기반으로 지역들 사이의 비교를 가능케 해주기 때문에 이러한 연구의 결과물은 가치가 있다.

5) Greenhouse gases, Regulated Emissions, and Energy use in Transportation Model. Argonne National Laboratory에서 1995년부터 개발된 연료사용의 전주기 모델로서, 현재는 연료사이클 모델인 GREET_1_2016과 차량용 사이클 모델인 GREET_2_2016이 릴리즈 되어 사용되고 있다.

전반적으로, 모델과 결과물들을 서로 비교하기에는 어려움이 있다. 원료소비와 연료 분배 사슬에 대한 상류측 데이터는 지역적 특성에 심하게 의존하며, 전기 믹스(석탄, 오일, 및 가스연소 발전소와 수력 및 원자력 사이의 비율)는 최종 산물에 대해서 중요한 차이를 유발한다. 분석 수행의 주된 가치는 최종 효율 사이의 직접비교에 있는 것이 아니라 가정의 견실성 평가, 국지적 오염과 온실가스 등 사용된 규정의 중요성과 영향, 그리고 출력에 끼치는 주요 영향 등에 있다. 앞서 논의한 것과 같이, 이 단원에서 논의한 모델들은 차량에 탑재한 연료전지 자동차용 가솔린 개질기 성능의 작은 변화에도 큰 민감도를 보이고 있다. 이를 통해서 다음과 같은 사안들을 명확하게 예측할 수 있다:

1. 이 자동차들 사이의 진정한 비교는 정확하고도 평균적인 데이터를 근거로 해야만 한다.
2. 더 명확한 점은 가솔린 처리과정의 성능개선은 총체적인 연료사슬에 큰 가치를 더해준다.

이런 점들에도 불구하고, 직접 수소 자동차에 비해서 가솔린 연료전지 자동차를 통해서 이와 유사한 전반적인 이득을 실현하는 것은 여전히 어려운 일이다.

12.6 결론

연료사이클 분석은 발전설비, 자동차 또는 여타의 적용분야에서 사용되는 서로 다른 에너지 기술들의 상대적인 성능을 평가하기 위한 가치있는 도구이다. 이를 통해서 가설들을 시험하고, 대략적인 비교를 수행하며, 불확실한 핵심영역을 찾아낼 수 있다.

그런데 견실한 가정의 수립과 핵심 결과물이 적절한 비교를 위해서, 모든 연료사이클 분석은 세심하게 수행해야만 한다. 총체적인 연료사이클의 효율은 비교의 주된 척도가 아니며, 여러 이유 때문에 서로 다른 척도가 더 적합할 수도 있다. 설정된 가정들이 최종 결과물에 큰 영향을 끼칠 수 있으며, 이는 단순한 옳다와 그르다 라는 대답과는 다르기 때문에, 서로 다른 모델들을 손쉽게 서로 비교할 수 없다. 지정학적 차이도 중요한 영향을 끼친다.

연료사이클 분석은 그 자체만으로도 가치가 있지만, 다수의 다른 기술들에 의해서 보완될 수 있다. 완벽한 라이프 사이클 분석은 서로 다른 시나리오에서 사용되는 주요 장비들(연료전지나 내연기관 자체들)의 제작 및 설치와 관련된 입력조건들도 포함할 수 있다. 환경적 영향의 평가 역시 매연의 배출이 끼치는 영향(예를 들면 건강의 손상)도 고려할 수 있으며, 건강이나 농작물 피해 등과 같은 특정한 사안들이 경제에 끼치는 영향들을 평가하기 위해서 외재적 가치평가도 사용할 수 있다. 그런데 각 단계마다 연료사이클 분석에서와 동일한 주의가 필요하다: 가정을 기반으로 하며, 최종적인 결과물은 완벽하게 옳은 답으로서가 아니라 일종의 지표로서 더 큰 가치를 갖는다.

감사의 글

에너지기술 지원유닛(ETSU)6)과 영국 통상 산업부의 진보된 연료전지 프로그램의 지원을 통해서 연료사이클 모델의 최초 개발이 수행되었다.

References

Bauen, A., and Hart, D., Assessment of the environmental benefits of transport and stationary fuel cells, Journal of Power Sources, 86, 482, 2000.

Birkle, S. et al., Brennstoffzellenantriebe fur den Straßenverkehr. Energiebedarf und Emissionen, Energiewirtschaftliche Tagesfragen, 7, 441, 1994.

Evans, R., Environmental and Economic Implications of Small-Scale CHP, Energy and environment paper No. 3, ETSU, Harwell, 1990.

General Motors Corporation, Argonne National Laboratory, BP, ExxonMobil, and Shell, Well-to-Wheel Energy Use and Greenhouse Gas Emissions of Advanced Fuel/Vehicle Systems, North American Analysis, 2001.

Gover, M. et al., Alternative Road Transport Fuels: A Preliminary Life-Cycle Study for the U.K., Vol. 2, HMSO, London, 1996.

Hart, D. and Hormandinger, G., Environmental benefits of transport and stationary fuel cells, Journal of Power Sources, 71, 348, 1998.

Hauer, K-H., Dynamic Interaction Between the Electric Drive Train and Fuel Cell System for the Case of an Indirect-Methanol Fuel Cell Vehicle, 35th Intersociety Energy Conversion Engineering Conference, Las Vegas, 2000.

Hohlein, B. et al., Fuel cell power trains for road traffic, Journal of Power Sources, 84, 203, 1999.

Ogden, J.M., Steinbugler, M.M., and Kreutz, T.G., A comparison of hydrogen, methanol and gasoline as fuels for fuel cell vehicles: implications for vehicle design and infrastructure development, Journal of Power Sources, 79, 143, 1999.

Thomas, C. et al., Integrated Analysis of Hydrogen Passenger Vehicle Transportation Pathways, NREL/CP-570.25315, 1998.

Wang, Q., Development and Use of the GREET Model To Estimate Fuel-Cycle Energy Use and Emissions of Various Transportation Technologies and Fuels, ANL/ESD-31, Argonne National Laboratory Center for Transportation Research, Argonne, 1996.

Weiss, M.A. et al., On the Road in 2020: A Lifecycle Analysis of New Automobile Technologies, MIT EL 00.003, Massachusetts Institute of Technology, Cambridge, 2000.

6) Energy Technology Support Unit

Chapter

13 향후의 전망

앞서의 단원, 특히 8장과 10장 에서는, 실용화 시스템을 향한 연료전지 시스템의 현재 상황에 대해서 다루었다. 살펴보았듯이, 상용 및 상용화 직전단계의 발전설비 시스템, 상용화 직전단계의 휴대용과 주로 자동차용 시스템이 다수 존재하고 있음을 알 수 있다. 11장에 따르면, 자동차용 연료전지 시스템은 하이브리드 자동차 등과 첨예한 개발경쟁을 직면하고 있지만, 거의 대부분은 개선된 내연기관과 배기정화장치를 장착한 기존 자동차들이 사용되고 있다. 그러므로 연료전지 동력을 사용하는 자동차를 전시장에서 볼 수 있을까? [1] 가정용 연료전지 보일러를 사용할 수 있을까? [2] 그리고 전원 공급장치 없이 소형 휴대용 전기장치를 사용할 수 있을까? [3]

만약 저자가 위의 질문에 대한 대답을 알고 있다면, 저자는 주식 거래인이나 벤처 캐피털업자가 되어있을 것이다. 그러나 앞서의 단원들에서 논의했었던 기본 원리와 연료전지 기술에 남아있는 문제점들을 되짚어보면, 앞으로 수년간 어떤 일이 일어날지에 대해서 판단할 수 있을 것이다. 연료전지 기술의 몇 가지 핵심 문제점들에 대해서 살펴보고 향후의 시나리오를 살펴보기로 한다.

13.1 남아있는 기술적 도전

수소동력 연료전지 자동차의 성능은 전반적으로 인상적이다. 이는 양성자교환 맴브레인 연료전지(PEMFC)뿐만 아니라 용융 탄산염 연료전지(MCFC)와 고체 산화물 연료전지(SOFC) 등에 적용된다. 하지만 제조비용에 직접적인 영향을 끼치기 때문에, 더 많은 진보가 필요하다. 비용은 소재에 의해서 부분적으로 영향을 받는다(따라서 전력밀도가 중요하다). 그런데 현재의 연료전지 비용은 제조기술의 미완성으로 인하여 필요이상으로 높은 상황이다. 핵심 개발업체들은 현재 이 문제를 고민하고 있으며, 고도의 자동화를 통해서 빠른 비용절감이 예

1) 10장에서 설명하였듯이 이미 수많은 연료전지 차량들이 도로위를 달리고 있다.
2) 8장의 각주 150에서 설명하였듯이 일본의 수십만 가구가 이미 연료전지 보일러를 사용하고 있다.
3) 9장에서 알 수 있듯이 휴대용 전원은 군용으로 일부 사용되는 사례를 제외하고는 아직 핸드폰이나 랩탑 컴퓨터용 전원으로 상용화되지 못하고 있다

견된다. 이는 물론, 대량생산과 연계되어야만 한다. 양성자 교환 맴브레인 연료전지(PEMFC)가 이 분야에서 가장 앞서있다. 튜브형 고체 산화물 연료전지(SOFC) 기술은 비용이 많이 들기 때문에, 새로운 평면형 고체 산화물 연료전지의 광범위한 개발이 초래되었다. 하지만 줄처헥시스社를 제외하더라도, 개발업체들은 많아야 몇 개의 시제품을 제작했을 뿐이며, 필드시험까지는 아직 요원하다는 점은 추가적인 소재 및 성능문제가 남아있다는 것을 반증하고 있다.

자동차와 휴대용 분야에서는 연료의 저장과 분배 문제가 남아있다. 많은 시제품 자동차들이 더 많은 저장용량을 명시하고 있음에도 불구하고(10장 참조), 개발업체들은 액체수소에서 압축수소로 전환하는 형국이다. 이는 소비자들이 수용하기 어려운 주행거리의 감소를 초래한다. 경량의 고압 탱크를 통해서 진보가 이루어지고 있다. 하지만 여타의 대안이 나타는 것은 불가능하지 않다(5장 참조).

수소 저장과 함께, 선도 개발업체들은 액체연료 역시 시도하고 있다. 메탄올 개질기술은 긴 여정을 거쳐 왔으며, 많은 업체들이 개발해 왔다. 반면에, 무황 탄화수소 연료의 개질은 주로 오일 생산회사들(쉘, 엑손)과의 긴밀한 협조 속에, 많은 노력이 투여되었음에도 불구하고, 아직 준비되어있지 못하다. 두 가지 액체연료 모두 단점들을 가지고 있으며, 둘 다 수소경제로의 전환을 위한 중간단계로 간주되고 있다. 이에 대해서는 12장을 참조하기 바란다.

휴대용 시스템의 연료 저장은 사용되는 수소나 메탄올에 의존한다. (보조전력 유닛을 제외한 이들 시스템은 양성자 교환 맴브레인 기술을 기반으로 하고있다) 금속 수소화물은 가격이 싸져야 하며, 수소를 기반으로 하는 소형 전기용품을 위한 분배 시스템이 창출되어야만 한다. 메탄올은 더 손쉽게 취급할 수 있지만, 소비자가 필요로 하는 카트리지를 어디서 구매할 수 있을까? 자동차용 보조전력 유닛에 대해서는 휴대용 시스템(9장)에서 논의했었다. 이들 중 대부분은 가솔린 연료와 평면형 고체 산화물 연료전지 기술을 기반으로 하고 있기 때문에 이들은 예외에 속한다.

장기적으로는, 연료를 재생 가능한 에너지원으로부터 얻을 필요가 있다. 이는 연료전지 만에 국한된 것은 아니지만, 논의할 필요가 있다.

리스트 상에서는 몇 줄 적혀있지 않지만, 이러한 논제들은 상용화를 위해서 어떤 의미를 갖는가?

13.2 향후의 전망

그레이엄 하드스(존슨매티)이 언급한 것처럼, 기술분야 종사자들은 허구적인 새벽이 밝는 것을 수없이 목격한다. 그러나 13.1절에서 논의한 것과 같은 기술적 도전에 대하여 교차 검증을 수행하는 개발업체들의 논의에 따르면, 연료전지 기술이 가까운 미래에 구현될 수 있는 수많은 응용분야들이 존재한다. 물론, 저자의 개인적 견해로는 실제로 어떤 일이 일어날지에 대해서 지켜봐야만 한다.

자동차 분야

최소한 10개소 이상의 유럽과 몇 개의 북미 시내지역 뿐만 아니라 다수의 아시아 및 남아메리카 도시들에서 통근버스가 운행되고 있다. 이 버스들은 가압 탱크에 저장되어 있는 수소를 동력으로 사용하며, 아주 조용하다는 점을 제외하고는 디젤엔진과 마찬가지로, 주목받지 않고 운행중이다. 야간에 이 버스들은 중앙 차고지에서 수분에 걸쳐서 재충전을 받는다. 다수의 공공기관 및 사업체들, 특히, 선도적인 도시들에서 버스나 배달차량을 위해서 이와 동일하거나 유사한 충전소를 운영중이다. SULEV 기준보다 강력한 자동차 매연규제가 도심지역 내부에서 시행되는 시점이 오면, 이러한 차량들은 특히 환영을 받게 될 것이다. 연료전지 동력을 사용하는 모터사이클도 나타날 것이며, 최초의 개질기를 기반으로 하는 연료전지 자동차가 소수의 선택된 도시들에서 제한적으로 사용될 것이나, 이들은 소수의 충전소에서 공급받는 특수한 연료로만 작동할 수 있을 것이다.

발전설비

재생에너지 분야는 빠르게 성장하고 있는 사업영역들 중 하나이며, 개발업체들은 지속 가능한 기반 하에서 동력을 만들어내기 위해서 재생에너지들과 연료전지 기술을 연결하려고 애쓰고 있다. 머지않아 세계적으로 다섯에서 열 개의 바이오가스 연료전지가 작동을 시작할 것이며, 수소생산을 위한 목재 및 생체질량 가스화 방법에 대해서 능동적인 연구가 수행될 것이다.[4] 풍력은 특정 위치에서 수소 생산을 위해서 사용될 것인 반면에, 태양열을 이용한 수소 생산은 소규모 자동차 기지에서 사용될 것이다.

천연가스를 사용하는 추가적인 발전설비 플랜트들은 열과 동력을 동시에 필요로 하는 산업체와 전력공급이 중단되어서는 안되는 사업분야에서 운영될 것이다.

최초의 가정용 연료전지는 주로 천연가스를 기반으로 하는 시스템일 것이다. 전력시장의 자유화에 따라서 동력 공급은 점점 더 자주 중단될 것이며, 연료전지를 기반으로 하는 동력 백업 시스템 뿐만 아니라 열 및 동력 병합 시스템에 대한 수요가 크게 증가할 것이다.

휴대전원

휴대전화 기술은 훨씬 더 발전하여 웹 접속이 무선방식으로 변환되며, 중계기는 산업화 된 세계 전체에 속속들이 퍼질 것이다. 이들 중 일부는 원격 동력발생기를 사용해서 송전망과 무관하게 작동해야 만 한다. 그 이외에도 연료전지를 기반으로 하는 시스템을 사용해서 백업

4) 미국의 경우 AT&T, 코카콜라, 애플, 크로거 등의 기업들이 TV 스튜디오, 데이터 허브, 물류기지 등의 전력공급을 위해서 바이오가스 연료전지를 사용하고 있다. 우리나라의 경우에도 2010년 12월 인천 환경공단 송도사업소 음식물 자원화시설 내 부지에 바이오가스를 활용한 고효율 연료전지 패키지화 발전시스템 개발을 위한 연구용 실증시설(발전용량 5 [kW])을 준공하였다.

동력의 기능을 갖춘다.

보조전력 유닛은 극소수의 차량에서만 사용되고 있지만, 요트나 대형 차량주택 소유자들이 이들 조용한 발전기의 구입에 매우 관심을 보이게 될 것이다.

비록 메탄올을 연료로 사용하는 소형 동력 유닛의 가용 동력범위에 포함되는 전자제품들 대부분이 여전히 충전식 배터리를 통해서 동력을 공급받고 있다. 이들은 송전망과의 독립성이 필요한 원격지에서의 리포터들, 연구원 및 군사목적 등, 그리고 여타의 틈새시장들에서 주로 사용되고 있다. 이에 대해서는 9장을 참조하기 바란다.

13.3 결론

연료전지 기술 앞에는 광대한 시장이 존재하지만, 항상, 과거에 예견한 만큼, 또는 곧 나타날 것으로 예견한 만큼은 되지 못했다. 많은 틈새 적용분야가 현재 나타나고 있으며, 그 뒤에는 대규모 시장이 따라올 것이다. 이 시장은 신규업체들과 셋 또는 네 개의 선도 개발업체들에 의해서 공급될 것이며, 이미 이 시장에 대한 전문가들로 팀이 구성되어 있다. 어떤 업체들이 최후에 그 분야를 차지할 것인가를 지켜보는 것은 흥미로운 일이지만, 이 단계에서 조차도 한 가지 명확한 점은 연료전지는 아직도 더 기다려야 한다는 것이다.

APPENDIX

부록 1. 선정된 화학적 합성물들의 열역학적 데이터

합성물	일반명칭	몰 질량 [g/mol]	ΔH_f [kJ/mol]	ΔG_f [kJ/mol]
H_2O (액체)	물	18,02	−285,83	−237,13
H_2O (기체)	물(증기)	18,02	−241,82	−228,57
CH_4	메탄	16,04	−74.81	−50,72
C_3H_6 (기체)	프로판	42,08	20,42	62,78
C_4H_{10} (기체)	부탄	58,13	−126,15	−17,03
C_8H_{18} (액체)	옥탄	114,23	−249,90	6,40
C_8H_{18} (액체)	이소−옥탄	114,23	−255,10	−
CH_3OH (액체)	메탄올	32,04	−238,66	−166,27
CH_3OH (기체)	메탄올	32,04	−200,66	−161,96
C_2H_5OH (액체)	에탄올	46,07	−277,69	−174,78
C_2H_5OH (기체)	에탄올	46,07	−235,10	−168,49
CO	일산화탄소	28,01	−110,53	−137,17
CO_2	이산화탄소	44,01	−393,51	−394,36
H_2	수소	2,02	0	0
O_2	산소	32,00	0	0

주: 표 값들은 10^5 [Pa]와 298 [K]에서의 표준 열량 ΔH_f, 깁스의 자유 에너지 ΔG_f

부록 2. 상업적 정보의 획득을 위한 인터넷 링크들

Fuel Cell Developers

Buderus
http://www.cms.buderus.de/sixcms/list.php?page=bag_fs_start
Ballard Power Systems
Ballard Generation Systems
www.ballard.com
www.xcellsis.com
DaimlerChrysler
www.daimlerchrysler.com
Ecostar
www.ecostardrives.com
Fiat
Centro Ricerche Fiat
http://www.ecotrasporti.it/H2.html, http://www.crf.it/uk/AR-CRF-2000/Documenti/Vehicles/vehicles
Ford
www.thinkmobility.com
(see also Ecostar)
Fuel Cell Technologies
www.fuelcelltechnologies.ca
General Motors, Opel
www.opel.com
www.gm.com/cgi-bin/pr_display.pl?470
Giner
www.ginerinc.com
Global Thermoelectric Inc.
www.globalte.com
Heliocentris
www.heliocentris.com
Hydrogenics
www.hydrogenics.com
H-Power
http://www.hpower.com/
IdaTech
www.idatech.com
Johnson Matthey
www.matthey.com/
Manhattan Scientifics
www.mhtx.com, www.novars.de
Mazda
www.mazda.com
MTI Microfuelcells
www.mtimicrofuelcells.com
MTU
http://www.mtu-friedrichshafen.com/en/frameset/f_prnefc.htm
Nissan Motor Co.
http://evs18.tu-berlin.de/Abstracts/Summary-Aud/1B/Yamanashi-363-6-1B.pdf
www.nissan.com
http://www.nissan-global.com/

Novars . see Manhattan Scientifics
Nuvera
www.nuvera.com
Opel . see General Motors
PSA, Peugeot
www.psa.com
Siemens, Siemens-Westinghouse
http://www.siemens.com
http://www.pg.siemens.com/en/fuelcells/
Smart Fuel Cell
http://www.smartfuelcell.de/de/presse
Toshiba
www.toshiba.co.jp/product/fc
UTC Fuel Cells
www.utcfuelcells.com
Vaillant
www.vaillant.com

General Information

Automotive Intelligence News
http://www.autointell.com/News-2001/February-2001/February-21-02-p3.htm
Deutscher Wasserstoff Verband, July 1, 2001
www.dwv-info.de
Fuel Cells 2000 Information Service
http://www.fuelcells.org/fct/carchart.pdf
Fuel Cell Today
www.fuelcelltoday.com/FuelCellToday/
http://fuelcells.si.edu/mc/mcfcmain.htm#mol3a
Heise Newsticker
http://www.heise.de/newsticker/data/wst-31.01.02-000
Hydrogen and Fuel Cell Letter
www.hfcletter.com
HyWeb
(see also L-B-Systemtechnik)
www.hydrogen.org
L-B-Systemtechnik fuel cell car listing
www.hydrogen.org/h2cars/overview/cardata
Michelin Challenge Bibendum,
Results 2000: www.challengebibendum.com
Results 2001: www.challengebibendum.com
NEW REVIEW, The Quarterly Newsletter for the UK New and Renewable Energy Industry
http://www.dti.gov.uk/NewReview/nr30/html/car_of_tomm.html
REB Research Consulting
http://www.rebresearch.com/H2links.html
Society of Automotive Engineers
http://www.sae.org/automag/techbriefs_10-99/02.htm
U.S. Fuel Cell Council
http://www.usfcc.com/Transportation
U.S. Office of Transportation Technologies, Department of Energy
http://www.ott.doe.gov/otu/field_ops/pdfs/light_duty_fuel_cell_summary.pdf

찾아보기

역자 : **장 인 배**

- 서울대학교 공과대학 기계설계학과 학사, 석사, 박사
- 현재 강원대학교 공과대학 메카트로닉스 전공 교수
- University of Virginia Visiting Scholar

연료전지
Fuel Cell Technology Handbook

정가 28,000원

발 행 2017년 7월 20일 초판 1쇄
저 자 Gregor Hoogers
역 자 장인배
발행인 정우용
발행처 도서출판 **동 화 기 술**
경기도 파주시 광인사길 201(문발동, 파주출판도시)
Tel (031)955-4211~6 donghwapub@nate.com
Fax (031)955-4217 www.donghwapub.co.kr
(등록) 1977년 12월 19일/9-16호

ISBN 978-89-425-9128-2